Christian Gau

Geostatistik in der Baugrundmodellierung

Christian Gau

Geostatistik in der Baugrundmodellierung

Die Bedeutung des Anwenders
im Modellierungsprozess

VIEWEG+TEUBNER RESEARCH

Bibliografische Information der Deutschen Nationalbibliothek
Die Deutsche Nationalbibliothek verzeichnet diese Publikation in der
Deutschen Nationalbibliografie; detaillierte bibliografische Daten sind im Internet über
<http://dnb.d-nb.de> abrufbar.

Dissertation Technische Universität Berlin, 2010
D 83

1. Auflage 2010

Alle Rechte vorbehalten
© Vieweg+Teubner Verlag | Springer Fachmedien Wiesbaden GmbH 2010

Lektorat: Ute Wrasmann | Sabine Schöller

Vieweg+Teubner Verlag ist eine Marke von Springer Fachmedien.
Springer Fachmedien ist Teil der Fachverlagsgruppe Springer Science+Business Media.
www.viewegteubner.de

Umschlaggestaltung: KünkelLopka Medienentwicklung, Heidelberg
Druck und buchbinderische Verarbeitung: STRAUSS GMBH, Mörlenbach
Gedruckt auf säurefreiem und chlorfrei gebleichtem Papier.
Printed in Germany

ISBN 978-3-8348-1432-6

Our major point is that the primary tool for analysis is the human imaginative mind, and that all other tools are supplementary. Only the human mind actually does the analysis; the other tools supply it with the necessary material, appropriately prepared and presented.

ANDRIENKO & ANDRIENKO (2006)

Danksagung

Die vorliegende Dissertation entstand zum überwiegenden Teil während meiner Arbeit als Wissenschaftlicher Mitarbeiter am Fachgebiet Ingenieurgeologie der Technischen Universität Berlin. Sie wurde nebenberuflich fortgesetzt und vollendet.

Ich möchte allen danken, die zum Gelingen der Arbeit beigetragen haben. Mein besonderer Dank gilt Herrn Prof. Dr. Joachim Tiedemann, der mir große Freiräume bei der Ausgestaltung der Arbeit beließ. Die Bereitschaft zur Betreuung der Arbeit und die zahlreichen Diskussionen waren mir stets Ansporn und Motivation zugleich.

Den beiden Diplomanden, Herrn Dipl.-Ing. Christian Janke und Herrn Dipl.-Ing. Lars Schumacher, die sich in ihren Abschlussarbeiten ebenfalls mit ausgewählten Aspekten der Geostatistik auseinandersetzen, sei für ihr Durchhaltevermögen bei der Bewältigung des Themas ebenfalls gedankt. Ihre Ergebnisse gaben wichtige Impulse zur Fortführung der Dissertation. Besonders danken möchte ich zudem Herrn Dr. Oswald Marinoni, mit dessen Promotion die Geostatistik als Arbeitsthema am Fachgebiet etabliert wurde und der mir während meiner Zeit als Wissenschaftlicher Mitarbeiter mehrmals mit seinem fachlichen Rat zur Seite stand.

Herrn Prof. Dr. Christof Lempp danke ich für die Übernahme des Koreferates, Herrn Prof. Dr. Uwe Tröger für die Übernahme des Vorsitzes des Promotionsausschusses.

Meinen damaligen Kollegen, Frau Prof. Dr. Britta Kruse und Herrn Dipl.-Ing. Karsten Thermann, gebührt Dank für die angenehme Zusammenarbeit und den jederzeit möglichen Gedankenaustausch. Nicht zuletzt möchte ich meinen Dank auch dem Verlag Vieweg+Teubner, insbesondere Frau Ute Wrasmann und Frau Sabine Schöller, für die Betreuung bei der Veröffentlichung der Arbeit aussprechen.

Allen Freunden und Bekannten, die während der letzten Jahre stetiges Interesse am Fortgang der Arbeit zeigten und oft genug allein durch Fragen nach einem doch wohl bald absehbaren Ende der Arbeit mich auch so manches Wochenende an den Schreibtisch zwangen, sei schließlich ebenfalls herzlich gedankt.

Kurzfassung

Die vorliegende Arbeit untersucht die Anwendbarkeit geostatistischer Verfahren zur Erstellung von Baugrundmodellen. Hierunter sind solche geologischen Modelle zu verstehen, die aufgrund ihrer Detailschärfe und Aussagesicherheit auch den Ansprüchen an die Verwendbarkeit für ein bestimmtes Bauvorhaben genügen sollen. Obgleich es sich bei den geostatistischen Verfahren um bereits seit mehreren Jahrzehnten etablierte Methoden handelt, stellt ihre Heranziehung für baugeologische Zwecke ein relativ neues Anwendungsfeld dar.

Die geostatistischen Methoden zeichnen sich durch die Nutzung der räumlichen Autokorrelation aus. Dieses Alleinstellungsmerkmal hat zu einer stark zunehmendem Anwendung in verschiedenen Disziplinen der Naturwissenschaften geführt und die Geostatistik zu einem der bevorzugten Interpolationsverfahren werden lassen. Dabei standen der durch die Nutzung der räumlichen Struktureigenschaften mögliche Informationsgewinn sowie der gleichzeitig mit der Schätzung ermittelte Schätzfehler im Vordergrund.

Die bisherigen Untersuchungen belegen zwar die prinzipielle Anwendbarkeit dieser Verfahren, werfen jedoch zahlreiche Fragen auf, die im Zusammenhang mit den Eigenschaften geologischer Daten und der grundsätzlichen Bewertbarkeit geologischer Modelle stehen. Offen blieb zudem, welche Notwendigkeiten und Möglichkeiten zur Einflussnahme des Anwenders hieraus erwachsen, welche Auswirkungen sich daraus ergeben und inwieweit das Modellergebnis nicht in vielen Teilen eher durch den Anwender und weniger durch die Eingangsdaten geprägt ist.

Vorrangig werden in der Arbeit geologisch-geometrische Parameter behandelt, die zur Erstellung von Schichtenmodellen genutzt werden können. Ergänzend werden die Verwendbarkeit geotechnischer Parameter sowie die mögliche Kombination von Modellen beider Parametergruppen untersucht. Als Datenbasis dienen die Ergebnisse von mehr als eintausend Bohrungen innerhalb eines eng gefassten Gebietes im zentralen Teil Berlins, die im Zusammenhang mit der städtebaulichen Entwicklung dieses Bereiches an der Wende vom 19. zum 20. Jahrhundert, in den 1930er Jahren sowie im Zuge der Neugestaltung dieses Bereiches ab 1990 abgeteuft wurden. Die Geologie des Untersuchungsstandortes wird im Kapitel 2 beschrieben und hinsichtlich der grundsätzlichen Modellierbarkeit durch geostatistische Verfahren bewertet.

Das Kapitel 3 wirft im Rahmen der Einführung in die geostatistischen Grundlagen zahlreiche Fragen auf, beispielsweise im Hinblick auf die Zulässigkeit der Betrachtung natürlicher Phänomene als Resultat von Zufallsprozessen, die raum-zeitliche Überlagerung natürlicher geologischer Prozesse oder die Erfüllbarkeit der Stationaritätsanforderungen. Diese Fragestellungen werden in den folgenden Kapiteln 4 und 5 präzisiert, hinsichtlich überwiegend theoretischer oder eher praktischer Bedeutung untersucht und unter dem Blickwinkel des bereits hier notwendig werdenden Benutzereinfluss beleuchtet. Übergeordneter Leitgedanke ist es hierbei zu untersuchen, inwieweit der durch die vorgegebene Reihenfolge der einzelnen Teilschritte grundsätzlich lineare Ablauf des geostatistischen Modellierungsprozesses mit den Grundprinzipien des geowissenschaftlichen Erkenntniserwerbs vereinbar ist.

Generell kann ein geologisches Modell den allgemeinen Modellkriterien wie auch den fachspezifischen Anforderungen, die im Kapitel 6 beschrieben werden, nur dann genügen, wenn dem Anwender Zusatzinformationen vorliegen und diese nutzbringend in den Modellierungsprozess eingebracht worden sind. Letzteres kann zwar zum Teil auf objektiv-mathematischer Grundlage erfolgen, bedingt jedoch zumindest im Detail wiederum Entscheidungen des Anwenders. Diese Folge von im Zuge der Modellierung zu treffenden Entscheidungen erlaubt eine bisher von anderen Methoden nicht gekannte Interaktivität und fördert die Nachvollziehbarkeit des Modellergebnisses. Diese Interaktivität kann jedoch zu einer Zunahme der Abweichungen zwischen den Modellen verschiedener Anwender und zu tendenziell größeren Abweichungen zwischen Modell und Realität führen. Dieses Prinzip bietet damit nur die Möglichkeit einer Optimierung und ist keineswegs eine Garantie dafür.

Im Kapitel 7 wird dargelegt, dass auch eine Bewertung geostatistischer Modelle nicht möglich ist, wenn darunter etwa die Prüfung auf Übereinstimmung der interpolierten Daten mit der unbekannten Realität und schließlich auch auf uneingeschränkte Modelleignung für die Prognose verstanden wird. Dies wird zunächst durch theoretische Überlegungen begründet. Anschließend wird anhand von praktischen Beispielen gezeigt, dass trotz dieser Unzulänglichkeit sich allein aus dem Prozess der Bewertung zahlreiche neue nutzbringende Ansätze für eine mögliche Modelloptimierung ergeben. Die geostatistischen Verfahren können daher im besten Falle lediglich transparent sein, die Ergebnisse mithin dann plausibel, wenn der Modellierungsprozess nachvollziehbar dokumentiert werden kann. Die Nachvollziehbarkeit des Modellierungsablaufes und die Reproduzierbarkeit des Modellierungsergebnisses sollten daher als Anforderungen an geologische Modelle im Vordergrund stehen.

Die notwendige Einflussnahme des Anwenders im Zuge der geostatistischen Modellierung erstreckt sich auf die qualitative Auswahl bestimmter Parameter (Abgrenzung von Homogenbereichen und Wirkbereichen, Auswahl von Variogrammmodellen u. ä.), aber auch auf die quantitative Festlegung von Einflussgrößen (Toleranzkriterien, Variogrammparameter u. ä.). Die Einflussnahme des Anwenders erfolgt in vom Modellierungsschritt abhängiger Weise und kann auf statistischen, geostatistischen und geologischen Überlegungen fußen. Im Kapitel 8 werden mehrere Szenarioanalysen sowie zahlreiche Parameterstudien und Sensitivitätsanalysen präsentiert, die eine quantitative Abschätzung der Bedeutung der untersuchten Parameter für das Modellergebnis zulassen und damit schließlich auch die Beurteilung des Benutzereinflusses erlauben.

Zusammenfassend ist eine Heranziehung geostatistischer Methoden für die baugeologische Modellierung nur dann sinnvoll, wenn mit Anwendung der Geostatistik nicht das Ziel einer vollständig automatisierten oder objektiven Modellierung verknüpft ist. Grundsätzlich sollte die Geostatistik vielmehr nur als Werkzeug zur Unterstützung des Anwenders aufgefasst werden, das sich auf vielfältige Weise bei der Erstellung, der Kommunikation, der Prüfung oder der fortlaufenden Aktualisierung von Modellen einsetzen lässt.

Inhaltsverzeichnis

Kapitel 1

Einführung

1.1 Problemstellung

Die Erstellung von plausiblen und zuverlässigen Prognosemodellen des geologischen Unter-grundes für bautechnische Zwecke gehört zu den zentralen Aufgaben der Ingenieurgeologie. Ablauf und Ergebnis eines manuellen Modellierungsprozesses sind jedoch in hohem Maße von der Kenntnis des Anwenders über die geologischen Rahmenbedingungen, seiner persön-lichen Erfahrung und seiner Fähigkeit abhängig, die aus unterschiedlichen Quellen vorliegenden Daten zur Generierung eines umfassenden Modells zu nutzen. Diese subjek-tiven Komponenten können bei verschiedenen Anwendern trotz gleicher Datengrundlage zu abweichenden Modellergebnissen führen.

Mit der Anwendung ursprünglich für die Exploration von mineralischen und Kohlen-wasserstoffvorkommen entwickelten Verfahren auf die Belange des Bauwesens steht eine Methodengruppe zur Verfügung, die die oben aufgeführten Nachteile nicht aufweist und da-mit sowohl den Ablauf des Modellierungsprozesses als auch dessen Ergebnis objektivieren soll. Diese als *geostatistisch* bezeichneten Verfahren machen sich die bei geologischen Daten vorhandene räumliche Struktur des untersuchten Parameters für eine Modellierung zu Nutze (vgl. JOURNEL & HUIJBREGTS 1978, CRESSIE 1993 u. a.). In Bereichen, in denen eine hohe Aufschlusszahl und eine ausreichende Aufschlussdichte die Anwendung geostatistischer Ver-fahren zulassen, können sie eine Erweiterung der bisherigen Modellierungspraxis darstellen.

Der wirtschaftliche Zwang nach rationeller Erstellung von Untergrundmodellen sowie die Notwendigkeit, neu gewonnene Daten umgehend in die vorhandene Datenbasis integrieren zu können, führen zur verstärkten Anwendung der geostatistischen Verfahren. Diese Entwicklung wird zusätzlich forciert durch die Implementierung geostatistischer Methoden als modulare Bestandteile moderner GIS-Software. Parallel hierzu ist die verstärkte Heranziehung geologischer Modelle nicht mehr nur zu reinen Darstellungszwecken, sondern auch zur Entscheidungsfindung zu verzeichnen. Dies betrifft etwa die Auswahl von Bauverfahren oder die Festlegung zusätzlicher Probenahmepunkte.

Bisherige Beiträge zur Untergrundmodellierung widmen sich meist der Adaption von aus anderen geowissenschaftlichen Bereichen bekannten Methoden für bautechnische Zwecke oder haben eine projektspezifische Ableitung der geostatistischen Parameter zum Ziel. KREUTER (1996), MARINONI (2000) und SCHÖNHARDT (2005) haben den Nutzen der geostatistischen Methoden für die Untergrundmodellierung aufgezeigt. Dabei ist jedoch deutlich geworden, dass auch die theoretisch objektivere geostatistische Modellierung vielfältigen subjektiven Einflüssen unterliegt. Der Einfluss des Benutzers zeigt sich auch in der Auswahl der Modellierungsparameter. In Abhängigkeit davon stellt jedes Modell damit bis zu einem gewissen Grad nur eine Interpretation seiner Eingangsdaten dar. Für die Güte eines Modells ist daher die Wahl der verwendeten Modellierungsverfahren und der jeweiligen Parameter von ebenso hoher Relevanz wie die Datengrundlage selbst. Dies verlangt vom Anwender der geostatistischen Methoden eine umfassende Kenntnis der theoretischen Grundlagen, verbunden mit der Kenntnis der regionalen Geologie des zu untersuchenden Gebietes sowie das Wissen über die dabei wirksam gewesenen genetischen Prozesse.

Grundsätzlich sind damit auch geostatistische Modelle nicht vollständig objektiv, sondern lediglich intersubjektiv nachvollziehbar. Das Ergebnis kann mithin von anderen Benutzern verifiziert und gegebenenfalls reproduziert werden.

Untersuchungen, welchen Einfluss die Wahl der verschiedenen Parameter innerhalb des geostatistischen Modellierungsprozesses auf das Modell hat und inwieweit der Benutzer die Parameter variieren kann, fehlen bislang, obgleich sich gerade in Verbindung mit der Verwendung für baugrundgeologische Fragestellungen vielfältige Möglichkeiten der Einflussnahme in allen Teilschritten der Modellierung ergeben.

1.2   Zielsetzung und Fragestellungen

Übergeordnetes Ziel dieser Arbeit ist eine weitere Optimierung von Untergrundmodellen im Sinne einer Reduktion ihrer Unsicherheit. Diese Optimierung soll auf einer umfassenden Untersuchung der bei der Datenaufbereitung und innerhalb der Geostatistik zur Verfügung stehenden Instrumentarien basieren. Die Untersuchungen sollen dabei nicht ausschließlich die geogen bedingte Variabilität des Untergrundes als Hauptunsicherheitsfaktor betrachten, sondern auch den Anwender der geostatistischen Methoden als zusätzlichen, bisher nicht berücksichtigten Unsicherheitsfaktor einbeziehen.

Im Einzelnen ist zu untersuchen, welche Probleme sich aus der Anwendung der Geostatistik zum Zwecke der Baugrundmodellierung ergeben und inwieweit ihre Anwendung dennoch Vorteile erwarten lässt. Unter Berücksichtigung der Eigenschaften der für eine Baugrundmodellierung zu verwendenden Daten und des Ablaufs geostatistischer Verfahren ist zu prüfen, in welchen Bereichen ein Eingriff des Anwenders notwendig ist.

Um einen objektiven Vergleich zwischen Untergrundmodellen gewährleisten zu können, sind Kriterien zu entwickeln, die die Qualität eines geostatistischen Modells hinreichend genau erfassen können. Diese Kriterien sollen dann genutzt werden können, um die verschiedenen Möglichkeiten der Einflussnahme des Benutzers miteinander zu vergleichen und diese zu bewerten.

Die Arbeit soll damit ein Beitrag zur Klärung der Frage sein, ob sich durch die Anwendung der geostatistischen Methoden Modelle des geologischen Untergrundes entwickeln lassen, die aufgrund ihrer Detailschärfe und Aussagesicherheit auch für baugeologische Fragestellungen verwendbar sind. Im Besonderen ist hierfür zu prüfen, ob die grundsätzlichen Vorteile einer weitgehend objektivierten Modellierung nicht durch den subjektiven Benutzereinfluss wieder kompensiert werden.

1.3   Abgrenzung des Untersuchungsgegenstandes

Die Arbeit konzentriert sich auf die geostatistisch gestützte Erstellung von baugeologischen Modellen im Bereich von Lockergesteinsvorkommen. Es werden vorrangig geologisch-geometrische Parameter betrachtet, die zur Erstellung von Schichtenmodellen herangezogen werden können. Sofern bei der Modellierung geotechnischer Parameter eine von der Behandlung geologisch-geometrischer Parameter abweichende Vorgehensweise notwendig ist, wird hierauf hingewiesen.

Es erfolgt eine Beschränkung auf die für Bauprojekte relevanten oberen Horizonte des geologischen Untergrundes. Sekundär ist dies auch wegen des mit zunehmender Teufe abnehmenden Kenntnisstandes über die Geologie sinnvoll.

Die Untersuchung erfolgt anhand von vorliegenden Daten aus dem Berliner Raum. Schwerpunktmäßig werden dabei glaziale und glazifluviatile Sedimente quartären Alters behandelt. Eine Auswahl interessierender geologischer Einheiten erfolgt im Hinblick auf die zur Verfügung stehenden Daten.

Prinzipiell lassen sich die in dieser Arbeit getroffenen Aussagen auch auf solche geostatistischen Modelle ausdehnen, die nicht primär der Baugrundmodellierung dienen. Dies gilt insbesondere für die Abschnitte zur Variographie und zum Kriging, die zentraler Bestandteil einer jeden geostatistischen Modellierung sind.

1.4   Aufbau und Struktur der Arbeit

Einen Überblick über die Struktur der Arbeit gibt Abb. 1-1. Das folgende Kapitel 2 gibt eine Einführung über die allgemeinen geologischen Verhältnisse im Brandenburgisch-Berliner

Raum und erläutert umfassend die spezifischen geologischen Gegebenheiten im hier behandelten Untersuchungsraum des zentralen Bereiches von Berlin. Auf die Ausführungen dieses Kapitels wird besonders in den Kapiteln 5 sowie 7 und 8 zurückgegriffen werden.

In dem dritten Kapitel wird der geostatistisch gestützte geologische Modellierungsprozess erläutert. Auf den Ablauf der geostatistischen Verfahren und die methodenspezifische Terminologie wird gesondert eingegangen. Hier versucht Kapitel 3, auf einem eher informellen Weg die Grundbegriffe der Geostatistik einzuführen und beispielhafte Einsatzmöglichkeiten aufzuzeigen. Es werden bereits zahlreiche Ansätze zur Erfassung des Benutzereinflusses herausgearbeitet, um damit dem Leser den Weg für die folgenden Kapitel zu ebnen.

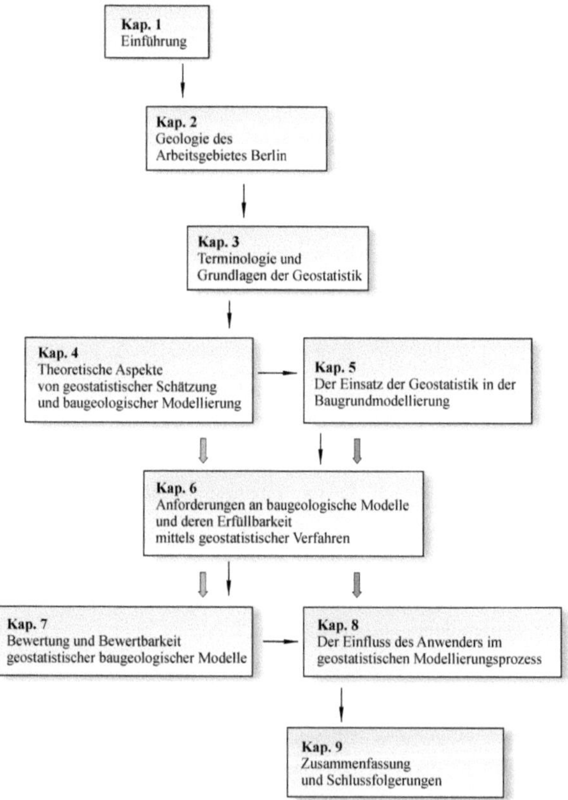

Abb. 1-1: Gliederung der Arbeit, Verknüpfung der einzelnen Kapitel und empfohlener Lesepfad.

Den Kern der Arbeit bilden die Kapitel 4 bis 8. Darin werden zunächst die theoretischen Aspekte des Benutzereinflusses erläutert (Kap. 4) und dessen Unumgänglichkeit im Rahmen des Modellierungsprozesses hervorgehoben (Kap. 5). In diesen beiden Kapiteln erfolgt ausgehend von der Betrachtung der umfangreichen Gruppe der mathematisch-objektiven Verfahren eine zunehmende Konzentration auf die geostatistischen Schätzverfahren und den baugeologischen Anwendungsbereich. Hinsichtlich des Untersuchungsgegenstandes wird hier zunächst auf natürliche Strukturen im Allgemeinen, dann auf geologische Phänomene eingegangen, um schließlich auf die baugeologisch relevanten Parameter zu fokussieren. Diese Vorgehensweise erlaubt einerseits die Herausarbeitung signifikanter Unterschiede des hier interessierenden neuen Anwendungsbereiches zu etablierten Einsatzgebieten der Verfahren, gestattet in vielen Fällen aber zugleich die Übertragung hier gewonnener Erkenntnisse auf neue Arbeitsgebiete.

Im Kapitel 6 sollen Anforderungen, die an baugeologische Modelle zu stellen sind, definiert bzw. entwickelt werden. Die Erfüllbarkeit dieser Anforderungen durch eine objektive mathematische Modellierung wird überprüft, wobei das besondere Augenmerk den geostatistischen Verfahren gelten muss. Das folgende Kapitel 7 behandelt die Bewertbarkeit und die Bewertung von Modellen. Hier wird differenziert zwischen geologischen Modellen im Allgemeinen und den auf geostatistischer Methodik beruhenden im Besonderen. Dabei können einige der im vorhergehenden Kapitel erläuterten Modellkriterien herangezogen werden. Darüber hinaus werden die Anwendbarkeit und die Aussagekraft verschiedener statistischer und geostatistischer Kriterien untersucht, die ohne eine konkrete Begründung für ihre modellspezifische Auswahl oftmals den alleinigen Qualitätsmaßstab darstellen. Die Untersuchungen erfolgen im ersten Teil anhand simulierter Datensätze, im Weiteren dann an realen geologischen Daten aus dem zentralen Bereich Berlins.

Im anschließenden Kapitel 8 erfolgt die detaillierte Betrachtung der Einflussmöglichkeiten des Benutzers im Zuge des geostatistischen Modellierungsprozesses. Im Rahmen von Parameterstudien und Sensitivitätsanalysen lässt sich hier der Einfluss des Bearbeiters weitgehend quantifizieren. Die für die Modellentwicklung bedeutendsten Möglichkeiten der Einflussnahme werden herausgearbeitet. Das die Arbeit beendende Kapitel 9 beinhaltet zunächst eine Zusammenstellung der verwendeten Methoden und eine Zusammenfassung der Ergebnisse. Im zentralen Teil dieses Kapitels wird der im Rahmen dieser Arbeit erreichte Erkenntnisgewinn dargelegt. Es folgen Empfehlungen für die Praxis sowie für weitere Untersuchungen. Das Kapitel schließt mit einem Ausblick auf die mögliche Entwicklung der geostatistischen Methoden.

Von diesem Lesepfad kann abgewichen werden, wenn sich das Interesse des Lesers auf ausgewählte Aspekte der Arbeit richtet. So ist es etwa möglich, die vorangestellten Kapitel 2 und 3 auszuklammern und direkt mit den Hauptkapiteln fortzufahren. Auch kann bei überwiegend theoriebezogenem Interesse eine Beschränkung auf die Kapitel 4, 6 und 7 erfolgen. Für den gegenteiligen Fall des Interesses an eher praxisnahen Ausführungen sei auf die Kapitel 5, 6 und 8 verwiesen. Jedem Kapitel vorangestellt ist ein knapp gehaltener Überblick über die Zielsetzung und den jeweiligen Inhalt. Am Ende eines jeden Kapitels fasst ein Fazit dessen Kernaussagen kurz zusammen.

In Abb. Anh. 1 wird eine Übersicht über die in den Kap. 7 und 8 herangezogenen Aufschlüsse gegeben. Das Schema der Bearbeitung bei den Untersuchungen der realen Datensätze dieser beiden Kapitel wie auch das der Untersuchungen an simulierten Datensätzen innerhalb der vorangegangenen Kapitel wird in Abb. Anh. 2 dargestellt.

Kapitel 2

Geologie des Arbeitsgebietes Berlin

2.1 Überblick

Mit diesem Kapitel wird ein Abriss über die geologischen Verhältnisse des Arbeitsgebietes gegeben. Besondere Beachtung gilt dabei der Einordnung der lokalen Berliner Verhältnisse in den durch den norddeutschen Raum vorgegebenen regionalen Rahmen. Die Auswertung stützt sich dabei auf zahlreiche jüngere Aufschlüsse sowie auf eine Vielzahl von Publikationen unterschiedlichen Alters. Dies bedingt auch den Versuch einer Korrelation zwischen den bei verschiedenen Autoren zu findenden Aussagen, insbesondere der Angaben zur fragwürdigen stratigraphischen Einstufung von Schichtgliedern.

Es folgen Ausführungen über die stratigraphische Abfolge der bautechnisch relevanten geologischen Einheiten sowie detaillierte Betrachtungen zu den spezifischen Verhältnissen des exemplarisch ausgewählten Untersuchungsgebietes, in dem die geostatistische Modellierung erfolgen soll. Das Kapitel schließt mit einem Fazit über die Eignung dieses Bereiches für geostatistische Modellierungen unter dem hier im Vordergrund stehenden Aspekt der Analyse des Benutzereinflusses. Dies erfolgt besonders im Hinblick auf die angestrebte Generalisierbarkeit der Ergebnisse dieser Studie und auch unter dem Aspekt der Übertragbarkeit auf andere Lokationen.

2.2   Strukturelle Einordnung – Geomorphologie

Der Berliner Raum als Teil des norddeutschen Tieflandes ist sowohl in seinen heutigen Ober-flächenformen als auch in der Stratigraphie des Untergrundes in entscheidendem Maße durch die pleistozänen Vereisungen geprägt. Die mannigfaltigen Ablagerungs- und Abtragungspro-zesse (vgl. SCHREINER 1992, EHLERS 1994, EISSMANN 2004 u. a.) haben zu einem komplex aufgebauten geologischen Untergrund geführt, der sich durch rasche vertikale und laterale Wechsel lithologischer Einheiten auszeichnet (CEPEK 1967).

Von den nordischen Vereisungen sind bisher drei (Elster, Saale, Weichsel) nachgewiesen worden. Jede dieser drei Eiszeiten hat den Berliner Raum überfahren und dabei sowohl den präexistenten Untergrund überprägt als auch selbst charakteristische Ablagerungen hinterlas-sen. Das heutige Landschaftsbild ist damit nicht nur Ergebnis der letzten Eiszeit, sondern Ausdruck der Gesamtheit der vielfältigen Wechselwirkungen zwischen Aufschüttung und Abtragung (LIPPSTREU, SONNTAG & STACKEBRANDT 1996) aller pleistozänen Prozesse.

Insgesamt haben die Vereisungen im Berliner Raum eine durchschnittlich etwa 80 m mächtige Lockergesteinsschicht hinterlassen, die im Bereich von Tiefrinnen auch auf mehrere Hundert Meter zunehmen kann, über Salzaufstiegsstrukturen hingegen deutlich reduziert ist (KALLENBACH 1980, MEYER 1978, LIMBERG 1991, LIPPSTREU 1995). Im Bereich des Ur-stromtals werden etwa 40 bis 60 m Lockergesteinsmächtigkeit erreicht. Die im Berliner Raum auftretenden Böden sind größtenteils mineralische siliziklastische Ablagerungen und ent-stammen glazialen bzw. stadialen quartären Phasen. In geringem Umfang handelt sich auch um organische Böden bzw. Reste davon (BÖSE 1995), die den Warmzeiten und den Intersta-dialen zugeordnet werden.

Ablagerungen der Weichsel-Eiszeit als Sedimente der jüngsten Vereisungsperiode bestimmen weitestgehend die regionale Morphologie und den oberflächennahen Untergrund-aufbau. Von den quartären Sedimenten besitzen sie daher die größte Bedeutung in Bezug auf ingenieurgeologische Fragestellungen. Zusammenfassende und ausführliche Darstellungen zur Weichsel-Eiszeit und ihren Ablagerungen finden sich u. a. bei GELLERT (1965) und bei CEPEK (1972), zur Einordnung in das regionale Umfeld Brandenburgs und Mitteleuropas siehe auch LIEDTKE (1981) und BENDA (1995). Die stratigraphische Gliederung erscheint in weiten Teilen noch unsicher. Strittige Punkte sind dabei im Wesentlichen auf die Lage Berlins innerhalb des weichselzeitlichen Eisrandes zurückzuführen.

Geomorphologisch ist der Berliner Stadtbereich in zwei weichselzeitliche Grundmoränen-platten und ein zentrales, etwa WNW-ESE streichendes Urstromtal gegliedert (Abb. 2-1). Dabei handelt es sich um die Hochfläche des Teltow im Süden der Stadt, um die Hochfläche des Barnim im Norden und Nordosten der Stadt sowie um das Warschau-Berliner Urstromtal, für das „wahrscheinlich eine saalezeitliche Vorform" (BÖSE 1995) angenommen werden kann. Westlich der Havelniederung befindet sich die Nauener Platte, die ebenfalls in das Stadtgebiet reicht und als Fortsetzung des Teltow verstanden werden kann. Die markante morphologische Dreigliederung kommt auch im Untergrundaufbau zum Ausdruck.

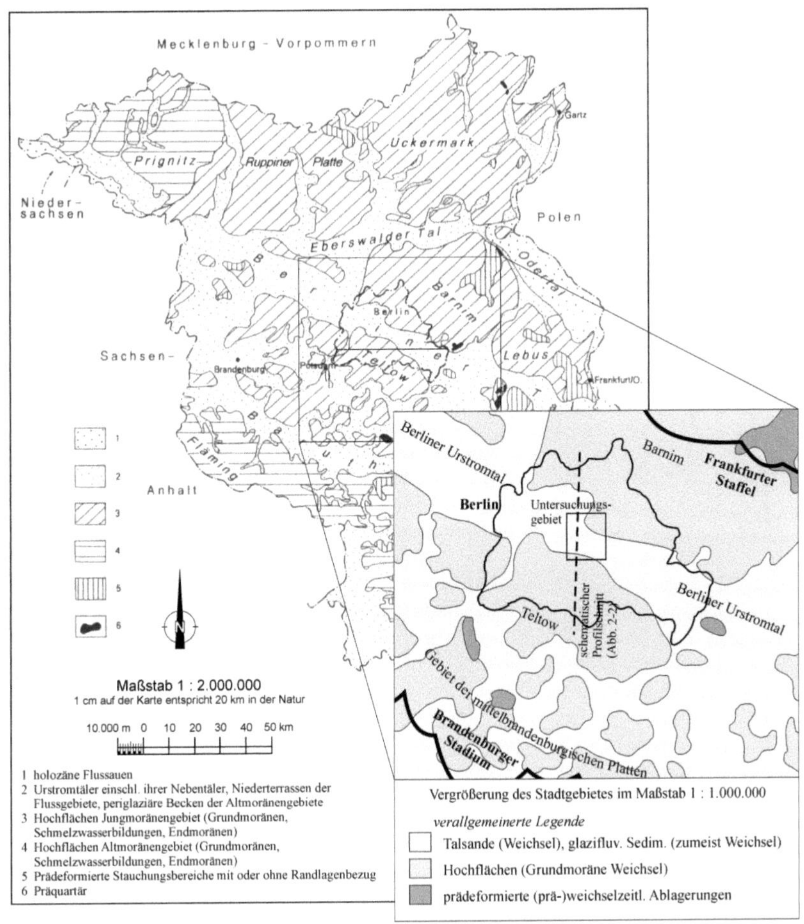

Abb. 2-1: Geologisch-geomorphologische Übersicht von Brandenburg und Vergrößerung des Berliner Stadtgebietes nebst Darstellung der Eisrandlagen von Frankfurter Staffel und Brandenburger Stadium, zusammengestellt aus und stark verändert nach LIPPSTREU, SONNTAG & STACKEBRANDT (1996), STACKEBRANDT, EHMKE & MANHENKE (1997), BÖSE (1995) und LIPPSTREU (1995). Lage des Untersuchungsgebietes sowie schematische Lage des Profilschnitts von Abb. 2-2.

Jüngste Ablagerungen stellen die 2 bis 3 m mächtigen anthropogenen Auffüllungen dar. Diese finden sich im gesamten Stadtgebiet, konzentrieren sich jedoch auf den Stadtkern (BORCHERT, SAVIDIS & WINDELSCHMIDT 1996, GELBKE *et al.* 1996). Sie resultieren zumeist aus den mit Bauschutt verfüllten Kellern durch Kriegseinwirkungen zerstörter Gebäude sowie aus der Anlage von Straßen und anderer Infrastruktur (KARSTEDT 1996a). Daneben sind sie Folge der Überschüttung holozäner weicher Sedimente zur Gewinnung neuen Baugrunds und Resultat der Auffüllung morphologischer Hohlformen.

2.3   Geologische Einheiten

2.3.1   Übersicht

Für ingenieurgeologische Fragestellungen sind vorrangig die oberen Schichten des Untergrundaufbaus von Interesse, die im Berliner Raum von quartären Sedimenten gebildet
werden. Diese folgen mit scharf ausgeprägter Erosionsdiskordanz den tertiären Ablagerungen
(FREY 1975, KALLENBACH 1980, LIMBERG 1991, vgl. Abb. 2-2). Kennzeichnend sind hier
einzelne Tiefrinnen, die zum Teil außerordentlich weit ins Tertiär reichen (vgl.
STACKEBRANDT, EHMKE & MANHENKE 1997, SCHWAB & LUDWIG 1996) und für die eine
mehrphasige Genese angenommen werden muss (HANNEMANN & RADTKE 1961, CEPEK 1967,
1999, EISSMANN & MÜLLER 1979).

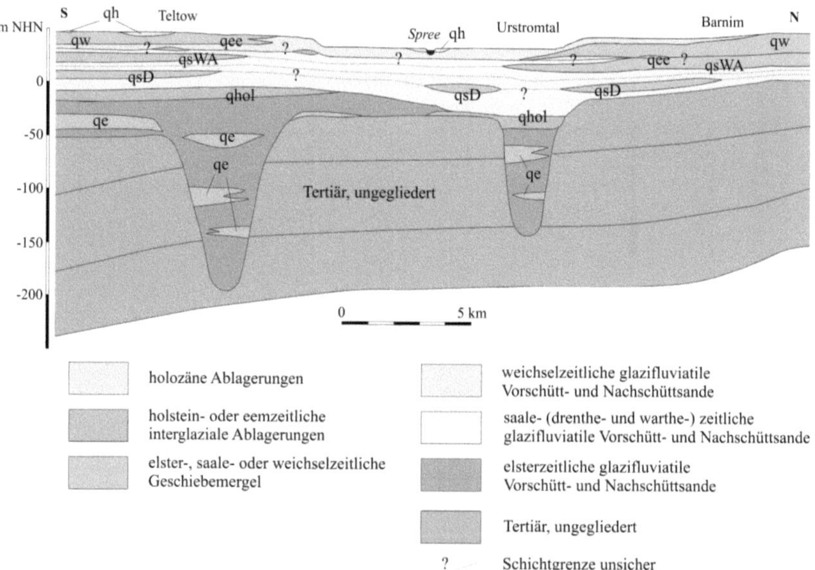

Abb. 2-2: Geologisches Profil durch das Stadtgebiet Berlins (40fach überhöht), modifiziert und stark verändert
nach LIMBERG & THIERBACH (2002).

Innerhalb der quartären Sedimente überwiegen deutlich die glazialen Ablagerungen. Nur zum
geringen Teil lassen sich hier mehrere Eisvorstöße zweifelsfrei ausweisen und chronostra-
tigraphisch korrekt zuordnen (BÖSE 1995, LIPPSTREU 1995). Anzahl und Verteilung eigen-
ständiger Grundmoränen sind daher in vielen Fällen noch strittig. Die zwischen den
Vereisungen liegenden Interstadiale führten zur teilweisen Überformung der existenten
Glazialsedimente, insbesondere aber zu Verwitterung und beginnender Pedogenese. Warm-
zeitliche Ablagerungen finden sich häufig auch in aufgearbeiteter und resedimentierter Form
wieder.

2.3.2 Quartär

2.3.2.1 Pleistozän

2.3.2.1.1 Elster

Elsterzeitliche Sedimente finden sich überwiegend in den Tiefrinnen (ASSMANN 1958, KALLENBACH 1980, LIPPSTREU, SONNTAG & STACKEBRANDT 1996) und bleiben außerhalb davon auf den südlichen Raum Berlins beschränkt, wo durchschnittlich Mächtigkeiten von 8 bis 18 m erreicht werden. Die Tiefrinnen sind während der gesamtem Elsterzeit syn-, z. T. auch postgenetisch (EISSMANN 1967) primär mit Bänder- und Beckentonen und -schluffen, Sanden, Kiesen und Geschiebemergel (BÖSE 1995, ASSMANN 1958), häufig auch durch sekundär umgelagertes miozänes oder paraautochthones quartäres Material (z. B. CEPEK 1967, PACHUR & SCHULZ 1983) verfüllt worden. Durch den Nachweis zweier separater Geschiebemergelschichten (qe1, qe2) können zwei Eisvorstöße belegt werden (LIMBERG 1991); eine Parallelisierung der Ablagerungen in den Rinnen mit den weitgehend autochthonen Sedimenten außerhalb von ihnen scheint jedoch nur selten möglich.

Als oberste Bildungen folgen glazifluviatile und periglaziäre fluviatile Sande stark schwankender Mächtigkeit und Korngröße, die zum Hangenden hin kontinuierlich in fluviatile holsteinzeitliche Ablagerungen übergehen (LIPPSTREU, SONNTAG & STACKEBRANDT 1996).

2.3.2.1.2 Holstein

Bedingt durch das Ausschmelzen elsterzeitlicher Toteisreste und im Zusammenwirken mit möglicher Eisisostasie (LIPPSTREU, SONNTAG & STACKEBRANDT 1996) entstand eine weitflächige von zahlreichen Flüssen durchzogene Seenlandschaft (BÖSE 1995, GOCHT 1968, EISSMANN & MÜLLER 1979). Die holsteinzeitlichen Sedimente (qhol) sind daher überwiegend fluviatilen allochthonen Ursprungs, untergeordnet auch in limnischer Fazies entstanden. Häufig finden sich die Ablagerungen im Hangenden noch nicht vollständig verfüllter, elsterzeitlich angelegter Rinnen (EHLERS 1994, CEPEK 1967, FREY 1975). Im Wesentlichen treten tonige, seltener schluffige bis sandige pflanzendetritusführende Sedimente auf (Randfazies nach HANNEMANN 1964). Charakteristisch für das Interglazial ist *Viviparus diluvianus* KUNTH (ehem. *Paludina diluviana* KUNTH), eine fossile Sumpfdeckelschnecke. Sie bildet infolge eines massenhaften Auftretens innerhalb des Holsteins die Berliner Paludinenbank. Gelegentlich wird auch das gesamte lokale Holstein als Paludinenschicht bzw. als „Berliner Paludinenschichten" (LIPPSTREU, SONNTAG & STACKEBRANDT 1996) bezeichnet oder auch Paludinenbank genannt (z. B. DIETZ 1937), obgleich diese an der Gesamtmächtigkeit nur einen Teil ausmacht.

Im südöstlichen Bereich Berlins handelt es sich bei den stratigraphisch als holsteinzeitlich eingestuften Sedimenten wahrscheinlich um primäre Ablagerungen, während die als holsteinzeitlich angesprochenen Sedimente der nördlichen Teile Berlins als fraglich einzustufen sind und vermutlich saalezeitlich umgelagert wurden. GOCHT (1963) stellt Karten zur Verbreitung des Holsteins zusammen. Im Allgemeinen können für die Mächtigkeit des Holsteins im Berliner Raum 40 – 50 m angegeben werden (CEPEK 1967, LIMBERG 1991).

2.3.2.1.3 Saale

Sedimente des Saale-Frühglazials (Unteres Saale) sind im Allgemeinen nicht vorhanden bzw. nicht sicher als solche nachweisbar (vgl. EISSMANN 2004, CEPEK 1967, PACHUR & SCHULZ 1983). Großräumig lassen sich saalezeitliche Sedimente (qs) erst mit der beginnenden Vergletscherung feststellen (EISSMANN & MÜLLER 1979). Die saalezeitliche Vereisung („Oberes Saale" nach LIPPSTREU 1999) dokumentiert sich in ihren basalen Bereichen durch Ablagerungen feinkörniger Sande, die als Vorschüttsande zu interpretieren sind, in die vereinzelt glazilimnische kalkhaltige Tuffe eingeschaltet sind (LIPPSTREU, SONNTAG & STACKEBRANDT 1996).

Innerhalb der saalezeitlichen Sedimente sind im Allgemeinen zwei Grundmoränen nachzuweisen, die dem ersten (Drenthe-) bzw. dem zweiten (Warthe-) Vorstoß zugerechnet werden. Drenthe- (qsD) und warthezeitlicher (qsWA) Geschiebemergel können jeweils in verschiedener Fazies vorliegen (LIPPSTREU 1995, 1999) und in mehreren Bänken auftreten. Sie lagern oft direkt aufeinander auf, können sich aber auch lokal ablösen (vgl. Diskussion bei ANDERS, KRATZERT & KÜHL 1991, LIMBERG 1991, EISSMANN 2004). Eine Zuordnung zu einem der beiden Stadien scheint auch dadurch erschwert, dass die zweite Grundmoräne oft nur als aufgearbeitetes Drenthe-Material zu interpretieren ist (CEPEK *et al.* 1975).

2.3.2.1.4 Eem

Das Eem (qee) bildet nach dem Holstein innerhalb des Pleistozäns eine zweite Warmzeit, die aufgrund ihrer Zeitdauer und Verbreitung als echtes Interglazial im Sinne LIEDTKEs (1981) anzunehmen ist. Sedimente des Eem treten nur kleinräumig oder punktuell auf. Die Ablagerungen lassen sich daher als Füllungen morphologischer Depressionen, die durch warthezeitliches Toteis hinterlassen wurden (LIPPSTREU, SONNTAG & STACKEBRANDT 1996), oder als lokale Einsenkungen infolge autoplastischer Bewegungen (vgl. EISSMANN 1978, RUCHHOLZ 1979) interpretieren.

Erhalten haben sich die Ablagerungen oft auf den Hochflächen, während sie im Urstromtal nochmals seltener werden und weitgehend wohl durch die weichseleiszeitlichen Vorschüttsande ausgeräumt wurden. Als verbliebene Restmächtigkeiten werden für den Berliner Raum 1 bis 3 m genannt (GOCHT 1968, ASSMANN 1958). Lithologisch handelt es sich nach DIETZ (1937) zumeist um kalkfreie humose Sande, die teilweise faulschlammhaltig sind und gelegentlich durch Torfe abgelöst werden (LIMBERG 1991). Ton-, Kalk-, und Detritusmudden (CEPEK 1967, 1995) sowie feinklastische Ablagerungen (KALLENBACH 1980) sind ebenfalls nicht selten. Lokal sind Süßwasserkalke nachweisbar (HANNEMANN 1966).

Besondere Bedeutung haben eemzeitliche Ablagerungen für eine Trennung saalezeitlicher und weichselzeitlicher Sedimente erlangt (PACHUR & SCHULZ 1983), die allein auf Basis lithologischer Eigenschaften nicht möglich wäre (vgl. LIMBERG 1991).

2.3.2.1.5 Weichsel

Die weichselzeitlichen Ablagerungen (qw) beginnen mit kontinuierlichem Übergang von den organogenen und fluviatilen feinkörnigen eemzeitlichen Materialien hin zu feinsandigen glazifluviatilen Sanden (KEILHACK 1910a, 1910b). Sie sind sehr häufig an der Oberfläche aufgeschlossen. Auf den Hochflächen des Teltows und des Barnims handelt es sich überwiegend um Geschiebemergel, in untergeordnetem Maße auch um Decksande o. ä. Sedimente. Im Gegensatz zum Teltow ist die Barnim-Hochfläche nahezu durchgehend ausgebildet. Sie erreicht Mächtigkeiten von 5 m, lokal auch von 10 m (LIPPSTREU, SONNTAG & STACKE-BRANDT 1996), wobei der Weichsel-Geschiebemergel oft unmittelbar der Saale-Grundmoräne auflagert. Fehlen eemzeitliche Ablagerungen, ist weder eine Trennung saalezeitlichen und weichselzeitlichen Geschiebemergels (vgl. CEPEK 1995, ASSMANN 1958) noch eine Differenzierung saalezeitlicher Nachschüttsande von weichselzeitlichen Vorschüttsanden möglich (so bereits DIETZ 1937).

Das Obere Weichsel beginnt mit organischer Sedimentation (LIMBERG 1991) und leitet damit bereits die beginnende Klimaänderung im Holozän ein. Ohne Altersbestimmung sind die Ablagerungen nicht von den hangenden holozänen Sedimenten zu unterscheiden.

2.3.2.2 Holozän

Von organischen Ablagerungen abgesehen handelt es sich bei den holozänen Sedimenten (qh) ebenfalls überwiegend um Fein- bis Mittelsande, die sich nur gelegentlich durch allochthone Pflanzenreste von den im Urstromtal dominierenden pleistozänen Sanden unterscheiden, stellenweise auch um feinkörnigere Böden. Wo keine liegenden organischen holozänen Sedimente vorhanden sind, ist damit eine fehlerhafte Zuordnung der holozänen Sande zum Pleistozän denkbar. Während in den weitläufigen Niederungen die Mächtigkeiten der holozänen Sedimente zumeist nur im Bereich mehrerer Dezimeter bis einiger Meter liegen, sind lokal im Bereich verschütteter Altarme oder Mäander von Spree und Panke weit höhere Mächtigkeiten zu erwarten (GOCHT 1963). MEYER (1978) gibt bis zu 20 m an, PACHUR & SCHULZ (1983) auch bis zu 35 m. Maximale Mächtigkeiten werden mit über 40 m im Bereich der Museumsinsel erreicht (HESEMANN 1929, DIETZ 1937, ASSMANN 1957), wo bis 48,6 m u. GOK organische Böden erbohrt wurden, die vollständig dem Holozän zugerechnet werden.

Lithologisch handelt es sich oft um regelmäßige Abfolgen typischer Verlandungssedimente; Mudden, Gyttja und Torfe sind häufig, gelegentlich auch Sumpfkalk, Wiesenkalk u. ä. (DIETZ 1937, LIPPSTREU, SONNTAG & STACKEBRANDT 1996). Aufgrund ihrer bodenmechanischen Eigenschaften (vgl. etwa PACHUR & SCHULZ 1983, HOBBS 1986, CATT 1992) kommt den organischen Böden besondere Bedeutung zu.

2.4   Geologie des zentralen Bereiches von Berlin

Das Untersuchungsgebiet liegt nahezu vollständig im Bereich des Urstromtals (Abb. 2-3) und offenbart aufgrund der vielfältigen Erosions- und Sedimentationsprozesse einen ausgesprochen kompliziert aufgebauten geologischen Untergrund.

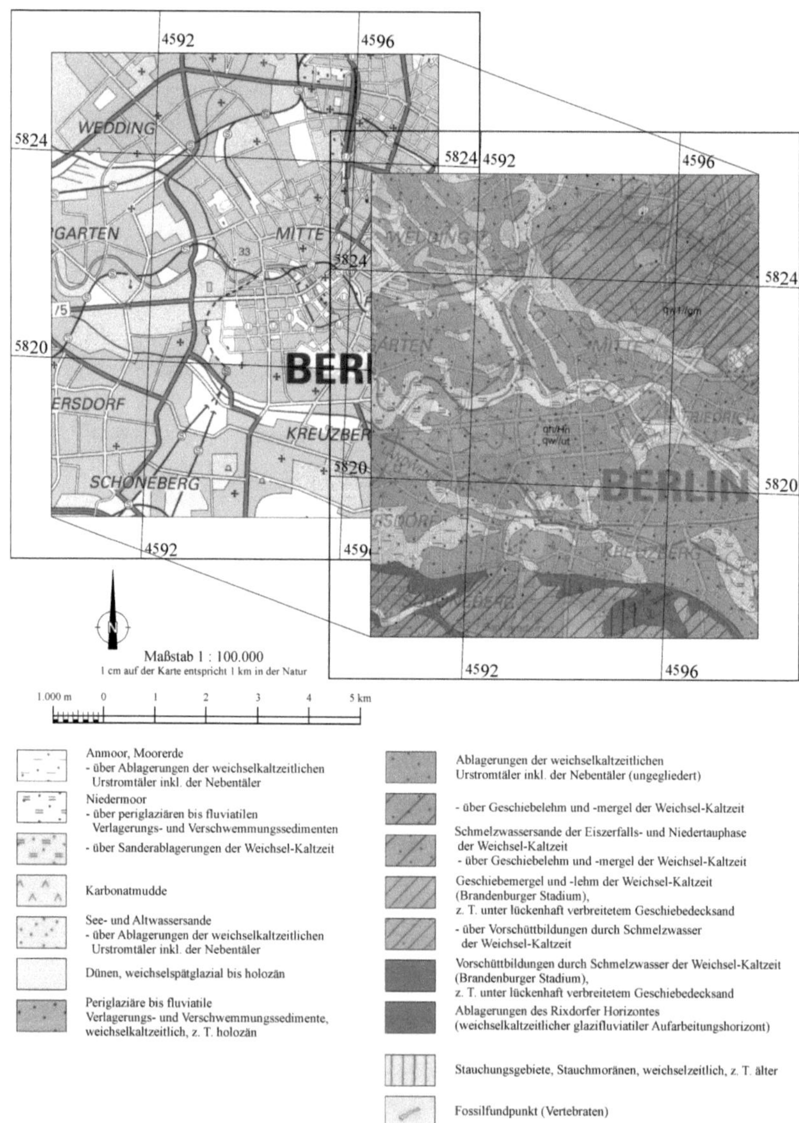

Abb. 2-3: Lage des zentralen Bereiches von Berlin (Ausschnitt aus Regionalkarte 1:100.000, Blatt 4) nebst entsprechendem Ausschnitt aus der Geologischen Karte 1 : 100.000 (LIPPSTREU, HERMSDORF & SONNTAG 1995).

Die aus diesem Areal zur Verfügung stehenden Daten stammen zum Teil aus Erkundungskampagnen vom Beginn des 20. Jh., aus den 1930er Jahren oder sind bei der Planung der Neugestaltung der ehemaligen Berliner Stadtmitte (vgl. ELLGER 1996, KARSTEDT 1996a) erhoben worden (vgl. Lage aller Aufschlüsse in Abb. Anh. 1). Sie enthalten auch im Rahmen des Projekts „Verkehrsanlagen im Zentralen Bereich Berlins" (VZB) (z. B. BORCHERT, SAVIDIS & WINDELSCHMIDT 1996) gewonnene Erkenntnisse.

An der Oberfläche stehen hier überwiegend die Ablagerungen des weichselkaltzeitlichen Urstromtals der Spree an, die im Bereich überschütteter und rezenter Gewässer von verschiedenen organischen Sedimenten des Holozäns abgelöst werden (vgl. Abb. 2-3). Dünen und periglaziäre Verlagerungssedimente finden sich im Übergang zu den Hochflächen, die den südlichen und nördlichen Randbereich des Untersuchungsgebietes markieren.

Der tiefere Untergrund wird gebildet durch tertiäre Sedimente, die hier in Tiefen von 50 m unter GOK als Braunkohlentone bis -sande miozänen Alters vorliegen (Schicht **B** nach BORCHERT, SAVIDIS & WINDELSCHMIDT 1996, vgl. Abb. 2-4). Es folgen gelegentlich tertiäre Sande, **S3**, die durch elsterzeitliche glazifluviatile Sande von dichter Lagerung (KARSTEDT 1996a) überdeckt werden. Im Hangenden folgen organische Schluffe und Tone (Schicht **I**, BORCHERT, SAVIDIS & WINDELSCHMIDT 1996), die wahrscheinlich dem Holstein (qhol) zuzuordnen sind und nur südlich der Spree angetroffen werden (GOCHT 1968, WINDELSCHMIDT 2003). In deren Hangenden tritt der als **Mg2** bezeichnete untere Geschiebemergel auf, in dem bis zu drei Bänke nachweisbar sein sollen (BORCHERT, SAVIDIS & WINDELSCHMIDT 1996). Es ist zu vermuten, dass es sich um saalezeitliche Grundmoränen handelt.

Es folgen Mittel- bis Grob-, zum Teil auch Kiessande, die zusammenfassend als **S2** bezeichnet werden und sowohl Vorschütt- als auch Nachschüttbildungen von Drenthe- und Warthestadium umfassen können. Oberhalb dieser Sandschicht lagert der obere Geschiebemergel **Mg1**, der als sandiger Ton und Schluff ausgebildet ist und bisweilen auch Kiese, Steine und Blöcke enthält. Eine stratigraphische Zuordnung von **Mg1** fehlt bei BORCHERT, SAVIDIS & WINDELSCHMIDT (1996). Im Hinblick auf die von BÖSE (1997) postulierte Oszillation des Eisrandes im Brandenburger Stadium dürfte es sich um dessen untere Bank handeln, der dann ein weichselzeitliches Alter zugesprochen werden muss. Dies ließe sich gut mit den Angaben von DIETZ (1937) und ASSMANN (1957, 1958) parallelisieren.

Nach der Schicht **S1**, die weichselzeitliche glazifluviatile eng- bis weitgestufte mitteldicht gelagerte (GOLLUB & KLOBE 1995) Fein- und Mittelsande umfasst, folgt der (eigentliche) weichselzeitliche Geschiebemergel **Mg0**. Dieser Mergel fehlt im westlichen und südlichen Teil des Gebietes nahezu völlig, während er im Bereich des Potsdamer Platzes lediglich kleinere Fehlstellen („Fenster") aufweist (KARSTEDT 1996a).

Darüber liegen die 15 bis 20 m mächtigen Talsande des Warschau-Berliner Urstromtals (LIPPSTREU, SONNTAG & STACKEBRANDT 1996), die neben weichselzeitlichen Nachschüttbildungen wegen der Nähe zur Barnim-Hochfläche sowohl Sanderbildungen von Frankfurter und Pommerschem Stadium als auch Anteile spätweichselzeitlicher oder holozäner Elemente enthalten können. Nicht immer ist es daher möglich, die echten holozänen Sande, **S0**, von den oberen Sanden der Weichseleiszeit, **S10**, zu unterscheiden. Letzteres wäre lediglich dann möglich, wenn organische Bildungen des Holozäns (**O**, bei MARINONI 2000 jedoch **H**), die gemeinsam mit **S0** auftreten oder diese lokal vollständig vertreten können, zwischen diesen Sedimenten liegen.

Zum Liegenden der Sande hin treten vermehrt schwach kiesige bis kiesige Lagen und schließlich auch Gerölllagen auf. Diese „Steinsohlen" (ASSMANN 1957) bilden oftmals das unmittelbare Hangende des Geschiebemergels oder treten an seine Stelle, weshalb sie auch als dessen Erosionsreste gedeutet werden (vgl. Abb. 2-4). Zusätzlich zu den genannten Schichten hält MARINONI (2000) eine Schluff-/Tonfolge, **U1**, aus, die mit Mächtigkeiten von 0 bis 9 m im Liegenden von **S1** auftreten soll. In weiten Bereichen handelt es sich möglicherweise um die bei LIPPSTREU, SONNTAG & STACKEBRANDT (1996) ausgewiesenen „kaltzeitlichen Beckensedimente", denen dort ein warthezeitliches Alter zugesprochen wird (vgl. HECK 1961). In untergeordneten Abschnitten dürfte es sich jedoch hierbei um Sonderbildungen (saale- oder weichselzeitlichen) Geschiebemergels handeln.

Basierend auf den obigen Ausführungen zeigt Abb. 2-4 den Versuch einer Korrelation zwischen den bei verschiedenen Autoren zu findenden Angaben zur stratigraphischen Einstufung der Schichtglieder. Da eine vollständige Abfolge noch nie angetroffen worden ist, sind andere Interpretationen zum Teil möglich und lokal sogar wahrscheinlich. Die rechte Seite der Abbildung zeigt die auf lithologischen Kriterien basierende Codierung der Schichtglieder, wie sie von BORCHERT, SAVIDIS & WINDELSCHMIDT (1996) entwickelt wurde.

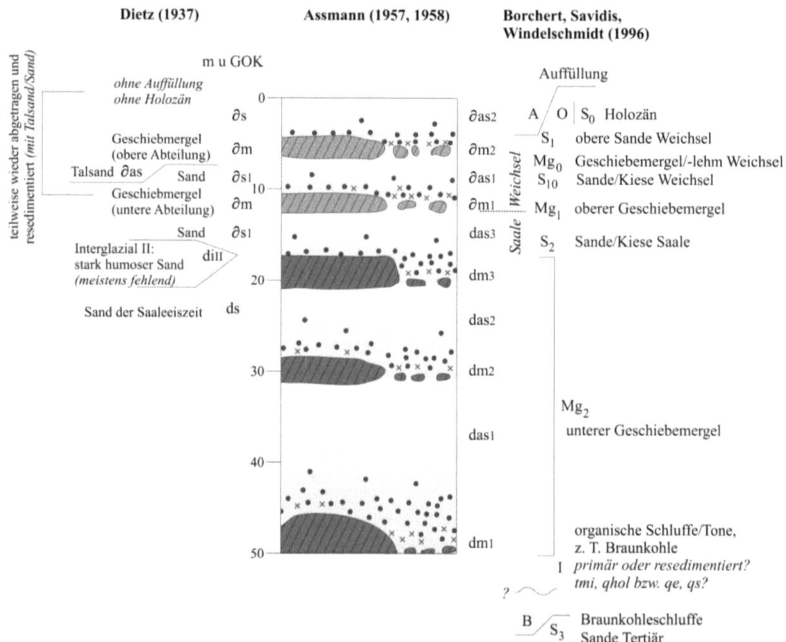

Abb. 2-4: Versuch einer Korrelation zwischen den bei verschiedenen Autoren zu findenden Angaben zur stratigraphischen Einstufung von Schichtgliedern und Zuordnung der geotechnischen Codierung.

Bautechnisch relevante Eigenschaften der Böden im Arbeitsgebiet sind WEISS (1978), WINDELSCHMIDT (2003), SCHRAN (2003) u. a. zu entnehmen, fußen jedoch ebenfalls auf der für geotechnische Zwecke erfolgten rein lithologischen Ansprache der Sedimente. Sie basieren daher vermutlich auf einer jeweils verschiedenartigen Zuordnung von Schichtgliedern zu bekannten lithostratigraphischen Einheiten.

2.5   Fazit

Geologische Variabilität, das Fehlen warmzeitlicher Sedimente und das weitgehende Fehlen charakteristischer Merkmale der glazialen Ablagerungen erschweren eine korrekte stratigraphische Zuordnung zu einer der drei Vereisungsphasen. Baugeologisch orientierte Klassifizierungsschemata versuchen daher, eine Vereinfachung auf Basis einer typischen relativen Teufenabfolge vorzunehmen und basieren im Wesentlichen auf einer Unterscheidung der Sedimente als Sand, Mergel oder organischer Boden. Auch diese Systematik erlaubt eine hinreichend genaue Beschreibung des Untergrundaufbaus nur im seltenen Fall einer vollständig angetroffenen Schichtenfolge.

Die quartäre Geologie Berlins muss im Hinblick auf die angestrebte Modellierung als sehr komplex angesehen werden. Durch die oft wenig markanten Ausbildungsmerkmale der einzelnen Ablagerungen, ihre unregelmäßige Verzahnung und das in horizontaler Richtung enge Nebeneinander von autochthonen und allochthonen Sedimenten entsteht ein subjektiver Ermessensspielraum bei der Identifikation der Schichtglieder, die einen starken Benutzereinfluss bereits in dieser Phase einer Untergrundmodellierung als unvermeidbar erscheinen lässt.

Gleichzeitig wird deutlich, dass aufgrund der Vielzahl der beteiligten geologisch-genetischen Prozesse, die sich zudem in unterschiedlicher Deutlichkeit in den angetroffenen geologischen Strukturen manifestieren, eine mathematisch-objektive Untergrundmodellierung, die auch Vorkenntnisse über diese Prozesse zu berücksichtigen vermag, eine Konzentration auf besonders markante Prozesse bzw. auf besonders klar ausgeprägte Strukturen bedingt. Dies gilt umso mehr, wenn mit der Modellierung nicht nur die Darstellung einer einzigen Struktur beabsichtigt ist, beispielsweise einer interessierenden Schicht, sondern die gleichzeitige modellhafte Betrachtung mehrerer Schichten angestrebt wird, die sowohl lateral als auch vertikal in unterschiedlicher Abfolge auftreten können.

Kapitel 3

Terminologie und Grundlagen der Geostatistik

3.1 Überblick

In diesem Kapitel werden die zum Verständnis der nachfolgenden Teile der Arbeit erforderlichen theoretischen Grundlagen der Geostatistik erläutert und deren Bedeutung für die geologische Modellbildung beschrieben. Notwendige Begriffe werden eingeführt und anhand von Beispielen erklärt.

Die Anwendung geostatistischer Verfahren setzt die Erfüllung der Hypothesen der Stationarität und der Ergodizität voraus, wobei hinsichtlich ersterer drei Formen unterschieden werden, die in Bezug auf ihre Strenge und die damit assoziierte Nachweisbarkeit qualitativ abgestuft werden. Diese Hypothesen werden im vorderen Teil des Kapitels dargestellt. Anschließend werden verschiedene geostatistische Verfahren hinsichtlich Zielstellung und Anwendbarkeit beschrieben. Zwei schrittweise präsentierte Beispiele unterschiedlicher Komplexität verdeutlichen die Verwendung geostatistischen Methodeninventars in der Untergrundmodellierung.

Der letzte Abschnitt des Kapitels dient der Darstellung des derzeitigen Kenntnisstandes. Hier wird unterschieden zwischen der Entwicklung geostatistischer Methoden und ihrer Heranziehung für die Modellierung des geologischen Untergrundes. Des Weiteren wird hier

eine Übersicht über den Stand des Wissens um die Bedeutung des Benutzereinflusses innerhalb dieser Verfahren gegeben.

3.2   Theorie der regionalisierten Variablen

Natürliche Ereignisse und Prozesse bilden zeitlich gerichtete und/oder räumlich geordnete
Folgen und Strukturen mit der Tendenz zur Erhaltungsneigung oder Persistenz (MEIER &
KELLER 1990). Die Kenntnis dieser Erhaltungsneigung kann sich als vorteilhaft für die Modellierung erweisen und schließlich die Schätzung im Sinne einer räumlichen Interpolation
(Abs. 3.5) oder einer zeitlichen Prädiktion ermöglichen. Eine solche Prognosefähigkeit wird
jedoch mit den Nachteilen erkauft, klassische statistische Verfahren nicht anwenden zu
können und im Vorfeld der Prognose erst die Eigenschaften der strukturspezifischen
Persistenz berechnen zu müssen. Letzteres kann bei Anwendung geostatistischer Methoden
innerhalb der Variographie erfolgen (siehe Abs. 3.5.2f.). Eine Behandlung von durch
natürliche Prozesse erzeugten Daten mittels klassischer GAUSSscher Statistik würde hingegen
zu einer systematisch fehlerbehafteten Analyse führen, da natürliche Daten nicht unabhängig
voneinander sind, sondern aufgrund ihrer Lagebeziehung eine gewisse Redundanz in ihrem
Informationsgehalt aufweisen.

Quantifiziert werden kann diese graduelle Abhängigkeit mit der *Theorie der regionalisierten Variablen*, die von MATHERON (1965) zur Beschreibung natürlicher Phänomene unter
Verwendung der Arbeiten von KRIGE (1951, 1966) eingeführt worden ist. Die Theorie der
regionalisierten Variablen folgt der intuitiven Feststellung, dass bei zwei Werten (Beobachtungen, Messungen usw.) an näher beieinander liegenden Lokationen eine tendenziell höhere
Ähnlichkeit zu erwarten ist als bei Wertepaaren mit größerer Entfernung, und setzt dies in
eine mathematische Sprache um. Unabhängig von der Einführung der regionalisierten
Variablen fand diese Erkenntnis auch Eingang in das Erste Gesetz der Geographie durch
TOBLER (1970)[1].

Im Zuge der Anwendung der Theorie der regionalisierten Variablen werden die einzelnen
verwirklichten Werte z an jedem Punkt der Struktur x als eine ortsabhängige Zufallsvariable
$z(x)$ und damit als Ergebnis eines Zufallsprozesses aufgefasst. Die Gesamtheit aller Zufallsvariablen sei eine Zufallsfunktion (DEUTSCH & JOURNEL 1997). Natürliche kontinuierlich
variierende Phänomene können dann als Realisationen dieser Zufallsfunktion $Z(x)$ aufgefasst
werden (DUTTER 1985), die im Zuge ihrer Genese auch hätte anders ausfallen können. Diese
Zufallsfunktion beschreibt die gegenseitige Abhängigkeit der einzelnen Werte, d. h. deren
Autokorrelation. Die regionalisierte Variable hat damit sowohl zufällige als auch räumlich
bedingte Eigenschaften. Die Änderungen der Variablen von einer Lokation der Struktur zu
einer anderen sind jedoch zu komplex, als dass sie mittels deterministischer Funktionen zu
erfassen wären (DAVIS 1986). Für die unbekannte Zufallsfunktion $Z(x)$ werden lediglich die
Stationarität und die Ergodizität gefordert (vgl. Abs. 3.3).

---

[1] „Everything is related to everything else, but near things are more related than distant things" (TOBLER 1970).

Phänomene, die ihre Charakterisierung als regionalisierte Variable sinnvoll erscheinen lassen, finden sich in nahezu allen Zweigen der Naturwissenschaften und in verschiedenen Maßstabsbereichen (vgl. z. B. KREUTER 1996: Bild 3.9; vgl. auch Abs. 4.3). Für geologische Fragestellungen relevant sind etwa die zweidimensionale Variation physikalischer Eigenschaften entlang einer Trennfläche oder die Änderung von Schichtmächtigkeiten oder von Höhenlagen von Schichtgrenzen innerhalb eines Gebietes. Bodenphysikalische Eigenschaften (Dichte, Wassergehalt u. ä.) oder geotechnische Parameter (Kohäsion, CPT-Spitzendruck u. ä.) zwingen darüber hinaus zu dreidimensionalen Betrachtungen und erfordern die Berücksichtigung von horizontaler und vertikaler Kontinuität. Vierdimensionale Prozesse treten bspw. in der Ökologie und in der Meteorologie auf. Sie umfassen hier eine zeitliche Veränderung eines im Raum variablen Parameters[2].

Die Theorie der ortsabhängigen Variablen im Sinne MATHERONs (1970a) und die Gruppe der darauf aufbauenden Verfahren werden heute zusammenfassend als *Geostatistik* bezeichnet. Frühere Autoren (vgl. AGTERBERG 1974, KRUMBEIN & GRAYBILL 1965 u. a.) fassten hierunter alle Anwendungen jedweder statistischer Verfahren auf geologische Datensätze zusammen, während die MATHERONsche Definition damit ein deutlich engeres Spektrum von Anwendungen umschreibt und insbesondere die Berücksichtigung der räumlichen Abhängigkeit, der Autokorrelation, erfordert.

3.3 Die Hypothesen der Stationarität und Ergodizität

3.3.1 *Stationarität*

3.3.1.1 *Strenge Stationarität*

Unabhängig von der fachspezifischen Wertung dieses Begriffs ist Stationarität zunächst als Invarianz einer Eigenschaft im betrachteten Raum-Zeit-Ausschnitt zu begreifen. Bei geologischen Phänomenen, die lediglich einer statischen Modellierung bedürfen, ist Stationarität als Konstanz dieser Eigenschaft im Raum bzw. in der Fläche aufzufassen[3]. Die Existenz von Stationarität ist unabdingbare Voraussetzung einer geostatistischen Schätzung.

---

[2] Es lässt sich zeigen, dass alle natürlichen Phänomene vollständig nur durch vierdimensionale Betrachtung zu erfassen sind, da stets eine raum-zeitliche Variation vorliegt. Die Beschränkung auf nur zwei oder drei Dimensionen bedeutet insofern eine zulässige Vereinfachung, als dass etwa Änderungen über die Zeit nur sehr langsam ablaufen, im Hinblick auf die Größe der räumlichen Variation nicht signifikant oder für die angestrebte Modellnutzung nicht relevant sind. Gleiches gilt, wenn nur eine einzige Messung zur Verfügung steht und daher Aussagen zu einer zeitlichen Änderung ohnehin nicht möglich sind. Ingenieurgeologisch motivierte Betrachtungen des geologischen Untergrundes können diesen daher als statisches System auffassen.

[3] Ursprünglich nur zur Beschreibung der Invarianz von Zeitreihen verwendet, hat sich der Begriff der Stationarität in der Folgezeit auch zur Beschreibung räumlicher Invarianz durchgesetzt. Er wird hier synonym mit Homogenität verwendet, wenn ausschließlich (wie bei statischen Systemen) räumliche Invarianz betrachtet wird. Treten hingegen raum-zeitliche Prozesse auf (bspw. in der Meteorologie), wird im Allgemeinen unterschieden zwischen zeitlicher Stationarität und räumlicher Homogenität, da prinzipiell beide unabhängig voneinander sind.

Es sind unterschiedliche Stationaritätsannahmen verwendbar: Eine strenge Stationarität beschreibt die Unabhängigkeit des gesamten Verteilungsgesetzes des Zufallsprozesses $Z(x)$ gegenüber Translation (bspw. DEUTSCH & JOURNEL 1997, JOURNEL & HUIJBREGTS 1978). In Bezug auf die regionalisierte Variable bedeutet dies eine Ortsunabhängigkeit des Verteilungsgesetzes. Das heißt, dass an allen Punkten des Raumes das gleiche, aber unbekannte Verteilungsgesetz während des genetischen Prozesses vorgelegen hat, aus dem an jedem Punkt ein Wert realisiert worden ist.

Wird nun jedes beliebige Paar von Punkten als x_i und $x_i + h$ bezeichnet und sei h der Abstandsvektor, der die Entfernung der Punkte voneinander beschreibt, so gilt bei strenger Stationarität für jeden vektoriellen Prozess mit k Komponenten $\{Z(x_1),Z(x_2),...,Z(x_k)\}$ und $\{Z(x_1+h),Z(x_2+h),...,Z(x_k+h)\}$, dass alle Beobachtungen dieses Zufallsprozesses $Z(x)$ als aus einer einzigen Wahrscheinlichkeitsdichtefunktion stammend angesehen werden können und nicht von verschiedenen Verteilungen an einzelnen Orten (OLEA 1991). Zwar wird mit der strengen Stationarität nicht gleichzeitig gefordert, dass die Momente der Verteilung existieren, jedoch gilt im Umkehrschluss bei Nachweis von deren Existenz die Stationarität.

3.3.1.2 Stationarität zweiter Ordnung

Anstelle eines vollständigen Verteilungsgesetzes sind im Allgemeinen lediglich die ersten beiden Momente, d. h. der Mittelwert und die Varianz, zur Beschreibung einer Verteilung gebräuchlich. Die Beschränkung auf die ersten beiden Momente ist jedoch nicht etwa eine für die Geostatistik getroffene Vereinfachung (vgl. MARINONI 2000, POST 2001), sondern vielmehr eine aus der Erkenntnis erwachsene Einsicht (JOURNEL & HUIJBREGTS 1978, MEIER & KELLER 1990), dass eine Beschreibung der meisten Verteilungen anhand ihrer ersten beiden Momente für praktische Fälle ausreichend ist.

Statt mit der strengen Stationarität die Spezifizierung der Mehrpunktverteilungen für alle Gruppen von Punkten $\{x_1,...,x_n\}$ zu verlangen, kann daher auch eine Beschränkung auf Paare von Werten $\{x_1, x_2\}$ erfolgen und der Versuch unternommen werden, deren Verteilungen durch die ersten beiden Momente zu charakterisieren (WACKERNAGEL 2003). Dieser Ansatz entspricht der Stationarität zweiter Ordnung im Falle der Momente der Variablen, der intrinsischen Stationarität (Abs. 3.3.1.3) im Falle der Momente der Differenzen $Z(x+h) - Z(x)$ zwischen zwei Punkten, vgl. Gl. (3-6).

Für die Stationarität zweiter Ordnung ist gefordert, dass der Erwartungswert E an jeder Lokation unabhängig vom Ort sei, dem Mittelwert m der Stichprobe entspricht und dass die Kovarianz Cov von $Z(x)$ und $Z(x+h)$ existiere. Somit soll gelten

$$E\{Z(x)\}=m \tag{3-1}$$

und

$$Cov\{x,x+h\}=Cov\{h\}=E\{Z(x)\cdot Z(x+h)\}-m^2. \tag{3-2}$$

Auch an jeder Schätzstelle ist daher ein Wert anzunehmen, der dem Mittelwert der Stichprobenpopulation entspricht. Die Kovarianz zweier beliebiger Zufallsvariablen hängt zudem lediglich vom Abstand h ab. Kovarianz σ und Variogramm γ sind in diesem Falle gleichwertige Möglichkeiten der Strukturbeschreibung (z. B. DEUTSCH & JOURNEL 1997, TILKE 1995, HILLMANN 2000) und können nach

$$\gamma(h) = \sigma(0) - \sigma(h) \tag{3-3}$$

ineinander überführt werden (Abb. 3-1).

3.3.1.3 *Intrinsische Hypothese*

In dieser gegenüber der schwachen Stationarität (Abs. 3.3.1.2) nochmals abgeschwächten Hypothese wird nur noch gefordert, dass der Erwartungswert der Differenz der Werte $Z(x+h)$ und $Z(x)$ gleich Null ist und dass diese beiden Punkte für alle h eine endliche Varianz aufweisen. Dann gilt

$$E\{Z(x+h) - Z(x)\} = m(h) = 0, \tag{3-4}$$

für die Varianz der Werte $Z(x+h)$ und $Z(x)$

$$Var(Z(x+h) - Z(x)) = E\{Z(x+h) - Z(x)\}^2 = 2\gamma(h). \tag{3-5}$$

und schließlich

$$\gamma(h) = \frac{1}{2} Var[\{Z(x+h)\} - Z(x)\}]. \tag{3-6}$$

Damit ist $\gamma(h)$ nur noch eine Funktion des Abstandes der beiden Punkte. Die Erfüllung dieser intrinsischen („wesentlichen", „inneren", vgl. DUTTER 1985) Hypothese bezieht sich damit lediglich auf die Inkremente der Zufallsfunktion. Sie wird daher auch als Zuwachsstationarität zweiter Ordnung bezeichnet und ist mit der Existenz von Homogenität gleichzusetzen (z. B. KNOSPE 2001, WACKERNAGEL 2003).

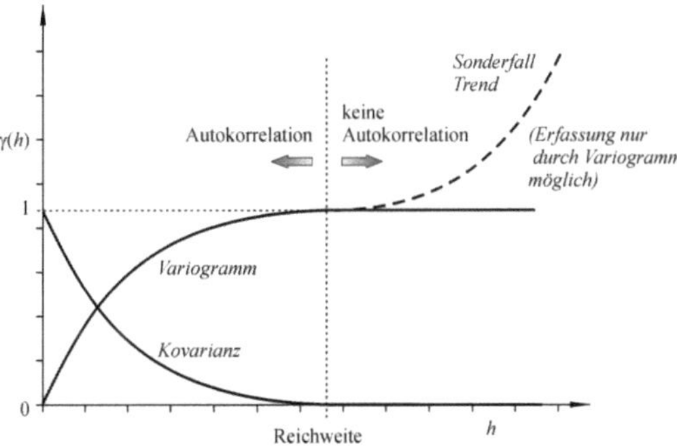

Abb. 3-1: Beschränkung der Kovarianz; Beziehung zwischen Kovarianz und Semivariogramm; fehlende Beschränkung des Variogramms im Falle von trendbehafteten Daten (vgl. Abs. 3.5.3).

Jeder schwach stationäre ist auch ein intrinsisch stationärer Prozess, während die Umkehrung nicht zwangsläufig gilt. Die Umkehrung gilt auch deshalb nicht, weil das Variogramm nicht notwendigerweise beschränkt ist. So gilt beispielsweise im Falle eines Trends, d. h. bei Vorliegen einer signifikanten Wertänderung über das gesamte Untersuchungsgebiet, dass ein Anstieg von $\gamma(h)$ über ein lokales Plateau hinaus und damit eine noch ansteigende Unähnlichkeit erlaubt werden (vgl. Abb. 3-1). Kovarianz und Variogramm sind in diesem Falle nicht mehr gleichwertige Möglichkeiten zur Beschreibung der räumlichen Struktur. Die Änderungen des Wertes selbst spielen keine Rolle mehr; durch Annahme der intrinsischen Hypothese wird lediglich sichergestellt, dass die Konstanz der Änderungen gegeben bleibt, das Variogramm folglich durchaus einen Anstieg aufweisen kann, der jedoch nicht überparabolisch sein darf.

3.3.2   *Ergodizität*

Neben der Hypothese der Stationarität ist zur Anwendung geostatistischer Verfahren auch die Ergodizität zu fordern, die sich auch auf die unterstellte Zufallsfunktion $Z(x)$ bezieht und insofern ebenfalls nur eine implizite Annahme darstellt.

Wenn eine Serie von Realisationen nicht nur stationär ist, sondern alle Parameter der Verteilungen der Zufallsvariablen invariant zwischen einzelnen Serien aus der gleichen Population sind, dann heißt die Population ergodisch, so DAVIS (1986). Stationarität ist damit eine notwendige Voraussetzung, so dass ihre Ablehnung zwangsläufig auch zur Ablehnung der Ergodizität führt.

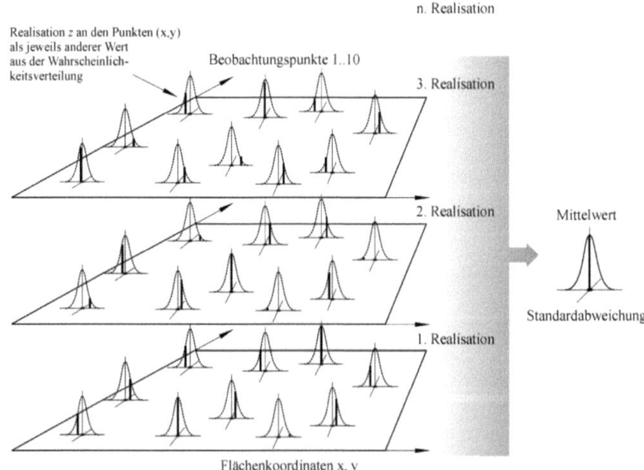

Abb. 3-2: Bedeutung der Ergodizitätsannahme für die Modellierung natürlicher Systeme; zweidimensionales Beispiel.

Ergodizität ist als eine Form des starken Gesetzes der großen Zahlen aufzufassen, angewendet auf stationäre stochastische Prozesse (OLEA 1991), wonach bei ausreichend hoher Datenanzahl die Erwartungswerte gegen den wahren Wert des Prozesses konvergieren. Ergodizität bedeutet demnach auch, dass die empirische Verteilung der Realisationen gegen die Verteilung der einzelnen Daten des räumlichen Prozesse konvergiert (z. B. MÁRKUS & KOVÁCS 2003). Das zeitliche Mittel vieler Realisationen kann dann durch das räumliche Mittel einer Realisation ersetzt werden (KNOSPE 2001). Bedeutung kommt hier dem Zentralen Grenzwertsatz zu (vgl. DAVIS 1986, OLEA 1991), nach dem mit steigender Anzahl von Stichproben die Verteilung der Mittelwerte dieser Stichproben gegen eine Normalverteilung konvergiert, unabhängig von der Form der zugrunde liegenden Verteilung der Grundgesamtheit. Auch dadurch erhält die Verwendung nur der ersten beiden Momente ihre Berechtigung. Damit impliziert die Ergodizität, dass der Erwartungswert des Mittelwertes durch den Mittelwert einer Realisation angenähert werden kann. Da bei statischen Systemen jedoch nur eine Realisation $z(x)$ zur Verfügung steht[4], kann auf Ergodizität nicht geprüft werden. Sie ist vielmehr vorauszusetzen und als gegeben anzusehen.

Grundannahme der Ergodizitätshypothese ist zudem die unendliche Ausdehnung der Struktur (RÖTTIG 1997) oder zumindest, dass das Untersuchungsgebiet „sehr groß gegenüber der Korrelationslänge des Prozesses" ist (MEIER & KELLER 1990). Dabei bleibt offen, welche Größe hierfür als geeignet angesehen werden kann (LANTUÉJOUL 2002).

3.4 Ziele und Methoden geostatistischer Verfahren

Geostatistische Methoden lassen sich hinsichtlich ihrer Zielstellung in die Gruppen von Schätzung (*estimation*) und Simulation (*simulation*) einteilen. Nimmt man Bezug auf die Theorie der regionalisierten Variablen (vgl. Abs. 3.2), so dient die Anwendung geostatistischer Schätzverfahren der Erfassung derjenigen e i n e n Realisation des Zufallsprozesses, die in der Natur verwirklicht worden ist. Die Schätzung des Kontinuums erfolgt hier durch Interpolation auf Basis meist nur punktuell vorhandener Informationen.

Dagegen besteht das Ziel geostatistischer Simulationsverfahren in der rechnerischen Erzeugung weiterer Realisationen, die die gleiche Wahrscheinlichkeit wie die vorhandene Struktur aufweisen und mit dieser durch Reproduktion von Histogramm und Variogramm auch hinsichtlich ihrer Werteverteilung und Autokorrelationseigenschaften vollständig übereinstimmen. Jede Realisation lässt sich damit als alternatives Ergebnis $z(x)$ des räumlichen Zufallsprozesses $Z(x)$ auffassen. Zusätzlich ist durch eine Konditionierung auch eine Reproduktion der Werte an den Stützpunkten möglich (Abb. 3-3). Aus einer sehr großen

---

[4] LAURITZEN (1973) bewies, dass ein stochastischer homogen-isotroper Prozess nicht gleichzeitig GAUSSsch und ergodisch sein kann. Ausführlicheres ist MEIER & KELLER (1990) zu entnehmen und später bei MORITZ (2000) nachzulesen. Die Behandlung homogener isotroper Prozesse auf der Erdoberfläche, die dessen ungeachtet die ausschließliche Domäne der Geostatistik ist, kann demnach unter Beibehaltung der notwendigen Hypothesen von Stationarität und Ergodizität dann gerettet werden, wenn der Prozess nicht GAUSSsch ist. MORITZ (2000) belegt zudem, dass ein stochastischer Prozess auf einer Kugel ohnehin nicht GAUSSsch sein könne. Beides kann jedoch im Rahmen einer lokalen oder regionalen Modellierung vernachlässigt werden.

Menge von n Realisationen lassen sich dann für jeden Ort Häufigkeitsverteilungen aufstellen, die die lokale Unsicherheit des geschätzten Wertes repräsentieren können. Auffällig ist hier, dass jede einzelne Realisation eine etwa gleich hohe Variabilität wie die der realen Struktur aufweist, während Schätzungen stets zu einer deutlich glatteren räumlichen Werteverteilung führen. Dies gilt nicht nur im Vergleich der Kriging-Schätzung mit der Realität, sondern auch im Vergleich der Kriging-Schätzung mit den Ergebnissen anderer Schätzverfahren. So tendiert das Kriging-Verfahren dazu, die glatteste Werteverteilung aller Schätzer zu erzeugen (vgl. MATHERON 1981).

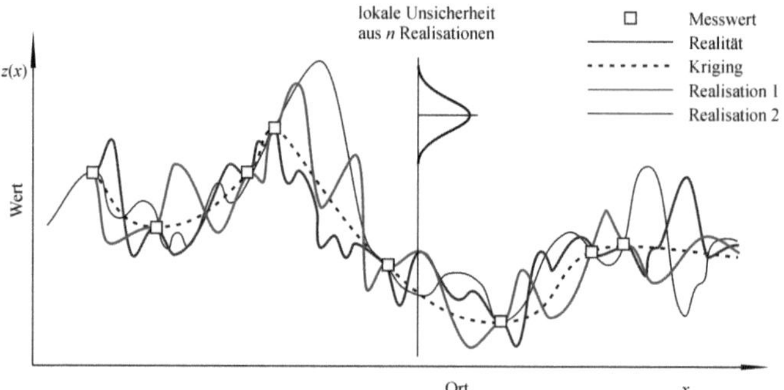

Abb. 3-3: Einsatz geostatistischer Schätzung und geostatistischer Simulation (hier Realisationen 1 und 2) sowie Vergleich mit der unbekannten Realität und dem Kriging-Schätzergebnis (schematisch).

Während die Kriging-Verfahren bereits seit längerem den Kernbestandteil des geostatistischen Instrumentariums bilden, haben sich die geostatistischen Simulationen erst in jüngerer Zeit zu einer umfangreichen Methodensammlung entwickelt, die für vielfältigste Aufgabenstellungen einsetzbar ist (vgl. z. B. GÓMEZ-HERNÁNDEZ & SRIVASTAVA 1990, DEUTSCH 2002, GOOVAERTS 1997a, SCHAFMEISTER 1999, LANTUÉJOUL 2002, ARMSTRONG *et al.* 2003). Zu nennen sind das Studium und die Verbesserung der Modellannahmen, die Untersuchung der Effizienz der Schätzer (z. B. MENZ & WÄLDER 2000b) sowie die Quantifizierung der in einer Schätzung noch verbleibenden Unsicherheit. Dabei verdeutlichen die zunehmende Weiterentwicklung der bestehenden und die Entwicklung neuer Verfahren, dass eine reine Schätzung gegenüber der Erfassung möglicher Variabilitäten (RÖTTIG *et al.* 2000, LANTUÉJOUL 1997, 2002) und der Angabe von Schwankungen oder Wahrscheinlichkeiten mehr und mehr in den Hintergrund tritt (SCHAFMEISTER 1998, CHILÈS & DELFINER 1999).

Weitere Anwendungsmöglichkeiten bestehen in der Risikountersuchung und in der Messnetzplanung. Mit Ausnahme spezieller Aufgabenbereiche der Kohlenwasserstoff-Exploration und des Bergbaus haben geostatistische Simulationen bislang kaum Eingang in die Praxis gefunden. Als ursächlich sind hierfür neben den umfangreichen theoretischen Grundlagen auch der nicht unerhebliche Rechenaufwand und die mangelnde Verfügbarkeit entsprechender Software anzusehen.

3.5   Geostatistische Schätzverfahren

3.5.1   Ablauf einer geostatistischen Schätzung

Unabhängig von den im Einzelfall gewählten Verfahren folgt der Ablauf einer geostatistischen Schätzung stets dem in Abb. 3-4 gezeigten Schema, das mit der Planung der Erkundungskampagne beginnt und die Visualisierung der Schätzergebnisse zum Ziel hat. Planung und Durchführung der Erkundungskampagne wie auch die Wahl von Teilschritten innerhalb der Modellierung sollen sich dabei am späteren Verwendungszweck des Modells und am Vorwissen über den geologischen Untergrund orientieren (vgl. Abs. 5.2, 5.3).

Die Datenerhebung wird an den zuvor festgelegten Lokationen durchgeführt, gefolgt von einer Aufteilung der gesammelten Informationen in verschiedene Datenkollektive. Im Falle geologischer Daten beinhaltet dies die Festlegung von Schichtgrenzen innerhalb von Bohrungen, gegebenenfalls auch die Ausweisung lateraler Homogenbereichsgrenzen. Anschließend erfolgt die separate Modellierung eines jeden einzelnen Datenkollektivs. Innerhalb dieses als Kernstück der Geostatistik anzusehenden Bereichs sind die Erzeugung des experimentellen Variogramms (Abs. 3.5.2), die Anpassung des theoretischen Variogramms (Abs. 3.5.3) und die nachfolgende Schätzung (Abs. 3.5.4) zu unterscheiden. Dabei hat sich der Oberbegriff der „Variographie" als Gesamtheit der beiden erstgenannten Teilschritte etabliert, die der rechnerischen Ermittlung der in der Natur vorhandenen Autokorrelationsstruktur dienen.

Abb. 3-4: Ablauf einer geostatistischen Schätzung.

Auf Grundlage dieser Autokorrelationsstruktur erfolgt die anschließende Schätzung. Eine geostatistische Schätzung wird in Erinnerung an D. G. Krige als **Kriging** bezeichnet. Der Begriff des Krigings umfasst dabei eine Vielzahl verschiedener Methoden, deren Gemein samkeit jedoch in der Ermittlung gewichteter Mittelwerte besteht, wobei die Wichtung auf Basis der festgestellten Autokorrelationsstruktur bestimmt wird. Hinsichtlich der Zielstellung lassen sich die Verfahren den Gruppen Punktkriging (*point* bzw. *punctual kriging*) oder Blockkriging (*block kriging*) zuordnen. Erstere dient der Vorhersage von Punktwerten, letztere der Schätzung flächiger oder räumlicher Bereiche. Sie spielen für ingenieurgeologische geologisch-geometrische oder geotechnische Modelle keine Rolle; ihre Anwendung bleibt auf den Bereich des Bergbaus beschränkt, wenn von punktuell ermittelten Rohstoffgehalten auf die Abbauwürdigkeit desselben Rohstoffes innerhalb größerer Gebirgsbereiche geschlossen werden soll.

Hinsichtlich der Nutzung der Autokorrelationsstruktur können das einfache Kriging (*simple kriging*), das universelle Kriging (*universal kriging*) oder das gewöhnliche Kriging (*ordinary Kriging*) unterschieden werden, das das bei weitem am häufigsten angewendete Krigingverfahren darstellt. Sind für alle Punkte des ausgewählten Schätzrasters die Schätzungen erfolgt, liefert eine anschließende Visualisierung eine graphische Darstellung der Ergebnisse. Optional kann durch eine nachträgliche Modifikation einzelner Modellparameter oder der Modellergebnisse eine Kalibrierung des Modells an verfügbare Vorinformationen vorgenommen werden.

3.5.2   *Experimentelle Variographie*

Die im Zuge der Einführung der Theorie der regionalisierten Variablen unterstellte Autokorrelationsstruktur nach Gl. (3-6), die die graduelle Abhängigkeit einzelner Werte beschreibt, bleibt unbekannt und kann lediglich geschätzt werden. Hierzu erfolgt die Bestimmung der Varianz von Punktepaaren, die innerhalb einer bestimmten Entfernung voneinander vorliegen nach Gl. (3-7).

$$\gamma^*(h) = \frac{1}{2} \frac{\sum_{i=1}^{n(h)} (z(x) - z(x+h))^2}{n(h)}. \tag{3-7}$$

Dazu werden nach Festlegung einer Schrittweite h alle Wertedifferenzen von Punktepaaren, die durch h getrennt sind, quadriert und durch die halbe Anzahl der angetroffenen Wertepaare $n(h)$ dividiert. Genauso verfährt man für ganzzahlige Vielfache von h (Abb. 3-5a). Liegen die Punkte nicht auf einem regelmäßigen Raster, so ist durch Festlegung von Toleranzkriterien die Bildung von Wertepaaren zu ermöglichen. Anschließend sind diese entfernungsbezogenen Varianzen gegen die jeweilige Schrittweite abzutragen. Diese Darstellung liefert das experimentelle oder empirische Variogramm (Abb. 3-5d), das im Bereich kleiner Schrittweiten (d. h. im Nahbereich) typischerweise eine sehr geringe Unähnlichkeit (geringe $\gamma^*(h)$) und einen größeren Anstieg zeigt, bei größeren Schrittweiten jedoch eine schnell zunehmende Unähnlichkeit aufweist. Bei sehr großen Schrittweiten ist eine Schwankung um einen konstanten Wert zu beobachten (vgl. Abs. 3.5.3).

Unabhängig davon, ob die Punkte regelmäßig oder unregelmäßig verteilt vorliegen, ist auch die Berechnung anisotroper Variogramme möglich, indem nur solche Punkte verwendet werden, die durch einen Abstandsvektor h voneinander entfernt sind (Abb. 3-5b). Dies erfolgt besonders im Hinblick auf die Berücksichtigung gerichteter geologischer Prozesse. Hierzu werden die Reichweiten der Variogramme für verschiedene Suchrichtungen der Abstandsvektoren ermittelt und durch eine Ellipse angepasst (Abb. 3-5c). Die Darstellung eines experimentellen anisotropen Variogramms erfolgt dann richtungsbezogen durch separate Auftragung der Varianzen der beiden Hauptachsen a_{max} und a_{min} der Ellipse (Abb. 3-5e). Strukturen mit einer solchen Eigenschaft werden als geometrisch anisotrop bezeichnet.

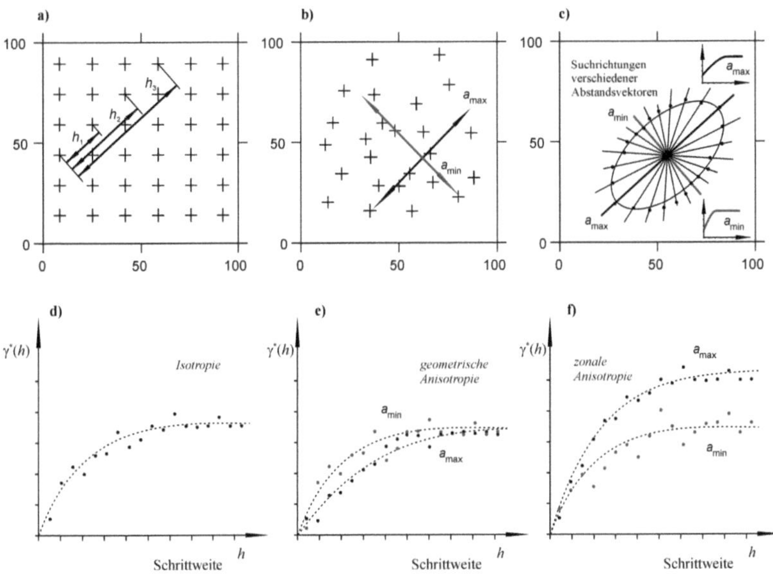

Abb. 3-5: Ermittlung des empirischen Variogramms, a) Bildung von Wertepaaren bei regelmäßigem Raster; b): unregelmäßiges Raster; Ermittlung von Wertepaaren im anisotropen Fall; c): Ermittlung der Anisotropie-ellipse nach Auftragung richtungsabhängig ermittelter Reichweiten; d): typisches empirisches Variogramm; e): anisotropes Variogramm (geometrische Anisotropie); f): anisotropes Variogramm (zonale Anisotropie).

Entsprechendes ist im dreidimensionalen Fall durch Ermittlung eines Anisotropieellipsoides mit den Hauptachsen $a_{max} > a_{med} > a_{min}$ möglich. Dieses kann in Abhängigkeit von der untersuchten Struktur unterschiedlich im Raum orientiert sein. Größe und Orientierung lassen sich vollständig beschreiben durch die zwei Anisotropiefaktoren AIF[5] a_{max}/a_{med} und a_{med}/a_{min} sowie die drei Drehwinkel, um die die Hauptachsen a_{max}, a_{med} und a_{min} gegenüber den Achsen

---

[5] Der Anisotropiefaktor wird in der Literatur uneinheitlich definiert. Im zweidimensionalen Fall gilt zumeist AIF $= a_{min}/a_{max}$ (AIF ≤ 1), z. B. bei DEUTSCH & JOURNEL (1998) und GOOVAERTS (1997a), seltener dagegen AIF $= a_{max}/a_{min}$ (AIF ≥ 1), z. B. bei MCBRATNEY & WEBSTER (1986) und KUSHNIR & YARUS (1992). Durch einige Softwareprogramme wird der Anisotropiefaktor als Quotient zwischen der Reichweite a_1 der im I. Quadranten des Koordinatensystems liegenden Halbachse und der Reichweite a_2 der im II. Quadranten liegenden Halbachse der Anisotropieellipse definiert (AIF > 0), z. B. SURFER (vgl. Fußnote 14, S. 120). Verwechslungen zwischen diesen drei Bezeichnungen sind weitgehend ausgeschlossen, da in jedem Fall zu a_{max} auch die zugehörige Richtung angegeben wird. Entsprechendes gilt im dreidimensionalen Fall.

des für Erkundung und Modellierung verwendeten x-y-z-Koordinatensystems verdreht sind (GENDZWILL & STAUFFER 1981, DEUTSCH & JOURNEL 1997).

Von einer zonalen Anisotropie ist hingegen zu sprechen, wenn sich die berechneten Variogramme in ihrem Schwellenwert unterscheiden (Abb. 3-5f). Analog zu obigen Ausführungen kann hier ein Anisotropiefaktor als Quotient zweier Schwellenwerte berechnet werden. Mischtypen zwischen beiden Formen der Anisotropie sind häufig (z. B. ISAAKS & SRIVASTAVA 1989), im Allgemeinen jedoch schwerer nachweisbar (vgl. Abs. 8.4.1.1.3).

3.5.3   *Theoretische Variographie*

Zur Ermittlung der räumlichen Struktur und für die Schätzung an einem Punkt ist die Kenntnis auch derjenigen Variogrammwerte erforderlich, die in Entfernungen vorliegen, die nicht den Entfernungen der bereits vorhandenen Beprobungspunkte entsprechen. Für diesen Übergang von der Erfassung distinkter Entfernungen zu einer Betrachtung kontinuierlicher Abhängigkeiten wird eine Annäherung des empirischen Variogramms durch eine theoretische Funktion erforderlich. Für dieses Variogrammmodell stehen verschiedene Ansätze zur Verfügung (CHRISTAKOS 1992, ARMSTRONG & DIAMOND 1984a, MATERN 1960 u. a.). Da die verwendbaren Variogrammmodelle zur Gewährleistung einer Lösbarkeit der Kriging-Gleichungen und der Ermittlung ausschließlich positiver Varianzen (vgl. später Abs. 3.5.4) positiv-semidefinit sein müssen (z. B. WEBSTER & OLIVER 2001), bleibt die Zahl der verwendbaren mathematischen Funktionen auf eine kleine Gruppe beschränkt (OLEA 1991).

Generell sind intransitive von transitiven Modellen zu unterscheiden, wobei letztere auf die Erfüllung auch der Stationarität zweiter Ordnung hinweisen, während für die intransitiven Modelle lediglich die Erfüllung der intrinsischen Hypothese als gegeben angesehen werden darf. Gleichwohl erfolgen Auswahl und Anpassung einer Funktion ausschließlich auf Basis einer möglichst guten Annäherung an das experimentelle Variogramm.

Den Funktionen aus der Gruppe der intransitiven Modelle ist gemein, dass sie keinen Schwellenwert aufweisen und also mit zunehmender Schrittweite monoton steigende Varianzen ausweisen.

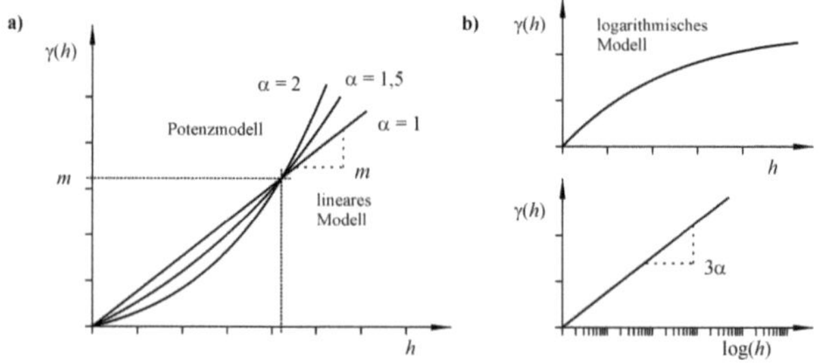

Abb. 3-6: Intransitive Variogrammmodelle, a): Potenzmodell, mit Sonderfall $\alpha = 1$: lineares Modell, b): logarithmisches Modell, aufgetragen bei linearer und bei logarithmierter Schrittweite h.

Als wichtigste intransitive Modelle sind das Potenzmodell nach Gl. (3-8), das für alle $m > 0$ und für alle $0 < \alpha < 2$ definiert ist, wobei sich für $\alpha = 1$ das lineare Modell ergibt (Abb. 3-6a,

$$\gamma(h) = m\,h^{\alpha}, \qquad (3\text{-}8)$$

sowie das logarithmische Variogrammmodell nach Gl. (3-9) zu nennen (Abb. 3-6b).

$$\gamma(h) = 3\alpha \log(h). \qquad (3\text{-}9)$$

Die Gruppe der transitiven Modelle umfasst eine ungleich höhere Anzahl theoretischer Ansätze, die sich deutlich durch den Aufbau der Funktionen voneinander unterscheiden. JÄKEL (2000) u. a. zählen zu den gebräuchlichsten Modellen das sphärische Modell, Gl. (3-10) [Abb. 3-7a], das exponentielle M. nach Gl. (3-11) [Abb. 3-7b] und das GAUSSsche M. nach Gl. (3-12) [Abb. 3-7c]. Exponentielles und GAUSSsches Modell erreichen damit den Schwellenwert lediglich asymptotisch. Als sogenannte effektive Reichweiten werden daher diejenigen Schrittweiten angegeben, bei denen 95 % des Schwellenwertes erreicht sind (z. B. HILLMANN 2000, vgl. Abb. 3-7).

$$\gamma(h) = C\left(\frac{3h}{2a} - \frac{h^3}{2a^3}\right) \qquad \forall h \leq a \text{ und} \qquad (3\text{-}10)$$

$$\gamma(h) = C \qquad \forall h > a$$

$$\gamma(h) = C(1 - \exp[\frac{-h}{a}]) \qquad (3\text{-}11)$$

$$\gamma(h) = C(1 - \exp[\frac{-h^2}{a^2}]) \qquad (3\text{-}12)$$

In Ergänzung zu diesen auf beliebige Datensätze anwendbare Modellen sind weitere Funktionen bekannt (z. B. ALFARO 1984, CHILÈS & DELFINER 1999, LANTUÉJOUL 2002), die etwa im Rahmen geophysikalischer Untersuchungen, z. B. bei KNOSPE (2001) und MENZ (1991), Anwendung finden.

Die verschiedenen theoretischen Variogrammmodelle unterscheiden sich hinsichtlich ihres Verhaltens am Ursprung, in der Nähe der Reichweite a, durch den Schwellenwert C und bei sehr großen Abständen h. Dabei können die einzelnen Parameter vage mit bestimmten geologischen Vorkenntnissen korreliert werden. So kann etwa der Kurvenverlauf als Erhaltungsneigung interpretiert werden (z. B. HEINRICH 1992, SCHAFMEISTER 1998), die das Ausmaß der Kontinuität beschreibt. Die Rate des Anstiegs kann als Stetigkeit oder Glattheit der Variablen im Raum aufgefasst werden (DUTTER 1985), während die Reichweite a hiernach als diejenige Schrittweite gedeutet werden kann, bei der der Übergang von strukturell bedingter zu zufälliger Variabilität auftritt. Sie darf daher auch als Aussageweite oder als Radius der Erhaltsneigung beschrieben werden (POST 2001, HEINRICH 1992, DELHOMME 1978).

Obgleich erwartet werden darf, dass jedes theoretische Variogrammmodell für Schrittweiten von $h = 0$ auch $\gamma(h) = 0$ aufweist, lässt sich im Regelfall auf der Ordinate ein sogenannter Nugget-Wert erkennen (Abb. 3-7a – d). Dieser aus dem Abbau von Goldseifenlagerstätten stammende Begriff (z. B. AKIN 1983a) weist auf extrem kleinräumige Variationen hin, die mittels der bestehenden Beprobungsabstände nicht zu erfassen sind, und schließt auch Messfehler mit ein. Es hat sich als nützlich erwiesen, durch Addition eines Nugget-Wertes zusätzlich zur gewählten Variogrammfunktion diesem Phänomen Rechnung zu tragen.

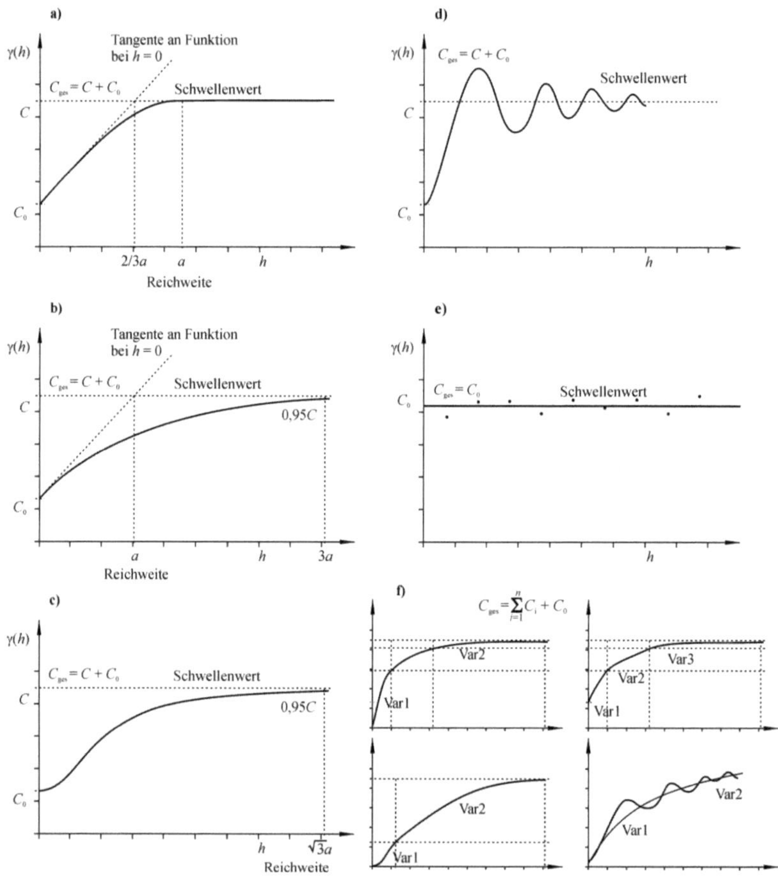

Abb. 3-7: a) bis c): Transitive Variogrammmodelle; d): Hole-Effect-Variogramm; e): Nugget-Variogramm; f): Möglichkeiten der Kombination verschiedener Variogrammmodelle.

Lässt sich keine obere Grenze $\gamma(h)$ erkennen, gegen die das Variogramm strebt, sondern treten vielmehr periodische Schwankungen in den Werten des empirischen Variogramms auf, kann auch eine Anpassung durch das Locheffekt- (engl.: *hole effect*) Variogramm sinnvoll sein (Abb. 3-7d). Derartige Variogramme lassen sich im Fall regelmäßiger Wiederholungen, etwa bei Untersuchungen von Mächtigkeiten einzelner Schichtglieder in Bohrlöchern, feststellen (z. B. SOULIÉ 1984). PYRCZ & DEUTSCH (2003a) unterscheiden verschiedene Formen des Locheffekt-Variogramms, aus denen sich eine Vielzahl von Erkenntnissen über die untersuchte Struktur ableiten lässt.

Lässt sich hingegen kein monotoner Anstieg im empirischen Variogramm feststellen, wird also folglich keine Autokorrelation nachgewiesen, so kann lediglich ein reines Zufallsvariogramm angepasst werden (Abb. 3-7e). Die Anwendung geostatistischer Schätzverfahren ist in solchen Fällen zwar möglich, bietet jedoch keinen Vorteil gegenüber auf der klassischen Statistik beruhenden Interpolationsmethoden.

Ausgesprochen bedeutsam ist die Möglichkeit, durch Addition mehrerer Variogrammmodelle zu einer besseren Umsetzung des geologischen Vorwissens und zu einer besseren Anpassung der Funktion an das empirische Variogramm zu gelangen. Zahl und Art der kombinierten Variogrammmodelle sind nur durch die Möglichkeiten der verwendeten Software limitiert. Abb. 3-7f zeigt einige Beispiele.

3.5.4 *Ordinary Kriging*

Soll der Einsatz der geostatistischen Verfahren einzig dem Ziel der Strukturanalyse dienen, d. h. der Ermittlung der räumlichen Kontinuität (Variogrammmodell) und ihrer Reichweite sowie der großräumigen (Schwellenwert) oder der kleinräumigen Variabilität (Nugget-Wert), dann genügt die Anwendung von Variographie (so z. B. PRISSANG, SPYRIDONOS & FRENTRUP 1999). Von weit größerer Bedeutung ist jedoch die Weiterverwendung dieser Informationen im Zuge eines geostatistischen Schätzprozesses, dem Kriging. Hinsichtlich der angestrebten Verwendung für Modellierungszwecke können sich die folgenden Ausführungen auf Punktschätzungen beschränken.

Die Vorhersage von Punktwerten kann dabei entlang von Profilen, auf Flächen oder im Raum erfolgen. Im einfachsten Fall handelt es sich um geologisch-geometrische Größen, wie z. B. um die Teufenlage einer Schichtgrenze oder um die Schichtmächtigkeit. Räumlich variierende Größen, z. B. bodenphysikalische oder geotechnische Eigenschaften, bedürfen dagegen einer dreidimensionalen Variographie und einer Berücksichtung von lateraler und vertikaler Kontinuität im Zuge des Krigings.

Kriging als Sammelbegriff umfasst verschiedene Methoden der Bestimmung gewichteter Mittelwerte. Die Gewichte ergeben sich dabei aus der gegenseitigen Entfernung der Punkte, aus ihrer Clusterung in der Fläche sowie im Falle anisotroper Verhältnisse auch aus der Richtung ihres Auftretens in Bezug zum jeweiligen Schätzpunkt. Der Kriging-Schätzer weist zudem bestimmte Eigenschaften auf, die seine Bevorzugung gegenüber anderen Interpolationsverfahren erklären. Um dies zu veranschaulichen, hat sich als Synonym für Kriging auch der Begriff BLUE (*best linear unbiased estimator*) etabliert (z. B. JOURNEL & HUIJBREGTS 1978). Dieser Begriff verweist darauf, dass die Schätzung linear, also durch die Addition gewichteter bereits vorliegender Punktinformationen erfolgt, und dass diese Schätzung unverzerrt ist, der zu erwartende Fehler zwischen wahrem und Schätzwert stets Null ist, systematische Über- oder Unterschätzungen folglich vermieden werden. Was das

Kriging jedoch gegenüber anderen Interpolationsverfahren auszeichnet, ist die zusätzlich eingeführte Bedingung, dass die Schätzung desjenigen Modells erfolgt, dessen Streubreite der Schätzfehler die kleinste ist. Das Kriging erzeugt daher das Modell mit den geringsten Abweichungen zur Realität. Hinsichtlich dieser Eigenschaften unterscheidet sich das Kriging deutlich von anderen Interpolationsverfahren. Zwar ist etwa mit den Methoden der Inversen Distanzwichtung (IDW) ebenfalls die Berücksichtigung der Entfernungen der vorhandenen Punkte zum Schätzpunkt möglich, jedoch werden hier weder die gegenseitigen Entfernungen der Ausgangspunkte noch deren Clusterung im Raum berücksichtigt. Eine solche Clusterung führt jedoch aufgrund der Autokorrelation zu einer graduellen Redundanz des Informationsgehalts von benachbart liegenden Punkten. Dies durch entsprechend geringere Wichtung berücksichtigen zu können, ist ein weiteres Charakteristikum des Krigings.

In den überwiegenden Fällen erfolgt die Interpolation im Zuge des gewöhnlichen Krigings (*ordinary kriging*: OK). Dieses Kriging-Verfahren wird aufgrund seiner Robustheit als „*anchor algorithm of geostatistics*" bezeichnet (DEUTSCH & JOURNEL 1997, vgl. Abs. 8.4.2.1). Jeder einzelne punktuelle Schätzwert $z^*(x_0)$ wird hier als lineare Kombination der Werte der regionalisierten Variablen an n Punkten aufgefasst, an denen die Werte $z(x_i)$ bereits bekannt sind. Die einzelnen Werte werden durch Einführung von n verschiedenen λ_i gewichtet. Somit gilt für den Schätzwert

$$z^*(x_0)=\sum_{i=1}^{n}\lambda_i z(x_i)\,.$$

(3-13)

Unter Annahme der Stationaritätsbedingung

$$E\{z(x)\}=m\,,$$

(3-14)

nach der der Erwartungswert E an jedem Punkt x dem Mittelwert m der regionalisierten Variablen $z(x)$ entspricht, kann dies auch auf den Schätzwert ausgedehnt werden. Somit gilt

$$E\{z^*(x)\}=\sum_{i=1}^{n}\lambda_i E[z(x_i)]=m\,.$$

(3-15)

Für den Schätzfehler ε, also für die Differenz zwischen dem wahren Wert an einer beliebigen Lokation und dem dort geschätzten Wert, gilt

$$\varepsilon(x_0)=z^*(x_0)-z(x_0)=\sum_{i=1}^{n}\lambda_i z(x_i)-z(x_0)\,.$$

(3-16)

Dieser Schätzfehler ist selbst eine ortsabhängige Variable, deren Wert nicht genau bekannt ist. Im Zuge des Krigings wird jedoch gefordert, dass deren Erwartungswert zur Gewährleistung der Unverzerrtheit

$$E\{\varepsilon(x_0)\}=0$$

(3-17)

sein soll. Damit sollen systematische Über- oder Unterschätzungen ausgeschlossen werden. Für diesen Fall ergibt sich, dass die Gewichte λ_i sich zu 1 addieren müssen (vgl. ISAAKS & SRIVASTAVA 1989); es gilt:

$$\sum_{i=1}^{n} \lambda_i = 1. \tag{3-18}$$

Auch dies lässt immer noch unendlich viele Lösungen λ_i zu. Als *beste* Schätzung wird diejenige angesehen, mittels derer die Streubreite der Schätzfehler, hier in Form ihrer Varianz, also

$$Var\{\varepsilon(x)\} = Var\{\sum_{i=1}^{n} \lambda_i z(x_i) - z(x_0)\}, \tag{3-19}$$

minimiert wird. Die Minimierung wird durch Bildung der partiellen Ableitungen nach den einzelnen λ_i und deren Gleichsetzung zu Null erreicht. Dies führt zu einem Gleichungssystem mit n Unbekannten, das jedoch wegen der zusätzlich erforderlichen Unverzerrtheitsbedingung (3-18) $n + 1$ Gleichungen enthält. Um dennoch eine Lösung zu ermöglichen, erfolgt die vorherige Einführung des LAGRANGE-Parameters μ, der ebenfalls zu berechnen ist. Die einzelnen Schritte sind etwa bei JOURNEL & HUIJBREGTS (1978) oder ISAAKS & SRIVASTAVA (1989) beschrieben und führen zur Bildung des als Kriging-System bekannten erweiterten Gleichungssystems. In Matrixschreibweise ergibt sich für dieses Gleichungssystem vereinfacht

$$A\lambda = b, \tag{3-20}$$

worin die Matrix A die einzelnen Werte $\gamma(x_i, x_j)$ enthält, d. h. die aus dem theoretischen Variogramm berechneten Varianzen der Punktpaare,

$$A = \begin{bmatrix} \gamma(x_1, x_1) & \cdots & \gamma(x_1, x_n) & 1 \\ \vdots & \ddots & \vdots & \vdots \\ \gamma(x_1, x_n) & \cdots & \gamma(x_n, x_n) & 1 \\ 1 & \cdots & 1 & 0 \end{bmatrix}. \tag{3-21}$$

Der Spaltenvektor b enthält die abgeschätzten Varianzen von Schätzwert und bekannten Werten, der Spaltenvektor λ die gesuchten Werte λ_i sowie μ,

$$b = \begin{bmatrix} \gamma(x_1, x_0) \\ \cdots \\ \gamma(x_n, x_0) \\ 1 \end{bmatrix} \quad \text{und} \quad \lambda = \begin{bmatrix} \lambda_1 \\ \cdots \\ \lambda_n \\ \mu \end{bmatrix}. \tag{3-22}$$

Die Gewichte λ_i erhält man durch Bildung der Inversen von A und Lösung von

$$\lambda = A^{-1} b. \tag{3-23}$$

Der hierbei ebenfalls ermittelte LAGRANGE-Parameter μ findet keine weitere Verwendung. Die lokale Schätzvarianz σ_K^2

$$\sigma_K{}^2(x_0) = -\sum_{j=1}^{n}\sum_{i=1}^{n}\lambda_j\lambda_i\gamma(x_i - x_j) + 2\sum_{i=1}^{n}\lambda_i\gamma(x_i - x_0)$$ (3-24)

kann ebenfalls bestimmt werden. In Matrix-Schreibweise ergibt sich hierfür

$$\sigma_K{}^2(x_0) = b^T\lambda = b^T A^{-1}b \,.$$ (3-25)

Der beschriebene Schätzprozess kann für verschiedene Punkte durchgeführt werden. Im Regelfall wird eine flächen- oder raumfüllende Interpolation von Interesse sein. Diese erfolgt durch Festlegung eines regelmäßigen Schätzrasters, an dessen Knotenpunkten jeweils ein Schätzwert ermittelt wird.

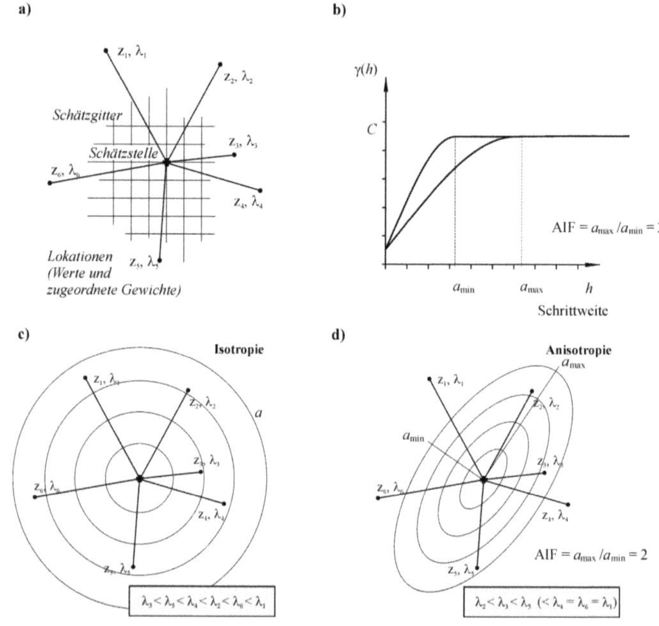

Abb. 3-8: Geostatistische Schätzung durch Kriging, a): Schätzung an den Knotenpunkten des Schätzgitters; b): Ermittlung einer etwaigen Anisotropie; c): Gewichtung der Werte bei Isotropie; d): Gewichtung der Werte bei Anisotropie.

Ausrichtung und Rasterweite des Schätzgitters sind variabel, können sich jedoch an der Anzahl und Dichte der Aufschlusspunkte, an der Reichweite des Variogramms und der Ausdehnung der Struktur sowie an den ermittelten Variabilitäts- und Anisotropieverhältnissen orientieren. Bei sehr engmaschigen Schätzgittern stellt zumeist die Rechnerleistung einen limitierenden Faktor dar.

Abb. 3-8a zeigt die prinzipielle Verfahrensweise bei der Schätzung an einem Knotenpunkt des Schätzgitters. Ist im Zuge der Variographie eine Anisotropie erkannt worden (Abb. 3-8b), so wird dies automatisch im Schätzprozess berücksichtigt. Anders als bei nachgewiesener

Isotropie ist dann zur Ermittlung der Gewichte nicht ausschließlich die Entfernung von Bedeutung, sondern auch die Richtung, in der der Ausgangspunkt vom Schätzpunkt entfernt ist. In solchen Fällen können auch entfernteren Punkten höhere Gewichte zugeteilt werden (vgl. Abb. 3-8c mit Abb. 3-8d).

Unabhängig von einer etwaigen Anisotropie basieren die den Werten zugewiesenen Gewichte λ_i einzig auf der Punktekonfiguration, d. h. auf der relativen Lage der Punkte zueinander und in Bezug zum Schätzpunkt, sowie auf der Variogrammfunktion.

3.5.5 Weitere Kriging-Verfahren

Neben dem oben beschriebenen Ordinary Kriging ist auch der Einsatz weiterer Schätzverfahren denkbar, die entweder zusätzlicher Schritte der Datenmanipulation im Vorfeld der Schätzung oder der Einführung zusätzlicher Annahmen bedürfen. Von den insgesamt sehr zahlreichen Methoden seien für die Gruppe der linearen Verfahren das *Simple Kriging* (SK) genannt, das die Kenntnis des Mittelwertes verlangt (CRESSIE 1993, CLARK & HARPER 2000), das Universelle Kriging (*universal kriging*, UK), das die gleichzeitige Berechnung eines Trends ermöglicht (MATHERON 1970a, HUIJBREGTS & MATHERON 1977, ARMSTRONG 1984c), oder das Kriging mit externer Drift (EDK), das die Kenntnis einer Regressionsfunktion und deren Subtraktion zur Erfüllung der Stationaritätsanforderungen erfordert. Wegen ihrer großen Bedeutung sei für die Gruppe der nichtlinearen Verfahren beispielhaft auf das Indikator-Kriging (IK; z. B. DAVIS 1984, MARECHAL 1984b, MENZ & WÄLDER 2000b) und auf das Wahrscheinlichkeits-Kriging (*Probability Kriging*: PK) hingewiesen, das als die Erweiterung des IK anzusehen ist (SULLIVAN 1984). Für weitere vgl. RIVOIRARD (1994), DEUTSCH & JOURNEL (1997), GOOVAERTS (1997a) oder VANN & GUIBAL (2001).

Anstelle des herkömmlichen Variogramms können auch alternative Schätzer in den Modellierungsprozess eingebunden werden (z. B. CRESSIE & HAWKINS 1980, ARMSTRONG & DELFINER 1980, DOWD 1984, OMRE 1984, CHUNG 1984, SRIVASTAVA & PARKER 1989). Zwar werden auch hier in ähnlicher Weise wie in Gl. (3-7) entfernungsbezogene Varianzen ermittelt, jedoch ist durch ihre Anwendung zum Teil die Berücksichtigung von Abweichungen von der Annahme der Normalverteilung möglich. Ferner kann mit ihnen auch dem als Proportionalitätseffekt bekannten Phänomen, dass mit steigenden Werten ohnehin höhere Varianzen zu erwarten sind, Rechnung getragen werden.

Darüber hinaus ist bei gleichzeitiger Verwendung zweier oder mehrerer Datensätze unter Ausnutzung ihrer gegenseitigen Korrelation die Anwendung bi- oder multivariater Verfahren möglich (z. B. MYERS 1982, 1984, RASPA *et al.* 1992, WACKERNAGEL 2003). Dadurch kann auch die Schätzung von Parametern erfolgen, die nur wenig beprobt worden sind (KNOSPE 2001, MENZ 1991). Für die Praxis haben sie mit Ausnahme des Co-Krigings bislang nur geringe Bedeutung.

3.5.6 Beispiel 1: Schätzung aus drei Punktwerten

Folgendes einfache Beispiel demonstriert die prinzipielle Vorgehensweise bei der geostatistischen Interpolation. Betrachtet werden sollen drei Lokationen (x_1, x_2, x_3), an denen jeweils eine Schichtmächtigkeit z bestimmt worden sei. Abb. 3-9a zeigt die Lage der drei Lokationen im *Northing* (**N**)-*Easting* (**E**)-System mit willkürlich gewähltem Koordinatenursprung. Es gelte

- $z(x_1) = 20$ m bei **E** = 1,5 m, **N** = 5,0 m,

- $z(x_2) = 15$ m bei **E** = 5,5 m, **N** = 3,1 m,

- $z(x_3) = 17$ m bei **E** = 6,0 m, **N** = 6,7 m.

Die Interpolation soll exemplarisch für eine ausgewählte Lokation x_4 (**E** = 4,5 m, **N** = 4,5 m) erfolgen. Zu ermitteln ist ein Schätzwert $z^*(x_4)$.

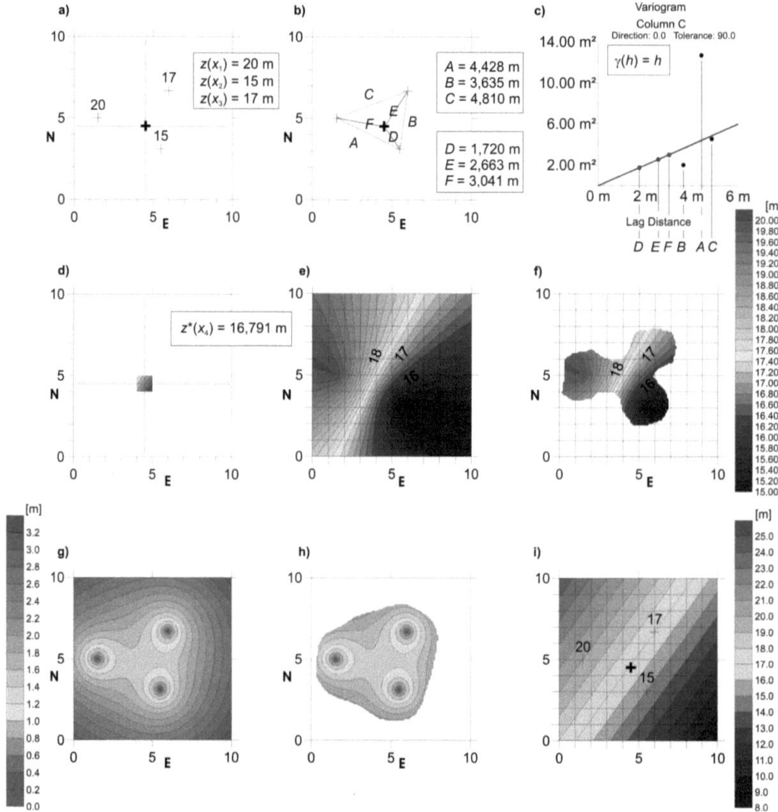

Abb. 3-9: Beispiel 1: Ermittlung der Schichtmächtigkeit durch geostatistische Schätzung; Bestimmung der Kriging-Standardabweichung und Vergleich mit Ergebnissen der Regression.

Der erste Berechnungsschritt (Abb. 3-9b) gilt der Ermittlung der relativen Entfernungen der drei Lokationen zueinander (*A*, *B*, *C*) und ihrer Entfernungen zum Schätzpunkt (*D*, *E*, *F*). Anschließend ist das experimentelle Variogramm nach Gl. (3-7) zu berechnen. Die Bildung von Entfernungsklassen und die Anwendung von Toleranzkriterien erübrigen sich hier ebenso wie die Zwischenschritte der Variogrammwolke (vgl. CHAUVET 1982) und die Mittelung über jeweils gleiche Distanzen, da aus drei Werten nur drei Wertepaare gebildet werden können. Das heißt auch, dass der jeweilige Variogrammwert sich unmittelbar aus der Varianz nur jeweils zweier Werte ergibt. Man erhält

- $\gamma^*(x_1,x_2) = 12{,}5\ m^2$,

- $\gamma^*(x_1,x_3) = 4{,}5\ m^2$,

- $\gamma^*(x_2,x_3) = 2{,}0\ m^2$.

Diese Werte können den jeweiligen Entfernungen der Lokationen gegenübergestellt und in das $\gamma^*(h)$-h-Diagramm eingetragen werden (Abb. 3-9c). Aufgrund der Datenarmut und der augenscheinlichen Schwankung der geschätzten γ^*-Werte, die die Anpassung eines komplizierteren Variogrammmodells nicht rechtfertigen, wird an die vorliegenden drei Werte lediglich ein intransitives lineares Modell angepasst, dessen Steigung $m = 1$ sei. Somit gilt $\gamma(h) = h$. Dies entspricht der üblichen Vorgehensweise in ähnlichen Fällen, wenn kein Vorwissen über den Prozess besteht (ATKINSON & LLOYD 1998); Abb. 3-9c zeigt jedoch, dass dieses Variogrammmodell hier durchaus zulässig ist. Die bereits berechneten jeweiligen Entfernungen zum Schätzpunkt (D, E, F) dienen nun der Ermittlung der Werte des theoretischen Variogramms von

- $\gamma_1 = 3{,}041\ m^2$,

- $\gamma_2 = 1{,}720\ m^2$,

- $\gamma_3 = 2{,}633\ m^2$.

Die Kenntnis der drei Werte des experimentellen Variogramms und die Ermittlung von drei Werten des theoretischen Variogramms erlauben die Aufstellung eines Gleichungssystems, wobei sich jeder Wert γ_i als gewichtete Summe der geschätzten γ^* ergibt. Unter Berücksichtigung von Gl. (3-13) und unter Verwendung des LAGRANGE-Parameters μ ergibt sich

$$
\begin{aligned}
0{,}00\lambda_1 + 12{,}5\lambda_2 + 4{,}50\lambda_3 + \mu &= 3{,}041 \\
12{,}5\lambda_1 + 0{,}00\lambda_2 + 2{,}00\lambda_3 + \mu &= 1{,}720 \\
4{,}50\lambda_1 + 2{,}00\lambda_2 + 0{,}00\lambda_3 + \mu &= 2{,}633 \\
\lambda_1 + \lambda_2 + \lambda_3 + 0 &= 1
\end{aligned}
\qquad (3\text{-}26)
$$

Man erhält die folgende Lösung:

- $\lambda_1 = 0{,}5909$,

- $\lambda_2 = 0{,}6631$,

- $\lambda_3 = -0{,}2540$,

- $\mu = -4{,}104$.

Die Kontrolle der Gewichte λ_i ergibt die Bestätigung von Gl. (3-18) und die Richtigkeit der Gleichungen aus (3-26). Der Schätzwert $z^*(x)$ ergibt sich folglich zu

$$
z^*(x) = \lambda_1 x_1 + \lambda_2 x_2 + \lambda_3 x_3 . \qquad (3\text{-}27)
$$

Als Schätzwert ergibt sich eine Mächtigkeit von $z^*(x) = 16{,}791$ m (Abb. 3-9d). Dieser Wert weicht damit deutlich vom nach der klassischen Statistik berechneten Mittelwert $m = 17{,}333$ m ab. Noch größere Abweichungen zwischen den beiden Verfahren würden sich ergeben bei

- geometrischer Anisotropie, die eine noch deutlich unterschiedlichere Gewichtung der drei Eingangswerte zur Folge hätte,

- ungleichmäßigerer Punkteverteilung,

- deutlicher voneinander abweichenden Eingangswerten,

- Wahl eines anderen Variogrammmodells,

- einer größeren Anzahl von Werten.

Wird auch für die anderen Knoten des Schätzgitters eine Kriging-Schätzung unter Berücksichtigung der Entfernung des jeweiligen Knotens zu den drei Eingangswerten durchgeführt, ergibt sich die in Abb. 3-9e gezeigte Darstellung. Da Extrapolationen, also Schätzungen außerhalb der Punktwolke, unplausible Werte annehmen können oder zu Artefakten des Schätzprozesses führen können, werden im Regelfall die entsprechenden Bereiche ausgeblendet (Abb. 3-9f). Diese Darstellung enthält damit ausschließlich Bereiche, die mit hinreichender Sicherheit als verlässlich betrachtet werden können.

Als Nebeneffekt können die Kriging-Varianzen berechnet und ebenfalls auf den Knoten des Schätzgitter dargestellt werden. In zu Gl. (3-27) analoger Weise ergibt sich die Kriging-Varianz als durch die λ_i gewichteter Mittelwert der berechneten Semivariogrammwerte γ_i nach

$$\sigma_K^{\,2} = \lambda_1\gamma_1 + \lambda_2\gamma_2 + \lambda_3\gamma_3 . \tag{3-28}$$

Für den gewählten Schätzpunkt ist damit $\sigma_K^2 = 2{,}269$ m². Im Falle eines intransitiven Variogramms, wie es auch innerhalb dieses Beispiels verwendet wird, besitzt die Schätzvarianz jedoch nur eine geringe Bedeutung. Qualitativ stimmt die Darstellung jedoch mit der auch bei komplexeren Variogrammmodellen anzutreffenden Verteilung überein, die an den bekannten Schätzpunkten Werte von Null erzeugt, mit größer werdender Entfernung jedoch rasch sehr hohe Werte zeigt. Abb. 3-9g zeigt anstelle der Kriging-Varianz die Kriging-Standardabweichung σ_K, da diese in der gleichen Einheit wie die Eingangsdaten angegeben wird und damit ein besseres Verständnis der Schwankungsbreite ermöglicht. Auch hier empfiehlt sich die Ausblendung derjenigen Flächenanteile, die außerhalb der Punktwolke liegen (Abb. 3-9h), da die Kriging-Varianz bzw. die -Standardabweichung bei intransitiven Variogrammen über alle Grenzen wachsen kann.

Abb. 3-9i zeigt zusätzlich die gute Übereinstimmung des Ergebnisses des gewählten Kriging-Verfahrens mit dem eines Regressionsansatzes, der bei drei vorgegebenen Werten zu einer Ebene führt, auf der auch der zu schätzende Wert $z(x_4)$ liegen wird. Hierdurch wird $z^*(x_4) = 16{,}920$ m berechnet. Die geringe Abweichung zum geostatistisch geschätzten Wert $z^*(x_4) = 16{,}791$ m ergibt sich im gezeigten Beispiel aus der Lage des Schätzpunktes im ungefähren Zentrum der vorgegebenen Punktmenge. Sie resultiert auch daraus, dass das

Kriging innerhalb der Punktmenge stets die Fläche der geringsten Krümmung liefert (vgl. Abb. 3-3), die im Falle von drei Punkten beim gewählten linearen Variogrammmodell eine Ebene ist.

3.5.7 Beispiel 2: Schätzung von Oberflächen und deren Stapelung

Das zweite Beispiel illustriert die geostatistische Schätzung anhand eines komplexeren Datensatzes. Es stellt damit eine Erweiterung der zuvor beschriebenen Vorgehensweise dar und entspricht in seiner Ausrichtung einer praxisnahen Aufgabenstellung. Auf die Darstellung exakter Wertangaben muss hier verzichtet werden.

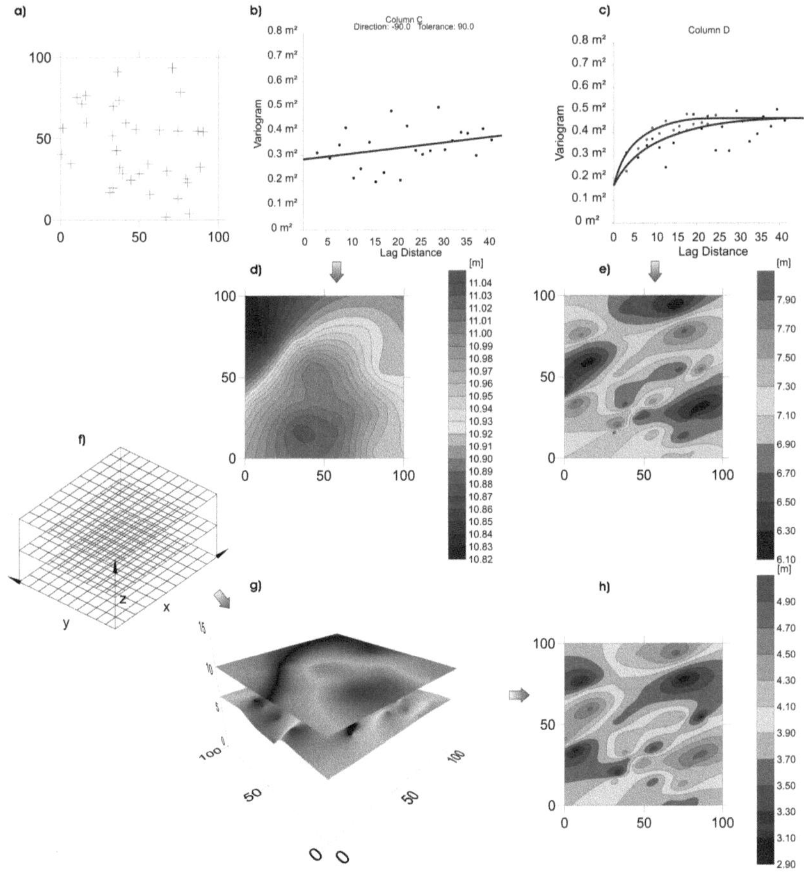

Abb. 3-10: Beispiel 2: Ermittlung der Teufenlagen von Schichtgrenzen durch geostatistische Schätzung und Bestimmung der Schichtmächtigkeit auf Basis von 35 Bohrungen.

Als Datenbasis sollen hier Teufenlagen von zwei Schichtgrenzen vorliegen, die an 35 Punkten durch Bohrungen ermittelt worden seien (Abb. 3-10a). Die Daten der Oberfläche der Schicht und diejenigen der Liegendfläche der Schicht sind folglich einer separaten Variographie zu unterziehen. Abb. 3-10b zeigt das experimentelle Variogramm der Schichtoberfläche, an das wiederum nur ein lineares Modell angepasst werden kann. Im Gegensatz dazu lässt das experimentelle Variogramm der Basisfläche eine räumliche Korrelation erkennen, die hier zudem richtungsabhängig ist (Abb. 3-10c). Als Variogrammmodell kann hierfür ein exponentieller Ansatz, kombiniert mit einer ENE-gerichteten geometrischen Anisotropie, gewählt werden.

Nach erfolgter Schätzung durch Punktkriging können die interpolierten Karten der Höhenlage von Liegend- und Hangendfläche der Schicht dargestellt werden. In ihnen spiegeln sich deutlich die verwendeten Variogrammmodelle wider. So weist Abb. 3-10d bedingt durch den sehr geringen Anstieg des linearen Variogramms ebenfalls nur sehr geringe Schwankungen auf, während sich in der Kartendarstellung der Basisfläche der Schicht (Abb. 3-10e) deutlich die Anisotropie des exponentiellen Modells manifestiert: Die hier dargestellten Strukturen entsprechen in ihrer Ausrichtung der Richtung der längsten Halbachse der Anisotropieellipse, in ihrer Länge und Breite annähernd den Reichweiten a_{max} und a_{min}, die bei der Variographie in Abb. 3-10c ermittelt worden sind.

Ergänzend zu diesen zweidimensionalen Darstellungen sind auch „dreidimensionale" Visualisierungen gekrigter Karten möglich, wenn jeweils die gleichen Schätzgitter verwendet werden. Dreidimensionale Modelle ergeben sich dann durch Stapelung der einzelnen Oberflächendarstellungen aller Schichtgrenzen (Abb. 3-10f). Eine entsprechende Darstellung für das betrachtete Beispiel zeigt Abb. 3-10g. Dieses Modell steht dann für weitergehende Berechnungen zur Verfügung. So können etwa durch Subtraktion der Teufenlagen von Hangend- und Liegendfläche der Schicht die Mächtigkeiten im Untersuchungsgebiet geschätzt werden (Abb. 3-10h). Diese Schichtmächtigkeiten können dann für volumetrische Berechnungen oder für probabilistisch orientierte geotechnische Berechnungen verwendet werden.

3.6   Kenntnisstand

3.6.1   Anwendung geostatistischer Methoden

Unabhängig voneinander haben SICHEL (1947), DE WIJS (1951, 1953), KRIGE (1951, 1966) und darauf aufbauend MATHERON (1965, 1966, 1970a) für geologische Objekte sowie GANDIN (1963) anhand meteorologischer Daten die Ortsabhängigkeit natürlicher Variablen beschrieben und zur Entwicklung der geostatistischen Verfahren beigetragen. Ihr Schaffen trug auch zur Bildung eines vereinheitlichten Begriffsverständnisses der ‚Geostatistik' bei. Verstand man darunter bis dahin lediglich die Anwendung konventioneller statistischer Methoden auf geologische Untersuchungsobjekte, hat sich in der Folgezeit die Geostatistik als eigene Disziplin an der Schnittstelle von Mathematik und Geowissenschaften etabliert, die heute ausschließlich *regionalisierte Variablen* behandelt (vgl. CRESSIE 1990).

Die Anwendung geostatistischer Verfahren hat große Verbreitung gefunden und sich als eines der wichtigsten Instrumente der mathematischen Geologie durchgesetzt (PESCHEL 1992). Der die verschiedenen Felder verbindende Grundgedanke ist dabei stets, räumliche

Beziehungen zwischen Daten aufzudecken und zu quantifizieren (JOURNEL 1997). Die zunächst lediglich für die Belange des Bergbaus entwickelten Verfahren sind auch in anderen Bereichen angewendet worden, in denen eine differenzierte raumbezogene Betrachtung natürlicher Phänomene zu erfolgen hat. Zwar lassen sich der Bergbau und die Exploration von Kohlenwasserstoffen noch immer als wichtigste Felder der Anwendung geostatistischer Methoden auffassen, weitere Bereiche sind jedoch mit der Bodenkunde (z. B. BURGESS & WEBSTER 1980a, 1980b), der Ökologie (z. B. BEBBER *et al.* 2003, AUGUSTINE & FRANK 2001, UNVERZAGT 1999 u. a.) sowie der Forstwirtschaft (RIEK & WOLFF 1997, FERNANDES & RIVOIRARD 1999) und der Landwirtschaft (z. B. WHELAN, MCBRATNEY & MILASNY 2001, HERBST 2001, COLONNA 2002) hinzugekommen.

Hinsichtlich des Einsatzwecks geostatistischer Verfahren lassen sich die in Abb. 3-11 aufgeführten Ziele unterscheiden. Wenngleich sich hier die Terminologie am Anwendungsbereich des Bergbaus orientiert, sind die grundsätzlichen Einsatzmöglichkeiten in ähnlicher Weise auch in anderen Anwendungsbereichen gegeben.

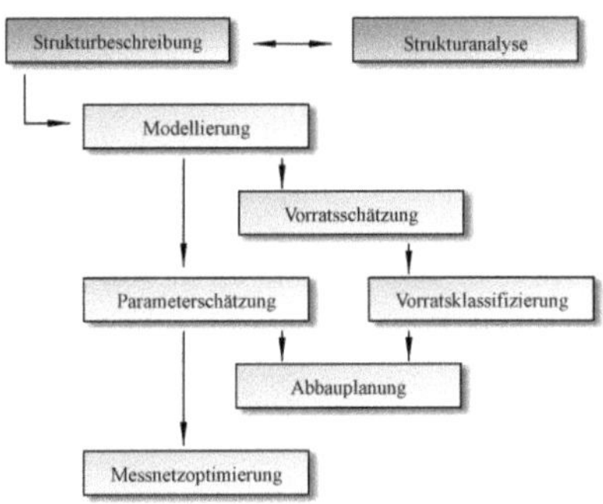

Abb. 3-11: Einsatzmöglichkeiten der Geostatistik.

Insbesondere ist hierbei die Strukturanalyse, deren Ziel im Erwerb von Kenntnissen über den geologischen Prozess besteht (vgl. AKIN 1983a), von der Strukturbeschreibung zu trennen, die als vorbereitende Maßnahme für die räumliche Modellierung und die sich anschließenden optional durchzuführenden Verfahrensschritte zu betrachten ist. Diese zusätzlichen Verfahrensschritte verfolgen dabei stets das Ziel, basierend auf Variographie und interpolierter Parameterverteilung als Entscheidungsunterstützung zu fungieren und unmittelbare Handlungsempfehlungen abzuleiten. Strukturbeschreibung und Strukturanalyse können gemeinsam zu einer verbesserten Kenntnis der geologischen Struktur führen und insbesondere im Rahmen iterativer Ansätze (vgl. Abs. 5.3.4) zu einer optimierten Modellierung beitragen.

Standen bei der bergbaulichen Anwendung zunächst die Vorhersage von Wertstoffverteilungen und die Schätzung von Lagerstättenvorräten (CLARK 1979, DAVID 1977, JOURNEL & HUIJBREGTS 1978, BURGER, SCHOELE & SKALA 1982) im Vordergrund, sind in der Folgezeit auch geostatistische Methoden entwickelt worden, die eine Klassifikation von

Vorräten im Hinblick auf Erkundungsgrad und Wirtschaftlichkeit ermöglichen (z. B. EHRISMANN & WALTHER 1983, ROYLE 1977, SABOURIN 1984). Diese Ansätze waren mehrmals Ausgangspunkt zur Verwendung der geostatistischen Methoden in der Abbauplanung (besonders PRISSANG *et al.* 1996, SKALA & PRISSANG 1998). Einen zusätzlichen und vom Anwendungsgebiet weitgehend unabhängigen Nutzen (vgl. Abb. 3-11) bietet die Geostatistik durch Möglichkeiten der Planung von Messnetzen oder der optimierten Positionierung einzelner Aufschluss- oder Probenahmestellen. Verschiedene Ansätze zur Berechnung optimaler Anordnungen von Stützstellen der Erkundung finden sich bspw. bei BANDEMER & NÄTHER (1977), MENZ (1988, 2000a) oder MENZ & WÄLDER (2000a).

Im Fokus jüngerer Forschungen stand zudem der Versuch, durch Integration vielfältig vorhandenen Vorwissens über die geologische Struktur zu einer Optimierung des Modellierungsprozesses beizutragen. Dies hat verschiedentlich zu einer Einführung BAYESscher Methoden und Techniken der Fuzzy-Logik in die Geostatistik geführt (PILZ 1992, 1994, OMRE 1987, OMRE & HALVORSEN 1989, BÁRDOSSY, BOGARDY & KELLY 1989 u. a.). Gegenstand der Untersuchungen bei HANDCOCK & STEIN (1993) und QIAN (1997) waren zudem die Auswirkungen von nur durch Wahrscheinlichkeitsverteilungen spezifizierten Variogrammparametern auf das Modell. Damit wird insbesondere der Unsicherheit bei der Ermittlung der Variogrammfunktion Rechnung getragen. Insgesamt stellt die Gruppe dieser Verfahren zwar interessante und vielseitig nutzbare Ansätze bereit, ihre Anwendung in der Praxis scheitert jedoch häufig am notwendigen theoretischen Grundlagenwissen des Anwenders und an der mangelnden Verfügbarkeit geeigneter Software. Die Anwendung dieser Methoden ist daher bislang vor allem auf den Kreis der akademischen Nutzer beschränkt.

Neben der Integration von geologischem Vorwissen stellt auch die geostatistische Simulation seit längerem einen Forschungsschwerpunkt dar. Sie bildet neben der Modellierung ein zweites Methodenpaket und verfolgt im Gegensatz zu dieser nicht das Ziel einer lokal optimalen Schätzung von Werten, sondern das der Ermittlung einer lokalen Streubreite aller möglichen Schätzungen. Die geostatistische Simulation liefert damit ein wesentlich realistischeres Bild der natürlichen Komplexität realer Systeme, als dies mit dem Kriging der Fall ist. Das gilt sowohl für das globale Modell (vgl. Glättungseffekt, Dämpfungseffekt) als auch im Hinblick auf eine bestimmte Realisation für jede einzelne Lokalität (vgl. Abb. 3-3). Schätzung und Simulation lassen sich als komplementäre Arbeitsrichtungen auffassen, die erst durch ihre gegenseitige Ergänzung zu einem aussagekräftigen Bild über den Untergrund führen.

Zusammenfassende Beschreibungen verschiedener Anwendungsbereiche der Geostatistik finden sich bei RIPLEY (1981), HOULDING (2000) u. a. Bekannte Darstellungen aus dem deutschsprachigen Raum sind insbesondere die von DUTTER (1985), SCHÖNWIESE (1986) und AKIN & SIEMES (1988). Beispiele aus der ingenieurgeologischen Praxis indes fehlen hier noch.

3.6.2 *Baugrundmodellierung mittels geostatistischer Methoden*

Erst in jüngerer Zeit ist das geostatistische Methodeninventar in das Blickfeld ingenieurgeologischer Betrachtungen geraten, obgleich die Erkenntnis, dass auch der baugeologische

Untergrund nicht als rein zufällig aufzufassen ist, sondern eine durch die Genese bedingte Struktur aufweist, sich bereits frühzeitig durchgesetzt hat (z. B. PEINTINGER 1983, RACKWITZ & PEINTINGER 1981).

Im Mittelpunkt standen zunächst Untersuchungen zur Schwankungsbreite bodenphysikalischer Eigenschaften (z. B. LUMB 1975, ALBER & FLOSS 1983) und Versuche der Anwendbarkeit der Autokorrelations- und Autokovarianzanalyse (vgl. AGTERBERG 1970, VANMARCKE 1977, 1983). Untersuchungen auch der räumlichen Variation dienten vornehmlich der Ermittlung der geostatistischen Parameter (TANG 1984, SOULIÉ, MONTES & SILVESTRI 1990, DEGROOT & BAECHER 1993, CHAISSON et al. 1995). Die Ziele bestanden hier vorrangig in der Bestimmung strukturspezifischer Reichweiten, in der Ableitung optimierter Erkundungsprogramme sowie in der Übertragung dieser Erkenntnisse auch auf genetisch ähnliche Untersuchungsgebiete.

Als Erweiterung dieses Gedankens lassen sich auch Untersuchungen geotechnischer Eigenschaften, wie etwa von Spitzendruckwerten aus Drucksondierungen (z. B. JAKSA 1995, JAKSA, KAGGWA & BROOKER 1993, HEGAZY, MAYNE & ROUHANI 1997a, 1997b) oder Schlagzahlen aus Rammsondierungen (z. B. KREUTER 1996), auffassen. KREUTER (1996) war es auch, der die Verwendung geostatistischer Verfahren für eine ingenieurgeologische Modellierung vorschlug, die damit über die bisherige bloße Erfassung der Struktureigenschaften hinausging und erstmals auch deren effektive Nutzung für eine flächenhafte Prognose beinhalten sollte. In der Folgezeit sind diese Ansätze auch auf geometrische Modelle erweitert worden, wobei die Verwendung von Höhenlagen von Schichtgrenzen im Mittelpunkt stand (z. B. BLANCHIN & CHILÈS 1993, MARINONI & TIEDEMANN 1997, MARINONI 2000, 2003).

Schwerpunkte werden derzeit auch in der Aufbereitung der vorhandenen archivierten Daten über den geologischen Untergrund und deren Nutzbarmachung in öffentlich zugänglichen Systemen gesehen. Zwar finden sich in der Literatur bereits relativ früh Forderungen nach der Nutzung historischer geologischer Datensätze (WOLOSHIN 1970, PRICE 1971, DEARMAN & FOOKES 1974) und Hinweise auf deren Bedeutung für die Stadtplanung (z. B. CRIPPS 1978, ATTEWELL, CRIPPS & WOODMAN 1978, AKINFIEV et al. 1978, später auch BONHAM-CARTER & BROOME 1998, THIERBACH 1998), jedoch war erst mit der Entwicklung rechnergestützter Datenbanken und mathematischer Interpolationsmethoden eine greifbare Möglichkeit zur Verwendung dieser Daten gegeben. Studien, die einem solchen Markt für Geodaten einen großen Nutzen zusprechen, liegen vor (z. B. FORNEFELD & OEFINGER 2002, GROOT & KOSTERS 2003) und münden insbesondere in Forderungen nach dem Aufbau nationaler geologischer Datenbanken (so bereits KELK 1988). Die Bereithaltung dieser Daten und ihre Verknüpfung mit den lokalen projektspezifischen Ergebnissen kann demnach gesamtökonomische Vorteile erbringen (ROSENBAUM & TURNER 2003a, ELFERS et al. 2004). Gelänge eine Nutzung dieser archivierten Informationen und ihre Einbindung in den projektspezifischen Erkundungsablauf, so könnte von einer Optimierung der Modellierung ausgegangen werden. Hier bieten sich geostatistische Methoden besonders dann bei der Beschreibung und Visualisierung des Untergrundes an, wenn das Ziel in der automatisierten und dennoch weitgehend flexiblen Modellierung heterogener geologischer Datenmengen bestünde.

Fortschritte in dieser Richtung sind bislang vor allem in den Niederlanden zu verzeichnen (VAN WEES *et al.* 2003, DE MULDER & KOOIJMAN 2003 u. a.). Auch Ansätze aus Österreich (z. B. PFLEIDERER & HOFMANN 2004 für Wien), Deutschland (z. B. NEUMANN, SCHÖNBERG & STROBEL 2005 für Magdeburg, JAROCH, MOECK & DOMINIK 2006 für Berlin, SCHLESIER *et al.* 2006 für Halle/Saale, NIX *et al.* 2009 für Göttingen) und Großbritannien (BRIDGE *et al.* 2004 für Manchester) belegen die Bedeutung dreidimensionaler Modelle des innerstädtischen Baugrunds, wenngleich hier noch auf eine Vielzahl unterschiedlicher Interpolations- und Darstellungsverfahren zurückgegriffen wird und die Geostatistik erst eine langsam zunehmende Bedeutung erhält.

Mit GENSKE (2006) haben geostatistische Methoden erstmals Eingang in ein ingenieur-geologisches Lehrbuch gefunden. Mit einer weiter zunehmenden Anwendung dieser Methoden ist auch wegen der anwachsenden Verbreitung geostatistischer Softwaresysteme (vgl. Abs. 5.4.2) und der Einbindung geostatistischer Algorithmen in Geographische Informationssysteme (GIS) zu rechnen.

3.6.3 *Einfluss des Benutzers bei der geostatistischen Modellierung*

Die Flexibilität der geostatistischen Verfahren und der schrittweise und dadurch prinzipiell nachvollziehbare Ablauf des Modellierung werden bei Beurteilungen der Leistungsfähigkeit stets als Vorteil gegenüber anderen Verfahren betont. Hierzu trug zweifelsohne auch die Heranziehung dieser Methoden durch verschiedene Fachdisziplinen und für unterschiedliche Aufgabenstellungen bei, wodurch sich die Geostatistik als augenscheinlich universell anwendbares Instrument etablieren konnte.

Dass jedoch die vermeintliche Objektivität der Verfahren nur insoweit gewährleistet wird, wie sie auf deterministische Algorithmen zurückgreifen, während die durch den Benutzer zu treffenden Entscheidungen zur erforderlichen Festlegung der Parameter und Optionen innerhalb der Geostatistik zwangsläufig subjektiver Natur sind, blieb dabei weitestgehend ohne Beachtung. Hinweise hierauf beschränken sich zumeist auf Anmerkungen zur Notwendigkeit einer „fachlich richtigen Modellierung", die unter Berücksichtigung sowohl des geologischen Vorwissens als auch der theoretischen Grundlagen der Geostatistik zu erfolgen habe (so z. B. JÄKEL 2000). Damit würde dem Bearbeiter mit der Geostatistik nur bei Beachtung der Rahmenbedingungen ein leistungsfähiges Arbeitsinstrument für die Modellierung zur Verfügung stehen, während anderenfalls eine Anwendung zwar möglich, eine Plausibilität des Ergebnisses jedoch nicht mehr zu gewährleisten sei.

Bisher größte Hervorhebung erfährt der Einfluss des Anwenders in einer von ENGLUND (1990) durchgeführten Studie, bei der zwölf Teilnehmern eine Datenmenge aus dem überaus populären *Walker-Lake*-Datensatz (vgl. SRIVASTAVA 1988, ISAAKS & SRIVASTAVA 1989, WEBER & ENGLUND 1992, 1994) zur Verfügung gestellt wurde, wobei durch Verfremdung der Daten ein Bezug zur Herkunft des Datensatzes verhindert wurde. Ziel war die Interpolation der Daten, wobei die Teilnehmer in der Anwendung beliebiger Verfahren der

Datenmanipulation, von Variographie und Kriging völlig frei waren. Im Ergebnis konnte nachgewiesen werden, dass durch die einzelnen Modelle zwar zumeist die Grobstrukturen des Ausgangsdatensatzes reproduziert wurden, die feineren Details jedoch erhebliche Unterschiede aufwiesen, obschon jeder Anwender sein Modell als das beste auswies. Dies ist umso erstaunlicher, als dass der Auswahl des endgültigen Modells in vielen Fällen Parameterstudien oder Überlegungen zum zu erwartenden Modellergebnis vorausgingen.

Detailliertere Hinweise zur Bedeutung des Anwenders finden sich bei KANEVSKI *et al.* (1999) und MYERS (1997), die übereinstimmend die Variographie als wichtigsten Bestandteil des geostatistischen Schätzverfahrens hervorheben (vgl. ARMSTRONG *et al.* 2003, LANTUÉJOUL 2002) und einen Benutzereinfluss in diesem Bereich wegen der Sensibilität des Modellergebnisses als besonders kritisch betrachten. Überwiegend positiv wird jedoch die gerade hier mögliche interaktive Modellbildung beschrieben (RENDU 1984b), die etwa durch Trial-and-error (PRISSANG 2003, UNVERZAGT 1999) oder durch gleichzeitige Nutzung mathematischer und visueller Kriterien zur Wahl eines geeigneten Variogrammmodells beitragen kann (Abs. 5.4.3, 8.4.1ff.).

Unter Bezugnahme auf die Studie von ENGLUND (1990) verweist MYERS (1997) auf die augenscheinlich weit verbreitete Annahme, dass das Kriging automatisch das beste Modell ergebe[6]. Insofern gewährleistet die Anwendung des Kriging-Verfahrens lediglich, dass das Modell – bei den gewählten Optionen und Parametern (!) – dasjenige ist, das die kleinsten Fehler zum wahren Wert aufweist. Ungeachtet dessen wird damit weder sichergestellt, dass das Modell richtig noch für den Modellzweck geeignet sei.

Auch die bei SCHÖNHARDT (2005) vorgeschlagene Methodik zur Berücksichtigung unsicherer Kennwerte in der geostatistischen Modellierung des Untergrundes betrachtet nur einen Teilaspekt. Der Anwender selbst wird auch hier nicht als Unsicherheitsfaktor aufgefasst.

3.7   Fazit

Unabhängig von der gewählten Kriging-Variante stellt die Nutzung der räumlichen Autokorrelation ein Alleinstellungsmerkmal der geostatistischen Methoden dar. Dies hat zu einer stark zunehmenden Anwendung in allen Disziplinen der Naturwissenschaften geführt und die Geostatistik zu einem der bevorzugten Interpolationsverfahren werden lassen. Im Zuge dieser nicht unkritisch zu betrachtenden Entwicklung erfolgte eine Adaption dieser Verfahren auch für ingenieurgeologische Zwecke. Dabei standen der durch die Nutzung der räumlichen Struktureigenschaften mögliche Informationsgewinn sowie der als Nebeneffekt gleichzeitig zu ermittelnde Schätzfehler im Vordergrund. Eine Prüfung auf Vorliegen der Voraussetzungen für die Anwendung der Geostatistik und auf die Bedeutung des Anwenders fanden bei den bisherigen Betrachtungen nur selten statt. Zwar konnte die prinzipielle Tauglichkeit

---

[6] „This *best* designation implies that one can not improve on kriging and, thus, it does not generally elicit a challenge. One must remember that best is a relative term and does not necessarily imply *good*." (MYERS 1997)

geostatistischer Verfahren für den neuen Anwendungsbereich der Baugrundmodellierung bewiesen werden, jedoch blieb bislang offen, wo die Notwendigkeiten und Möglichkeiten zur Einflussnahme des Anwenders liegen und welche Auswirkungen sich daraus ergeben.

Fraglich ist auch, inwieweit der durch die vorgegebene Reihenfolge der einzelnen Teilschritte primär lineare Ablauf des geostatistischen Modellierungsprozesses mit den Grundprinzipien des geowissenschaftlichen Erkenntniserwerbs vereinbar ist. Als ein in der vorliegenden Literatur nur ungenügend behandeltes Problem erweist sich zudem die Notwendigkeit, dass innerhalb des Modellierungsprozesses Entscheidungen zu fällen sind. Dieser Einfluss des Anwenders wird zwar zumeist erkannt und als im Wesentlichen positiv für die Modellierung betont, es fehlen jedoch detaillierte Aussagen zu dessen Art und Konsequenzen. Damit bleibt offen, inwieweit das Modellergebnis in vielen Teilen eher durch den Anwender und weniger durch die Eingangsdaten geprägt ist. Damit untrennbar verbunden ist auch die Frage nach der grundsätzlichen Anwendbarkeit geostatistischer Verfahren.

Vor dem Hintergrund der in diesem Kapitel gegebenen Erläuterungen und Beispiele erscheint es nahe liegend, das Konzept der regionalisierten Variablen und mit ihr die Geostatistik als Bindeglied zwischen einer vollständig stochastisch orientierten Denkweise bei der Betrachtung ortsunabhängiger Zufallsvariablen und einem komplett deterministischen Ansatz anzusehen. Ein solcher Ansatz fordert die Verwendung strukturrelevanter Information, die entweder aus der Kenntnis des Prozesses stammt oder im Zuge einer Erkundung erlangt wird.

Dieser Gedanke der Brückenfunktion der Geostatistik scheint aus drei Gründen gerechtfertigt: Zum einen liegt tatsächlich mit der theoretischen Variogrammfunktion Information über die Struktur vor, obgleich das derart angenäherte Modell weder einen einzelnen geologischen Prozess nachbilden will oder einen Anspruch auf Vollständigkeit oder Richtigkeit erhebt. Es stellt lediglich eine aus praktischer Sicht hinreichend genaue (messbare, reproduzierbare und daher deterministische) Vereinfachung der gegenseitigen Abhängigkeit der Mess- oder Beobachtungswerte dar. Zum anderen müssen der regionalisierten Variablen intermediäre Eigenschaften zwischen einer Zufallsvariablen und einer vollständig deterministischen Variablen zugesprochen werden, da sie einerseits Zufallswerte beschreibt, die jedoch andererseits vom Ort abhängig sind. Jede geogene Variable weist aufgrund dieser Ortsabhängigkeit eine gewisse geographische Verteilung auf. Diese Änderungen sind jedoch zu komplex, als dass sie deterministisch zu beschreiben wären. Letzteres gilt besonders mit Blick auf den geringen Umfang der Stichprobenpopulation, die stets nur einen sehr kleinen Teil der Struktur zu erfassen vermag. Drittens erzeugt auch die geostatistische Schätzung lokal stets nur einen konstanten Wert, der in keiner Weise als zufällig anzusehen ist, da seine Berechnung auf bekannten feststehenden Algorithmen beruht, die selbst im Detail strukturiert und nachvollziehbar aufgebaut sind und auf dem ermittelten und für den Modellzweck als geeignet empfundenen Variogrammmodell basieren. Eine geostatistische Modellierung im Sinne einer Schätzung stellt daher einen deterministischen Vorgang dar, der indes mit der stochastisch orientierten geostatistischen Simulation kombiniert werden kann und auf diese Weise auch an den bisher unbeprobten Punkten eine zufällige Realisation erzeugt, wie sie auch an den bereits beprobten Koordinaten unterstellt wird.

Das Kapitel wirft bereits zahlreiche Fragen auf, die sich zum Teil unmittelbar aus den dargestellten charakteristischen Eigenschaften der Geostatistik und ihrer Anwendung auf reale Datensätze ergeben. Dieser Fragenkatalog umfasst etwa das Problem der Zulässigkeit der Betrachtung natürlicher Phänomene als Resultat von Zufallsprozessen, die raum-zeitliche Überlagerung verschiedener natürlicher geologischer Prozesse oder die prinzipielle Erfüllbarkeit der Stationaritätsanforderungen. Auch wurde bisher eine Berücksichtigung des relativen Maßstabs von Erkundung, Struktur und Untersuchungsgebiet bewusst ausgeklammert. Gleiches gilt für die Frage nach dem Begriff des Modells, der trotz häufiger Nennung bisher nicht erläutert wurde und im Rahmen geostatistischer Untersuchungen zum Teil in von der bisherigen Praxis abweichender Weise gebraucht wird. Auch fehlt eine umfassende Analyse der Unsicherheit geologischer Modelle, die besonders im Hinblick auf die bei geostatistischen Verfahren erforderliche Interaktion von Anwender und Modellierungswerkzeug notwendig erscheint.

Die folgenden Kapitel knüpfen hieran an und erörtern die genannten Punkte. Dabei soll unterschieden werden zwischen den im folgenden Kapitel 4 diskutierten theoretischen Aspekten einer Anwendung der Geostatistik und ihrer Einbindung in den praktischen Ablauf einer Baugrundmodellierung (Kap. 5). Wenngleich auch in diesen beiden Kapiteln ein deutlicher Bezug zur geostatistischen Schätzung gewahrt bleibt, so sind viele der Ausführungen auch auf andere Methoden einer weitgehend automatisierten Modellierung übertragbar.

Kapitel 4

Theoretische Aspekte von geostatistischer Schätzung und baugeologischer Modellierung

4.1 Überblick

Aufbauend auf der im vorigen Kapitel gegebenen Beschreibung des geostatistischen Schätzprozesses und den dort aufgeworfenen Fragen widmet sich dieses Kapitel einer detaillierteren Untersuchung der geostatistischen Methoden. Im Vordergrund sollen hier Aspekte der Anwendbarkeit der Geostatistik auf den Untersuchungsgegenstand ‚Baugrund' und die Bedeutung des Anwenders stehen.

Diese Betrachtungen ermöglichen auch eine Diskussion über die vermeintliche Objektivität der Geostatistik und eine kritische Auseinandersetzung mit dem zunehmenden Einsatz dieser Verfahren für unterschiedliche Anwendungsbereiche. Dadurch werden bereits viele Möglichkeiten einer Beeinflussung des Modells deutlich, die bisweilen nur unbewusst wahrgenommen oder vom Ersteller des Modells nur intuitiv in den Modellierungsprozess eingebracht werden.

Vervollständigt wird das Kapitel durch Ausführungen zur Modelltheorie und -komplexität und zur Unsicherheit in der geologischen Modellbildung. Das Kapitel steht in enger und ergänzender Beziehung zum folgenden Kapitel 5, das die Einbindung der Geostatistik in den Gesamtablauf der Baugrundmodellierung aufzeigt und damit eher praktische Überlegungen beinhaltet.

4.2   Stochastische und deterministische Prozesse

Teilweise unabhängig von den zugrunde liegenden Prozessen oder in der Annahme, die Begrifflichkeiten synonym mit Betrachtungen des *Modellansatzes* verwenden zu können (z. B. POST 2001, vgl. aber Abs. 4.5.1), wird mit Bezug auf die zu modellierenden *Prozesse* regelmäßig zwischen deterministischen und stochastischen Prozessen unterschieden. Die Zuordnung zu einer der beiden Gruppen geschieht dabei meist ausschließlich im Hinblick auf den Prozess selbst (vgl. GUTJAHR 1992) und erfordert die Beurteilung, ob den prozessualen Abläufen echte Ursachen zugrunde liegen oder die Prozesse allein zufallsbedingt ablaufen. Ein deterministischer Vorgang ist hiernach ein solcher, bei dem vollständig, sicher und hinreichend genau bestimmbare Einfluss- oder Eingangsgrößen über einen eindeutigen und nachvollziehbaren Wirkmechanismus zu festen Wirkungsgrößen führen, so etwa SCHÖNWIESE (1985) in Anlehnung an BENDAT & PIERSOL (1966).

Nicht-determinierte oder Zufallsprozesse sind hingegen solche, bei denen das Ergebnis nicht vorhersagbar, also zufällig ist, das Ergebnis daher allenfalls mit einer gewissen, aber zumeist ebenfalls unsicheren Angabe einer Eintretenswahrscheinlichkeit versehen werden kann. Es zeigt sich jedoch, dass Zufall in diesem Sinne nicht existiert, insbesondere keine inhärente Eigenschaft der Natur ist (vgl. etwa BAECHER 1995, GOOVAERTS 1997a, GERA 1982) und dass jedweder Prozess in theoretisch beliebiger Detailliertheit kausal gesteuert wird. Die Prozesse und die von ihnen geschaffenen Phänomene unterliegen vielmehr vollständig deterministischen Gesetzen, wobei lediglich das Wissen über sie unvollständig ist[7].

Demnach handelt es sich nicht um eine „stochastische latente oder potentielle Unbestimmtheit ..., sondern um [die] Unkenntnis der eindeutig bestimmten Realität" (BANDEMER 1993). Für den Bereich der geologischen Modellierung hat dies unter dem Terminus *knowledge uncertainty* (z. B. NRC 2000, EINSTEIN & BAECHER 1992) Bedeutung erlangt (vgl. Abs.

---

[7] Vor diesem Hintergrund sind selbst die klassischen und häufig zitierten Beispiele der traditionellen Statistik (Münzenwerfen, Würfelversuche, Lottoziehungen, Kugelziehungen aus Urnen u. ä. m.) vom Grundsatz her, d. h. bei Betrachtung der zugrunde liegenden Ursachen, als deterministisch aufzufassen. Die Ausweisung dieser Vorgänge als stochastisch ist lediglich Ausdruck der Unkenntnis der Anfangs- und Randbedingungen und der die Prozesse steuernden Parameter sowie des Wissens über die Beteiligung auch chaotischer Vorgänge, bei denen selbst kleinste Änderungen der Eingangswerte zu signifikanten Änderungen der Ergebnisse führen. Dabei darf angenommen werden, dass letztere weder ohne Störung des Systems messbar sind, noch dass die Messung überhaupt mit einer hinreichend großen Genauigkeit durchführbar wäre, da deren Schwankungsbreite deutlich kleiner als die Variabilität der Eingangsdaten sein müsste. Die Annahme eines hypothetischen Zufallsprozesses geschieht damit auch hier allein aus Gründen der Vereinfachung, um die Vorgänge einer rechnerischen Erfassung zuzuführen, die – wenn auch nicht die Vorhersage eines individuellen Vorgangs – so zumindest doch die Berechnung von Metadaten (Mittelwert, Streuung, Wahrscheinlichkeitsverteilung) anhand der Betrachtung eines kollektiven Vorgangs (vgl. hierzu SCHÖNWIESE 1985) ermöglicht. Die Praxis zeigt, dass diese Zuordnung gerechtfertigt werden kann.

4.6.1). Dieser „erweiterte Stochastikbegriff" umschließt damit auch diejenigen grundsätzlich deterministischen Prozesse, deren Ergebnisse nur mit einer prinzipiell unzureichenden Genauigkeit beobachtet oder nur auf ungeeigneten Skalenbereichen beprobt werden können, insbesondere aber solche, die sich durch eine derart komplexe Struktur auszeichnen, dass diese Komplexität dem Betrachter als Zufall erscheinen muss (ISAAKS & SRIVASTAVA 1989). Erfahrungsgemäß ist eine Trennung stochastischer und deterministischer Prozesse damit auch von der wissenschaftlichen Evolution (SCHÖNWIESE 1985) abhängig, durch die eine zunehmende und detailliertere Kenntnis natürlicher Prozesse angenommen werden darf (Abb. 4-1).

Die Betrachtung von Daten als Ergebnis einer Zufallsfunktion und die Einführung der vereinfachten Annahme eines „hypothetischen Zufallsprozesses" wider besseres Wissen um die Existenz einer prozessgesteuerten Genese (MATHERON 1970b) ist damit oftmals lediglich Ausdruck des Bemühens, Metadaten, etwa im Zuge einer statistischen Auswertung, zu erlangen. Geologische Prozesse sind damit zwar eine deterministische Erwiderung auf die physikalischen Charakteristika eines geologischen Systems (MANN & HUNTER 1992), jedoch sind diese in hohem Maße sensitiv gegenüber den Anfangs- und Randbedingungen und variieren daher selbst räumlich und zeitlich. Auch sind grundsätzlich sämtliche Eigenschaften des Untergrundes an jedem Punkt theoretisch vollständig messbar und damit unter Vernachlässigung von Mess- und Analysefehlern eben nicht zufällig oder veränderlich, sondern bereits gegeben (MANN & HUNTER 1992, ALBER & FLOSS 1983). Lediglich die Unzugänglichkeit des geologischen Untergrundes (KINZELBACH & RAUSCH 1995) erfordert damit die Betrachtung der interessierenden Struktur als stochastisches Phänomen, während eine vollständige Kenntnis aller Parameter an jedem Punkt jedwede Modellierung erübrigen würde.

Geologische Prozesse ohne genaue Kenntnis der genetischen Zusammenhänge können daher als Zufallsprozesse angenommen und auf stochastische Weise modelliert werden (JAMES 1970, BANDEMER 1993). Einen Sonderfall im Sinne der Betrachtung deterministischer und stochastischer Aspekte stellen jedoch die geostatistischen Modelle des geologischen Untergrundes dar. Obgleich die Eingangsparameter selbst als Realisation eines Zufallsprozesses betrachtet werden (vgl. Abs. 3.2), werden die aus der Erkundung vorliegenden Eingangsdaten hier als feste, nicht streuende Größen aufgefasst und einer deterministischen, d. h. objektiven und auf festen Algorithmen basierenden Modellierung zugeführt. Mithin liefern diese Schätzverfahren bei Wahl gleicher methodeninterner Parameter stets die gleichen, vorhersagbaren Ergebnisse. Die Determiniertheit besteht jedoch nicht etwa in der Verwendung von Informationen über die geologischen Prozesse, sondern lediglich in der Bereitstellung eben jener Algorithmen, die ohne Zufallskomponente ablaufen. Auch das Variogrammmodell (Abs. 3.5.3) stellt nicht etwa den Anspruch der genauen und richtigen Repräsentanz der geologischen Realität, ist mithin keine Beschreibung der ursächlichen Prozesse, sondern im Regelfall nur eine Ableitung aus den vorliegenden Erkundungsdaten. Nur bei wenigen Prozessen (etwa bei geophysikalischen Feldern und geochemischen Charakteristika) kann in gewissem Maße eine Herleitung des Variogrammes erfolgen (z. B. JOURNEL & HUIJBREGTS 1978, KNOSPE 2001; vgl. Abs. 8.4.1.3).

Vorteile in der Heranziehung stochastischer Methoden zur Modellierung deterministischer Phänomene bestehen auch in der Möglichkeit der Berechnung von Konfidenz- und Prognoseintervallen. Daneben scheint es oftmals angebracht, nicht interessierende oder nicht hinreichend gut erfassbare Prozessanteile als zufällig zu betrachten und ihnen dann eine Wahrscheinlichkeitsverteilung zuzuweisen. Auch hier wird die Entscheidung zur Betrachtung als stochastischer Prozess eher aus pragmatischen Gründen vorgenommen. Insbesondere bei hochkomplexen Prozessen ist es oftmals ökonomischer, stochastische Modelle zu verwenden oder eine Abspaltung von als stochastisch anzusehenden Komponenten vorzunehmen. Es obliegt dem Anwender der Modellierungsverfahren, im Hinblick auf Modellzweck und eigene Vorkenntnisse zu entscheiden, unterhalb welchen Detaillevels von Zufall zu sprechen sei. Abb. 4-1 verdeutlicht die unterschiedliche Betrachtung natürlicher Prozesse als stochastisch oder deterministisch als Entscheidung des Anwenders.

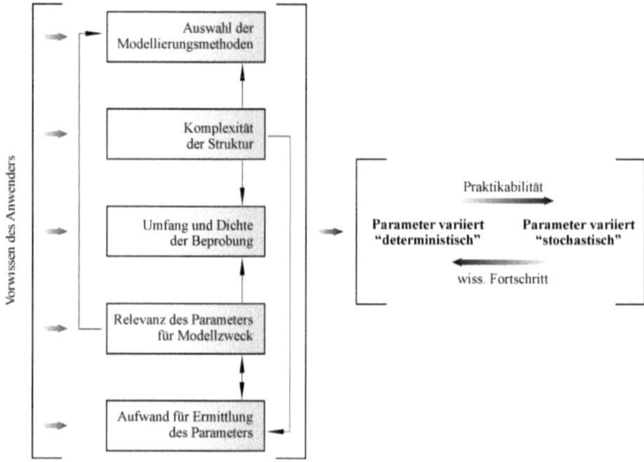

Abb. 4-1: Ursachen der Bewertung von Prozessen als stochastisch oder deterministisch auf Grundlage des Vorwissens des Anwenders sowie aus Gründen der Praktikabilität.

Daneben kann auch die Erfassung und Beprobung einer Struktur durch ein Messnetz ein Kriterium zur Unterscheidung stochastischer und deterministischer Parameter liefern. Deutlich wird dies etwa bei FLATMAN, ENGLUND & YFANTIS (1988), die eine Einteilung natürlicher Variablen in *spatial variables* und *random variables* vornehmen. Bei den erstgenannten handelt es sich um Variablen, deren Probenahmeabstand kleiner ist als die Autokorrelationslänge. In Bezug auf die geostatistischen Verfahren sind dies folglich solche Parameter, bei denen ein Anstieg des Variogrammmodells gefunden und Reichweite sowie Schwellenwert definiert werden können. Die letztgenannten *random variables* erscheinen dann als gegeben, wenn der Probenahmeabstand größer ist als die Autokorrelationslänge. Sie lassen mit Ausnahme des Nugget-Variogramms keine Anpassung einer Variogrammfunktion zu. Mit einer solchen zu weitmaschigen Aufschlussverteilung werden daher zwangsläufig alle erfassbaren Prozesse als zufällig aufgefasst. Ihre Variabilität geht hier in die Ermittlung des Nugget-Wertes ein (vgl. Abs. 3.5.3).

Gelegentlich (z. B. POST 2001, LANGGUTH & VOIGT 1980) werden auch Prozesse, die sich aus deterministischen und mindestens einem stochastischen Anteil zusammensetzen, als stochastisch bezeichnet, während reine Zufallsprozesse nach dieser Einteilung als „probabilistisch" ausgewiesen werden (vgl. auch Abs. 4.3). Vor dem Hintergrund der oben geschilderten Aspekte erscheint die Einführung einer dritten Kategorie, der probabilistischen Prozesse, jedoch unnötig. Überdies werden ansonsten die Begriffe probabilistisch und stochastisch synonym – wenngleich zumeist auch ohne die erforderliche Differenzierung von Prozess und Modell – gebraucht.

Die Beurteilung von Prozessen als stochastisch oder deterministisch stellt zusammenfassend lediglich verschiedene Formen der Erfassung natürlicher Phänomene dar. Inwieweit hier die Ausweisung einer betrachteten Struktur tatsächlich als stochastisch erfolgt, hängt damit sowohl von deren Komplexität, vom Vorwissen des Anwenders, vom Modellzweck und den Modellierungsmethoden ab (Abb. 4-1). Dies und die Einmaligkeit der in der Natur verwirklichten Realisation waren mehrmals Anlass zur Kritik an der Heranziehung stochastischer und geostatistischer Methoden zur Modellierung geologischer Strukturen (insbes. AKIMA 1975, PHILIP & WATSON 1986, 1987, SHURTZ 1985, 1991). Berechtigung kann die Heranziehung solcher Verfahren demnach nur dann haben, wenn mit ihrer Anwendung nicht gleichzeitig auch das Ziel einer kausalen Modellierung verknüpft wird und diese damit vielmehr der Beschreibung der Struktur dient (MATHERON 1970b, JOURNEL 1986, HENLEY 1987, vgl. Abs. 4.5.1). Schlussfolgerungen auf den Prozess sind im Zuge der geostatistischen Methoden zwar denkbar, jedoch ausschließlich durch den subjektiv agierenden Anwender möglich.

4.3   Charakteristika geologischer Prozesse

Ungeachtet dessen, ob diese als deterministisch oder stochastisch anzusehen sind, können in der Natur vorliegende Phänomene als Realisation eines Prozesses bzw. als Überlagerung von Realisationen verschiedener Prozesse (Abb. 4-2) aufgefasst werden. Das schließt sämtliche chemischen, physikalischen oder biologischen Prozesse ein, die im Laufe der geologischen Geschichte eines Gebietes zur Schaffung der gegenwärtigen Situation beigetragen haben (MARSAL 1979). Dies entspricht einer Superposition teilweise interagierender, auf verschiedenen Skalenbereichen ablaufender Prozesse (z. B. BURROUGH 1983, AHL & ALLEN 1996); SCHÖNWIESE (1985) spricht von der „Verschachtelung phänomenologischer Größenordnungen"; PRINCE, EHRLICH & ANGUY (1995) bezeichnen dies als „strukturelle Hierarchie". Insbesondere sind hierunter sämtliche Sedimentations- und Erosionsprozesse sowie die zur Änderung der struktureigenen Attribute beitragenden mechanischen und geochemischen diagenetischen Prozesse, wie etwa Kompaktion, Lithifizierung, Bioturbation usw., zu verstehen. Diese laufen jeweils auf für sie spezifischen Zeit- und Raummaßstäben ab und führen zu einer schließlich nicht mehr erfassbaren strukturellen Komplexität. Da viele der Prozesse sich trotz der unterschiedlichen Skalenbereiche gegenseitig beeinflussen, führen gerade diese Interaktionen bzw. Verschachtelungen zu einem Grad an Komplexität, der eine deterministische Erfassung oder Beschreibung nicht mehr erlaubt (vgl. Abs. 4.5.1, 4.2).

Die Erkundung und die Untersuchung der durch die Prozesse geschaffenen geologischen Strukturen erfolgen zudem nur in einem bestimmten, vom Modellierungszweck und den zur Verfügung stehenden Mitteln abhängigen Raum-Bereich, betrachten die Struktur folglich als skaliges Phänomen. Dieses kann jedoch mit weiteren räumlich subskaligen (i. d. R. kurzzeitig wirkenden) und räumlich supraskaligen (i. d. R. langfristig wirkenden) Phänomenen verknüpft sein, die im Rahmen der gewählten Erkundungsparameter (Dichte, Umfang, Ausdehnung usw.) nicht erfassbar sind. Vielmehr sind Realisationen subskaliger Prozesse in den Mess- oder Beobachtungsdaten enthalten, die im Regelfall als Schätzfehler auftreten (vgl. auch Abs. 7.5), teilweise aber während der Messung als Messfehler interpretiert werden. Realisationen supraskaliger Prozesse können sich dagegen durch Trends oder durch Abweichungen von der Stationarität bemerkbar machen (hierzu Abs. 3.3) und damit zu einer Ablehnung der Anwendbarkeit der geostatistischen Verfahren führen. Die erfassbare Prozessvielfalt wird daher bereits durch die Vorgaben der Erkundung stark eingeschränkt und späterhin auch nur die Modellierung bestimmter Strukturanteile erlauben. Insbesondere bleiben die Erfassbarkeit und die Modellierbarkeit dieser Anteile in einem engen Rahmen, der durch die Erkundungsdichte einerseits und die Größe des Untersuchungsgebietes andererseits vorgegeben ist (Abb. 4-2).

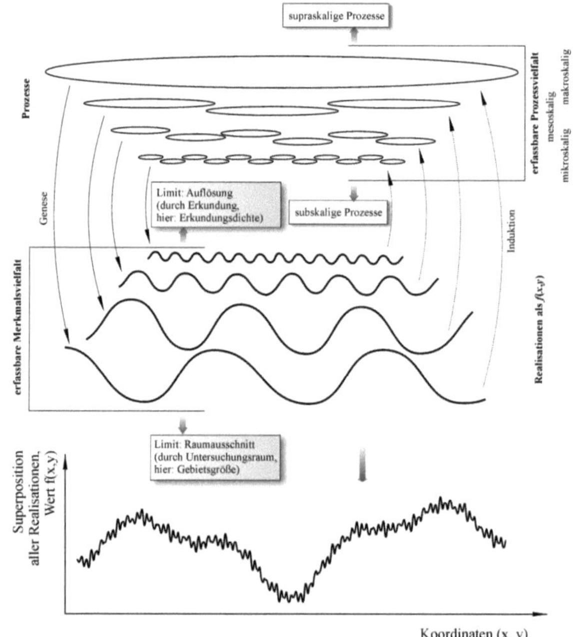

Abb. 4-2: Schema der Überlagerung verschiedener natürlicher Prozesse in verschiedenen Maßstabsbereichen; Erzeugung einer Strukturvielfalt im Zuge der prozessspezifischen Genese; Beschränkung der erfassbaren Merkmalsvielfalt durch die Erkundung.

Die mit den gewählten Parametern der Erkundung erfassbaren Prozesse lassen sich gemäß dieser Einteilung als mikro-, meso- und makroskalig betrachten. Nur über diese Prozesse lassen sich aus der betrachteten Struktur induktiv Rückschlüsse ziehen.

Im Unterschied zu anderen Modellierungsmethoden lassen sich diese Erkenntnisse gut in die Terminologie der Geostatistik umsetzen. So lässt sich etwa die erfassbare Prozessvielfalt durch die Variographie beschreiben. Insbesondere lassen sich verschachtelte Variogrammmodelle als Hinweis auf verschiedene Variabilitätsebenen auffassen (BURROUGH 1983, OLEA 1994). Mikroskalige Prozesse äußern sich in solchen komplexen Variogrammmodellen (vgl. Abb. 3-7f) folglich durch kleine Reichweiten, makroskalige durch größere Reichweiten; sie können in beliebiger Kombination auftreten. Die Schwellenwerte der einzelnen Variogrammmodelle sind dann als Ausdruck einer unterschiedlichen Schwankungsbreite der einzelnen Prozesse zu begreifen. Sub- und supraskalige Prozesse äußern sich im Variogramm schließlich durch den Nugget-Wert bzw. durch einen Trend.

Unabhängig von dem Wissen um die Beteiligung einer nicht erfassbaren Prozessvielfalt selbst innerhalb des begrenzten Untersuchungsgebietes hat es sich als vorteilhaft erwiesen, die beobachtete geologische Struktur als Superposition nur einer kleinen und begrenzten Anzahl von Komponenten aufzufassen. Dies geschieht jedoch einzig aus Gründen der Praktikabilität, um die vorhandenen Informationen als Daten einer geostatistischen Modellierung zugänglich zu machen. Die verschiedenen Ansätze einer Trennung in drei, vier oder fünf Komponenten spiegeln dabei nicht etwa grundsätzlich andere geologische Strukturen wider, sondern lediglich andere Möglichkeiten der Aufspaltung der Messwerte, wie sie vom Bearbeiter mit Blick auf Geologie, Modellzweck und Modellierungsverfahren als vorteilhaft erachtet wird. Die am jeweiligen Messpunkt x erhobenen Daten $z(x)$ lassen sich etwa als Summe eines Trends $m(x)$, einer die periodischen Schwankungen beschreibenden zyklischen Komponente $S(x)$, eines autokorrelierten Signals $q(x)$ und eines Rauschens R auffassen (4-1).

$$z(x) = m(x) + S(x) + q(x) + R \qquad (4\text{-}1)$$

Diese Form der Einteilung geht konform mit der bei MARSAL (1979) und DAVIS (1986) beschriebenen Aufspaltung von Zeitreihen, lässt sich jedoch auch gut für geologische Strukturen einsetzen (z. B. SKALA & PRISSANG 1999). Häufig ist auch ein Verzicht auf die zyklische Komponente $S(x)$ zu finden (TILKE 1995, MENZ 1999, KNOSPE 2001).

Die Kenntnis dieser Summanden und deren Erfassbarkeit im Rahmen der Erkundung sind zumeist sehr stark eingeschränkt, so dass auch die Aufspaltung von $z(x)$ meistens aus praktischen Erwägungen durch den Anwender selbst vorgenommen werden muss und im Allgemeinen zur Gewährleistung der Anwendbarkeit der Verfahren nur eine Lösung geeignet erscheint. Ihre Erfassbarkeit wird weiterhin stark beeinflusst durch die Größe des Untersuchungsgebietes, ihre jeweilige absolute und relative Schwankungsbreite sowie die Auflösung innerhalb der Erkundung, also durch Dichte, Umfang und Stützung (Probengröße, -form und -orientierung, vgl. *„support effect"*, vgl. GOTWAY & YOUNG 2005, MYERS 1997). Wie die später noch in Abs. 4.4 zu diskutierende Stationarität ist auch die Komponententrennung daher in weiten Teilen willkürlich und lässt sich nur durch die Zielorientierung des Verfahrens rechtfertigen. Keiner dieser Komponenten kommt dabei zumeist eine physikalische Realität zu (OLEA 1991); sie beschreiben also nicht etwa jeweils einen ausgezeichneten Prozess. Vielmehr ist diese Einteilung zunächst völlig beliebig, so dass jede der Komponenten stets mehrere Prozesse oder auch nur bestimmte Anteile eines einzelnen von ihnen umfassen kann. Daher obliegt es auch hier dem Anwender selbst, durch Wahl geeigneter Erkundungs-, Probenahme- und Analyseverfahren sowie entsprechender Probenanordnung, die nur im Hinblick auf seine Vorkenntnisse und den Modellzweck getroffen werden kann, begründbare Entscheidungen für die Trennung in die Komponenten vorzunehmen.

Als ratsam hat es sich hier erwiesen, den Trend $m(x)$ als deterministischen Prozessanteil aufzufassen. Dieser kann bei Kenntnis echter physikalischer und überregional gültiger Zusammenhänge berechnet und damit zur Gewährleistung der Erfüllung der Stationaritätsanforderungen vor Anwendung der Geostatistik aus den Daten eliminiert werden (z. B. SCHAFMEISTER 1999). In der Mehrzahl der Fälle kann dem Trend jedoch kein spezifischer Prozess zugewiesen werden, so dass dessen Festlegung eher willkürlich erfolgen wird (vgl. JOURNEL & ROSSI 1989, DAVIS & CULHANE 1984 und Abs. 4.4). Alternativ kann der deterministische Anteil daher auch durch Trendflächenanalyse angenähert oder bei Vorgabe eines maximalen Polynomgrades im Zuge des Universal Krigings ermittelt werden. Der Grad des Polynomansatzes sollte dabei einen Maximalwert von 2 bzw. 3 nicht übersteigen (KNOSPE 2001) und mit Blick auf die Gefahr des Overfitting (vgl. hierzu Abs. 5.4.3) möglichst niedrig gehalten werden (BAECHER 1987).

Periodische Prozessanteile $S(x)$ können ebenfalls im Vorfeld der Anwendung der geostatistischen Verfahren herausgefiltert oder alternativ auch innerhalb der Variographie durch spezielle Variogramme (*hole-effect*-Variogramm, vgl. Abs. 3.5.3) erfasst werden. Sie erscheinen besonders dann als geeignete Ergänzung, wenn in der Teufe periodische Abfolgen von Schichtgliedern oder im Lateralen periodische Abfolgen einander ähnlicher Strukturen erwartet werden (z. B. PYRCZ & DEUTSCH 2003a). Eine solche Erwartungshaltung darf jedoch nur auf dem individuellen Vorwissen über die geologische Struktur basieren. Schwankungen des experimentellen Variogramms hingegen dürfen nicht als Rechtfertigung für die Verwendung eines zyklischen Variogrammmodells herangezogen werden, da diese auch zufälligen Ursprungs sein können.

Als eine der wichtigsten Aufgaben ist die Trennung von eigentlichem, autokorreliertem, Signal $q(x)$ und dem Rauschen R aufzufassen, die durch Vorkenntnisse über die geologische Struktur und über den Bildungsprozess erfolgen kann. So wird das Rauschen von KNOSPE (2001) als Summe von Mikrovarianz und Messfehler interpretiert und meistens als „white noise" (JOURNEL 1974) bezeichnet, für den in der Regel eine Normalverteilung angenommen wird. Das Rauschen beinhaltet damit tatsächlich sowohl zufällige Anteile als auch die Variabilität der subskaligen Prozesse. Für das Rauschen kann daher im Allgemeinen von einem nicht oder nur schwach autokorrelierten und zufällige Werte liefernden Prozess ausgegangen werden, der zudem nicht mit dem Signal kreuzkorreliert sein soll. Das Vorwissen über den zu modellierenden Prozess (geophysikalische Felder: vgl. MEIER & KELLER 1990; hydrogeologische Gesetzmäßigkeiten: vgl. etwa CARRERA *et al.* 2005) und die Kenntnis über die Genauigkeit der Mess- und Analyseverfahren können Anhaltspunkte über die Größe des Rauschens liefern. Inwieweit diese Informationen vorliegen und zur Beurteilung des Signal-Rausch-Verhältnisses genutzt werden können, ist durch den Anwender zu ergründen.

Den Einfluss des Anwenders bei der Eliminierung von Trend und Rauschen verdeutlicht Abb. 4-3. Dargestellt ist eine typische geologische Struktur, wie sie etwa als Höhenlage einer Schichtgrenze realisiert sein könnte. Die vorgenommene Einteilung in vier Komponenten nach Gl. (4-1) liefert einen über das Untersuchungsgebiet hinausgehenden regionalen *Trend*, einen hier als *Struktur* beschriebenen Anteil, der in diesem Falle eine periodische Wiederholung beinhaltet, sowie eine *autokorrelierte Komponente* und eine als *Rauschen* bezeichnete Abweichung. In Abhängigkeit von der Größe des Untersuchungsgebietes und der Erkundungsdichte erscheint dann eine andere Aufspaltung der Werte $z(x)$ besonders geeignet. So kann die Trend-Komponente bei starker Vergrößerung des Untersuchungsgebietes auch als autokorrelativer Anteil aufgefasst werden (Abb. 4-3, links), während sicherlich ein weiterer überregionaler Trend sichtbar wird, gleichzeitig die vormals autokorrelativen Anteile sich nicht mehr erkennen lassen und dann dem Rauschen zugeordnet würden. Umgekehrt kann bei einer Reduktion der Fläche des Untersuchungsgebietes und/oder einer Erhöhung der Erkundungsdichte die Erfassung kleinskaligerer Prozesse ermöglicht werden und damit die Trennung der Komponenten in gänzlich anderer Weise als vorteilhaft erscheinen lassen.

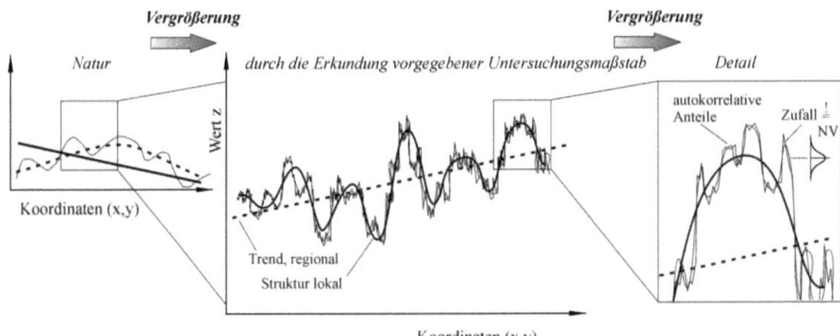

Abb. 4-3: Schema einer geologischen Struktur als Ergebnis der Überlagerung verschiedener Prozesse und deren Aufspaltung in vier Komponenten; Abhängigkeit der Komponententrennung vom Beobachtungsmaßstab.

Ähnlich wie auch in der Entscheidung über die Stationarität (Abs. 4.4) stehen dem Anwender hier zahlreiche Möglichkeiten der Einflussnahme zur Verfügung. Erst die von der Geostatistik geforderte Separierung der autokorrelierten Komponente als alleinige Datengrundlage für die Modellierung zwingt daher den Anwender zu einer intensiven Beschäftigung mit den zur Verfügung stehenden Daten, erlaubt daher aber bereits im Vorfeld der eigentlichen Modellierung den Erwerb von Prozesskenntnissen.

Basierend auf der Annahme, die Einzelkomponenten Trend, Signal und Rauschen ließen sich bestimmten natürlichen Prozessen zuordnen, werden gelegentlich Versuche unternommen, eine Klassifikation geologischer Strukturen durchzuführen und Schlussfolgerungen auf die Genese spezieller Ablagerungen zu ziehen (z. B. THIERGÄRTNER 2003). Solche Versuche sind jedoch nicht losgelöst von den Verhältnissen von Variabilität und Wirkungsreichweiten der beteiligten Prozesse sowie von erkundungsinduzierten Parametern (Dichte, Umfang, Häufigkeit der Untersuchungen usw.) zu betrachten. Die Ergebnisse solcher Überlegungen besitzen daher lediglich indikativen Charakter.

4.4   Bedeutung der Stationaritätshypothese

Stationarität gilt zwar als bedeutendste Anforderung der geostatistischen Verfahren an den Datensatz, kann jedoch allein anhand der aus der Erkundung und Beprobung vorliegenden Daten weder abgelehnt noch nachgewiesen werden (DEUTSCH & JOURNEL 1997), da die Struktur lediglich durch die Stichprobe ausschnittsweise bekannt ist und es sich bei der zu untersuchenden geologischen Struktur um die einzige Realisation der unterstellten Zufallsfunktion (vgl. Abs. 3.2f.) handelt. Die Stationarität ist damit keine Eigenschaft der Natur, sondern lediglich ein Charakteristikum des Modells (JOURNEL 1986) und zudem von einer Vielzahl von Faktoren abhängig. Innerhalb des Modells gilt die vorausgesetzte Stationarität weiterhin nur für die zu Grunde gelegte Zufallsfunktion, während von der Zufallsvariablen, die durch Messung und Beprobung erfasst werden soll, lediglich geschlossen werden könne, sie sei die Realisation einer stationären Zufallsfunktion. Die Einführung der Stationaritätsforderung folgt damit lediglich aus dem Anliegen heraus, die Kovarianz der Struktur allein aus den beobachteten Daten berechnen zu können, da bei Annahme stationärer Verhältnisse Datenpaare in gleichen Abständen als statistische Replikate angesehen werden können.

Zwar werden gelegentlich *a priori* instationäre Prozesse und *a posteriori* instationäre Prozesse unterschieden (z. B. MEIER & KELLER 1990), womit eine genetisch begründete von einer erst im Mess- und Auswerteprozess erzeugten Instationarität differenziert werden soll, jedoch lassen sich letztgenannte Prozesse meist durch vom Benutzer zu veranlassende Änderungen der Beobachtungsprinzipien in stationäre Prozesse überführen. Echte Instationarität könnte hiernach selbst nur bei infiniter Ausdehnung des Untersuchungsraumes erkannt werden. Alternativ besteht auch die Möglichkeit der ungewollten Erzeugung instationärer Verhältnisse durch zeitabhängige irreversible Prozesse im Rahmen der Erkundung. Im Hinblick auf die Anwendung der Geostatistik zur Baugrundmodellierung und -erkundung ist hier etwa an den Geräteverschleiß bspw. von Rammsonden zu denken, der dann über die Zeitdauer der Erkundung zu signifikant größeren Änderungen führen müsste, als sie in der Schwankungsbreite der Messgenauigkeit liegen würden (*instrumental drift*, ausführlich bei LASLETT & MCBRATNEY 1990). Ähnliches gilt für bestimmte bodenphysikalische Parameter, die saisonale Schwankungen zeigen, bspw. den Wassergehalt bindiger oder gemischkörniger Böden. Dies hat dann Auswirkungen auf ermittelte geotechnische Kennwerte (Schlagzahl von Rammsondierungen; Spitzendruck und Mantelreibung von Drucksondierungen usw.), wenn die Erkundung über einen längeren Zeitraum durchgeführt wird und die dabei auftretenden saisonalen Änderungen in der Auswertung nicht berücksichtigt werden. Diese Daten werden dann trendbehaftet sein und damit Instationarität aufzeigen.

Die Annahme der Stationarität hängt neben der Variabilität der Population auch von folgenden Größen ab:

- Größe des Untersuchungsgebietes, besonders in Relation zu natürlicher Variabilität, zu Kontinuität und Reichweite der Struktur,

- Anzahl, Dichte und räumliche Verteilung, Clusterung der Erkundungspunkte, wiederum in Relation zu natürlicher Variabilität und Messgenauigkeit,

- Auflösung, Aggregationslevel und Stützung der Daten („*support effect*", DAVID 1988, MATHERON 1984) sowie

- Messgenauigkeit, besonders in Relation zur natürlichen Variabilität.

Die Erfassbarkeit der Stationarität wird dadurch in starkem Maße von benutzerinduzierten Parametern abhängig. Beispielhaft sind in Abb. 4-4 einige dieser Aspekte dargestellt. So wird in Ausschnitt a eine Ablehnung der Stationarität erfolgen müssen. Diese Entscheidung ist korrekt für die Stichprobe und gilt auch für die zugrunde liegende Population. Wird das Untersuchungsgebiet hingegen auf den Ausschnitt b beschränkt, erscheint eine Annahme der Stationarität angemessen. Dies gilt auch für den Fall, dass das Untersuchungsgebiet auf den Bereich von Ausschnitt c ausgedehnt wird. Fehlerhaft ist dagegen eine Annahme der Stationarität im Falle des Teilbereiches aus Ausschnitt d. Hier wird diese zwar aufgrund der Messwerte zu folgern sein; sie resultiert in diesem Falle jedoch ausschließlich auf Messfehlern, die sich hier kompensieren. Ausschnitt e zeigt zusätzlich den Effekt einer Verkleinerung des Untersuchungsgebietes bei gleichzeitig zunehmender Erkundungsdichte. Durch Betrachtung eines solchen nicht problemadäquaten Maßstabs, etwa im Rahmen einer lokalen Verdichtung des Messnetzes, werden anstelle der projektrelevanten Strukturanteile kleinere, mikroskalige, Prozesse beprobt (vgl. Abb. 4-2). Eine etwaige Annahme der Stationarität basiert dann auf falschen Voraussetzungen. Dies zu erkennen und eine vermeintlich bessere Modellierung nicht auf lokal schwankende Mess- und Beprobungsdichten aufzubauen, obliegt allein dem Anwender. Stationarität ist damit eine Wahl des Bearbeiters und eine Folge des Maßstabs (ATKINSON & LLOYD 1998). Auch aus diesen Gründen ist sie eine Eigenschaft lediglich des Modells (DOOB 1953, JOURNEL 1985, MYERS 1989).

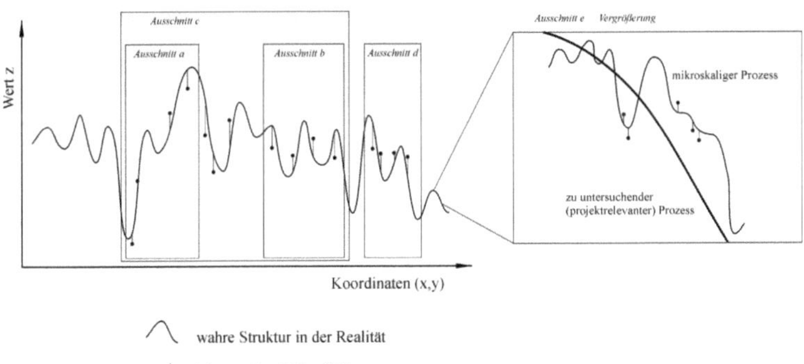

Abb. 4-4: Abhängigkeit der Stationaritätsentscheidung von den gewählten Parametern der Erkundung.

Vereinfachend erfolgt daher zumeist die Beschränkung auf „Quasi-Stationarität". Mit DUTTER (1985), OLEA (1991) oder MENZ (1992) kann dann von Quasi-Stationarität gesprochen werden, wenn die Stationarität innerhalb eines Bereiches $|h| < b$ mit $b > 0$ angenommen bzw. innerhalb einer lokalen Nachbarschaft um einen Punkt x nachgewiesen werden kann. ISAAKS & SRIVASTAVA (1989) machen deutlich, dass eine Beschränkung auf die lokale Stationarität, die innerhalb des Suchbereiches des einzusetzenden Kriging-Verfahrens zu gewährleisten ist, im Regelfall ausreicht. Dies erweist sich meist als zulässige Annahme für eine erfolgreiche Schätzung, selbst wenn eine globale Stationarität nicht gegeben ist (vgl. Abb. 4-4 a – d).

Die Entscheidung über die Annahme der Stationarität hängt sowohl von dem aus der Erkundung stammenden Wissen wie auch von dem bereits vorhandenen Vorwissen ab. Zusätzlich ergibt sich die Entscheidung zwangsläufig aus einer Anzahl von oben erwähnten erkundungsinduzierten Parametern, aus der geplanten Modellverwendung sowie aus dem angestrebten Einsatz bestimmter Modellierungsverfahren (Abb. 4-5). Ist die Stationarität angenommen worden, kann unmittelbar mit der geostatistischen Modellierung begonnen und damit ein Beitrag zum Erkenntnisgewinn (vgl. Abs. 4.5.2) geleistet werden. Soll die Stationaritätshypothese hingegen abgelehnt werden, genügt im Falle einer hinreichend großen Datenmenge oft eine Ausweisung distinkter Subpopulationen oder eine Homogenbereichsabgrenzung, die somit neue Informationen über die Struktur liefert, ebenfalls einen Beitrag zum Verständnis des Systems gewährt und schließlich eine verbesserte Modellierung durch separate Behandlung der Teilgebiete ermöglicht (vgl. hierzu Abs. 8.3). Wird die Existenz von Homogenbereichen lediglich vermutet oder wären geostatistische Verfahren nach einer Homogenbereichsabgrenzung nicht mehr einsetzbar, da mit einer solchen Abtrennung auch die Reduktion der für das jeweilige Gebiet vorhandenen Datenmenge verbunden sein würde, ist eine Nacherkundung erforderlich. Die darin gewonnenen Daten tragen dann selbst und auch durch die dadurch nochmals verbesserte Modellierung zu einem Erkenntnisgewinn bei (Abb. 4-5).

Hier kommt bereits deutlich der Kompromiss zum Tragen, der eingegangen werden muss, wenn aus dem Datensatz Teilbereiche oder Teilgruppen ausgegliedert werden sollen, da die Erhöhung der Datenanzahl zwar die Unsicherheit des Modellierungsergebnisses reduziert, anderseits aber auch die Validität des Modellierungsansatzes verringert. Eine Abgrenzung von Homogenbereichen, die hier als eine der bedeutsamsten Möglichkeiten des Benutzereinflusses dargestellt werden kann, vermag damit trotz Reduktion der Datenmenge zu einer Erhöhung der Modellqualität beizutragen (vgl. Abs. 8.3, Abb. 5-2). Dieser Zielkonflikt ist neben weiteren in Abs. 5.4.3 dargestellten einer der bedeutendsten innerhalb der Geostatistik. Zufriedenstellend kann dieser oftmals nur durch Entscheidungen des subjektiv agierenden Anwenders gelöst werden.

Während sich mit der Homogenbereichsabgrenzung Kenntnisse über Teile der Struktur ergeben, die kleinräumiger als das Untersuchungsgebiet sind, kann zusätzlich oder alternativ die Elimination eines Trends zur Gewährleistung der Stationarität erforderlich sein. Dieser kann Einblicke in großskalige, über das Untersuchungsgebiet hinausreichende Strukturen und Schlussfolgerungen auf supraskalige Prozesse erlauben, deren Wirkbereiche *per definitionem* größer sind (vgl. Abs. 4.3). Der Erkenntnisgewinn besteht in diesem Falle in der Erlangung von Informationen, die über das ursprünglich angestrebte Ziel, das in der deskriptiven Erfassung und der Modellierung nur des Untersuchungsgebietes bestand, weit hinausgehen. Zusätzlich kann eine homogenbereichsspezifische Modellierung auch dadurch eine Verbesserung darstellen, dass in diesem Fall der globale Trend aus den Beobachtungswerten eliminiert werden müsste, so dass die Modellierung dann anhand der Residuen erfolgen wird. Diese Residuen stellen eine deutlich genauere Beschreibung der lokalen, gebietsinternen Verhältnisse dar. Ein zu diesem Zweck vorher eliminierter Trend $m(x)$ aus Gl. (4-1) ist in diesem Falle nach erfolgter Interpolation wieder zu addieren.

Oftmals kann eine gemischte Grundgesamtheit festgestellt werden (vgl. bspw. MARSAL 1979, SCHÖNWIESE 1985), deren Anteile nicht zwangsläufig in zusammenhängenden Teilgebieten signifikant verschiedener statistischer Parameter (d. h. in Homogenbereichen) realisiert sein müssen. Vielmehr können sie auch gleichzeitig innerhalb eines solchen Gebietes festgestellt werden. Lassen sich dann etwa polymodale Werteverteilungen identifizieren, kann dies als Hinweis auf die Beteiligung mehrerer Prozesse und damit auf die genetischen Bildungsbedingungen der geologischen Struktur aufgefasst werden. Entsprechend kann deren Berücksichtigung durch geschachtelte Variogramme erfolgen (vgl. Abs. 3.5.3). Alternativ kann eine Reduktion des Suchbereiches auf denjenigen Teil der Reichweite des Variogrammes vorgenommen werden, innerhalb derer die Varianz $\gamma^*(h)$ ein erstes Plateau erreicht und damit lokale Stationarität angedeutet ist. Ähnliches gilt für das Auftreten punktueller Anomalien (z. B. WACKERNAGEL & SANGUINETTI 1993, HASLETT et al. 1991; vgl. auch Abs. 8.3), die ebenfalls zu instationären Verhältnisse führen können. Sie sind durch geeignete Maßnahmen herauszufiltern und einer separaten Modellierung zuzuführen (Abb. 4-5). Das Erkennen solcher Anomalien und die Wahl geeigneter Filtermechanismen obliegen allein dem Anwender.

Zusätzlich kann durch ungeeignete oder wechselnde Mess-, Beobachtungs- oder Analyseverfahren der Eindruck einer gemischten Gesamtheit erzeugt werden. Ist dies festgestellt worden und können andere Ursachen ausgeschlossen werden, können daraus Kenntnisse über die Eignung eines derartigen kombinierten Einsatzes dieser Verfahren erwachsen. Kann die Existenz einer gemischten Gesamtheit nicht bewiesen werden oder eine solche ursächlich nicht auf die angewendeten Verfahren zurückgeführt werden, so bringt im Zweifelsfalle bereits eine Nacherkundung eine eindeutige Entscheidung und damit neue Erkenntnisse, die einen zusätzlichen Gewinn im Zuge der durch die Nacherkundung verbesserten Modellierung erfährt (Abb. 4-5).

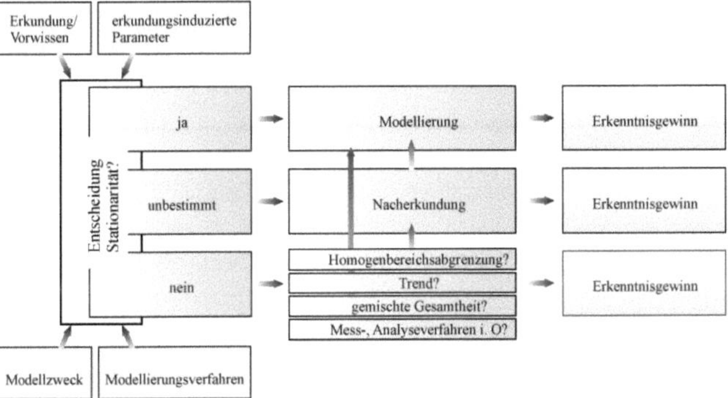

Abb. 4-5: Bedeutung der Stationarität als vom Benutzer zu treffende Entscheidung; Beiträge der Stationaritätsdiskussion zum Erkenntnisgewinn.

Vor dem Hintergrund der in diesem Abschnitt geführten Diskussion stellt die Stationarität zwar zunächst eine ausgesprochen restriktiv erscheinende Forderung dar. Im Hinblick auf den unabhängig von ihrer Annahme möglichen Erkenntnisgewinn erfordert sie jedoch vielmehr nützliche Betrachtungen, die auf vielfältige Weise zum Systemverständnis und zur Modellqualität beitragen können. Sie kann damit schließlich auch zu einer neuen Hypothesenentwicklung über das Phänomen führen. Inwieweit dieses Potential nutzbringend umgesetzt werden kann, ist jedoch vom Anwender der geostatistischen Methoden abhängig. Die Geostatistik bietet auch hier lediglich Ansätze, indem sie dem Anwender ein vereinheitlichtes Methoden- und Begriffsinventar (siehe auch Abs. 4.5.6) zur Verfügung stellt, das eine objektivierte Argumentation erlaubt.

4.5   Modellierung und Modellbegriff

4.5.1   *Modellierungsansätze*

Natürliche Prozesse sind entweder direkt während ihres Ablaufs zu verfolgen oder postgenetisch anhand der durch sie geschaffenen Strukturen zu studieren und damit grundsätzlich zumindest einer indirekten Beobachtung oder Messung zugänglich. Diese Beobachtungen und Messwerte (*soft information* bzw. *hard data*, vgl. SZYMANSKI 1999) sind in den Geowissenschaften häufig die einzige Grundlage einer modellhaften Beschreibung natürlicher Phänomene (KNOSPE 2001).

Die Schätzung unbekannter Werte verlangt die Existenz eines Modells, auf dessen Basis Schlussfolgerungen von bekannten Werten auf unbekannte erfolgen können. Dies gilt unabhängig davon, ob diese Werte bereits vorliegen und damit theoretisch bereits beobachtbar wären (Epignose) oder erst zukünftig realisiert werden (Prognose)[8]. Hinsichtlich der Modellierungsansätze lassen sich grundsätzlich die induktive und die deduktive Herangehensweise unterscheiden. Erstere basiert demnach auf der Analyse bereits vorhandener Informationen aus Beobachtungen – die Vorhersage erfolgt also unter Verwendung empirischen Wissens –, während deduktive Ansätze auf Informationen über die Rand- und Anfangsbedingungen des jeweiligen natürlichen Prozesses und seiner Wirkmechanismen beruhen (Abb. 4-6). Eine solche *kausale* Modellierung erfordert hiernach die vollständige und korrekte Kenntnis aller relevanten Parameter des Prozesses und erlaubt die deterministische Schätzung von Strukturen und ihren Eigenschaften mit vernachlässigbar kleiner Irrtumswahrscheinlichkeit. Deterministische Modelle ermöglichen daher sowohl eine exakte Übereinstimmung des Modells mit den vorhandenen Daten als auch eine unter Vernachlässigung von Messfehlern exakte Vorhersage zukünftiger Daten. Sie besitzen folglich keine

---

[8] Unabhängig von dieser Unterscheidung hat sich Begriff der Prognose auch bei der Vorhersage von Werten geologischer Parameter etabliert. Dies kann nur dadurch gerechtfertigt werden, dass in diesem Fall der Begriff der „Realisation" nicht die Schaffung der Struktur, sondern deren Erkundung umfasst. Das in der Theorie der regionalisierten Variablen unterstellte Zufallsexperiment findet also nicht bei Erzeugung der Struktur, sondern bei deren Beobachtung statt.

Komponenten, die unsicher sind, also keine Parameter, die durch eine Wahrscheinlichkeitsverteilung charakterisiert werden müssten (HILBORN & MANGEL 1997).

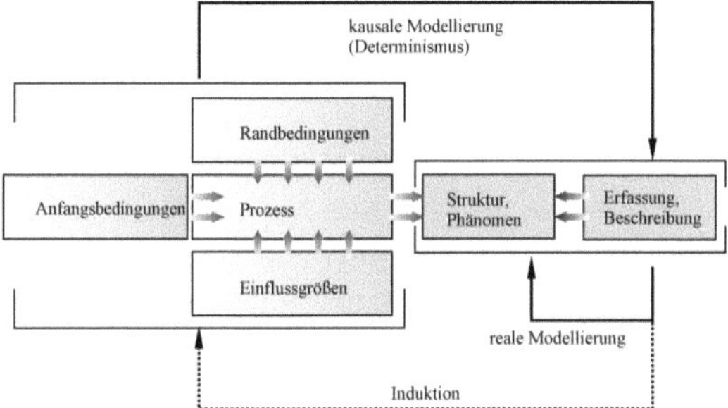

Abb. 4-6: Verschiedenartigkeit der Modellierungsansätze; kausale Modellierung unter deterministischen Annahmen, reale Modellierung unter Verwendung empirischer Informationen.

Derartige – vollständige, fehlerfreie und alle Aspekte des Prozessablaufs einschließenden – Informationen sind jedoch nur bei wenigen bestimmten physikalischen oder chemischen Prozessen in hinreichender Detailliertheit für eine genaue Beschreibung verfügbar (ISAAKS & SRIVASTAVA 1989) oder mit vertretbarem Aufwand zu ermitteln. Beispiele hierfür sind bestimmte laborative Untersuchungen. Eine derartige deterministische Modellierung auch auf geologische Systeme anzuwenden, würde hingegen die Kenntnis der Abfolge aller natürlichen Prozesse, die in einem Untersuchungsgebiet einen Beitrag zur Entstehung der gegenwärtig vorliegenden Situation geleistet haben, und ihrer Wirkmechanismen erfordern. Wenngleich auch die fundamentalen Grundlagen einzelner Prozesse von Erosion und Sedimentation weitgehend bekannt sind, ist eine solche deterministische Aussage aufgrund der Abfolge verschiedener Prozesse, wegen ihrer Interaktion auf unterschiedlichen Skalenebenen und durch die Unkenntnis derjenigen Randbedingungen, die während des Prozessablaufs an den einzelnen Raum-Zeit-Koordinaten geherrscht haben, nicht möglich (Abs. 4.3). Damit verbleibt für die Geowissenschaften lediglich die *reale* Modellierung (Abb. 4-6), die vom beobachtbaren Ist-Zustand ausgeht. Dessen Beschreibung und messtechnische Erfassung sollen eine Modellierung und die Modellnutzung für Schätzungen erlauben. Bei einer realen Modellierung kann demnach lediglich versucht werden, im Zuge der Induktion von der vorliegenden Stichprobe auf die Grundgesamtheit des zu modellierenden Phänomens zu schließen. Damit verbunden ist ein echter Erkenntniszuwachs, den zu erzielen weder mit einer deterministischen Modellierung möglich wäre, da hier bereits alle Eigenschaften des Prozesses bekannt sind, noch mit der bloßen realen Modellierung, da in diesem Falle das Modell nichts als eine komprimierte Darstellung aller erfassten Daten ist. Umfang und Qualität dieser induktiven Schlussfolgerungen sind sowohl von der Datenmenge als auch von den Eigenschaften des Modells abhängig und dadurch ebenfalls in hohem Maße vom Benutzereinfluss, während bei echt deterministischen Modellen der Einfluss des Anwenders vernachlässigbar ist.

Reale Modelle können nur als deskriptive Abstraktion der Realität aufgefasst werden. Sie zeichnen sich durch wenige formal-axiomatisierte physikalische Theorien aus, enthalten inhaltlich anschauliche Aussagen, wenn auch unter Formulierung wissenschaftsspezifischer Fachbegriffe (PETERS 1998). Gleiches gilt für geologische Modelle (vgl. Abs. 4.5.2). Zwar lassen sich zur realen Modellierung auch stochastische (als Sonderfall auch geostatistische) Methoden einsetzen, die eine Vorhersage mit einer – im Idealfall korrekt bestimmbaren – Sicherheit erlauben. Diese Modelle bedienen sich jedoch lediglich der offensichtlichen Beziehungen zwischen den Variablen (Korrelation bzw. Autokorrelation) und nutzen diese für eine Vorhersage (Regression) (HILBORN & MANGEL 1997). WEDEKIND *et al.* (1998) sprechen in diesem Zusammenhang von den „mathematisierten empirischen Wissenschaften", die im Gegensatz zur Mathematik ein eher naiv-realistisches Modellverständnis aufweisen, das stark inhaltlich geprägt ist (ähnl. bereits JAMES 1970, KRUMBEIN 1970). Die in der Genese des Untergrundes zu suchenden genetischen Prozesse finden hierbei keine Berücksichtigung; die Modellierung stützt sich lediglich auf die Daten selbst.

Aus dem Wissen um die Notwendigkeit der realen Modellierung lässt sich die Aussage ableiten, dass der Benutzereinfluss notwendig ist und als solcher sinnvoll für die Modellierung genutzt werden sollte (vgl. besonders Abs. 6.3). Die kognitiven Fähigkeiten des Bearbeiters lassen sich bewusst und vorteilhaft einsetzen bei der Ermittlung von Daten, denen im Hinblick auf den Modellierungszweck besondere Relevanz zugesprochen wird, bei der Auswahl des Modellierungsverfahrens aus einer Reihe zur Verfügung stehender Methoden und besonders bei dem logischen Schließen auf die Grundgesamtheit. Gerade Letzteres ist keiner formalisierten Darstellung zugänglich und kann nur unbefriedigend, etwa durch Nutzung von Expertensystemen (vgl. PESCHEL & MOKOSCH 1991, PESCHEL 1992), automatisiert und im Zusammenwirken mit dem Anwender „verobjektiviert" werden.

4.5.2   *Erkundung und Modellierung natürlicher Systeme als Erkenntnisprozess*

Modellierung wird meist als effizientester Zugang zum Verständnis und zur Vertiefung von Kenntnissen über Phänomene der realen Welt aufgefasst (DESPOTAKIS, GIAOUTZI & NIJKAMP 1993). Ziel einer jeden Modellierung im Rahmen des Modellierungsprozesses ist die Abbildung eines realen natürlichen erklärungsbedürftigen Phänomens. Das schließt sowohl Prozesse als auch die durch sie entstehenden Strukturen ein. Eine Modellbildung ist immer gekennzeichnet durch Vereinfachung, Zusammenfassung, Weglassen und Abstraktion (BOSSEL 1992). Sie geht mit einer Komplexitätsreduktion und einer Kondensation auf wesentliche Zusammenhänge einher. Eine Modellbildung ohne Auswahl- und Entscheidungsvorgänge ist daher prinzipiell nicht möglich. Sie ist folglich immer hochgradig subjektiv. Diese Subjektivität resultiert aus der individuellen Erfahrung und der „wissenschaftlichen Sozialisation" des Modellsubjekts (PETERS 1998).

Das Problem liegt nicht in dem Einfluss selbst, sondern in dem Wissen des Anwenders um seinen Einfluss und in der Notwendigkeit, diesen zu dokumentieren und zu kommunizieren. Damit soll dessen Berücksichtigung im Zuge der weiteren Verwendung des Modells erlaubt werden. Völlige Objektivität als eines der wichtigsten Kriterien wissenschaftlicher Arbeit stellt sich in Verbindung mit einer angestrebten Modellbildung als nicht erreichbar, aber auch nicht als lohnendes Ziel dar. Letzteres gilt besonders im Falle der Geostatistik (vgl. Abs. 6.3).

Der mögliche und notwendige Einfluss des Anwenders auf den Ablauf der Modellierung und auf das Modellergebnis gestattet die Schlussfolgerung, dass Modelle damit nicht der reinen Vermittlung eines Sachverhaltes dienen, sondern vielmehr der Vermittlung von Vorstellungen über einen Sachverhalt. Dies resultiert im Wesentlichen aus den Abstraktions- und Interpretationsprozessen, die zwar nur subjektiv durchzuführen sind, ohne die jedoch eine Modellierung nicht möglich wäre. Es lassen sich zwei Ebenen erkennen, innerhalb derer der Einfluss des Anwenders besonders deutlich wird (Abb. 4-7):

[1]   während der Erkundung, Messung oder Bebachtung des zu modellierenden Phänomens,

[2]   während der Interpretation dieser Informationen und deren Darstellung im Zuge der Modellierung.

Dabei erfolgen in der ersten Ebene die Abstraktion und Vereinfachung weitgehend unbewusst. Sie werden hier im Rahmen der benutzerabhängigen Wahrnehmung des natürlichen Phänomens vorgenommen und basieren zum Teil bereits auf der Auswahl und der Anwendung von Mess- und Beobachtungsmethoden. Jede Messung oder Beobachtung der Natur ist damit eine „durch die mathematisch-naturwissenschaftliche Methode vermittelte Wechselbeziehung von erkennendem Subjekt und der zu seinem Objekt gemachten Natur" (ORTLIEB 1998). Die Realität bleibt damit weiterhin unbekannt und kann folglich nur durch „disziplinspezifische Versuchs- und Beobachtungskontexte" (WEDEKIND *et al.* 1998) ausschnitthaft erfasst und beschrieben werden.

Die hier gewonnenen Informationen bedürfen einer Interpretation und einer Bewertung ihrer Plausibilität. Sie sind dann hinsichtlich ihrer Modellrelevanz gewichtet zu kombinieren und mit der Bildung eines einheitlichen Modells zusammenzuführen und zu visualisieren. Innerhalb dieser zweiten Abstraktionsebene sind zahlreiche Eingriffe des Anwenders unabdingbar, um die heterogene Datenmenge zur Erstellung eines gemeinsamen Modells verwenden zu können.

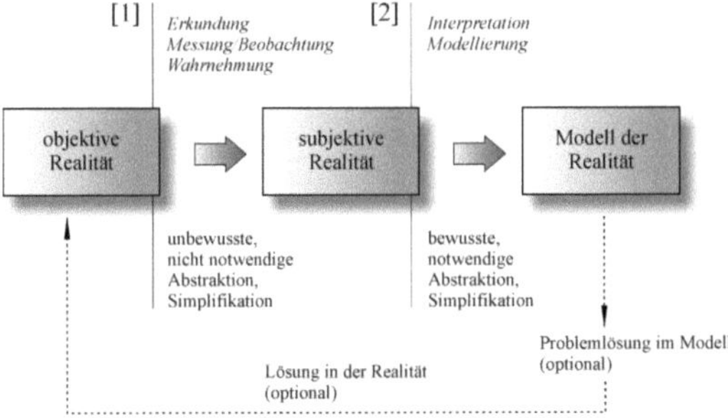

Abb. 4-7: Schematischer Ablauf des Erkenntnisprozesses und der Modellierung.

Optional kann sich hieran eine Problemlösung anschließen, die entweder ausschließlich auf einer Simulation im Modell beruht, oder zusätzlich deren Ergebnisse in die Realität umsetzt. Beispielsweise können ein anthropogener Eingriff in ein natürliches System durch Simulation im Modell vorweggenommen und dessen Auswirkungen durch Parametervariation überprüft werden (z. B. BOSSEL 1992). Eine hier als optimal ermittelte Lösung kann dann auch nach Umsetzung in die Realität erzielt werden.

Aufgrund dieser vielfältigen Einflüsse können Modelle daher auch nie einen absoluten Wahrheitsanspruch erheben; sie beruhen vielmehr immer auf mehr oder weniger plausiblen Annahmen (WISSEL 1989). Berechtigung haben sie unabhängig davon immer dann, wenn ihre Einsatzfähigkeit in der Praxis nachgewiesen werden kann (vgl. Abs. 6.4.3).

Als wissenschaftliches Konstrukt nehmen Modelle hinsichtlich ihrer Aussagekraft eine Sonderstellung ein, da sie gleichzeitig zwei Eigenschaften in sich vereinen, die im Rahmen der Untersuchungen dieser Arbeit als *reproduktive* bzw. als *produktive Charakteristik* bezeichnet werden können. Das heißt, sie sind zunächst Abbild sowohl der Eingangsdaten als auch der verwendeten Modellierungsverfahren und der durch den Anwender unweigerlich einfließenden Vorstellungen über das natürliche System. Zusätzlich aber ermöglichen sie beim Anwender das Erkennen von Verständnislücken (so z. B. REMBE & SCHROETER 1992) und die Entwicklung neuer Gedankengänge, indem sie Lösungen aufzeigen, die ohne modellinterne Komplexitätsreduktion und Abstraktion nicht zugänglich wären. Ein solches Modell erlaubt daher seine Verwendung als Diskussionsgrundlage und als Ausgangsbasis für weiterführende Überlegungen. Die Modellierung ist dann als eine Form der Theoriebildung zu begreifen, deren Vorteile in der logisch einwandfreien Verknüpfung verschiedener Kenntnisse und Modellvorstellungen liegen (WISSEL 1989). WEDEKIND *et al.* (1998) glauben gar, dass erst der Zwang zur Umsetzung komplexer natürlicher Systeme in rechentechnisch fassbare – und daher die Realität zwangsläufig stark vereinfachende – Modelle zur Herausbildung neuer Erkenntnisinteressen führen kann. Bereits der Versuch der Aufstellung eines Modells kann demnach zum Nachdenken über die natürlichen Strukturen anregen und zur Identifikation von relevanten Parametern des natürlichen Systems beitragen (HILBORN & MANGEL 1997).

Ob das Hauptaugenmerk eher der Visualisierung bestehender Informationen oder der Ableitung potenziell neuer Erkenntnisse gilt, ist neben dem Modellzweck und den verwendeten Modellierungsmethoden besonders von der Einflussnahme des Anwenders abhängig. Eine gleichberechtigte Förderung beider Modellcharakteristika ist jedoch ausgeschlossen. In Abs. 5.4.3 wird dies für den Fall der Anwendung geostatistischer Methoden erläutert. Der dennoch augenscheinlich weit verbreiteten Ansicht, dass qualitativ hochwertige und umfangreiche Modelle, die die visuelle Darstellung und eine Anpassung an vorhandene Daten besonders übergewichten (hierzu besonders Abb. 5-15), gleichermaßen auch zur Vorhersage neuer Daten geeignet sind, kann nur widersprochen werden.

4.5.3   *Prinzipien geowissenschaftlicher Modellierung*

Konzentriert man sich bei der Betrachtung natürlicher Phänomene auf geologische Strukturen, lassen sich zahlreiche Besonderheiten aufdecken. So sind bei einer geologischen Modellierung stark verzweigte und vom jeweiligen Erkenntnisstand abhängige Arbeitsabläufe charakteristisch. Diese zeichnen sich durch eine starke Rückkopplung zwischen den Ergebnissen und den für ihre Gewinnung vorliegenden Konzeptionen, Hypothesen, Daten und Fakten aus. Der Fähigkeit des Geologen, aus dem räumlichen Zusammenhang der Daten Schlussfolgerungen zu ziehen (*„spatial reasoning"*, z. B. PESCHEL & MOKOSCH 1991) kommt dabei besondere Bedeutung zu. Dabei handelt es sich um nicht-automatisierbare Prozeduren, die lediglich auf einer kognitiven Erkenntnis des Anwenders beruhen und daher nicht objektivierbar sind. Beispielhaft zu nennen sind die Unterteilung von Bohrprofilen in lithologische Einheiten, deren Korrelation zwischen verschiedenen Bohrungen, die Konstruktion von Profilschnitten, die Interpolation von Zwischenräumen und die Erstellung geologischer Modelle. Derartige manuelle, heuristisch orientierte Methoden stellen ein „nicht genau determinierbares, mit hypothetischen Zwischenstufen arbeitendes, der Trial-and-error Methode ähnliches und sehr effektives Verfahren zur Lösung von Problemen dar" (PESCHEL 1991). Die manuelle geologische Modellierung kann damit als Versuch der heuristischen Lösung eines ausgesprochen komplexen Problems angesehen werden, für das weder ein Lösungsalgorithmus bekannt ist, noch ein objektives Verfahren entwickelbar wäre.

Ein manuell erstelltes geologisches Modell stellt folglich die subjektive Antwort auf ein durch viele Aspekte unsicheres und unvollständiges Wissen über ein natürliches System dar. Ein unter diesen Bedingungen erstelltes Modell erscheint dem Benutzer unter Berücksichtigung seiner Erfahrung bei ähnlichen Problemstellungen als repräsentatives Konstrukt sowohl der vorhandenen Daten als auch seiner Erwartungen an das Modell. Diese kognitive und höchst intuitiv orientierte Methode stellt damit eine nützliche und effiziente Möglichkeit der kombinierten Verarbeitung heterogener Daten dar, ist jedoch stark zielorientiert und birgt damit zwangsläufig die Gefahr potenziell hoher Abweichungen des Modells von der Realität (SIZE 1987). Der Wahrheitsgehalt eines solchen manuellen geologischen Modells ist oft ebenfalls nicht zu verifizieren – das Ziehen von Schlussfolgerungen (etwa bei einer numerischen Weiterverarbeitung des Modells, vgl. Abb. 5-9) kann daher auf falschen Grundlagen basieren.

Heuristische Problemlösungen waren zwar wiederholt Ziel einer Einführung von Methoden der Künstlichen Intelligenz (KI) in die mathematische Geologie (z. B. HOHN & FONTANA 1986, CHEN & FANG 1986, DAVID, DIMITRAKOPOULOS & MARCOTTE 1987), jedoch zeigt sich, dass Erfahrung, Spürsinn und Geschick bei der Auswahl der Untersuchungsverfahren und bei der Interpretation der Ergebnisse durch den Geologen nicht zu ersetzen sind (so bereits VON BUBNOFF 1949). Hiernach kann die Lösung einer konkreten Modellierungsaufgabe weder in dem Versuch der Übernahme der menschlichen Fähigkeiten in KI-Systeme noch in dem (jetzt bereits erreichten) Überangebot an geostatistischen oder anderen objektiven Algorithmen gesehen werden.

Sollen objektive Modellierungsverfahren herangezogen werden, scheint einzig die Schärfung des Bewusstseins des Anwenders in Bezug auf die unterschiedlichen Möglichkeiten der Modellierungssysteme möglich. Dies ist nicht auf etwaige Schwächen der Methoden selbst zurückzuführen; diese Forderung ist vielmehr Folge einer häufig nicht problemadäquaten Modellauswahl und einer „Fehlinterpretation infolge unzureichender Kenntnisse und Unsicherheiten im Umgang mit der spröden Materie der mathematischen Geologie" (THIERGÄRTNER 1996a, ähnlich JÄKEL 2000). Unterstützung und Erleichterung durch Anwendung rechnergestützter Interpolations- und Approximationsverfahren werde der Anwender demnach nur dann erfahren, wenn er gewisse Grundkenntnisse über die mathematischen Algorithmen und über die Bearbeitungshierarchie besitzt.

Unabhängig vom Zweck des Modells kann auch in der objektiven Modellierung von einer immerhin so geringen Datenmenge als Basis für das Modell ausgegangen werden, dass auch hier eine vollständige Wiedergabe der unbekannten Realität nicht ermöglicht wird und zudem die Realitätsnähe des Modells lediglich abgeschätzt werden kann (HILBORN & MANGEL 1997). In allen Teilschritten der objektiven Modellierung ist daher durch den Anwender eine Beeinflussung des Modellierungsprozesses notwendig. Eine Auswahl notwendiger Optionen wird dabei nur selten auf objektiven Kriterien fußen können, sondern zumeist wohl auf Basis subjektiver Einschätzungen erfolgen. Dies gilt auch bei Heranziehung geostatistischer Methoden (vgl. Fußnote 16, S. 136). Zusätzlich ist das erzeugte Modell einer ebenfalls zwangsläufig subjektiven Interpretation zu unterziehen, um den Mangel an Übereinstimmung von Modell und Daten auszugleichen (CRIPPS 1978). Aus dem erzeugten Modell lassen sich dann zusätzliche Informationen über die verwendeten Daten ableiten wie auch Kenntnisse über das modellierte geologische System gewinnen.

Auch die geologische Modellierung stellt damit einen Erkenntnisprozess dar (vgl. Abs. 4.5.2), der im Einzelnen aus den Schritten von Beprobung, Modellierung, Vorhersage und Verifizierung (SIEHL 1993) besteht. Ein mehrmaliges Durchlaufen dieser Schrittfolge und die Bewertung des mit jeder Iteration erzielten Erkenntniszuwachses führen zu iterativen Prozessen, denen wegen ihrer möglichen Anwendbarkeit in der geostatistischen Baugrundmodellierung mit Abs. 5.3.4 ein eigener Abschnitt gewidmet ist.

4.5.4   *Ziele der Modellierung und Verwendung des Modells*

Unabhängig von der Art des Modells können hinsichtlich der unterschiedlichen Verwendung folgende Aufgaben von Modellen unterschieden werden (HILBORN & MANGEL 1997): das *Verständnis*, die *Vorhersage* und die *Entscheidung*. Das Verständnis ist dabei oberstes Ziel eines Modelleinsatzes und kann Grundlage der optional durchzuführenden Schritte von Vorhersage und Entscheidung sein (Abb. 4-8).

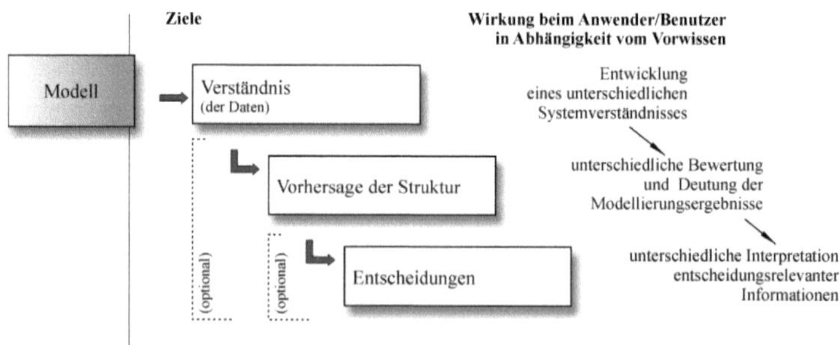

Abb. 4-8: Ziele der Modellierung; Einfluss des Anwenders.

Dabei umfasst der Begriff des Verständnisses sowohl die durch die Erkundung vorliegenden Daten als auch das gesamte natürliche System. Beispielsweise erlaubt im Zuge der Modellierung bereits die Bildung einfacher Metadaten über Mittelwert und Streuung die Entwicklung eines Datenverständnisses, das ohne die Modellierung nicht zu erlangen wäre. Inwieweit der Anwender diese Erkenntnisse auch auf die bisher nicht erkundeten Teile des natürlichen Systems übertragen kann, hängt von seinem Vorwissen und seinen individuellen Fähigkeiten ab. Das Modell ist daher eine Funktion nicht nur der erhobenen Daten, sondern auch der herangezogenen Verfahren und der ausgewählten Parameter (COVA & GOODCHILD 2002). ORTLIEB (2000) spricht deshalb in diesem Zusammenhang von der „Methodenabhängigkeit der Erkenntnisse".

Eine anschließende Vorhersage der Struktur ist optional und kann auf dem zuvor erlangten Verständnis aufbauen. Ziel einer solchen Vorhersage ist die Verwendung des Modells für Daten, die entweder noch nicht realisiert (*Prognose*) oder durch fehlende Messungen noch unbekannt sind (*Epignose*, vgl. Abs. 4.5.1). In dieser Bedeutung des Modells als Werkzeug von Interpolation und Prädiktion erfährt es seine überwiegende Anwendung (EVANS 2003).

Das Modell muss dabei kein in sich geschlossenes Konstrukt darstellen, sondern kann auch als Gesamtheit derjenigen verschiedenen Ausdrucksmittel aufgefasst werden, mit denen das Phänomen beschrieben wird. Im Einzelnen kann es sich hier etwa um Text, Gleichungen, Skizzen, Abbildungen usw. handeln. Ziel der Modellierung ist aber stets, „einer Struktur (die mit Blick auf einen bestimmten Verwendungszweck abstrahiert wird) einen bildhaften bzw. symbolischen Ausdruck zu verleihen", so WEDEKIND *et al.* (1998).

Gegenüber der Verwendung von Modellen ist zwar wiederholt der Einwand der Tautologie geäußert worden, wonach Modelle stets nur der reinen Darstellung dienen würden und keine weitere Kenntnis ermöglichten außer derjenigen, die bereits durch die Datenerhebung selbst vorhanden wäre. Jedoch können sogar aus einfachsten Modellen Erkenntnisse gewonnen werden, die allein auf Basis der Eingangsdaten nicht zu erlangen wären. Sie dürften jedoch nur als „Such- und Untersuchungsheuristiken [angesehen] und nicht als Wahrheitsmaschinen (miss-) verstanden werden" (EISENACK, MOLDENHAUER & REUSSWIG 2002). Ein gutes Modell kann dann Einsichten in bisher nicht gekannte Zusammenhänge bieten, aus denen sich auch Aussagen über weiterhin notwendige Untersuchungen ableiten lassen.

Das Modell soll zudem eine Kommunikationsbasis zwischen den an der Erstellung und der späteren Nutzung Beteiligten darstellen, damit dann die Funktion eines Diskussionsgegenstandes übernehmen und schließlich zur Schaffung gemeinsamer von allen akzeptierter Lösungen beitragen. Modelle sind damit in jedem Falle sinnvolle und unverzichtbare Erkenntnisinstrumente, die besonders bei komplexen Systemen zur Entscheidungsunterstützung herangezogen werden können.

Stark nachteilig wirkt sich dagegen oftmals aus, dass – liegt erst einmal ein Modell über den Untersuchungsgegenstand vor – die Natur dann nicht vollständig, sondern nur noch über das Modell wahrgenommen wird (vgl. BRAITENBERG & HOSP 1996). Ein zukünftiger Modellnutzer könnte dann zu dem Glauben gelangen, die Modelle seien korrekte Abbildungen der Wirklichkeit. Dieser häufig anzutreffende Trugschluss basiert oft auf der Komplexität der für die Modellierung verwendeten modernen rechnerischen Verfahren, aufgrund derer er zu der Annahme verleitet werden könnte, der Aufwand werde für die vollständige Reproduktion der Realität getroffen und ermögliche daher generell eine wirklichkeitsnahe Abbildung. In ähnlicher Weise führen auch die immer ausgefeilteren Möglichkeiten der Visualisierung zu einer vermehrten Modellnutzung und zum Teil zu falschen Schlussfolgerungen (vgl. Abs. 4.7). Besonderes Gewicht erlangt diese Problematik mit Blick auf die zukünftig zu erwartende Nutzerstruktur geologischer Modelle (hierzu Abs. 6.4.1).

4.5.5 *Modellbegriff und -bedeutung in den Geowissenschaften*

Im Bereich der Naturwissenschaften repräsentieren Modelle natürliche Systeme (d. h. Objekte oder Mengen von Objekten mit bestimmten Eigenschaften und bestimmten Relationen), die durch eine innere Wirkungsstruktur gekennzeichnet sind. Die Struktur des Systems wird durch die räumliche Anordnung der Objekte und deren hierarchische Stellung sowie durch die Relationen zwischen diesen bestimmt (Abb. 4-9). Zusammen mit der Verschiedenartigkeit der Elemente kennzeichnen sie die Komplexität des Systems (TURNER 2003a, REIK & VARDAR 1999). Die geologischen Objekte sind dabei zumeist nicht scharf begrenzt und folglich nur schlecht definierbar; vielmehr sind sie (d. h. ihre Übergänge) als diffus zu bezeichnen (ROBINSON & FRANK 1985, SIEHL 1993, RAPER 1989, 1991).

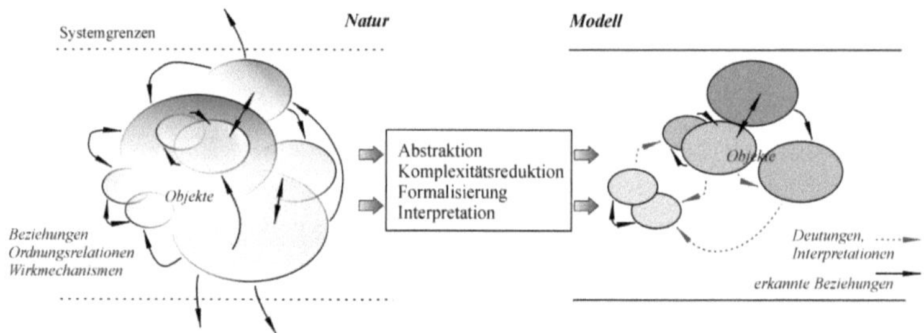

Abb. 4-9: Prinzip der geologischen Modellierung; Reduktion des Untersuchungsgegenstandes (*offenes System*) auf das Modell (*geschlossenes System*) mit nur wenigen und klar definierten Objekten und Relationen, basierend auf objektiven Prozessen (Abstraktion u. ä.) und subjektiven Prozessen (Interpretation).

Im Zuge der Modellierung werden die in der Erkundung gewonnenen Informationen interpretiert, gewichtet und formalisiert. Notwendigerweise geht mit der Erzeugung geologischer Modelle auch die Diskretisierung der Realität einher (Abb. 4-9), die zur Erzeugung geologischer Körper führt (GOODCHILD 1992, COVA & GOODCHILD 2002). Diese „geobodies" (ORLIC & HACK 1994) sind nach ELFERS *et al.* (2004) alle Körper, die durch gleiche Eigenschaften ausgezeichnet und durch Flächen (z. B. Top, Basis, Störungen) begrenzt sind. Der Begriff des Geokörpers in dieser Definition geht damit über die des Schichtkörpers hinaus und enthält diesen nur als Spezialfall. Da es sich bei geologischen Systemen grundsätzlich um solche offenen Typs handelt, ist zusätzlich für eine konzeptionelle Abgrenzung zu sorgen. Dies erfolgt durch anwenderseitige Festlegungen, welche der betrachteten Objekte und Relationen modellrelevant sein sollen. Dass allein hieraus erhebliche Konsequenzen für die Modellierung und die Modellbewertbarkeit erwachsen, ist ORESKES, SHRADER-FRECHETTE & BELITZ (1994) u. a. sowie Abs. 7.2 zu entnehmen.

Innerhalb dieses Übergangs von der Natur zum Modell lassen sich zumeist vier Abstraktionsstufen unterscheiden, als deren Ergebnis eine vertikale Schichtenfolge und laterale Homogenbereiche vorliegen (Abb. 4-10, Abs. 8.3). Erst im Anschluss daran lassen sich automatisierte Modellierungsverfahren anwenden, deren Ziel dann in der Interpolation von Erkundungslücken besteht.

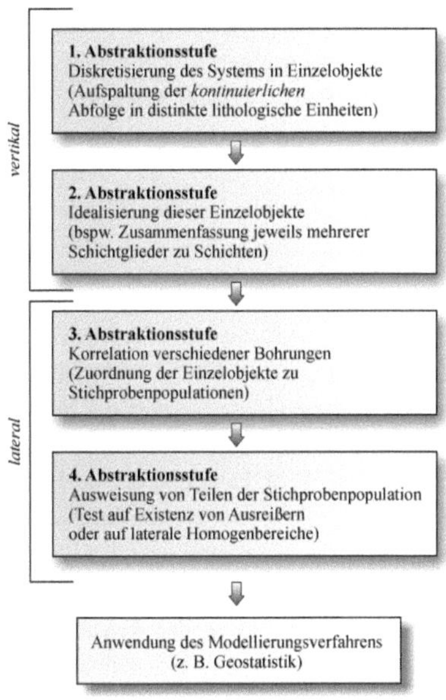

Abb. 4-10: Abstraktion der gewonnenen Informationen im Vorfeld der Modellierung.

Eine vollkommen von den Einflüssen des Anwenders freie Darstellung und damit eine rein objektive Modellierung können praktisch nicht erfolgen (GREIFF 1976, *cit. in* ORTLIEB 1998). Die Notwendigkeit zur Steuerung des Modellierungsprozesses ergibt sich unabhängig vom einzusetzenden Verfahren. Eine solche Steuerung ist denkbar durch Nutzung von Informationen, die nicht bereits in den Daten enthalten sind. Diese können den geologischen Prozess oder die Lokalität betreffen. Ein derartiges Vorwissen kann genutzt werden, indem es 1) direkt in die Modellierung einfließt oder 2) nach der Erstellung mehrerer Modelle zur bevorzugten Auswahl nur eines der Modelle führt. Geologische Modelle sind daher in der Regel subjektiv und stark abhängig von der Kenntnis der regionalen Bedingungen und der relevanten geologischen Theorien (MANN & HUNTER 1992), aber auch von der Ausbildung und der Erfahrung des Anwenders (VINKEN 1988). Je höher die geologische Komplexität, desto mehr Benutzereingriffe und desto mehr Aufwand innerhalb der Modellierung erweisen sich hier als notwendig (ORLIC & HACK 1994).

Geologische Modelle sind damit notwendige Konstrukte zum Verständnis solch komplexer Systeme, die deren vereinfachte Weiterverwendung erst ermöglichen (BRATLEY *et al.* 1987, RYKIEL 1996, PESCHEL & MOKOSCH 1991). Die Notwendigkeit, ein System anhand eines geeigneten Modells zu betrachten, erhöht sich dabei mit steigender Komplexität des Systems. Die Erstellung eines Modells und die Überprüfung von dessen Wahrheitsgehalt gestalten sich dann jedoch zunehmend schwieriger.

4.5.6 *Modellbegriff und -bedeutung in der Geostatistik*

Berücksichtigt man die unterschiedlichen Ansätze zur Modellierung natürlicher Systeme (Abs. 4.5.1), lassen sich die mit ihnen erstellten Modelle entweder als *„black box"*- oder als *„white box"*-Modelle bezeichnen (z. B. HILBORN & MANGEL 1997, WISSEL 1989, vgl. Abb. 4-11). Die erstgenannten basieren dabei auf einer Beobachtung der vorliegenden Struktur. Sie stellen immer Simplifikationen des realen Systems dar, indem nicht die wahren (weil unbekannten) Parameter des Systems verwendet, sondern stattdessen neue Parameter definiert werden (KRUMBEIN 1970, MATHERON 1970b).

In diesem Sinne handelt es sich bei der Variographie also fast immer um *black boxes*[9], da das Variogrammmodell sich zumeist nicht aus theoretischen Überlegungen ableiten lässt. Eine solche Prozesskenntnis wäre aus den in Abs. 4.3 dargelegten Gründen nur schwer zu erlangen, könnte jedoch vorteilhaft zur Verbesserung der Modelle genutzt werden. Der anderenfalls notwendige Schritt der Parameteridentifikation, der die Suche nach den das System bestimmenden Faktoren umschließt, kann dadurch entfallen. Vielmehr werden selbst Vorstellungen über das System entwickelt und zur Definition neuer (Modell-) Parameter genutzt, die nicht mehr mit denen des natürlichen Systems übereinstimmen müssen. Dazu gehört im Vorfeld der Geostatistik bereits die Abtrennung einzeln fassbarer, diskreter Objekte, bei der Variographie etwa die Festlegung der Reichweite. Die Verwendung solcher Parameter, die lediglich das Modell beschreiben und keinerlei Entsprechung in der Natur haben, reicht bei realen Modellen wegen der vorrangigen Zweckorientierung des Modells vollkommen aus. Diese Vorgehensweise ist folglich rein deskriptiv und kann bestenfalls zu einer Annäherung an die wahren Verhältnisse führen.

Als ein Beispiel für *white-box*-Modelle sei auf Sedimentationsmodelle verwiesen (z. B. SCHWARZACHER 1975). Sie stellen einen Sonderfall der kausalen Modellierung dar, indem sie aus der Kenntnis der Anfangs- und Randbedingungen relevanter Prozesse auf die entstehen-

---

[9] Der übliche Sprachgebrauch verwendet hingegen den Begriff der *„black box"* für solche Modellierungsverfahren, bei denen der Benutzer nicht verfolgen kann, welche Algorithmen und Prozeduren verwendet werden, um aus den Eingangsdaten Modelle zu erzeugen. Im Sinne dieses Sprachgebrauchs handelt es sich bei geostatistischen Verfahren folglich nicht um *black-box*-Verfahren (so auch SKALA 1992, CROMER 1996, anders aber STEPHENSON & VANN 1999), da hier selbst im Detail die einzelnen Prozeduren nach festen und bekannten Algorithmen ablaufen und damit diese selbst wie auch ihr Ergebnis nachvollziehbar werden – sofern sämtliche Optionen und Parameter dokumentiert und dargelegt werden. Abweichend hiervon sind jedoch geostatistische Modelle immer dann *black-box*-Modelle, wenn keine prozessbezogene Begründung für das ausgewählte Variogrammmodell gegeben werden kann und dessen Wahl lediglich auf der Optimierung einer Anpassungsfunktion beruht.

den Strukturen schließen (Abb. 4-11). Zwar wären auch in diesem Falle das Aufstellen von Variogrammen und die Durchführung geostatistischer Schätz- und Interpolationsverfahren möglich, jedoch dienten die Variogramme dann nicht mehr der Vorhersage, sondern ließen sich direkt aus den Prozessen ableiten. Sie besäßen dann folglich keinen Wert für einen Erkenntniszuwachs.

BOSSEL (1992) führt zusätzlich den Mischtypus des „*grey box*"-Modells ein, um damit solche Modelle zu beschreiben, bei denen eine zumindest teilweise Kenntnis der kausalen Faktoren vorhanden ist (Abb. 4-11). Die Gültigkeit solcher Modelle kann jedoch oft nur empirisch nachgewiesen werden.

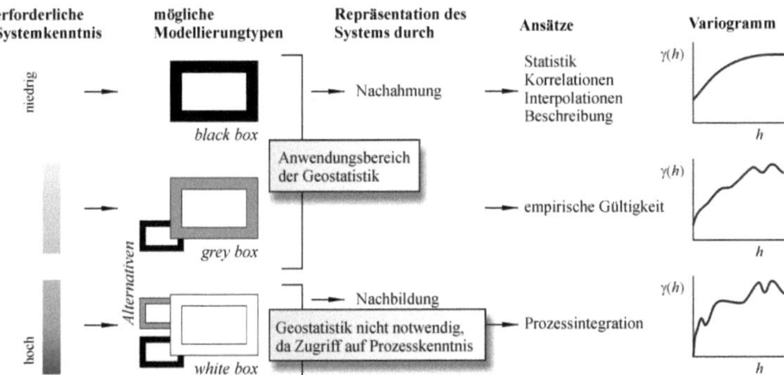

Abb. 4-11: Auswahl der Modellierungsansätze und Darstellung der erzielbaren Ergebnisse. Zur Anwendung der Geostatistik ist demnach nur eine geringe Systemkenntnis erforderlich. Im Regelfall wird sie sich auf das Wissen über einzelne Aufschlusspunkte beschränken müssen. Hierfür einzusetzende *black-box*-Modelle können das System lediglich durch Nachahmung repräsentieren. Dagegen würde eine hohe Systemkenntnis, die auch Wissen über die zugrunde liegenden Prozesse beinhaltet, eine Nachbildung des Systems durch *white-box*-Modelle erlauben. Die übrigen Modellierungstypen stellen in diesem Fall lediglich Alternativen dar, die nicht sämtliche der vorliegenden Informationen auszuschöpfen vermögen.

Auch das geostatistische Modell ist daher nicht als bloßes Abbild der Realität zu verstehen, sondern vielmehr als zweckorientierte Zusammenfassung eines temporären Wissenstandes mit den Zielen von Dokumentation und vereinfachter Darstellung einer Struktur und ihrer Eigenschaften. Die Reduktion der Modellkomplexität und die starke Abstraktion sind auch hier keineswegs nachteilig zu werten, sondern als unabdingbare Voraussetzung für eine Verallgemeinerung anzusehen, die auch die Übertragbarkeit auf andere, ähnlich gelagerte Problemstellungen ermöglichen kann. In dieser Hinsicht stellt die Geostatistik lediglich ein vereinheitlichtes Inventar streng definierter Begriffe zur Verfügung. Ein geostatistisches Baugrundmodell ist daher immer als ein deskriptives Modell aufzufassen, das in der Regel nicht den Anspruch erhebt, gleichzeitig auch genetisches Modell zu sein (anders z. B. bei SCHWARZACHER 1975, DREW 1990).

Besteht das Ziel nicht nur in der Darstellung der Struktur, sondern auch in der Erweiterung des Wissensstandes, ist dies innerhalb der Geostatistik nicht erst durch die Interpolation, sondern bereits im Zuge der Variographie möglich (vgl. Abs. 3.5.3). Hier kann aus dem Verlauf des theoretischen Variogrammmodells auf das Verhalten bei unbeprobten

Schrittweiten *h* geschlossen werden. Dabei hängt die Größe des möglichen Erkenntniszuwachses davon ab, welche Güte dem bestehenden Modell durch den Anwender zugesprochen wird, und ob das Hauptaugenmerk der Modellierung eher auf die vereinfachte Darstellung der Datengrundlage oder auf die Ableitung neuer Informationen über die Struktur gerichtet ist (vgl. Abb. 5-15, Abb. 5-16).

Abb. 4-12 zeigt dies schematisch anhand eines experimentellen Variogramms und eines angepassten theoretischen Variogrammmodells. Der hier mögliche Erkenntniszuwachs beruht auf der im Zuge der theoretischen Variographie erfolgenden Interpolation. Dadurch werden Aussagen über die Autokorrelationseigenschaften nicht nur bei aufgrund des Beprobungsrasters existierenden Schrittweiten, sondern bei beliebigen Entfernungen erlaubt.

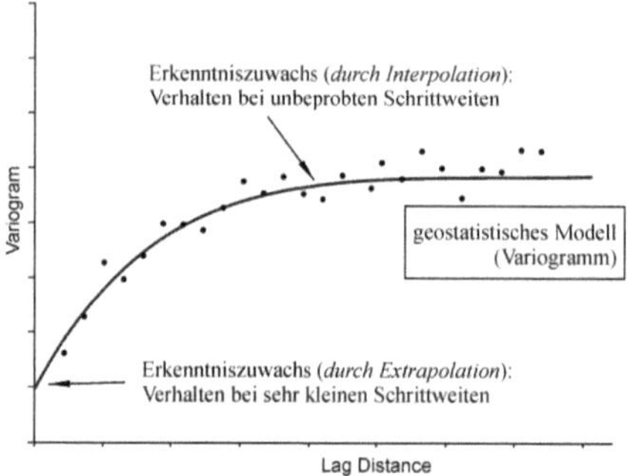

Abb. 4-12: Geostatistisches Modell (Variogramm) und ableitbare Erkenntnisse.

Ähnliches gilt für die Extrapolation dieses Modells auf die Ordinate, wodurch auf das Verhalten bei sehr kleinen Schrittweiten und damit auf Eigenschaften der kleinräumigen Kontinuität zu schließen ist (Abb. 4-12).

4.6   Unsicherheiten in der geologischen Modellbildung

4.6.1   *Klassifikation der Unsicherheiten*

Aufgrund des dem Modell innewohnenden Charakters als Abstraktion und Vereinfachung des natürlichen Systems weist es zahlreiche Unsicherheiten auf. Als hierfür ursächlich sind verschiedene Merkmale des zu untersuchenden Phänomens, der verwendeten Modellierungsverfahren sowie der Anwender selbst anzusehen. Sollen Aussagen über die Eignung bestimmter Algorithmen zur Modellierung eines Systems getroffen werden, ist eine detaillierte Betrachtung der Unsicherheit unumgänglich. Versucht man, den Begriff der Unsicherheit mit einer allgemein gültigen Definition auszustatten, so wird man feststellen, dass sich in ihm unterschiedlichste Aspekte vereinen. Insbesondere wird der Begriff der Unsicherheit häufig als „subjektiver Ausdruck für Unwissen eines Sachverhalts [verwendet] als auch als objektiver Ausdruck dafür, dass zukünftige Ereignisse noch nicht festgelegt sind" (KNETSCH 2003).

Die mit der Modellierung verbundenen Formen der Unsicherheit und deren Bedeutung für das Modell sind ausführlich z. B. bei ROTMANS & VAN ASSELT (2001) und VAN DER SLUIJS (1997) beschrieben. Häufig erfolgt eine Aufstellung in Form von Typologien (z. B. VAN ASSELT 2000, JANSSEN, SLOB & ROTMANS 1990, MANN 1993, RONEN 1988). Ihnen ist zumeist eine Trennung zwischen der durch die *natürliche Variabilität* und der durch die *Unvollständigkeit des Wissens* bedingten Unsicherheit gemein. Eine solche Unterscheidung basiert folglich auf der Trennung ontologischer Teilaspekte, die grundsätzliche Eigenschaften des Objektes beschreiben, und epistemologischer Teilaspekte, die die menschliche Fähigkeit zur Erkenntnis umfassen (ROTMANS & VAN ASSELT 2001, MORGAN & HENRION 1990). Bezüglich der Unsicherheit ist hiernach streng zu unterscheiden zwischen der natürlichen Variabilität, *„natural variability"*, und der *„knowledge uncertainty"*, die den beschränkten Stand des Wissens darüber beschreibt (NRC 2000), als dessen Teil auch die Unkenntnis der Prozesse (z. B. EINSTEIN & BAECHER 1992) anzusehen ist.

Zwar wird gelegentlich auch zwischen aleatorischen (zufallsbedingten) und epistemischen (subjektbedingten) Unsicherheiten unterschieden (z. B. SCHÖNHARDT 2005, HAUPTMANNS & WERNER 1991), jedoch erscheint eine solche Zweiteilung in weiten Teilen willkürlich, da Zufall keine Eigenschaft der Natur ist (MANN 1970, BAECHER 1972, KAC 1983). Vielmehr ist die Aussage, ein Prozess sei „zufällig", wiederum lediglich Ausdruck der Unkenntnis der den Prozess bestimmenden Initial- und Randbedingungen (vgl. Abs. 4.2). Demnach kann eine solche pragmatische Zweiteilung nur dann Gültigkeit haben, wenn den aleatorischen Unsicherheiten auch solche Punkte zugeordnet werden, die nicht oder nicht mit vertretbarem Aufwand bestimmt werden können. Im Übrigen zeigt sich, dass bei überwiegender Zuordnung der Unsicherheiten in den zufallsbedingten Bereich die Anwendung statistischer (und geostatistischer) Methoden erlaubt werden kann, die zu deutlich größeren Erkenntnissen führen können (BANDEMER 1993, BAECHER 2000).

Im Hinblick auf die Betrachtung der Modellierung natürlicher Systeme als Erkenntnisprozess (Abs. 4.5.2, besonders Abb. 4-7) und mit besonderem Fokus auf die automatisierte Modellierung geologischer Strukturen lassen sich im Einzelnen die in Abb. 4-13 gezeigten Formen der Unsicherheiten differenzieren.

In Erweiterung der oben angesprochenen Zweiteilung sollen hier insgesamt vier Formen der Unsicherheit unterschieden werden, die sich jeweils in bestimmten Phasen von Erkundung und Modellierung als dominant erweisen. Neben den beiden genannten ist dies die technologische Unsicherheit, die hier synonym mit dem Begriff der Unschärfe ist. Sie umfasst diejenigen Aspekte der Unsicherheit, die auf Basis der gewählten Untersuchungs- und Erkundungsstrategien in das Modell eingehen. Dies schließt etwa die Zuverlässigkeit der Messungen, Umfang und Dichte der Untersuchungen oder die Genauigkeit der Lagebestimmung ein (MANN 1993, COX 1982). Durch verbesserte Untersuchungs-, Mess- oder Analysemethoden oder durch einen erhöhten Beprobungsaufwand kann die Unschärfe reduziert werden. Die Trennung kontinuierlicher Schichtenfolgen in einzelne Schichtglieder gehört hier ebenso dazu (KACEWICZ 1984). Als Teil der technologischen Unsicherheit sind auch Fehler in der Umsetzung der Algorithmen in der Software sowie Fehler bei Auflösung oder der Aggregation der Daten zu verstehen (VAN DER SLUIJS 1997).

Unter dem Begriff der methodologischen Unsicherheit sollen diejenigen Aspekte der Unsicherheit verstanden werden, die durch die Verwendung unterschiedlicher Methoden und Verfahren durch den Anwender in das Modell eingebracht werden. Das Modell unterliegt folglich auch einer als Unbestimmtheit zu klassifizierenden Form der Unsicherheit. Dies entspricht der bereits in Abs. 4.5.4 erwähnten Überlegung, dass jedes Modell Resultat nicht nur der Daten, sondern auch der Methoden ist, die zu seiner Erstellung verwendet wurden. Damit können von mehreren Anwendern mittels von ihnen jeweils für besonders geeignet befundenen Verfahren voneinander abweichende Modelle erstellt werden, die nach subjektiver Einschätzung der Anwender den Untersuchungsgegenstand vermeintlich gleich gut repräsentieren.

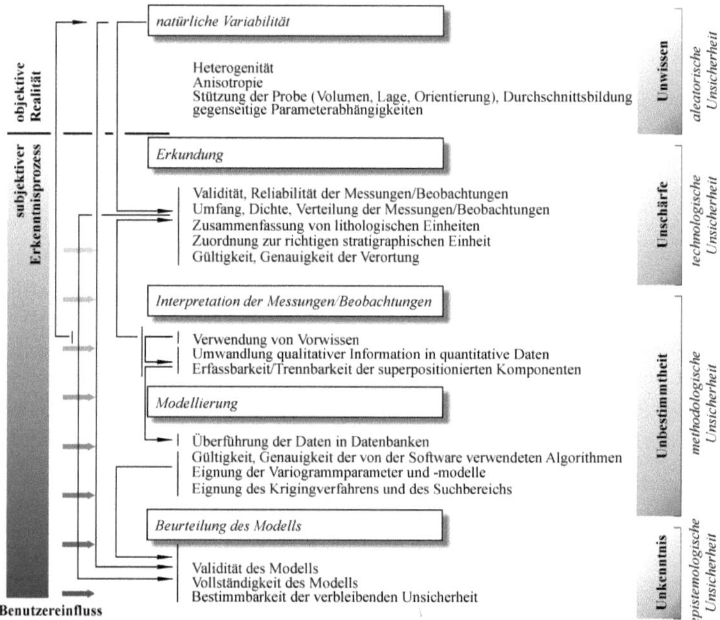

Abb. 4-13: Unsicherheiten der Modellierung; Einfluss des Anwenders auf die Erfassung der verschiedenen Formen der Unsicherheit.

Im letzten Schritt der Modellierung, der die Bewertung des Modells und die Beurteilung von dessen Güte oder die Auswahl eines Modells aus einer Gruppe alternativer Modelle zum Inhalt hat (hierzu Kap. 6, 7), sind durch den Anwender Aussagen zur Validität und zur im Modell verbleibenden Unsicherheit gefordert. In diese Phase geht auch die notwendige Problemadäquatheit des Modells ein (vgl. Abs. 6.4.1), die den Benutzer zur Annahme eines Modells aus der infiniten Menge aller möglichen Modelle zwingt, ohne dass es sich hierbei um das qualitativ beste handeln müsste. Objektive Aussagen zur Modellqualität sind zwar möglich, sie basieren dann jedoch lediglich auf den auch für die Modellierung verwendeten Daten, liefern dadurch also nicht gleichzeitig auch ein Kriterium über die Eignung des

Modells zur Vorhersage neuer Daten. Insofern darf den Modellen hier eine gewisse Tautologie unterstellt werden (EISENACK, MOLDENHAUER & REUSSWIG 2002). Entscheidet man sich daher stattdessen für subjektive Aussagen zur Modellqualität, können diese lediglich qualitativ sein und unterliegen ihrerseits der individuellen Abhängigkeit vom Ersteller des Modells. Dieses Dilemma ist in Abs. 7.3 für den Spezialfall der Geostatistik skizziert.

Eine Berücksichtigung der verschiedenen Formen der Unsicherheit und eine methodenspezifische Auflistung könnten Aussagen über die Eignung bestimmter Modellierungsverfahren gestatten, Ansätze zu einer notwendigen Verfeinerung des Modells liefern und schließlich die Glaubwürdigkeit des Ergebnisses erhöhen (KNETSCH 2003). Sinnvolle Entscheidungen könnten sich dann auch aus unsicheren Modellen ableiten, wenn es gelingt, deren Unsicherheit zu quantifizieren (KUNSTMANN & KINZELBACH 1998, EVANS 2003, HARBAUGH & WENDEBOURG 1993). SCHÖNHARDT (2005) weist jedoch darauf hin, dass weder für die Auswahl entsprechender Methoden noch für deren rechnerische Durchführung Handlungsvorschriften existieren, die allgemein gültige Richtlinien darstellen würden. Vielmehr sind dafür erneut subjektive Entscheidungen zu fällen, die unter Berücksichtigung von Modellzweck und Problemstellung getroffen werden sollten.

4.6.2 *Die Erfassbarkeit der natürlichen Variabilität*

Die natürliche Variabilität ist als eine reale Eigenschaft der Natur aufzufassen. Sie tritt in verschiedenen Skalenbereichen auf (vgl. Abb. 4-2) und hat erhebliche Auswirkungen auf die Modellunsicherheit (SCHAFMEISTER-SPIERLING & PEKDEGER 1989, TEUTSCH *et al.* 1990). Zwar unterschieden EINSTEIN & BAECHER (1992) zwischen der stratigraphischen Variabilität (zwischen homogenen Zonen), der räumlichen Variabilität (innerhalb derselben) und geologischen Anomalien, jedoch können solche Klassifikationen lediglich für den jeweils ausgewählten Untersuchungsraum Gültigkeit haben.

Obgleich die natürliche Variabilität eindeutig nicht auf einer zufälligen Variation beruht (vgl. Abs. 4.2), sondern hierfür ursächlich deterministische Prozesse verantwortlich gemacht werden können (vgl. SAKSA, HELLÄ & NUMMELA 2003, HEGAZY, MAYNE & ROUHANI 1997a, MANN & HUNTER 1992), erscheint deren Behandlung durch stochastische Methoden für bestimmte Modellzwecke gerechtfertigt. Sie gilt als irreduzierbar (BAECHER 1995) und kann durch mathematische Vereinfachungen oder Modelle nie vollständig und korrekt beschrieben, sondern nur vereinfacht dargestellt werden. Eine Vorhersage ist daher entweder lokal unter Angabe einer Wahrscheinlichkeit oder global durch Bestimmung von Mittelwert und Streubreite möglich (BARTLEIN, WEBB & HOSTETLER 1992). Dies kann mittels klassischer statistischer Verfahren (LUMB 1970, SCHULTZE 1975) oder unter Berücksichtigung der Autokorrelation erfolgen (REITMEIER, KRUSE & RACKWITZ 1983, ELKATEB, CHALATURNYK & ROBERTSON 2003, PHOON & KULHAWY 1999).

4.7 Modellkomplexität und Einfluss des Anwenders

Inwieweit das Modell eine problemadäquate Lösung darstellt, hängt neben dessen Komplexität auch von der Systemkomplexität ab. Dabei kann als Maß der Systemkomplexität die

Anzahl derjenigen Parameter herangezogen werden, durch die das natürliche System vollständig charakterisiert werden könnte. Bei diesen Parametern handelt es sich um Anfangs- und Randbedingungen der Prozesse, um Skaleneffekte und -verschachtelung, aber auch um die Menge der Objekte eines Systems und deren Wirkbeziehungen (vgl. Abb. 4-9). Einem gegebenen und zu untersuchenden System kann dabei eine bestimmte und feste unbekannte Komplexität zugeschrieben werden. Dies gilt sowohl für geschlossene Systeme, die also nicht mit benachbarten Systemen in Wechselwirkung stehen, als auch für natürliche Systeme, die zwar stets offen sind, jedoch im Rahmen von Erkundung und Modellierung auf den Typus des geschlossenen Systems reduziert werden (vgl. Abs. 4.5.5, 7.2). Dabei erscheint es zulässig, wegen der bei natürlichen Systemen auftretenden Wechselwirkung zwischen diesen Parametern von einer mit anwachsender Zahl der Parameter überlinear ansteigenden Komplexität auszugehen (Abb. 4-14①).

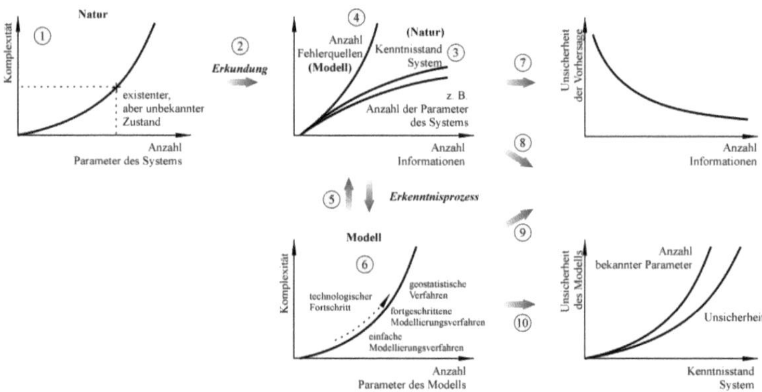

Abb. 4-14: System- und Modellkomplexität; Modellunsicherheit.

Im Rahmen von Erkundung und Modellierung kann diese wahre Systemkomplexität jedoch lediglich asymptotisch erfasst werden (Abb. 4-14②). Die im Zuge dieser Erkundung erhaltenen Informationen führen sukzessive zu einem steigenden Kenntnisstand. Das schließt sowohl das neu hinzukommende Wissen um die Beteiligung bisher unbekannter Parameter aber auch die Ermittlung von deren Größe ein. Um dabei einen höheren Erkenntniszuwachs zu erlangen, sind bei bestehendem höherem Kenntnisstand stets sehr viel mehr Informationen zu erheben. Das kann durch einen unterlinearen Anstieg in Abb. 4-14③ schematisiert werden.

Beides indes führt bei der Modellierung grundsätzlich zu einer erhöhten Fehleranfälligkeit und damit zu einer sich vergrößernden Unsicherheit des Modells (Abb. 4-14④), da die nun vermehrt vorliegenden Informationen durch den Benutzer in modellgeeignete Daten umgewandelt und interpretiert (!) werden müssen. Erstaunlich ist auch, dass die damit verbundene Erhöhung des Kenntnisstandes nicht zwangläufig zu einer Verringerung der Unsicherheit beitragen muss. Dies wäre etwa der Fall, wenn neue Kenntnisse über in den Prozess involvierte Parameter erlangt werden, die vorher nicht berücksichtigt werden konnten und jetzt zu einer höheren Komplexität des Modells (GAN, DLAMINI & BIFTU 1997, ROTMANS & VAN

ASSELT 2001) oder zu einer notwendigen Auswahl komplexerer Modellierungssysteme führen.

Gleichzeitig und unabhängig hiervon (Abb. 4-14⑤) werden stets neue und rechnerisch anspruchsvollere Modellierungsverfahren entwickelt, die eine bessere Umsetzung der vorliegenden Daten in das Modell und eine vielfältigere Modellnutzung erlauben sollen. Im Zuge dieses technologischen Fortschritts ist sowohl eine Entwicklung immer komplexer werdender Modellierungssysteme als auch ein vermehrter Einsatz hochkomplexer Methoden festzustellen (vgl. Fußnote 15, S. 123). In Teilen ist die Entwicklung neuer Verfahren auch auf das zunehmende Vorwissen über den Modellierungsgegenstand zurückzuführen. Deutliches Beispiel hierfür ist die Entdeckung der Autokorrelationseigenschaften natürlicher Parameter, die die Entwicklung der geostatistischen Verfahren als gegenüber den bis dahin gebräuchlichen Methoden deutlich komplexere Rechenansätze maßgeblich gefördert hat.

Kennzeichnend für diese neuen Modellierungsverfahren ist, dass sie verfahrensintern eine zunehmend größere Anzahl von Parametern zur Verfügung stellen, um den beiden Zielen der besseren Umsetzung der Daten in das Modell *und* der vielfältigeren Modellnutzung Rechnung zu tragen und eine größere Flexibilität zu ermöglichen. Notwendig ist jedoch die Zuweisung distinkter Werte für diese Parameter durch den Anwender, um die Berechnung und Darstellung eines Modellierungsergebnisses durch Anwendung der modellinternen Algorithmen zu ermöglichen. Zieht man die Zahl der dem Anwender zur Verfügung gestellten Parameter für eine Klassifikation der Modellierungsverfahren heran, lassen sich einfache, fortgeschrittene und hochkomplexe Verfahren unterscheiden. In Bezug auf die Anwendung zur Interpolation können beispielhaft für die einfachen Verfahren die Inverse Distanzwichtung, die lediglich die Festlegung des Exponenten erfordert, für die fortgeschritteneren Verfahren etwa die Regressionsanalyse genannt werden, die die Wahl des Polynomgrades und des Anpassungskriteriums verlangt. Geostatistische Verfahren sind gemäß dieser Einteilung ausnahmslos den hochkomplexen Methoden zuzuordnen. Sie zeichnen sich durch eine noch weit höhere Zahl an Parametern und Optionen aus (Abb. 4-14⑥), bieten demzufolge eine höhere Flexibilität und erlauben es damit dem Benutzer, seine Vorstellungen an das vermeintlich „richtige" Ergebnis im Modell umzusetzen.

Bei diesen Parametern handelt es sich jedoch nicht etwa um die das System bestimmenden, in der Natur existenten oder zum Zeitpunkt der Strukturgenese gültigen, sondern um gewissermaßen willkürlich eingeführte Parameter (vgl. Abs. 4.5.6). Diese sind nur für das jeweilige Modellkonzept gültig und lassen sich kaum mit Parametern anderer Methoden korrelieren. Zudem finden sich nur selten Eigenschaften des natürlichen Systems, mit denen sie zumindest ansatzweise zu parallelisieren wären. Ihre Überprüfbarkeit ist daher auch lediglich in Form einer Anpassung an die durch die Erkundung erhobenen Daten möglich, nicht jedoch durch Vergleich mit der unbekannten Realität: So ist etwa die Reichweite (vgl. Abs. 3.5.2, 8.4.1ff.) zwar noch intuitiv als eine Art Wirkungsbereich des Prozesses zu betrachten, ihre Ermittlung erfolgt jedoch mangels Vorkenntnissen ausschließlich anhand des experimentellen Variogramms (vgl. *reale Modellierung*, Abs. 4.5.1).

Demgegenüber hat beispielsweise der Suchbereich des Krigings kein real vorgegebenes Äquivalent. Er ist zudem nur innerhalb des geostatistischen Modells von Belang. Jeder Versuch, den Begriff des Suchbereiches auf eine Eigenschaft des Prozesses oder der Struktur zu beziehen, scheitert. Ungeachtet dessen ist dennoch für jede Schätzung eine genaue Festlegung des Suchbereiches notwendig, die nur durch den Anwender der Modellierungsmethoden erfolgen kann. Gleiches gilt für viele weitere Parameter.

Wie in Abs. 5.4.2 und 6.3 noch gezeigt werden wird, ist diese hohe Zahl von Modellparametern und deren fehlende Äquivalenz zu natürlichen Parametern, die dem Anwender unter Ausnutzung seiner kognitiven Fähigkeiten bei anderen Modellierungsverfahren intuitive Schlüsse auf das interessierende Phänomen gestatten würde, eine der Hauptursachen einer steigenden Modellunsicherheit bei Anwendung der Geostatistik. Dabei werden weder die fehlende Äquivalenz der Parameter mit denjenigen der Natur noch deren Anzahl vom Anwender bewusst wahrgenommen. Hinzu kommt, dass die entsprechend notwendig werdenden Entscheidungen nur sukzessive zu treffen sind, wodurch ihre teilweise existente gegenseitige Abhängigkeit verschleiert wird. Zieht man als einfaches Beispiel hierfür die bereits oben angesprochenen Parameter Reichweite und Suchbereich heran, so kann zwar zunächst davon ausgegangen werden, mit zunehmender Reichweite auch den Suchbereich vergrößern zu müssen. Inwieweit dies umgesetzt wird, liegt aber allein im Ermessen des Anwenders. So kann etwa durch gegenüber der Reichweite verkleinertem Suchbereich für eine gelegentlich gewünschte Hervorhebung der kleinräumigen Variabilität gesorgt werden. Umgekehrt kann sich z. B. bei geringer Datendichte oder bei anderenfalls zu kleiner Datenanzahl auch das Erfordernis der Vergrößerung des Suchbereiches über die Reichweite hinaus ergeben (hierzu Abs. 8.4.2.2).

Aus dem Gesagten lassen sich die in Abb. 4-14⑦ und ⑩ gezeigten Beziehungen ableiten, wonach mit steigender Zahl von Informationen über das System die Unsicherheit einer einzelnen Vorhersage abnimmt (vgl. SCHÖNHARDT 2005, REIK & VARDAR 1999), gleichzeitig aber die sogenannte Modellunsicherheit zunimmt, wenn komplexere Modelle eingesetzt werden, die sich durch die Verwendung einer höheren Parameterzahl auszeichnen. Der Einsatz solcher Methoden ist zum Teil bereits durch das zunehmende Vorwissen über das natürliche System wie auch durch den Versuch begründet, diese Kenntnisse bei der Neuentwicklung von Verfahren umzusetzen. In ähnlicher Weise unterscheiden auch LINHART & ZUCCHINI (1986) und WISSEL (1989) den *Vorhersagefehler aufgrund Approximation*, der sich mit steigender Modellkomplexität verringert, und den *Vorhersagefehler aufgrund der Schätzung*, der sich mit steigender Modellkomplexität erhöht (vgl. auch Abb. 5-16). Verschiedentlich ist versucht worden, diese gegenläufig wirkenden Fehler zur Ableitung einer „optimalen Komplexität" eines Modells zu nutzen (z. B. BOSSEL 1992, HILBORN & MANGEL 1997). Optimal in diesem Sinne wäre dasjenige Modell, bei dessen Komplexität das Minimum der beiden addierten Fehler zu verzeichnen wäre. Für den Anwendungsbereich der Geostatistik wird der Begriff des Optimums jedoch lediglich qualitativ umschrieben werden können, während dessen Berechnung nicht möglich ist.

Bezieht man die Darstellungen in Abb. 4-14⑦ und ⑩ auf den Anwendungsbereich der Geostatistik, kann mit ihrer Anwendung zwar eine bessere Anpassung an die bisher vorliegenden Daten erreicht werden, wenn gleichzeitig eine höhere Modellunsicherheit in Kauf genommen wird. Vereinfacht bedeutet dies auch, dass mit steigender Komplexität lediglich die Möglichkeit der Erzeugung besserer Modelle besteht, das einzelne Modell jedoch schwerer zu verifizieren sein wird und die Streubreite zwischen einzelnen Modellen, die mittels des gleichen Verfahrens durch verschiedene Anwender erzeugt wurden, zunehmen wird. Insofern obliegt es hier dem Anwender, mit Blick auf Art und Umfang der vorliegenden Daten, Modellzweck und Vorwissen für die Auswahl geeigneter geostatistischer Verfahren zu sorgen. Dabei ist auf Nachvollziehbarkeit und Plausibilität der ausgewählten Parameter und Optionen zu achten.

Erstaunlich ist, dass im Regelfall komplexeren Modellen – und folglich gerade solchen Modellen, die mittels fortgeschrittener Verfahren erstellt wurden – eine höhere Repräsentanz und eine bessere Prognoseeignung als einfacheren Modellen zugesprochen werden. Dieser Trugschluss hat unter dem Begriff *conjunction fallacy* Eingang in die Literatur gefunden (vgl. TVERSKY & KAHNEMAN 1982, BAECHER 1995). Hinsichtlich der baugeologischen Modellierung bedeutet dies eine erhöhte und fehlerhafte Bereitschaft, besonders komplexen (etwa geostatistischen) Modellen einen erhöhten Glauben zu schenken. Grundsätzlich werden damit solche modellhaften Darstellungen, die komplexere geologisch-genetische Ursachen implizieren, als wahrscheinlicher aufgefasst. Jede Hinzufügung eines neuen modellinternen Details bedeutet jedoch eine stets unwahrscheinlichere Verwirklichung der modellierten Realisation in der Natur (vgl. „bedingte Wahrscheinlichkeiten"). Das wiederum kann zum paradoxen Effekt führen, dass gerade diese unsichersten Modelle eine häufige und fehlerhafte Anwendung erfahren könnten. Einfache Modelle können jedoch oft ebenso gut den System-zustand beschreiben. Zusätzliche Annahmen treffen zu müssen, die ihrerseits selbst mit Unsicherheiten behaftet wären, ist hier nicht notwendig (vgl. KNETSCH 2003).

4.8 Fazit

Mit den vorangegangenen Betrachtungen ist eine breit angelegte Diskussion einiger spezieller Aspekte der geologischen Modellierung und der geostatistischen Schätzung geführt worden. Wenngleich sich auch die Geostatistik als Sonderfall und bisheriger Höhepunkt der Entwick-lung zu einer immer anspruchsvolleren mathematisch orientierten Modellierung auffassen lässt, können in vielen Fällen die Aussagen ohne wesentliche Änderungen auch auf andere Modellierungsmethoden übertragen werden.

Durch die Darstellungen wird der Anwender als wesentliche Quelle der Modellqualität er-kennbar und sein beträchtlicher Einfluss auf den Modellierungsprozess verdeutlicht. Der Fokus richtet sich hier auf die geostatistische Modellierung des geologischen Untergrundes, was durch zahlreiche Beispiele und den Rückgriff auf fachspezifische Termini unterstrichen wird. Der Einfluss des Anwenders wird dabei nach Notwendigkeit und Möglichkeit differen-ziert betrachtet. Er erweist sich dabei zwar oft als notwendig, wird indes zumeist nur unbewusst und ohne Wissen um die potenziellen Auswirkungen wahrgenommen. Diese Aspekte des Benutzereinflusses werden später zum Teil erneut aufgegriffen.

Bereits zu Beginn des Kapitels wurde ausführlich dargelegt, dass die in Kap. 3 besprochenen Konzepte der geostatistischen Verfahren (Stochastik, Stationarität, Ergodizität usw.) keine Eigenschaften der Natur, also weder Charakteristika der vorliegenden Strukturen noch der sie bedingenden genetischen Prozesse sind. Sie sind vielmehr allesamt als benutzerinduzierte Simplifikationen der realen Welt aufzufassen. Eine mathematisch orientierte Beschreibung natürlicher Phänomene entspringt jedoch nicht der Natur selbst, innerhalb derer etwa die Mathematik eine fundamentale Eigenschaft wäre, sondern sie gehorcht allein der Zweckmäßigkeit (z. B. ORTLIEB 2000), weil nur so überhaupt oder mit vertretbarem Aufwand eine Modellierung komplexer Systeme erfolgen kann. Erst durch induktive Verallgemeinerungen, die ausschließlich durch den notwendigerweise subjektiven Anwender zu treffen sind und weder automatisiert noch formalisiert werden könnten, sind zudem Schlüsse von dem Modell auch auf die bisher nicht erkundeten Bereiche der Struktur möglich.

Es zeigt sich, dass selbst in den oft als restriktiv empfundenen und limitierend wirkenden Forderungen von Stationarität und Ergodizität, die nur selten vom Benutzer zu überprüfen sind und häufig als in axiomatischer Weise geltend angesehen werden, erhebliches Potential für eine Modellbeeinflussung besteht. So ist zwar ihre Annahme unabdingbar, um auch geologische Strukturen als singuläre Realisation einer Zufallsfunktion betrachten zu können. Unabhängig von der Entscheidung über die Annahme dieser Voraussetzungen führen die mit der Entscheidungsfindung verbundenen Überlegungen jedoch stets zu einem Erkenntnisgewinn, der mit anderen Schätzverfahren nicht zu erlangen wäre.

Die weiteren Ausführungen zum Begriff des Modells, den Formen der Unsicherheit und zur Modellkomplexität heben in ähnlicher Weise die Bedeutung des Anwenders hervor und belegen die Sonderstellung der Geostatistik in der Gruppe der objektiven Modellierungsverfahren. Grundsätzlich erscheint eine Anwendbarkeit geostatistischer Verfahren zur baugeologischen Modellierung möglich; sie bedarf dann jedoch zahlreicher Eingriffe des Anwenders. Diese sind teilweise durch die herangezogenen Verfahren selbst, zum anderen auch durch den betrachteten Untersuchungsgegenstand bestimmt.

Ausgehend von diesen Untersuchungen soll im folgenden Kapitel die Einbindung der geostatistischen Verfahren in den Prozess der Baugrundmodellierung aufgezeigt werden.

Kapitel 5

Der Einsatz der Geostatistik in der Baugrundmodellierung

5.1 Überblick

Mit diesem Kapitel werden, anders als im abgeschlossenen Kapitel 4, einige eher praktisch orientierte Aspekte in den Vordergrund gerückt und der Einsatz der Geostatistik in der ingenieurgeologisch motivierten Modellierung des oberflächennahen Untergrundes besprochen. Die Betrachtungen zum Untersuchungsgegenstand „Benutzereinfluss" erfolgen insofern nicht völlig losgelöst von den Darstellungen des vorherigen Kapitel, sondern lediglich unter einem anderem Blickwinkel.

Das Kapitel gliedert sich in drei Abschnitte, von denen der erste (Abs. 5.2) das Ziel verfolgt, die Eigenschaften geologischer und geotechnischer Datensätze zu beleuchten. Davon ausgehend soll die Notwendigkeit des Benutzereinflusses bei der angestrebten Modellierung dieser Daten verdeutlicht werden. Zwar erscheint hier in weiten Teilen auch ohne den Einfluss des Anwenders die Nutzung objektivierter Modellierungsverfahren möglich, jedoch würde eine vollständig automatisierte Abwicklung nie zu geologischen Modellen führen, denen Eigenschaften wie Verlässlichkeit, Plausibilität oder Zweckmäßigkeit zugesprochen werden dürften.

Der sich anschließende Abschnitt 5.3 beschreibt den Einsatz rechnerischer Verfahren in der Baugrundmodellierung. Hervorgehoben werden hier Unterschiede geostatistischer Methoden zu konkurrierenden Modellierungsverfahren. Anwendungsprinzipien und Einsatzmöglichkeiten der Geostatistik werden erläutert und hinsichtlich ihrer Wirksamkeit für die Modellbildung beschrieben.

Der verbleibende Abs. 5.4 untersucht mit ähnlicher Zielstellung die Bedeutung der zu verwendenden geostatistischen Modellierungs-Software. Mit diesen für die weiteren Teile der Arbeit maßgeblichen Überlegungen soll eine Wertung der Eignung geostatistischer Verfahren als praktisches Modellierungswerkzeug vorgenommen werden. Die Interaktionsmöglichkeiten zwischen Anwender und Software sollen hier im Vordergrund stehen und Schlussfolgerungen darüber erlauben, in welchem Maße das Modellergebnis nicht nur Resultat der Eingangsdaten, sondern auch der herangezogenen Verfahren und des Modellkonstrukteurs ist. Gleichzeitig sollen hier die zuvor in den Abs. 4.5 – 4.7 gegebenen Ausführungen in die Begriffswelt der Geostatistik umgesetzt und damit frühere Überlegungen über Modellcharakteristika erneut aufgegriffen werden.

5.2   Eigenschaften ingenieurgeologischer Datensätze

5.2.1   Die Notwendigkeit des Benutzers als steuernder Teil des Modellierungsprozesses

Auf die Besonderheiten geologischer Forschungsobjekte im Hinblick auf eine angestrebte Modellierung ist bereits ansatzweise in den Abs. 4.5.2 – 4.5.5 eingegangen worden. Wiederholend hingewiesen sei hier lediglich auf die Gesetzmäßigkeiten des räumlichen Zusammenhangs, die funktionalen Beziehungen zwischen ihrer Genese und der inneren Struktur (vgl. PESCHEL & MOKOSCH 1991, SIEHL 1993 u. a.) und die hierarchisch aufgebaute Komplexität (REIK & VARDAR 1999 u. a. m.). Dabei zeigt sich bei detaillierten und umfangreichen Untersuchungen häufig, dass die tatsächliche im Untersuchungsgebiet angetroffene Geologie gegenüber der im Vorfeld angenommenen Struktur, z. B. einfacher Schichtung („layer-cake" type of correlation, RAVENNE 2002, ähnlich SRIVASTAVA 1990), wesentlich komplizierter ist (RAVENNE & GALLI 1995). Erst in jüngerer Zeit hat sich die Erkenntnis durchgesetzt, dass eine rechnerisch orientierte Modellierung diese Komplexität nie vollständig zu erfassen und in ein Modell umzusetzen vermag. Jedes automatisierte Modellierungstool besitzt vielmehr die Eigenschaft zur Verallgemeinerung und zur Homogenisierung (vgl. auch WINGLE 1997, WINGLE, POETER & MCKENNA 1999 und RAVENNE 2002). Dies soll an zwei Beispielen verdeutlicht werden.

Abb. 5-1a zeigt hierfür die Ergebnisse dreier Bohrungen B1 – B3, in denen jeweils unterhalb einer geringmächtigen Überdeckung von Auelehm ein Kiessand angetroffen wird, unter dem Fels (Z) ansteht. Unabhängig von den im Einzelnen eingesetzten Verfahren würde jede automatisierte Modellierung, die das Ziel einer Interpolation der Zwischenbereiche verfolgt, zu einem der Darstellung ① ähnlichen Modell führen. Dies gilt sowohl für die klassischen statistischen Verfahren, hier etwa die Bildung von Mittelwerten, als auch für geostatistische Verfahren, die den räumlichen Bezug der Daten berücksichtigen.

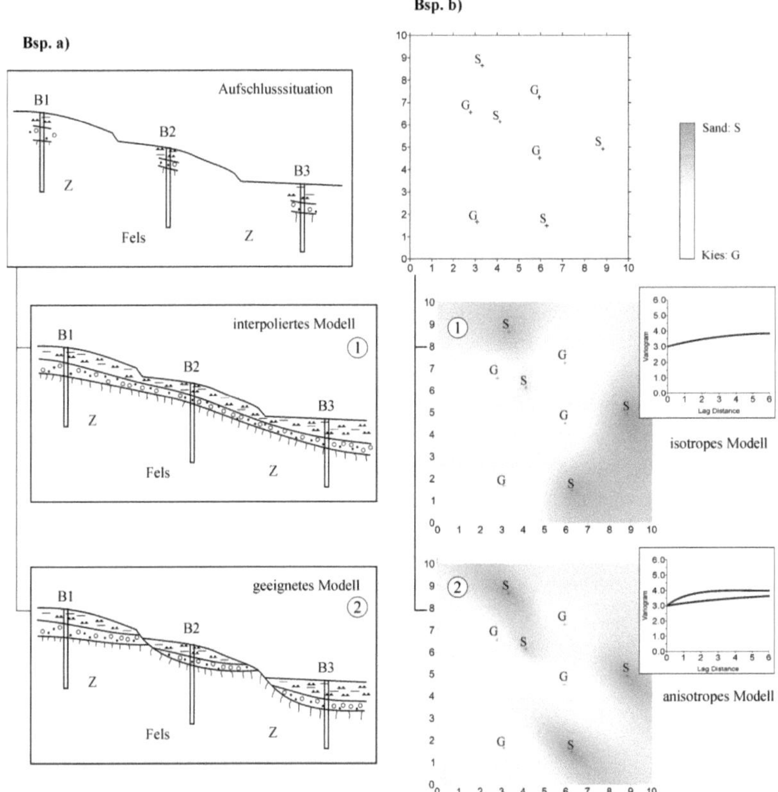

Abb. 5-1: Notwendigkeit des Benutzereinflusses durch Berücksichtigung des Ablagerungsbereiches. Links, Bsp. a): Vertikalschnitt aus mehreren Bohrungen; Flussterrassen, Idee: HEISE (2003), geändert; rechts, Bsp. b): Horizontalschnitt aus mehreren Bohrungen; verflochtenes Flusssystem (,braided river').

Erst nachdem zusätzliche qualitative Informationen herangezogen wurden, die sich nicht unmittelbar in den Erkundungsdaten manifestieren müssen, hier etwa die Morphologie und die relative Abfolge der beiden Lockergesteinsschichten, können die Ergebnisse der Aufschlüsse als charakteristische Hinweise auf ein bestimmtes Ablagerungsmilieu aufgefasst werden, in diesem Fall als das der Flussterrassen. Ein geeignetes Modell (②) dieses Untersuchungsgebietes würde daher mehrere voneinander getrennte Schichtkörper ausweisen. Die hierzu erforderlichen zusätzlichen Informationen lassen sich jedoch nicht auf einfache Weise aus den Daten entnehmen, sondern ergeben sich bei Prüfung durch den Anwender erst aus dem Gesamtzusammenhang, wie etwa aus relativer Höhenlage, faziestypischer vertikaler Abfolge oder nahe liegendem Fließgewässer. Jedes dieser Merkmale für sich allein besitzt lediglich Indiziencharakter, und erst in ihrer Summe lassen die Merkmale realitätsnahe Schlussfolgerungen auf den Ablagerungsbereich zu.

In Ergänzung dazu zeigt das zweite Beispiel in Abb. 5-1b eine Verteilung von acht Bohrungen über ein Untersuchungsgebiet. Dargestellt sei das Ergebnis der Erkundung im Tiefenschnitt bei 10 m u. GOK, wobei in den Bohrungen entweder Sand (S) oder Kies (G) angetroffen wurde. Die durch den Farbübergang ausgewiesenen interpolierten Werte in den hieraus abgeleiteten Modellen lassen sich damit entweder als Wahrscheinlichkeiten interpretieren, mit denen Sand oder Kies angetroffen werden (z. B. Indikator-Kriging, Abs. 3.5.5), oder alternativ direkt als Bandbreite von Korngrößen im Übergangsbereich von Sand nach Kies (z. B. im Ordinary Kriging, Abs. 3.5.4) ansprechen. Ohne weitere Vorkenntnisse über das Untersuchungsgebiet erscheinen mehrere Modelle als gleich wahrscheinliche Alternativen zur Beschreibung der angetroffenen geologischen Verhältnisse. Von der Vielzahl dieser möglichen Modellen sind in ① ein isotropes und in ② eines von mehreren denkbaren anisotropen Modellen dargestellt. Erst nachdem zusätzliche Informationen, bspw. über Kornform, -rundung oder -rauigkeit, oder Angaben zur Genese des geologischen Untergrundes vorliegen, kann bei diesem Beispiel auf für ein verflochtenes Flusssystem typische Ablagerungen geschlossen werden, so dass deutlich ein anisotropes Modell zu bevorzugen wäre. Fehlen jedoch diese weiteren Informationen, können aus den Ergebnissen vollständig automatisierter Verfahren weder Aussagen zur Gültigkeit dieser Modelle noch Schlussfolgerungen auf die zu bevorzugende Auswahl eines der Modelle erfolgen. Darüber hinaus tendiert jedes Interpolationsverfahren zunächst zur Erzeugung isotroper Modelle. Die Erzeugung anisotroper Modelle ist nur durch entsprechende Steuerung durch den Anwender möglich, die jedoch zumeist mit Einschränkungen der Aussagesicherheit des Modells einhergeht (vgl. Abs. 4.7, 8.4.1.1.3).

In beiden Fällen kann demnach nur das Wissen des Anwenders zu einer realistischeren Modellierung beitragen. Dies kann grundsätzlich durch eine rein manuelle geologische Modellierung (Abs. 4.5.3 und Bsp. a) erfolgen, in der die Umsetzung der in beiden Beispielen vorliegenden Zusatzinformationen in das Modell auf eine eher intuitive Weise vorgenommen wird. Alternativ kann bei Vorliegen einer hierfür hinreichenden Datenmenge der Einsatz einer automatischen Modellierung (Abs. 4.5.6 und Bsp. b) angestrebt werden, wenn deren benutzerseitige Steuerung eine Integration von prozess- oder strukturspezifischen Vorkenntnissen erlaubt. Es obliegt in beiden Fällen allein dem Anwender, auf geeignete Weise sein Vorwissen in die Modellierungsmethodik einzubringen und für die Erstellung eines den Anforderungen genügenden Modells (vgl. Kap. 6) zu sorgen. Dies kann im Rahmen der Anwendung mathematisch basierter Methoden durch zielgerichtete und bewusste Auswahl der zur Verfügung stehenden Optionen und Parameter geschehen (vgl. Abs. 3.5.1ff.)[10]. Für den speziellen Fall der Gruppe der geostatistischen Methoden wird dies später in Abs. 5.4.2 erläutert werden.

---

[10] Den genannten Beispielen ähnliche Problemstellungen treten auf, wenn Störungsflächen erkundet worden sind. Auch ihre korrekte Einbindung in das geologische Modell ist lediglich durch manuelle Modellierung oder durch Heranziehung semiautomatischer interaktiver Modellierungsverfahren möglich (vgl. RÜBER 1988, ATTOH & WHITTEN 1979, MALLET 1984, MARECHAL 1984a, POUZET 1980, JONES 1992, SIEHL 1993 u. a. m). Durch den subjektiv agierenden Anwender ist für die Wahl geeigneter Modellierungsschritte zu sorgen.

Modelle, die entgegen dieser Empfehlung ausschließlich auf der Anwendung mathematischer Verfahren beruhen und den Anwender als potenzielle Fehlerquelle weitgehend auszuklammern versuchen, können hinsichtlich ihrer möglichen Fähigkeit zur Zusammenfassung der Erkundungsdaten und zur Prognose von Zwischenbereichen (vgl. Abs. 4.5.2 und 5.3.3) zwar nicht als ungeeignet bezeichnet werden; vielmehr darf den mit ihnen erstellten Modellen oftmals nur fehlende Plausibilität unterstellt werden. Auffällig ist jedoch, dass im Zuge der stetig zunehmenden Verwendung automatisierter Modellierungsverfahren auch für geologische Zwecke anderen, gegenüber dem nur unscharf zu definierenden Begriff der Plausibilität deutlich quantitativer orientierten Gütekriterien (z. B. JIAN, OLEA & YU 1996, GOTWAY 1991) oftmals eine höhere Wichtung zugesprochen wird. Dieser Problematik der Durchführung einer sinnvollen Modellbewertung widmen sich später Abs. 5.4.3 und 7.2.

5.2.2 Das Problem der gemischten Populationen

Unter der im Allgemeinen gerechtfertigten Annahme, dass jeder natürliche zufallsähnliche Vorgang, einschließlich geologischer Prozesse (vgl. Abs. 4.3), zur Erzeugung einer unimodalen Dichteverteilung führt, lassen sich auftretende multimodale Häufigkeitsverteilungen als sich gegenseitig überlappende unimodale Dichteverteilungen auffassen, denen im Regelfall separate statistische Parameter zugewiesen werden können (z. B. SUN et al. 2002). Durch den Anwender ist zu überprüfen, ob diese separierten unimodalen Verteilungen verschiedene Transport- und Ablagerungsprozesse (z. B. TANNER 1964, ASHLEY 1978, BAGNOLD & BARNDORFF-NIELSEN 1980) repräsentieren. Sind diese multimodalen Häufigkeitsverteilungen nicht auf eine gemischte Grundgesamtheit innerhalb einer Schicht zurückzuführen, tragen sie also nicht zur sedimentinternen Heterogenität bei, sondern sind sie vielmehr durch räumlich distinkte, aneinander grenzende Strukturen bedingt, sind diese als separate Homogenbereiche zu modellieren. Sichere Aussagen hierüber lassen sich jedoch wegen der notwendigen Klasseneinteilung des Histogramms, das überdies lediglich die durch die Erkundung vorhandene Stichprobe und nicht die Grundgesamtheit abbildet, und wegen der im Regelfall nicht zufälligen Anordnung der Aufschlusspunkte nicht treffen (Abs. 5.2.3). Vielmehr sind entsprechende subjektive Schlussfolgerungen allein durch den Anwender unter Berücksichtigung seines Vorwissens zu treffen.

Es obliegt damit dem Benutzer, durch Auswahl angemessener und mit Blick auf das Ziel der Schaffung „homogener" Datensätze geeigneter Verfahren für eine Verwendbarkeit des gesamten vorliegenden Datenmaterials zu sorgen, ohne durch deren Anwendung eine Reduktion der Datenanzahl in Kauf nehmen zu müssen. Im Einzelnen unterliegt der Anwender bei der Entscheidung über die Abgrenzung von Homogenbereichen den in Abb. 5-2 gezeigten Zielkonflikten, wenn die anschließende Modellierung durch geostatistische Verfahren erfolgen soll. Im dargestellten Beispiel handele es sich um die Höhenlage einer Schichtgrenze. Innerhalb des Untersuchungsgebietes können demnach zwei Homogenbereiche (Hb) identifiziert werden, die durch eine Übergangzone miteinander verbunden sind: Hb 1 im nördlichen Teil, Hb 2 für den übrigen Bereich.

Werden die beiden Homogenbereiche für eine *gemeinsame* geostatistische Modellierung herangezogen, so sind aufgrund der größeren Datenmenge zwar geringere Streuungen der einzelnen Werte des experimentellen Variogramms zu erwarten, die jedoch teilweise auf der Verwendung unzulässiger Daten beruhen. Zudem sind aufgrund des größeren Nugget-Wertes C_0 höhere Abweichungen zwischen den Schätzungen und den unbekannten realen Werten zu erwarten (vgl. Abs. 3.5.3). Aufgrund des größeren Nugget-Wertes ist auch davon auszugehen, dass ein geeignetes Variogrammmodell nur undeutlich als solches erkannt und schließlich angepasst werden kann.

Werden dagegen beide Homogenbereiche *getrennten* geostatistischen Modellierungen zugeführt, können für dieses Beispiel verschiedene experimentelle Variogramme ermittelt werden, die sich sowohl hinsichtlich der anzupassenden Funktion als auch hinsichtlich der Variogrammparameter deutlich unterscheiden. In einem solchen Falle sind zwar geringe Nugget-Werte und eine dadurch ermöglichte bessere Auswahl einer geeigneten Variogramm-funktion zu erwarten. Die tatsächliche Festlegung der Variogrammparameter im Zuge der Anpassung gestaltet sich jedoch schwieriger. Insbesondere lässt sie – bedingt durch die aufgrund der geringeren Datenmenge höheren Schwankungsbreite der Werte des experimentellen Variogramms $\gamma^*(h)$ – dem Anwender einen größeren Spielraum.

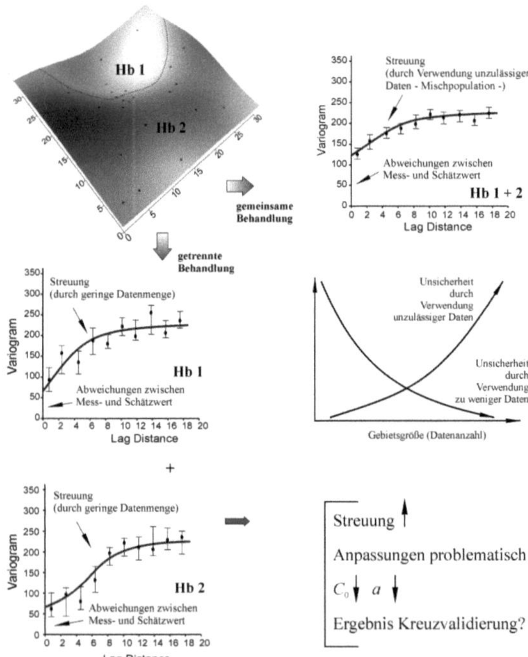

Abb. 5-2: Zielkonflikte bei der Definition von Homogenbereichen (Erklärungen im Text).

Demnach kann in letzteren Fällen zwar eine statistisch bessere Variographie – im Sinne der Verwendung nur der Werte der tatsächlich relevanten Population – durchgeführt werden. In

Kauf genommen werden muss dagegen die zunehmende Streuung des experimentellen Vario-grammes, die ihrerseits mit einer steigenden Unsicherheit aufgrund der Verwendung jeweils nur weniger Daten einhergeht. Die Anwendung einer solchen „richtigeren" Variographie muss daher nicht zwangsläufig zu einer besseren geostatistischen Schätzung führen. Ins-besondere führt sie nicht unmittelbar zu einer genaueren Vorhersage von Werten in nicht erkundeten Zwischenbereichen im Zuge der sich anschließenden Interpolation durch das Kriging. Dies wäre vielmehr nur dann zu erwarten, wenn trotz der hohen Streuung der Einzel-werte $\gamma^*(h)$ durch den Anwender mehr oder weniger zufällig das der tatsächlichen Struktur zu Grunde liegende Variogrammmodell (vgl. aber Abs. 4.5.1f.) durch die gewählte Variogramm-funktion weitestgehend angenähert wird.

Das Idealmodell ist daher als ein Kompromiss aufzufassen, den der Anwender unter Be-rücksichtigung beider Zielvorstellungen – Minimierung der durch Verwendung unzulässiger Daten bestehenden Unsicherheit *und* Minimierung der durch Verwendung zu geringer Daten-menge auftretenden Unsicherheit – vorzunehmen hat. Ein solcher Kompromiss kann bspw. im Zuge von Sensitivitätsanalysen gefunden werden. Damit käme der Anwender gleichzeitig den gerade für die Geostatistik Bedeutung erlangenden Forderungen nach der Begründung seiner Modellentscheidungen und deren Dokumentation nach (Abs. 4.5.2, 5.4.2). Die Entscheidung des Anwenders bleibt folglich subjektiv; eine Erhöhung der Akzeptanz eines solchen Modells scheint daher nur durch den Versuch der Objektivierung denkbar. Dagegen erscheint eine deterministische Lösung einer solchen bikriteriellen Optimierung mangels der Quanti-fizierbarkeit der genannten Unsicherheiten nicht möglich.

5.2.3 *Die eingeschränkte Repräsentanz der Stichprobe*

Als von hoher praktischer Bedeutung erweist sich in vielen Fällen, in denen eine Model-lierung von Daten unter Verwendung statistischer Verfahren geschehen soll, das Problem der eingeschränkten Repräsentanz der Stichprobe. Unter diesem Oberbegriff können verschiedene statistische Phänomene zusammengefasst werden, die ursächlich darauf beruhen, dass bereits die Erkundung geologischer Strukturen nie unvoreingenommen durchgeführt werden kann, sondern vielmehr stets projektbezogene Ziele verfolgt. Hierunter ist insbesondere die zielgerichtete flächenhafte oder räumliche Festlegung von Aufschluss-, Erkundungs- oder Probenahmepunkten zu verstehen. Der für die objektivierte Modellierung als Idealfall aufzu-fassenden Situation einer möglichst zufälligen, irregulären und vor allem unabhängigen Verteilung dieser Punkte voneinander wird daher nicht entsprochen. Stattdessen werden etwa die Aufschlusspunkte dort angeordnet, wo Werteänderungen des interessierenden Parameters erwartet werden, um den Informationszuwachs einer einzelnen Erkundungsmaßnahme zu maximieren und die Erhebung teilredundanter Daten zu vermeiden. Zusätzlich gehorcht die Festlegung von Probenahme- und Aufschlusspunkten auch technologischen oder wirtschaft-lichen Randbedingungen (PYRCZ & DEUTSCH 2003b). Hierzu gehören die Frage der Erreich-barkeit der vorgesehenen Punkte, der Aufwand der Probenentnahme und ähnliches.

Andererseits werden optional die Aufschlusspunkte dort verdichtet, wo die untersuchten Parameter Wertebereiche aufweisen, die für das jeweilige Projekt bzw. für dessen Zielstellung besonders relevant sind. So werden etwa im Bergbau und bei der Untersuchung von Altlasten dort verstärkt Beprobungen vorgenommen, wo besonders hohe Konzentrationen auftreten (AKIN 1983b), um einerseits möglichst genaue Informationen über die Struktur zu erhalten und andererseits die Struktur gegenüber den Nachbarbereichen möglichst scharf abgrenzen zu können (vgl. zuvor Abs. 5.2.2). Eine solche lokale Überbeprobung (*Oversampling*) mit gegenüber einer rein zufälligen Anordnung signifikant dichteren Punktlage führt jedoch zu Häufigkeitsverteilungen, die sowohl erhebliche Abweichungen von der im Gelände vorliegenden (allerdings unbekannten) Verteilung der Gesamtheit (ATTANASI & DREW 1985, DREW 1990: *economic truncation*) als auch von der Normalverteilung aufweisen, die bei zufälliger Anordnung zu erwarten wäre[11] und im Allgemeinen als Voraussetzung für die Anwendbarkeit der Geostatistik angesehen wird (z. B. DEUTSCH & JOURNEL 1997). Letzteres gilt auch für die bevorzugte Auswahl bestimmter Proben für Laborversuche. So werden beispielsweise für Prüfungen der Durchlässigkeit oder der Festigkeit vorrangig intakte Proben herangezogen. Bei letzterem Parameter sind daher tendenziell größere Werte als der in der Natur vorhandene Mittelwert zu erwarten. SIZE (1987) fasst diese Phänomene unter dem Begriff des *selection bias* zusammen. Eine Einbindung von Daten, die auf der Modellierung derartiger Informationen beruhen, in geotechnische Modelle kann daher zu optimistische Prognosen liefern.

Nur selten wird den Empfehlungen gefolgt, bei ungleicher Verteilung der Punkte im Raum robuste Variogrammschätzer (z. B. DOWD 1984, OMRE 1984, GENTON 1998a) zu verwenden. Daneben sind Methoden bekannt, mit denen bereits im Vorfeld der Geostatistik die Auswirkungen räumlich ungleicher Proben- oder Aufschlussverteilungen reduziert werden könnten (vgl. KANEVSKI *et al.* 1999, DEUTSCH 1989; *cell declustering*: RITZI *et al.* 1994, ISAAKS & SRIVASTAVA 1989 u. a.).

Abb. 5-3 demonstriert die Problematik der eingeschränkten Stichprobenrepräsentanz anhand einer wahren, aber unbekannten räumlichen Verteilung eines geologischen Parameters. Im einfachsten Falle handelt es sich auch hier um die Höhenlage einer Schichtgrenze, die an mehreren Lokationen erkundet worden ist. Im Beispiel a) greift man hierfür auf Bohrungen zurück, die unregelmäßig verteilt sind, im Beispiel b) auf die gleichen Bohrungen, die zusätzlich lokal verdichtet worden sind (Abb. 5-3a1 bzw. b1). Analysiert man die Punkteverteilung hinsichtlich der zunächst ebenfalls unbekannten Reichweite des Variogramms (vgl. Abs. 4.5.3), wird man feststellen, dass im Beispiel b) zahlreiche Punkte innerhalb der durch die Reichweite vorgegebenen Entfernung voneinander entfernt liegen. Gehäuft treten sie in dem mit ① markierten mittleren Ausschnitt auf. Die Punktehäufung sei hier dadurch begründet, dass man Form und Ausdehnung der Tieflage genauer erkunden möchte, als es eine weitmaschige Untersuchung erlauben würde. Während die unbekannte Grundgesamtheit in diesem Beispiel durch eine Normalverteilung dargestellt werden kann, werden in der Stichprobe aufgrund der lokal verdichteten Erkundung die kleineren Werte deutlich über-

---

[11] Diese Annahme ist im Wesentlichen durch den Zentralen Grenzwertsatz der Wahrscheinlichkeitstheorie gerechtfertigt, wonach eine Größe, die aus verschiedenen statistisch verteilten Größen besteht, sich der Normalverteilung annähert (z. B. REITMEIER, KRUSE & RACKWITZ 1983, ALBER & FLOSS 1983).

repräsentiert (Abb. 5-3b3). Die Verteilung der Werte der Stichprobe entspricht damit eher der einer Lognormalverteilung.

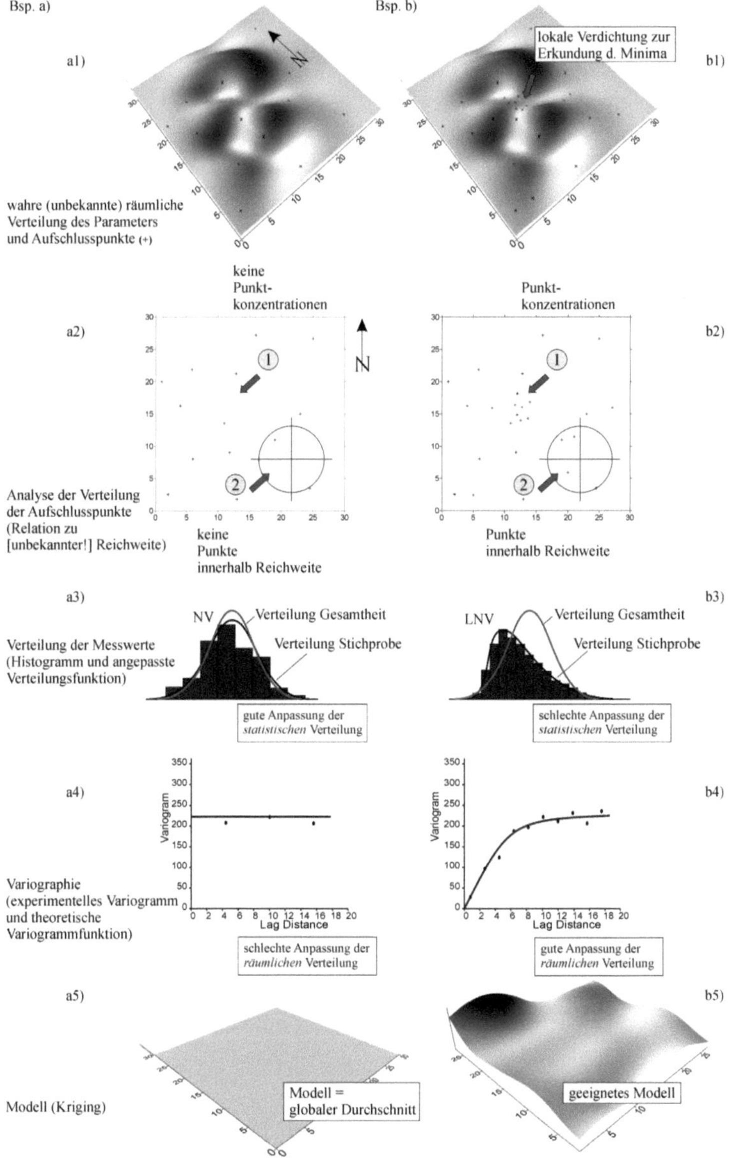

Abb. 5-3: Die eingeschränkte Repräsentanz der Stichprobe, schematisch (Erklärungen im Text).

Daraus können falsche Annahmen über die zugrunde liegende statistische Grundgesamtheit erwachsen. Dies ist dann von besonderer Relevanz, wenn daraus im Rahmen der Strukturanalyse Hinweise auf die genetischen Prozesse des geologischen Untergrundes abgeleitet werden sollen (Abs. 3.6.1). Umgekehrt jedoch ist bei vollständig zufälliger Auswahl der Ansatzpunkte eine Übereinstimmung mit der Verteilung der Grundgesamtheit zu erwarten (Abb. 5-3a3). Da in diesem Falle jedoch die Abstände benachbarter Punkte größer sind als die Reichweite, kann an das empirische Variogramm lediglich die Nugget-Funktion angepasst werden. Ein darauf basierendes, durch Kriging erstelltes Modell liefert folglich über das gesamte Untersuchungsgebiet nur den statistischen Mittelwert der Eingangswerte und damit starke Abweichungen von der Realität (Abb. 5-3a5).

Folgende Schlussfolgerungen sind aus den Beispielen der Abb. 5-3 zu ziehen:

[1] Interpretationsmöglichkeiten der vorliegenden Daten und ein daraus sich ableitender Erkenntnisgewinn über den Untersuchungsgegenstand sind in hohem Maße von der räumlichen Verteilung der Aufschluss-, Mess- oder Probenahmepunkte abhängig.

[2] Jede Erkundung – und damit auch die Verteilung der Aufschlusspunkte – dient dem Zweck eines optimalen Kenntniserwerbs und führt wegen ihrer Zielgerichtetheit und der Verwendung von Vorwissen bei der Festlegung der Aufschlusspunkte zu einer Verzerrung der wahren Verhältnisse. Eine Annäherung an die wahren Verhältnisse im Modell könnte sich jedoch lediglich durch eine unvoreingenommene Wahl der Ansatzpunkte ergeben.

[3] Eine im Sinne der klassischen Statistik optimale und einzig richtige Anordnung der Aufschlusspunkte ist eine a) zufällige und b) möglichst dichte Verteilung über die Fläche, die jedoch c) keine Abstände aufweist, die innerhalb der Reichweite des zugrunde liegenden Variogramms liegen. Erst unter Annahme der Hypothese der komplett zufälligen Anordnung der Aufschlusspunkte (*CSR*: Complete Spatial Randomness, vgl. RIPLEY 1981, CRESSIE 1993) kann ein Histogramm erwartet werden, an das eine theoretische Verteilungsfunktion angepasst werden kann, die ihrerseits *nicht signifikant* von der unbekannten Verteilung der Werte abweichen dürfte. Obige Forderungen a) bis c) führen für ein spezifisches Projekt zu Obergrenzen von zulässiger Datendichte und Datenmenge.

[4] Bei einem den Empfehlungen in [3] genügenden Histogramm ist damit zu rechnen, dass die Anpassung wegen der notwendigerweise hohen Klassenbreite (Reichweite des Prozesses → hohe Abstände → geringe Datendichte pro Flächeneinheit → geringe Datenmenge → Mindestanzahl pro Klasse im Histogramm → hohe Klassenbreite) recht unsicher ist. Die Zulässigkeit der Signifikanzentscheidung kann dann jedoch durch Verwendung nur der voneinander tatsächlich unabhängigen Werte gerechtfertigt werden.

[5] Dagegen kann bei einem Histogramm, das den in [3] gegebenen Empfehlungen nicht folgt, zwar wegen der höheren Datenmenge und der geringeren Klassenbreite eine bessere Anpassung einer theoretischen Verteilungsfunktion erzielt werden (in Abb. 5-3: LNV). Diese erlaubt jedoch keine Aussagen über die Struktur, die Allgemein-

gültigkeit beanspruchen dürften, da die Daten die Forderung nach der Unabhängigkeit der einzelnen Werte verletzen und das Histogramm dadurch an Aussagekraft verliert. Vielmehr ist in diesem Fall die theoretische Verteilung eher ein Artefakt des Erkundungsvorganges. Abweichungen von der Normalverteilung, die verschiedentlich als Vorraussetzung zur nachfolgenden Anwendung geostatistischer Verfahren angesehen wird, sind damit ebenso wahrscheinlich wie Abweichungen von der zugrunde liegenden unbekannten Verteilung der Grundgesamtheit.

[6] Eine im Sinne der Geostatistik optimale und sinnvolle Anordnung der Aufschlusspunkte ist ebenfalls a) zufällig, b) möglichst engständig, auch und gerade unterhalb der Reichweite, sowie c) lokal verdichtet. Erst das erlaubt die Konstruktion experimenteller Variogramme, an denen sowohl der Anstieg als auch der horizontale Kurvenanteil erkannt werden können, was seinerseits die Definitionen von Reichweite und Schwellenwert gestattet. Wegen der lokalen Clusterung einiger Aufschlusspunkte kann besonders der für die Interpolation maßgebliche Nahbereich des Variogramms gut angepasst werden. Ferner sind bei lokal dichteren Punktlagen im Falle einer nach der Anzahl der verwendeten Punktepaare gewichteten Anpassung der Variogrammfunktion eine gute Anpassung der Funktion innerhalb der Steigung, eine relativ kurze und sichere Extrapolation auf die Ordinate sowie generell kleinere Nugget-Werte C_0 zu erwarten.

[7] Die Erkundung geologischer Strukturen lässt sich als Zielkonflikt zwischen dem angestrebten Erkenntnisgewinn über die *statistische* Verteilung und dem angestrebten Erkenntnisgewinn über die *räumliche* Verteilung der Werte ansehen. Dieses Dilemma überschneidet sich teilweise mit den in den Abs. 3.6.1, 4.7 und 5.4.3 beschriebenen Zielkonflikten. Das projektspezifische Modell des Untersuchungsgegenstandes wird sich im Regelfall als Konglomerat aus diesen beiden nur als Extrema aufzufassenden Eigenschaften erweisen und dürfte daher sowohl aus statistischer Sicht ungeeignete Histogramme als auch aus geostatistischer Sicht ungeeignete Variogramme enthalten. Fragen nach der Zweckmäßigkeit des Modells oder nach dessen Problemadäquatheit bleiben hiervon unberührt (hierzu Abs. 6.4).

Vorschläge, die Festlegung von Messnetzen auf einer schrittweisen Reduktion des Beprobungsaufwandes und auf einer Erhöhung des Probenahmeabstandes basieren zu lassen, um die Erhebung von innerhalb der Reichweite teilweise redundanter Information auszusparen (GEILER *et al.* 1998, WARRICK & MYERS 1987), können daher nicht als sinnvoll bezeichnet werden (vgl. auch BRUS & DE GRUIJTER 1997). Da mit Kenntnis dieser Reichweite bereits auch umfassende Kenntnisse über die räumliche Verteilung vorliegen, könnte erst im Nachhinein eine solche Optimierung stattfinden. Eine solche Erkundungsoptimierung könnte lediglich dann gerechtfertigt werden, wenn ausschließlich die klassischen, auf nicht-autokorrelierten Daten beruhenden Verfahren der traditionellen Statistik angewendet werden sollen. Der Vorteil der Geostatistik liegt jedoch gerade darin, dass auch räumliche Verteilungsmuster erkannt werden können und wiegt den Nachteil, dass sich Mittelwerte und Varianzen nicht mehr exakt bestimmen lassen, mehr als auf.

Ein alternativer Rückgriff auf Werte von Reichweiten, die bei vorangegangenen Projekten in vergleichbaren geologischen Situationen ermittelt wurden, ist ebenfalls als fraglich anzusehen. Zwar ist wiederholt auf diese Möglichkeit hingewiesen worden (besonders KREUTER 1996, MARINONI 2000), jedoch besteht gerade hier die Gefahr, dass den bereits ermittelten Werten eine zu hohe Vertrauenswürdigkeit beigemessen wird, die aufgrund der bestehenden vielfältigen Einflüsse (Kap. 8) objektiv nicht zu begründen ist. Auch darf erwartet werden, dass bei einer angestrebten Optimierung des Informationszuwachses, die allein auf einer schrittweisen Hinzufügung neuer Punkte und der Entfernung der jeweils dichtesten Punkte beruht – einer Strategie also, die die Auswahl derjenigen Lokationen verlangt, die gerade die jeweils größte Krigevarianz aufweisen (hierzu Abs. 7.4.1) –, es zu einer regelmäßigen Messpunktanordnung kommen wird (auch NEUTZE 1993, vgl. Abb. 5-4a). Die Orientierung dieses Messnetzes wird dann zwar die Wirkungsrichtung des geologischen Prozesses aufzeigen und eine Abschätzung des Anisotropiefaktors ermöglichen. Darüber hinausgehende Erkenntnisse über die geologische Struktur sind jedoch nicht möglich, da in einem solchen Fall zum Zwecke der Informationsmaximierung die Ansatzpunkte vorrangig außerhalb der Reichweite des theoretischen Variogramms gewählt werden, wodurch letztlich die Bildung reiner Nugget-Variogramme (vgl. Abb. 3-7e) forciert wird. Auch sind mit einer solchen Strategie kleinskalige Substrukturen oder lokale Anomalien nicht erkennbar, die bei Verwendung zufällig ausgewählter Ansatzpunkte durchaus hätten erfasst werden können.

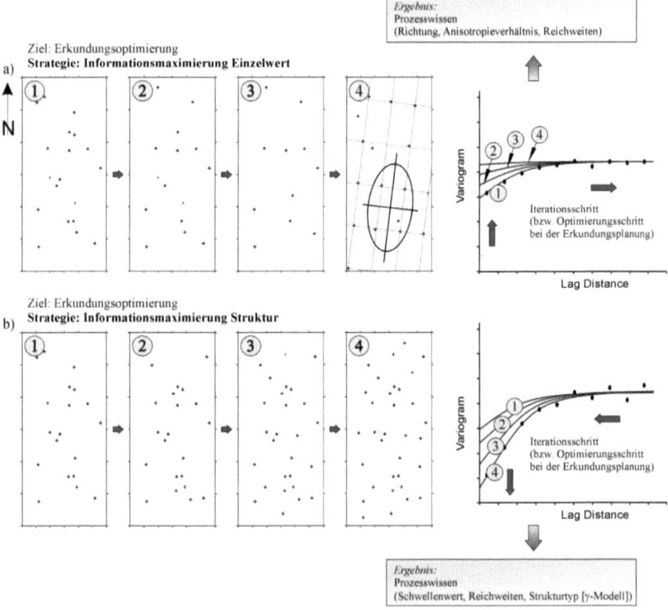

Abb. 5-4: Verschiedene Strategien der Erkundungsoptimierung durch geostatistische Verfahren.

Sollen dagegen möglichst viele Informationen über die Struktur gewonnen werden, ist die Punkteanordnung lokal durch geeignete Maßnahmen so zu verdichten, dass auch die Berechnung kleinerer Schrittweiten h bei der Bildung des experimentellen Variogramms $\gamma^*(h)$ ermöglicht und damit auch kleinräumige Skalen der Variabilität abgedeckt werden (Abb. 5-4b). Erst hierdurch ist eine Erfassung der für die Interpolation maßgeblichen Autokorrelation im Nahbereich möglich. Erkundungsstrategien, die dieses von Abb. 5-4a abweichende Ziel einer Informationsmaximierung verfolgen, können zusätzlich Aussagen über die Schwellenwerte und den Strukturtyp, repräsentiert durch die Funktion des theoretischen Variogrammmodells, gestatten (vgl. FLATMAN & YFANTIS 1984, FLATMAN, ENGLUND & YFANTIS 1988, WEBSTER & OLIVER 1990, 1992, BOGAERT & RUSSO 1999). Erst dadurch wird eine Interpolation durch das Kriging ermöglicht, dessen Flexibilität und Effektivität über das Maß hinausgehen, das andere, rein statistische Verfahren von Interpolation oder Approximation, zu leisten imstande sind. Die dabei auftretende Redundanz derjenigen Werte, deren Abstand geringer ist als die Reichweite des Prozesses, lässt zwar zunächst die reproduktiven Eigenschaften des Modells verstärkt in den Vordergrund treten, während deutlich weniger Wert auf die Erlangung neuer Kenntnisse gelegt wird. Die Aussagen zu den Parametern des Variogramms und der Struktur basieren jedoch dafür auf umso sichererer Datenbasis. Auf diesen Konflikt zwischen dem möglichen Umfang neuer Erkenntnisse und deren Zuverlässigkeit wird später noch in Abs. 5.4.3 zurückgekommen werden.

Durch mehrmaliges Durchlaufen dieser Erkundungsschritte kann schließlich die Aufstellung *optimaler* Erkundungsnetze dann möglich gemacht werden, wenn die alleinige Priorität e n t w e d e r der Ermittlung lokaler Werte des untersuchten Parameters o d e r der Ermittlung von Aussagen über die globale Struktur gilt. Beide Konzepte lassen sich als Ansätze einer iterativen Modellierung begreifen (vgl. Abs. 5.3.4), weisen jedoch divergierende Zielstellungen auf und sind insofern also nicht vereinbar. Sollen daher Modellierungen nicht anhand eines statischen Datensatzes vorgenommen werden, sondern die Modellergebnisse im Verlauf eines Projektes zur weiteren Erkundungsplanung herangezogen werden, ist daher durch den Anwender festzulegen, welchem Ziel Priorität eingeräumt wird.

Dagegen führt auch die Erkundung in vorgegebenen Rastern zu einer Verzerrung der wahren Verhältnisse. Davon abgesehen, dass auf diese Weise allenfalls Strukturen erkannt werden können, deren Größe dem Abstand der Rasterpunkte entspricht, werden etwaige periodische Schwankungen des betrachteten Parameters verstärkt (für die Statistik z. B. LUMB 1975, für die Geostatistik z. B. JOURNEL & HUIJBREGTS 1978, CHILÈS & DELFINER 1999). Dies gilt in stärkstem Maße für den Fall, dass der Abstand der Erkundungspunkte mit der Größe der Strukturen und die Ausrichtung des Rasters mit derjenigen der Strukturen übereinstimmen (vgl. auch Abs. 5.3.4). In der Praxis werden vielfach genau solche Rasterweiten mit dem Hinweis auf ein vermeintlich optimales Kosten-Nutzen-Verhältnis (Optimum des Informationszuwachses!) eingesetzt. Werden hingegen Rasterweiten eingesetzt, die die Abmessungen der rhythmisch auftretenden Strukturen übertreffen, führt dies zum als *Aliasing* bekannten Effekt (bereits bei SCHÖNWIESE 1986), der eine größere Periodizität vortäuscht, als sie tatsächlich vorhanden ist, und damit zu einem scheinbaren Widerspruch mit demjenigen Vorwissen führt, auf dessen Grundlage die Erkundung geplant wurde.

5.2.4   *Die Rangfolgenproblematik geologischer Modelle*

Unter dem Begriff der Rangfolgenproblematik werden mehrere bei der Erstellung geometrisch-geologischer Modelle auftretende, miteinander assoziierte Phänomene zusammengefasst, die der Möglichkeit einer vom Benutzer unabhängigen Modellerzeugung entgegenstehen. Unter diesem Oberbegriff werden insbesondere das Problem der Berücksichtigung von Nullmächtigkeiten, das der Handhabung von Einschaltungen und das der Gewährleistung der chronologischen Korrektheit des Schichtenaufbaus verstanden. Diese Probleme treten dann deutlich hervor, wenn mittels automatisierter objektiver Rechenverfahren mehrere geologische Schichten in einem 2,5D-Modell[12] gestapelt werden sollen (vgl. Abb. 3-10g), was der üblichen Vorgehensweise auch bei geostatistischen Verfahren entspricht. Demgegenüber treten sie in den Hintergrund, wenn das Ziel in einer vollständig manuellen Modellierung besteht; hier kann der Anwender steuernd und regelnd in den Prozess eingreifen. Abb. 5-5 verdeutlicht anhand einiger schematischer Beispiele die Rangfolgenproblematik. Demonstriert wird, dass auch bei der geplanten Anwendung automatischer Modellierungsverfahren Entscheidungen des Anwenders notwendig sind. Diese betreffen besonders die Interpretation der vorgefundenen Schichtenfolge und die Ausweisung bestimmter Schichtglieder entweder als Sonderbildungen bekannter Schichten oder als eigene Schichten.

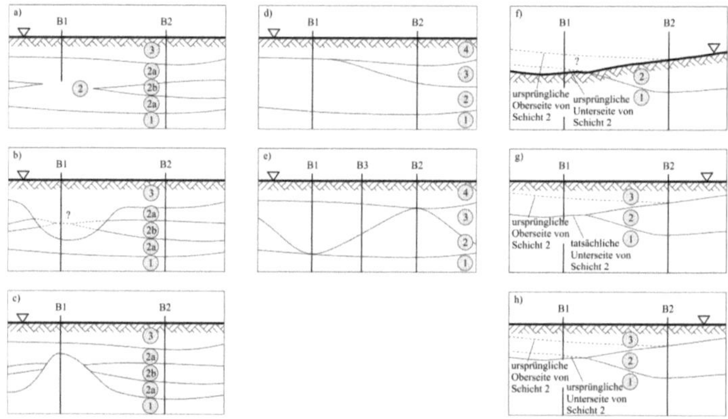

Abb. 5-5: Skizzen zur Rangfolgenproblematik (Erklärungen im Text).

---

[12] Der Begriff des 2,5D-Modells kennzeichnet zweidimensionale Modelle, die erst durch ihre besondere Form der Darstellung als Oberflächenmodell scheinbar räumliche Eigenschaften aufweisen. Die Bezeichnung „2,5 D" soll auf die vermeintlich intermediären Eigenschaften dieses Modelltyps zwischen zwei- und dreidimensionalen Modellen hinweisen. Diese Form der Darstellung ist grundsätzlich bei allen über eine Fläche verteilt vorliegenden Daten möglich (z. B. Lagerungsdichten innerhalb eines Teufenschnittes). Ihre besondere Bedeutung erlangen 2,5D-Modelle jedoch bei der Darstellung von Geokörpern, indem z. B. die erkundeten Höhenlagen einer Schichtgrenze als Eingangsdaten für die Modellierung verwendet werden. Erst in solchen Fällen korrespondiert die Darstellungsform der Oberfläche mit der physikalischen Realität der Schichtgrenze; Höhen und Senken in der Modelloberfläche entsprechen dann gleichen Strukturen in der Natur (hierzu Abs. 5.3.3).

In Abb. 5-5a werden mit der Bohrung B2 drei Schichten durchteuft, wobei zusätzlich eine Einschaltung 2b ausgehalten wird, die bei hinreichend hoher Datenzahl einer separaten Modellierung zugeführt werden kann. Die Bohrung B1 gibt hierüber keine Information, da aufgrund der relativ geringen Endteufe weder eine Aussage über die Mächtigkeit der Schicht 2 noch über die Existenz der Einschaltung 2b getroffen werden kann. Soll dennoch auch B1 für eine Modellierung verwendet werden, liegt es im Ermessen des Anwenders, hier der Einschaltung 2b eine Nullmächtigkeit zuzuweisen. Anderenfalls könnte lediglich die Modellierung der Schicht 2a erfolgen; am Standort von B1 wäre dann eine Mindestmächtigkeit für 2a festzulegen. Alternativ besteht lediglich die Möglichkeit, die Bohrung B1 nicht zur Modellierung von 2a oder 2b heranzuziehen. Derartige Festlegungen erweisen sich für quartäre Modelle bspw. dann als erforderlich, wenn sich sandige Ablagerungen (S) tief in liegende Mergelschichten (Mg) eingeschnitten haben (vgl. Abs. 2.3). Ohne solche im Vorfeld der Modellierung zu treffenden Festlegungen besteht die Möglichkeit, dass der Datenbestand an Schichtmächtigkeiten von 2b oder von 2a auf ein Maß reduziert wird, das eine rechnergestützte Modellierung nicht mehr erlaubt oder dass die Ergebnisse verschiedener Bohrungen unterschiedlich interpretiert werden.

Ähnliches gilt für die in Abb. 5-5b und Abb. 5-5c gezeigten Fälle. Da B1 die Schicht 2 vollständig durchteuft wird, ohne die Einschaltung 2b anzutreffen, bleibt es dem Anwender überlassen, ob dieser die Nullmächtigkeit zugeordnet wird und damit 2a separat behandelt wird oder das Material insgesamt lediglich der Schicht 2 zugeordnet wird. Eine entsprechende Regelung empfiehlt sich für Modelle des oberflächennahen baugeologisch relevanten Untergrundes besonders bei gut unterscheidbaren, jedoch nur lokal ausgebildeten Formationen, wie den Braunkohleflözen innerhalb der tertiären Schichten oder der Paludinabank innerhalb des Holsteins (Abs. 2.3.2ff.). Das Verfahren lässt sich jedoch auch auf andere Schichtglieder ausdehnen, bspw. auf die Schluff-/Tonfolge (U1) und die sandigen Zwischenschichten (SS1, vgl. MARINONI 2000). Hier ist durch den Anwender zu prüfen, ob eine separate Modellierung dieser z. T. auch geotechnisch relevanten Schichtglieder mit einem kleinen Datenbestand möglich ist, wenn die damit verbundene höhere Unsicherheit akzeptiert werden kann (hierzu Abs. 5.2.2). Im gegenteiligen Fall müssen eine geringere Detailschärfe des Modells und eine durch Verwendung genetisch verschiedener Prozesse reduzierte Gültigkeit des Variogrammansatzes in Kauf genommen werden.

Wird dagegen eine Schicht in einer Bohrung nicht angetroffen (B1 in Abb. 5-5d und Abb. 5-5e), so kann über die Existenz mehrerer teilweise synchroner Faziesbereiche spekuliert werden (Schichten 2 und 3 in Abb. 5-5e), die entweder gemeinsam in beliebiger Abfolge auftreten, sich teilweise aber auch ausschließen können. Im Berliner Raum gilt dies etwa für die Ablagerungen der Folgen S0 und O (vgl. Abs. 2.3.2.2, 2.4). Inwieweit eine getrennte Behandlung möglich wird, ist vom zur Verfügung stehenden Datenumfang abhängig. Durch den Anwender ist hier festzulegen, ob eine solche detaillierte Modellierung erfolgen soll und dabei die geringe Aussagesicherheit, die in der reduzierten Datenzahl begründet ist, in Kauf genommen werden soll.

In Abb. 5-5f – h finden sich weitere Beispiele, die zusätzlich auch die Morphologie und die unterschiedliche Genese der Schichten berücksichtigen. Auch in den hier gezeigten Fällen bleibt dem Anwender die Entscheidung überlassen, der Schicht 2 Nullmächtigkeiten zuzuweisen oder diese von der Modellierung auszuklammern.

Es ist offensichtlich, dass die Rangfolgenproblematik geologisch-geometrischer Modelle in einer baugeologischen Modellierung besondere Relevanz erlangt. Ursächlich hierfür ist die im Vergleich zu kleinmaßstäblich angelegten regionalgeologischen Modellen größere Datendichte. Dadurch liegen Informationen über den Untergrund in einer höheren Auflösung vor, womit auch Kenntnisse über kleinskalige Strukturen wie lokale Nullmächtigkeiten, Einschaltungen oder Linsen verbunden sind. Ferner besteht mit der Erstellung baugeologischer Modelle in deutlicherer Weise, als dies für geologische Modelle gilt, auch der Bedarf nach einer späteren Weiterverarbeitung der Daten und nach einer Kombinierbarkeit verschiedener Modelltypen (Abs. 5.3.3). Ohne die Einführung von entsprechenden Regeln kann diesen Erfordernissen nicht entsprochen werden.

Eine Nachvollziehbarkeit der Modellierung kann nur dann gewährleistet werden, wenn diese Entscheidungen nicht im Einzelfall getroffen werden, sondern im Vorfeld der Modellierung eindeutige Regeln zur Behandlung von Einschaltungen und Nullmächtigkeiten aufgestellt und diese für den gesamten Modellierungsprozess beibehalten werden. Diese sind auf Grundlage der lokalen Erfahrung und des Modellzwecks aufzustellen, zu begründen und zu dokumentieren. Durch konsequente Umsetzung dieser Regeln können zudem Probleme in späteren Phasen der Modellierung (Auftreten von Fehlstellen, Abs. 6.5.1, Festlegung eines Wirkungsbereiches, Abs. 8.2, usw.) umgangen werden (ABRAHAMSEN 1995).

Berücksichtigt man zusätzlich die Möglichkeit des Auftretens glazitektonischer Störungen und Faltungen (vgl. Abs. 2.3, 2.4), sind derartige Regelungen noch weit restriktiver zu gestalten, um die vorhandenen geologischen Daten einer objektiven Modellierung zuzuführen und dafür auf etablierte Programmsysteme zurückgreifen zu können. Ohne solche durch den zwangsläufig subjektiv agierenden Anwender aufzustellenden Regeln scheint eine Ausdehnung geostatistischer Verfahren auf die Modellierung komplizierter quartärgeologischer Strukturelemente nicht möglich (vgl. Abs. 6.5.3). Auch die verschiedentlich ausgesprochene Empfehlung, anstelle der Höhenlagen der Schichtseiten zur Interpolation zunächst deren Differenzen zu bilden und dann die so ermittelten Mächtigkeiten zu interpolieren (z. B. GOLD 1980b), ändert nichts daran. Erfolgversprechend scheint Letzteres lediglich mit Blick auf die Forderung nach der Überschneidungsfreiheit von Schichten (vgl. Abs. 6.5.2).

Für Modelle geotechnischer Parameter ist die hier diskutierte Problematik zumeist von nachrangiger Bedeutung, sofern nicht Kombinationen geotechnischer mit geologisch-geometrischen Modellen aufgestellt werden sollen.

5.3   Baugrundmodellierung

5.3.1   Ziel und Ablauf einer Baugrundmodellierung

Die Erkundung des Baugrundes für bautechnische Zwecke ist die vorrangige Aufgabe der Ingenieurgeologie. Erschwert wird diese Aufgabe durch die Unschärfe der gewonnenen Daten (vgl. Abs. 4.6) und die eingeschränkte Zugänglichkeit des Untersuchungsobjektes (HEGAZY, MAYNE & ROUHANI 1997a). Eine wirtschaftlich optimale und zugleich ausreichend sichere und risikoarme Realisierung von Eingriffen in die Geosphäre ist nur bei entsprechender Berücksichtigung der geologischen Einflussfaktoren und der mechanischen, physikalisch-chemischen und hydraulischen Eigenschaften von Boden und Fels möglich (REIK & VARDAR 1999). Das grundsätzliche Ziel einer Untergrunduntersuchung besteht dabei in der Erstellung prägnanter Ausschreibungs- und Planungsunterlagen sowie in der Reduktion der Gesamtkosten des Projekts (ATTEWELL, CRIPPS & WOODMAN 1978) durch Anwendung ökonomischer und zeitgemäßer Erkundungsmethoden (ROSENBAUM 2003). Dabei ist im Allgemeinen davon auszugehen, dass weniger als fünf, meist sogar weniger als 0,2 – 1 % der

Gesamtkosten für die Vor- und Hauptuntersuchung aufgewendet werden (BELL 1980, GENSKE 2006, KNILL 2003).

Untersucht wird dabei „der Raum unter der Erdoberfläche bis in wirtschaftlich nutzbare oder durch wirtschaftliche Nutzung beeinflusste Tiefen" (HINZE, SOBISCH & VOSS 1998). Der tatsächliche Aufwand der Untersuchungen (d. h. Art, Umfang, Dichte, Häufigkeit usw.) kann sich an der geologischen Komplexität, dem Grad der Variabilität der wichtigsten geotechnischen Parameter, der bereits vorab verfügbaren Menge an Information und den Kosten für eine etwaige Fehlprognose der Untergrundbedingungen orientieren. Die erforderlichen Planungsgrundlagen umfassen die geometrischen Merkmale der Schichten (d. h. Mächtigkeit, Tiefenlage, Abfolge) und ihre bodenphysikalischen Eigenschaften einschließlich ihrer räumlichen Verteilung, Variabilität und etwaigen (Auto-) Korrelationen. Eine geologische Erkundung soll zudem zur Wiederkennung bereits bekannter Strukturen führen (BANDEMER & FIEDLER 2003). Erst Letzteres macht die Nutzung des bestehenden Erfahrungsschatzes durch Aufdeckung von Gemeinsamkeiten möglich (vgl. Abs. 5.3.4).

Jede Modellierung hat daher die Aufgabe, ausgehend von den wenigen Lokationen, die innerhalb der Erkundung durch direkte Methoden untersucht worden sind, solide Planungsgrundlagen für ein projektiertes Bauwerk und eine realistische Basis für die Konstruktionsphase bereitzustellen (BERGMAN 1978). Der Anteil des Untergrundes, der für eine Beprobung entnommen und untersucht wird und dessen Ergebnisse als quantitative Daten für die Modellierung verwendet werden können, ist dabei zumeist sehr gering. So geben z. B. PRICE & KNILL (1974) und POETER & MCKENNA (1995) an, dass im Durchschnitt nur 10^{-4} bis 10^{-6} % des vom Bauwerk beanspruchten Untergrundes beprobt werden.

Erkundung und Modellierung folgen dabei in der Regel einem vorgegebenen Schema, innerhalb dessen mehrere aufeinanderfolgende Untersuchungsstufen durchgeführt werden (Abb. 5-6). Beginnend mit der Sichtung und Wertung der vorhandenen Informationen (z. B. historische Datenbanken, technische Berichte, Gutachten u. ä.), wird zunächst ein vorläufiges Modell entwickelt, das zur Planung der Voruntersuchung genutzt werden kann. Der Wert eines solchen konzeptionellen Modells (FOOKES 1997) besteht in der Möglichkeit zu rationalen Entscheidungen auf Basis unsicheren Wissens, unter Berücksichtigung der inhärenten Unsicherheit und gerade auch in der Notwendigkeit der Einbeziehung der persönlichen Einschätzung (*judgement*). Der Wert des Modells wächst mit der Erfahrung des Anwenders (BURTON, ROSENBAUM & STEVENS 2002). Dieses wiederum bildet die Entscheidungsbasis für die Haupterkundung, in deren Anschluss mit Beginn der Konstruktion des Bauwerks die baubegleitenden Untersuchungen und nach dessen Fertigstellung schließlich die nutzungsbegleitenden Untersuchungen durchzuführen sind.

Jede der in Abb. 5-6 dargestellten Stufen stellt die Basis für durch den Benutzer zu fällende (begründbare) Entscheidungen über die zukünftige Untersuchungsstrategie dar und bedingt insoweit dessen Einflussnahme auf Ablauf und Ergebnis der Modellierung. Eine jede dieser Stufen ist als eine abgeschlossene geologische Charakterisierung im Sinne von HOULDING (1994) oder ORLIC & HACK (1994) zu begreifen, innerhalb derer jeweils die Teilschritte von

-　Datenmanagement und -integration,

- Datenvalidierung und Qualitätskontrolle,

- Interpretation der geologischen Parameter,

- Vorhersage von räumlicher Variabilität und

- abschließender Überprüfung und Evaluierung

zu unterscheiden sind. Jeder Teilschritt ermöglicht einen verschieden großen Einfluss des Benutzers. Insbesondere die Interpretation der geologischen Parameter und die Überprüfung des Modells bieten hierfür zahlreiche Ansatzpunkte, die in hohem Maße von der Problemstellung, dem Vorwissen und den kognitiven Fähigkeiten des Bearbeiters abhängen (SIEHL 1993). Auch die Wahl eines Verfahrens zur Modellierung hängt dabei immer von objektiven Aspekten, wie etwa Art und Umfang der erhobenen Daten, Genese und Kenntnis des zu modellierenden Merkmals, aber auch von den subjektiven Fähigkeiten und Erfahrungen des Bearbeiters ab (RÖTTIG 1997).

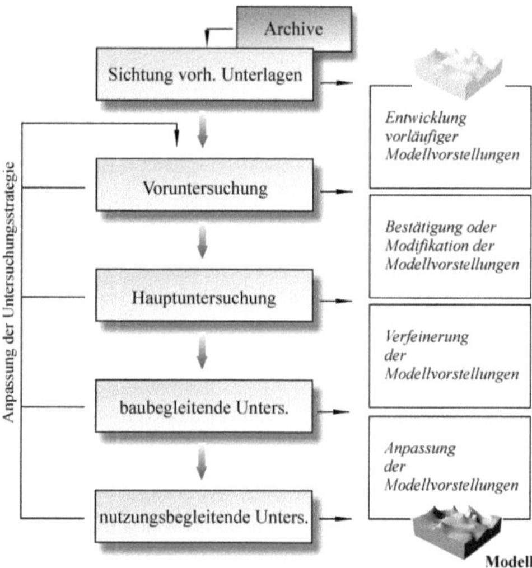

Abb. 5-6: Ablauf von Baugrunderkundung und -modellierung.

Da zu jedem Zeitpunkt des Erkundungsprozesses geeignete Modelle als Grundlage für weitere Erkundungen und als Entscheidungshilfe vorliegen müssen, ist eine stetige Implementierung neu hinzu kommender Daten anzustreben, sofern dies von den jeweils verwendeten Prozeduren erlaubt wird. Der Forderung nach der unmittelbaren Nutzung neuer Daten kommt besondere Bedeutung im Hinblick auf die iterative Modellierung zu (vgl. 5.3.4).

5.3.2   *Die Bedeutung der Visualisierung von Modellen*

Abschließender Schritt des gesamten Modellierungsprozesses ist eine vollständige Visualisierung des Modells. Dieser Schritt wird im Regelfall als einer der bedeutendsten innerhalb der baugeologischen Modellbildung angesehen (z. B. SIEHL 1993, KRAAK & MACEACHRAN 1999, VAN DRIEL 1988, EVANS 2003). Der hohe Stellenwert, der dem beigemessen wird, liegt darin begründet, dass erst mit dem visualisierten Modell eine einfache Darstellung und schließlich (wichtiger noch!) eine Kommunikation sowohl der Erkundungsdaten als auch der durch den Anwender in das Modell eingebrachten Vorstellungen ermöglicht wird (so auch GOLD 1980b, ROYLE 1980, STEPHENSON & VANN 2001; vgl. Abb. 5-7).

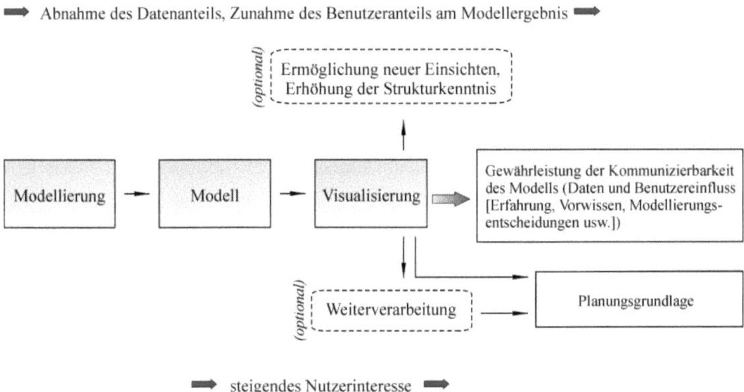

Abb. 5-7: Bedeutung des visualisierten Modells für Kommunizierbarkeit und Weiterverarbeitbarkeit.

Wenngleich hiernach innerhalb des visualisierten Modells eine Trennung zwischen denjenigen Modellanteilen, die auf die Erkundungsdaten zurückzuführen sind, und solchen, die vorrangig auf die vielfältigen Einflüsse des Benutzers zurückzuführen sind, nicht mehr ermöglicht wird, so wird das visualisierte Modell doch zum wichtigsten oder gar alleinigen Diskussionsgegenstand der an der Planung Beteiligten. Demgegenüber verlieren die ursprünglichen Eingangsdaten zunehmend an Bedeutung und werden nur noch selten, beispielsweise zur Überprüfung modellierter Details herangezogen.

Eine anders geartete Weitergabe der benutzereigenen Kenntnisse (Vorwissen, geologischer Sachverstand, Erfahrung u. ä., vgl. Abs. 4.5.3) ist oftmals nicht denkbar, da dieses Wissen beim Modellkonstrukteur nur in qualitativer Form vorliegt und erst mit dem visualisierten Modell ein Ausdrucksmittel findet, das aber zwangsläufig mit einem Versuch der Quantifizierung einhergeht. Die Visualisierung eines geologischen Modells erweist sich mithin besonders dann als nützlich, wenn sie eben diese zusätzlichen Informationen zu vermitteln vermag und nicht nur das Offensichtliche darstellt (PRISSANG 2003).

Im Fall einer hohen Komplexität des Modellierungsgegenstandes dient eine Visualisierung des Modells zusätzlich nicht nur der Veranschaulichung der Strukturen als Ergebnis räumlicher oder raumzeitlicher Prozesse, sondern auch der Ermöglichung neuer Einsichten, wie sie erst durch zwangsläufig notwendige Abstraktionen und Generalisierungen innerhalb der Modellierung erreicht wird (vgl. Abs. 4.5.5). Aufgabe des Modells ist es damit auch, das Interesse des Nutzers am Untersuchungsgegenstand zu fördern (BRENNING, BOLCH, SCHRÖDER 2004).

Liegen die visualisierten Modelle nicht ausschließlich in analoger Form (Karte, 3D-Ansicht, Ausdruck usw.) vor, sondern digital in Form von Dateien, wird überdies eine

Weiterverarbeitung ermöglicht, die sowohl die Vorhersage einer Schichtenfolge an beliebiger Stelle, die Ableitung von Profilen, die Selektion einzelner Schichten, ausgewählte Detaildarstellungen (SOBISCH & BOMBIEN 2003), aber auch die Nutzung dieser einfachen Modelle in komplexeren Modellierungen erlaubt. Ursprünglich statische Modelle können damit zum Hilfsmittel der Untersuchung von solchen Prozessen werden, die als Teil der Baugrund-Bauwerk-Wechselwirkung aufzufassen sind (hierzu Abs. 5.3.3).

Hinzuweisen ist abschließend auf die mit dem zunehmenden Einsatz von Visualisierungssystemen relevant werdende Gefahr, dass denjenigen Modellen mehr Aussagekraft und Realitätsnähe zugesprochen wird, die besonders komplex sind (Abs. 4.7) oder sich allein bereits durch grafisch besonders ansprechende Eigenschaften auszeichnen. Insbesondere gilt, dass mit qualitativ höherwertigen Visualisierungen Modelle von einer größeren Nutzergruppe verwendet und von dieser eher für die Realität gehalten werden können (ROSENBAUM & TURNER 2003c, PRISSANG 2003). Dieser Form eines Trugschlusses kann nicht nur der spätere Nutzer des Modells, sondern auch der Anwender der Modellierungsmethoden unterliegen. Ein besonderes Hauptaugenmerk auf die Visualisierung darf folglich nicht dazu führen, dass bei der Modellierung Informationen verloren gehen, verdeckt werden (EVANS 2003) oder durch zu viel Dekoration nicht mehr kenntlich sind (z. B JOURNEL 1992). Es bestünde dann die Gefahr, dass das Modell nur noch nach dem äußeren Erscheinungsbild beurteilt wird und nicht mehr nach den Methoden, mit denen es zu Stande gekommen sind (PRISSANG 2003, DE MULDER & KOOIJMAN 2003). Möglichkeiten und Einsatz computergestützter Systeme werden in dieser Hinsicht derzeit deutlich kritischer betrachtet als von früheren Autoren, wie etwa von HOULDING (1994), RAPER (1989) oder KELK (1991).

5.3.3   *Modelltypen und Einsatz geostatistischer Methodik*

In Abhängigkeit von Zweck, Umfang und Art der Baugrunderkundung können mit einer Modellierung der erhobenen Daten unterschiedliche Ziele verfolgt werden. Greift man hierfür auf rechnerische Verfahren zurück, ergeben sich mögliche Verknüpfungen zwischen verschiedenen Modelltypen.

Oberstes Ziel ist dabei zunächst die Präsentation der Ergebnisse der Erkundung und der Vorstellungen des Modellierers über den baugeologischen Untergrund sowie die Schätzung lokaler Werte. In Bezug auf die verwendeten Daten können hier geometrische Modelle von Kennwertmodellen klar getrennt werden (vgl. Abb. 5-9): Geometrische Modelle ergeben sich dabei aus den Grenzen der Geokörper (Schichten, Sedimentkörper, Homogenbereiche u. ä.) oder aus ihrer Mächtigkeit. Sie stellen daher ausnahmslos zweidimensionale Modelle dar, denen lediglich durch ihre besondere Form der Darstellung räumliche Eigenschaften aufgeprägt werden, d. h. die Oberfläche der Körper erkennen lassen (2,5D-Modelle; *„flying carpets"*; Fußnote 12, S. 98, vgl. z. B. VINKEN 1988); auch Stapelungen mehrerer solcher Oberflächenmodelle stellen lediglich 2,5D-Modelle dar.

Kennwertmodelle haben dagegen die Behandlung der Werte bodenphysikalischer Größen (Wassergehalt, Dichte usw.) und aus ihnen abgeleiteter Parameter (Steifemodul, Kohäsion usw.) zum Ziel. Es handelt es sich folglich um Parameter, die einer dreidimensionalen Abhängigkeit unterliegen. Diese „Eigenschaftsmodelle" (z. B. PRISSANG, SPYRIDONOS &

FRENTRUP 1999) verlangen die Diskretisierung der geologischen Körper in Zellen, innerhalb derer eine Homogenität der Eigenschaften angenommen werden kann. Geostatistische Verfahren sind sowohl bei geologisch-geometrischen als auch bei Kennwertmodellen zur Interpolation und damit zur Vorhersage an unbeprobten Bereichen einsetzbar. Mit ihnen lassen sich lokale Werte vorhersagen und globale Streuungen ermitteln.

Grundsätzlich besteht die Möglichkeit, beliebige skalare Größen geostatistisch zu behandeln; Einschränkungen bestehen lediglich durch die notwendige Anzahl der zu verwendenden Werte des interessierenden Parameters. Die erforderliche Mindestanzahl ergibt sich jedoch nicht unmittelbar aus der Art der eingesetzten geostatistischen Verfahren. Vielmehr kann sie nur aus der natürlichen Variabilität dieses Parameters unter Berücksichtigung der Erkundungsdichte und der Größe des Untersuchungsgebietes abgeschätzt werden.

Die geostatistische Behandlung dreidimensional variierender Parameter unterscheidet sich dabei nicht wesentlich von der Behandlung zweidimensional variierender Parameter; eine geringfügig modifizierte Vorgehensweise ist lediglich bei der Definition der Toleranzkriterien zur Bildung von Punktepaaren (vgl. Abs. 3.5.2, 8.4.1.1) sowie bei der Definition des Suchbereiches für die Schätzung notwendig (vgl. Abs. 3.5.2, 8.4.2.2). Im erstgenannten Teilschritt ist eine Erweiterung auf Toleranzbereiche mit kugelsektor- oder kugelschalensektorförmiger Geometrie, im letztgenannten Teilschritt eine Erweiterung vom elliptischen auf einen ellipsoidalen Suchbereich erforderlich. In beiden Fällen, d. h. bei den Toleranzkriterien und beim Suchbereich der Schätzung, ergeben sich die geometrischen Formen allein aus der Projektion des entsprechenden zweidimensionalen Konstrukts (vgl. Abb. 8-13a); die Toleranzbereiche und der Suchbereich ergeben sich stets als dreidimensionale Analoga zu den entsprechenden zweidimensionalen geometrischen Figuren.

Eine dreidimensionale Variographie ist trotz entsprechend gewählter Toleranzbereiche kaum möglich. Im Regelfall wird auch die „dreidimensionale" Variographie hierfür zunächst innerhalb der horizontalen Ebene vorgenommen werden. Von einer zweidimensionalen Variographie unterscheidet sich diese lediglich dadurch, dass zusätzlich zur horizontalen auch eine vertikale Winkeltoleranz zu definieren ist. Analog wird bei der in der vertikalen Ebene durchzuführenden Variographie verfahren.

Der erhöhte rechnerische Aufwand im Zuge dreidimensionaler Betrachtungen macht sich für den Anwender jedoch kaum bemerkbar, da der Rechenprozess durch die Modellierungssoftware gesteuert wird. Zur Erstellung solcher dreidimensionalen geostatistischen Modelle ist allerdings eine entsprechende Funktionalität vorauszusetzen.

Trotz des höheren rechnerischen Aufwands bei der Erstellung dreidimensionaler Kennwertmodelle gestaltet sich die Erzeugung zweidimensionaler, d. h. geologisch-geometrischer Modelle meist schwieriger. Die Ursachen hierfür sind vielfältig:

[1]   Erst durch Stapelung mehrerer solcher zweidimensionalen geologisch-geometrischen Modelle wird eine raumfüllende und damit scheinbar dreidimensionale Darstellung erreicht. Dies erfordert einen hohen Aufwand bereits bei der Interpretation der Eingangsdaten im Hinblick auf die Rangfolgenproblematik (vgl. Abs. 5.2.4), die Nullmächtigkeiten sowie ggf. auf die Abgrenzung eines Wirkbereiches (vgl. Abs. 8.2).

Diese Teilschritte bedürfen zahlreicher Eingriffe des Anwenders; eine automatisierte Ausführung dieser Teilschritte durch die Modellierungssoftware ist nicht möglich.

[2]   Die Notwendigkeit der späteren Stapelung von Oberflächenmodellen zu einem Gesamtmodell macht die Einführung zusätzlicher Qualitätskriterien erforderlich. Hierzu gehören besonders bei geologisch-geometrischen Modellen die chronologische Korrektheit der Lagebeziehungen im Modell und die Gewährleistung der Überschneidungsfreiheit (Abs. 6.5.2).

[3]   Zusätzlich ist bei gefalteten oder gestörten Schichten die Rückrotation des Koordinatensystems erforderlich, um die für die Variographie maßgebliche Richtung der Schrittweite h zutreffend bestimmen zu können (vgl. Abs. 6.5.3). Diese Vorgehensweise ist für geotechnische Parameter nicht zwangsläufig erforderlich, wenn bspw. solche Parameter verwendet werden, von denen angenommen werden darf, dass ihre natürliche Variabilität weitgehend auf Prozesse zurückzuführen ist, die nach der Faltung bzw. nach Auftreten der Störungen gewirkt haben. Eine Rückrotation kann dann entfallen, wenn die Variabilität dieser Parameter nur unmaßgeblich vom Schichtenverlauf bestimmt wird.

[4]   In ähnlicher Weise wird bei zweidimensionalen, geologisch-geometrischen Modellen oftmals eine Homogenbereichsabgrenzung in der Lateralen notwendig sein. Eine Homogenbereichsabgrenzung ist demgegenüber bei dreidimensionalen Kennwertmodellen nicht zwangsläufig notwendig, wenn die räumliche Werteverteilung zwischen aneinander angrenzenden Geokörpern (im Regelfall Schichten) kontinuierlich variiert bzw. die Variabilität zwischen verschiedenen Geokörpern nicht größer ist als die innerhalb eines Geokörpers. Geotechnische Parameter zeigen oft solche diffusen bzw. graduellen Übergänge zwischen verschiedenen Geokörpern, während die Grenzen der Geokörper i. d. R. klar definiert werden, um damit erst deren Verwendbarkeit als Eingangsdaten für die Modellierung gewährleisten zu können.

[5]   Aufgrund dieser klaren und eindeutigen Definition von Schichtgrenzen ist die Realitätsnähe geologisch-geometrischer Modelle, die Schichtmächtigkeiten oder Grenzflächen darstellen, wesentlich einfacher und unkomplizierter zu überprüfen, als dies für bodenphysikalische Parameter der Fall ist, die durch Kennwertmodelle veranschaulicht werden. Im Zuge eines Baugrubenaushubs oder der Herstellung von Baugrubenverbauten wird man bspw. die modellierte Schichtenabfolge deutlich einfacher verifizieren können; in der Regel erfolgt hier ohnehin die Prüfung lediglich der modellierten geometrischen Baugrundeigenschaften, nicht auch der geotechnischen Charakteristika. Um einer späteren und hier deutlich leichter möglichen Ablehnung geologisch-geometrischer Modelle entgegenzuwirken, ist bei ihrer Erstellung folglich ein erhöhter Aufwand erforderlich.

[6]   In Abhängigkeit von der Zielstellung der Modellierung oder bei besonderer Datenknappheit können Modelle geotechnischer Parameter auch auf weniger als drei Dimensionen beschränkt werden (1D: Sondierungen, z. B. Spitzendruck, Abb. 5-8a; 2D: horizontale Teufenschnitte, Abb. 5-8b, oder vertikale Profilschnitte, Abb. 5-8c).

In diesen Fällen vereinfacht sich der Modellierungsprozess nochmals durch Wegfall des Erfordernisses der Berücksichtigung der räumlichen Variation. Geologisch-geometrische Modelle sind dagegen immer zweidimensionale Modelle, die nach der Darstellung als Oberflächenmodell auch als 2,5D-Modell bezeichnet werden.

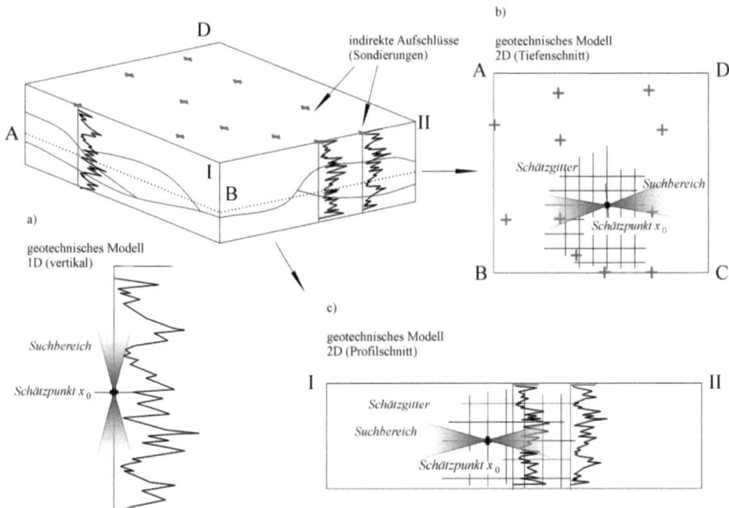

Abb. 5-8: Arten von Kennwertmodellen mit $D < 3$; a): 1D-Modell (Sondierungen); b): 2D-Modell (Tiefenschnitt), c): 2D-Modell (Profilschnitt).

Eine Kopplung beider Modellvarianten, in der den modellierten Körpern räumlich streuende physikalische Eigenschaften zugewiesen werden, führt zu geotechnischen Modellen (Abb. 5-9). In ihnen sind Darstellungen sowohl geometrischer als auch geotechnischer Charakteristika verwirklicht. Die Schwierigkeit einer solchen Modellierung besteht in der Kombination beider Datensätze unter Berücksichtigung des geologischen Vorwissens und modellinterner Restriktionen. Darüber hinaus ist eine Visualisierung dieses Modelltyps ausgesprochen schwierig und wird daher meistens auf ausgewählte Teilaspekte beschränkt bleiben müssen (z. B. Bodenklassen, NIX et al. 2009). Im Regelfall gilt dabei, dass hierfür oft die Entwicklung neuartiger Programmmodule zur Verknüpfung mit Fachdatenbanken, zur Auswertung und Darstellung erforderlich ist (vgl. HINZE, SOBISCH & VOSS 1998, SZYMANSKI 1999). Vom Ziel einer vollständigen und echt räumlichen Repräsentation der Körper und ihrer Eigenschaften ist man daher noch weit entfernt (so bereits VOSS 1988, BONHAM-CARTER & BROOME 1998 und erneut EVANS 2003, ELFERS et al. 2004).

Obgleich die bislang besprochenen Modelltypen primär der Darstellung des (angenommenen) Ist-Zustandes dienen, kann aus ihrer Erstellung dennoch ein zusätzlicher Nutzen erwachsen. Darauf wurde bereits in den Abs. 4.5 und 4.6 hingewiesen. Diese Möglichkeit liegt jedoch nicht im unmittelbaren Vermögen des Modellierungsverfahrens, sondern gründet sich ausschließlich auf den kognitiven Fähigkeiten des Anwenders. So kann dieser beispielsweise aus den Darstellungen räumliche Zusammenhänge erfassen, die anhand einer bloßen Sichtung der Eingangsdaten nicht zu erkennen wären. Auch können durch die Darstellungen Gemeinsamkeiten zu anderen Lokationen aufgedeckt und so etwaige bereits vorliegende Erfahrungen nutzbar gemacht werden. Ein solches Modell dient damit vornehmlich dem Ziel der Interessensherausbildung beim Anwender.

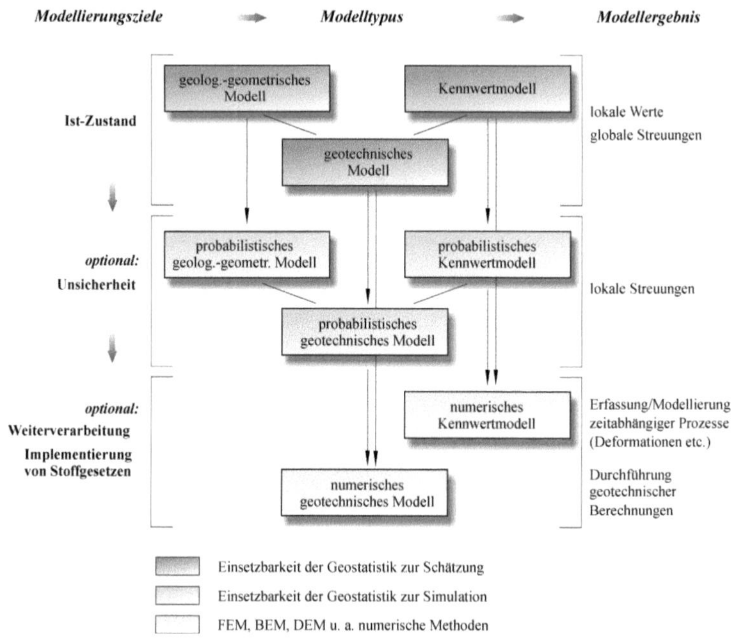

Abb. 5-9: Modelltypen und Einsatzmöglichkeiten der geostatistischen Methodik.

In einem zweiten Modellierungsschritt, dessen Anspruch deutlich über dem von Darstellung und Interpolation liegt, könnte durch Anwendung probabilistischer Methoden eine Ermittlung derjenigen Unsicherheit angestrebt werden, mit der die vorausgegangene Interpolation behaftet ist und die folglich im visualisierten Modell verbleibt (Abb. 5-9). Geostatistische Simulationsverfahren können hierfür eingesetzt werden, um auch die lokale Streuung zu erfassen und damit Schätzfehler vorherzusagen (ARMSTRONG & DOWD 1994, BURGER 1986, JOURNEL 1980, DESBARATS 1996 u. a. m.). Die Erfahrung zeigt, dass diese – wenngleich auch aufwändigere Vorgehensweise – ein deutlich besseres Modellkriterium darstellt als die Kriging-Varianz (z. B. MENZ & WÄLDER 2000b, vgl. Abs. 7.4.2). Denkbar erscheint dieses Vorgehen sowohl bei geometrischen als auch bei Kennwertmodellen, die auch zu einem probabilistischen geotechnischen Modell zusammengeführt werden könnten. Eine Ableitung eines solchen Modells direkt aus dem geologischen Modell erscheint ebenfalls möglich, wenngleich auch komplizierter. SCHÖNHARDT (2005) umgeht diese Schwierigkeiten, indem er der deterministischen Zuweisung von Schichtgliedern zu Homogenbereichen die Zuordnung der streuenden Eigenschaften durch probabilistische Ansätze folgen lässt.

Eine optionale Weiterentwicklung der Ausgangsmodelle zu numerischen Modellen erscheint ebenfalls möglich (Abb. 5-9). Einer problemangepassten Methodik in den vorangegangenen Modellierungsschritten kommt mithin besonders dann Bedeutung zu, wenn das Modell zur Definition der Randbedingungen für kinematische und dynamische Prozesse herangezogen und damit Basis für die Weiterverarbeitung sein soll (KUNSTMANN & KINZELBACH 1998, SIEHL 1993, CARRERA *et al.* 2005, SCHAFMEISTER 1998). Diese numerischen Modelle können unter Ausnutzung der Kenntnis physikalischer Mechanismen (EINSTEIN & BAECHER 1992) durch Implementierung von Stoffgesetzen z. B. auch die Erfassung zeitabhängiger Prozesse und die Durchführung geotechnischer Berechnungen erlauben. Damit können anthropogene Eingriffe in den geologischen Untergrund simuliert und Baugrund-Bauwerk-Interaktionen abgeschätzt werden. Beispiele für einen erfolgreichen Einsatz numerischer geologischer Modelle finden sich bei RENGERS *et al.* (2002), KAALBERG, HAASNOOT & NETZEL (2003) und OZMUTLU & HACK (2003).

5.3.4 *Das Konzept der iterativen Modellierung*

Im Gegensatz zu dem in Abs. 5.3.1 beschriebenen Ablauf einer Baugrundmodellierung folgt eine projektspezifische Untergrunderkundung und -modellierung meist nicht dem Typus dieses hier nur als Idealstruktur aufzufassenden Konzepts. Insbesondere wird man es in der ingenieurgeologischen Praxis eher mit nichtlinearen Abläufen zu tun haben, in deren späteren Phasen Rückgriffe auf die Zwischenergebnisse bereits abgeschlossener Phasen erfolgen müssen. Diese Vorgehensweise erlaubt es, das Problem besser zu definieren und die angebotenen Lösungen zu verfeinern (z. B. BATTY 1993, BAECHER 1972). Auch wird es erst damit möglich, im Zuge der jüngeren Schritte der Erkundung erfasste Daten dem Modell hinzuzufügen und bei jedem Datenstand stets begründbare Entscheidungen über die Ansatzpunkte zukünftiger Erkundungen zu treffen oder sogar Modifikationen des Planungsprozesses vorzunehmen. Diese selbst in späteren Stufen der Erkundung und bei hohem Datenumfang noch notwendigen Entscheidungen können sogar einen Rückgriff auf früheste Informationen erfordern und schließlich sogar die Formulierung der Aufgabenstellung für das Projekt tangieren, wenn beispielsweise durch das Auftreten bislang für unwahrscheinlich gehaltener Untergrundphänomene eine grundsätzlich andere Konstruktionsweise oder die Ermittlung bisher nicht relevant erscheinender geotechnischer Eigenschaften notwendig wird.

Vor diesem Hintergrund und mit Blick auf die in Abs. 4.5.3 erläuterten Grundsätze der Modellbildung kann der geowissenschaftliche Erkenntniserwerb nur als Ergebnis eines iterativen Prozesses (SKALA & PRISSANG 1998) verstanden werden, in dem erst das „Wechselspiel zwischen Beobachtungen und Hypothesen" und der ständige – zwangsläufig durch den Anwender selbst durchzuführende – Vergleich von prognostizierten und angetroffenen Verhältnissen sukzessive zu einer immer genaueren modellmäßigen Erfassung der Realität führt (so auch FOGG 1990, ANDRIENKO & ANDRIENKO 2006). Eine solche Modellierung ist als ein Sonderfall einer *realen* Modellierung (Abb. 4-6) zu begreifen, die bei der gegebenen Unkenntnis der kausalen genetischen Zusammenhänge eine möglichst gute Beschreibung der natürlichen Struktur zu erzielen beabsichtigt. Sie stützt sich hier ausschließlich auf die Erfassung von Daten und deren Bewertung.

Bezüglich dieses Konzeptes sprechen SKALA & PRISSANG (1999) daher von der „Erkenntnisspirale" sich gegenseitig abwechselnder Schlussfolgerungen aus *Deduktion* und *Induktion* (vgl. Abb. 5-10): Die Induktion stellt dabei die sich durch die ständig zunehmende Informationslage verbessernde Erfassung der Wirklichkeit dar; sie gestattet fortlaufend bessere Verallgemeinerungen über die unbekannte Grundgesamtheit innerhalb des Untersuchungsgebietes. Die Deduktion ist hierbei die Prognose auf bislang unbeprobte Bereiche oder die Ableitung von Hypothesen über die Entstehungsgeschichte. Das Modell wird daher nur so lange Bestand haben, so lange die neue Informationslage dieses nicht falsifiziert (WEDEKIND *et al.* 1998). Folglich sind eine ständige Aktualisierung und Überprüfung des Modells unabdingbare Voraussetzungen einer Annäherung des Modells an die reale Welt (vgl. Abs. 4.5.3). Anders, als dies bei einem linearen Ablauf der Fall ist, muss bei einer iterativen Modellierung der Anwender an vielen Stellen in den Modellierungsprozess eingreifen und durch seine Entscheidungen den weiteren Fortgang beeinflussen. Dies gilt zunächst unabhängig davon, welche Modellierungsverfahren eingesetzt werden sollen.

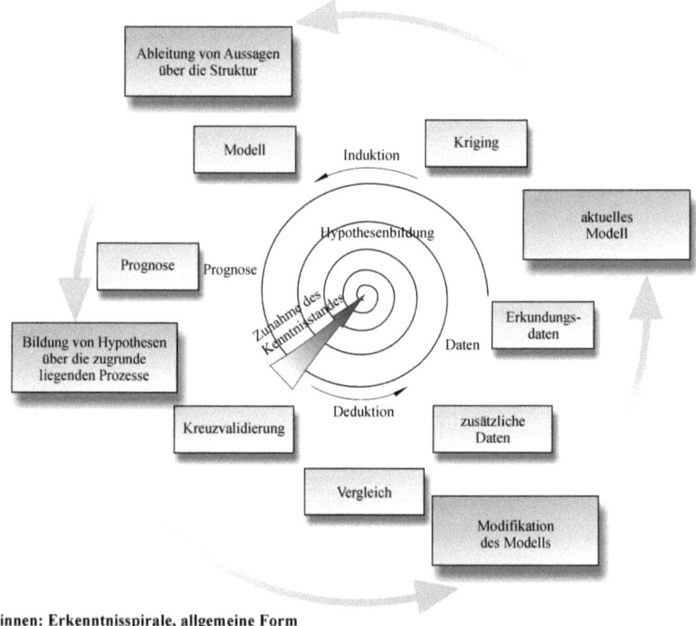

innen: Erkenntnisspirale, allgemeine Form

mittlerer Ring: Zeitebene „Projekt"

äußerer Ring: Zeitebene „Gesamtwissen Geologie"

Abb. 5-10: Konzept der iterativen Modellierung. Innen: Erkenntnisspirale, allgemeine Form, in Anlehnung an SKALA & PRISSANG (1999); Mitte: Darstellung auf der Projektebene bei Anwendung geostatistischer Modellierungsmethoden; außen: Darstellung auf der übergeordneten Ebene des gesamtwissenschaftlichen Erfahrungsschatzes.

Im Zuge einer solchen iterativen Modellierung erlangt der Anwender einen stetigen Erkenntniszuwachs über das Untersuchungsobjekt, d. h., er kann seine Vorstellungen über den geologischen Untergrund laufend verbessern, die weitere Modellierung diesen Kenntnissen anpassen und schließlich damit sowohl den Prozess als auch das Ergebnis der Modellierung optimieren (Abb. 5-10). Dieser Prozess ist nie ganz abgeschlossen (SKALA & PRISSANG 1999), sondern kann im Laufe von Datenanalyse und Modellierung durch stetige Wiederholung und Anpassung von Frageformulierung, Auswahl und Anwendung der Analysemethoden sowie Auswertung und Interpretation der Ergebnisse mehrmals ablaufen (ANDRIENKO & ANDRIENKO 2006). Je nach Art, Umfang und Größe der Abweichungen sind dann weitere Induktions-Deduktions-Zyklen, die Integration neuerer Daten oder gar zusätzlich die Entwicklung einer vollständig neuen Theorie notwendig (DESPOTAKIS, GIAOUTZI & NIJKAMP 1993, FOGG 1990). Dieser Prozess wird jedoch dann abgebrochen, wenn a) ein für bestimmte Maßnahmen ausreichender Erkenntnisstand erreicht ist, b) unabhängig von der Gültigkeit des Modells dessen Eignung für den Modellzweck nachgewiesen werden konnte oder c) der Zuwachs an neuen Kenntnissen im Zuge der Erkundung zu gering ist und diese selbst damit ineffizient wird.

Geologische Modelle können unter diesem Blickwinkel auch als eine spezifische Form der Hypothesengenerierung aufgefasst werden (HILBORN & MANGEL 1997); über diesen Aspekt der Modellnutzung ist bereits ausführlich in Abs. 4.5.4 gesprochen worden. Auf diese duale Rolle des Modells als Resultat der Untersuchungen einerseits und als Ausgangsgegenstand sich anschließender Analysen andererseits verweisen auch ANDRIENKO & ANDRIENKO (2006, vgl. dort Fig. 4.1), ANSELIN & GETIS (1992) und HUTCHISON (1975).

Angewendet auf die ingenieurgeologische Praxis, bedeutet dies, dass bereits bei der Sichtung vorhandener Unterlagen, durch Geländebegehungen und deren Wertung durch den Anwender erste Modellvorstellungen über den lokalen Baugrund entwickelt werden. Diese zunächst sehr geringen und unscharfen Informationen genügen jedoch zur Planung einer Vorerkundung, auf deren Basis ein vorläufiges Modell erstellt werden kann. Diese Informationen wiederum können zur Planung der Haupterkundung herangezogen werden und zu einem umfassenderen Baugrundmodell führen (BURTON, ROSENBAUM & STEVENS 2002: „*model refinement*"), das Abweichungen vom ursprünglichen Modellansatz aufweisen oder seltener gar eine völlige Abkehr von den bisherigen Modellvorstellungen erforderlich machen kann. Häufiger handelt es sich vielmehr um Modellverfeinerungen durch den Geologen unter Zuhilfenahme seiner Vorstellungen über die erdgeschichtliche Entwicklung der Struktur oder des Prozesses („geologischer Sachverstand", vgl. Abs. 4.5.3) oder um leichte Modifikationen des aktuellen Modells durch neu hinzukommende Daten. Für den Anwendungsbereich des Bergbaus hat sich unter dem Begriff der „operativen Gehaltsmodellierung" bereits eine Arbeitsrichtung etabliert, die sich die entsprechenden Eigenschaften der Geostatistik zu Nutze macht (vgl. besonders PRISSANG *et al.* 1996, WEBER & PRISSANG 1996).

Obschon von geringerer Bedeutung für das Modell, dienen dem gleichen Zweck auch die ständige Beobachtung des Baufortschritts und das Erkennen, Beobachten und Deuten der auftretenden Baugrund-Bauwerk-Interaktionen (etwa durch baubegleitende Messungen, SCHWAB & EDELMANN 2001) sowie die Verhaltenskontrolle in der Betriebsphase (z. B. REIK &

VARDAR 1999). Beides sind notwendige Mittel der Überprüfung der Modellvorstellungen und der für die Berechnungen berücksichtigten Versagensmechanismen. Die Zulässigkeit eines solchen „*model updating*" (z. B. GUTJAHR 1992) spielt in den angewandten Geowissenschaften eine zentrale Rolle bei geologischer Modellierung und Prognose (EINSTEIN & BAECHER 1992) und hat sich bereits früh unter dem Begriff der Beobachtungsmethode (soweit es die Bauphase und die Nutzungsphase betrifft) in der Praxis etabliert („*observational approach*", vgl. CASAGRANDE 1965, PECK 1969, ASAOKA 1978). Während das Erkennen und Beobachten der Baugrund-Bauwerk-Wechselwirkungen auch weitgehend automatisiert ablaufen können und sich der Einfluss des Anwenders hier als sehr gering darstellt und im Wesentlichen nur die Auswahl der als geeignet erkannten Messmittel und -methoden umfasst, sind Deutung und Interpretation der erhobenen Daten ohne den Anwender nicht sinnvoll durchzuführen und daher einer vollständigen Automatisierung nicht zugänglich. An dieser Stelle liegt es in der Verantwortung des Anwenders, die Interpretation unter Berücksichtigung der eigenen und der an anderen Lokationen gemachten Erfahrungen vorzunehmen und diese schließlich auf geeignete Weise in das Modell zu implementieren und damit zu einer Verfeinerung der Modellvorstellungen beizutragen.

Findet eine solche iterative Modellierung Anwendung, so besteht ein vielfältiger Benutzereinfluss bei der Durchführung der Iterationen wie auch bei der Definition des Abbruchkriteriums. Insbesondere ist eine bewusste benutzerseitige Steuerung erforderlich bei der Auswertung der schrittweise erzielten Modellergebnisse, deren Interpretation, der Bewertung des mit jedem einzelnen Zyklus erzielten Wissenszuwachses sowie durch Festlegung von Handlungszielen und deren laufende Anpassung. Letztere können etwa die Auswahl zukünftiger Erkundungsverfahren und ihrer Ansatzpunkte (vgl. Abb. 5-4), die Art der Integration neuer Erkundungsergebnisse in die Modellierung, eine etwaige Umorientierung bei der Wahl der Modellierungsverfahren oder -optionen aufgrund erweiterter Datenbasis u. ä. betreffen. Nur durch diese Entscheidungen kann eine Einengung der Lösungsmöglichkeiten und eine Annäherung des Modells an die wahren Gegebenheiten erwartet werden. Werden nach Abschluss der Modellierung mehrere Modelle als gleichwahrscheinlich oder als gleichgeeignet angesehen, so wird die rationale Entscheidung für das Modell durch die Präferenzen des Benutzer beeinflusst, der sich hier abermals an seiner Erfahrung oder an nicht in den Modellen enthaltenden projektspezifischen Informationen orientieren muss.

Bezieht man die Idee der Erkenntnisspirale auf den geostatistischen Modellierungsprozess (Abb. 5-10), so lassen sich zwei interessante Möglichkeiten ableiten, die durchzuführenden Iterationen gewinnbringend für eine effektive Modellierung einzusetzen. Dabei kann sich der Begriff der Iteration hier auf die stetige Integration einer jeden Einzelbohrung in den Datensatz und anschließender Modellierung oder auf die gleichzeitige Auswahl mehrerer Ansatzpunkte beziehen:

1.: Iterationen sind möglich durch die am Schluss des geostatistischen Prozesses stehende Kreuzvalidierung. Diese stellt zunächst nur einen Indikator für die Qualität des Modells dar (vgl. Abs. 7.5), kann aber auch Hinweise auf eine insgesamt zu geringe Datenmenge, Flächen zu geringer Datendichte oder mögliche Subpopulationen geben, die dann separat zu erfassen wären. Aus den letztgenannten drei Ansätzen lassen sich verschiedene Methoden entwickeln, nachfolgende Erkundungspunkte optimal festzulegen.

2.: Iterationen sind denkbar durch auf vorläufigen Daten basierende Variogramme, deren Eigenschaften (insbes. Anisotropie, d. h. Größe und Orientierung der Anisotropieellipse, vgl. Abs. 3.5.2f.) Rückschlüsse auf die für diese Struktur verantwortlichen geologischen Prozesse erlauben. Anhand dieser Kenntnisse könnten zukünftige Schritte der Erkundung besser geplant werden, beispielsweise durch Aufstellung eines Rechteckrasters und dessen Orientierung in Längsrichtung der Anisotropieellipse (vgl. aber Abb. 5-4a). Die an diesen Knotenpunkten ermittelten Daten können dann ebenfalls in die nun verbesserte Variographie einfließen.

Obschon vorteilhaft einzusetzen (z. B. JOURNEL 1973), ist bekannt, dass die Nutzung von Iterationen, wie sie in 1. und in 2. beschrieben worden sind, auch zu grundsätzlich falschen Modellen oder zu Modellen führen kann, die Artefakte des Modellierungsprozesses aufweisen können. Dies gilt besonders dann, wenn dem Einsatz vollautomatischer Modellierungsverfahren der Vorzug gegeben wird oder durch den Anwender ungeeignete Modellierungsverfahren gewählt werden. Im Folgenden soll dies in Abb. 5-11a anhand zweier praxisnaher Fälle demonstriert werden, wobei allein bereits die Verteilung der Aufschlusspunkte zu falschen Schlussfolgerungen führen kann. In den Beispielen 1 und 2 ist oben jeweils die wahre unbekannte räumliche Verteilung eines geologischen Parameters dargestellt, bspw. die Tiefenlage einer geologischen Schichtgrenze, deren Wert nur an den gekennzeichneten Lokationen bekannt sei. Im mittleren Teil der Abbildung sind durch den Benutzer erstellte, auf den Eingangsdaten basierende Variogramme dargestellt, unten das vollständige Modell, das in beiden Fällen erhebliche Abweichungen von der Realität aufzeigt.

Beispiel 1 zeigt Aufschlüsse, die im Durchschnitt gleich weit voneinander entfernt sind. Tendenziell, d. h. unter Vernachlässigung anderer Effekte, führen solche Punktkonfigurationen zu Lochvariogrammen, die stets als Indikator für periodische Schwankungen des untersuchten Parameters aufzufassen wären (Bsp. in CHILÈS & DELFINER 1999, WEBSTER & OLIVER 2001 u. a., vgl. Abb. 3-7d). Hier jedoch ist das Variogramm ausschließlich ein Artefakt der projektspezifischen Anordnung der Erkundungspunkte. Aufgrund dieses Modells gelangt der Anwender über die Interpolation daher zu einer fehlerhaften Vorstellung über die Schichtgrenze, in der sich die vorher über das Variogramm bestimmten periodischen Schwankungen ausprägen. Eine hiernach geplante neue Erkundungskampagne, bei der man im Allgemeinen besonders an den lokalen Maxima und Minima interessiert sein wird (vgl. Abs. 5.2.3), wird diesen Effekt noch verstärken. Mit jeder weiteren Erkundungsstufe führt eine solche Vorgehensweise zu deutlicheren periodischen Variogrammen, da Nebeneffekte immer weiter in den Hintergrund treten, und damit zu Modellen, die sich immer weiter von der Realität entfernen.

Beispiel 2 zeigt Aufschlüsse, die in einem Rechteckraster angeordnet sind. Vernachlässigt man auch hier Nebeneinflüsse, führen solche Erkundungskonfigurationen in Abhängigkeit von den Toleranzkriterien neben erratischen (ARMSTRONG 1984a) besonders häufig zu anisotropen Variogrammen (vgl. JOURNEL & HUIJBREGTS 1978). Diese sind hier jedoch nicht etwa Zeugnis eines gerichteten, also anisotropen geologischen Prozesses, in Abb. 5-11a bspw. einer fluviatilen Schüttung in N-S-Richtung, sondern einzig und allein ein Resultat des Modellierungsprozesses. Obgleich ein solches Variogrammmodell rechnerisch richtig erstellt worden sein mag und durch Hinweise des Anwenders auf die statistisch gute Anpassung der Variogrammfunktion eine vermeintlich hinreichende Begründung erfahren kann (vgl. Diskussion in Abs. 5.4.3), muss ein solches Modellergebnis doch als falsch zurückgewiesen werden. Stützen sich anderenfalls zukünftige Erkundungsstufen allein auf dieses falsche Modell und werden zukünftige Ansatzpunkte nach der abgeschätzten Reichweite festgelegt, führt eine solche Vorgehensweise zu einer deutlicheren Ausprägung der Anisotropie und in der Folge zu Modellen, die eine nochmals größere Abweichung von der Realität aufweisen.

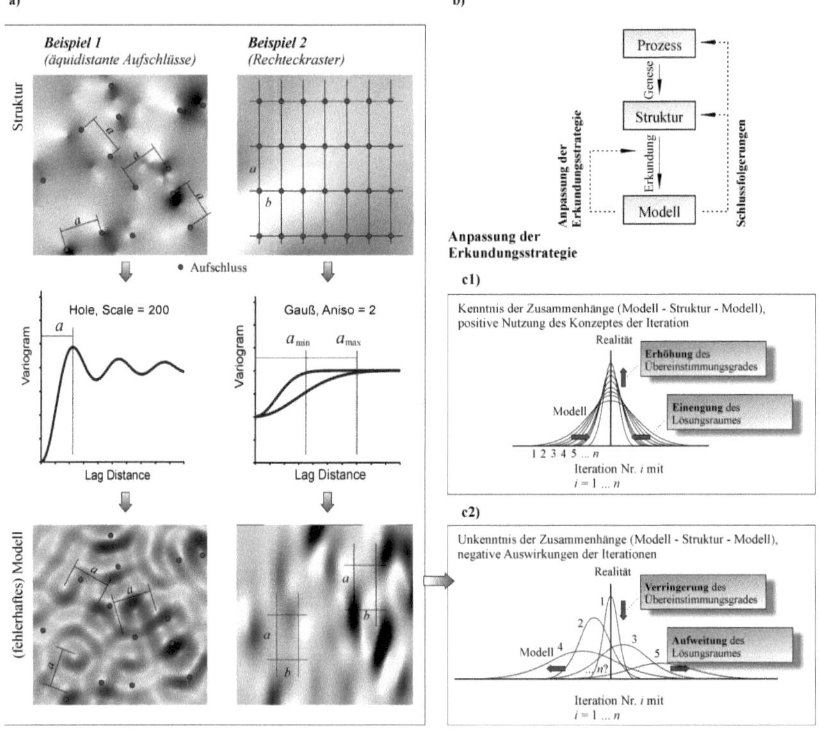

Abb. 5-11: Beispiele negativer Auswirkungen von Iterationen im Zuge geostatistischer Modellierungen (schematisch); a) Beispiele typischer Aufschlussverteilungen, Bsp. 1: äquidistante Aufschlüsse, Bsp. 2: Anordnung der Aufschlüsse im Rechteckraster; b): Möglichkeiten der Schlussfolgerung von den Modellergebnissen auf die zugrunde liegende Struktur oder den geologisch-genetischen Prozess sowie Optimierung der Erkundungsstrategie; c): potenzielle Auswirkungen des iterativen Modellierungsprozesses auf das Modellergebnis.

Die zahlreichen Ansätze zur Ableitung optimaler Mess- und Erkundungsnetze anhand geostatistischer Betrachtungen (z. B. LINDNER 1995, MENZ 1988 u. a.) können daher zwar zur Schaffung eines Beprobungsplanes eingesetzt werden, erlauben aber nicht die wiederholte Anwendung im Rahmen eines iterativen Prozesses. So ist auch zu vermuten, dass über die Rückwärtssteuerung ermittelte Variogrammparameter (z. B. LINDNER, HILLMANN & MENZ 1997) zwar eine stetige Annäherung an das experimentelle Variogramm erlauben, jedoch zu sukzessiv größeren Abweichungen zum unbekannten struktureigenen Variogramm führen können. Iterative Modellierungen unter Nutzung dieser oder ähnlicher Ansätze konvergieren daher nicht notwendigerweise gegen den realen Zustand des Untersuchungsobjektes; sie können vielmehr auch nur lokale Optima erzeugen, die dann als vermeintlicher Hinweis auf ein gültiges Modell interpretiert werden könnten.

Eine optimale Nutzung der iterativen Modellierung, wie sie ausschließlich durch den Anwender durchzuführen wäre, würde dagegen mit jeder Iteration eine sukzessive Annäherung des Modells an die Realität und gleichzeitig eine Einengung des Lösungsraums erzeugen (Abb. 5-11c1). Jeder Wissenszuwachs könnte dann zu einer Optimierung des Modells beitragen. Dieses Ideal ist jedoch nur bei einem hohen Kenntnisstand des Anwenders und einem Wissen über die möglichen Fehlschläge zu erreichen. Hierzu gehört besonders die Kenntnis potenzieller Auswirkungen der Erkundungsplanung auf das Modellergebnis.

Liegen solche Voraussetzungen jedoch nicht vor, führt jede weitere Iteration zu einer Aufweitung des Lösungsraums (Abb. 5-11c2), zu einer potenziell größeren Abweichung von Modell und Realität sowie zu größeren Unterschieden zwischen mehreren Anwendern (ähnlich Abb. 5-16f). Mit einer vollständig manuellen Modellierung dagegen wären solche Modelle ebenfalls nicht zu erwarten; ihrem Entstehen wird hier durch die kognitiven Fähigkeiten des Anwenders entgegengewirkt. Der Nachteil läge dann allerdings darin, Modellentscheidungen nicht auf objektiver Basis rechtfertigen zu können; sie hätten hier lediglich subjektiven Charakter. Diesem Dilemma wird in Abs. 5.4.3 gesondert Rechnung getragen.

Es obliegt daher auch hier allein dem Anwender, von derartigen Zusammenhängen Kenntnis zu haben und mithin zu gewährleisten, dass die erzeugten Modelle primär Ergebnis der Daten sowie seines Vorwissens und nicht allein solche des Modellierungsverfahrens sind. Wie die Wahl der geostatistischen Methodik zur Baugrundmodellierung bietet auch das iterative Konzept lediglich erst die Möglichkeit zu einer Optimierung des Modells und führt nicht automatisch zu dessen Verbesserung. Ihre Anwendung ist damit keine Garantie für ein qualitativ hochwertiges Modell. Ob und in wieweit diese Zusammenhänge tatsächlich zu einer Verbesserung beitragen, hängt vielmehr ausschließlich vom Bearbeiter ab.

Einen bisher nicht genannten Nutzen bietet die iterative Modellierung jedoch, indem auch geologische Kenntnisse erworben werden können, die weit über das projektspezifisch notwendige Wissen hinausgehen, eher allgemeinerer Natur sind und nach Abschluss des Projektes Teil des gesamtwissenschaftlichen Erfahrungsschatzes werden können (vgl. Abb. 5-10). Demnach können auch solche Untersuchungen, die im Vorfeld als projektspezifisch geplant wurden, einen Beitrag zum prinzipiellen Verständnis des geologischen Systems liefern.

5.4   Einsatzmöglichkeiten und Grenzen einzusetzender Geostatistik-Software

5.4.1   *Einsatz und Nutzen von Modellierungssystemen*

Die Charakterisierung des flachen geologischen Untergrundes, der den für die Baugrund-modellierung relevanten Abschnitt darstellt, hat während der letzten Dekade deutlich profitiert von den in dieser Zeit erreichten Fortschritten im Bereich der Modellierungssoftware, die die Entwicklung zunehmend realistischer 3D-Modelle geologischer Systeme und Prozesse be-günstigt (ROSENBAUM & TURNER 2003d). Insbesondere betrifft dies die Leistungsfähigkeit Geographischer Informationssysteme (GIS), den Einsatz moderner Datenbanktechniken und die Verwendung fortgeschrittener Visualisierungsmethoden. Gleichwohl ist eine aufgrund von angestrebter Vereinfachung, leichterer Handhabung und mit Blick auf den avisierten breiteren Einsatz dieser Methoden eigentlich wünschenswerte Vereinheitlichung hinsichtlich Vorgehensweise und Modellierungsablauf nicht zu verzeichnen. Vielmehr bestehen unter-schiedliche Ansätze, die erhobenen Daten zur Erzeugung eines geologischen Modells zu nutzen. Dazu trägt auch die stetige Neuentwicklung weiterer Softwarepakete bei.

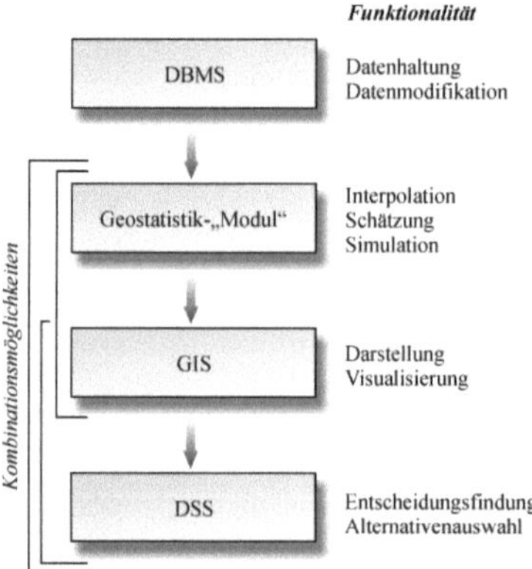

Abb. 5-12: Idealstruktur einer Modellierungskette und Darstellung der jeweiligen Funktionalität.

Das grundlegende Prinzip automatischer Modellierungssysteme bleibt jedoch im Wesent-lichen unverändert und besteht in der Aneinanderreihung verschiedener Module, denen jeweils verschiedene Aufgabenstellungen zugeordnet werden (Abb. 5-12). Dazu gehören zu-nächst die Datenhaltung, die vom *Database Management System* (DBMS, vgl. hierzu BURROUGH & MCDONNELL 1998, BONHAM-CARTER 1994, FRANK 1988) übernommen wird, und die Interpolation, die mit weiteren Methoden von Schätzung oder Simulation kombiniert werden kann. Letztgenannte Funktionalität kann von geostatistischen Verfahren übernommen werden. Optional können diese Module durch Elemente zur Darstellung der Ergebnisse (GIS) und zur Entscheidungsfindung (*Decision Support Systems*, DSS) ergänzt werden.

Die einzelnen Module können in unterschiedlicher Kombination in einer gemeinsamen Software realisiert sein. Etabliert hat sich beispielsweise die Verknüpfung von Interpolation und Darstellung (z. B. GeoObject2, vgl. HINZE, SOBISCH & VOSS 1999). Auch können die geostatistischen Methoden in einem separaten Programm umgesetzt werden oder alternativ als Unterfunktion eines umfangreicheren Programmsystems verwirklicht sein (HÜNEFELD & AGUILAR 1999; z. B. GRASS, vgl. NETELER 2000). Mehrmals ist zudem eine Kombination räumlicher Modellierungsverfahren mit Geographischen Informationssystemen propagiert worden (z. B. bereits DENSHAM 1994, FOTHERINGHAM 1993, FOTHERINGHAM & ROGERSON 1993, BURROUGH 2001), ohne dass mittlerweile hierfür allgemein akzeptierte Lösungen vorlägen. Vielmehr besteht nach wie vor an den Schnittstellen der verschiedenen Programme ein erheblicher Aufwand für den Anwender, für eine Datenübergabe zu sorgen (*loose coupling*, ANSELIN 2000). Davon abgesehen bleibt auch der Mangel an analytischen und Modellierungsfähigkeiten, wie er bereits von FISCHER & NIJKAMP (1993), CLARKE (1990), OPENSHAW (1990) u. a. beklagt wird, weiterhin bestehen.

Auswahl und Verwendung der Softwaresysteme sind von den vorliegenden Daten, den vorhandenen Kenntnissen über den geologischen Untergrund, den Anforderungen an das Modell und vom Modellzweck abhängig (z. B. JONES & HAMILTON 1992). THIERGÄRTNER (1996b) merkt hierzu an, dass der entscheidende Faktor nicht die Auswahl der „geeignetsten" Software ist, sondern vielmehr die genaue Vorstellung über die zur Verfügung stehenden Daten (input) und über die vom System geforderten Ergebnisse (output). Es gibt daher für geologische Daten keinen *a priori* idealen Modellierungsalgorithmus, der für alle Fälle gleichermaßen gut geeignet wäre (SIEHL 1988, ähnlich ROSENBAUM & TURNER 2003d). Die Wahl der Methode durch den Anwender sollte von der räumlichen Verteilung der Daten, der Art der Struktur und dem Zweck des Modells abhängen.

Vielerorts sind Bemühungen zum Aufbau umfassender geologischer Informationssysteme zu verzeichnen, die das Ziel verfolgen, regional erhobene Daten aus unterschiedlichen Quellen unter einer einheitlichen Oberfläche zu verwalten und interessierten Nutzern projektbezogen zur Verfügung zu stellen (z. B. LGRB 1999, ELFERS *et al.* 2004, hierzu Abs. 3.6.2). Fernziel soll es damit sein, an Standorten Gesteinsabfolgen vorherzusagen, Profilschnitte beliebiger Richtung zu erzeugen oder Verbreitung, Mächtigkeiten und Teufenlage von Schichten aufzuzeigen. Diese Modelle können für Flächen- oder Volumenberechnungen verwendet werden oder selbst Grundlage für sekundäre Modelle sein, beispielsweise zur Strömungs- oder Transportmodellierung (vgl. Abs. 5.3.2). Nicht unerhebliche Probleme bestehen dabei in der Erfassung, Standardisierung und Bewertung der zumeist aus Altbeständen stammenden Daten sowie in der konsistenten Verknüpfung der verschiedenen Datenquellen und in der Notwendigkeit der Einrichtung von Plausibilitätsprüfungen (z. B. THIERGÄRTNER 1996b, SIEHL 1993). Bisherige GIS arbeiten zudem nur zweidimensional und können pseudodreidimensionale (2,5D-) Modelle nur durch Oberflächenansichten und deren Stapelung erreichen. Regelmäßig wird dies jedoch nur als Übergangslösung betrachtet (z. B. LGRB 1999). Echte dreidimensionale Lösungen, die jedoch im Hinblick auf die zu modellierenden Geoobjekte erforderlich wären (VINKEN 1988, SCHWEIZER 1996, BONHAM-CARTER & BROOME 1998), fehlen noch.

5.4.2 *Anwendung und Aufgaben geostatistischer Programmsysteme*

Greift man sich aus Abb. 5-12 das wegen seiner herausragenden Bedeutung vorrangig interessierende Interpolations- (hier = Geostatistik-) „Modul" heraus, so lassen sich verschiedene mit seinem Einsatz verbundene Zielstellungen als erfüllt ansehen.

Hierunter fällt zunächst die Forderung nach möglichst hoher Flexibilität der eingesetzten Verfahren, die durch das Bereithalten zahlreicher Optionen und Parameter erfüllt wird und zu einer Modellierung in möglichst kleinen Schritten führen kann (Abb. 5-13). Im konkreten Fall bedeutet dies insbesondere eine möglichst detaillierte Variographie, die bspw. die gleichzeitige Definition verschiedenster Toleranzkriterien zulässt (Abs. 8.4.1.1), die Bereitstellung zahlreicher theoretischer Variogrammmodelle, deren verschiedenartige Kombinierbarkeit (Abs. 8.4.1.2) und ein umfassendes Angebot an Krigingverfahren. Eine in diesem Sinne empfehlenswerte Software macht keinerlei Einschränkungen oder Vorgaben hinsichtlich der einzusetzenden Parameter und gibt keinerlei Empfehlungen bezüglich „geeigneter" Einstellungen (Abb. 5-13). Sie zeichnet sich daher durch ein möglichst breites und tiefes Funktionsangebot aus, überlässt jedoch die Einzelentscheidungen dem Benutzer. Unter einer weniger geeigneten Software soll eine solche verstanden werden, die nur eine geringe Menge an Parametern anbietet und darin nur eine beschränkte Auswahl an Werten zulässt, einzelne Teilschritte nicht anbietet, diese mit anderen zusammenfasst oder diese im Sinne von falsch verstandener „hoher Benutzerfreundlichkeit" oder „möglichst schneller Visualisierung" automatisiert durchführt.

Bei strenger Auslegung dieser Forderung ist auch jene Software abzulehnen, die Voreinstellungen, Default-Werte, standardmäßig aktivierte Optionen usw. enthält, da diese Charakteristika dem Anwender die datenspezifische Eignung der Parameter suggerieren könnten und damit potenziell zu Fehlentscheidungen führen würden, die später zwar dokumentierbar, jedoch nicht objektiv begründbar wären (s. u.). DUMFARTH & LORUP (1998) zeigen durch Vergleiche der mittels Anwendung verschiedener Softwaresysteme erhaltenen Ergebnisse, dass standardmäßige Voreinstellungen innerhalb der Programmroutinen zu erheblichen Unterschieden führen können.

Aus gleichen Gründen sind weiterhin auch solche Einzelentscheidungen in Frage zu stellen, die im Hinblick auf Modellergebnisse getroffen werden, die zur Rechtfertigung bereits im Vorfeld festgelegter projektspezifischer Bestimmungen erwartet werden (vgl. Konsequenzobjektivität in Abs. 6.2). Ähnliches gilt für Entscheidungen, die mit Blick auf ein vom Anwender bereits angekündigtes Modell getroffen werden, das bestimmte Eigenschaften aufweisen solle (Durchführungsobjektivität, Abs. 6.2).

Als nutzbringend sind dagegen solche Entscheidungen einzustufen, die im Wesentlichen auf der Kenntnis der regionalen Geologie, der Erfahrung oder dem Wissen über den Untergrundaufbau an benachbarten Lokalitäten beruhen (z. B. RÖTTIG & JÄKEL 1995, STEIN 1993). In diese Gruppe sind auch Übertragungstabellen einzuordnen, die von KREUTER (1996) als allgemeines Konzept vorgeschlagen und von MARINONI (2000) für die quartären Ablagerungen des Berliner Raums erstellt wurden. Kann deren Eignung sichergestellt werden, so können die darin aufgeführten Werte als gute Indikatoren für die zu verwendenden Parameter aufgefasst werden. Sie fungieren damit gewissermaßen als Referenz und sollen so zu starke Abweichungen der ermittelten geostatistischen Parameter verhindern. Eine vollständige Übernahme der tabellierten Werte ist jedoch auch bei sorgfältigster Prüfung nicht zu empfehlen. Auch eine Übernahme fester Aufschlussabstände bezogen auf einen bestimmten zu untersuchenden Parameter (z. B. GEILER *et al.* 1998) kann nicht empfohlen werden, da anzunehmen ist, dass mit wechselnder Lokation stets andere Prozesse an der Generierung der Verteilungsmuster beteiligt waren.

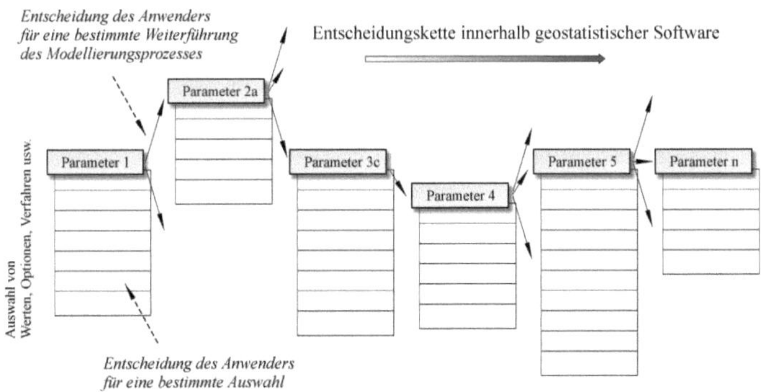

Abb. 5-13: Lineares Ablaufschema bei der Modellerstellung mittels geostatistischer Software.

Geostatistik-Software, wie sie hier als empfehlenswert definiert worden ist, setzt das Vorhandensein erheblicher Kenntnisse beim Anwender voraus. Dies betrifft besonders die theoretischen Grundlagen der Geostatistik sowie die Sensitivität des Modellergebnisses gegenüber den Parametern und fordert ein grundlegendes Verständnis auch der prinzipiellen Umsetzbarkeit der anwenderseitigen geologischen Vorstellungen in das mathematische Modell. Nur bei entsprechenden Anwendern ist daher ein positiver Beitrag der Geostatistik zum Modellergebnis zu erwarten. Anderenfalls ist das Auftreten nachteiliger Effekte anzunehmen, die in Abs. 4.5.1, 5.3.4, 6.3 besprochen werden.

Auch MENZ (2000a) weist darauf hin, dass bei einer umfangreichen Software, die mit zahlreichen Möglichkeiten der interaktiven Modellbildung ausgestattet ist, vorausgesetzt werden muss, dass der Benutzer „Grundkenntnisse auf dem Gebiet der Geostatistik besitzt und über die vorhandenen Module und Stellgrößen im Programmpaket Bescheid weiß". Anderenfalls bestünde die Gefahr, dass durch die Wahl des mathematischen Modells dessen Eigenschaften den Daten „aufgeprägt" werden, so KNOSPE (2001). Letzteres gilt besonders dann, wenn das Programm nur eine begrenzte Zahl von Optionen bietet, der Benutzer mangels entsprechenden Wissens eine Auswahl der Optionen nicht begründen kann oder eine Eignungsprüfung der Optionen für die vorliegenden Daten nicht durchgeführt wird. Auf das Problem teilweise unzureichender Kenntnisse des Anwenders, der oftmals nicht mit den zunehmenden Fähigkeiten der Software Schritt zu halten vermag, hat erstaunlicherweise bereits PARKER (1984) hingewiesen. CSILLAG & BOOTS (2001) haben jüngst diese Kritik an der zunehmenden Divergenz zwischen den Fähigkeiten von Modellierungssoftware einerseits und dem Verständnis des Anwenders andererseits erneuert und verallgemeinert, ohne dabei die Geostatistik im Blick zu haben.

Unter den oben genannten Gesichtspunkten haben sich bei den eigenen umfangreichen Tests an den aus dem Untersuchungsgebiet zur Verfügung stehenden Datensätzen in erster Linie ISATIS[13] und Surfer®[14] als geeignet erwiesen. Von den zahlreich verfügbaren Alternativen sollen stellvertretend genannt werden: *Geostat Office* (KANEVSKI *et al.* 1999), GSLIB (DEUTSCH & JOURNEL 1992, 1997), *GeoEAS* (ENGLUND & SPARKS 1991), *Uncert* (WINGLE, POETER & MCKENNA 1999), *GStat* (PEBESMA 1997, PEBESMA & WESSELING 1998) sowie *Variowin* (PANNATIER 1996), *SAGE2001* (ISAAKS 2001a) und *SAFARI* (MENZ 1999, 2000a, RÖTTIG *et al.* 2000). Sie haben alle eine gewisse Verbreitung erfahren, unterscheiden sich jedoch stark in Funktionalität, Anwenderfreundlichkeit und Visualisierungsfähigkeiten. RÖTTIG (1997) klassifiziert geostatistische Software hinsichtlich ihrer Nutzbarkeit und definiert entsprechende Anforderungsprofile.

Aus den Forderungen nach der Reproduzierbarkeit der Modellergebnisse (vgl. Abs. 6.3) und der Weiterverarbeitbarkeit des Modells erwachsen als weitere Ziele die Dokumentierbarkeit des Modellierungsprozesses und die Möglichkeit der sukzessiven Erlangung von Kenntnissen über den Untergrundaufbau bereits im Zuge der Modellierung selbst. Letzteres wird bei einer manuellen Modellierung durch den Anwender ausgenutzt (Abs. 4.5.2, 4.5.3), bei einer softwaregestützten Modellierung erst durch hier propagierte „Modellierung in kleinen Schritten" ermöglicht.

Die genannten Ziele bzw. Aufgaben sind in Abb. 5-14 in Form zweier paralleler Stränge dargestellt, die durch den Anwender der Interpolationsmethoden quasi synchron und sukzessive abgearbeitet werden, obschon sich dieser kaum deren außerordentlicher Bedeutung bewusst sein dürfte und daher diese Ziele eher intuitiv zu erreichen versucht. Besonders im Falle der Anwendung geostatistischer Verfahren erscheint eine Annäherung an diese Ziele denkbar. Ob und inwieweit diese Ziele erreicht werden, hängt neben der Komplexität der zu modellierenden Struktur auch von den Fertigkeiten des Anwenders ab.

Dieses Prinzip der „Modellierung in möglichst kleinen Schritten", verbunden mit der sofortigen Umsetzung der Entscheidungen des Anwenders, erlaubt die vollständige Überprüfbarkeit selbst aller E i n z e l entscheidungen auf das Modellergebnis und den permanenten Vergleich zunächst gleichwertig erscheinender alternativer Lösungen. Daraus kann der

---

[13] ISATIS, Geovariances, Paris, www.geovariances.com. Auf Interessen der Kohlenwasserstoffexploration und des Bergbaus zugeschnittene Unix-basierte Modellierungs-Software mit einem herausragenden Funktionsumfang und verschiedensten geostatistischen Interpolations- und Simulationsverfahren.

[14] Surfer® 8, Golden Software, Inc., Golden, Colorado, USA, www.goldensoftware.com. Vielseitig einsetzbare Windows-basierte Oberflächenmodellierungs- und Interpolationssoftware mit vielfältigen Kriging-Optionen, die in dieser Arbeit vorrangig verwendet wurde.

Anwender bereits im Zuge der Modellierung kontinuierlich seine Kenntnis vom natürlichen System verbessern und diesen Wissenszuwachs wiederum in die Modellierung einfließen lassen (vgl. Abs. 5.3.4, Abs. 6.3). Diese Kausalkette, die durch den Anwender einer manuellen geologischen Modellierung in ganz ähnlicher Weise befolgt wird (vgl. Abs. 4.5.3) ist in Abb. 5-14 als *innerer Aspekt* bezeichnet worden und umfasst solche nutzbringenden Eigenschaften der Geostatistik, die primär dem Anwender zugute kommen. Eine darüber hinaus gehende Wirkung auf andere Beteiligte tritt nur untergeordnet auf.

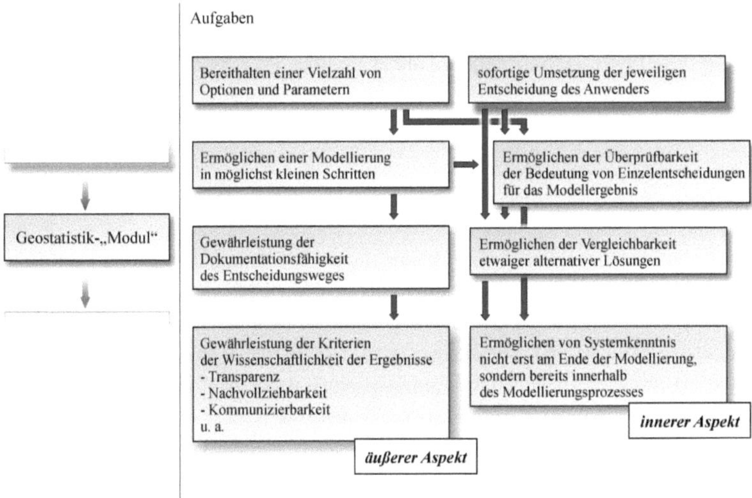

Abb. 5-14: Bedeutung der Geostatistik-Software zur Gewährleistung der Modellgüte (Erklärungen im Text).

Zusätzlich lässt sich bei Anwendung geostatistischer Programmsysteme ein *äußerer Aspekt* erkennen, der ebenfalls in Abb. 5-14 dargestellt ist. Auch dieser basiert ursächlich auf der Bereitstellung möglichst zahlreicher Optionen und Parameter und der somit gewährleisteten detaillierten Modellierbarkeit, definiert sich jedoch im Weiteren aus der sich daraus direkt ableitenden Gewährleistung der Dokumentationsfähigkeit des benutzerseitigen Entscheidungspfades (vgl. Abb. 6-2, Abb. 6-3). Erst Letzteres ist notwendiges Kriterium zur Erfüllung der Forderung der Wissenschaftlichkeit von Modellen, worunter hier der Oberbegriff von Transparenz, Nachvollziehbarkeit und Reproduzierbarkeit sowie die Kommunizierbarkeit des Modells verstanden werden soll. Die Entscheidungen des Benutzers werden damit „verobjektiviert" – das Modell auch für nicht direkt am Modellierungsprozess Beteiligte verständlich und überprüfbar, für dessen zukünftige Nutzer zudem intersubjektiv nachvollziehbar.

Zwar lässt auch Letzteres Fragen nach der Prognosefähigkeit und der Zweckmäßigkeit des Modells offen, regelmäßig wird jedoch gerade die Kommunizierbarkeit eines Modells als dessen wichtigste Eigenschaft hervorgehoben und gegenüber anderen möglichen – besonders im Vergleich zu quantitativen – Gütekriterien überbetont (ROYLE 1980, MYERS 1997). Als ursächlich hierfür ist primär die Einzigartigkeit wissenschaftlicher Modelle anzusehen, als Ausdrucksmittel der anwenderseitigen geologischen Vorstellungen eine Objektivierung dieser Informationen zu erlauben (so bereits KRUMBEIN 1970). Dass dies auch bei der Heranziehung geostatistischer Methoden zur Modellierung zutrifft, darauf haben besonders MYERS (1997) und PRISSANG (2003) hingewiesen.

Daneben bestehen erhebliche Mängel in der Eignung derjenigen quantitativen Gütekriterien, die im Zuge einer geostatistischen Berechnung ermittelt werden (Kreuzvalidierung, Kriging-Varianz; vgl. Abs. 3.5.4, Kap. 7). Daher wird gerade von Kritikern, die für einen bewussten Umgang mit der geostatistischen Modellierungsmethode plädieren (THIERGÄRTNER 1999a, JÄKEL 2000 u. a.), die Bedeutung des Anwenders unterstrichen.

Die Verwendung einer geostatistischen Software zum Zwecke der geologischen Modellierung darf zusammenfassend nur als Plattform verstanden werden, auf deren Basis der Benutzer verschiedene Möglichkeiten testen und praktisch in Echtzeit deren Einflüsse auf das Modellergebnis prüfen kann. Sie darf jedoch nicht als aktiver Ratgeber zur Hilfestellung bei der Modellierung oder zur Rechtfertigung von Entscheidungen aufgefasst werden. Der größte Gewinn einer Verwendung von Interpolations- und Modellierungssoftware besteht demnach nicht in der Schaffung eines vermeintlich richtigen Modells, sondern in der Verwendung feststehender mathematischer Algorithmen, die eine vollständige Reproduktion der Modellentscheidungen erlauben, und in der Zeitersparnis. GOLD (1980a) und JONES (1992) sehen das größte Positivum einer Modellierungs-Software genau darin, dass hierdurch dem Geologen mehr Zeit für die Interpretation von Daten und Modell verbliebe.

5.4.3   *Charakteristika geostatistischer Modelle*

Aufgrund der hohen Zahl festzulegender Parameter innerhalb der geostatistischen Verfahren, die ihren Ausdruck in der notwendigen Interaktion von Anwender und Software findet (Abs. 5.3.4, 5.4.2) und eine vollständig vom Benutzer losgelöste Modellierung nicht gestattet, ist das Ergebnis mit einer Reihe von Eigenschaften behaftet, die es in modelltheoretischer Hinsicht deutlich von mit anderen Verfahren erstellten Modellen unterscheiden.

Als eine der bedeutendsten dieser Entscheidungen des Anwenders ist bei der Modellierung die Trennung zwischen den *reproduktiven* und den *produktiven* Eigenschaften des Modells zu nennen (vgl. Abs. 4.5.2), die sich bei Anwendung geostatistischer Verfahren gut dokumentieren und bewerten lässt. So stellt jedes Modell primär zunächst nur eine Zusammenfassung der Eingangsdaten dar; es ist damit vorrangig deskriptiv und dient hauptsächlich der Reproduktion dieser Daten und der Ableitung einfach strukturierter Metainformationen im Sinne einer Generalisierung, Vereinheitlichung oder Zusammenfassung (Abs. 4.5.6). Dazu gehören beispielsweise das Erkennen von Trends und die Abschätzung globaler Mittelwerte. Erst in zweiter Linie beinhaltet jedes Modell auch produktive Eigenschaften, die die Ableitung echter neuer Erkenntnisse, die interpolative Ermittlung von Daten an unbeprobten Koordinaten und Schlussfolgerungen auf die Grundgesamtheit erlauben sollen. Das Modell wird dann prädiktiv verwendet.

Deutlicher noch als bei der Zuordnung von Werten zu methodeninternen Parametern oder bei der Wahl verfahrenseigener Optionen (hierzu Kap. 8) erfolgt diese Trennung zwischen den Modelleigenschaften und damit die Festlegung der eigentlichen Zielstellung der Modellierung durch den Anwender auf ausgesprochen intuitiver Basis. Insbesondere wird dabei häufig versucht, möglichst beide Ziele durch die Wahl höherkomplexer Modellierungsmethoden zu erreichen. Zudem wird die Fähigkeit des Modells, wesentliche neue Erkenntnisse zu ermöglichen, oft stark überschätzt. Als ursächlich hierfür ist die hohe Komplexität[15] geostatistischer Verfahren anzusehen (vgl. 4.5.6, 4.7), die dem Anwender eine vermeintlich allein bereits dadurch begründete bessere Modellierung ermöglicht. Aus solchen Modellen sind dann zwar verständliche und zunächst nachvollziehbar erscheinende Aussagen abzuleiten, deren Wahrheitsgehalt aber nicht überprüfbar ist. Es scheint in diesem Sinne gerechtfertigt, die Modellierung als Gratwanderung zwischen der Forderung nach der Verallgemeinerbarkeit der aus dem Modell zu ziehenden Schlussfolgerungen und der Forderung nach möglichst detaillierten Aussagen über die untersuchte Struktur aufzufassen (ähnlich CSILLAG & BOOTS 2001).

Mit Blick auf die geostatistischen Verfahren soll dies anhand folgenden Beispiels demonstriert werden (Abb. 5-15). Dargestellt ist das experimentelle Variogramm eines autokorrelierten geologischen Parameters, bspw. einer Schichtmächtigkeit innerhalb eines Untersuchungsgebietes. Hinzugefügt sind Fehlerbalken, die die Unschärfe des ermittelten Variogramms charakterisieren, basierend etwa auf Messfehlern oder auf einer möglichen Auswahl anderer Lokalitäten in der gleichen Entfernungsklasse (vgl. Abs. 3.5.2). Eine solche Darstellung ist weitgehend objektiv und unter Vernachlässigung der Einflussnahmemöglichkeiten im Bereich der Toleranzkriterien (vgl. Abs. 8.4.1) eine zweckmäßige Repräsentation der Realität. Es stellt folglich den reproduktiven Modellanteil dar. Besteht das Ziel allein in der Strukturanalyse (Abb. 3-11), kann hier die Modellierung abgebrochen werden.

Soll jedoch eine Strukturbeschreibung mit dem Ziel einer späteren Interpolation vorgenommen werden, ist dem experimentellen Variogramm eine theoretische Funktion oder eine Kombination mehrerer zulässiger Funktionen anzupassen. Dabei liegt es allein im Ermessen des Anwenders, welcher Umfang an potenziell neu zu gewinnenden Kenntnissen dem Modell zugesprochen wird. So kann im einfachsten Falle (Bsp. A) eine Anpassung durch ein großskaliges Variogrammmodell vorgenommen werden. Der verschiedenartigen Kombination weiterer Funktionen sind jedoch keine Grenzen gesetzt: Bsp. B zeigt eine Anpassung durch zwei Modelle, Bsp. C eine Stapelung durch drei in verschiedenen Skalenbereichen wirksame Funktionen.

---

[15] Ein umfassendes, spezialisiertes Softwaresystem ist anstelle von „komplex" besser als „kompliziert" zu bezeichnen. Dafür sprechen die Art der Systemelemente (→ klar abgegrenzte Parameter- oder Wertewahl), die Beziehungen zwischen den Elementen (→ lineare Verknüpfung), die Kontrollierbarkeit des Systems (→ Entscheidungen des Anwenders), die Vorhersehbarkeit des Ergebnisses (→ deterministische Algorithmen) und andere Eigenschaften. Abweichend hiervon soll weiterhin von komplexer Software gesprochen werden, weil der Begriff der Kompliziertheit im normalen Sprachgebrauch eher fehlendes Systemverständnis umschreibt. In dieser Hinsicht wäre die Zuordnung einer Kompliziertheit keine Eigenschaft des Systems, sondern vielmehr vom Systembetrachter abhängig.

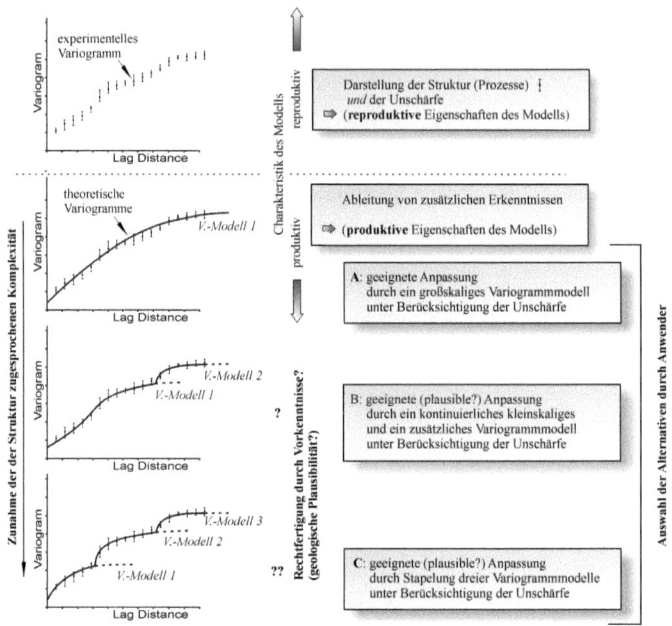

Abb. 5-15: Reproduktive und produktive Modelleigenschaften, umgesetzt in geostatistische Begriffe und erläutert anhand eines Beispiels. Dargestellt sind ein experimentelles Variogramm sowie drei alternative Möglichkeiten der Anpassung durch Variogrammfunktionen.

Studien zeigen, dass überraschenderweise häufig den Anpassungen durch mehr als ein Modell (Bsp. B und C) der Vorzug gegenüber einfacheren Anpassungen (Bsp. A) gegeben wird. Eine solche vermeintlich gerechtfertigte Alternativenwahl fußt jedoch auf der falschen Annahme, mittels komplexerer Anpassungen eine höhere Modellqualität und gleichzeitig eine bessere Vorhersageeignung des Modells erreichen zu können. Dass dabei jedoch die Gültigkeit des Modellansatzes reduziert und die zur Anpassung eines Teilmodells (*V.-Modell i*) jeweils herangezogene Wertemenge des experimentellen Variogramms verringert wird, bleibt außer Acht, muss jedoch als signifikanter Nachteil gewertet werden.

Hingewiesen sei zudem nochmals darauf, dass komplexere Modelle eine geringere Realisationswahrscheinlichkeit aufweisen (vgl. Abs. 4.7). Daher muss empfohlen werden, gerade bei der Möglichkeit interaktiver Modellbildungen, wie sie die geostatistischen Verfahren in besonderem Maße erlauben, nicht die komplexesten Modelle zu wählen, sondern lediglich den Grad an Modellkomplexität zu erlauben, der durch Vorwissen und geologische Erfahrung gerechtfertigt werden kann.

Versucht man, diese Problematik genauer zu entschlüsseln, ergeben sich für den Anwender bei der Formulierung eines geeigneten Modells die in Abb. 5-16 dargestellten Zielkonflikte. Dies betrifft zunächst (**Zielkonflikt 1**) die oben bereits angesprochene abnehmende Realisationswahrscheinlichkeit der Struktur mit steigender Modellkomplexität (Abb. 5-16a).

Dass dennoch höherkomplexen Modellen oftmals Priorität eingeräumt wird, ist auf den mit der Modellierung angestrebten möglichst hohen Erkenntnisgewinn zurückzuführen. Dieser kann zwar bei komplexeren Modellen in der Tat höher sein, weist jedoch eine vielfach größere Unschärfe auf. Werden folglich aus solchen primär *produktiven* Modellen Schlussfolgerungen gezogen, sind diese mit einer umso größeren Unsicherheit behaftet, ohne dass sich der Anwender dessen bewusst ist. Eine graphische Darstellung dieses Phänomens ist in Abb. 5-16b gegeben.

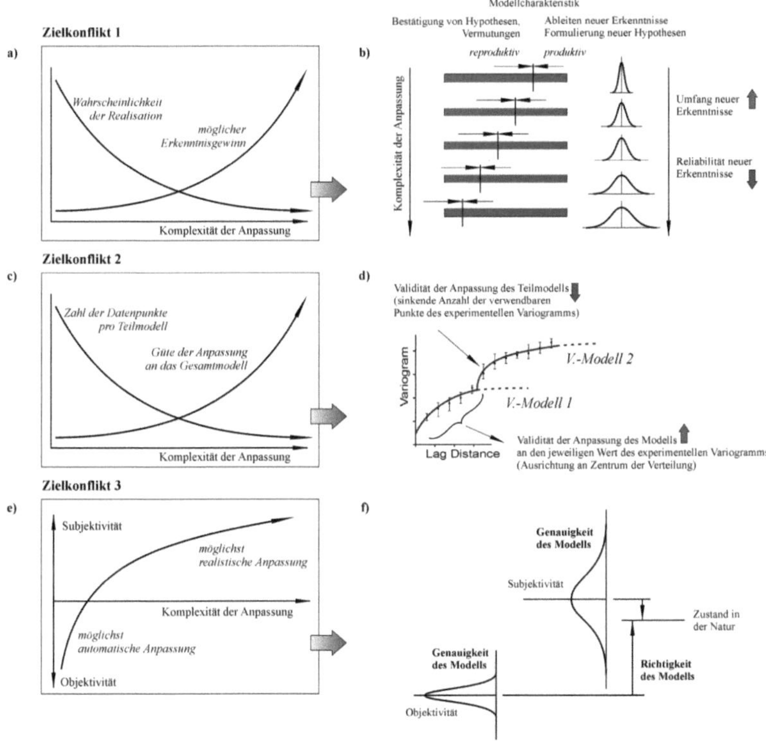

Abb. 5-16: Zielkonflikte des Anwenders bei der Erstellung geostatistischer Modelle, schematisch; a) und b): Realisationswahrscheinlichkeit und möglicher Erkenntnisgewinn in Abhängigkeit von der Komplexität und der primären Charakteristik des Modells; c) und d): Güte der statistischen Anpassung des experimentellen Variogramms durch eines oder mehrere Variogrammmodelle; e) und f): Unvereinbarkeit der Forderungen nach Ausnutzung subjektiver Kenntnisse und Fähigkeiten des Anwenders und möglichst objektiver Modellierung, in Relation gesetzt zur erreichbaren Genauigkeit und Richtigkeit des Modells.

Dient das geologische Modell eher der Bestätigung von Hypothesen und Vermutungen über den Untergrundaufbau, werden also die *reproduktiven* Eigenschaften zum vornehmlichen Modellziel erhoben, ist ein geringerer, jedoch umso verlässlicherer Kenntniszuwachs zu erwarten. Die Aussagesicherheit – schematisiert durch eine schmalere GAUSSsche Wahrscheinlichkeitsverteilung – ist hier höher. Für den umgekehrten Fall der komplexen Modelle ist zwar ein größerer Umfang an neuen Erkenntnissen zu erwarten, die aus dem Modell gewonnen werden könnten; ihnen kann jedoch nur eine geringere Reliabilität (vgl. Abs. 6.2) zugestanden werden.

Ein **zweiter Zielkonflikt** lässt sich erkennen, wenn die Zahl der für die Anpassung der Modellfunktion verfügbaren Variogrammwerte betrachtet wird (Abb. 5-16c). So stehen mit steigender Komplexität der Anpassung für jedes der Teilmodelle immer weniger Werte des experimentellen Variogramms für eine Approximation zur Verfügung (vgl. Abb. 5-15, Bsp. C). Dadurch wird zwar diejenige statistische Unsicherheit verringert, die mit der Definition der einzelnen $\gamma(h)$-Werte des theoretischen Variogramms einhergeht, jedoch diejenige Unsicherheit erhöht, die auf der Stützung auf insgesamt weniger $\gamma^*(h)$-Werte beruht. So darf kaum erwartet werden, dass mit einer Verwendung von nur sechs $\gamma^*(h)$-Werten (Abb. 5-15, Bsp. C, *V.-Modell 3*) eine ausreichende Grundlage zur Auswahl eines bestimmten Variogrammmodells geschaffen wurde. Zusätzlich steigt zwar mit einer derart „verbesserten" Anpassung auch die Anpassung des Gesamtmodells an die experimentellen Werte; die Validität des Modells – also die hier auf der reduzierten bedingten Wahrscheinlichkeit der Realisation basierende Verlässlichkeit – verringert sich dabei jedoch (Abb. 5-16d)! Unter Bezugnahme auf die Begriffe des *Vorhersagefehlers aufgrund der Approximation* und des *Vorhersagefehlers aufgrund der Schätzung* ist dies für den allgemeinen Fall der Heranziehung beliebiger Modellierungsverfahren bereits im Zuge der Erläuterungen zur Modellkomplexität in Abs. 4.7 behandelt worden.

Der Anwender der geostatistischen Methoden muss sich folglich dessen bewusst sein, dass die Rechtfertigung einer gewählten komplexeren Modellanpassung problematisch sein kann. Das Variogramm ist in diesem Sinne nur in geringem Maße zur Schaffung neuen Wissens geeignet. Es dient vielmehr eher zur Bestätigung von Vermutungen über die Struktur, die bislang unbewiesen waren und nun anhand des Variogrammverlaufs verifizierbar dargestellt werden können. Jeder darüber hinausgehende Versuch einer Ableitung von zusätzlichen Erkenntnissen oder der Aufstellung neuer Hypothesen liegt zwar in den grundsätzlichen Eigenschaften des Modells, ist jedoch allein durch den jeweiligen Anwender zu rechtfertigen und zu begründen.

Dass entgegen dieser Kritik in der Praxis augenscheinlich komplexere Modelle bevorzugt werden, hat seinen Ursprung darin, dass objektiv ermittelten, auf mathematischen Berechnungen basierenden und daher quantitativen Aussagen ein generell höherer Stellenwert eingeräumt wird als nur qualitativen und schwer zu objektivierenden Informationen und anwenderseitigen Erfahrungen; letztere wären ohnehin nur schwer an die späteren Modellnutzer weiterzuvermitteln und zu begründen. So wird oft die gleichzeitige Kombination mehrerer Variogrammmodelle Abb. 5-15, Bsp. C) allein damit begründet, dass die (statistische!) Güte der Anpassung, gemessen etwa durch *Least-Squares*-Methoden (GOTWAY 1991, GENTON 1998b, CRESSIE 1985a), höher ist. Gegenteilige Hinweise auf einfachere Variogrammmodelle, wie sie sich aus der geologischen Lokalkompetenz eines erfahrenen Anwenders ergeben könnten, treten demgegenüber in den Hintergrund, da sie – wenngleich auch u. U. eine höhere –, so doch aber nur eine nicht quantifizierbare Aussagekraft haben.

Daher wird – wissentlich oder unwissentlich – solchen Modellfunktionen der Vorzug eingeräumt, die nur geringe Abweichungen vom experimentellen Variogramm aufweisen. Hier können die Differenzen zwischen theoretischer Funktion und empirischem Variogramm genau bestimmt werden; die Minimierung dieser Differenzen wird dann als vermeintlich geeignetes Gütekriterium angesehen. Dabei bleibt ohne Berücksichtigung, dass mit Zunahme der Zahl der Variogrammmodelle stets größere Annahmen über die geologischen Strukturen getroffen werden und mithin stets höhere Anforderungen an eine Rechtfertigung dieses Vorgehens gestellt werden. Zudem führt jedes zusätzliche Detail zu einer immer geringeren Gesamtwahrscheinlichkeit der Realisation. Der Anwender, der durch eine besonders detaillierte Modellierung mutmaßlich besonders brauchbare Modelle zu erzeugen sucht, unterliegt damit einem logischen Trugschluss (*conjunction fallacy*, vgl. Abs. 4.7).

Vollständig unabhängig von diesen Überlegungen wird das oben angesprochene Phänomen einer übermäßig guten Anpassung auch als *Overfitting* bezeichnet. Im Hinblick auf die Variographie bedeutet dies etwa die Anpassung der theoretischen Funktion auch an die Streubreite des empirischen Variogramms und nicht nur an die unbekannte Struktur (vgl. hierzu Abs. 4.3); JOURNEL & HUIJBREGTS (1978) und CHILÈS & DELFINER (1999) geben Beispiele für Anpassungen von *hole-effect*-Funktionen (vgl. Abs. 3.5.3) an im Grunde erratische experimentelle Variogramme. Des Weiteren soll das Modell im Regelfall gerade zur Vorhersage in den bislang nicht beprobten Zwischenräumen verwendet werden; es darf also nicht erwartet werden, dass eine vollständige Anpassung an die Punkte des empirischen Variogramms $\gamma^*(h)$ gleichermaßen auch für eine Vorhersage geeignet ist. Die geforderte Einsetzbarkeit des Modells auch an anderen als den bereits beprobten Koordinaten und in anderen Abständen als in den bereits existenten Schrittweitenklassen (vgl. Abs. 3.5.2) wird damit nicht sichergestellt. Nur durch den Benutzer kann entsprechend gegengewirkt werden, indem z. B. die Zahl additiver Variogrammmodelle beschränkt wird, nur bestimmte Parametervariationen oder nur ausgewählte Anpassungsalgorithmen zugelassen werden.

Schließlich wird in Abb. 5-16e ein **dritter Zielkonflikt** behandelt, der die Unvereinbarkeit der Forderungen nach möglichst objektiver Modellierung einerseits und nach möglichst weitreichender Ausnutzung der subjektiven Fähigkeiten des Anwenders andererseits beinhaltet. Wird dabei die Objektivität als eines der fundamentalen Kriterien wissenschaftlicher Arbeit angesehen (vgl. Abs. 6.2f.), wäre eine vollständig automatisierte Modellierung zu bevorzugen. Eine subjektive Modellierung hingegen könnte eine möglichst realistische Anpassung an die wahren Verhältnisse gestatten und dabei unter Ausnutzung der intuitiven Fähigkeiten zu einer Erhöhung der Modellqualität beitragen. Bezieht man dies auf die Begriffe von *Richtigkeit* und *Genauigkeit*, ergeben sich die in Abb. 5-16f dargestellten Überlegungen. Damit ist zwar durch Anwendung objektiver Verfahren eine weitaus höhere Genauigkeit zu erreichen, wenn diese durch die Streubreite zwischen verschiedenen Modellen definiert wird. Als ursächlich hierfür ist weitestgehend der Rückgriff auf feststehende deterministische Algorithmen anzusehen. Die Richtigkeit des Modells, beschrieben durch den Grad an Übereinstimmung zwischen Modell und Natur, kann dann jedoch geringer ausfallen. Umgekehrt sind durch subjektive Einflüsse zwar größere Schwankungen zwischen Modellen verschiedener Anwender zu erwarten. Die Erfahrung zeigt jedoch, dass dies dann akzeptiert werden kann, wenn gleichzeitig mehrere Anwender modellhafte Lösungen entwickeln können und diese verglichen werden (ENGLUND 1990, ROSENBAUM & TURNER 2003a). Auf diesem Umweg besteht immerhin die Möglichkeit, ein höherwertiges Modell zu erstellen, dessen Übereinstimmung mit dem unbekannten Zustand in der Natur als größer anzunehmen ist.

Zusammenfassend stellt daher das erzeugte geostatistische Modell einen Kompromiss dar, der vom Anwender im Hinblick auf Eingangsdaten, verwendete Verfahren und Modellzweck als Optimum angesehen wird. Bewertbarkeit und Zulässigkeit dieser Vorgehensweise bleiben dabei ohne Berücksichtigung. Ähnliche Zielkonflikte, die ebenfalls vorrangig durch den subjektiv agierenden Anwender zu lösen sind, treten bei der Festlegung bestimmter Parameter innerhalb der geostatistischen Schätzung (vgl. Abs. 8.4) und bei iterativen Modellierungen (vgl. Abs. 5.3.4) auf.

5.5   Fazit

Während Kapitel 4 die theoretischen Aspekte der baugeologischen Modellierung und der geostatistischen Schätzung in den Vordergrund stellt, liegt das Hauptaugenmerk dieses Kapitels auf den praktischen Aspekten einer ingenieurgeologischen Modellierung durch objektivierte Verfahren. Die Anwendung geostatistischer Methoden wird dabei mit Blick auf den Einfluss des Benutzers als Sonderfall herausgearbeitet und unter verschiedenen Gesichtspunkten betrachtet. Geostatistische Verfahren haben bereits in vielen Disziplinen der Naturwissenschaften Anwendung gefunden und jüngst auch in die Ingenieurgeologie Einzug gehalten. Die Nutzung geostatistischer Verfahren ist auch hier unmittelbarer Ausdruck der Forderungen nach der Berücksichtigung der Autokorrelationseigenschaften und nach einer möglichst flexiblen Vorhersage an unbeprobten Orten. Auch eignen sie sich gut für eine weitgehend automatisierte, raumbezogene Darstellung von Informationen.

Die Anwendung dieser mathematischen Verfahren erleichtert zunächst zwar nicht das Verständnis der Zusammenhänge zwischen geologischer Genese, untersuchter Struktur und modellhafter Darstellung. Im Hinblick auf die ständig wachsende Datenmenge stellen sie jedoch oft die einzige Möglichkeit dar, heterogene Daten zu sammeln und einer gemeinsamen Modellierung zuzuführen. Die dafür zur Verfügung stehenden Verfahren können im besten Falle lediglich transparent sein, die Ergebnisse mithin dann plausibel, wenn der Modellierungsprozess nachvollziehbar dokumentiert werden kann. Objektivität kann ihnen jedoch wegen des zwangsläufig erforderlichen Benutzers und der von ihm zu treffenden Entscheidungen nicht zugesprochen werden. Dabei zeigt sich, dass mit zunehmender Komplexität der Verfahren die notwendigen Entscheidungen vom Benutzer oft nur umso schwerer zu begründen sind.

Die Geostatistik erlaubt folglich nicht eine vollautomatische Erzeugung geologischer Modelle oder aus ihnen ableitbarer Konstrukte, wie von Schnitten, Profilen oder Karten. Vielmehr stellt sie lediglich ein ausgesprochen vielfältiges Spektrum an Werkzeugen dar, die sich zur Unterstützung des Anwenders bei der Erstellung, Kommunikation, Prüfung oder fortlaufender Aktualisierung der Modelle einsetzen lassen. Diese Unterstützung besteht besonders in der Umsetzbarkeit benutzereigener Vorstellungen in formalisierbare Teilschritte und schließlich in vollständig algorithmierbare Abläufe, die zu detailliert nachvollziehbaren und damit reproduzierbaren Ergebnissen führen können. Ausgesprochen nützlich hierfür ist das streng mathematisch definierte Begriffsinventar der Geostatistik, das eine Objektivierung der zumeist qualitativen Informationen des Anwenders erlaubt und sogar von ihm fordert.

Daneben zeichnen sich geologische und geotechnische Datensätze durch eine Vielzahl von Eigenschaften aus, die eine vollständig vom Benutzer losgelöste Modellierung nicht erlauben, sondern vielmehr – unabhängig von den eingesetzten Verfahren – an zahlreichen Punkten des Modellierungsprozesses einen Eingriff des Anwenders erfordern. Hierfür werden innerhalb der Verfahren entsprechende Optionen und Parameter bereitgestellt, die nur durch geeignete Entscheidungen einen positiven Beitrag zur Erstellung eines sowohl die Daten als auch das Vorwissen berücksichtigenden Modells leisten können. Unabhängig von den notwendigen Eingriffen und Entscheidungen des Anwenders sind geostatistische Verfahren jedoch grundsätzlich immer anwendbar und führen daher stets zu einem Modell, aus dem sich logische Aussagen ableiten ließen. Die bloße Schaffung eines Modells nach Durchlaufen des geostatistischen Modellierungsprozesses ist damit noch kein Indiz für dessen Qualität.

Die speziellen Eigenschaften geostatistischer Verfahren führen zudem zu einer Reihe von Zielkonflikten, die nur vom Benutzer zu lösen sind und damit wiederum lediglich subjektiven Charakter tragen. Allenfalls kann angestrebt werden, durch den Versuch einer Begründung die Entscheidung nachvollziehbar zu machen und damit schließlich zu objektivieren.

Ebenso führt die fehlende Äquivalenz modellinterner Parameter mit denjenigen Parametern, die in der Natur realisiert sind – bedingt durch die Eigenschaft des Modells der *Idealisierung*, vgl. Abs. 4.5.6 und 5.4.3 –, zu einem Verlust der Einsetzbarkeit der kognitiven Fähigkeiten des Anwenders. Intuitive Schlüsse auf das Phänomen sind damit nicht oder nur noch eingeschränkt möglich. Hierzu trägt auch der lineare Ablauf des geostatistischen Modellierungsprozesses bei. Nachdem auf die beiden letztgenannten Punkte in Abs. 4.7 für den allgemeinen Fall der objektiven Modellierung eingegangen wurde, wurden diese Aspekte im Kapitel 5 mit deutlichem Bezug zur geostatistischen Schätzung hervorgehoben.

An Attraktivität gewinnen geostatistische Methoden jedoch durch die Möglichkeit der Anwendung iterativer Verfahren, die bislang durch den Modellkonstrukteur in eher intuitiver Weise eingesetzt wurden, deren Flexibilität und Einsatzfähigkeit durch Heranziehung objektiver Algorithmen jedoch deutlich gesteigert werden können. Dies gilt durch deren Vielseitigkeit besonders für geostatistische Verfahren. Da mit ihrer Anwendung jedoch nicht automatisch eine höhere Modellqualität erzielt wird, sondern vielmehr bei fehlerhaften Entscheidungen auch größere Abweichungen von der Realität zu erwarten sind, ist hierfür vom Anwender ein umfangreiches theoretisches Wissen zu fordern.

Im nächsten Kapitel sollen Anforderungen an baugeologische Modelle definiert und geeignete Gütekriterien zur Beurteilung ihrer Qualität aufgestellt werden. Der Fokus liegt auch hier auf der Anwendung geostatistischer Verfahren zur Baugrundmodellierung. Insbesondere ist zu prüfen, inwieweit geostatistische Verfahren in der Lage sind, diese Anforderungen zu erfüllen, und welche Aufgabenstellung hierbei dem Anwender zukommt.

Kapitel 6

Anforderungen an baugeologische Modelle und deren Erfüllbarkeit mittels geostatistischer Verfahren

6.1 Überblick

Fragen nach einer generellen Anwendbarkeit geostatistischer Verfahren zur Baugrund-modellierung oder nach den dort in verschiedenartiger Weise wirkenden Einflüssen des Anwenders können nicht beantwortet werden, ohne zuvor die an baugeologische Modelle gestellten Anforderungen zu beleuchten und deren Erfüllbarkeit mittels der geostatistischen Methoden zu überprüfen. Im vorliegenden Kapitel werden daher die von verschiedenen Seiten erhobenen, unterschiedlichen Forderungen nach einem „guten Modell" strukturiert. Dabei werden sowohl allgemeine modelltheoretische Gütekriterien verwendet als auch deutlich fachspezifischere naturwissenschaftliche und geologische Kriterien herangezogen. Eignung und Erfüllbarkeit dieser Kriterien auch zur geostatistischen Baugrundmodellierung werden geprüft und unter dem Gesichtspunkt des Anwendereinflusses diskutiert.

Unterschieden werden muss im Rahmen solcher Betrachtungen nach Gruppen von Gütekriterien, denen jeweils voneinander abweichende Bedeutung zukommt; sie werden daher in getrennten Abschnitten behandelt. Das Kapitel beginnt zunächst mit Ausführungen zu allgemeinen Gütekriterien, um dann in weiteren Abschnitten Nebengütekriterien und geologische Forderungen zu beschreiben. Verschiedentlich in vorangegangenen Teilen der Arbeit angesprochene Aspekte der Modellqualität werden in diesem Kapitel unter Verwendung eines geeigneteren Begriffsinventars erneut aufgegriffen. Die im Abs. 6.5 besprochenen Anforderungen setzen zudem die modelltheoretischen Ansätze aus früheren Abschnitten des Kapitels in die Terminologie der geowissenschaftlichen Fachinformation um.

Es zeigt sich im Allgemeinen, dass ein erheblicher Benutzereinfluss sowohl bei der Auswahl geeigneter Modellkriterien wie auch bei der Ausgestaltung entsprechend subjektiv geführter Nachweise vorhanden ist. Dieser kann jedoch besonders dann als zulässig betrachtet werden, wenn er sich auf objektive Informationen stützt.

6.2 Hauptgütekriterien naturwissenschaftlicher Modelle

Als Hauptgütekriterien zur Auswahl und Durchführung von wissenschaftlichen Untersuchungen werden Objektivität, Reliabilität und Validität genannt (z. B. LIENERT & RAATZ 1998). Sie bilden als universell anwendbare Kriterien das Fundament empirisch-wissenschaftlicher Arbeit. Die Übertragung dieser Kriterien auch auf den baugeologischen Modellierungsprozess ermöglicht die Verwendung feststehender, wohldefinierter und etablierter Begrifflichkeiten.

Jedes dieser drei aufeinander aufbauenden Kriterien kann unter verschiedenen Aspekten betrachtet werden (Abb. 6-1), denen zudem für geologische oder baugeologische Modelle unterschiedliche Relevanz zukommt. So unterscheiden etwa HÄCKER, LEUTNER & AMELANG (1998) hinsichtlich des Kriteriums der Objektivität nach Durchführungs-, Auswertungs- und Interpretationsobjektivität. Bezieht man dies auf den Anwendungsbereich der Erstellung baugeologischer Modelle, bedeutet ersterer Punkt die deutlich zu bevorzugende Anwendung rechnerischer Methoden und die Abkehr von der rein subjektiven manuellen Modellierung (Abs. 4.5.2). Vor diesem Hintergrund sind die geostatistischen Verfahren selbst zwar als objektiv zu bezeichnen, bedingen jedoch durch die notwendigen Entscheidungen einen ebenfalls subjektiven Benutzereinfluss, der sich damit gegenüber dem einer manuellen Modellierung lediglich verlagert. Dieser Punkt wird in Abs. 6.3 noch einmal aufgegriffen. Die Auswertungsobjektivität beinhaltet dagegen eine Reduktion des Spielraums bei der Überführung der Modellergebnisse in quantifizierte Aussagen. Sie fordert, die Bewertung anhand messbarer Variablen vorzunehmen, um diese dadurch möglichst anwenderunabhängig zu gestalten. Sie kann durch regelbasierte Ableitungen sichergestellt werden, die in diesem Falle von feststehenden Algorithmen gebildet werden. Eine Auswertungsobjektivität ist damit bei geostatistischen Verfahren gegeben, da sie stets quantitative Aussagen zulassen, die sich zudem durch Anwendung mathematischer Kriterien bewerten lassen (vgl. Abs. 7.4, 7.5). Von Interpretationsobjektivität ist dagegen zu sprechen, wenn gleiche Ergebnisse auch zu gleichen Schlüssen führen. Der Erhöhung der Interpretationsobjektivität ist eine vollständige Dokumentation des Argumentationspfades, der den Benutzer mit Blick auf die vom Modell erzeugten Ergebnisse zu einer bestimmten Interpretation veranlasst hat, sehr zuträglich (so auch Abb. 5-14, Abb. 6-2, Abb. 6-5).

Eine gelegentlich optional geforderte Konsequenzobjektivität kann im Rahmen einer baugeologischen Modellierung dadurch gewährleistet werden, dass in deren Vorfeld detaillierte und strenge Verhaltensregeln aufgestellt werden, die konsequent umzusetzen sind, wenn das Modellierungsergebnis bestimmte Aussagen erlaubt. Dadurch können die Unabhängigkeit der nachfolgenden Handlungen vom jeweiligen Benutzer sichergestellt und damit schließlich die Entscheidungen von der Person eines einzelnen Anwenders oder Modellerstellers entkoppelt werden. Eine solche Konsequenzobjektivität kann dann als gegeben angesehen werden, wenn die Handlungsregeln durch eine Gruppe von Experten unter Berücksichtigung aller ihnen zur Verfügung stehenden Informationen etabliert werden können und nicht ausschließlich durch den späteren Anwender oder den Ersteller des Modells selbst definiert werden (vgl. Abb. 5-16f, Abs. 6.4.1).

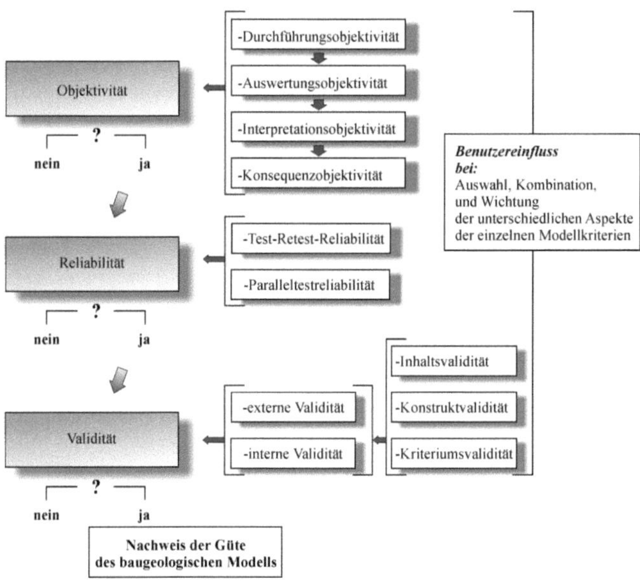

Abb. 6-1: Die aufeinander aufbauenden Hauptgütekriterien wissenschaftlicher Arbeit von Objektivität, Reliabilität und Validität nebst ihrer jeweiligen Teilaspekte und ihre Anwendung auf den Modellierungsprozess. Ein Benutzereinfluss besteht wegen der Unschärfe ihrer Definition und aufgrund der Anwendung auf geologische Systeme sowohl bei der Auswahl als auch bei der Durchführung des Nachweises ihrer Erfüllung.

Das zweite Kriterium wird durch die Reliabilität gebildet. Sie kann als formale und im Sinne der Berücksichtigung nur bestimmter anerkannter Methoden daher auch als korrekte Vorgehensweise beschrieben werden. Damit werden Zufallsfehler ausgeschlossen; die erneute Durchführung der Modellierung unter den gleichen Randbedingungen führt daher zu den gleichen Ergebnissen. Sie lässt sich damit als Reproduzierbarkeit umschreiben (z. B. CLAUSS & EBNER 1975) bzw. auch als Zuverlässigkeit der angewendeten Methodik begreifen. Erfasst werden hierdurch folglich lediglich Abweichungen zwischen den Modellen, nicht etwaige Abweichungen zwischen Modell und Realität. Die verschiedenen Aspekte der Reliabilität sind z. B. bei CARMINES & ZELLER (1979) oder LIENERT & RAATZ (1998) beschrieben und lassen sich teilweise durch Anwendung statistischer Tests quantifizieren (Retest-R., Paralleltest-R., Splithalf-R. u. ä., vgl. Abb. 6-1). Viele dieser Kriterien stellen lediglich einen bestimmten Zugang der Bewertung dar und sind keineswegs als komplementäre Aspekte aufzufassen. Den geostatistischen Methoden ist generell eine hohe Reliabilität zuzuschreiben, da die Verfahren ausschließlich auf festgelegten deterministischen Algorithmen basieren, während im Vorfeld der Modellierung, etwa bei Erkundung, Messung oder Beobachtung des Phänomens, die Reliabilität durch Auswahl und Anwendung dafür ungeeigneter Verfahren eingeschränkt sein kann. Vor diesem Hintergrund erübrigen sich Untersuchungen zur Reliabilität baugeologischer Modelle, wenn deren Eingangsdaten nicht durch den Ersteller des Modells erhoben wurden, sondern bereits in Datenbanken zur Verfügung stehen. Diese müssen dann als korrekt angenommen werden, ohne dass deren Herkunft oder Genauigkeit hinterfragt werden können.

Das dritte Kriterium, die Validität, erfasst, ob das modelliert wurde, was beabsichtigt war. Im Regelfall werden hier eine interne und eine externe Validität unterschieden (z. B. COOK & CAMPBELL 1979; Abb. 6-1). Unter ersterer wird die Gültigkeit der Methoden innerhalb des Auswertungsprozesses subsumiert. Demgegenüber beschreibt die externe Validität die Verallgemeinerbarkeit des Ergebnisses. Bei baugeologischen Modellen entspricht dies der Möglichkeit, von der Stichprobe auf die Grundgesamtheit schließen zu können (Abs. 5.2.3, vgl. prädiktive Modelleigenschaften in Abs. 5.4.3). Externe Validität kann auch dann angenommen werden, wenn durch Heranziehung der von KREUTER (1996) und MARINONI (2000) vorgeschlagenen Übertragungstabellen eine Anwendung der ermittelten Variogrammparameter auch in anderen Untersuchungsgebieten ermöglicht wird. Die in Abs. 5.2 besprochenen Eigenschaften ingenieurgeologischer Datensätze, besonders die bevorzugte Beprobung bestimmter Teilgebiete (*preferential sampling*, GOOVAERTS 1997a; vgl. AKIN 1983b), reduzieren zum Teil deutlich die Validität der aus einem geostatistischen Modell abzuleitenden Aussagen, ohne dass sich der Anwender dessen bewusst sein muss.

Unabhängig von dieser Zweiteilung (interne V., externe V.) werden häufig auch als verschiedene Aspekte der Validität die inhaltliche V. (Augenscheinvalidität, logische Validität), Konstruktvalidität und Kriteriumsvalidität differenziert (vgl. FEINSTEIN & CANNON 2001, SCHNELL, HILL & ESSER 2005; ähnlich SARGENT 1988, 1991). Versucht man, diese Begriffe auch auf den Bereich der baugeologischen Modellierung zu beziehen, so wird mit ihnen die Übereinstimmung mit bereits bestehenden und als anerkannt geltenden Modellvorstellungen (hierzu Abs. 6.4.3) oder die ausreichende Genauigkeit des Modells für den angedachten Anwendungsbereich (hierzu Abs 6.4.1) gefordert. Auch diese Prüfungen bieten lediglich sich ergänzende Möglichkeiten zur Überprüfung des Modells (SCHEUCH & ZEHNPFENNIG 1974). Gerade bei der Validität sind hiernach sowohl der Einfluss des Anwenders als auch die tatsächliche Eignung des Modells zu berücksichtigen.

Durch Erfüllung dieser drei Hauptgütekriterien können weder die Richtigkeit des baugeologischen Modells als Grad der Übereinstimmung mit der unbekannten Realität noch die

Nützlichkeit des Modells für den speziellen Anwendungsfall gewährleistet werden. Insbesondere lassen sie sich bei Anwendung auf das Modellergebnis nicht quantitativ anhand von Maßzahlen *be*schreiben; eher noch kann deren Nichterfüllung im Zuge des Modellierungsprozesses nachgewiesen werden, so ORTLIEB (2000). Die Kriterien können daher allenfalls durch den notwendigerweise subjektiv agierenden Ersteller des Modells qualitativ *um*schrieben werden, etwa in Bezug auf Übereinstimmungen bestimmter Teilaspekte des Modells mit den anwendereigenen Vorstellungen von der Realität, im Hinblick auf persönliche Erfahrungen oder geologische Regionalkompetenz. Hierfür können sowohl subjektive (d. h. qualitative, informelle; vgl. Abs. 6.4) wie auch objektive (d. h. quantitative und formale) Werkzeuge (vgl. Methoden in Abs. 7.4, 7.5) eingesetzt werden – erstere bevorzugt im Zuge der Modellierung, letztere am Ende der Modellierung (BARLAS 1996).

Darüber hinaus sollten die hier aufgeführten Kriterien nicht als strenge, definitiv zu erfüllende oder in die Modellierung umzusetzende Forderungen betrachtet werden. Vielmehr sind sie lediglich als Ansatzpunkte aufzufassen, mittels derer vergleichende Betrachtungen zwischen verschiedenen Modellen vorgenommen und eine Diskussion über die Qualität des ausgewählten Modells angeregt werden können.

6.3   Geostatistik als Mittel zur Gewährleistung der Intersubjektivität

Eines der Ziele der Entwicklung automatisierter Interpolations- und Visualisierungsmethoden und deren Anwendung auch auf geologische Systeme besteht in der Reduzierung des Benutzereinflusses (Abb. 6-2a) und in dem Versuch, die Entscheidungen des Anwenders zu objektivieren und damit überhaupt erst fassbar und erklärbar zu machen. Dies geschieht durch Zurverfügungstellung einer je nach Verfahren unterschiedlich großen Gruppe von in bestimmter Reihenfolge abzuarbeitenden und aufeinander aufbauenden Entscheidungspunkten (Abb. 5-13). An jedem dieser Punkte ist der Benutzer gefordert, eine Entscheidung über einen bestimmten, für das jeweilige Modellierungsverfahren charakteristischen Teilaspekt zu treffen. Diese Entscheidungen sollen primär auf den Eingangsdaten der Modellierung sowie auf benutzereigenem und objektivem Zusatzwissen basieren, sind sekundär jedoch auch mit Rücksicht auf den im Zuge der vorangegangenen Entscheidungen erreichten Modellierungsfortschritt zu treffen (Abb. 5-6, Abb. 5-10).

Völlige Objektivität als eines der fundamentalen Kriterien wissenschaftlicher Arbeit (vgl. Abs. 6.2) kann daher bei der Modellierung natürlicher Systeme nicht gefordert werden und erweist sich besonders dann nicht als lohnendes Ziel, wenn es sich um *offene Systeme* handelt (vgl. Abs. 7.2), bei denen nur ein vergleichsweise geringer Anteil an der Gesamtpopulation des zu modellierenden Phänomens bekannt ist und zudem die Anfangs- und Randbedingungen, die zur Genese dieser Population beigetragen haben, ebenfalls nur ansatzweise bekannt sind (Abs. 4.2). Überdies sind auch die im Rahmen der Erkundung des Phänomens vorgenommenen Beobachtungen und Messungen selbst unsicher und liefern daher nur einen mit einer nicht quantifizierbaren Unschärfe behafteten Beitrag zur Kenntnis des Systems. Dies gilt für die Modellierung des baugeologischen Untergrundes in besonderem Maße und findet seine Bestätigung auch durch die angestrebte Erstellung praxisnaher und problemorientierter

Modelle, die im Regelfall **nicht** der ausschließlichen Beschreibung des Untergrundes dienen, sondern vielmehr weiterverarbeitbar sein sollen (Abs. 6.4.1) und daher einer nur dem Ersteller des Modells bekannten und erst durch diesen in die Modellierung einzubringenden Zweckbindung unterliegen. Die geringe Zahl der über den Baugrund zur Verfügung stehenden Informationen fördert diese Subjektivität innerhalb der Schätzverfahren, so SCHÖNHARDT (2005). In gleicher Weise halten auch DEUTSCH & JOURNEL (1992) die effektive Nutzung der Subjektivität in der Modellierung des geologischen Untergrundes selbst bei Anwendung mathematischer Verfahren für erforderlich[16].

Subjektivität kann daher nicht pauschal mit einer bewussten und beabsichtigten Beeinflussung des Modellierungsergebnisses durch persönliche Voreingenommenheit oder durch die Interessen des Erstellers gleichgesetzt werden. Vielmehr sollen hierunter diejenigen Aspekte der individuellen Wahrnehmung des durch die Erkundung erfassten Realitätsausschnittes zusammengefasst werden, die den Benutzer zu Entscheidungen veranlassen, die auf Basis seiner bisherigen, bis zum Zeitpunkt der Modellierung angesammelten Kenntnisse getroffen werden. Dazu zählen die Kenntnis des Projektgebietes oder die der Modellierungsverfahren, insbesondere hier das Wissen um die Sensibilität des Modellergebnis bei Variation bestimmter Parameter. Im Allgemeinen können hierunter sämtliche Informationen zusammengefasst werden, die vom jeweiligen Anwender als Einflussfaktoren erkannt werden, ohne dass sich diese in den Eingangsdaten der Modellierung widerspiegeln müssen. Eine solche sinnvoll eingesetzte Subjektivität führt zu einer Einschränkung der möglichen Ergebnisse auf eine bestimmte Auswahl, bedeutet aber zumindest potenziell große Abweichungen zwischen Modellen unterschiedlicher Anwender sowie zwischen Modell und Realität.

Vollständig manuell erstellte geologische Modelle stellen damit das Ergebnis eines Höchstmaßes an Subjektivität dar (vgl. Abs. 4.5.3). Die Modellierung beruht hier weitgehend auf den kognitiven Fähigkeiten des Anwenders, die es ihm erlauben, ein allen Informationen gerecht werdendes Modell zu entwickeln. Diese eher intuitive Vorgehensweise hat sich in vielen Bereichen als geeignet erwiesen (Abb. 6-2b). Sie hat jedoch den Nachteil, dass Entscheidungen nicht genau erfassbar oder nachvollziehbar sind. Getroffene Entscheidungen sind durch den Anwender nicht zu quantifizieren, überhaupt nur selten objektiv begründbar und von Anderen, bspw. späteren Modellnutzern, nicht überprüfbar, da späterhin ausschließlich das Modellergebnis zur Verfügung steht. Trotzdem zeigt sich, dass mehrere Anwender bei diesen gleichen Voraussetzungen zu einem gleichen oder zumindest sehr ähnlichen Ergebnis kommen können. Der Erfolg einer solchen Modellierung – betrachtet man nur das Endergebnis – beruht also auf der Nutzung eben jener hochgradig subjektiven Komponenten.

Der Benutzereinfluss ist bei einer manuellen Modellierung allenfalls qualitativ zu beschreiben und entzieht sich weitgehend einer detaillierten Erfassung. Dem Anwender selbst ist es dabei nur selten möglich, seine komplexen Gedankengänge, die zur Erstellung gerade des vorliegenden Modells geführt haben, zu begründen und überprüfbar darzulegen, was im

---

[16] „It is the subjective interpretation ... that makes a *good* model; the data, by themselves, are rarely enough" (DEUTSCH & JOURNEL 1992).

Wesentlichen auf die typische Vorgehensweise bei der manuellen Modellierung zurückzuführen ist. Bei dieser werden sämtliche Informationen aus den Erkundungsdaten und aus benutzereigenem Vorwissen gleichzeitig betrachtet und beurteilt. Die Modellierung kann damit als Versuch einer ganzheitlichen Kommunikation der benutzereigenen Vorstellungen mit dem Ziel der visualisierten Abstraktion angesehen werden. Die modellhafte Darstellung ist letztlich als das Ergebnis lediglich einer einzigen Entscheidung aufzufassen ($n = 1$; Abb. 6-3a) bzw. als Gesamtheit aller einzelnen, aber nicht weiter aufschlüsselbaren Entscheidungen des Anwenders, die im Zuge des Modellierungsprozesses getroffen wurden. Dies schließt die Zusammenfassung von Schichtgliedern zu Schichten, die Korrelation verschiedener Bohrungen oder die Interpolation zwischen den Aufschlusspunkten ein. Sämtliche verfügbaren Daten unterliegen dabei einer benutzerspezifischen Interpretation und einer subjektiven Beurteilung ihrer Aussagefähigkeit. Ihnen wird jeweils unterschiedliche Relevanz für das Modell zugesprochen.

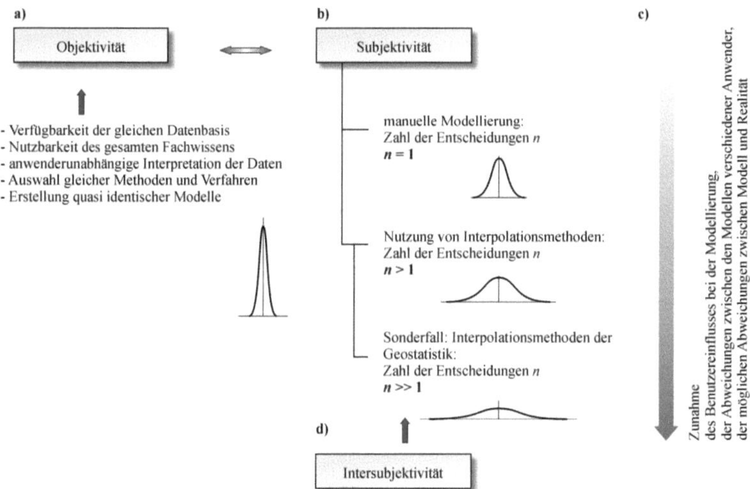

Abb. 6-2: Objektivität und Subjektivität von Modellierungsverfahren; Auswirkungen auf die Modellqualität; Intersubjektivität geostatistischer Verfahren als Sonderfall der Heranziehung von automatisierten Interpolationsmethoden.

Betrachtet man stattdessen das Prinzip einer automatisierten Modellierung, die stets auf steuernde Eingaben des Benutzers angewiesen sein wird (hierzu Abs. 5.2.1, vgl. auch Abs. 4.5.5, 5.4.1), so ergibt sich hier der Modellierungsprozess als Kette verschiedener, distinkter Entscheidungen, die nacheinander in feststehender Reihenfolge zu treffen sind (Abb. 5-13). Anzahl und Reihenfolge der Entscheidungen hängen von der gewählten Methode ab. Die einzelnen Entscheidungsebenen haben jeweils eine ganz spezifische Bedeutung für das endgültige Modell; das erstellte Modell wird dadurch zu einem speziellen Konstrukt aus einer großen Menge von alternativen Modellen (Abb. 6-3b). Anderen Anwendern ist es möglich, aufgrund abweichender persönlicher Erfahrungen oder Modellpräferenzen einen anderen Modellierungspfad zu wählen. Diese Überlegung scheint auch dadurch gerechtfertigt, dass das Modell nicht auf natürlichen, sondern allein auf künstlichen Parametern basiert, die lediglich innerhalb der gewählten Methode eine gewisse Bedeutung haben, die aber dadurch einen einfachen intuitiven (geologisch basierten!) Zugang erschweren und stattdessen die Betrachtung allein des idealisierten Modells fordern (Abs. 4.5.4, 4.7, 5.4.3).

Bei Nutzung von automatisierten Interpolationsverfahren steigt die Zahl der notwendigen Entscheidungen mit dem Grad der Komplexität der eingesetzten Methoden stark an, führt zu einer flexibleren und potenziell sogar besseren Modellierung, immerhin aber zu einer Interaktivität (vgl. Abs. 5.4.2), die die Überprüfung des Modellierungspfades erlaubt. Die tatsächliche Komplexität kann beispielsweise an der Zahl der zur Modellerstellung notwendigen Entscheidungen ($n > 1$) gemessen werden. Mit Einführung einer solchen verfahrenseigenen Interaktionsfähigkeit und -notwendigkeit (!) ist bei steigender Komplexität der eingesetzten Methoden mit einer Zunahme des Benutzereinflusses zu rechnen (Abb. 6-2c). Damit dürften auch Erwartungen an zunehmende Abweichungen zwischen Modellen verschiedener Anwender und Erwartungen an möglicherweise größer werdende Abweichungen zwischen den im Modell prognostizierten und den in der Realität vorhandenen Verhältnissen gerechtfertigt erscheinen (vgl. Abb. 5-16e, f). Im Zuge der Betrachtungen zur Modell- und Systemkomplexität ist dies bereits in Abb. 4-14 (④, ⑥, ⑩) dargestellt worden.

Einen Sonderfall unter den Interpolationsmethoden stellen hier die Methoden der Geostatistik dar. Mit ihnen steht erstmals ein automatisiertes Modellierungswerkzeug zur Verfügung, das eine erhebliche, weit über das bisherige Maß hinausgehende Einflussnahme ermöglicht und mehr noch, diese Entscheidungen ($n \gg 1$) nicht nur optional zur Verfügung stellt, sondern zum rechnerischen Ablauf der Algorithmen vom Anwender abverlangt. Mithin sind die Entscheidungen bereits allein aufgrund ihrer Vielzahl wesentlich detaillierter und haben einen vom Benutzer oft nicht mehr deutlich wahrzunehmenden Einfluss auf das Modell (Abb. 6-2d). Zu den wichtigsten Entscheidungen zählen die Anpassung durch isotrope *oder* anisotrope Funktionen, die Festlegung von Anzahl und Typen der Variogrammmodelle sowie die Werte der Parameter der einzelnen Variogrammmodelle, wie beispielsweise Reichweite, Schwellenwert usw. (GOOVAERTS 1997a). Diesen Optionen wird daher in Kap. 8 vermehrt Aufmerksamkeit zu schenken sein.

Die Möglichkeit der Interaktion von Mensch und Modellierungssystem (SIEHL 1993) und damit die Anpassung des Modells an die benutzereigenen Vorstellungen wurden bereits früh als einer der wesentlichsten Pluspunkte der Geostatistik angesehen (z. B. DOWD 1973, RENDU 1980a). Ähnlich argumentieren KNOSPE (2001), wenn er die Flexibilität und Adaptierbarkeit der geostatistischen Verfahren hervorhebt, und SCHÖNHARDT (2005), der die Anwendung statistischer Methoden als Möglichkeit sieht, Aussagen transparenter und objektiver zu gestalten. Dies gilt besonders dann, wenn eine ansprechende Visualisierung des Modells (vgl. Abs. 5.3.2) für Transparenz sorgt und somit die Voraussetzungen für Akzeptanz schafft (LINNENBERG & WEBER 1992, BONHAM-CARTER & BROOME 1998).

Entscheidungen des Anwenders werden zwar auch in der manuellen und rein subjektiven Modellierung erforderlich; diese bietet jedoch keine Möglichkeit der Erfassung der Entscheidungen, da das Modell gewichtet aus allen zur Verfügung stehenden Daten in einem ganzheitlichen Ansatz und damit also heuristisch erstellt wird – immer mit dem Blick auf den Modellzweck und im Wissen um die Subjektivität dieser Prozedur. Im Gegensatz dazu fehlt oft das Bewusstsein für die Subjektivität bei Entscheidungen innerhalb des Modellierungspfades der Geostatistik (Abb. 6-3b). Hier erfolgt im Allgemeinen nicht der Blick auf das Modellziel und die Gesamtsituation von Datenumfang und -dichte sowie lokalgeologischen Verhältnissen. Eine solche Sichtweise, die sich bei einer manuellen Modellierung als ausgesprochen vorteilhaft erweist, wird schließlich auch dadurch behindert, dass der Anwender stets aufs Neue einzelne Entscheidung treffen muss, die in linearer Abfolge von ihm verlangt werden. Die Einbringung geologischen Sachverstandes wird dadurch erschwert; kognitive Fähigkeiten können nur schwer eingesetzt werden.

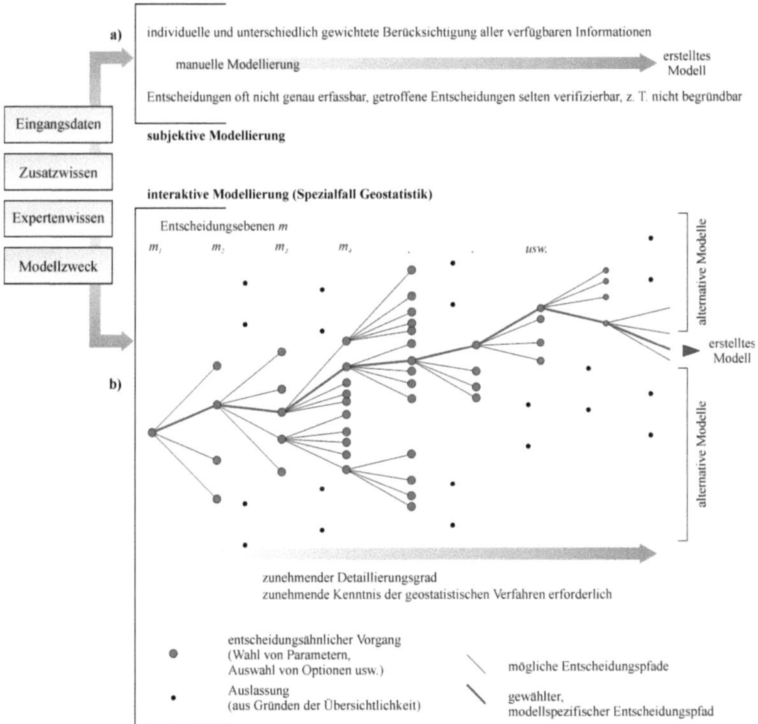

Abb. 6-3: Schematische Darstellung des Ablaufes von manueller Modellierung und interaktiver Modellierung; Entscheidungsbaum als Sonderfall der Heranziehung geostatistischer Methoden.

Dieses hierarchische Prinzip erlaubt zwar die genaue Erfassung aller einzeln zu treffenden Entscheidungen (Abb. 5-14), wenn dies durch entsprechende softwaretechnische Umsetzung erlaubt wird (vgl. Abb. 5-13). Bei den im Zuge des Modellierungsablaufes festzulegenden Werten von Parameter oder den auszuwählenden Optionen handelt es sich jedoch nicht um Eigenschaften der Natur, sondern ausschließlich um solche des Modells, die sich zum Teil nicht einmal ansatzweise mit denen der Natur parallelisieren lassen (vgl. Abs. 4.7). Die kognitiven Fähigkeiten des Anwenders, die im Regelfall als maßgeblich für eine erfolgreiche manuelle Modellierung angesehen werden (Abs. 4.5.2, 4.5.3), können hier nicht wesentlich zur Qualität des Modells beitragen. Dadurch wird es dem Anwender geostatistischer Verfahren einerseits erschwert, Entscheidungen zu treffen, etwa über die Parameter- oder Variogrammmodellwahl (Abs. 3.5.3, Kap. 8), und auch andererseits, objektive Begründungen hierfür zu geben. Auf dieses Dilemma hat bereits ROYLE (1980) hingewiesen. Demnach kann zwar die Erstellung guter geologischer Modelle auf vollständig subjektiver Basis erfolgen. Sie sind dann jedoch weder überprüfbar noch reproduzierbar. Insofern stellt die Geostatistik wenigstens den Versuch dar, die intuitive Vorgehensweise einer manuellen Modellierung auf eine feste theoretische Basis zu stellen.

Vor diesem Hintergrund ist die Gruppe der geostatistischen Verfahren zwar als objektiv zu bezeichnen, wenn man hierfür berücksichtigt, dass sie auf strengen und einfachen Algorithmen basiert (vgl. Abs. 3.5.4f.), die zudem relativ sicher in Rechnerprogramme umgesetzt werden können (Abs. 5.4.2). Mit Blick auf den hier erneut notwendig werdenden Benutzereinfluss lassen sie sich jedoch nicht mehr als objektiv auffassen. Vielmehr lassen sich die Verfahren und damit auch die aus ihnen resultierenden Modelle lediglich als intersubjektiv nachvollziehbar bezeichnen, und das auch nur, sofern die Auswahl der Parameter bzw. der Optionen vollständig dokumentiert worden ist und diese auch begründet werden kann. Das heißt, einzelne Modelle sind überprüfbar sowie reproduzierbar; verschiedene Anwender können also unter denselben Voraussetzungen zu den gleichen Ergebnissen gelangen.

Insofern lassen sich die Interaktivität komplexer Verfahren und die daraus erwachsende mögliche Intersubjektivität als notwendige Anforderungen an die Erstellung guter baugeologischer Modelle betrachten. Durch ihre Gewährleistung ist zumindest theoretisch die Anpassung des Modells an die Daten selbst, an das Ziel und den Zweck der Modellierung und die damit einhergehenden Vorstellungen des Benutzers möglich, wie es für rein objektive Verfahren und für rein subjektive Modellierungen nicht der Fall ist. Eine korrekte Umsetzung dieser Informationen in die Modellierung würde jedoch eine vollständige Kenntnis der Auswirkungen aller methodeneigenen Parameter auf das Modellergebnis erfordern. Ist dies nicht gegeben, besteht die Gefahr, dass der Benutzer den Einfluss der detaillierten Einzelentscheidungen auf das Modellergebnis verkennt. Mithin wird die Subjektivität einer vollständig manuellen Modellierung nicht umgangen, sondern lediglich auf eine Vielzahl distinkter Entscheidungen verlagert (vgl. Abb. 6-3b). Dies erlangt besondere Bedeutung bei der in Abs. 6.4.1 angesprochenen Anwendung der Geostatistik durch neue Benutzergruppen und mit der stetig zunehmenden Zahl neuer Varianten der geostatistischen Verfahren (vgl. Abs. 3.5.5). Das vermeintlich anzustrebende Ziel einer zu steigernden Interaktivität durch die Zurverfügungstellung einer immer größeren Zahl an Parametern und Optionen und die Entwicklung neuer Verfahren ist in dieser Hinsicht durchaus kritisch aufzufassen.

Das Prinzip interaktiver Modellierungssysteme und die dadurch gewährleistete Intersubjektivität können demnach nur dann als vorteilhaft angesehen werden, wenn der Anwender tatsächlich mit absoluter Sicherheit eine begründbare Entscheidung für jeden einzelnen Parameter treffen könnte. Das vorteilhafte Prinzip der linearen Abfolge von Einzelentscheidungen schlägt jedoch fehl, wenn der Anwender bei einer vollständig manuellen Modellierung das

Gesamtmodell auf Basis einer umfassenden und intuitiv begründeten Entscheidung schaffen würde, die zwar in der Regel nicht nachvollziehbar, oft jedoch richtiger sein kann.

6.4   Nebengütekriterien

6.4.1   Die Problemadäquatheit des Modells

Deutlicher noch als durch Berücksichtigung der in den Abs. 6.2 und 6.3 genannten Kriterien kommt eine hohe Modellqualität durch dessen zielgerichtete Erstellung zum Ausdruck (KRUMBEIN 1970). Die Modellqualität – unabhängig von ihrer tatsächlichen Bestimmbarkeit – ist damit nicht etwa eine absoluter Begriff, sondern wird zu einer spezifischen Eigenschaft eines jeden Modells, bezogen auf die an das Modell gestellten Forderungen. So fassen auch LIGGESMEYER *et al.* (1998) und BRAUN (2000) die Modellqualität als Gesamtheit derjenigen Merkmale des Modells auf, die seine Eignung zur Erfüllung einer konkreten Aufgabe beschreiben. Das Vorhandensein einer solchen Eigenschaft, also die Nutzbarkeit oder Nützlichkeit des Modells für den angedachten Einsatzzweck, kann als Problemadäquatheit bezeichnet werden. Nach dieser Definition ist ein geeignetes Modell ein solches, dessen Einsatz aufgrund seiner internen Eigenschaften für den angedachten Zweck möglich ist, unabhängig von der Qualität der darin getroffenen Aussagen. Vor diesem Hintergrund müssen sich die Bestrebungen zur Erstellung eines problemadäquaten Modells einerseits und eines „korrekten" Modells andererseits (vgl. Abs. 5.4.2) nicht zwangsläufig in Einklang bringen lassen. Anders als frühere Autoren, die – gerade mit dem Aufkommen mathematischer Modellierungssysteme – eher die Validität und Reliabilität eines Modells in den Vordergrund stellten, wird die Zweckgebundenheit des Modells heute hervorgehoben und als vorrangiges Ziel betrachtet (z. B. ANDRIENKO & ANDRIENKO 2006). Ein solcher Paradigmenwechsel ist zum Teil sicherlich auch aus der sich langsam herausbildenden Einsicht erwachsen, dass auch die Anwendung komplexer Methoden keine Gewähr für ein korrektes Modell bieten kann (hierzu REFSGAARD & HENRIKSEN 2004, ORESKES, SHRADER-FRECHETTE & BELITZ 1994), zumal wenn es sich bei dem Untersuchungsgegenstand um geologische Systeme handelt (vgl. Abs. 7.2).

Die Problemadäquatheit des Modells (bzw. Handlungsorientiertheit, vgl. PETERS 1998) ergibt sich neben dem Einsatzzweck auch aus der Nutzergruppe als Kreis derjenigen Personen, die späterhin das Modell einsetzen werden (hierzu Abs. 6.4.2). Wie der Einsatzzweck bzw. das Anwendungsziel selbst ist auch die Nutzergruppe im Vorfeld der Modellierung festzulegen. Dabei ist zu beachten, dass Nutzergruppe und Einsatzzweck des Modells korrespondieren können, etwa wenn in bestimmten Nutzergruppen eine Präferenz für den zielgerichteten Einsatz nur bestimmter Modelltypen mit sich deutlich von anderen Modelltypen unterscheidenden Eigenschaften besteht (Abs. 3.6.1). So kann beispielsweise dem lokalen Schätzwert oder der im Modell verbleibenden Unsicherheit das größere Interesse gelten.

Auch Problemadäquatheit und Zielgruppenorientiertheit eines Modells sind nicht anhand von leicht zu berechnenden Maßzahlen zu bestimmen, sondern können nur durch eine personenspezifische Beurteilung überprüft werden, in deren Folge das Modell entweder als geeignet angenommen *oder* als nicht geeignet abgelehnt wird. Diese Entscheidung kann durch den Ersteller des Modells nach Fertigstellung oder im Rahmen der Übergabe des Modells an den späteren Nutzer durch Anwender und Ersteller gemeinsam erfolgen (REFSGAARD & HENRIKSEN 2004), wobei bereits im Zuge der Modellierung auf die Gewährleistung der Problemadäquatheit hinzuwirken ist. Die dafür notwendigen Teilkriterien sind im Vorfeld festzulegen und gegebenenfalls im Laufe der Projektentwicklung anzupassen (Abb. 6-4). Die damit wiederum notwendig werdende Entscheidung über die Annahme des Modells könnte durch Befragung verschiedener Experten in ihrer Subjektivität gedämpft und durch Angabe einer Streubreite zwischen den Einzelaussagen ähnlich der in Abs. 6.3 beschriebenen Weise gewissermaßen objektiviert werden.

Die Problemadäquatheit eines baugeologischen Modells kann durch eine Reihe von Teil-aspekten beschrieben werden. Im Vordergrund steht hierbei die Festlegung der notwendigen Komplexität des Modells (z. B. BASCOMPTE & SOLÉ 1995). Komplexität kann dabei ver-standen werden als Vielzahl der für das Modell zu verwendenden Parameter bzw. als Vielzahl der Wechselwirkungen zwischen den Parametern (LORENZ 2005) oder als Schwierigkeit der korrekten Bestimmung der Parameter oder ihrer Beziehungen (vgl. Abs. 4.7, 5.2.1, 5.4.3). Die Komplexität eines Modells ist folglich nicht allein ursächlich auf eine etwaige Komplexität der Geologie zurückzuführen (Abs. 4.5.5), sondern auch von der angestrebten Verwendung des Modells abhängig. Prinzipiell ist es damit möglich und z. T. notwendig, das Modell kom-plexer zu gestalten, als es aus der Kenntnis allein der Erkundungsdaten zu erwarten wäre (vgl. etwa Abs. 7.2 und besonders Abs. 4.7).

Konträr hierzu ist die Forderung nach der Simplizität des Modells zu sehen, da das bau-geologische Modell Abstraktion und Simplifikation der Realität sein soll (so auch Abs. 4.5.2ff.), wodurch neue Erkenntnisse über die geologischen Strukturen gewonnen werden sollen (Abs. 5.4.3, Abb. 5-15, Abb. 5-16). Bezüglich der Einfachheit gilt hier das Sparsamkeitsprinzip, nach dem von mehreren möglichen Theorien, die den gleichen Sach-verhalt beschreiben, die einfachste vorzuziehen ist, also diejenige, zu deren Erfüllung die wenigsten Annahmen zu treffen sind (*OCCAM's razor*, vgl. HOFFMAN & NITECKI 1987, GARDNER & O'NEILL 1991). Wenn sich hiernach die Vorhersagen gut an die Daten anpassen lassen, gibt es folglich keinen Grund, zusätzliche Komplexität einzuführen (vgl. *conjunction fallacy*; Abs. 4.7). Das Sparsamkeitsprinzip erlaubt jedoch weder eine Aussage über die Gültigkeit von Modellen, noch lassen sich daraus Aussagen über deren Wahrscheinlichkeit ableiten. Es zeigt lediglich einen Weg auf, wie man zu einfachen und wirksamen Erklärungen gelangen kann. Die Wahl des Modells nach einer heuristischen Methode, bspw. bei der voll-ständig manuellen Modellierung (vgl. 4.5.3, 6.3), führt oft zwangläufig zu plausiblen und validen Modellen unter Beachtung des Sparsamkeitsprinzips, während die Anwendung von automatischen Modellierungssystemen eher zur Schaffung komplexer Modelle tendiert. Soll dieser notwendige Kompromiss nicht vollständig subjektiv entschieden werden, könnte auf verschiedene Modellauswahlkriterien zurückgegriffen werden (z. B. AIC, AKAIKE 1970; SIC SCHWARZ 1978). Eine vergleichende Darstellung dieser und anderer Indizes gibt LORENZ (2005).

Die Problemadäquatheit eines baugeologischen Modells ist außerdem durch dessen Auswahl zur Strukturanalyse *oder* zur Interpolation zu gewährleisten (Abb. 3-11). Der den geostatistischen Methoden eigene Vorteil liegt darin, dass prinzipiell beiden Aspekten Aufmerksamkeit geschenkt werden kann, wobei die letztliche Wichtung der beiden Ansätze dem Benutzer vorbehalten bleibt. Eine gleichermaßen beide Teilaspekte berücksichtigende Vorgehensweise erscheint mit Blick auf deren bereits in den Abs. 3.6.1, 4.7 und 5.4.3 angesprochene gegenläufige Zielstellungen nicht möglich. Im Hinblick darauf ist vorab festzulegen, ob das Modell tatsächlich einer Prädiktion neuer Daten dienen soll oder ob das Ziel lediglich in der bestmöglichen Reproduktion der bekannten Daten liegt. Der Zweck eines baugeologischen Modells besteht folglich entweder in der Ermöglichung neuer Aussagen und damit in der Erlangung eines echten Erkenntnisfortschritts (vgl. Abs. 4.5.1, 5.3.4) *oder* in der Kommunikation und damit der Verbreitung von Fachwissen sowie der Vorstellungen des Erstellers (hierzu Abs. 4.5.4, 5.3.2, 5.4.2). Auch hier ist eine begründete Entscheidung für die Höhergewichtung einer diesen beiden Aspekte nur im Hinblick auf den Modellzweck und die Nutzergruppe möglich. Wenngleich auch für den externen Betrachter das Modell sich wohl vermeintlich unter beiden Aspekten nutzen ließe und gerade subjektive Modelle für eine gleichzeitige Nutzung geeignet erscheinen, muss doch angemerkt werden, dass bei der Heranziehung rechnerischer Algorithmen zur Modellierung eine Übergewichtung einer der beiden Aspekte zu erfolgen hat (vgl. Abb. 5-16b). Das endgültige Modell wird daher stets als Kompromiss zwischen den beiden Modellanforderungen aufzufassen sein.

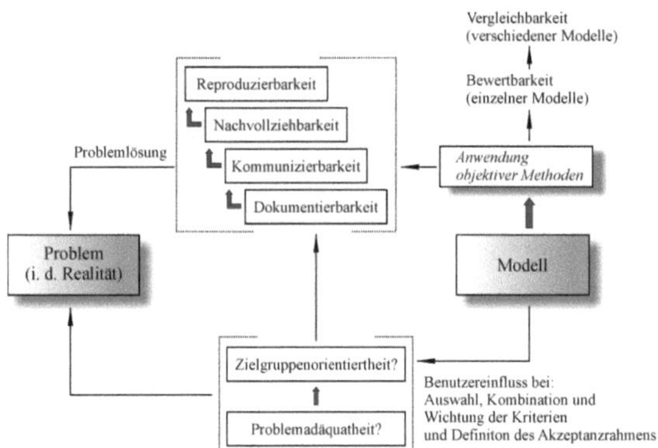

Abb. 6-4: Teilaspekte der Problemadäquatheit und angrenzende Kriterien.

Einhergehend mit der Problemadäquatheit lässt sich bei Anwendung objektiver Methoden aber zumindest die Dokumentierbarkeit des Modells gewährleisten, in deren Folge reale Problemlösungen leichter nachvollzogen und kommuniziert werden können (Abs. 5.4.2). In gleicher Weise sind auch die mit der Geostatistik geschaffenen Bewertungsmöglichkeiten (Kreuzvalidierung, Krigevarianz u. a., Kap. 7) zu verstehen. Sie sollen nicht etwa definitive Aussagen zur Modellqualität gestatten; sie sind vielmehr lediglich als Ansatzmöglichkeiten zu vergleichenden Modellbetrachtungen und zur Modellselektion zu verstehen, die ihrerseits wiederum nach unterschiedlichen Aspekten erfolgen können. Dadurch, dass sie konkrete quantitative Maßzahlen liefern, tragen sie unabhängig von deren tatsächlicher Relevanz und Aussagekraft deutlich zur Kommunizierbarkeit des Modells bei, erhöhen damit dessen Nachvollziehbarkeit und fördern so auch die Akzeptanz des Modells (EISENACK, MOLDENHAUER & REUSSWIG 2002).

6.4.2   Nutzen und Nutzer von Baugrundmodellen

Mit dem Übergang vom Industrie- zum Informationszeitalter (CULSHAW 2003) werden geologische Modelle sowohl neuen Aufgaben dienen als auch auf neue Benutzergruppen zugeschnitten werden müssen. Dies resultiert zum einen aus der zunehmenden Nutzung des oberflächennahen geologischen Untergrundes, dessen Bedeutung für die Industriegesellschaft in jüngster Zeit mehrmals deutlich herausgestellt wurde (z. B. HINZE, SOBISCH & VOSS 1999 ROSENBAUM & TURNER 2003b, TURNER 2003b). Dies gilt umso mehr für den durch bauliche Maßnahmen geprägten städtischen Untergrund. Dazu gehören Ver- und Entsorgungseinrichtungen, Untergrundspeicher sowie Anlagen zur Grundwasser- oder Erdwärmegewinnung (vgl. THIERBACH 1998 für Berlin).

Die zunehmende Bedeutung geologischer Modelle und ihr vielfältiges Potential gehen zum anderen mit einer Ausweitung der Nutzung vorhandener geologischer Modelle und mit dem Erscheinen neuer Nutzergruppen einher, die in hohem Grade fachfremd sind und die für ihre Zwecke bislang oft ausschließlich auf andere Werkzeuge zurückgegriffen haben. Die nun erfolgende Heranziehung auch geologischer Modelle basiert zum einen auf der Erkenntnis der Bedeutung des geologischen Untergrundes für die jeweilige Nutzergruppe aber auch auf dem Bestreben, multifunktionale Werkzeuge zu nutzen, die transparente und „möglichst objektive" Aussagen ermöglichen (RENGERS *et al.* 2002). Als zukünftige neue Nutzer geologischer Modelle sind etwa Banken und die Versicherungswirtschaft (z. B. FORNEFELD & OEFINGER 2002, CULSHAW 2003, TURNER 2003b) sowie die Telekommunikationswirtschaft zu nennen. Vermehrten Einsatz werden die geologischen Modelle u. a. auch bei Ver- und Entsorgungsunternehmen, in der öffentlichen Verwaltung, bei Umweltschutzbehörden, Bau- und Energieunternehmen finden (EVANS 2003). Auch Bohrunternehmen, Konstruktionsfirmen sowie Planer und Entwickler werden vermehrt auf geologische Modelle zurückgreifen müssen (GROOT & KOSTERS 2003, VAN WEES *et al.* 2003, vgl. Abs 3.6.2).

Der Anwender erhofft sich bei der Nutzung dieser Modelle zumeist Unterstützung im Sinne einer Entscheidungsfindung. Das baugeologische Modell stellt dann ein greifbares, objektives Konstrukt dar, anhand dessen seine Entscheidung begründet und damit gegenüber anderen Beteiligten legitimiert werden kann. Die Ansprüche und Erwartungen der Nutzer an Fähigkeiten und Aussagekraft des Modells variieren mit dem Einsatzzweck, sind jedoch stetig wachsend. Festzustellen ist, dass wegen des notwendigen Einsatzes zur Entscheidungsfindung durch neue Nutzer diese neuen Modelle insbesondere in Bezug auf Nachvollziehbarkeit, Transparenz und Vollständigkeit erstellt werden müssen. Das schränkt die Auswahl möglicher anwendbarer Verfahren ein und fordert im Speziellen unmittelbar die Heranziehung automatisierter Methoden. Zudem wird im Allgemeinen eine verständliche und anschauliche Präsentationen der Ergebnisse verlangt (GENSKE, GILLICH & NOLL 1993, vgl. Abs. 5.3.2).

In Abhängigkeit davon, ob dem Nutzer nur ein für seine Zwecke geeignetes Modellierungswerkzeug an die Hand gegeben oder ein fertiges Modell präsentiert werden soll, bestehen unterschiedliche Aufgaben (Abb. 6-5): Ist lediglich die Auswahl von für die jeweilige Nutzergruppe geeigneten Modellierungswerkzeugen erforderlich, ist es Aufgabe der Ingenieurgeologie, entsprechende Modellierungswerkzeuge bereitzustellen bzw. vorhandene Möglichkeiten auf ihre Einsetzbarkeit und auf die Erfüllung der nutzerspezifischen Anforderungen hin zu prüfen sowie etwaige Anpassungen vorzunehmen.

Sollen dagegen komplette Modelle entwickelt werden, sind diese nach fachspezifischen Kriterien unter Berücksichtigung der jeweiligen Eigenschaften der zu verwendenden Daten (Abs. 5.2) zu erstellen und gemäß entsprechender Kriterien zu bewerten. Zusätzlich ist für die laufende Aktualisierung des baugeologischen Modells und dessen Implementierung in Entscheidungsunterstützungssysteme (DSS, vgl. Abs. 5.4.1) Sorge zu tragen.

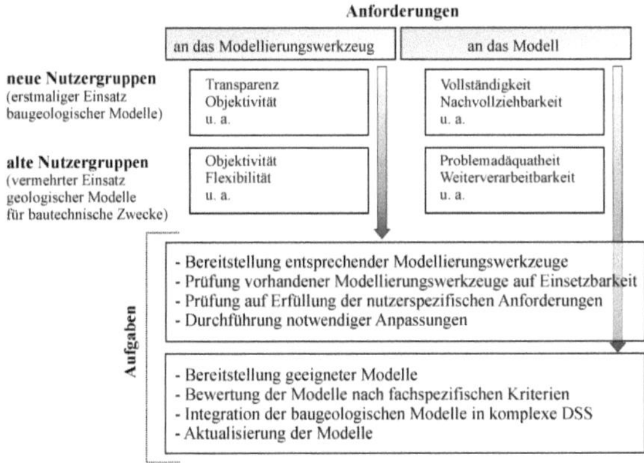

Abb. 6-5: Nutzerspezifische Anforderungen an Modellierungswerkzeug und Modell, differenziert nach neuen Nutzergruppen (erstmaliger Einsatz baugeologischer Modelle) und alten Nutzergruppen (vermehrter Einsatz geologischer Modelle für bautechnische Zwecke).

Mit Blick auf die Geostatistik bedeuteten diese Forderungen zum einen die Auswahl geeigneter Modellierungs- und Interpolationsverfahren, zum anderen auch die Erstellung von den Anforderungen hinreichend genügenden Modellen. Nach Festlegung auf ein bestimmtes Modellierungswerkzeug kann man Letzterem nur durch sorgfältige Auswahl der zur Verfügung gestellten Optionen und Parameter gerecht werden (hierzu Abs. 5.4.2, 6.3, im Detail Kap. 8).

Sowohl die Umsetzung der Anforderungen an das Modellierungswerkzeug als auch die Erfüllung der Forderungen an das Modell ermöglichen und bedingen einen nicht zu umgehenden Benutzereinfluss. Vielmehr können nur im Gespräch mit den zukünftigen Nutzern die jeweiligen Prioritäten bei der Modellierung herausgearbeitet und als Beitrag bei der Modellentwicklung sinnvoll eingesetzt werden. Die Frage nach der tatsächlichen Qualität des Modells bleibt hiervon unberührt und ist erst mit den in Kap. 7 behandelten Kriterien zu beantworten.

6.4.3   Die Berücksichtigung geologischen Vorwissens

Neben den in Abs. 6.2 beschriebenen und nur unscharf definierten Kriterien der allgemeinen Modellbeschreibung, die stark generalisierte Ansprüche an die Güte naturwissenschaftlicher Modelle stellen, ist für den Bereich der Baugeologie als deutlich pragmatischere Forderung die Berücksichtigung vorhandenen geologischen Basiswissens und lokalspezifischer Kenntnisse zu nennen. Dieses Kriterium wird als Plausibilität (z. B. RÜBER 1988) bezeichnet[17] und kann als Maß der Richtigkeit oder Stimmigkeit des erstellten Modells oder als Grad der Übereinstimmung mit bereits bestehendem Vorwissen aufgefasst werden. Die Plausibilität gibt damit an, wie glaubwürdig das Modell im Rahmen eines Vergleiches mit dem zumeist nur in abstrakter Form vorliegenden Vorwissen ist (vgl. *believability*, PEGDON, SHANNON & SADOWSKI 1995). Insbesondere ist zu prüfen, ob das Modell mit den bekannten Prinzipien von Sedimentation, Erosion, Stratigraphie und Tektonik im Einklang steht (HINZE, SOBISCH & VOSS 1999). Zusätzlich sind Kenntnisse über regionale Strukturen, deren Größe über das jeweilige Untersuchungsgebiet hinausgeht und die im Rahmen einer Erkundungskampagne nicht erkannt werden könnten (KÜHL 1991, SIEHL 1988, 1993), sowie geologisches Prozesswissen in die Modellierung zu integrieren. Diese Ansprüche gelten auch für geostatistische Modelle (vgl. STEPHENSON & VANN 2001), da diese quantitative, reproduzierbare Ergebnisse erzeugen, die vorrangig als Eingangsdaten numerischer Modelle dienen könnten (Abs. 5.3.3) und nur selten eine rein deskriptive Darstellung der Geologie bieten sollen.

Im Unterschied dazu werden bei BRAUN (2000) unter dem Begriff der Plausibilität alle Eigenschaften des Modells zusammengefasst, die dessen Verständlichkeit und Anschaulichkeit fördern. In diesem Sinne weist der Begriff also nicht auf die tatsächliche Stimmigkeit des Modells hin, sondern vielmehr auf die Überprüfbarkeit des Modells hinsichtlich seiner Glaubwürdigkeit. Nach dieser Deutung des Begriffes wird durch bestimmte verfahrens- und modellspezifische Aspekte (farbige Darstellungen, dreidimensionale Modelle, beliebige Schnittführungen, Abs. 5.3.2) zwar die grundsätzliche Verständlichkeit eines geologischen Modells gesteigert, jedoch lassen sich hieraus keine Aussagen über die Realitätsnähe oder die darin erfolgte Berücksichtigung des Vorwissens ableiten. Auch scheint die Plausibilität in dieser Definition hinsichtlich der Kompliziertheit der Untersuchungsobjekte (vgl. Abs. 5.3, 6.5.3) und des Umfangs des erforderlichen Vorwissens des Bearbeiters lediglich eine notwendige Voraussetzung zu sein, die allein nicht hinreichend ist. Komplexere Modelle fördern damit grundsätzlich ihre Prüfbarkeit, während bei einfacheren, z. B. manuell erstellten baugeologischen Modellen eine Aussage über die Plausibilität oft nicht möglich erscheint.

Im Einzelnen lassen sich hinsichtlich der Plausibilität zwei sich ergänzende Aspekte unterscheiden, die als interne bzw. als externe Konsistenz bezeichnet werden können (andere

---

[17] Unabhängig von dieser Bedeutung wird der Begriff der Plausibilität häufig auch zur Bewertung allein der rechnerischen Qualität des Modellierungsergebnisses verwendet. So wird etwa bei CARRERA *et al.* (2005) Werten, die innerhalb des Konfidenzintervalls liegen, Plausibilität zugesprochen; ähnlich auch bei POST (2001). Da diese Eigenschaften jedoch deutlicher und besser mit bestimmten Aspekten der Validität erfasst werden können (vgl. Abs. 6.2), sollte der Begriff der Plausibilität der Umschreibung der vom Anwender wahrgenommenen subjektiven Übereinstimmung von Modell und Realität vorbehalten bleiben.

Differenzierungen bei JONES & HAMILTON 1992, SIEHL 1993, ELFERS *et al.* 2004). Erstere lässt sich als innere Widerspruchsfreiheit des Modells auffassen (Abb. 6-6b). Sie kann bei baugeologischen Modellen dann als gegeben angesehen werden, wenn die im Modell repräsentierten Teilobjekte gleiche Ordnungsrelationen wie die Objekte des realen Systems aufweisen und das Modell keine Wirkmechanismen beinhaltet, die nicht grundsätzlich auch im System ausgeprägt sein könnten (vgl. Abb. 4-9). Anschauliches Beispiel dafür ist die in Abs. 6.5.2 diskutierte notwendige Überschneidungsfreiheit geologischer Schichten.

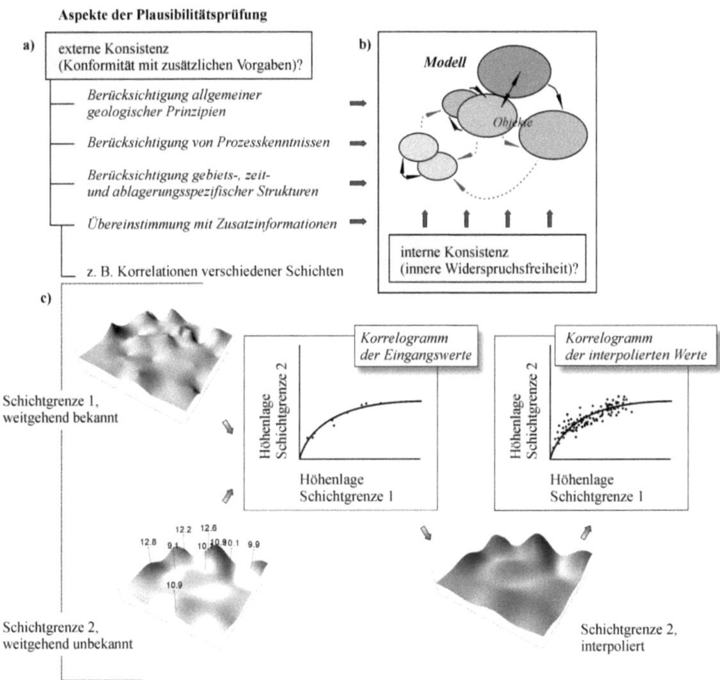

Abb. 6-6: Aspekte der Plausibilitätsprüfung durch Berücksichtigung geologischen Vorwissens, a): Prüfung auf externe Konsistenz durch Nachweis der Berücksichtigung geologischer Prinzipien, von Prozesskenntnissen u. ä.; b): Prüfung auf interne Konsistenz des Modells (Nachweis der Einhaltung der Ordnungsrelationen der Objekte im Modell); c): Gewährleistung bekannter Korrelationen von Parametern auch im erstellten Modell als Beispiel der Übereinstimmung mit Zusatzinformationen, schematisch.

Demgegenüber gewährleistet die Einhaltung der externen Konsistenz die Konformität mit geologischem Vorwissen (Abb. 6-6a). Gerade letzterer Teilaspekt erlaubt und bedingt eine erhebliche Einflussnahme des Anwenders auf das Modell. Gütebeschreibungen unter dem Aspekt der externen Konsistenz widerspiegeln jedoch nur den Grad an Gültigkeit, der dem Modell beigemessen wird (BAECHER 1972). Subjektive Einflüsse sind daher durch unterschiedliche Erfahrung und unterschiedliche Kenntnisse in hohem Maße wahrscheinlich; im Allgemeinen wird jedoch die Integration dieses „Expertenwissens" als unabdingbar angesehen (POETER & MCKENNA 1995).

Beispielhaft sei auf die Reproduktion bekannter Korrelationen zwischen verschiedenen Parametern hingewiesen, die auch nach der Interpolation im Modell noch erhalten bleiben soll (z. B. PRISSANG, SPYRIDONOS & FRENTRUP 1999, MENZ 1995, STEIN 1993). Kenntnisse hierüber können z. B. aus regionalen Studien stammen. Im Regelfall wird man diese Kenntnisse auch bei einer lokalen Modellierung berücksichtigen müssen. Diese Forderung nach der Berücksichtigung derartiger Korrelationen ist völlig unabhängig zu sehen von einer etwaigen Anwendung des Co-Krigings oder ähnlicher Verfahren (vgl. Abs. 3.5.5), hinsichtlich ihrer Zielsetzung, dem Ersatz von fehlender Information, jedoch gleichwertig. Damit kann dem allgemein bekannten Problem der mit der Teufe progressiv abnehmenden Datenmenge Rechnung getragen werden. Für geologisch-geometrische Modelle kommt z. B. die Korrelation zwischen den Höhenlagen zweier Schichtgrenzen in Betracht (Abb. 6-6c). Gleiches gilt in den Fällen, in denen eine zwar einfach zu messende, jedoch nur unsicher oder qualitativ zu ermittelnde Größe (*soft information*) durch Bestimmung weniger Werte einer quantitativ und sicher zu ermittelnden Größe (*hard data*) durch Berücksichtigung bekannter Korrelationskoeffizienten nachträglich kalibriert werden soll (z. B. MILLER & KANNENGIESER 1996). Ab welchem Korrelationskoeffizienten hier von einer nutzbaren Zusatzinformation ausgegangen werden kann und wie deren Berücksichtigung im Detail erfolgen soll, liegt im Ermessen des Anwenders.

Den hier genannten Aspekten der Plausibilität baugeologischer Modelle ist gemein, dass sie zumeist nicht in mathematische Algorithmen umzusetzen sind. Modellierungsprozess und Modellauswahl erlauben mithin nur dann qualifizierte und überprüfbare Aussagen zur Plausibilität, wenn beim Anwender über die in den Eingangsdaten enthaltenen Informationen hinausgehende Kenntnisse vorliegen und diese in verwertbarer Form auch anderen Beteiligten zur Verfügung gestellt werden können. RÖTTIG (1997) definiert hierzu Anforderungen an die Software.

6.5 Geologische Anforderungen an das Modell

6.5.1 Die Modellierung von Fehlstellen

Als besonders geeignete Voraussetzung für die Wand-Sohle-Bauweise hat sich die Nutzung einer liegenden gering durchlässigen Sedimentschicht erwiesen, in die die seitlichen Dichtwände einbinden können und die zusätzlich als natürliche Dichtsohle zur Verhinderung des vertikalen Zustroms von Grundwasser dienen kann (KARSTEDT 1996b). Neben einer sehr geringen Wasserdurchlässigkeit wird auch eine ausreichend hohe Mächtigkeit zur Gewährleistung der Sicherheit gegen Auftrieb gefordert (BORCHERT & KARSTEDT 1996). Im Berliner Raum ist besonders der weichselkaltzeitliche Geschiebemergel **Mg1** (vgl. Abs. 2.4) als Dichtsohle verwendet worden. Im zentralen Bereich Berlins sind jedoch durch Bohrungen zahlreiche Fehlstellen innerhalb der Geschiebemergelschicht nachgewiesen worden.

Das Phänomen der im Regelfall durch Erosion komplett reduzierten Mächtigkeit von Mergelschichten hat unter dem Begriff der „Fenster" Eingang in die Literatur gefunden (z. B. KARSTEDT 1996b, MARINONI 2000). Sie stellen ein vordringliches Problem für Erkundung und Planung dar. Insbesondere kommt ihrer genauen Erfassung zur Vermeidung für das Bauwerk nachteiliger Auswirkungen besondere Bedeutung zu (Abb. 6-7a). Die Reproduktion bekannter Fehlstellen im baugeologischen Modell ist daher von Wichtigkeit. Für die Modellierung des quartären Untergrundes als Basis für Baugrundmodelle erlangt dieses Phänomen besondere praktische Bedeutung. Beschreibungen von Schadensfällen, die in engem Zusammenhang mit der hier beschriebenen Problematik stehen und die Bedeutung der Geschiebemergelfenster für den innerstädtischen Spezialtiefbau belegen, finden sich z. B. bei GOLLUB & KLOBE (1995) und BORCHERT (1999).

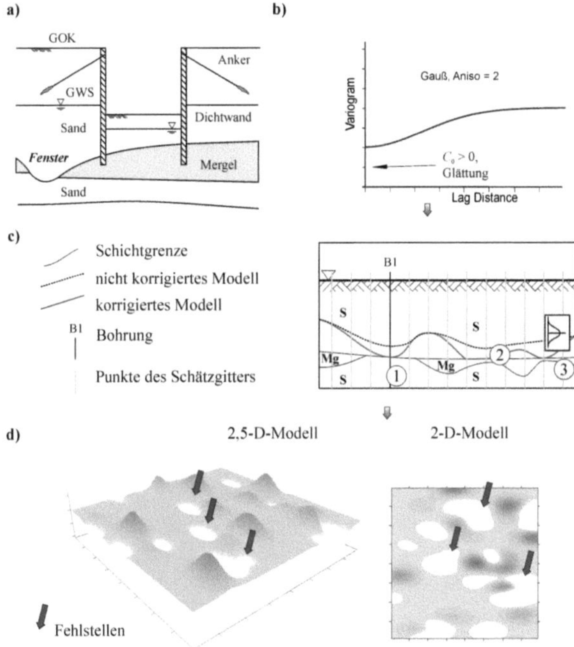

Abb. 6-7: Bedeutung von Fehlstellen und Umsetzung in die geostatistische Modellierung, a): Prinzipskizze der Nutzung des Mergels als Dichtsohle; b): Glättung der modellierten Werteverteilung durch $C_0 > 0$; c): erzeugtes Modell mit gegenüber der wahren räumlichen Werteverteilung glatteren Oberfläche, ggf. Korrektur durch entsprechende Verfahren; d): korrigierte Modelle, schematisch.

Die rechnerische Handhabung von Nullmächtigkeiten stellt gerade im Hinblick auf die in Abs. 5.2.4 vorgestellte Rangfolgenproblematik und die Glättungseigenschaften des Krigings (vgl. Abb. 3-3, Abb. 6-7b) eine besondere Herausforderung bei der Anwendung geostatistischer Verfahren dar (z. B. JONES & HAMILTON 1992). Letzteres gilt besonders aufgrund der generellen Überschätzung kleiner Mächtigkeiten (Abb. 6-7c). Dies veranlasste MARINONI (2000) zur Definition eines schichtspezifischen „Wirkungsbereiches des geologischen Generierungsprozesses", der keine bzw. nur wenige Nullmächtigkeiten enthalten soll (vgl. dort Abb. 6.15). Eine solche Abgrenzung ist jedoch in hohem Maße subjektiv (vgl. Abs. 8.2) und muss nicht zwangsläufig mit dem weiteren geologischen Wissen über das Gebiet übereinstimmen. Eine hierüber zu fällende Entscheidung erwächst vielmehr aus vorangestellten statistischen Betrachtungen und vergleichenden visuellen Bewertungen fertiger geologischer Modelle.

Eine Reproduktion nachweislich existenter Fehlstellen im Modell kann bspw. durch semiautomatische Korrektur des Modellwertes erfolgen, wenn der Schätzgitterpunkt mit einem bekannten Aufschlusspunkt übereinstimmt, an dem nachweislich kein Geschiebemergel vorhanden ist, für den jedoch eine Mächtigkeit größer Null interpoliert wurde („*smoothing effect*"). Eine solche Korrektur kann nachträglich in das Modell eingefügt werden, beispielsweise indem nach erfolgter Schätzung an den bereits bekannten Stellen eine Nullmächtigkeit angefügt wird (Abb. 6-7c ①).

Alternativ oder zusätzlich ist auch eine entsprechende Korrektur des Modells an den Stellen möglich, an denen die interpolierte Mächtigkeit bzw. die Differenz aus der interpolierten Oberfläche und der interpolierten Basisfläche der Schicht ein gewisses, im Vorfeld festzulegendes Maß unterschreitet (Abb. 6-7c ②). Auch diese Vorgehensweise erhält dadurch ihre Berechtigung, dass aufgrund des Glättungseffektes (vgl. Abb. 7-6), der durch den im Modell enthaltenen Nugget-Anteil C_0 verursacht wird, die reale räumliche Werteverteilung eines jeden Parameters eine weit größere Variabilität aufweisen dürfte, kleine interpolierte Mächtigkeiten damit in der Natur noch erheblich kleiner sein werden (Abb. 6-7d).

Als weitere Variante (Abb. 6-7c ③) können zusätzlich oder alternativ dann Fehlstellen in das Modell eingefügt werden, wenn durch wahrscheinlichkeitstheoretische Betrachtungen ihre Existenz als gesichert angenommen werden kann. So kann basierend auf einer Reihe von *n* Realisationen, die z. B. als Ergebnis einer geostatistischen Simulation vorliegen (vgl. Abb. 3-3), ein Signifikanzmaß festgelegt werden, auf dessen Grundlage lokale Nullmächtigkeiten angenommen oder abgelehnt werden könnten. In ähnlicher Weise sind das Wahrscheinlichkeits-Kriging (SULLIVAN 1984) sowie das Indikator-Kriging (z. B. DAVIS 1984, MARECHAL 1984b) einzusetzen. Alternativ zu den letztgenannten Verfahren können die Indikatorkopplung, wie sie von MARINONI (2000) beschrieben wurde, oder objektorientierte Modellierungsverfahren eingesetzt werden, in die die geometrischen Eigenschaften der Fehlstellen (Ausrichtung, Größe) und deren Häufigkeit pro Flächeneinheit als statistische Verteilungen Eingang finden (z. B. BAECHER 1972). Ferner könnten zielgerichtete Erkundungen durch Anwendung bestimmter Suchstrategien vorgenommen werden (z. B. GILBERT 1987, FREEZE *et al.* 1990, DREW 1979, SHURYGIN 1976a, 1976b).

6.5.2 *Die Gewährleistung der Überschneidungsfreiheit*

Als eine in fachtechnischer Hinsicht wesentliche Anforderung an baugeologische Modelle ist die Gewährleistung der Überschneidungsfreiheit zu nennen. Mit diesem Begriff soll die Einhaltung der Ordnungsrelation der Schichten und folglich das Fehlen von Überschneidungen von Schichtgrenzen ausgedrückt werden. Dieses Kriterium stellt eine direkte fachspezifische Umsetzung verschiedener qualitativer Modellkriterien wie etwa der Konsistenz (THOMSEN 1993) oder der Widerspruchsfreiheit (vgl. Abs 6.4.3) dar. Die Prüfung auf Überschneidungsfreiheit ist daher auch als Teil der Plausibilitätskontrolle des geologischen Modells aufzufassen.

Die Überschneidungsfreiheit erlangt besondere Bedeutung bei der Anwendung objektiver Verfahren in der geologisch-geometrischen Modellierung, da hierfür bevorzugt auf die Darstellung und Interpolation nur von Schichtgrenzen zurückgegriffen wird. Dieser Typus des 2,5-dimensionalen Modells (so z. B. RICHTER, HARDING & HEYNISCH 1993) ist die auch in der Geostatistik dominierende Variante. Hierbei werden die einzelnen Schichtgrenzen durch eine separate Variographie untersucht und anschließend durch Kriging dargestellt. Lediglich durch den Arbeitsschritt der nachträglichen Stapelung entsteht der Eindruck eines einheitlich erstellten Blockmodells. Betrachtet man daher jede einzelne der interpolierten Schichtgrenzen als individuelles geostatistisches Modell, kann jedes dieser Modelle für sich plausibel sein. Das Problem etwaiger Überschneidungen erscheint hingegen erst nach Stapelung der einzelnen Oberflächenmodelle (sog. *flying carpets*) in einem Blockmodell (Abb. 6-8a).

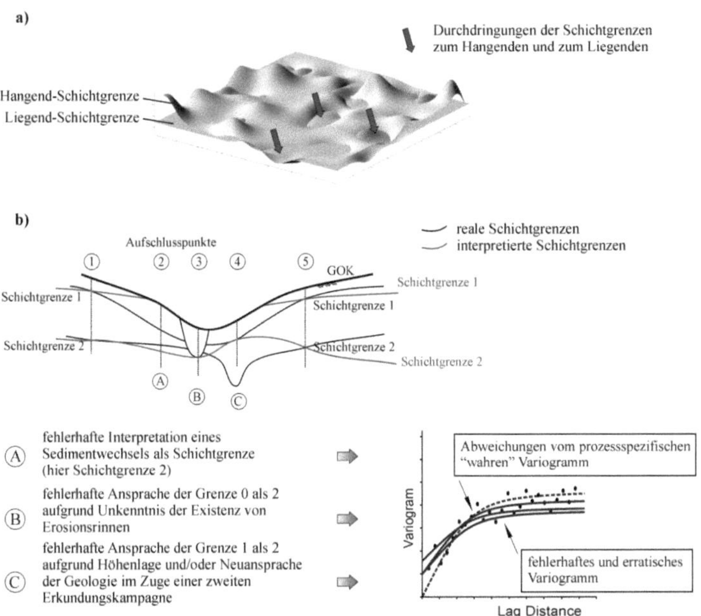

Abb. 6-8: Erläuterungen zur Überschneidungsfreiheit von 2,5D-Modellen; a): Prinzipskizze zur Überschneidung von Schichtgrenzen (Durchdringung von Schichtgrenzen); b) mögliche Ursachen für Überschneidungen im Modell durch fehlerhafte Ansprache geologischer Schichten und daraus folgende Auswirkungen auf die Variographie, schematisch.

Als eine der möglichen Ursachen für festgestellte Überschneidungen lassen sich fehlerhafte Ansprachen der geologischen Situation vermuten. So können etwa innerhalb von Bohrungen Schichtgrenzen falsch interpretiert worden sein, so dass anschließend die hierauf basierenden Variogramme ein deutliches erratisches Verhalten aufweisen, damit die Zuordnung geeigneter Variogrammmodelle erschweren würden und schließlich bei Überlagerung verschiedener Schichtgrenzen zu Überschneidungen führen könnten. Abb. 6-8b zeigt hierzu mit 2A, 3B und 4C einige Beispiele (richtige Ansprache bei ① und ⑤).

Als eine zweite mögliche Ursache ist die Wahl der Parameterwerte innerhalb der Schritte von Variographie und Kriging zu begreifen, die trotz einer korrekten geologischen Ansprache zu Überschneidungseffekten führen kann: Aus theoretischen Überlegungen ergibt sich, dass das Problem stark an Bedeutung gewinnt und die Gefahr auftretender Überschneidungen zunimmt, wenn im Vergleich zu einem beliebigen vorgegebenen Variogramm $\gamma_1(h)$ die Reichweite des modellierten Variogramms $\gamma_2(h)$ sinkt (Abb. 6-9C) und damit die interpolierte Oberfläche eine deutlich höhere Rauigkeit aufweisen wird (Abs. 3.5.3). Dies gilt umso mehr, als hierfür im Regelfall auch die Wahl eines entsprechend kleineren Suchbereiches empfohlen wird (vgl. Abs. 3.5.4, 8.4.2.2), der eine vermeintlich bessere, lokale Interpolation ermöglichen soll. Die geringere Anzahl der in diesen kleineren Suchbereichen liegenden Punkte erhöht die Gefahr der Bildung von Überschneidungen abermals.

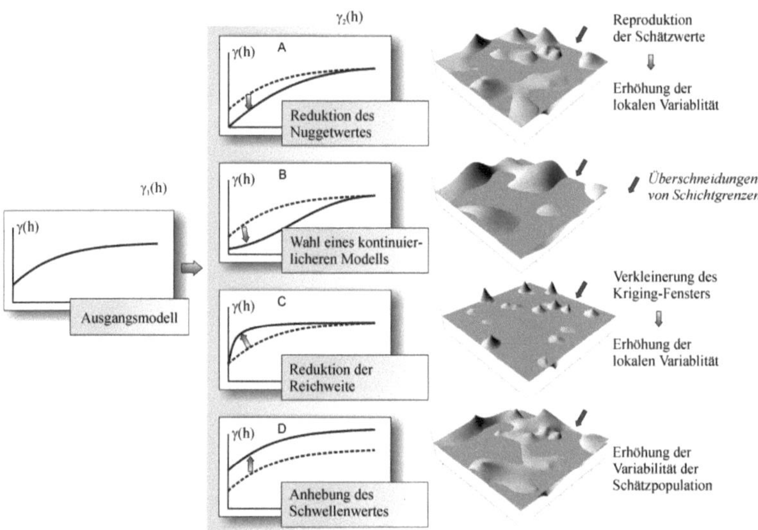

Abb. 6-9: Auswirkungen geänderter Parameter in Variographie und Kriging auf die Möglichkeit des Auftretens von Überschneidungen bei kleinen Schichtmächtigkeiten.

In ähnlicher Weise trägt auch die Verringerung des Nuggetwertes C_0 zu einer möglichen Entstehung von Überschneidungen bei, da dadurch ebenfalls die Rauigkeit der interpolierten Flächen ansteigt, die Interpolation „exakter" erfolgen und die kleinräumige Streuung innerhalb der Schätzpopulation wachsen wird (Abb. 6-9A). Insofern kann gerade der vermeintlich nutzbringende Versuch einer möglichst guten Reproduktion der Eingangswerte im Modell (Abs. 5.4.3) hierzu beitragen. Dies gilt umso mehr, als eine fehlerhafte Ansprache der Geologie nie ausgeschlossen werden kann, der Anwender eine solche jedoch oftmals durch eine mutmaßlich bessere Wahl der geostatistischen Parameter zu kompensieren hofft.

Schließlich ist festzuhalten, dass auch die Wahl eines kontinuierlicheren Modells, bspw. der Wechsel von einem sphärischen zu einem GAUSSschen Modell, zum Auftreten von Überschneidungen beitragen kann (Abb. 6-9B). Auch in diesem Falle ist die Überbetonung der kleinskaligen Kontinuität als Ursache aufzufassen. Daneben kann das Problem relevant werden, wenn der Schwellenwert angehoben, die Varianz der Stichprobenpopulation damit überschätzt wird (Abb. 6-9D).

Die obigen Überlegungen erlangen besonders dann Gültigkeit, wenn bei sehr geringen Punktabständen negative Kriging-Gewichte λ_i nicht ausgeschlossen werden können, die ihrerseits zu negativen Schätzwerten und schließlich bereits dadurch im Zuge der Stapelung zweier Oberflächenmodelle zu Überschneidungen führen können (HERZFELD 1989). Rechnerische Methoden, die im Vorfeld der Modellkombination direkt bei der Korrektur solcher negativen Gewichte ansetzen, finden sich bei YAMAMOTO (2000), RAO & JOURNEL (1997) sowie bei FROIDEVAUX (1993) und DEUTSCH (1996). Als eine nachträglich durchzuführende Methode lässt sich auch die Indikatorkopplung von MARINONI (2000) auffassen.

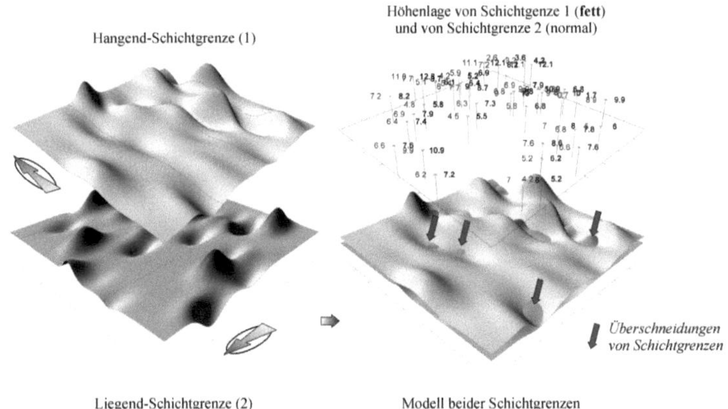

Abb. 6-10: Überschneidung von Schichtgrenzen bei unterschiedlich anisotropen Werteverteilungen von Schichtoberfläche und Schichtbasisfläche. Das Bild zeigt die Höhenlage von zwei Schichtgrenzen (Werte oben rechts), die eine Schicht der Mächtigkeit von 1 m einschließen, in einem kombinierten Modell mit jeweils verschiedener Hauptanisotropierichtung und einem Anisotropiefaktor AIF = 2.

Das Problem von Überschneidungen tritt auch dann auf, wenn die Unterschiede in den Höhenlagen der Schichtgrenzen sehr klein, die Abstände zwischen den Bohrungen jedoch sehr groß sind. In einem solchen Falle genügen bereits geringe Änderungen der Variographieparameter einer der beiden Populationen, um Überschneidungseffekte zu erzeugen. Das Problem wird in einem solchen Falle verschärft, wenn gleichzeitig die Modellierung von in verschiedenen Schichten unterschiedlichen anisotropen Verhältnissen erfolgen soll. Die Möglichkeit hierzu ist ein Alleinstellungsmerkmal geostatistischer Verfahren, und oftmals besteht gerade darin das erklärte Ziel ihrer Anwendung zur Modellierung quartärer Strukturen. Abb. 6-10 zeigt ein entsprechendes Beispiel, in dem eine geringmächtige Schicht (M = 1 m) von jeweils unterschiedlich anisotropen Schichtgrenzen eingeschlossen wird. Trotz des für das Kriging typischen Glättungseffektes sind lokal Verschneidungen von Schichtgrenzen zu erkennen.

Zur sicheren Gewährleistung der Überschneidungsfreiheit ist gelegentlich vorgeschlagen worden (z. B. GOLD 1980a), anstelle der Höhenlagen der Schichtgrenzen die an den einzelnen Aufschlusspunkten ermittelten Mächtigkeiten der Schichten für eine Interpolation zu nutzen (vgl. Abs. 5.2.4). Eine solche Vorgehensweise führt jedoch zu Problemen, die zum Teil deutlich schwieriger zu lösen sind (Abb. 6-11): So können häufig weniger Schichten modelliert werden, da Bohrungen, die die betreffende Schicht nicht vollständig durchteufen, nicht genutzt werden können. Zum Anderen tritt das Problem der Nullmächtigkeiten auf, auf deren unterschiedliche Behandlungsmöglichkeiten bereits in den Abs. 5.2.4 und 6.5.1 eingegangen wurde. Des Weiteren ist damit zu rechnen, dass in diesem Falle die Ermittlung eines geeigneten theoretischen Variogrammmodells weitaus problematischer sein dürfte, da im Zuge einer solchen Variographie nun die geologischen Prozesse beider Schichtgrenzen erfasst werden. Hieraus folgt unmittelbar die Forderung nach der Verwendung eines kombinierten Variogrammmodells, bestehend aus mindestens zwei einzelnen Variogrammfunktionen, deren Eignung wiederum durch den Anwender nachzuweisen wäre (vgl. *overfitting*, Abs. 5.4.3, Simplizität, Abs. 6.4.1). Weiterhin müssen im Anschluss auch die einzelnen Blockmodelle der schichtspezifischen Mächtigkeiten in einem gemeinsamen pseudo-dreidimensionalen Modell gestapelt werden. Dabei kann sich zudem herausstellen, dass die addierte Mächtigkeit aller Schichten deutlich andere Werte aufweist, als sie z. B. an den Standorten der Aufschlüsse festgestellt wurde. Ursächlich hierfür ist die durch den Nugget-Effekt bedingte Glättung der einzelnen Werteverteilungen.

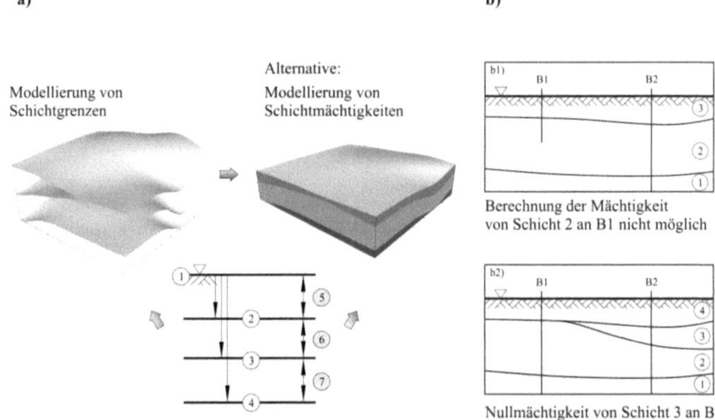

Abb. 6-11: a): Prinzipskizze der Modellierung von Schichtmächtigkeiten als Alternative zur Modellierung von Schichtgrenzen; b): Probleme bei der Wahl von Schichtmächtigkeiten, b1): Datenverlust von Schicht 2 an Punkt B1, b2): Nullmächtigkeit an B1.

Darüber hinaus fehlt im Falle der Modellierung von Schichtmächtigkeiten und deren anschließender Stapelung der subjektive Einfluss des Anwenders an einer Stelle im Modellierungsprozess, an der sein effektiver Einsatz zu deutlich besseren Modellen führen könnte: Da beispielsweise auf Schichtmächtigkeiten basierende Modelle immer überschneidungsfrei sein werden, könnte ihnen etwa eine grundsätzlich höhere Plausibilität zugesprochen werden. Dass bei Nutzung der Schichtmächtigkeiten dagegen neue Modellkriterien aufzustellen sind (s. o.), deren Erfüllung zudem schwerer nachzuweisen ist, bleibt dabei ohne Berücksichtigung.

Forderungen nach einer Nutzung von Schichtmächtigkeiten anstelle von Schichtgrenzen vernachlässigen weiterhin, dass damit eine nutzbare Möglichkeit verloren geht, Indizien für eine etwaige fehlerhafte geologische Ansprache zu erkennen (Abb. 6-8b). Zum anderen stellt die Überschneidungsfreiheit nur *einen Teilaspekt* der Plausibilität dar, dessen Nichterfüllung zwar unzweifelhaft leichter nachweisbar als die anderer Anforderungen ist, dem jedoch gegenüber anderen keine Vorrangstellung eingeräumt werden darf (vgl. Abs 6.4.3).

6.5.3   *Darstellung quartärer Strukturelemente*

Das Strukturinventar quartärer geologischer Ablagerungen ist ausgesprochen vielfältig und komplex (vgl. Kap. 2). Modellierungen, die auf die Darstellung und Interpolation dieser Schichten abzielen, müssen dies berücksichtigen. Gegebenenfalls sind solche Modellierungswerkzeuge zu wählen, die eine vollständige Berücksichtigung des Strukturinventars erlauben und hinsichtlich des Typs der zu modellierenden Ablagerungen keinerlei Einschränkungen unterliegen. So zeigt sich die Qualität eines Modells besonders an seiner Fähigkeit zur Implementierung quartärgeologischer Strukturelemente und bei der Integration tektonischer Elemente (z. B. ELFERS *et al.* 2004).

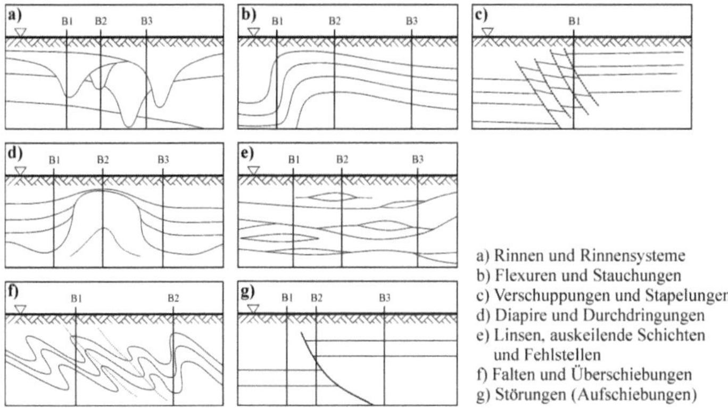

Abb. 6-12: Quartäre geologische Strukturelemente.

Obige Abb. 6-12 zeigt typische Strukturelemente des quartären Lockergebirges. Baugeologische Modelle sind so zu entwickeln und auszustatten, dass die möglichst weitgehende Reproduktion dieses Strukturinventars im Modell gelingen kann. Derartige Strukturen sind in Abhängigkeit von ihrer Größe und deren Relation zur Erkundungsdichte unterschiedlich gut zu modellieren; der Versuch der Modellierung setzt jedoch zumindest die Kenntnis ihrer Existenz voraus. Die Reproduktion solcher Strukturen im baugeologischen Modell erfolgt analog zu der oben beschriebenen Verfahrensweise in 2,5D-Modellen.

Sehr häufig und auch für den Berliner Raum typisch sind die in Abb. 6-12a gezeigten Rinnen (vgl. Abs. 2.3.1). Die Reproduktion von Rinnenstrukturen kann auch im geostatistischen Modell gelingen, unabhängig davon, ob Schichtgrenzen oder Schichtmächtigkeiten untersucht werden sollen (vgl. Abs. 5.2.4). Die Möglichkeiten einer Interpolation ihrer Basisfläche oder ihrer Sedimentmächtigkeit bleiben jedoch auf den zweidimensionalen Raum (Isopachen) und auf Oberflächenmodelle (2,5D) beschränkt. Dreidimensionale Darstellungen sind lediglich durch eine Kombination mehrerer Oberflächenmodelle auch der liegenden und der hangenden Schichten möglich. Es obliegt dem Anwender, in der Planungsphase der Erkundungskampagne Dichte und Ausrichtung des Aufschlussrasters der erwarteten Größe, Häufigkeit und Ausrichtung der Rinnen anzupassen (vgl. aber Abb. 5-11, Abb. 5-4) und für die Erhebung einer ausreichenden Datenmenge zu sorgen.

Häufig sind zudem Linsen und auskeilende Schichten anzutreffen. Dabei kann es vorkommen, dass diese sowohl im Hangenden als auch im Liegenden von der gleichen Schicht eingeschlossen sind, so dass sie dann als Einschaltungen interpretiert werden könnten. Auf die hiermit in Zusammenhang stehende Rangfolgenproblematik ist bereits in Abs. 5.2.4 hingewiesen worden. Können mehrere Linsen mit Sicherheit der gleichen stratigraphischen Schicht zugeordnet werden, lassen sich alternativ die zwischen ihnen befindlichen Nullmächtigkeiten mit den Methoden zur Berücksichtigung von Fehlstellen behandeln (z. B JONES, HAMILTON & JOHNSON 1986). Die Notwendigkeit hierzu und Ansätze sind in Abs. 6.5.1 beschrieben; der Einfluss des Anwenders wird in Abs. 8.2 diskutiert und bewertet.

Kompliziertere Strukturen wie Verschuppungen und Stapelungen (Abb. 6-12c) lassen sich im Zuge der Erkundung dagegen oftmals nicht eindeutig als solche identifizieren und gehen dann lediglich durch lokal erhöhte Schichtmächtigkeiten in das Modell ein. In ähnlicher Weise gilt dies auch für den in Abb. 6-12b gezeigten Fall von Stauchungen. Eine geostatistische Modellierung erscheint in diesen Fällen schwierig, da das Phänomen der Autokorrelation lediglich parallel zur Schichtung Gültigkeit besitzt, Bohrungen jedoch diese nicht vollständig erfassen können, wenn sie schräg bis parallel zu den Schichten abgeteuft werden. JÄKEL (2000) konnte zwar zeigen, dass auch komplizierte Strukturen wie glazigen gestauchte Schichten geostatistisch modelliert werden können, wenn etwa fortgeschrittene Techniken wie z. B. das Gradientenkriging (MENZ 1993, ALBRECHT & RÖTTIG 1996, RÖTTIG 1997) verwendet werden. Die Grenzen dieses Verfahrens sind jedoch dann erreicht, wenn es zur Überkippung und schließlich zur Abscherung von Falten und letztlich zu deren Stapelung kommt.

Eine Behandlung von stark gefalteten Schichten bedingt demnach vorab eine entsprechende Aufbereitung des Datensatzes, wofür verschiedene Prozeduren (Streckung des Schichtenpaketes, natürliches Referenzsystem, prozessangemessene Distanzbetrachtungen u. a.) verwendet werden könnten (vgl. z. B. DAGBERT et al. 1984 und RENDU & READDY 1982), die jedoch neben einem umfangreichen lokalgeologischen Wissen eine hinreichende Kenntnis der geostatistischen Verfahren benötigen. Da die Autokorrelation lediglich an den ungefalteten Schichten feststellbar wäre, ist besonders an eine „stratiforme Variographie" nach Koordinatentransformation zu denken (z. B. DAVID 1988, JONES 1988), die in Abwandlung der üblichen Praxis nicht in der horizontalen Ebene vorzunehmen wäre, sondern vielmehr dem Verlauf der gefalteten Schichten zu folgen hätte. Eine Umsetzung dieser Lösungsansätze in Algorithmen ist standardmäßig nicht gegeben und jeweils für den betrachteten Einzelfall separat vorzunehmen. Ohne eine solche rechnerische Entzerrung, die hier auch als „*defolding*" bezeichnet werden könnte, wären deutlich erratischere experimentelle Variogramme festzustellen, die eine Auswahl geeigneter Variogrammmodelle erschweren dürften. Daneben würden diese Variogramme eine geringere Kontinuität sowie einen größeren Nuggetwert C_0 aufweisen und damit stark geglättete Oberflächen erwarten lassen (BARNES 1982), die sich auch durch nachträgliche Operationen nicht den vermuteten wahren Verhältnissen angleichen lassen.

Die in solchen Fällen auftretenden Phänomene lassen sich in vier Gruppen aufteilen (Abb. 6-13a): Erfassung nicht der wahren Mächtigkeit, sondern vielmehr einer scheinbaren, sowie Erfassung nicht der wahren Autokorrelationsverhältnisse, da zum einen die Variographie in der üblichen Weise ebenfalls nur in der Horizontalen durchgeführt würde und hierfür wiederum nur die scheinbaren Mächtigkeiten verwendet würden. Daneben bestehen Rangfolgenprobleme aufgrund des mehrmaligen Durchteufens der gleichen Schicht (z. B. bei überkippten Falten) sowie Probleme der Schichtenverdoppelung (z. B. bei Aufschiebungen), die ebenfalls nur die Ermittlung von scheinbaren Mächtigkeiten gestatten.

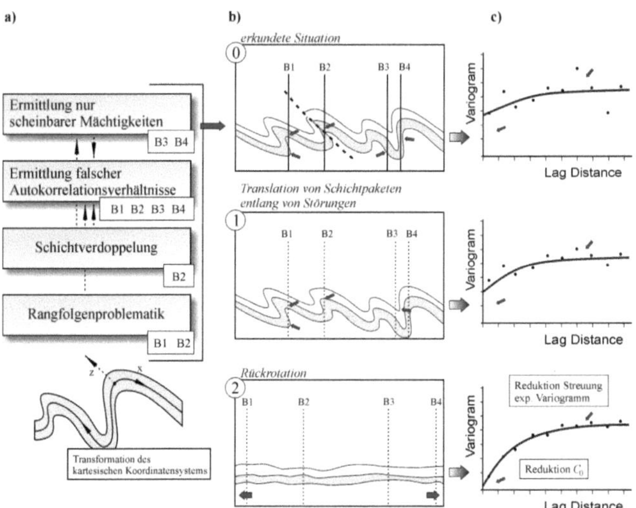

Abb. 6-13: a): Probleme komplexer geologischer Strukturen und Zuordnung zu den Standorten der Bohrungen B1 bis B4; b): Bewältigung der Probleme durch Auflösung der geologischen Situation in eine Abfolge von Einzelprozessen, schematisch; c): jeweiliges experimentelles Variogramm und theoretisches Variogramm-modell.

Unter Berücksichtigung obiger Empfehlungen lassen sich auch komplexe geologische Strukturen schrittweise in ihrer Komplexität reduzieren (Abb. 6-13b) und schließlich einer geostatistischen Modellierung zuführen (Abb. 6-13c). Dazu ist jedoch durch den Anwender geologischer Sachverstand über die zeitliche Reihenfolge der geologischen Prozesse

(*„algebra of events"*, BURNS 1975; JONES 1992) in die Modellierung einzubringen. SIEHL (1993) unterscheidet in dieser Hinsicht die dynamische und die kinematische Plausibilität des so aufgestellten Modells. Es darf angenommen werden, dass mit einem hinreichend großen und richtig eingesetzten Benutzereinfluss die genannten Probleme bewältigt werden können. Dazu ist jedoch in erheblichem Umfange Zusatzwissen über die untersuchte geologische Struktur erforderlich, das etwa im Rahmen geophysikalischer Untersuchungen gewonnen werden könnte.

6.6 Fazit

Im Mittelpunkt des abgeschlossenen Kapitels steht die Frage nach den Anforderungen, die an baugeologische Modelle gestellt werden. Hier werden besonders solche Forderungen betont, die bei Heranziehung automatisierter Modellierungsverfahren erhoben werden. Das Kapitel macht deutlich, dass auch unter diesen Aspekten geostatistisch gestützten geologischen Modellen eine Sonderstellung zukommt. Die Anwendung der Geostatistik ist dabei zumeist noch nicht die Lösung einer Modellierungsaufgabe, sondern lediglich das Werkzeug, mit dem eine Lösung möglich wird, welches jedoch erst in der Hand des Anwenders dazu beitragen kann, den an das Modell gestellten Anforderungen nachzukommen. Unter diesem Gesichtspunkt dient die Anwendung der Geostatistik nicht der Erzeugung eines sich unter bestimmten Aspekten gegenüber anderen Lösungen auszeichnenden Modells, sondern vielmehr der Schaffung überhaupt eines Modells, das dann als Ausgangsbasis für die Diskussion und als Startpunkt für die Schaffung fortgeschrittener Modelle dienen kann.

Grundsätzlich kann das Modell den allgemeinen Modellkriterien wie auch den fachspezifischen Anforderungen nur dann genügen, wenn dem Anwender Zusatzinformationen vorliegen und diese nutzbringend in den Modellierungsprozess eingebracht werden können. Letzteres kann zwar zum Teil auf objektiv-mathematischer Grundlage erfolgen, bedingt jedoch zumindest im Detail wiederum Entscheidungen des Anwenders. Diese Folge von im Zuge der Modellierung zu treffenden Entscheidungen erlaubt eine bisher von anderen Methoden nicht gekannte Interaktivität mit dem Programmsystem und fördert die Nachvollziehbarkeit des Modellergebnisses. Diese Interaktivität setzt jedoch ein erhebliches Maß an Wissen beim Anwender voraussetzt. Auch nehmen die möglichen Abweichungen zwischen den Modellen verschiedener Anwender und die möglichen Abweichungen zwischen Modell und Realität zu. Dieses Prinzip bietet damit nur die *Möglichkeit der Optimierung* und ist keineswegs eine Garantie dafür.

Die Anwendung geostatistischer Modellierungsverfahren dient damit primär nicht dazu, bisher gebräuchlichen Forderungen nach Modellqualität nachzukommen, wenn darunter bspw. die Übereinstimmung der interpolierten Daten mit der unbekannten Realität und schließlich auch die uneingeschränkte Modelleignung für die Prognose verstanden wird. Sie bilden mit ihren Methoden und Algorithmen lediglich einen definierten und geschlossenen Verständigungsrahmen, der sich in vielen Bereichen der Geowissenschaften bewährt hat und auch auf neue Untersuchungsobjekte übertragen werden kann.

Die Nachvollziehbarkeit des Modellierungsablaufes und die Reproduzierbarkeit des Modellierungsergebnisses sollten daher als Anforderungen an baugeologische Modelle im Vordergrund stehen. Insbesondere sollte ihnen eine signifikant höhere Bedeutung zukommen als etwa den Forderungen nach Genauigkeit oder Richtigkeit des Modells, die bei dem betrachteten Typus des offenen, komplexen Systems (vgl. Abs. 4.5.5) einer Ermittlung nicht zugänglich sind.

Diese Feststellung wird noch dadurch erhärtet, dass geologische Modelle des Baugrunds nicht allein zu dessen Beschreibung dienen, sondern zum einen als Instrumente der Entscheidungsfindung fungieren sollen, zum anderen auch die Datenbasis für weiterführende Modelle darstellen müssen. Mithin ist der Einfluss des Benutzers bei der Modellierung in einem noch zu definierenden Umfang nicht nur zu akzeptieren, sondern unumgänglich und als solcher sinnvoll für die Modellierung zu nutzen. Eine geologische Vorhersage kann folglich nur dann von Erfolg gekrönt sein, wenn die Bearbeitungshierarchie von Vorverarbeitung, Variographie, Kriging und komplexer Auswertung eingehalten wird und nicht mit einer rein rechnergestützten Bearbeitung beginnt und endet (JÄKEL 2000).

In diesem Kapitel wurde gezeigt, welche Anforderungen an die Erstellung von Baugrundmodellen bestehen, inwieweit sich diese mit den qualitativen Ansprüchen an die bisherigen Untersuchungsobjekte von Geologie oder Geostatistik in Einklang bringen lassen und welchen Platz der Anwender bei der Erfüllung dieser Forderungen einnimmt. Dabei wurden erneut die geologisch-geometrischen Modelle als derjenige Modelltyp hervorgehoben, an den die höchsten Anforderungen zu stellen sind.

Das folgende Kapitel ist als Fortsetzung dieser Überlegungen zu verstehen. Dabei sollen die Bewertung und die generelle Bewertbarkeit eines erzeugten geostatistisch-geologischen Modells diskutiert werden. Ziel der darin angestellten Betrachtungen sind Aussagen zu einer generellen Ermittelbarkeit der Modellqualität wie auch zum Einfluss des Anwenders.

Kapitel 7

Bewertung und Bewertbarkeit geostatistischer baugeologischer Modelle

7.1 Überblick

Abschließender Schritt der Erstellung eines jeden naturwissenschaftlichen Modells soll dessen Überprüfung und Bewertung unter Zuhilfenahme möglichst objektiver Kriterien sein. Dies gilt auch für den Fall der Heranziehung geostatistischer Methoden zur Erstellung baugeologischer Modelle des oberflächennahen Untergrundes. Gleichwohl erlangt die Forderung nach einer Bewertung für baugeologische Modelle vorrangige Bedeutung im Hinblick auf ihre im Regelfall angestrebte Weiterverwendung als Ausgangsbasis für Modellierungen numerischer oder analytischer Art, bspw. in der Hydrogeologie oder der Geotechnik (vgl. Abs. 5.3.3, 6.4.2).

Die konkreten Ziele einer Bewertung variieren mit dem Modellzweck, beinhalten aber vor allem die Beschreibung der Qualität sowie die Ermittlung von Ansatzpunkten für etwaige nachträglich durchzuführende Kalibrierungen des Modells. Ist das Modell durch Anwendung objektiver, komplexer Verfahren erstellt worden, etwa durch Anwendung geostatistischer Methoden, soll dessen Bewertung zudem Ansätze zum Vergleich verschiedener Modelle ermöglichen. Darüber hinaus soll die Bewertung die Nachvollziehbarkeit der Methoden von Berechnung und Darstellung erlauben sowie die durch den Anwender vorgenommene Modellselektion aus der Gruppe alternativer Modelle dokumentieren und begründen. Sie stellt damit für den späteren Modellnutzer eine akzeptanzerhöhende und schließlich eine das Vertrauen in das Modellergebnis fördernde Maßnahme dar. Eine gesteigerte Glaubwürdigkeit von Modellen kommt deren weiterer Verwendung zugute und kann auch zur vermehrten Anwendung der modellerzeugenden Verfahren beitragen.

Kapitel 7 behandelt die Bewertung und die Bewertbarkeit geostatistischer baugeologischer Modelle. Dabei wird in den zentralen Abschnitten des Kapitels besonders auf die objektive Bewertung anhand der hierfür im Regelfall verwendeten Kriging-Varianz (Abs. 7.4) und der Kreuzvalidierung (Abs. 7.5) eingegangen. Vorangestellt werden mit Abs. 7.2 und Abs. 7.3 einige grundsätzliche theoretische Betrachtungen zur Modellbewertung im Rahmen geostatistischer Untersuchungen. Diese Ausführungen sowie die jeweils in den letzten Teilen der Abschnitte 7.4 und 7.5 zu findenden Einschätzungen sollen Schlussfolgerungen über die tatsächliche Aussagekraft von Kreuzvalidierung und Kriging-Varianz erlauben, die in der weit überwiegenden Zahl geostatistischer Untersuchungen den alleinigen Bewertungsmaßstab bilden. Im Detail ist hier erstens zu prüfen, ob dieser augenscheinliche Absolutheitsanspruch der beiden Methoden gerechtfertigt ist, und zweitens, inwieweit eine Modellbewertung selbst bei Anwendung objektiver Methoden ohne den Einfluss des Anwenders vorgenommen werden kann.

Schließlich sollen im letzten Abschnitt 7.7 bestehende geostatistische Modelle unter Verwendung dieser Methoden bewertet und hinsichtlich der Erfüllung der im vorigen Kapitel 6 definierten Gütekriterien überprüft werden (vgl. Abb. Anh. 1). Des Weiteren konzentriert sich dieser Abschnitt auf den Einfluss des Anwenders bei der Bewertung des Modells, während das nachfolgende und letzte Kapitel 8 diesen im Rahmen einiger Parameterstudien und ausgewählter Sensitivitätsanalysen bei der Erstellung des Modells untersucht. Im Anhang B ist ein Schema dargestellt, das die Bearbeitungshierarchie bei den Untersuchungen dieses Kapitels wiedergibt.

7.2   Die Bewertbarkeit geologischer Modelle

Die Bewertung naturwissenschaftlicher Modelle ist als Maßnahme der Qualitätssicherung zu verstehen (z. B. REFSGAARD & HENRIKSEN 2004, für geologische Modelle besonders BURTON, ROSENBAUM & STEVENS 2002) und richtungsweisend für die Weiterverwendung des Modells. Sie ist gerade bei Modellen, die nicht ausschließlich der Beschreibung dienen (*scientific models* im Sinne von RYKIEL 1996, MATALAS, LANDWEHR & WOLMAN 1982), sondern Vorhersagemodelle sein sollen (*engineering models*), integraler Bestandteil der Systemanalyse.

Unabhängig von den hierfür einsetzbaren Verfahren sind eine Überprüfung und Bewertung des Modells erforderlich, um dessen Signifikanz als „vertrauenswürdiges Abbild der Realität" (POWER 1993) nachweisen zu können, eine Akzeptanz des generierten Modells bei zukünftigen Modellnutzern zu erzielen sowie dessen Bevorzugung gegenüber anderen Modellen zu erklären. Nur durch die konsequente Dokumentation und Gewährleistung von Transparenz und Nachvollziehbarkeit des Modellierungsprozesses (HARTEMA *et al.* 1996) sind damit

Modellierungen natürlicher Systeme zu vermitteln. Mit einer Bewertung des Modells sind folglich drei Fragenkomplexe verknüpft:

1. Wie „gut" ist das erstellte Modell hinsichtlich bestimmter Kriterien? Welche Kriterien stehen hierfür zur Verfügung und sind zur Modellbewertung geeignet? Wie lassen sich die Güte des Modells und die Modellunsicherheit erfassen und beschreiben?

2. Wie kann zwischen gleichwertigen Modellen ausgewählt werden? Nach welchen Kriterien kann die Auswahl eines zu bevorzugenden Modells aus einer Gruppe konkurrierender Modelle erfolgen?

3. Wie können die durch das Modellsubjekt vorgenommene Auswahl von Bewertungsmethoden gerechtfertigt und schließlich das Ergebnis der Bewertung dokumentiert und kommuniziert werden?

Der Begriff der „Bewertung" eines Modells impliziert dabei im Allgemeinen unmittelbar die Existenz einer Art von Vergleichsmöglichkeit, die herangezogen und als Referenz für das erstellte Modell fungieren könnte, um anhand etwaiger Abweichungen zu den jeweiligen, durch die gewählten Bewertungskriterien bestimmten Vorgaben die Güte des Modells beurteilen und quantifizieren zu können. Danach könnte das Modell bei geringfügigen Abweichungen als geeignet anerkannt werden. Im Bedarfsfalle, d. h. bei Vorliegen moderater Abweichungen, könnte zwar der Modelltypus beibehalten, müssten jedoch die einzelnen Modellparameter entsprechend angepasst werden. Bei größeren Abweichungen müsste das Modell dagegen als ungeeignet ausgewiesen werden.

Anders, als es der Begriff der Bewertung vielleicht nahe legen mag, existieren jedoch keine allgemein gültigen Methoden der Modellbewertung. Dies gilt umso mehr bei offenen Systemen, die grundsätzlich einer vollständigen Bewertung nicht zugänglich sind (PETERS 1998). Das methodologische Problem der Modellvalidierung, das in dieser Arbeit bereits in den Abs. 4.5.1 und 4.5.5 angesprochen wurde, ergibt sich daraus, dass jedes naturwissenschaftliche Modell nur eine Vereinfachung eines realen, unbekannten Systems sein kann.

Erschwerend kommt für den Fall der Modellierung offener Systeme die Unkenntnis der Anfangs- und Randbedingungen hinzu, die zur Entstehung der zu modellierenden Phänomene geführt haben. Ihr Verhalten kann daher nicht genau vorhergesagt werden. Dies ist auch bei natürlichen Systemen der Fall und gilt besonders bei der Betrachtung hochgradig komplexer Systeme mit raum-zeitlicher Variation. Diese Unsicherheiten bestehen selbst dann, wenn die das Phänomen bestimmenden Gleichungen vollständig bekannt sind (bspw. Grundwasserströmung), die zugehörigen Parameter jedoch nur auf höheren Skalen bestimmt werden können. Regelmäßig erfolgt daher die Zuordnung eines jeden natürlichen Systems zum Typus des offenen Systems (z. B. ORESKES, SHRADER-FRECHETTE & BELITZ 1994, REFSGAARD & HENRIKSEN 2004, vgl. Abs. 6.3, 4.7). Als geschlossene Systeme hingegen sind solche anzusehen, deren wahre Bedingungen genau vorhergesagt oder berechnet werden können, was lediglich für den Fall von unter Laborbedingungen durchgeführten physikalischen Experimenten gelten mag.

Während die Richtigkeit nur bei solchen, experimentell abgeleiteten Modellen geschlossener Systeme durch Herstellung der versuchsspezifischen Idealbedingungen geprüft werden kann, ist dies bei der Beschreibung natürlicher Systeme nicht möglich. Diese sind in ihrer Realität so zu akzeptieren und können lediglich beobachtet werden, während ihre Randbedingungen weder bekannt noch beeinflussbar sind. Hierin ist nach ORTLIEB (2000) das Hauptproblem der Übertragung mathematisch orientierter Modellierungsmethoden auf vorrangig beschreibende Naturwissenschaften zu sehen. In diese Gruppe primär deskriptiv arbeitender Wissenschaften ist auch die Geologie einzuordnen (z. B. VON BUBNOFF 1949).

ORESKES, SHRADER-FRECHETTE & BELITZ (1994) und bereits KONIKOW & BREDEHOEFT (1992) belegen, dass eine vollständige Bewertung von Modellen natürlicher Systeme nicht möglich ist. Vielmehr unterscheiden sie bei der Modellbewertung grundsätzlich zwischen den drei Möglichkeiten von *verification*, *validation* und *confirmation*.

Abb. 7-1 stellt die obigen Begriffe in den Gesamtzusammenhang des Modellierungsprozesses. Unter Verwendung von aus Abs. 4.5.5 bekannten Schemata wird besonders die Abstraktion des offenen natürlichen Systems und dessen Reduktion im Zuge der Modellierung verdeutlicht. Die Möglichkeiten der Modellbewertung werden hier als sich ergänzende Ansätze betrachtet, die jeweils nur Teilaspekte der Modellqualität beschreiben.

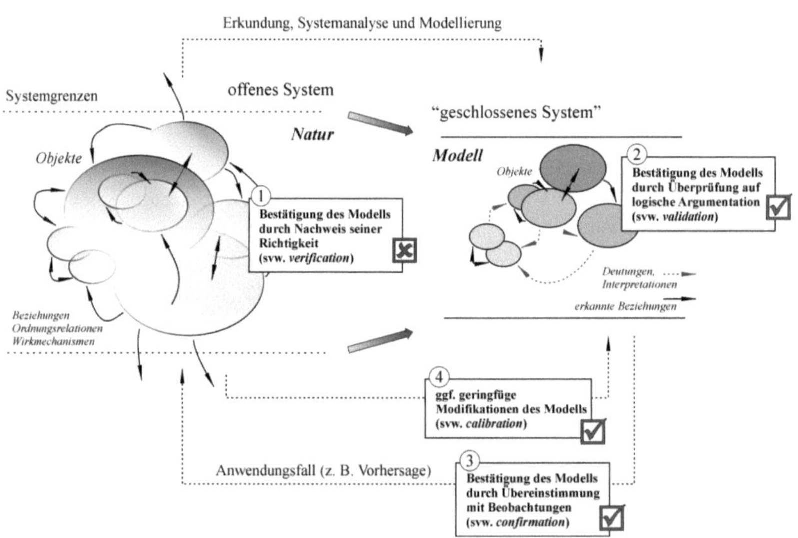

Abb. 7-1: Ansätze zur Bewertung von Modellen offener Systeme.

Hiernach ist *verification* die Bestätigung der Wahrheit des Modells und damit nur in geschlossenen Systemen möglich, bei denen alle Komponenten unabhängig voneinander und korrekt bestimmt werden können Für natürliche Systeme ist dies jedoch aufgrund von Unsicherheiten in den Eingangsparametern, Skalierungsproblemen und Unsicherheiten in den Beobachtungen grundsätzlich nicht möglich.

Im Unterschied hierzu sei die als *validation* bezeichnete Bewertung nicht derart streng aufzufassen (Abb. 7-1). Sie beschreibt vielmehr lediglich die Überprüfung auf Korrektheit der angewendeten Methoden und Argumente innerhalb des Modells. Diese umfasst eine Untersuchung der inneren Struktur des Modells, ausdrücklich jedoch nicht die Überprüfung einer Realisation des Modells oder den Nachweis seiner Gültigkeit. Wiederum weniger streng sei der Begriff der *confirmation* aufzufassen. Dieser bedeutet, dass die Theorie in Übereinstimmung mit den empirischen Beobachtungen zu bringen ist. Gegebenenfalls kann sich hieran eine Kalibrierung des Modells anschließen (*calibration*, Abb. 7-1), bei der der Modelltypus weitestgehend erhalten bleiben soll und lediglich die Modellparameter geringfügig zu modifizieren sind. In Abb. 4-11 ist diese Vorgehensweise für die Modellierung mit dem Begriff der Nachahmung und mit dem Nachweis der empirischen Gültigkeit des Modells verbunden worden. Bei Gewährleistung der empirischen Gültigkeit darf jedoch nicht auf die Richtigkeit der Theorie oder des Modells geschlossen werden.

Eine vollständige Validierung von Modellen natürlicher Systeme ist damit nicht möglich. Dies gilt vornehmlich dann, wenn darunter die Prüfung auf die Übereinstimmung der Modellergebnisse mit der Realität oder die Prüfung auf Gültigkeit der mit der Modellierung gemachten Annahmen verstanden werden sollen. Alternative Modelle sind damit lediglich Optionen mit verschiedenen Glaubwürdigkeiten (HILBORN & MANGEL 1997: „*degree of belief*"; vgl. Plausibilität, Abs. 6.4.3). Ziel der Modellvalidierung ist damit also nicht die absolute Bewertung eines spezifischen vorhandenen Modells, sondern dessen Optimierung und stetige Anpassung im Hinblick auf den Modellzweck. Dieser Ansatz korrespondiert mit dem derzeit zu beobachtenden Begriffswandel bei Modellen, weg von einer reinen Beschreibung oder dem Versuch der Erklärung natürlicher Systeme, hin zu einem Werkzeug zur Unterstützung der Entscheidungsfindung bei technischen und wirtschaftlichen Anwendungen (z. B. RYKIEL 1996, MATALAS, LANDWEHR & WOLMAN 1982, REFSGAARD & HENRIKSEN 2004). Bereits von FORRESTER & SENGE (1980) ist der Vorschlag eingebracht worden, die Bewertung als Prozess der Überprüfung des Modells auf Vertrauenswürdigkeit in die Stichhaltigkeit und Nützlichkeit des Modells zu begreifen. Eine solche Validierung eines Modells kann dann jedoch weder eine Übereinstimmung des Modells mit der Realität garantieren, noch alle Unsicherheiten erfassen. Sie wird oftmals lediglich beigefügt, um das Modell als wissenschaftlich vertrauenswürdig auszuweisen (ROTMANS & VAN ASSELT 2001).

Der Mangel an geeigneten Definitionen der Modellqualität, die Komplexität des Untersuchungsgegenstandes (vgl. Abs. 4.3) sowie die dadurch notwendig werdende Beeinflussung der Modellierung durch den Bearbeiter (Abs. 5.2.1ff.) lassen das Ziel einer korrekten und objektiven, universell gültigen Gütebeschreibung in weite Ferne rücken und offenbaren den Bedarf einer modellspezifischen und problemorientierten Bewertung (Abs. 6.4.3).

7.3 Die Bewertung geostatistischer Modelle

Die inhärente Eigenschaft eines jeden geologischen Modells, lediglich Simplifikation und Abstraktion der Realität sein zu können, bringt es mit sich, dass ebenso wie das Modell selbst auch dessen Bewertung auf unsicheren Grundlagen fußt. Geostatistischen Modellen kommt hier keine Sonderstellung zu; trotz ihres mathematischen Charakters sind auch sie im Kern deskriptiver Natur. Hierauf wurde bereits in den Abs. 4.5.1 und 4.5.6 hingewiesen. Bewertungs- und Vergleichsmöglichkeiten können daher entweder nur in Form von abstraktem und weitgehend heuristischem Vorwissen vorliegen (Abs. 6.4.3) *oder* alternativ auf quantitativ ermittelbaren Parametern basieren, die im Zuge der Modellierung selbst berechnet werden können. Diese grundsätzlich verschiedenen Ansätze einer Modellbewertung können als extern bzw. als intern bezeichnet werden und sind in Abb. 7-2 einander gegenübergestellt.

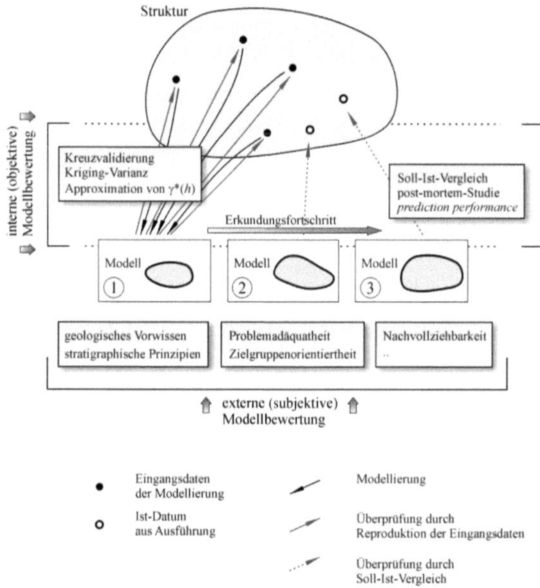

Abb. 7-2: Alternative Möglichkeiten der Qualitätskontrolle eines geostatistischen Modells durch Anwendung einer internen oder externen Bewertung, dargestellt am Beispiel einer zu modellierenden Struktur. Die durch die geostatistischen Verfahren zur Verfügung gestellten Methoden der Modellbewertung bleiben interner Natur, unabhängig davon ob sie noch innerhalb der Modellierung (Kreuzvalidierung usw.) oder im Zuge der Modellnutzung (Soll-Ist-Vergleich usw.) eingesetzt werden. Allerdings erlauben diese Verfahren die Ermittlung quantitativer Maßzahlen. Demgegenüber wird eine externe Modellbewertung lediglich durch subjektive und daher qualitative Ansätze ermöglicht. Hierfür stehen innerhalb des Modellierungsprozesses verschiedene Methoden zur Verfügung, zu Beginn der Modellierung z. B. die Prüfung auf Berücksichtigung geologischen Vorwissens, schließlich die Prüfung auf Eignung des Modells für den Zweck und den späteren Nutzer, nach der Modellerstellung auch die Prüfung auf Nachvollziehbarkeit.

Als Maßnahmen der internen Modellbewertung lassen sich demnach alle Verfahren auffassen, die zwar auf quantitativen Berechnungen basieren können, die sich ihrerseits jedoch ausschließlich auf die Eingangsdaten der Modellierung stützen. Bei der geostatistischen Modellierung fallen die Kreuzvalidierung, die Bestimmung der Kriging-Varianz (z. B. DOWD 1989, DAVID 1988) und die Beurteilung des Modells anhand der Güte der Approximation des experimentellen Variogramms $\gamma^*(h)$ durch eine theoretische Variogrammfunktion $\gamma(h)$ in diese

Gruppe. Letzteres wird häufig als vermeintlich hochwertiges Bewertungskriterium für das Modell angesehen. Dabei wird jedoch unbewusst unterstellt, (1), dass mit der Erkundung alle geologisch-genetischen Prozesse erfasst wurden, (2), dass das experimentelle Variogramm diese Prozesse vollständig, richtig und genau wiederzugeben vermag, (3), dass die gewählte Variogrammfunktion die genetisch richtige Struktur aufweist und, (4), dass diese Funktion nicht nur zur Wiedergabe, sondern gleichermaßen auch zur Vorhersage geeignet ist. Die Erfüllung dieser Annahmen kann nicht gewährleistet werden (vgl. Abs. 5.4.3). Zudem sind sowohl das experimentelle und das theoretische Variogramm wie auch folglich das gewählte Gütekriterium der Abweichung zwischen dem experimentellen und dem theoretischen Variogramm ausschließlich Ergebnis der Eingangsdaten. Damit bleibt eine solche Vorgehensweise Teil einer internen Bewertung, die allgemeine Aussagen über den Grad an Übereinstimmung von Modell und Realität nur erlaubt, wenn darunter ausschließlich die im Zuge der Erkundung bereits erfassten Standorte gemeint werden. Des Weiteren ist im Falle der Methoden von Kreuzvalidierung und Kriging-Varianz an die Möglichkeit der Äquifinalität zu denken, nach der verschiedene Kombinationen von Modellparametern zu gleichen Modellen führen können. Daneben ist es zusätzlich denkbar, geologisch nicht plausible Modelle durch alleinige Berücksichtigung der statistischen Kriterien höher zu bewerten. Entsprechende Beispiele finden sich in Abs. 5.2.1.

In späteren Phasen der Erkundung oder im Zuge der Anwendung des Modells auf einen praktischen Fall können durch Vergleiche der tatsächlich vorgefundenen Struktur mit den vom Modell prognostizierten Werten andere interne Methoden in den Vordergrund treten. Hierunter sind etwa *post-mortem*-Studien (z. B. PARKER 1984, BÁRDOSSY & BÁRDOSSY 1984, SKALA & PRISSANG 1999 u. a.) oder die Erfassung der *prediction performance* des Modells (z. B. EINSTEIN 1977, EINSTEIN & BAECHER 1983) anhand der im Zuge des Baufortschritts angetroffenen Bedingungen zu verstehen. Auch die hier berechneten Maßzahlen der Modellqualität basieren allein auf den Eingangsdaten des Modells, die zwar in diesem Falle erst später erhoben werden, jedoch gleichzeitig auch zu einer sukzessiven Modellverbesserung herangezogen werden.

Den Gegensatz zu den genannten Möglichkeiten bilden die Methoden der externen Modellbewertung. Sie werden erst durch den Anwender in den Modellierungsprozess eingebracht und können nicht selbst durch die projekteigenen Daten operationalisiert werden. Bei ihnen kann daher eine Quantifizierung, d. h. eine wertmäßige Bestimmung der Zuverlässigkeitsparameter und Kenngrößen, nur selten vorgenommen werden. Vielmehr zeichnen sich diese Kriterien durch qualitative Attribute aus, die nicht als Ausmaß der Umsetzung in einem speziellen Modell verstanden werden dürfen, sondern deren Erfüllung eher axiomatisch für die Modellierung vorausgesetzt wird. Ihre Anwendung erlaubt und verlangt daher eine subjektive Einflussnahme des Anwenders. Zu Beginn der Modellierung sind dies etwa die Prüfung auf Einhaltung der stratigraphischen Prinzipien oder die Modellbewertung anhand der Berücksichtigung regionalgeologischer Informationen, die sich aufgrund des gewählten Erkundungsmaßstabes (Ausdehnung des Untersuchungsgebietes, Dichte der Ansatzpunkte, Anzahl der entnommenen Proben usw.) nicht in den Eingangsdaten widerspiegeln müssen. Der Fehler, der durch Nichtberücksichtigung geologischer Vorinformationen in das Modell eingefügt wird, kann bedeutsamer als der Fehler der Schätzprognose sein (so STEPHENSON & VANN 2001). In späteren Erkundungsphasen, in denen das bestehende Modell lediglich verfeinert und im Detail durch Integration zusätzlicher Erkundungsergebnisse verbessert werden soll (Abb. 5-6), erfolgt die Modellbewertung optional oder alternativ durch Prüfung auf Verwendbarkeit für den angedachten Modellzweck (vgl. Problemadäquatheit, Abs. 6.4.1), auf Verwendbarkeit durch die spätere Nutzergruppe (vgl. Zielgruppenorientiertheit, Abs. 6.4.2) oder auf Nachvollziehbarkeit und Transparenz des angewendeten Modellierungsprozesses (Abb. 5-14, Abs. 6.3).

Beide Möglichkeiten einer Modellbewertung sind mit Problemen und Unsicherheiten behaftet, die eine alleinige Anwendung von Methoden nur einer der beiden Gruppen als hinreichend geeignetes Mittel der Modellbewertung ausschließen. Im Falle der internen Bewertung ist dies, (1), vorrangig die zweimalige Verwendung der Eingangsdaten, namentlich für die Erstellung des Modells *und* für dessen Bewertung. Daneben müssen hier, (2), die genannten Methoden bzw. die mit ihnen berechneten Parameter nicht das gleiche Modell als optimal ausweisen. Schließlich ist, (3), hierunter auch die aus wahrscheinlichkeitstheoretischer Sicht problematische Situation der übermäßig guten Anpassung des Variogrammmodells zu verstehen (vgl. Abs. 5.4.3).

Selbst bei Erfüllung all dieser Kriterien kann damit noch keine Aussage über die Modelleignung zur Prognose getroffen werden. Mit einer baugeologischen Modellierung wird jedoch immer auch das Ziel der Schlussfolgerung auf den verbleibenden, durch die Erkundung bisher nicht erfassten Teil der Gesamtpopulation verfolgt, was hierdurch nicht oder nur sehr eingeschränkt möglich ist. Soll das Modell hingegen ausschließlich der Darstellung dienen und damit primär reproduktiv bleiben (Abs. 4.5.2), kann eine solche Bewertung genügen.

Dagegen besteht bei den Methoden der externen Bewertung, (1), der Nachteil der Verwendung lediglich qualitativer, z. T. sogar nur semantisch definierter, und folglich höchst unscharfer Kriterien, was sowohl Auswirkungen auf die Bewertung des Modells als auch auf die des Benutzereinflusses hat. Diese Unschärfe in der Definition der Kriterien wird, (2), überlagert durch eine benutzerinduzierte Unschärfe, die auf der subjektiven, zumeist nicht begründbaren Auswahl nur einiger dieser Kriterien durch den Anwender beruht und in Teilen von der geologischen Fachausbildung, der Kenntnis des Gebietes, dem Modellzweck und den aus diesen Sekundärinformationen gezogenen Schlussfolgerungen abhängig ist.

Selbst die Erfüllung aller Kriterien, die gemeinsam im Zuge von interner und externer Bewertung herangezogen werden könnten, kann daher nicht als ausreichend zur Beschreibung der Modellgüte angesehen werden. Die mit ihnen erzielten Ergebnisse erlauben keine logisch rigorosen Schlüsse und besitzen lediglich indikativen Charakter. Sie sollten daher schließlich nur als Basis für Ansatzpunkte und argumentative Äußerungen in einer umfassenden Diskussion über das Modell verstanden werden, die gemeinsam von allen an der Erstellung Beteiligten und den zukünftigen Nutzern des Modells geführt werden sollte. In diesem Sinne bleibt das Modell nach wie vor von rein hypothetischer Struktur.

Schließlich erscheint es daher angemessen, lediglich die Qualität des Modellierungsprozesses zu fordern und nicht die Qualität des Modellierungsergebnisses nachweisen zu wollen. Die Bewertung sollte daher auch nicht als der die Modellierung abschließende Schritt, sondern als Teilprozess der iterativen Modellierung (vgl. Abs. 5.3.4) verstanden werden, der dann modellierungsbegleitend durchzuführen wäre. Hierzu können die in den folgenden Abs. 7.4 und 7.5 beschriebenen Methoden beitragen, wenn die mit ihnen erzielten Ergebnisse für die weitere Planung genutzt und erfolgreich in die Modellierung integriert werden können.

7.4 Die Anwendung der Kriging-Varianz zur Modellbewertung

7.4.1 Ablauf der Berechnung

Kennzeichnend für die geostatistischen Schätzverfahren ist die gleichzeitig mit der Schätzung erfolgende Berechnung des zugehörigen Schätzfehlers, der hier als Kriging-Varianz bezeichnet wird. Damit liegen anschließend für jeden einzelnen Knotenpunkt des Schätzgitters der Erwartungswert wie auch Angaben zur Verlässlichkeit dieser Schätzung vor.

Folgt man der Theorie der geostatistischen Schätzverfahren (vgl. JOURNEL & HUIJBREGTS 1978, DEUTSCH & JOURNEL 1997), führen die Differenzen aus dem Schätzwert $z^*(x_0)$ und dem unbekannten wahren Wert $z(x_0)$ zu einer neuen Zufallsvariablen, für die bei stationären Verhältnissen eine Normalverteilung angenommen werden darf. Als Mittelwert der Verteilung und damit als Erwartungswert des Fehlers ergibt sich unter Zugrundelegung des BLUE-Konzeptes aus Gl. (3-17), welches systematische Über- oder Unterschätzungen ausschließen soll, Null. Die Varianz dieser Verteilung ist die Kriging-Varianz $\sigma_K^2(x_0)$. SCHÖNHARDT (2005) zeigt, dass bei Gültigkeit der Annahme der Normalverteilung der unbekannte, wahre Wert $z(x_0)$ mit einer Irrtumswahrscheinlichkeit von $\alpha = 5\,\%$ innerhalb des durch die zugehörige Standardabweichung $\sigma_K(x_0)$ vorgegebenen Intervalls $[z^*(x_0) - 2\sigma_K(x_0),\ z^*(x_0) + 2\sigma_K(x_0)]$ liegen muss. In Abs. 3.5.4 wurde die lokale Schätzvarianz $\sigma^2(x_0)$ im *Ordinary Kriging* zu

$$\sigma_K^2(x_0) = -\sum_{j=1}^{n}\sum_{i=1}^{n}\lambda_j\lambda_i\gamma(x_i - x_j) + 2\sum_{i=1}^{n}\lambda_i\gamma(x_i - x_0) \tag{7-1}$$

ermittelt. Ihre Größe gilt oft als alleiniges Bewertungskriterium, während die Modellierung selbst eine Minimierung der Kriging-Varianz herbeiführen soll. Erweitert man diese Gleichung um einen zusätzlichen Nugget-Anteil, der im Regelfall bei jedem Modell Verwendung finden wird, und vereinfacht Gl. (7-1) durch Verwendung der entsprechenden Kovarianzen anstelle der Werte der Variogrammfunktion γ (vgl. Abb. 3-1), so erhält man

$$\sigma_K^2(x_0) = C_{00} + \sum_{j=1}^{n}\sum_{i=1}^{n}\lambda_j\lambda_i Cov_{ij} - 2\sum_{i=1}^{n}\lambda_i Cov_{i0}\ . \tag{7-2}$$

Die Größe dieser drei Terme und damit ihr jeweiliger Anteil an der Kriging-Varianz $\sigma_K^2(x_0)$ variieren. Im Einzelnen stellen sie sowohl daten- als auch erkundungsspezifische Parameter dar. So entspricht der erste Term der Variabilität des Prozesses. Hierunter werden jedoch sowohl statistische Größen, wie etwa Messfehler, als auch grundsätzlich deterministische Größen subsumiert, wie etwa diejenige kleinräumige Variabilität, die durch das gewählte

Erkundungsraster nicht erfasst werden kann. Der zweite Term stellt die Güte der Mess- oder Netzkonfiguration dar, der dritte Term die Entfernung der Stichproben zum Schätzpunkt. In letzterem ist die Reduktion der Größe von $\sigma_K^2(x_0)$ bei geringer werdender Entfernung von den Nachbarschaftspunkten und vom Schätzpunkt deutlich zu erkennen. Kleinere Schätzfehler beim Kriging ergeben sich damit automatisch bei geringen Abständen zu bekannten Mess- oder Beobachtungslokationen.

Die Größe der Schätzvarianz $\sigma_K^2(x_0)$ hängt nach MATHERON (1970a) und JOURNEL & ROSSI (1989) von dem Variogrammmodell (Abb. 3-7), dem Beprobungsmuster und von dem extrapolierten Verlauf des Variogrammmodells in Schrittlängen kleiner als der Probenabstand (vgl. Abb. 4-12) ab. Jeder dieser drei Parameter beinhaltet damit verschiedene Auswahlmöglichkeiten für den Anwender, für deren Entscheidung neben daten- auch projekt-spezifische Erwägungen eine Rolle spielen werden. Daneben ist kaum anzunehmen, dass das Modell über den gesamten Untersuchungsbereich gleichermaßen gültig ist, zumal sich auch das Beprobungsmuster ändern dürfte. Dies lässt abermals Schlüsse auf die Eignung auch anderer als der bisher ausgewählten Variogrammfunktion möglich erscheinen.

7.4.2 *Die Anwendbarkeit der Kriging-Varianzen zur Modellbewertung*

Nach den obigen Ausführungen ist die Schätzvarianz $\sigma_K^2(x_0)$ folglich weniger eine Folge der Daten, sondern eher eine Funktion der Informationsdichte (LINNENBERG & NEULS 1988). Es zeigt sich insbesondere, dass die Größe der Kriging-Varianz nur von der räumlichen Vertei-lung der Daten im Untersuchungsgebiet abhängig ist und daher als Maß für den lokalen Informationsmangel verstanden werden kann. Im Schätzvarianzenbild paust sich damit das Erkundungsnetz durch (ZEISSLER & FELIX 1992, WEBSTER 1999).

Zudem sind, wie die Schätzwerte des Krigings selbst, auch die damit einhergehenden Schätzvarianzen unabhängig von den tatsächlichen Werten $z(x_i)$ der Schätznachbarschaft. In den Gl. (3-22), (7-1) und (7-2) gehen damit auch lediglich die Gewichte λ_i in die Berechnung ein, die sich ihrerseits nur aus den Differenzen der Eingangswerte ergeben. Bei der Berechnung der Kriging-Varianzen erweist sich diese Unabhängigkeit von den tatsächlich beobachteten Werten jedoch insoweit als Schwachpunkt, als dass hier die typische Heteroskedastizität natürlicher Daten nicht berücksichtigt wird. Dieses auch als *proportional effect* bekannte Phänomen beschreibt die Erhöhung der Varianz mit steigendem Erwartungswert. Es zeigt sich, dass dies gerade in Verbindung mit der bevorzugten Beprobung bestimmter Werte- oder bestimmter Teilbereiche des Untersuchungsgebietes (DAVID 1988, GOOVAERTS 1997a; vgl. AKIN 1983b) zu einem nur schlecht schätzbaren Variogramm führt (vgl. SRIVASTAVA & PARKER 1989). Oftmals festzustellende Bemühungen zur Verdichtung der Beprobung von Bereichen mit hohen Parameterwerten (Umwelttechnik: Kontaminanten; Bergbau: Erzgehalte) werden zwar mit dem Ziel der Erhöhung der Aussagesicherheit begründet, jedoch können die dann deutlich wahrzunehmenden hetero-skedastischen Verhältnisse zu einer höheren Streuung beitragen, die auch zu einem höheren Schwellenwert und zu einem steigenden Nuggetwert führen kann. Das ursprüngliche Ziel einer genaueren Modellierung wird daher mit einer solchen Vorgehensweise verfehlt.

Eine schematische Darstellung dieses Phänomens sowie die daraus abzuleitenden Schlussfolgerungen über die Eignung der Kriging-Varianz zur Modellbewertung sind in Abb. 7-3 gegeben. Dabei zeigt Abb. 7-3a die zu erwartende Abhängigkeit der Stichprobenvarianz vom Mittelwert der Stichprobe, Abb. 7-3b die aufgrund der bevorzugten Beprobung zu vermutende Änderung des Mittelwertes von der Anzahl der Aufschlüsse bzw. der Proben. In Verbindung mit einer typischen statistischen Verteilung der Aufschlussabstände, bei der bei einer bevorzugten Beprobung davon ausgegangen werden darf, dass ein Häufigkeitsmaximum im Nahbereich auftreten wird, muss angenommen werden, dass hierdurch ein experimentelles Variogramm gemäß Abb. 7-3c erzeugt wird. Gleichzeitig wird die reale Situation dadurch nur unzureichend erfasst, dass im Zuge von Erkundung und Beprobung eine zumeist polymodale Grundgesamtheit betrachtet wird (Abb. 7-3d), wobei es sich entweder um eine gemischte Grundgesamtheit oder um räumlich distinkte Subpopulationen handeln kann. Im Zuge der Variogrammberechnung erfolgt jedoch die Mittelung von Varianzen bei gleichen Aufschlussabständen, so dass hierdurch sowohl Wertedifferenzen innerhalb einer einzigen Subpopulation wie auch Wertedifferenzen zwischen benachbarten Subpopulation herangezogen werden.

Gleichzeitig wird das theoretische Variogramm zumeist nur anhand der Werte des experimentellen Variogramms festgelegt (vgl. Abs. 8.4.1.3). Auch die Variogrammfunktion hat daher lediglich empirischen Charakter (Abb. 7-3e). In der Konsequenz bedeutet dies schließlich sowohl die Zuordnung auch der Kriging-Varianz zu den internen Bewertungsmethoden wie auch die Ungültigkeit rechnerisch ermittelter Konfidenzintervalle, wenn durch deren Verwendung die Wahrscheinlichkeit des Antreffens des wahren Wertes ausgedrückt werden soll.

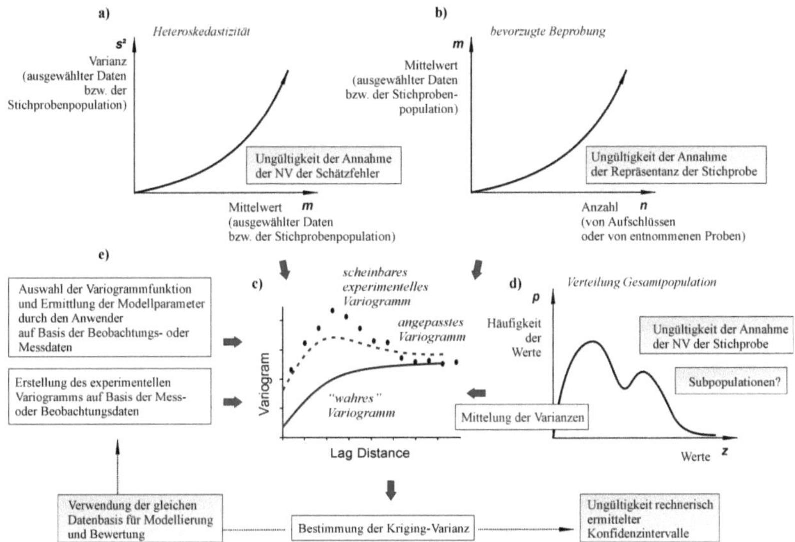

Abb. 7-3: Diskussion der Eignung der Kriging-Varianz zur Modellbewertung.

Unabhängig hiervon hat der rechnerisch ermittelte Wert der Kriging-Varianz $\sigma_K^2(x_0)$ nur unter recht restriktiven Voraussetzungen Gültigkeit, so DAVIS & CULHANE (1984). Hierzu gehört die Normalverteilung, was für die meisten geologischen oder geotechnischen Parameter im Regelfall bereits allein aufgrund der natürlichen unteren Grenze, der Null, nicht gegeben ist (Abb. 7-3d). Daneben liegen auch die Schätzfehler meist in schiefer Verteilung vor und sind ihrerseits selbst auch wieder von der Größe des Schätzwertes abhängig. Die Ausweisung von Konfidenzintervallen, innerhalb derer die wahren Werte zu erwarten wären (Abs. 7.4.1), wird damit hinfällig. MENZ & WÄLDER (2000b) und VAN GROENINGEN (1997) zeigen z. B. in Vergleichen, dass durch Anwendung von Verfahren aus der Gruppe der geostatistischen Simulation (vgl. Abs. 3.4) das Ausmaß der Unschärfe des modellierten Parameters deutlich besser als mit der Berechnung der Kriging-Varianzen und ihrer kartenmäßigen Darstellung zu erfassen ist. Die Überlegenheit der geostatistischen Simulationsverfahren gegenüber der Kriging-Varianz ist umso deutlicher ausgeprägt, je mehr die tatsächlichen Verhältnisse von den theoretisch erforderlichen Bedingungen abweichen (GOOVAERTS 1997b)[18].

SCHULZ-OHLBERG (1992) macht zudem darauf aufmerksam, dass bei einer globalen geostatistischen Schätzung die Mittelung der im gesamten Datenmaterial vorhandenen Varianzen erfolgt (Abb. 7-3d). Bedeutsam wären die Kriging-Varianzen demnach ohnehin nur für homogene *und* isotrope Zufallsprozesse. Ersteres hingegen muss aber für die Schätzung bereits vorausgesetzt werden; die Modellierbarkeit der Abweichungen von der Isotropie aber lässt das Kriging gerade für geologische Strukturen besonders interessant werden. Darüber hinaus können auch beliebige andere geeignete Kombinationen von Variogrammfunktion, Schwellenwert, Reichweite und Nuggetwert zu lokal identischen Schätzwerten führen. Eine Berücksichtigung dieser möglichen Äquifinalität im Rahmen der Modellbewertung ist bislang nicht gegeben. Daher können anhand der Kriging-Varianz weder das Modell bewertet noch Aussagen über die tatsächliche Realisation der ermittelten Werte in der Natur getroffen werden.

Überdies kommt hinzu, dass auch die zur Erzeugung des geostatistischen Modells notwendige Variogrammfunktion selbst aus den Messwerten geschätzt wird (Abb. 7-3e). Die an das experimentelle Variogramm angepasste Funktion aus der Gruppe der zulässigen Modelle kann damit nicht den Anspruch haben, die geologisch-genetisch zugrunde liegende Prozessstruktur zu repräsentieren; das erzeugte Variogrammmodell ist bestenfalls eine Abstraktion der Realität. Die Unsicherheit in der Definition der modellerzeugenden Variogrammfunktion überlagert daher die durch die Kriging-Varianz ausgewiesene Unschärfe des Modells (DIGGLE, TAWN & MOYEED 1998). Der Versuch der Verringerung der Kriging-Varianz durch bessere Anpassung der gewählten Variogrammfunktion kann damit allenfalls zur Erhöhung der *Genauigkeit der Schätzung* beitragen; eine höhere *Richtigkeit des Modells*

---

[18] Zwar zielen auch die geostatistischen Simulationstechniken auf die Reproduktion des geschätzten Variogrammmodells ab, jedoch weisen ihre Ergebnisse nicht gleichzeitig auch den Fehler der Glättung auf (Abb. 3-3, Abb. 7-6). Die Festlegung zukünftiger Ansatzpunkte aufgrund von Simulationen, wie sie etwa von BURGESS, WEBSTER & MCBRATNEY (1981) und ENGLUND & HERAVI (1993, 1994) vorgeschlagen wird, erzeugt damit plausiblere Ergebnisse, die sich zudem statistisch besser rechtfertigen lassen.

als Grad der Übereinstimmung mit der Realität kann hierdurch nicht erzielt werden (vgl. Abs. 5.4.3 und 4.7).

Eine allein auf der Beurteilung der globalen oder der lokalen Kriging-Varianz basierende Bewertung kann daher nicht als ausreichend angesehen werden. Vielmehr stellt eine solche Vorgehensweise einen Zirkelschluss dar, der nur vermeintlich sinnvolle Aussagen zur Modellgüte erlaubt. Gültigkeit könnte dieser Vorgehensweise nur dann zugesprochen werden, wenn die Variogrammapproximation mehr oder weniger zufällig der genetisch bedingten Kovarianzfunktion entspräche, was jedoch letztlich nicht nachgewiesen werden kann. Diese Ansicht wird auch gestützt durch die Eigenschaft des Krigings, ohnehin anhand der Variogrammfunktion aus den Eingangsdaten dasjenige Modell zu erzeugen, das die geringsten Varianzen aufweisen wird („*Best ...*", BLUE, vgl. Abs. 3.5.4). Ein Beurteilung des Modells, das durch solche ausschließlich methodenintern definierten Kriterien als das „beste" bezeichnet wird (BROOKER 1980, vgl. auch Fußnote 6, S. 47), ist daher als ein Sonderfall der internen Bewertung anzusehen (Abb. 7-2). Dies als Maß für die wahre Vertrauenswürdigkeit des Modells zu verstehen, kann zu falschen Schlussfolgerungen führen.

In jüngerer Zeit wird aus den aufgeführten Gründen zwar noch die Berechnung der Kriging-Varianz und die daran anknüpfende Modelldiskussion empfohlen, jedoch eine Modellbewertung allein anhand der Kriging-Varianz abgelehnt (z. B. MONTEIRO DA ROCHA & YAMAMOTO 2000, HENLEY 2001).

7.4.3   *Eignung und Nutzbarkeit der Kriging-Varianzen*

Trotz der Ausführungen der vorigen Abschnitte können die errechneten Kriging-Varianzen nutzbringend für die Modellierung eingesetzt werden. Das Ziel ihrer Verwendung liegt dann jedoch nicht in einer vermeintlich damit erreichbaren Bewertung des Modells, sondern in ihrer Integration in den eigentlichen Modellierungsablauf. Die Berechnung der Kriging-Varianzen bildet folglich dann nicht den die Modellierung abschließenden Teil, sondern könnte ihrerseits selbst zu einer Optimierung nachfolgender Erkundungskampagnen und Modellierungsabläufe beitragen (vgl. Abs. 5.3.4). Sie wird damit zum echten Teil der Validierung des Modells und könnte somit sukzessive zu dessen Optimierung beitragen, worauf bereits in Abs. 7.3 hingewiesen wurde. Der eigentliche Gewinn der hierfür verwendeten Kriging-Varianzen besteht darin, dass ihre Berechnung im Zuge einer jeden geostatistischen Schätzung und damit als willkommener Nebeneffekt erfolgt. Damit wird eine effiziente Integration in die Modellierung auf vielfältige Weise möglich, ohne dass zusätzliche Rechenschritte erforderlich wären.

Innerhalb von Entscheidungsprozessen können die ermittelten Kriging-Varianzen zur Abschätzung des Handlungsbedarfs sowie zur Festlegung von Ansatzpunkten weiterer Aufschlüsse oder Probenahmen dienen (Abb. 7-4,①). STEWART (2000) und MCKENNA (1997) zeigen hierfür verschiedene Ansätze, die zusätzlich, etwa um Clusterung in Bereichen hoher Kriging-Varianzen zu verhindern, mit weiteren Restriktionen, bspw. Mindestentfernungen, versehen werden können. Andere Verfahren sind bei LINDNER (1995), WÄLDER (1997), MENZ (1999) und JÄKEL (2000) beschrieben und dienen z. B. der Erhöhung der Vorhersagegenauigkeit durch Minimierung nicht der lokalen, sondern der maximalen oder der mittleren

Kriging-Varianz. Zur Behebung des Nachteils, dass diese Aussagen allein auf der räumlichen Anordnung der Daten beruhen, könnten sie mit den Datenwerten (ROUHANI 1985, ROUHANI & HALL 1988) oder mit aus den Schätzwerten abgeleiteten ggf. bautechnisch relevanten Parametern, z. B. Neigungswinkel oder -richtung von Schichtgrenzen (JÄKEL 2000), kombiniert werden. Globale Ansätze zur Erstellung von Untersuchungsnetzen nebst deren Auswirkungen auf die Variogrammfunktion sind z. B. bei RUSSO (1984), RUSSO & JURY (1988) und WARRICK & MYERS (1987) beschrieben. Des Weiteren könnte ihre Anwendung im Rahmen iterativer Prozesse (vgl. Abs. 5.3.4) die stetige Modelloptimierung und damit auch die Schaffung besserer Prognosemöglichkeiten erlauben (Abb. 7-4,②).

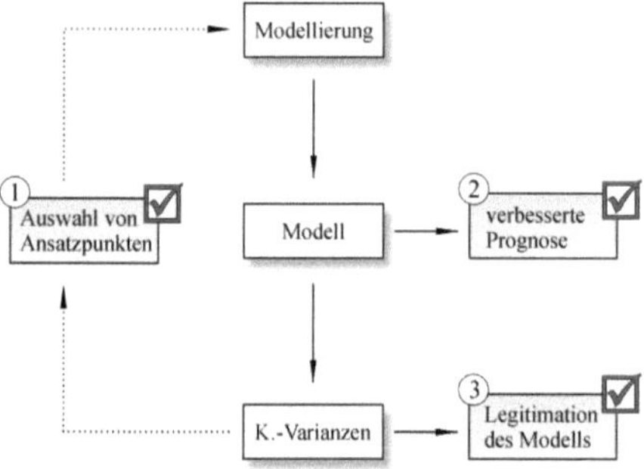

Abb. 7-4: Verwendbarkeit der Kriging-Varianzen für die Modellierung.

Solche Ansätze sind jedoch nur dann als echte Alternative zu den geostatistischen Simulationen anzusehen, wenn deren weit größerer rechnerischer Aufwand eine Anwendung verhindern würde und eine Darstellung anderer, leichter bestimmbarer quantitativer Kriterien – eben der Kriging-Varianzen – nicht bereits genügt. Im Regelfall werden die Kriging-Varianzen ungeachtet ihrer problematischen tatsächlichen Aussagekraft als einfach zu vermittelndes Gütekriterium für die Legitimation des Modells und damit auch zur Rechtfertigung aller Entscheidungen des Anwenders im Zuge des Modellierungsprozesses als ausreichend anzusehen sein (Abb. 7-4, ③).

7.5   Die Anwendung der Kreuzvalidierung zur Modellbewertung

7.5.1   *Ablauf und berechnete Parameter*

Neben der visuellen Kontrolle des Modells stellt die Kreuzvalidierung eine der am häufigsten verwendeten Validierungsprozeduren dar (z. B. SCHAFMEISTER 1999, JONES & CARBERRY 1994). Hierzu wird aus dem n Daten umfassenden Datensatz n-mal jeweils genau ein Datum $z(x_i)$, mit $i = 1..n,$ entfernt und dieses anschließend mit dem aufgestellten Variogrammmodell und den gewählten und über die Kreuzvalidierung konstant gehaltenen Kriging-Parametern erneut geschätzt. So wird verfahren, bis schließlich für alle n Daten Paare beobachteter und geschätzter Werte vorliegen (STONE 1974, DUBRULE 1983). Mittels verschiedener, auf eine statistische Auswertung der Wertepaare [z(estim.), z(obs.)] bzw. ihrer Verteilung abzielenden

Verfahren, die im Folgenden erläutert werden, sollen geostatistische Modelle beurteilt und verglichen werden[19].

Die Anwendung der Kreuzvalidierung entspricht der üblichen Praxis in der Geostatistik. Sie ist jedoch keineswegs auf diese beschränkt, sondern grundsätzlich auch für mit anderen Methoden erstellte Modelle einsetzbar. Tatsächlich eignet sie sich auch für den Vergleich von Modellen, die mittels grundsätzlich verschiedener Methoden erstellt wurden (z. B. GOOVAERTS 1999). Sie könnte damit schließlich die Bewertung nicht nur der Modelle, sondern auch der eingesetzten Methoden erlauben. Besondere Relevanz für die Geostatistik erlangt sie nach DAVIS (1987) jedoch grundsätzlich dadurch, dass die geostatistische Schätzung genau dasjenige Modell erzeugt, das die geringste Schätzvarianz aufweist, und die geostatistische Interpolation theoretisch exakt ist. Sie wird daher bei der Schätzung an Punkten mit bekannten Werten tendenziell den vorher entfernten Wert zurückliefern.

Basis und Ausgangspunkt aller weiteren Berechnungen ist die Darstellung der Wertepaare in einem Streudiagramm (*Scatterplot*) und dessen zunächst visuell erfolgende Beurteilung (MYERS 1997). Anzustreben ist hierfür die Lage aller Wertepaare auf der Geraden z(estim.) = z(obs.) als Nachweis der bedingten Unverzerrtheit (vgl. Abs. 3.5.4). Ein solcher Idealzustand wird sich jedoch im Regelfall nicht einstellen. Verantwortlich hierfür sind sowohl Eigenschaften des Untersuchungsgegenstandes wie auch erkundungs- und modellspezifische Faktoren. Zur ersteren Gruppe gehört die natürliche Variabilität, die ihrerseits zu Schwankungen des experimentellen Variogrammes führen kann, die mit im Sinne von Abs. 6.4.1 *einfachen* theoretischen Variogrammfunktionen nicht mehr erfasst werden können. Zur zweiten Gruppe gehören bspw. ungeeignete Aufschlussraster oder ungeeignete geostatistische Parameter. Aus beiden Gründen wird sich daher zumeist eine Punktwolke in Form einer langgestreckten Ellipse ergeben. Diese ist mit ihrer Längsachse genau dann an der Geraden z(estim.) = z(obs.) orientiert (vgl. Abb. 7-5), wenn keine systematischen Über- oder Unterschätzungen auftreten und folglich der Erwartungswert der Schätzung dem Mittelwert der Stichprobenpopulation entspricht. Für den Zweck der Schätzung solcher stationären Verhältnisse liefert das Kriging im Grunde optimale Bedingungen.

Abweichend hiervon zeigt die Erfahrung, dass praxisnahe Streudiagramme im Regelfall deutlich von der Idealanordnung verschiedene Punktwolken aufweisen, deren häufigste Varianten in Abb. 7-5b bis e dargestellt sind: So ist das Streudiagramm in Abb. 7-5b durch einen nur kleinen Wertebereich gekennzeichnet, der augenscheinlich nicht das gesamte Spektrum der Stichprobenpopulation abdeckt. Abb. 7-5c zeigt keine Konzentration der Wertepaare in einer Ellipse, Abb. 7-5d lediglich die Clusterung von Punkten. Daneben können auch Misch- und Übergangsformen auftreten. Solche Streudiagramme weisen auf eine nur ungenügende Modellqualität hin.

---

[19] Abkürzung „obs." für „observed" (dt.: beobachtet); Abkürzung „estim." für „estimated" (dt.: geschätzt). Dabei ist der Begriff des Schätzwertes in der Kreuzvalidierung, z(estim.), zu unterscheiden von dem Begriff des Schätzwertes $z^*(x_i)$ im Zuge des vorangegangenen Krigings: So wird z(estim.) im Regelfall aus n - 1 Daten berechnet, während $z^*(x_i)$ aus dem kompletten, n Daten umfassenden Datensatz (globales Kriging), bei Beschränkung auf einen Suchbereich (lokales Kriging) aus den N_{ges} Daten des Suchbereiches geschätzt wird.

Abb. 7-5e zeigt dagegen ein Streudiagramm, wie es in typischer Weise nach einer hochqualitativen geostatistischen Schätzung zu erwarten ist: Zwar lässt sich hier noch eine elliptische Punktwolke erkennen, jedoch ist diese nicht mehr an der Geraden z(estim.) = z(obs.) orientiert. Das bedeutet, dass hohe Werte im Durchschnitt unterschätzt, niedrige Werte dagegen im Durchschnitt überschätzt werden.

Dies ist zum einen auf die Glättungseigenschaften eines jeden Interpolationsverfahrens als auch auf die methodenspezifischen Glättungseigenschaften des Krigings zurückzuführen. Ersteres hat seine Ursache darin, dass die absoluten Beträge der Extrema der Stichprobenpopulation kleiner sind als die absoluten Beträge der Extrema der Gesamtpopulation. Letzteres dagegen ist durch die Hinzufügung eines Nugget-Wertes $C_0 > 0$ als Teil der Variogrammfunktion bedingt (*smoothing effect*). Großräumige Variabilität wird daher im Allgemeinen durch das Kriging gut dargestellt, während kleinräumige Anomalien ausgedehnt und damit größer als die tatsächlich vorhandenen angezeigt werden (z. B. LINDNER & KARDEL 2000).

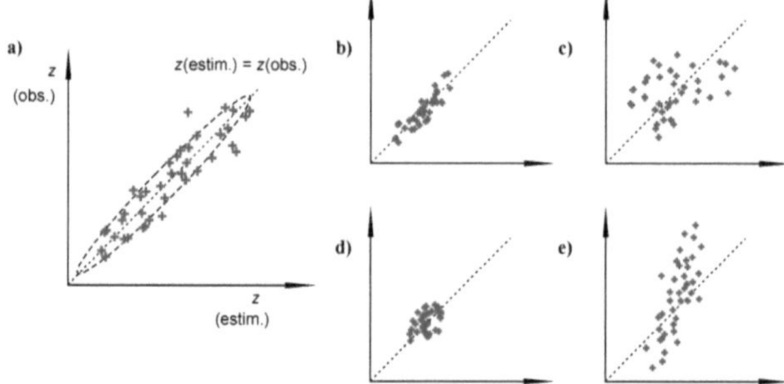

Abb. 7-5: Darstellung des Streudiagramms der Kreuzvalidierung, z(obs.): beobachteter bzw. gemessener Wert, z(estim.): geschätzter Wert; a): Idealanordnung, Punktwolke in Form einer schmalen Ellipse, b) – e): praxisnahe Streudiagramme.

Im Streudiagramm ist dieses Phänomen als Dämpfungseffekt bekannt (z. B. KNOSPE 2001). Da jeweils nur ausgewählte Teilmengen der Eingangswerte von der Über- oder der Unterschätzung betroffen sind, kann diese Form der verzerrten Schätzung als *selective bias* bezeichnet werden. Nach JOURNEL & HUIJBREGTS (1978) findet dies im Zuge der Kriging-Schätzung seinen Ausdruck in der bedingten Verzerrtheit (vgl. *conditional bias*, Abs. 3.5.4).

Abb. 7-6b zeigt schematisch die Auswirkungen des Glättungseffektes auf das Streudiagramm der Kreuzvalidierung. Beobachtete Werte, die kleiner als der Mittelwert der Population sind, werden demnach über-, Werte oberhalb des Mittelwertes der Population dagegen unterschätzt. Die Differenzen zwischen z(obs.) und z(estim.) gehen als Schätzfehler in die Berechnung der Parameter der Kreuzvalidierung ein. In Abb. 7-6c wird die wahre räumliche Verteilung des beobachteten Parameters (z. B. Schichtmächtigkeit) zum einen der interpolierten und zum anderen der im Zuge der Kreuzvalidierung geschätzten räumlichen Verteilung gegenübergestellt. Dabei wird deutlich gemacht, dass erkundungsbedingt die Beträge der Extrema der Stichprobenpopulation kleiner sind als die der Gesamtpopulation.

Die interpolierte Verteilung wird daher eine geringere Schwankungsbreite aufweisen. Eine nochmalige Reduktion der Variabilität ist zusätzlich dann festzustellen, wenn ein Variogrammmodell mit $C_0 > 0$ aus Abb. 7-6a verwendet wird, die Schätzung daher nicht vollständig die lokal erkundete Werte z(obs.) reproduzieren wird.

Die Schätzung im Zuge der Kreuzvalidierung führt zu einer nochmaligen Reduktion der Schwankungsbreite. Dies ist nicht zuletzt dadurch bedingt, dass hier die Schätzung eines jeden Wertes z(estim.) auf weniger Daten beruhen wird ($n - 1$ Daten) als die vorangegangene Kriging-Schätzung (n Daten).

Aus diesen Gründen wird die Kreuzvalidierung Werte z(estim.) erzeugen, die lokal von den ermittelten Werten z(obs.) abweichen. Im besten Fall jedoch stimmen zumindest der Mittelwert der Population der z(estim.) und der Mittelwert der Population der z(obs.) überein. Die Schätzung gilt dann als unverzerrt.

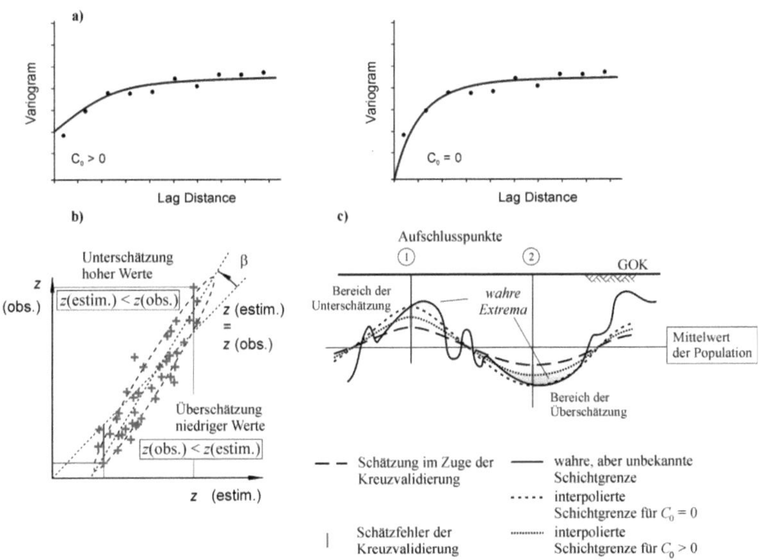

Abb. 7-6: Auswirkungen des Glättungseffekts auf das Streudiagramm. a): Anpassung der Variogrammfunktion mit $C_0 > 0$ an das experimentelle Variogramm sowie alternative Anpassung mit $C_0 = 0$, b): typisches Streudiagramm mit Überschätzung niedriger Werte und Unterschätzung hoher Werte, c): erkundungs- und interpolationsbedingte Unterschätzung der Extrema der realen Struktur.

Da sich die Größe der Kriging-Varianz proportional zum festgelegten Schwellenwert verhält, ist es möglich, eine verbesserte Schätzung zu erreichen, indem schließlich die Längsachse der Punktwolke auf die Geradenlage z(estim.) $= z$(obs.) zurückzudrehen ist. Dies könnte rechnerisch durch nachträgliche Verstärkung der Kriging-Schätzwerte $z^*(x_i)$ mittels Wichtung der am Ort x_i bestimmten Kriging-Varianz σ^2_K in Relation zur maximalen Kriging-Varianz der Schätzung $\sigma^2_{K,max}$ erfolgen (OLEA & PAWLOWSKY 1996, KNOSPE 2001; vgl. DAVID, MARCOTTE & SOULIE 1984). Durch Anwendung dieser Verfahren wird jedoch weder ein besseres Modell erzeugt, noch eine bessere Bewertung erlaubt. Sie stellen vielmehr lediglich Ansätze zur besseren statistischen Behandlung der Wertepaare [z(estim.), z(obs.)] dar.

Unabhängig von diesen Ansätzen können aus den Vergleichen der im Zuge der Kreuzvalidierung geschätzten Werte z(estim.) und der wahren Werte z(obs.) verschiedene statistische Größen berechnet werden, die eine Bewertung des Modells erlauben sollen. Im Einzelnen können die in Tabelle 7-1 gezeigten Größen berechnet werden. Hierbei handelt es sich um Summenparameter, die durch Angabe eines Wertes die Verteilung entweder der absoluten Beträge der Schätzfehler oder der relativen Schätzfehler charakterisieren sollen. Ihnen kommt jeweils unterschiedliche Bedeutung und Aussagekraft für die Modellbewertung zu.

Tabelle 7-1:   Fehlerkriterien der Kreuzvalidierung mit Nummer der Gleichung.

absolute Größen	*relative Größen*
Bias, Gl. (7-3)	MRE, Gl. (7-6)
MAE, Gl. (7-4)	MARE, Gl. (7-7)
MSE, Gl. (7-5), RMSE, Gl. (7-8)	RMSRE, Gl. (7-9)

Als wichtigste Größe ist der *Bias* nach Gl. (7-3) zu nennen, der ein Maß für den systematischen Fehler des Modells darstellt[20]. Er gestattet folglich Aussagen über etwaige einseitig verzerrte Modelle, die bevorzugt zu einer Über- oder bevorzugt zu einer Unterschätzung von Werten führen. Für den Fall, dass der *Bias* Null ist, gleichen sich positive und negative Abweichungen von realen Werten aus. Der Schätzwert entspricht dann dem Erwartungswert an der Lokation; im Durchschnitt sind die Schätzungen damit richtig. Dies gilt im Rahmen einer geostatistischen Schätzung dann, wenn stationäre Verhältnisse angenommen werden dürfen und eine geeignete Variogrammfunktion ausgewählt worden ist.

$$Bias = \frac{1}{n}\sum_{i=1}^{n}\left(z(estim.)_i - z(obs.)_i\right) \qquad (7\text{-}3)$$

Daneben sind zu berechnen: der *Mean Absolute Error*, MAE, nach Gl. (7-4)

$$MAE = \frac{1}{n}\sum_{i=1}^{n}\left|z(estim.)_i - z(obs.)_i\right|, \qquad (7\text{-}4)$$

---

[20] Der Begriff des *Bias* ist im Deutschen durch *Verzerrung* zu übersetzen (z. B. OLEA 1991). Inhaltlich ließen sich unter dem letztgenannten Begriff der Verzerrung jedoch verschiedene Aspekte der Richtigkeit oder der Genauigkeit von Mess- oder Schätzergebnissen verstehen. Für diese Arbeit wird daher ausschließlich der Begriff des *Bias* verwendet, um sicherzustellen, dass hierunter ausschließlich die nach Gl. (7-3) berechneten Fehler der Kreuzvalidierung subsumiert werden.

der die durchschnittliche absolute Abweichung der Schätzfehler bestimmt, und der *Mean Squared Error*, MSE, nach Gl. (7-5), der die mittlere quadrierte Abweichung der Schätzwerte von den für die Schätzung verwendeten Eingangsdaten darstellt. Durch die Quadrierung der Differenzen ist diese Größe besonders anfällig für etwaige Ausreißer oder für populationseigene Extremwerte. Anzustreben sind Modelle mit möglichst kleinem MSE.

Durch die Quadrierung der Schätzfehler wird zwar die Kompensation gleich großer negativer und positiver Schätzfehler verhindert, jedoch gehen dadurch besonders hohe Differenzen in entscheidendem Maße in die Berechnung des MSE ein. Dies ist wegen des Proportionalitätseffekts wiederum besonders bei hohen Eingangswerten der Fall. Daraus ergibt sich, dass zwangsläufig bei Modellen mit höheren Wertebereichen durchschnittlich höhere Fehler zu erwarten sind. Die Größe des MSE ist vor diesem Hintergrund nicht allein von der Qualität des Modells, sondern auch von den Eingangsdaten abhängig.

$$MSE = \frac{1}{n} \sum_{i=1}^{n} \left(z(obs.)_i - z(estim.)_i \right)^2 \tag{7-5}$$

Bezieht man die in Gl. (7-3) und (7-4) berechneten Schätzfehler auf die jeweiligen Größen der Eingangswerte, erhält man den *Mean Relative Error*, MRE, nach Gl. (7-6) und den *Mean Absolute Relative Error*, MARE, nach Gl. (7-7). Hinsichtlich dieser beiden Kriterien kann ein Modell demnach dann als geeignet gelten, wenn MRE und MARE nahe Null liegen.

$$MRE = \frac{1}{n} \sum_{i=1}^{n} \frac{z(estim.)_i - z(obs.)_i}{z(obs.)_i} \tag{7-6}$$

$$MARE = \frac{1}{n} \sum_{i=1}^{n} \left| \frac{z(estim.)_i - z(obs.)_i}{z(obs.)_i} \right| \tag{7-7}$$

In Analogie zur Standardabweichung können zudem der *Root Mean Squared Error* (RMSE) aus den quadrierten Schätzfehlern nach Gl. (7-8) und der *Root Mean Squared Relative Error* (RMSRE) aus den relativen quadrierten Schätzfehlern nach Gl. (7-9) berechnet werden, deren jeweiliges Optimum ebenfalls Null ist.

$$RMSE = \sqrt{\frac{1}{n-1} \sum_{i=1}^{n} \left(z(estim.)_i - z(obs.)_i \right)^2} \tag{7-8}$$

$$RMSRE = \sqrt{\frac{1}{n-1} \sum_{i=1}^{n} \left(\frac{z(estim.)_i - z(obs.)_i}{z(obs.)_i} \right)^2} \tag{7-9}$$

Ersterer ist ein Maß für die durchschnittliche vertikale Abweichung der Schätzwerte von der Geraden $z(\text{estim.}) = z(\text{obs.})$; letzterer berücksichtigt hierbei, dass aufgrund der Heteroskedastizität mit steigenden Werten ohnehin größere Fehler zu erwarten wären.

Neben dem Streudiagramm und den daraus abgeleiteten Größen ließen sich weitere Qualitätsparameter aus den Ergebnissen der Kreuzvalidierung konstruieren. So wäre zu fordern, dass der standardisierte Schätzfehler $(z(\text{estim.}) - z(\text{obs.}))/s^2$ für alle Schätzwerte innerhalb von maximal ±2,5 % liegen soll (Abb. 7-7a). Anderenfalls ist mit einer Irrtumswahrscheinlichkeit zu rechnen, die größer ist als das üblicherweise hierfür angesetzte Signifikanzmaß von 1 %. Dies ergibt sich unmittelbar aus der GAUSSschen Häufigkeitsverteilung. Außerhalb dieses Bandes liegende Werte weisen möglicherweise auf eine nur einseitig vorhandene Schätznachbarschaft hin und zeigen damit z. B. randlich im Untersuchungsgebiet gelegene Punkte an. Ist Letzteres nicht der Fall, so könnte der Anwender hieraus entweder einen Bedarf an Untersuchungen in bisher eher lückenhaft erkundeten Bereichen ableiten oder auf die Notwendigkeit schließen, die Suchparameter für die geostatistische Schätzung entsprechend anzupassen, d. h. etwa, den Suchbereich zu vergrößern oder eine Mindestanzahl notwendiger Nachbarschaftspunkte einzuführen (hierzu Abs. 8.4.2.2).

Weiterhin muss erwartet werden, dass der Schätzfehler über den gesamten Bereich der beobachteten Werte $z(\text{obs.})$ gleichbleibend Null ist. Aufgrund des *conditional bias* wird sich jedoch mit steigenden Werten eine Verlagerung einstellen. Dieses Verhalten entspricht dem in Abb. 7-7b gezeigten und ist beim Kriging aufgrund der Glättungseffekte sowie der Heteroskedastizität unvermeidlich (ATKINSON & LLOYD 2001). Der Verzicht auf die Einführung des Nugget-Wertes als vermeintliche Lösung dieses Problems kann nicht abhelfen, da hierdurch numerische Instabilitäten bei der Lösung des Kriging-Gleichungssystems auftauchen können, wie auch unrealistisch raue Oberflächen zu erwarten sind.

Zusätzlich zu den genannten Parametern empfehlen RENARD *et al.* (1997), als weiteres Kriterium die Lage des Modells innerhalb eines Diagramms aus dem im Streudiagramm ermittelten Korrelationskoeffizienten R^2 und relativem *Bias* darzustellen (Bsp. in Abb. 7-7c). Dieses von ihnen zur Abschätzung der „Reliabilität" (vgl. aber Abs. 6.2) verwendete Kriterium verknüpft damit lediglich zwei originäre Parameter, stellt insofern also kein Novum dar. Allerdings könnten auf diese Weise recht einfach Modelle miteinander verglichen werden, wenn ihre Lage im Diagramm hierfür als Entscheidungsgrundlage herangezogen wird.

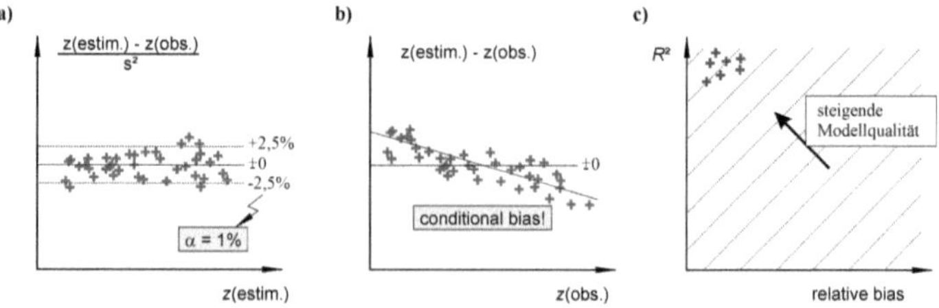

Abb. 7-7: Weitere Qualitätsparameter aus der Kreuzvalidierung (Erklärungen im Text).

Daneben wird oft gefordert, dass das Variogramm der Schätzwerte qualitativ mit dem Variogramm der Ausgangswerte übereinstimmen soll. Diese Forderung basiert auf der

Annahme, dass die interpolierten Werte eine gleiche räumliche Struktur aufweisen und damit auch ähnliche Variogrammparameter wie die der Schätzwerte bedingen würden. Damit bleibt jedoch zwangsläufig unberücksichtigt, dass die Struktur ohnehin nur in derjenigen phänomenologischen Skalengröße erfassbar und reproduzierbar ist, die durch die Erkundung beprobt wurde und der durchschnittlichen Entfernung zwischen den Aufschlusspunkten entspricht (vgl. Fußnote 22, S. 184). Etwaige subskalige Teilstrukturen, die aus kleinräumigen Prozessen resultieren mögen, können damit weder erfasst noch reproduziert werden. Geostatistische Interpolation heißt damit immer, die Existenz kleinskaligerer Phänomene auszuklammern bzw. auf ihre Modellierung vollständig zu verzichten. Das Beharren auf der vollständigen Erfüllung obiger Forderung ist daher im Regelfall der Bildung eines allgemein gültigen Modells nicht zuträglich, da sich die Validierung des Modells nur auf den bereits erfassten Maßstab beziehen kann, während kleinere Strukturen, für die es durchaus eine berechtigte Annahme geben kann – etwa aus benachbarten Regionen oder aus vergleichbaren Projekten –, unterschlagen werden (Abb. 7-8). Das Ziel einer Variographie, sofern dieses nicht in der Strukturbeschreibung liegt, sondern in der Strukturvorhersage (vgl. Abs. 3.6.1), ist aber gerade der Erkenntniszuwachs über die Räume zwischen den Aufschlusspunkten. Ein solcher Erkenntniszuwachs ist aber nur durch die Extrapolation der Variogrammfunktion von der kleinsten Schrittweite h_{min} auf die $\gamma(h)$-Achse oder durch die Betrachtung des Kurvenverlaufs zwischen den anderen Schrittweiten möglich (Abb. 4-12). Das Kriterium der Kongruenz der Variogramme von Eingangs- und Schätzwerten ist damit kein allein geeignetes Mittel der Modellbewertung.

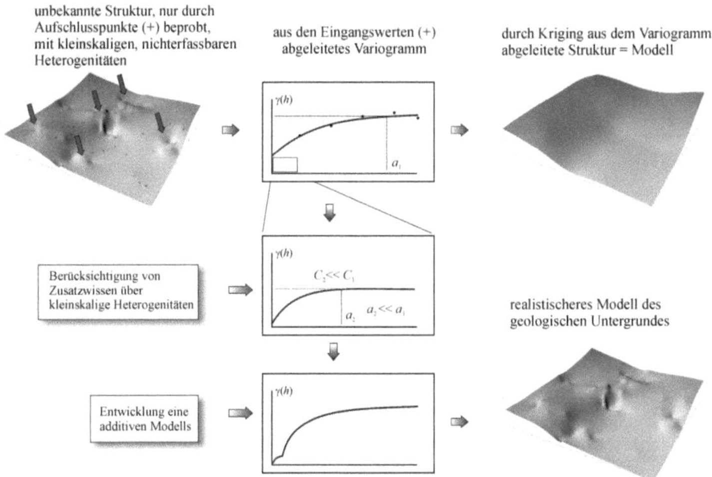

Abb. 7-8: Nichtmodellierbarkeit kleinskaliger Strukturen aufgrund zu großer Abstände der Aufschlusspunkte; Hinzufügung dieser auf Basis von Zusatzwissen nachweislich vorhandenen, kleinskaligen Strukturen zur Erstellung eines realistischeren Modells.

Als ausgesprochen nützlich könnte sich dagegen eine kartenmäßige Darstellung der Schätzfehler zur Ermittlung zusammenhängender Bereiche systematischer Über- oder Unterschätzung erweisen (so bei z. B. bei JAKSA 1995, ATKINSON & LLOYD 1998). Daraus ließen sich Hinweise auf fehlende Stationarität (vgl. Abs. 4.4) oder auf global ungeeignete Schätzparameter wie auch Indizien für eine mögliche Abtrennung von Homogenbereichen gewinnen (vgl. Abs. 5.2.2). RÖTTIG (1997) schlägt vor, in einem solche Falle ergänzend die flächenhafte Verteilung der Schätzfehler durch *Moving-Windows*-Statistiken zu untersuchen und durch statistische Tests an Werten benachbarter Fenster etwaige signifikante Unterschiede aufzudecken, deren Ergebnisse dann die Annahme verschiedener Subpopulationen gerechtfertigt erscheinen lassen würden. Hinsichtlich der Auswahl einer geeigneten Fenstergröße empfehlen VAN TOOREN & MOSSELMAN (1997) abermals die Kreuzvalidierung, die damit schließlich auf verschiedene Weise zur Erhöhung der Modellqualität beitragen könnte.

Solche bisher kaum verfolgten Ansätze verstehen die Kreuzvalidierung und mit ihr das bislang mutmaßlich wichtigste Element der Modellbewertung nicht als abschließenden Teil der Modellierung, sondern versuchen vielmehr, sie als Teil der Modellierungsprozedur zu begreifen. Im Hinblick auf die spezifischen Eigenarten des Untersuchungsgegenstandes „baugeologischer Untergrund" wurde hierfür bereits in Abs. 7.3 plädiert. Unstrittig ist dagegen, dass mit solchen Ansätzen die rechentechnisch unproblematische und objektive Ergebnisse liefernde Kreuzvalidierung Basis sein wird für subjektive Interpretationen und Schlussfolgerungen des Anwenders. Inwieweit damit die Ergebnisse die Kreuzvalidierung zur Auswahl zusätzlicher Verfahren genutzt werden und wie dann deren Ergebnisse interpretiert werden, obliegt allein der Erfahrung und den Modellvorstellungen des Anwenders.

7.5.2 *Anspruch und Wirklichkeit*

Anders als es der Begriff der Kreuzvalidierung auszudrücken scheint, lässt sich durch die mit ihr verbundenen Konzepte die vollständige Richtigkeit des Modells nicht nachweisen; vielmehr wird hier die mathematische Komponente deutlich hervorgehoben. Modelle eines offenes Systems können hingegen niemals bestätigt werden, da diesem Vorhaben mit der strukturellen Hierarchie und der Skalenabhängigkeit der Beobachtungen relevante Eigenschaften des Systems entgegenstehen. Überdies kann bei offenen Systemen lediglich der Versuch einer realen Modellierung unternommen werden (vgl. Abs. 4.5.1). Ein solches Modell könnte ohnehin nur auf die empirische Übereinstimmung mit der Realität abzielen. Dass auch die Anwendung komplexer mathematischer Verfahren hieran im Grundsatz nichts ändert, ist Abb. 4-11 zu entnehmen.

Das Ziel einer Anwendung der Kreuzvalidierung kann aufgrund der Heranziehung lediglich bereits gemessener bzw. beobachteter Werte und damit letztlich ausschließlich interner Daten nicht in der vermeintlich möglichen Bestätigung der Richtigkeit des Modells bestehen, sondern nur in der Gewährleistung seiner empirischen Adäquatheit (vgl. Abs. 6.4.1 und 7.3). Zudem kann durch ihre Anwendung nie die Eignung des Modells auch zur Vorhersage gewährleistet bzw. diese Eignung beurteilt werden. Auch kann in Unkenntnis der wahren Kovarianzfunktion ebenso wie das Modell auch dessen Bewertung nur geschätzt werden (STEIN 1999); Studien von ARMSTRONG & DIAMOND (1984b) zeigen, welche Auswirkungen Abweichungen des approximierten Variogramms von der wahren Variogrammfunktion auf Modell und Modellgüte haben.

Die fehlende Möglichkeit der Schlussfolgerung von den Ergebnissen der Kreuzvalidierung auf die Prognoseeignung des Modells ergibt sich bereits dadurch, dass jedes Modell nur für die zu seiner Erstellung verwendeten Daten gilt, während jedes weitere hinzukommende Datum die Qualität des Modells verringern würde. Die Anwendung einer Kreuzvalidierung, die Berechnung der unterschiedlichen Parameter sowie die sich u. U. daraus ableitenden Modellmodifikationen stellen folglich lediglich sicher, dass keine offensichtlichen logischen Fehler innerhalb der Modellierung gemacht wurden; sie gewährleistet damit höchstens die innere Konsistenz des Modells (ORESKES, SHRADER-FRECHETTE & BELITZ 1994) und erlaubt somit Schlüsse auf dessen Replizierbarkeit.

Der unbestreitbare Vorteil der Kreuzvalidierung besteht jedoch in der gleichzeitigen Zur-verfügungstellung nach einfachen Regeln berechneter statistischer Größen (so z. B. ISAAKS & SRIVASTAVA 1989, GOOVAERTS 1997a). Sie erlaubt damit die auch quantitativ begründbare Auswahl von für den jeweiligen Modellzweck geeigneten Modellierungsmethoden und innerhalb einer ausgewählten Methode auch die Filterung geeigneter Kombinationen von Modellparametern (z. B. SKALA & PRISSANG 1998, vgl. Abs. 5.4.2, 6.3). Sie erlaubt in ein-fachen Fällen beispielsweise dem Anwender, die Modelloptimierung nach der Reduktion der absoluten Fehler *oder* der relativen Fehler vorzunehmen. Bei der Kreuzvalidierung bleibt jedoch unklar und folglich der subjektiven Entscheidung des Anwenders überlassen, wie groß die noch zu akzeptierenden Abweichungen von den angestrebten Optima der statistischen Güteparameter sein dürfen (CRESSIE 1993). Sie ist damit keine Basis für absolute Entscheidungen, sondern nur Hilfestellung, zumal die Auswahl der herangezogenen Güte-kriterien im Hinblick auf das zu untersuchende Phänomen erfolgen sollte. Zudem bezieht sich die Variogrammanpassung und damit auch die Kreuzvalidierung nur auf die Stichprobe, deren Repräsentanz für die Grundgesamtheit nicht bewiesen werden kann, sondern lediglich angenommen werden muss. Aussagen zur Repräsentanz des Modells sind damit nicht mög-lich[21]. Geostatistische Modelle bleiben grundsätzlich beschreibender bis empirischer Natur gemäß Abb. 4-11.

Je nach Modellzweck können hier verschiedene Gütekriterien angemessen erscheinen: So wird bspw. bei der Schätzung von Mächtigkeiten einer Geschiebemergelschicht, die als natür-liche Dichtsohle verwendet werden soll, eine konservative Schätzung geeigneter erscheinen, in der bei kleineren Werten eher Unterschätzungen als Überschätzungen erlaubt sind. Aus solchen Modellen abgeleitete Aussagen liegen dann auf der sicheren Seite. Die gleichzeitige Betrachtung mehrerer Fehlergrößen erlaubt es auch, projektspezifische Kompromisse zu finden, indem etwa ein Modell gewählt wird, das zwar bei keinem der Kriterien ein Optimum

---

[21] Eine solche Repräsentanz der Stichprobe ist zudem weniger von den Werten als vielmehr von der räumlichen Verteilung der Punkte abhängig – ein Aspekt, der in der Kreuzvalidierung ohnehin völlig unbeachtet bleibt. Damit ist nicht gemeint, dass die Schätzfehler räumlich korreliert sein könnten – dieser Verdacht kann mit der Erstellung des Variogramm der Schätzfehler nach Durchführung der Kreuzvalidierung ausgeräumt werden (vgl. Abs. 7.5.3.3) –, sondern vielmehr, dass der Begriff der Repräsentanz im Sprachgebrauch der Geostatistik in der gleichen Weise wie in der klassischen Statistik verwendet wird und sich folglich allein auf die Werte der Daten bezieht. Repräsentative Stichproben räumlicher Phänomene sind jedoch nur unter bestimmten Erkundungs-prinzipien zu gewinnen (vgl. Abb. 5-3, Abb. 5-4 und Abb. 5-11).

aufzeigt, jedoch nach verschiedenen Kriterien im mittleren Qualitätsbereich zu finden ist. In diesem Sinne als Auswahl- und Entscheidungsgrundlage wollen auch RÖTTIG *et al.* (2000) die Kreuzvalidierung verstanden wissen. Eine begründete Entscheidung kann nur im Vergleich mit anderen Modellen und deren Parameterwerten sowie mit Blick auf den Modellzweck gefunden werden. Dabei bleibt das Problem der Äquifinalität, d. h. dass mehrere Parameterkombinationen zu gleichen Schätzwerten führen können, bestehen, ohne dass hierfür eine Lösung angestrebt wird.

Die Kreuzvalidierung ist zwar neben der Kriging-Varianz eine weitere objektive Methode zur Bewertung auch geostatistischer Modelle und damit auch zur Quantifizierung des Benutzereinflusses auf die Erstellung eines geostatistisch gestützten Modells des quartären Untergrundes. Objektivität besteht in diesem Zusammenhang indes nur in der Heranziehung mathematisch einfacher und transparenter Rechenvorschriften, die eine vollständige Reproduktion sowohl des Modells als auch der Gütekriterien gestatten. Damit ist ausdrücklich die benutzerinduzierte Subjektivität bei der Auswahl und Gewichtung der verschiedenen Gütekriterien ausgeklammert.

Die Auswahl einer durch die Kreuzvalidierung als geeignet ausgewiesenen Parameterkombination zum Zwecke eines anschließenden Krigings bedeutet dessen ungeachtet die Modellierung ausschließlich bereits bekannter Informationen. Ziel des Krigings jedoch ist es nicht, die bereits bekannten Werte zu schätzen oder die Struktur des räumlichen Zufallsprozesses in den durch die Aufschluss- und Beprobungsverfahren vorgegebenen Abständen wiederzugeben, sondern die Interpolation der dazwischen liegenden Bereiche. Vom Zirkelbezug abgesehen, dass die Kreuzvalidierung die Reproduktion der vorhandenen Daten erfordert und gleichzeitig hierauf auch die Bewertung des Modells basiert, beschreibt die Kreuzvalidierung nur die Fähigkeit der jeweiligen Parameterkombination zur Reproduktion der bereits bekannten Teile der Struktur. Letzteres gilt zudem nur in derjenigen Skala, die durch die Größe des Gebietes, die Aufschlussdichte[22] und die Probengröße erkennbar wird, nicht jedoch großskaligerer oder kleinskaligerer Strukturanteile. Damit können sich die anhand der Kreuzvalidierung getroffenen Aussagen nicht auf das gesamte, nach der Interpolation vorliegende Modell beziehen, sondern lediglich auf denjenigen Teil, der als Datenbasis Verwendung fand.

Die Kreuzvalidierung sollte daher lediglich zur Gütebeschreibung oder zur Darstellung der Streubreite zwischen verschiedenen Modellen verwendet werden, nicht zur Auswahl eines zu bevorzugenden Modells. Sie könnte damit der Auswahl eines Modells aus einer finiten Anzahl zunächst gleichwertig erscheinender Modelle dienen, nicht aber der Bestätigung der

---

[22] Zu Recht spricht BANDEMER (1993) in diesem Zusammenhang mit Bezug auf die geostatistische Interpolation von der „Extrapolation aus dem Probengitter hinaus und in die Maschen des Gitters hinein". Damit drückt er die grundsätzliche Unmöglichkeit aus, von einer bestehenden skaligen Erkundung ein feineres Schätzraster auszufüllen, da auf diesen subskaligen Ebenen auch kleinskalige Prozesse ablaufen, mit der Erkundung und Variographie jedoch nur bestimmte Variabilitätsanteile erfasst werden. Die sich anschließende Bewertung untersucht folglich die Fähigkeit der Verfahren zur Schätzung auf einer niedrigeren Ebene, als sie die Variographie eigentlich behandelt.

Modellauswahl oder der Erklärung, d. h. der Bestätigung der Richtigkeit der mit dem Modell angenommenen Ursachen (DAVIS 1987). Im Hinblick darauf sollte sie eher als Teil der explorativen Datenanalyse verstanden werden.

Die Aufschluss- und Beprobungsdichte stellt damit eine natürliche Obergrenze für die Erfassbarkeit der Detailliertheit der geologischen Struktur dar. Eine feinere Auflösung kann weder durch ein dichteres Schätzgitter noch durch eine detailliertere Variographie erreicht werden. Aufgrund der komplexen Genese der quartären geologischen Strukturen muss jedoch von der Kombination unterschiedlichster Strukturen auf den verschiedenen Skalenbereichen ausgegangen werden, was sich in der Schachtelung von Variogrammen („*nested structures*", vgl. Abb. 3-7f) sowie in dem Auffinden von Teilstrukturen mit kleineren Reichweiten a, kleineren Schwellenwerten C und kleinerem Nuggetverhältnis C_0/C_{ges} widerspiegeln dürfte.

Obgleich nach der Interpolation die Schätzwerte in weit engerem Abstand vorliegen als die Ausgangswerte, bleibt die Erfassbarkeit und damit die maximale Detailschärfe des Modells auf den durch die Erkundung vorgegebenen Rahmen beschränkt. In diesem Sinne liefert die Reproduktion des Variogrammes keine Aussagen über die Auffindbarkeit etwaiger projektrelevanter Kleinstrukturen und damit keinen Erkenntnisfortschritt. Vor diesem Hintergrund ist auch die Forderung nach der vollständigen Reproduktion des Variogrammes lediglich unter dem Aspekt der Korrektheit der verwendeten mathematischen Algorithmen zu sehen, aus dessen Fehlschlagen nicht zwangsläufig auf die Ungeeignetheit des Modells geschlossen werden kann. Vielmehr können durchaus Abweichungen des Variogramms der Schätzwerte vom Variogramm der Ausgangswerte zugelassen oder gar in das Modell bewusst eingeführt werden, wenn diese unter Hinweis auf Zusatzwissen, das nicht in den projekteigenen Messwerten vorhanden ist, begründet werden kann. In diesem Sinne wäre es durchaus denkbar, bewusst zusätzlich kleinere Strukturen zu modellieren und damit ein „realitätsnäheres" Modell zu schaffen (vgl. Abb. 7-8).

7.5.3 *Eignung und Nutzbarkeit der Kreuzvalidierung*

7.5.3.1 *Die Anwendung der Kreuzvalidierung zur Ermittlung von Fehlstellen*

Eine Erweiterung des paarweisen Wertevergleichs im Zuge der Kreuzvalidierung ist mit der Einführung des Konzeptes der Fehlklassifikationsellipse (z. B. MYERS 1997, SULLIVAN 1984) gegeben. Damit könnten wichtige praxisrelevante Grenzwerte des untersuchten Parameters definiert und deren Über- oder Unterschreiten durch Schätzwerte im Streudiagramm mit projektspezifisch definierten Fehlergewichten versehen werden (Abb. 7-9a). So könnten etwa im Zuge umwelttechnischer Untersuchungen Werte oberhalb des Sanierungsschwellenwertes, die überschätzt wurden, mit geringeren Gewichten versehen werden als Werte unterhalb des Sanierungsschwellenwertes, die unterschätzt werden.

Eine solche Vorgehensweise erlangt dadurch ihre Berechtigung, dass bei Überschreitung eines festgelegten Grenzwertes ohnehin Maßnahmen erfolgen müssen – unabhängig von der Größe der Überschreitung, während die Schätzung von Unterschreitungen sich als falsch erweisen kann und daher die Fehler dieser Werte mit höheren Gewichten belegt werden müssten. Solche Betrachtungen gehen über in das Konzept der *loss functions* (vgl. z. B.

WEBER & ENGLUND 1992, DEUTSCH 2002, GOOVAERTS 1997a), bei denen bestimmte Fehlerwerte mit unterschiedlichen Risikofaktoren versehen werden können. Optional könnten zusätzlich Kostenfunktionen eingeführt werden (Abb. 7-9c), die das Risiko einer Überschreitung oder Unterschreitung der Grenzwerte finanziell bewerten (z. B. RICHMOND 2001, ZIEGLER 2003a, 2003b). Ähnliches ist zwar auch unter Verwendung der geostatistischen Simulation denkbar, dann jedoch nur unter weit höherem rechnerischen Aufwand möglich.

Die bisherigen Anwendungen beschränken sich ausschließlich auf umwelttechnische oder umweltgeochemische Untersuchungen. Im Mittelpunkt stand hier die Anwendung gesetzgeberischer Grenzwerte und die Ableitung eines Handlungsbedarfs zur Sanierung oder weiterer Probenahme auf geostatistischer Basis. Eine Heranziehung dieses Konzeptes für baugeologisch-geometrische Parameter wie etwa Schichtmächtigkeit oder -tiefenlage ist jedoch grundsätzlich ebenfalls möglich. Hiermit ließen sich geostatistisch ermittelte Werte geometrischer Kenngrößen mit bautechnisch relevanten geotechnischen Parametern koppeln, wie etwa die Mindesteinbindetiefe von Gründungselementen oder die aus Gründen der Beschränkung des Grundwasseranstroms zu fordernde Mindestmächtigkeit von schwer durchlässigen Böden an einer Baugrubensohle (Abb. 7-9b). Die Kreuzvalidierung könnte dann die Schätzung dieser Werte und die Einhaltung der Grenzwerte überprüfen und die verschiedenen Fehlertypen projektspezifisch wichten. In einer neu durchzuführenden Modellierung ließen sich dann die als projektspezifisch besonders relevant ausgewiesenen Bereiche bevorzugt modellieren und anschließend der Erfolg der Modellierung erneut mit der Kreuzvalidierung nachprüfen. Alternativ ließe sich hieraus der Nacherkundungsbedarf nur bestimmter Teilbereiche des Untersuchungsgebietes ableiten.

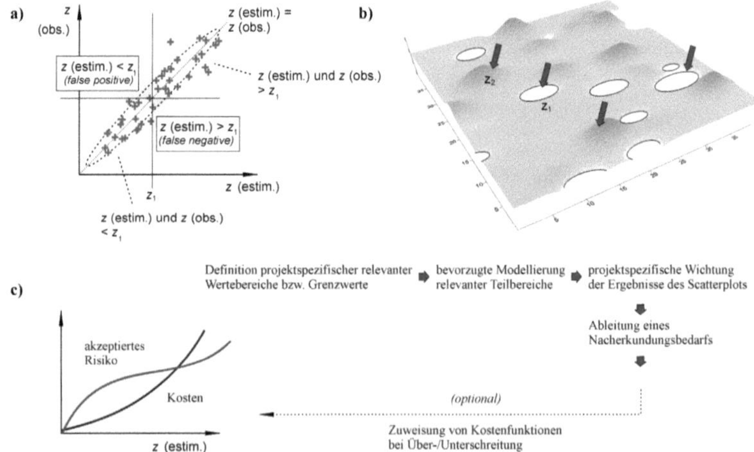

Abb. 7-9: a): Fehlklassifikationsellipse als Erweiterung des Streudiagramms der Kreuzvalidierung, b): Bsp. eines Modells der Schichtmächtigkeiten des Geschiebemergels, bei dem Mächtigkeiten unterhalb eines festgelegten Mindestwertes aus Sicherheitsgründen auf Null reduziert werden, c): Zuweisung von Kostenkurven zur Risikosimulation, schematisch.

7.5.3.2 Die Eignung der Kreuzvalidierung zur Homogenbereichsabgrenzung

Als Alternative zur üblichen Praxis, der gemeinsamen Modellierung aller erhobenen Daten die Kreuzvalidierung folgen zu lassen und damit das Streudiagramm lediglich als abschließenden Teil der Modellierung zu verwenden, d. h. zur Bewertung des Modells, kann dieses optional auch zur Erzielung von weiteren Kenntnissen über den Untersuchungsgegenstand genutzt werden. Dazu können etwa innerhalb des Streudiagramms einzelne Punktwolken abgetrennt werden, in denen nach Maßgabe bestimmter, durch den Anwender festzulegenden Kriterien „signifikant unterschiedliche" Korrelationen zwischen beobachteten und geschätzten Werten vorgefunden werden.

Die verschiedenen Punktwolken können dann als statistische Subpopulationen betrachtet werden. Gegebenfalls könnte zur Zuordnung von Punkten zu einer der Punktwolken auch auf mathematische Methoden, z. B. auf Cluster-Verfahren, zurückgegriffen werden. Durch den Anwender wäre hier der Nachweis zu erbringen, dass die rechnerisch ermittelten Punktkumulationen interpretierbar und vor allem geologisch plausibel sind. Lässt sich nun zusätzlich nachweisen, dass die Lokationen der entsprechenden Daten innerhalb einer solchen Subpopulation räumlich zusammenhängen, darf damit die Existenz distinkter Homogenbereiche angenommen werden (Abb. 5-16). Die jeweils aus dem Datensatz herausgefilterten Daten könnten dann einer separaten Variographie und einem separaten Kriging zugeführt werden; die hier jeweils angesetzten geostatistischen Parameter können sich folglich unterscheiden. Hieraus kann trotz der mit der Trennung des Datensatzes einhergehenden Reduzierung der Datenmenge für Variographie und Kriging die Erstellung besserer Modelle resultieren, da nur die Daten e i n e r zusammengehörigen statistischen Population, d. h. Daten, die den gleichen genetischen Prozessen unterworfen waren, Verwendung finden (Abb. 5-2).

Abb. 7-10a zeigt zur Verdeutlichung ein reales Streudiagramm, dessen Punktwolke subjektiv-visuell oder durch mathematisch-objektive Methoden separiert werden soll. Im Regelfall werden sich im Streudiagramm jeweils mehrere vermeintlich plausible Kombinationen verschiedener Punktkumulationen erkennen lassen (Abb. 7-10d, ① – ④), die eine gemeinsame Betrachtung aller Punkte oder die Trennung des Datensatzes in hier zwei, drei oder vier Subpopulationen empfehlenswert erscheinen lassen. Dies kann neben einer bevorzugten Beprobung in ausgewiesenen Bereichen (*sampling bias*, vgl. VAN TOOREN & MOSSELMAN 1997, PYRCZ & DEUTSCH 2003b) Indiz für in verschiedenen Skalenbereichen ablaufende Prozesse sein, die schließlich ihren Ausdruck in geschachtelten Variogrammen finden würden (vgl. Abb. 3-7f). Es kann auch auf die Einbeziehung mehrerer Homogenbereiche hinweisen. Praxisnahe Untersuchungen legen häufig die Existenz verschiedener Teilpopulationen nahe (z. B. POST 2001), deren Nichtbeachtung eine Fehlerquelle bei der Anwendung der Kreuzvalidierung sein kann (SIZE 1987, DAVIS 1987, EHRLICH & FULL 1987).

Eine gemeinsame Betrachtung aller Daten führt zu dem in Abb. 7-10b gezeigten Variogramm und dem in Abb. 7-10c dargestellten geostatistischen Modell. Das Variogramm zeigt eine starke Streuung der $\gamma^*(h)$-Werte, wodurch die Auswahl einer geeigneten Variogrammfunktion und deren Anpassung erheblich erschwert werden. Gleichzeitig zeigt das Variogramm einen fast intransitiven Charakter; die Wahl eines geeigneten Schwellenwertes und einer zugehörigen Reichweite wird dadurch beeinträchtigt. Aus diesen Gründen

wird hier eine Trennung der Punktwolke des Streudiagramms in zunächst zwei Punktkumulationen erwogen. Hierbei ergibt sich die in Abb. 7-10d② gezeigte Differenzierung.
Kann der Nachweis erfolgen, dass die innerhalb der jeweiligen Prognoseellipse liegenden
Werte räumlich zusammenhängende Teilbereiche bilden, können die Punktkumulationen
einer separaten Variographie und schließlich einem separaten Kriging unterzogen werden. Die
entsprechenden Ergebnisse werden in Abb. 7-10e gezeigt. Die Regressionsgeraden innerhalb
der beiden Prognoseellipsen zeigen eine deutliche Korrelation innerhalb der Punktwolken an
und deuten auf eine noch tolerierbare Glättung der Schätzergebnisse gemäß Abb. 7-6b hin.
Hierauf aufbauende separate Variogramme zeigen eine geringere Streubreite der $\gamma^*(h)$-Werte
wie auch eine zu erwartende geringere Schwankungsbreite der Schätzwerte (niedrigere $\gamma(h)$-
Werte als in Abb. 7-10b). In Abb. 7-10f wird das aus beiden Schätzungen zusammengefügte
Modell gezeigt.

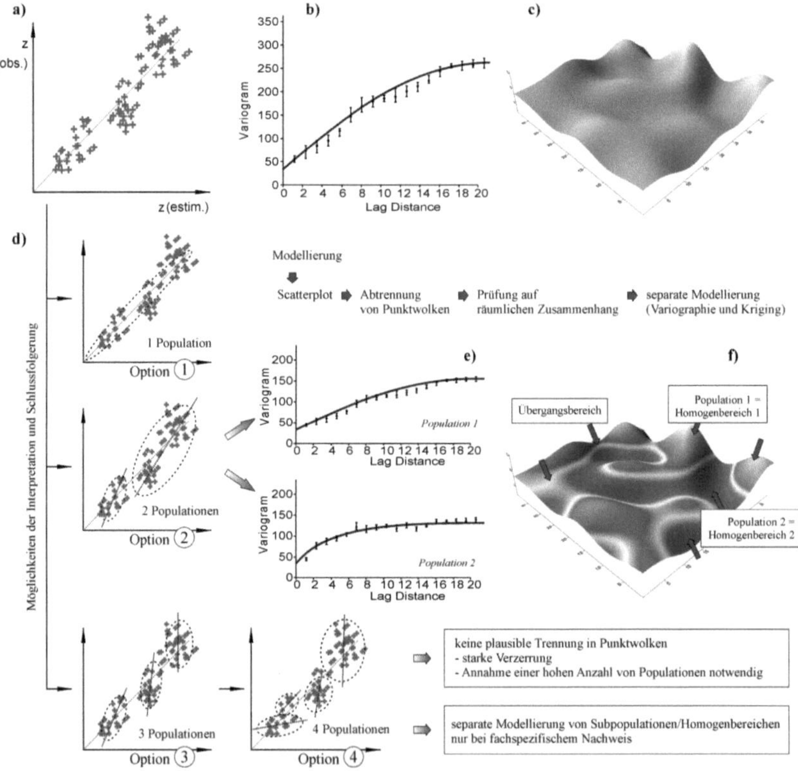

Abb. 7-10: Anwendbarkeit des Streudiagramms der Kreuzvalidierung zur Abtrennung von Homogenbereichen, schematisch; a): fehlerhaftes Streudiagramm aufgrund fehlender Trennung in Subpopulationen, b):
Variogrammmodell und c): geschätztes Modell; d): alternative Möglichkeiten der Abtrennung von Punktwolken, e): separate Variographie nach Auswahl der Option ② des Streudiagramms, f): Zusammenfügung
beider Schätzungen in einem gemeinsamen Modell.

Ansätze zur Trennung in drei oder vier Punktkumulationen nach Abb. 7-10d③ und ④ müssen bei dem betrachteten Beispiel abgelehnt werden, da die Anstiege der entsprechenden Regressionsgeraden auf eine nicht mehr tolerierbare Glättung bei der anschließenden Interpolation hinweisen.

Bei einer Anwendung des Streudiagramms der Kreuzvalidierung zur optimierten Modellierung sind die folgenden Punkte zu berücksichtigen:

[1] Nicht jede im Streudiagramm als solche erkannte Punktwolke beinhaltet auch gleichzeitig räumlich zusammenhängende Daten. Bevor diese daher jeweils einer separaten Modellierung zugeführt werden, ist durch den Anwender der Nachweis eines räumlichen Zusammenhangs zu erbringen. Ist dies nicht möglich, können dennoch Hinweise auf die Notwendigkeit zur Anwendung geschachtelter Variogramme gewonnen werden (Abb. 5-15).

[2] Unabhängig hiervon sollten Kombinationen solcher Punktwolken nicht verwendet werden, in denen eine starke Verzerrung der Daten auftritt. Bereiche, die folglich zwar hoch korreliert sind, jedoch eine sehr steile Regressionsgerade aufweisen (z. B. Option ③ in Abb. 7-10d), sollten keine Verwendung finden. Obgleich diese Punktwolken räumlichen Homogenbereichen entsprechen können, weist die steile Regressionsgerade auf eine starke Glättung hin, die sich in einer starken Überschätzung kleiner Werte und in einer starken Unterschätzung hoher Werte äußern wird. Eine solche Modellierung bringt durch Annahme einzelner Homogenbereiche zwar zunächst einen scheinbar hohen Kenntniszuwachs, liefert jedoch nur sehr unscharfe und damit für die Vorhersage ungeeignete Modelle (vgl. Abb. 5-16b).

[3] Wird eine hohe Anzahl von Punktwolken als vermeintlich beste Wahl erkannt, ist zu berücksichtigen, dass damit eine größere Anzahl zu erfüllender Annahmen über den Untersuchungsgegenstand und eine geringere Realisationswahrscheinlichkeit in der Natur verbunden sind (Abb. 5-16c). Dem in Abs. 6.4.1 erläuterten Sparsamkeitsprinzip folgend ist daher die kleinste geeignet erscheinende Anzahl von Subpopulationen zu wählen. Im Übrigen sind mit der Wahl einer größeren Anzahl von Punktwolken auch die Schwierigkeit des jeweiligen Nachweises des räumlichen Zusammenhangs und das Problem der aufgrund der jeweils geringeren Datenzahl stärker streuenden experimentellen Variogramme verknüpft.

[4] Unabhängig von der in Punkt [3] gegebenen Empfehlung kann dennoch eine höhere Anzahl gewählt werden, wenn dies bereits aufgrund geologischen Vorwissens gerechtfertigt werden kann. In einem solchen Fall hätten jedoch bereits im Vorfeld die homogenbereichsspezifische Modellierung und die separate Kreuzvalidierung der einzelnen Homogenbereiche erfolgen können.

[5] Werden auf die oben beschriebene Weise einzelne Homogenbereiche modelliert, sind zwischen diesen Übergangsbereiche festzulegen, die einen möglichst kontinuierlichen Übergang gewährleisten sollten (Abb. 7-10f). Im einfachsten Falle können sich die Homogenbereiche zunächst überlappen, um dann durch Mittelung einen solchen Übergang zu erzielen. Unabhängig von den verwendeten Verfahren sind die im Über-

gangsbereich ermittelten Daten sehr unsicher, da sie jeweils die randlichen Werte der Subpopulationen beinhalten, die Schätzung daher nur auf wenige und nur auf einer Seite des Schätzpunktes gelegene Daten zurückgreifen kann.

Der Möglichkeit, das Streudiagramm auch als Mittel der Untersuchung auf die Existenz von Homogenbereichen zu begreifen, sind damit enge Grenzen gesetzt. Insbesondere zeigt sich, dass eine eindeutige und objektive Lösung oft nicht erzielt werden kann. Daneben ist davon auszugehen, dass trotz etwaiger statistischer Rechtfertigung für die Herleitung von Subpopulationen ein aufgrund des räumlichen Zusammenhangs notwendigerweise *geo*-statistischer Nachweis unter Umständen nicht geführt werden kann. Dies gilt besonders im Hinblick auf die Mindestanzahl von Schrittweiten zur Erstellung des experimentellen Variogramms, hinsichtlich der Mindestanzahl von Daten wie auch hinsichtlich der Mindest-anzahl von Datenpaaren innerhalb einer Schrittweitenklasse (Abs. 3.5.2). Der mögliche Umfang an neuen Erkenntnissen und deren Verlässlichkeit stehen daher in einem Wider-spruch (vgl. Abs. 5.4.3), der durch den Anwender durch entsprechende Kompromisse hinzunehmen ist bzw. im Vorfeld durch Aufstellung entsprechender Optimalitätskriterien vor-weggenommen werden kann (Abb. 5-16b).

Die beschriebene Vorgehensweise stellt einen ausbaufähigen Ansatz dar, die Kreuz-validierung nicht als den die Modellierung abschließenden Arbeitsschritt zu verstehen (so bereits Abs. 7.3). Vielmehr können ihre Ergebnisse selbst Grundlage neuer Erkenntnisse und Basis für einen Informationsgewinn sein, der über das Ziel einer beschreibenden Bewertung der internen Modellqualität hinausgeht. Grundsätzlich ist damit auch ihre Nutzung innerhalb einer iterativen Modellierung möglich (Abs. 5.3.4), wenngleich sie hier besonders deutlich den Einflüssen des Anwenders unterliegt.

In Abs. 8.3.4 wird eine Homogenbereichsabgrenzung innerhalb des Datensatzes der holozänen H-Folge vorgenommen. Die dort angewandte Vorgehensweise unterscheidet sich zwar grundsätzlich von der oben vorgeschlagenen Methodik, ein Vergleich mit dem entsprechenden Streudiagramm der Kreuzvalidierung der Schätzung in Abb. 7-23 bestätigt jedoch die Eignung einer Trennung des Datensatzes bei Mächtigkeiten von etwa $z = 4,5$ m. Im Fall der Daten der H-Folge würde demnach bereits eine visuell vorgenommene Trennung innerhalb des Streudiagramms starke Indizien für die Anzahl der Subpopulation und den Grenzwert zwischen den Subpopulationen gemäß Abb. 7-10d liefern.

7.5.3.3   *Der Nutzen des Variogramms der Schätzfehler*

Die im Zuge der Kreuzvalidierung berechneten Schätzfehler z(estim.) - z(obs.) werden als räumlich zufällige und mithin unkorrelierte Abweichungen des Modells von der Realität verstanden. Dies entspricht der gedanklichen Addition von ortsunabhängiger Zufallsfunktion (Schätzfehler, *random noise*), deterministischem Trend, etwaiger räumlicher Periodizität und autokorrelierter Variable, die in ihrer Summe den Schätzwert darstellen, vgl. Gl. (4-1).

Die geforderte Unkorreliertheit der Schätzfehler könnte mittels einer an ihnen durch-geführten Variographie nachgewiesen werden. Diese Forderung der Unkorreliertheit kann dann und nur dann als erfüllt angesehen werden, wenn lediglich ein reines Nugget-Modell mit

$C_0 = C_{ges}$ an das experimentelle Variogramm der Schätzfehler angepasst werden kann bzw. dieses sich hinsichtlich eines Kriteriums der automatisierten Anpassung (GLS, WLS o. a., vgl. Abs. 5.4.3, 8.4.1.4) als das beste erweist (Abb. 7-11).

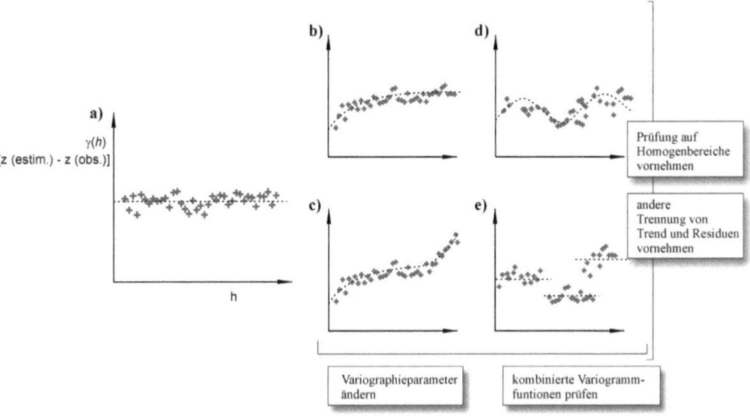

Abb. 7-11: a): Idealform des theoretischen Variogramms der Schätzfehler; b) – e): fehlerhafte Variogramme der Schätzfehler als Indizien für eine geringe Modellgüte, b): Vorhandensein von Autokorrelation, c): Existenz eines Trends; d), e): Indizien für Subpopulationen oder Homogenbereiche (vgl. Abb. 5-2), für unterschiedlich gute Anpassung in verschiedenen Teilstrukturen oder für multiskalige Phänomene (vgl. Abb. 4-2, Abb. 3-7f).

Neben den in den vorigen Abschnitten betrachteten Parametern hat dieses Kriterium in jüngerer Zeit oftmals eine verstärkte Aufmerksamkeit gefunden (z. B. ATKINSON & LLOYD 2001). Nur wenn diese Forderung erfüllt ist, erscheint die Annahme gerechtfertigt, dass alle autokorrelierten Bestandteile der räumlichen Struktur mittels der Variographie der Messwerte erfasst wurden. Ist das jedoch nicht der Fall, bedeutet dies, dass das Modell eine zu hohe zufallsbedingte Variabilität vortäuscht, was sich in einem vor allem im Nahbereich erratischen experimentellen Variogramm $\gamma^*(h)$, einer kürzeren Reichweite a sowie einem höheren Nuggetwert C_0 widerspiegeln kann. Im Umkehrschluss kann gefolgert werden, dass die Fähigkeiten der Geostatistik, die gerade in der Erfassung derartiger Autokorrelationen liegen, nicht vollständig ausgeschöpft wurden. Bei Missachtung der Forderung nach der Unkorreliertheit der Schätzfehler wäre im Extremfall eine Annäherung des interessierenden Modells der Eingangsdaten an ein Zufallsvariogramm die Folge. Unklar bleibt daher, warum im Regelfall die Unkorreliertheit der Schätzfehler nicht nach jeder Modellierung untersucht wird, sondern als Voraussetzung angesehen wird.

Da bei der Variographie der Schätzfehler dem Anwender grundsätzlich auch hier wieder zahlreiche Möglichkeiten einer subjektiven Modellanpassung zur Verfügung stehen würden, sollte bei der Prüfung weitgehend auf automatische Anpassungsverfahren zurückgegriffen werden. Zudem ist durch den Anwender eine im Hinblick auf den Modellzweck noch tolerierbare Abweichung von einem reinen Nugget-Variogramm festzulegen, um die Nichtkorreliertheit noch anzuerkennen.

Kann der Nachweis der Unkorreliertheit der Schätzfehler hingegen nicht erbracht werden, können aus dem jeweiligen Verhalten des Variogramms verschiedene Hinweise auf notwendige weitere Arbeitsschritte gewonnen werden, die einen zusätzlichen Erkenntnisgewinn gestatten könnten (vgl. Abb. 7-11b – e).

7.6   Alternative Methoden der Modellbewertung – Eignung und Anwendbarkeit

In Ergänzung zur herkömmlichen *Leave-One-Out*-Technik, die mit der Kreuzvalidierung realisiert ist, ist die Anwendung komplexerer Verfahren zur Modellbewertung denkbar. Möglich erscheint etwa die Anwendung der *k-fold crossvalidation*, bei der anstelle eines Wertes nun k Werte auszulassen und diese gleichzeitig zu schätzen sind. Wie hoch k sein soll, hängt von der Datenanzahl n, dem Deckungsgrad, der Gleichmäßigkeit der Deckung, der implizierten Verteilung und der Variabilität des untersuchten Parameters ab.

Dieses Verfahren geht in als *jackknifing* (QUENOUILLE 1956) bezeichnete Prozeduren über, wenn nach Auslassen von 1 oder k Werten zusätzlich vor jeder Schätzung die Teststatistik – in der Geostatistik folglich das Semivariogramm – aus den jeweils noch im Datensatz vorhandenen $n - k$ Werten berechnet wird (vgl. DAVIS 1987, SHAFER & VARLJEN 1990). Damit könnten maximal n Variogramme erhalten werden und schließlich Konfidenzintervalle aufgestellt werden. Eine solche, häufig empfohlene Praxis (z. B. CHUNG 1984, DELFINER 1976) berücksichtigt jedoch nicht, dass die einzelnen Mittelwerte innerhalb einer jeden Schrittweitenklasse miteinander autokorreliert sind, da bis auf jeweils k fehlende Werte für jeden Mittelwert stets die gleiche Datenbasis herangezogen wird. Folglich kann hieraus allein noch keine Begründung für ein bestimmtes Variogrammmodell erwachsen. Der Anwender erhält hier lediglich Hinweise für die Auswahl gleichermaßen geeigneter, für die Schätzung also äquivalenter Variogrammfunktionen oder Hinweise auf noch notwendige Erkundungen. Letzteres ist bspw. nach WINGLE & POETER (1993) dann der Fall, wenn die obere Grenze des Konfidenzintervalls der kleinsten Schrittweite den Schwellenwert überschreitet.

Unter solch einem Blickwinkel könnte das *jackknifing* auch erkundungsbegleitend durchgeführt werden, um so entweder auf ein Abbruchkriterium zurückgreifen zu können oder die zukünftige Erkundung gezielt in Bereiche hoher Kriging-Varianzen zu verlegen. Über die in diesem Sinne als Teil der Modellierung zu verstehende Bewertung ist mit Verweis auf Abs. 5.3.4 bereits in Abs. 7.3 eingegangen worden. Unabhängig von dieser Möglichkeit ist zu berücksichtigen, dass die Anzahl der Punkte bei einer Schätzung aus $n - k$ Werten stets geringer ist als bei der Schätzung aus n Werten, womit Varianz und Schwellenwert automatisch ansteigen. Die Auswahl geeigneter Schrittweiten wird damit fraglich. Mit steigendem k wird es folglich umso schwieriger zu entscheiden, ob das gewählte Variogrammmodell noch als plausibel gelten kann oder nicht eher das Ergebnis der gewählten Schrittweiten ist.

Werden gegenüber dem *jackknifing* zusätzlich die entnommenen Werte nach der Schätzung wieder dem Datensatz hinzugefügt und anschließend erneute Entnahmen nach dem Zufallsprinzip durchgeführt, womit auch die wiederholte Entnahme bereits vormals ausgewählter Daten erlaubt würde, ist vom *bootstrapping* zu sprechen. Durch eine solche Zufallsbeprobung wird die künstliche Erzeugung weiterer Datensätze ermöglicht (CROWLEY

1992). Jede dieser Teilmengen hat demnach die gleiche Anzahl an Daten wie das Original, unterscheidet sich aber dadurch, dass ein Element einmal, mehrmals oder keinmal gezogen worden sein kann. Eine solche Vorgehensweise ist parameterfrei und stellt keine Ansprüche an die zugrunde liegende Verteilung. Entsprechende Konfidenztests sind bei EFRON (1979, 1982) und EFRON & TIBSHIRANI (1993) beschrieben.

Angesichts der festgestellten Ernüchterung über die Eignung von Kriging-Varianz und Kreuzvalidierung zur Modellbewertung (vgl. Abs. 7.4.3, 7.5.2) haben die oben beschriebenen Verfahren in jüngster Zeit zunehmendes Interesse erfahren. Neben ihrer teilweise noch unklaren theoretischen Rechtfertigung besitzen sie jedoch den Nachteil des sehr hohen rechnerischen Aufwandes. Zudem sind sie lediglich in separaten statistischen Programmen umgesetzt, nicht jedoch in verfügbarer geostatistischer Software. Überdies erfordern auch sie im Grunde räumlich *un*abhängige Werte und deren zufällige Verteilung. Ihre Ergebnisse wären daher bei autokorrelierten Daten und mit Blick auf eine vorhandene bevorzugte Beprobung nur eingeschränkt interpretierbar (z. B. MANLY 1998, FORTIN & JAQUEZ 2000). Gegebenenfalls könnte durch Permutationen nur außerhalb der Reichweite (vgl. FORTIN, JAQUEZ & SHIPLEY 2002) oder durch Zulassung nur solcher Permutationen, die die gleiche Autokorrelationsstruktur besitzen, Abhilfe geschaffen werden. Ungeachtet etwaiger Lösungsmöglichkeiten für die obigen beiden Kritikpunkte bleiben auch diese Ansätze interne Bewertungen.

Eine grundsätzlich andere Vorgehensweise beinhaltet die Trennung des Datensatzes in Teilmengen, die entweder für die Schätzung oder für die Modellbewertung verwendet werden können. KRIVORUCHKO (2001) und KRIVORUCHKO & GRIBOV (2002) empfehlen hier, 80 % der Daten für die Modellerstellung, die verbleibenden 20 % zur Modellbewertung zu verwenden. Der Nachteil dieser Vorgehensweise liegt zum einen darin begründet, dass im Regelfall aufgrund der geringeren Datenmenge das empirische Variogramm deutlich größere Schwankungen aufweisen dürfte, die die Anpassung einer ausgewählten Funktion deutlich erschweren würden (Abb. 7-12a). Zum anderen wird mit dem Teildatensatz, der der Bewertung dienen soll, wiederum nur die Güte der Schätzung bereits bekannter Daten überprüft. Je nach Anteil der Teilmengen für Modellierung und Bewertung am gesamten Datensatz ist eine unterschiedliche Aussagekraft mit ihnen verknüpft. Im Umkehrschluss nimmt daher bei steigendem Anteil von für die Bewertung genutzten Daten der mögliche Umfang neuer Kenntnisse zu. Diese weisen dann jedoch eine umso größere Unschärfe auf (Abb. 7-12b, d, Abb. 5-16b).

In Erweiterung des obigen Ansatzes wird gelegentlich auch die Dreiteilung des Datensatzes in *training set*, *validation set* und *test set* empfohlen, wobei letztere Teilmenge dem Test der Prognoseeigenschaften des Modells dienen soll. Das Problem der u. U. zu geringen Datenanzahl ist bei dieser Vorgehensweise folglich noch größer. Im Übrigen bleiben auch diese Bewertungen interner Natur, da hier lediglich die bereits bekannten Werte reproduziert werden können. Zudem verschlechtert sich durch die Verwendung noch weniger Daten auch das Variogramm, wodurch unschärfere Modelle entstehen. Dadurch wird die Modellbewertung zwar scheinbar objektiver, im Vorfeld jedoch das Modell selbst bereits durch die zahlreichen zur Auswahl stehenden Variogrammfunktionen umso schwächer in seiner Aussageschärfe. Das Problem der Entscheidung für ein bestimmtes Modell und das der Modellbewertung wird folglich lediglich auf den Anwender übertragen.

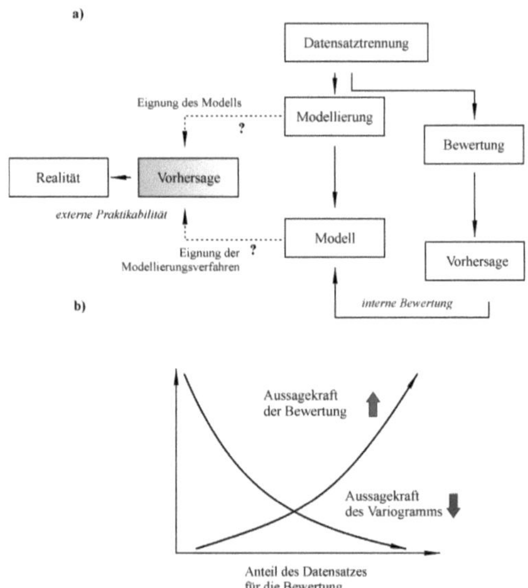

Abb. 7-12: Trennung des Datensatzes in Teilmengen für Modellierung und Bewertung, a): Vorgehensweise, b): Zunahme der Streuung des Variogramms mit geringerer Datenmenge, dadurch bedingte geringere Aussagekraft des Variogrammmodells bei Zunahme der Aussagekraft der Bewertung (schematisch).

Post-mortem-Studien, wie sie etwa PARKER (1984) oder SKALA & PRISSANG (1999) zur Überprüfung der Qualität eines geostatistischen Modells fordern (vgl. Abb. 7-2), lassen sich bei Modellen des Baugrundes nicht durchführen, da eine vollständige Kenntnis der wahren projektrelevanten Untergrundverhältnisse nicht erlangt werden kann. Vielmehr kann jede einzelne Bohrung nur einen geringen Teil zur verbesserten Kenntnis beitragen. Die Situation bei der Erstellung von Baugrundmodellen unterscheidet sich also insofern deutlich von der durch die o. a. Autoren vorrangig betrachteten Situation im Bergbau, wo allein durch den weiter voranschreitenden Abbau und die damit im Zusammenhang stehenden Untersuchungen ein ständiger und beträchtlicher Wissenszuwachs erzielt und daher das bestehende Modell für die noch verbleibenden Teile der Lagerstätte kontinuierlich verbessert werden kann.

7.7 Die Bewertung geostatistischer Modelle des zentralen Bereiches von Berlin

7.7.1 Vorgehensweise

In den folgenden Abschnitten werden die existierenden, von MARINONI (2000) erzeugten geostatistischen Modelle erneut berechnet und einer umfassenden Bewertung unterzogen. Dazu werden genau diejenigen geostatistischen Variogrammfunktionen und deren Parameter herangezogen, die durch MARINONI (2000) als geeignet festgelegt wurden. Die anschließende

Bewertung dieser Modelle erfolgt unter Verwendung der verschiedenen, durch die Kriging-Varianz und die Kreuzvalidierung gegebenen Methoden (vgl. Abs. 7.4.1 und 7.5.1). Dabei muss zumeist eine Beschränkung auf die Auswahl derjenigen Parameter erfolgen, deren Anwendung im Zuge der genannten Abschnitte als besonders sinnvoll herausgestellt wurde, oder auf diejenigen Parameter, die für den Datensatz der jeweiligen geotechnischen Einheit als besonders aussagekräftig angesehen werden. Überdies wird versucht, einige der in den Abs. 7.4.3 und 7.5.3.1ff. aufgeführten Möglichkeiten für die Erzielung zusätzlicher Erkenntnisse einzusetzen und damit Ansätze für die zielgerichtete Weiterentwicklung der bestehenden Modelle aufzudecken. Dies erfolgt unter gleichzeitiger Betrachtung sowohl statistischer als auch geologischer Aspekte.

Etwaige Unterschiede in der Wiedergabe der Modelle gegenüber den Abbildungen bei MARINONI (2000) sind allein darstellungsbedingt und z. B. auf die Wahl einer geringfügig abweichenden Farbskala, der Beschränkung nur auf Teilausschnitte des Gebietes oder der hier nach anderen Vorgaben vorgenommenen Abgrenzung nicht interpolierbarer Abschnitte in den Randbereichen des Untersuchungsgebietes zurückzuführen.

7.7.2 *Untersuchung der einzelnen geotechnischen Einheiten*

7.7.2.1 *Schluff-/Tonfolge (U1)*

Nachstehende Abb. 7-13 zeigt sowohl das geostatistische Modell der Schichtmächtigkeiten der Schluff-/Tonfolge U1 als auch die räumliche Verteilung der zur Schätzung zugehörigen Kriging-Standardabweichungen σ_K.

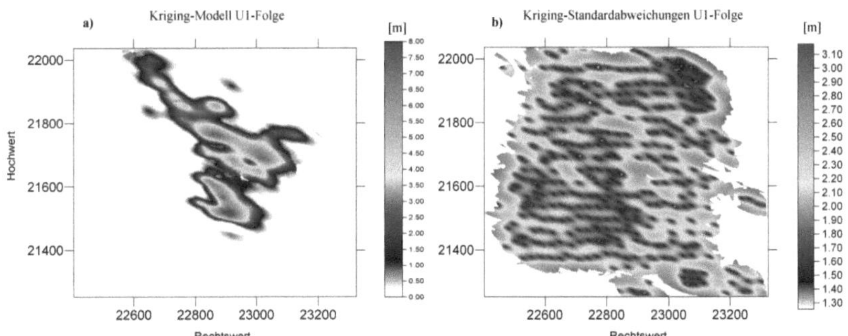

Abb. 7-13: Geostatistisches Modell der U1-Folge, a): Schätzung der Schichtmächtigkeiten, b): zugehörige Standardabweichungen.

Um Aussagen zur Qualität dieses Modells zu erzielen, können sowohl die Verteilung als auch die statistischen Eigenschaften der berechneten Kriging-Varianzen untersucht werden. Daneben können im Zuge der Kreuzvalidierung die zuvor in Abs. 7.5.1 definierten statistischen Größen berechnet werden und somit eine Abschätzung der Modellgüte erfolgen (Tabelle 7-2). Aufgrund der im Datensatz vorhandenen Nullmächtigkeiten wird hierbei unterschieden zwischen den Fehlern für den gesamten Datensatz mit $z \geq 0$ m und der Teilmenge mit $z > 0$ m. Die graphischen Darstellungen der Bewertungskriterien der Kreuzvalidierung folgen diesem Ansatz.

Bei der Betrachtung der statistischen Gütekriterien fallen zunächst die bei Auslassung der Nullmächtigkeiten deutlich größeren Fehler auf. Hiervon sind besonders der MSE sowie der Bias betroffen, dessen Größe hier der Nachweis für erhebliche Unterschätzungen ist. Die relativ geringen Werte von MRE, MARE und RMSRE sowie die Tatsache, dass sie die gleiche Größenordnung aufweisen, weisen einerseits auf einen von den tatsächlich gemessenen Mächtigkeiten relativ unabhängigen Fehler hin. Zum anderen ist dies als Indiz für eine enge Werteverteilung und für das Fehlen von Ausreißern aufzufassen. Diese Feststellungen spiegeln sich auch in den Streudiagrammen von Abb. 7-14a und b wider.

Tabelle 7-2:   Fehlergrößen der Kreuzvalidierung der U1-Folge.

Parameter	Bias [m]	MSE [m²]	MAE [m]	RMSE [m]	MRE [m/m]	MARE [m/m]	RMSRE [m/m]
Wert (für $z \geq 0$)	0,0107	1,6789	0,6186	1,2974	-*	-*	-*
Wert (für $z > 0$)	-1,3234	5,6878	1,8868	2,4019	-0,1766	0,6347	0,9428

*): Berechnung relativer Fehler nicht möglich für $z \geq 0$.

Das Streudiagramm in Abb. 7-14a weist dagegen auf eine sehr starke Streuung der Datenpaare [z(estim.), z(obs.)] hin, die Überlegungen zur Auswahl anderer Variogramm-modelle gerechtfertigt erscheinen lassen. Positiv ist hingegen die symmetrische und über den gesamten Bereich der beobachteten Werte gleichmäßig schmale Verteilung der Fehler zu bewerten (Abb. 7-14b). Hieran zeigt sich jedoch, dass lediglich Mächtigkeiten im Intervall von etwa 0,5 bis 2,0 m mit geringen absoluten Fehlern geschätzt werden, während größere Werte deutlich höhere Fehler aufweisen.

Die Glättungseigenschaften des Krigings (vgl. Abs. 7.5.1) finden ihren Ausdruck auch in der vergleichenden Darstellung der Histogramme von Stichproben- und Schätzpopulation, wobei letztere eine geringere Streubreite aufweist (Abb. 7-14c). Immerhin erfolgt die Glättung symmetrisch (vgl. Bias in Tabelle 7-2), so dass die Mittelwerte beider Populationen annähernd gleich sind. Klammert man für diesen Vergleich die Nullwerte aus (Abb. 7-14d), so fallen zunächst die je nach betrachtetem Werteintervall unterschiedlichen Qualitäten ins Auge. Daneben lassen sich auch hier die Glättungseigenschaften des Krigings durch Abnahme der Streubreite sowie die bereits oben summarisch berechnete Unterschätzung belegen. Die Möglichkeit, zur Erzielung dieser Aussagen Normalverteilungen anzusetzen, ergibt sich aus den Darstellungen der q-q-Plots in Abb. 7-14e und f, die zwar an den Extrema der Verteilungen auf Abweichungen hinweisen, in den mittleren Bereichen jedoch eine zufrieden stellende Approximation andeuten.

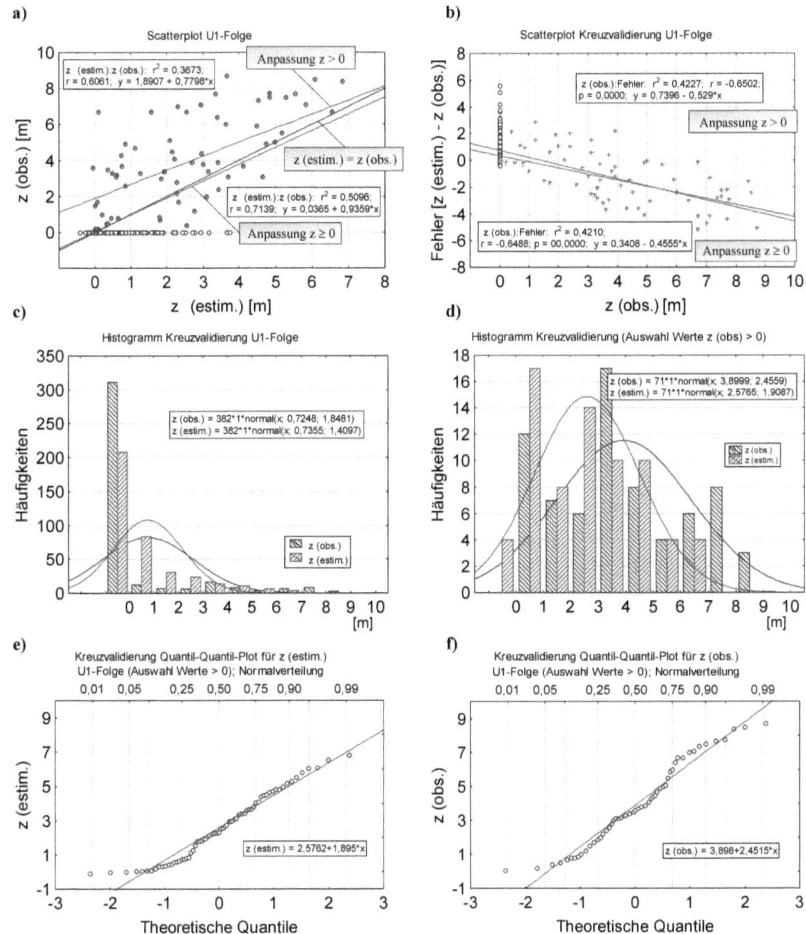

Abb. 7-14: Bewertung des geostatistischen Modells der Schichtmächtigkeiten der U1-Folge, a): Streudiagramm der beobachteten gegen die geschätzten Werte, b): Streudiagramm der Fehler gegen die beobachteten Werte, c): Histogramm der Schätz- und der beobachteten Werte inkl. Nullmächtigkeiten, d): Histogramm für Schätz- und beobachtete Werte mit Ausnahme der Nullmächtigkeiten, e) und f): q-q-Plot der Kreuzvalidierung für Mächtigkeiten oberhalb Null.

Zusätzlich werden in Abb. 7-15 die Variogramme der Stichprobenpopulation und der erneut geschätzten Population vergleichend gegenübergestellt. Die Glättungseffekte des Krigings kommen auch hier deutlich zum Ausdruck: So weist die im Zuge der Kreuzvalidierung erzeugte Population geringere Schwankungen des experimentellen Variogramms auf (Abb. 7-15b) als die Stichprobenpopulation der beobachteten Werte z(obs.) (Abb. 7-15a). Hiermit gehen eine Reduktion des Schwellenwertes C und des Nugget-Wertes C_0 sowie eine Reduktion der Reichweite a einher. Die gleichen Effekte treten auch bei Berücksichtigung der

Nullmächtigkeiten auf (vgl. Abb. 7-15e und d), sind hier jedoch erwartungsgemäß weniger stark ausgeprägt.

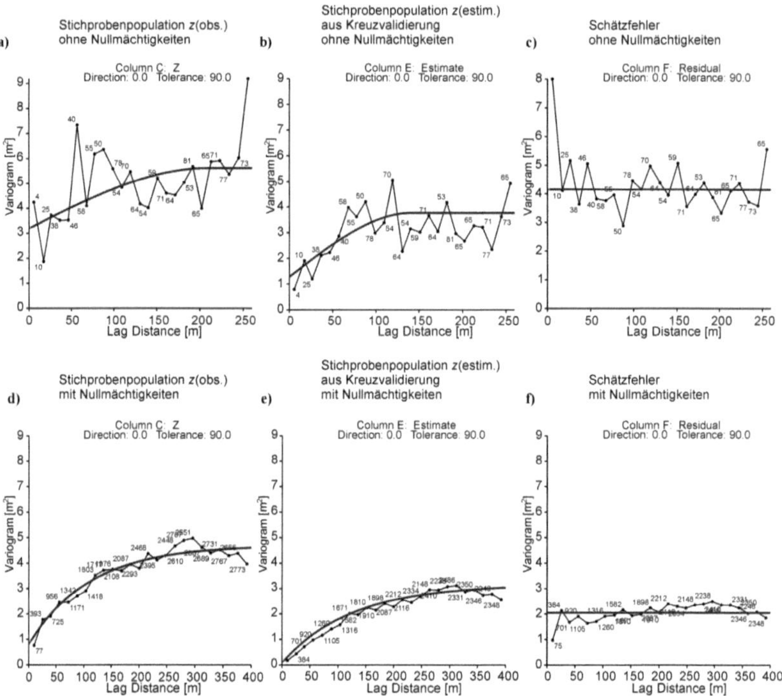

Abb. 7-15: Vergleichende Darstellung der Variogramme der Stichprobenpopulation und der Schätzung in der Kreuzvalidierung; a) und b): ohne Berücksichtigung der Nullmächtigkeiten; d) und e): mit Berücksichtigung der Nullmächtigkeiten; c) und f): Darstellung der Variogramme der Schätzfehler.

Untersucht man zusätzlich die Schätzfehler auf räumliche Unabhängigkeit (Abb. 7-15c und f), so ist lediglich für den Fall der Ausklammerung der Nullmächtigkeiten die Annahme der Unkorreliertheit erfüllt. Betrachtet man jedoch die gesamte Population, weist der Anstieg im Nahbereich auf autokorrelierte Verhältnisse hin. Dies kann als Indiz dafür aufgefasst werden, dass mit dem erstellten Variogrammmodell nicht alle autokorrelierten Prozessanteile erfasst wurden bzw. dafür, dass mit in unterschiedlichen Teilbereichen verschiedenen Variogrammen eventuell bessere Schätzungen möglich wären. Als ursächlich hierfür wäre dann die räumliche Verteilung der Schichtmächtigkeiten aufzufassen (vgl. Abb. 7-13a), in der sich etwa periodisch Bereiche hoher Mächtigkeiten mit Bereichen geringer und Nullmächtigkeiten abwechseln (vgl. hierzu Abb. 7-10f).

7.7.2.2 Geschiebemergel (Mg1)

Die Abb. 7-16 zeigt das geostatistisch geschätzte Modelle der Mächtigkeiten des Geschiebemergels der Mg1-Folge und die zugehörigen Kriging-Standardabweichungen. Gut spiegeln sich in diesen Darstellungen die für die Modellierung verwendeten Anisotropieverhältnisse sowie die räumliche Verteilung der Aufschlüsse im Untersuchungsgebiet wider.

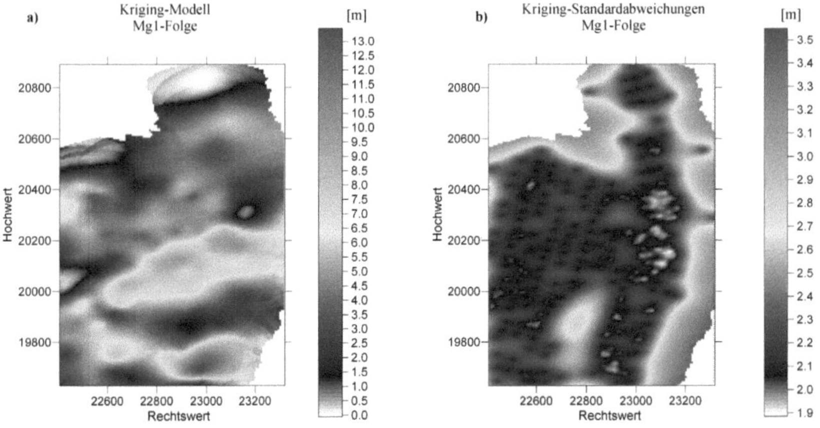

Abb. 7-16: Geostatistisches Modell der Mg1-Folge, a): Schätzung der Schichtmächtigkeiten, b): zugehörige Standardabweichungen.

Die Werte der im Zuge der Kreuzvalidierung ermittelten summarischen Qualitätsparameter sind in Tabelle 7-3 wiedergegeben. Auffällig sind auch hier zunächst die bei Auslassung der Nullwerte größeren Fehler, wobei der Unterschied im Vergleich zu denen der U1-Folge zumeist moderat ausfällt. Besonders drastisch fällt der Unterschied jedoch beim Bias aus, dessen Größe auf eine bevorzugte Überschätzung hinweist. Diese kommt besonders dann zum Tragen, wenn ausschließlich Werte größer Null betrachtet werden. Die Größe des MSE ist hier maßgeblich durch die im Vergleich zur U1-Folge deutlich größeren Mächtigkeiten bedingt und allein noch kein Indiz für die Modellqualität, sind doch die relativen Fehler MRE und MARE von gleicher Größenordnung wie bei der U1-Folge.

Tabelle 7-3:   Fehlergrößen der Kreuzvalidierung der Mg1-Folge.

Parameter	Bias [m]	MSE [m²]	MAE [m]	RMSE [m]	MRE [m/m]	MARE [m/m]	RMSRE [m/m]
Wert (für $z \geq 0$)	0,0024	5,8420	1,8612	2,4213	-*	-*	-*
Wert (für $z > 0$)	0,0267	6,5117	2,0745	2,5569	0,4906	0,7685	2,2909

*): Berechnung relativer Fehler nicht möglich für $z \geq 0$.

Die Größe des RMSRE weist jedoch auf Ausreißer hin, die sich in der Kartendarstellung von Abb. 7-16a im südöstlichen Randbereich des Untersuchungsgebietes lokalisieren lassen. Diese Schichtmächtigkeiten deutlich oberhalb von 12 m werden erheblich unterschätzt und weisen daher sehr hohe quadrierte Fehler auf. Dieser Bereich hebt sich damit auch in der Darstellung der Schätzfehler (Abb. 7-17a) deutlich von seiner Nachbarschaft ab.

Während sich in dieser Darstellung der Schätzfehler durchaus zusammenhängende Punktgruppen erkennen lassen, die einer systematischen Verzerrung unterliegen, weist das Gesamtbild jedoch auf deren global zufällige Verteilung hin. Insbesondere lassen sich hier keine richtungsabhängigen Verhältnisse feststellen, die darauf hinweisen würden, dass mit der vorangegangenen geostatistischen Modellierung die anisotropen Eigenschaften des Datensatzes nicht hinreichend erfasst worden wären.

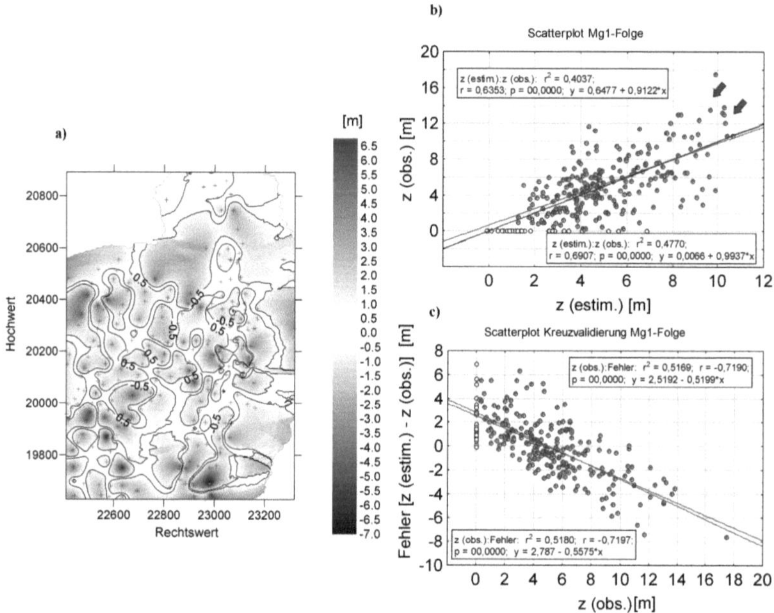

Abb. 7-17: Bewertung des geostatistischen Modells der Mg1-Folge, a): Karte der Schätzfehler; b): Streudiagramm beobachteter und geschätzter Werte, c): Scatterplot der Schätzfehler und der beobachteten Werte.

Das Streudiagramm der beobachteten gegen die geschätzten Mächtigkeiten (Abb. 7-17b) lässt ebenfalls die oben beschriebene Ausreißerpopulation erkennen und weist daneben auf eine starke Streuung hin. Aufgrund der nur geringen Anteile von Nullmächtigkeiten im Datensatz sind die Regressionsgeraden für $z \geq 0$ und $z > 0$ jedoch annähernd identisch. Sie fallen darüber hinaus beide etwa mit $z(\text{estim.}) = z(\text{obs.})$ zusammen (vgl. Bias in Tabelle 7-3). Das Streudiagramm der Schätzfehler gegen die beobachteten Werte (Abb. 7-17c) stellt zwar die bereits angesprochenen heteroskedastischen Verhältnisse deutlich dar, zeigt jedoch ebenfalls die recht symmetrische Streuung der Punkte um die Regressionsgerade (vgl. MRE, MARE). Aufgrund dieser symmetrischen Streuung, bei der hier eine Normalverteilung unterstellt werden kann, darf auf die globale Unverzertheit der Schätzung geschlossen werden (vgl. z. B. ATKINSON & LLOYD 2001).

Vergleicht man zusätzlich die an den Aufschlusspunkten im Zuge der Schätzung ermittelten Kriging-Standardabweichungen mit den im Laufe der Kreuzvalidierung ermittelten Schätzfehlern (Abb. 7-18a), kommt deutlich die Unabhängigkeit der beiden Parameter voneinander zum Ausdruck. In Verbindung mit der in Abb. 7-16 gegebenen Darstellung der flächenhaften Verteilung der Kriging-Standardabweichungen ist dies unzweifelhaft ein Beleg dafür, dass die Größe der Kriging-Standardabweichung ausschließlich von der Konfiguration der Aufschlusspunkte abhängig ist (vgl. Abs. 7.4.1), nicht jedoch von den ermittelten Werten. Darüber hinaus dokumentiert sich in dem Wertebereich von 1,85 m – 2,25 m lediglich die Größe des für die Modellierung verwendeten Nugget-Wertes. Neben der globalen Verteilung der Kriging-Standardabweichung scheidet daher auch ihre lokale Größe als potenzielles Modellkriterium aus.

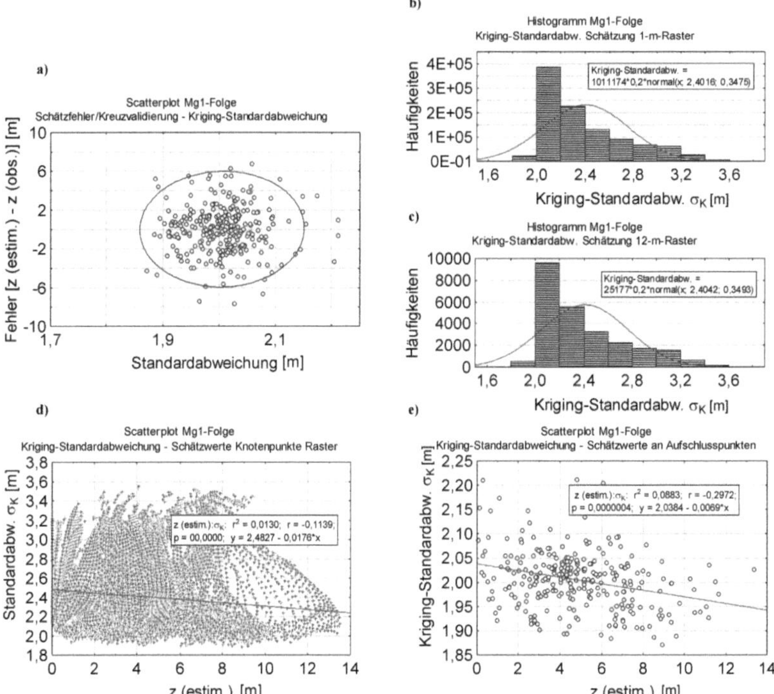

Abb. 7-18: Bewertung des geostatistischen Modells der Mg1-Folge, a): Streudiagramm der Schätzfehler und der Kriging-Standardabweichung, b): Histogramm der Kriging-Standardabweichungen, Schätzung im 1-m-Raster, c): Histogramm der Kriging-Standardabweichungen, Schätzung im 12-m-Raster, d): Streudiagramm der Kriging-Standardabweichungen und der Schätzwerte an den Knotenpunkten, e): Streudiagramm der Kriging-Standardabweichungen und der Schätzwerte an den Aufschlusspunkten (Kreuzvalidierung).

Im Hinblick auf diese Unabhängigkeit von den ermittelten Werten z(obs.) ist die deutlich erkennbare Neigung der Regressionsgeraden in der Darstellung der im Zuge der Kreuzvalidierung erneut geschätzten Werte z(estim.) an den Aufschlusspunkten gegen die Kriging-

Standardabweichung an diesen Punkten (Abb. 7-18e) auch vielmehr ein Resultat der Glättungseffekte (vgl. Abs. 7.5.1). Nicht überzubewerten ist daher auch die starke Streuung der Kriging-Standardabweichungen, wenn diese den Schätzwerten des Krigings an den Rasterknotenpunkten gegenübergestellt werden (Abb. 7-18d): Das Minimum des hier ermittelten Wertebereiches stimmt zwangsläufig mit dem des Wertebereiches an den Aufschlusspunkten überein, während sich das Maximum erwartungsgemäß in den randlichen Gebieten mit nur einseitiger Schätznachbarschaft findet (vgl. Abb. 7-16b).

Auffallend ist lediglich die stark rechtsschiefe Verteilung der Kriging-Standardabweichung, die zudem völlig unabhängig von der Rasterweite des Schätzgitters festzustellen ist (Abb. 7-18b und c). Ersteres kann jedoch auf die Eigenschaft des Krigings zurückgeführt werden, nur in unmittelbarer Nähe um die Aufschlusspunkte verlässliche Schätzungen zu liefern, während größer werdende Entfernungen mit schnell wachsender Unschärfe einhergehen, vgl. Gl. (7-2). Letzteres hat seine Ursache darin, dass das projektspezifische Erkundungsmuster und dessen Eigenschaften, wie etwa Aufschlussverteilung und -dichte, das maximale Auflösungsvermögen der Schätzung vorgeben, das auch durch feinere Rastereinteilungen nicht erhöht werden könnte.

7.7.2.3   *Obere Sandfolge (S1)*

Nachfolgende Abb. 7-19 zeigt das Modell der Schichtmächtigkeiten der S1-Folge. Hierbei wurde auf eine Trennung in die zwei Teilgebiete, wie sie von MARINONI (2000) vorgenommen wurde, verzichtet. Vorstudien zeigten, dass anderenfalls das experimentelle Variogramm von Teilgebiet 2 Schwankungen in einer Größe aufweisen würde, die eine begründbare Auswahl einer bestimmten Variogrammfunktion nicht mehr gestatten würde. Darüber hinaus unterscheiden sich auch die durch MARINONI (2000) für die beiden Teilgebiete ermittelten Variogrammparameter nur in geringem Maße, so dass ihre Zusammenlegung zu einem einzigen Datensatz gerechtfertigt erscheint. Die Unterschiede in den Werteintervallen der Mächtigkeiten zwischen den beiden Teilgebieten allein (Teilgebiet 1, Norden: 1,1 m – 12,8 m; Teilgebiet 2, Süden: 2,0 m – 7,7 m), die sich auch in Abb. 7-19a dokumentieren, sind damit noch kein hinreichender Anlass für eine Separierung in Teildatensätze. Erwartungsgemäß lassen sich in den Darstellungen sowohl die annähernd isotrop modellierten Verhältnisse (Abb. 7-19a) wie auch das Aufschlussraster erkennen (Abb. 7-19b).

Nach Erstellung des Modells wurde eine Kreuzvalidierung durchgeführt, aus deren Ergebnissen die in Tabelle 7-4 gezeigten Größen berechnet wurden. Da im Datensatz lediglich ein Nullwert vorhanden ist, unterscheiden sich die Werte für $z \geq 0$ und $z > 0$ nur sehr geringfügig. Wie zuvor zeigt der Bias auch hier eine bevorzugte Überschätzung von Werten an. Die gegenüber den vorangegangenen Beispielen höheren Werte der Parameter MSE, MAE und RMSE sind dagegen auf die Heteroskedastizität zurückzuführen; die durchschnittlich höheren Schichtmächtigkeiten in der S1-Folge gegenüber der U1- und der Mg1-Folge bewirken demnach auch ein Ansteigen dieser Fehler. Wird der Fehler durch Berücksichtigung des Beobachtungswertes relativiert (MRE, MARE und RMSRE), sind insgesamt akzeptable Werte in der gleichen Größenordnung wie bei den bislang untersuchten Schichtenfolgen festzustellen. Der größere Wert des RMSRE weist allerdings auf das Vorkommen vereinzelter

Extremwerte hin, die hohe Differenzen zu den Schätzwerten aufweisen und durch die Quadrierung noch verstärkt werden.

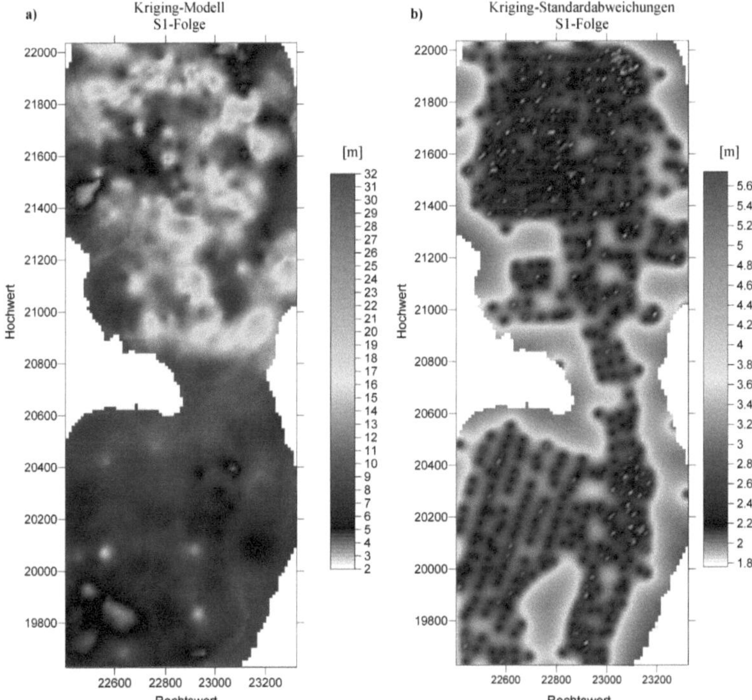

Abb. 7-19: Geostatistisches Modell der S1-Folge, a): Schätzung der Schichtmächtigkeiten, b): zugehörige Standardabweichungen.

Tabelle 7-4:   Fehlergrößen der Kreuzvalidierung der S1-Folge.

Parameter	Bias [m]	MSE [m²]	MAE [m]	RMSE [m]	MRE [m/m]	MARE [m/m]	RMSRE [m/m]
Wert (für $z \geq 0$)	0,0226	17,6492	2,8853	4,2038	-[*]	-[*]	-[*]
Wert (für $z > 0$)	0,0227	17,6720	2,8891	4,2065	0,1540	0,3412	0,6771

[*]): Berechnung relativer Fehler nicht möglich für $z \geq 0$.

Obige Feststellungen spiegeln sich auch in den detaillierten Ergebnissen der Kreuzvalidierung wider, die in Abb. 7-20 dargestellt werden: Abb. 7-20a zeigt zunächst das Streudiagramm der Kreuzvalidierung als Vergleich der beobachteten Werte z(obs.) mit den geschätzten Werten

z(estim.). Hier wird durch die Neigung der Regressionsgeraden gegenüber der Idealgeraden z(obs.) = z(estim.) der Glättungseffekt des Krigings deutlich (vgl. Abb. 7-6). Daneben sind eine starke Streuung sowie die Bildung einiger Punktkumulationen festzustellen, die möglicherweise eine separate Variographie unterschiedlicher Teilbereiche angezeigt scheinen lassen. Ihre Festlegung muss jedoch nicht zwangsläufig mit dem Vorschlag von MARINONI (2000) übereinstimmen, ein nördliches und ein südliches Teilgebiet auszuweisen.

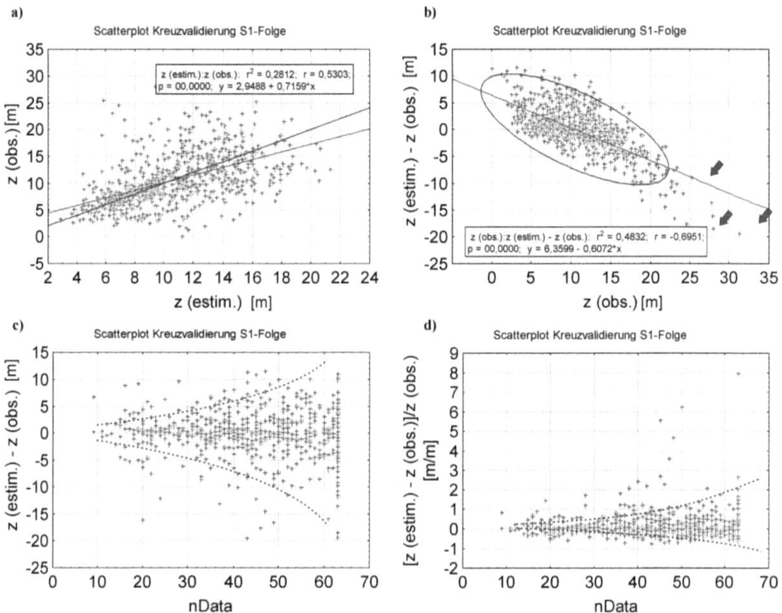

Abb. 7-20: Ergebnisse der Kreuzvalidierung der geostatistischen Schätzung der S1-Folge, a): Streudiagramm der geschätzten gegen die beobachteten Werte; b): Streudiagramm der Fehler gegen die beobachteten Werte; c): Streudiagramm der Fehler gegen die Zahl der für die erneute Schätzung in der Kreuzvalidierung verwendeten Werte; d): Streudiagramm der relativen Fehler gegen die Zahl der für die erneute Schätzung in der Kreuzvalidierung verwendeten Werte.

Als ursächlich für den recht hohen Wert des RMSRE erweisen sich die außerhalb der Punktkumulation liegenden Werte sehr hoher Schichtmächtigkeiten im Bereich von 22 m bis 32 m (Abb. 7-20b), bei denen Unterschätzungen von bis zu 20 m auftreten. Da diese sehr hohen Mächtigkeiten jedoch keinen einzelnen zusammenhängenden Bereich im Untersuchungsgebiet bilden, sondern vielmehr jeweils lokal auftretende, eng begrenzte Cluster (vgl. Abb. 7-19a) – anders, als dies bei der Mg1-Folge der Fall ist (vgl. Abb. 7-16a) – könnte versucht werden, diese hohen Wertebereiche $z > 20$ m in einer separaten Variographie zu untersuchen. Will man eine solche Vorgehensweise mit Hinweis auf geologisch-genetische Prozesse rechtfertigen, könnte bspw. auf die Möglichkeit verwiesen werden, dass die lokal größeren Mächtigkeiten durch einen geologisch älteren fluviatilen Prozess bedingt wären, dessen Sedimente sich nur noch reliktisch unter denen einer jüngeren und möglicherweise gleichförmiger wirkenden Schüttung befänden. Für einen solchen Erklärungsansatz spricht auch, dass die größeren Mächtigkeiten tatsächlich überwiegend durch eine geringere Höhenlage der Schichtbasisfläche bedingt sind, nicht jedoch etwa durch Sattellage der Schichtoberfläche.

Weiterhin sind in Abb. 7-20c die Fehler gegenüber der für die erneute Schätzung verwendeten Datenanzahl aufgetragen. Hieran wird deutlich, dass der absolute Wert des Fehlers bei steigendem Umfang der Schätznachbarschaft, d. h. bei größerem Suchbereich, deutlich zunehmen kann. Dass dies nicht etwa allein auf die innerhalb des Gesamtgebietes variierenden Werte der Schichtmächtigkeiten zurückzuführen ist, ist Abb. 7-20d zu entnehmen, in der anstelle des absoluten der relative Fehler verwendet wird. Hieran bestätigt sich die Tendenz des mit größerer Schätznachbarschaft steigenden Fehlers (vgl. Abs. 8.4.2.2). Im Hinblick auf obigen Erklärungsansatz könnte dies darauf zurückgeführt werden, dass mit größer werdendem Suchbereich stets Daten beider geologischen Prozesse erfasst werden, während kleine Schätznachbarschaften jeweils nur Daten von einem der beiden Prozesse erfassen.

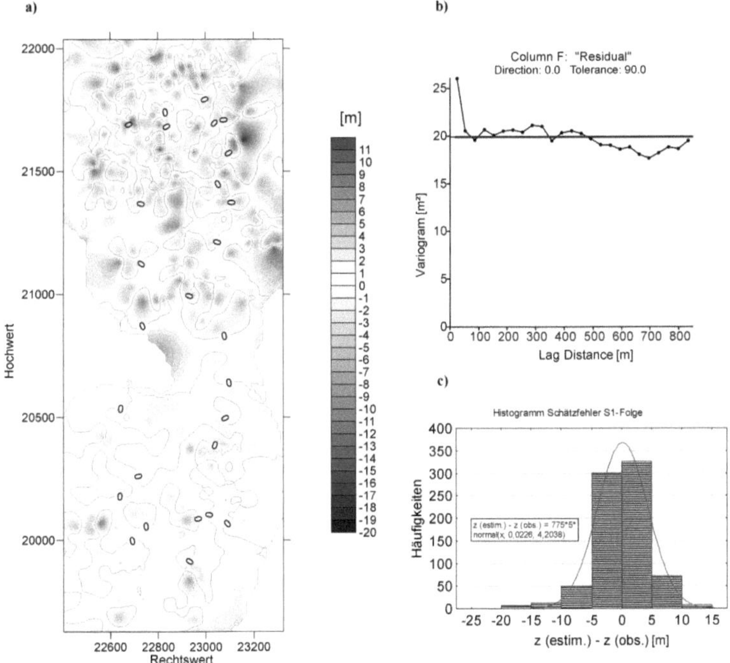

Abb. 7-21: Bewertung des geostatistischen Modells der S1-Folge, a): Karte der Schätzfehler; b): Variogramm der Schätzfehler, c): Histogramm der Schätzfehler.

Das Variogramm der Schätzfehler (Abb. 7-21b) und die als zufällig anzusehende räumliche Verteilung der Schätzfehler (Abb. 7-21a) geben hierüber jedoch keinen Aufschluss. Vielmehr fällt die durch den ersten Variogrammwert bedingte hohe kleinräumige Variabilität ins Auge.

Dies könnte grundsätzlich auf eine eher zu gute Anpassung der Variogrammfunktion an das experimentelle Variogramm der Schichtmächtigkeiten hindeuten (*Overfitting*, vgl. Abs. 5.4.3), die zwar eine sehr gute Strukturbeschreibung, jedoch nur eine ungenügende Prognose erlaubt. Daneben ist auch denkbar, dass die von MARINONI (2000) gewählte Variogrammfunktion besonderes die kleinräumigen Anteile der Variabilität hervorhebt. Dies wäre durch gegenüber dem experimentellen Variogramm ungeeignete Parameter möglich, etwa durch einen zu geringen Nuggetanteil C_0/C_{ges} oder durch eine zu kleine Reichweite. Sofern dies nachgewiesen und andere potenzielle Ursachen ausgeschlossen werden können, etwa Auswirkungen einer bevorzugten Beprobung (vgl. Abb. 7-3), sollte der Versuch unternommen werden, andere Variogrammparameter auszuwählen.

Darüber hinaus ist auffallend, dass im südlichen Bereich des Untersuchungsgebietes überwiegend Unterschätzungen auftreten, während im nördlichen Bereich Über- und Unterschätzungen etwa gleiche Flächenanteile einnehmen. Die Detailliertheit dieser Aussagen lässt dabei den Wert des Histogramms der Schätzfehler (Abb. 7-21c) in den Hintergrund treten, da die hier angepasste Normalverteilung zwar einen Mittelwert nahe Null aufweist (vgl. Bias in Tabelle 7-4), die hier relevanten negativen Fehler (Überschätzungen) jedoch kaum Berücksichtigung finden.

7.7.2.4   *Holozäne Folge (H)*

In der Abb. 7-22 wird das geostatistische Modell der Schichtmächtigkeiten der holozänen organischen Sedimente nebst der zugehörigen Kriging-Standardabweichungen gezeigt. Das Modell der Schichtmächtigkeiten weist auf ein begrenztes Vorkommen dieser Sedimente hin, in dem die festgestellten Mächtigkeiten überwiegend im Wertebereich von 0,5 bis 2 m schwanken. Im Nordosten des Gebietes werden diese geringen nahezu übergangslos durch sehr hohe Mächtigkeiten abgelöst.

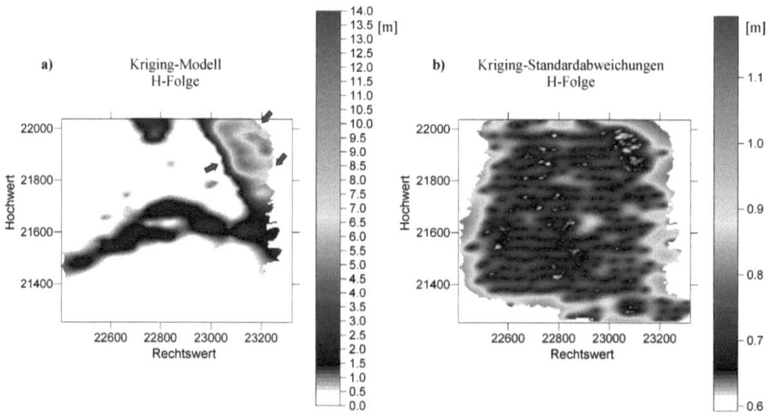

Abb. 7-22: Geostatistisches Modell der H-Folge, a): Schätzung der Schichtmächtigkeiten, b): zugehörige Standardabweichungen.

In der Darstellung der Kriging-Standardabweichungen (Abb. 7-22b) kommen die für die Modellierung verwendeten anisotropen Verhältnisse deutlich zum Ausdruck. Die insgesamt sehr geringen Werte an den Aufschlusspunkten sind jedoch letztlich nur Resultat des geringen Nuggetwertes, bzw. in den Bereichen zwischen den Aufschlusspunkten Ergebnis des geringen Schwellenwertes.

Als Ergebnis der nach der Modellierung durchgeführten Kreuzvalidierung wurden die in Tabelle 7-5 gezeigten Fehler errechnet. Ähnlich den bei der U1-Folge festgestellten Verhältnissen spiegelt sich sowohl in der Größe der jeweiligen Fehler als auch in den deutlichen Unterschieden zwischen den Populationen $z \geq 0$ m und $z > 0$ m die nur gebietsweise Existenz der H-Folge wider.

Tabelle 7-5:   Fehlergrößen der Kreuzvalidierung der H-Folge.

Parameter	Bias [m]	MSE [m²]	MAE [m]	RMSE [m]	MRE [m/m]	MARE [m/m]	RMSRE [m/m]
Wert (für $z \geq 0$)	0,0073	1,4827	0,5942	1,2192	-*	-*	-*
Wert (für $z > 0$)	-0,3726	3,8615	1,2883	1,9724	0,1111	0,6072	1,1415

*): Berechnung relativer Fehler nicht möglich für $z \geq 0$.

Stellt man die Ergebnisse der Kreuzvalidierung in Form des Streudiagramms der beobachteten gegen die geschätzten Werte dar (Abb. 7-23a), kommt hier zunächst zum Ausdruck, dass die Stichprobenpopulation überwiegend kleine Mächtigkeiten im Bereich von 0,5 bis 2 m enthält (s. o.). Diese Mächtigkeiten werden mit nur geringen Fehlern geschätzt. Moderat größere Mächtigkeiten oberhalb dieses Intervalls werden mit hohen, sehr große Mächtigkeiten wie die des nordöstlichen Randbereiches schließlich mit extrem hohen Fehlern erneut geschätzt. Stellt man die berechneten Fehler gegen die beobachteten Mächtigkeiten dar (Abb. 7-23b), offenbaren sich auch hier heteroskedastische Verhältnisse. Überdies sind in Abhängigkeit von den beobachteten Werten eine unterschiedliche Streuung sowie das Auftreten einzelner Ausreißer festzustellen. Ihr singuläres Auftreten lässt neben der Möglichkeit einer nordöstlichen, randlich gelegenen und durch die vorhandenen Aufschlüsse nur unvollständig erfassten separaten Population auch den Erklärungsansatz einer fehlerhaften Zuordnung von Schichtgliedern zur H-Folge zu.

Betrachtet man dagegen die relativen Fehler und ihre Abhängigkeiten von den beobachteten bzw. geschätzten Werten (Abb. 7-23c und d), so wird deutlich, dass die relativen Fehler mit steigenden Mächtigkeiten abnehmen. Das heißt, der prozentuale Fehler einer Schätzung ist umso kleiner, je größer die festgestellte Mächtigkeit ist. Kleinere Mächtigkeiten weisen als Folge dessen sowohl sehr hohe relative Fehler als auch sehr hohe Fehlerstreuungen auf. Die festgestellte dominierende Unterschätzung von Mächtigkeiten kommt auch im Histogramm der Schätzfehler zum Ausdruck (Abb. 7-23e). Betrachtet man hier die Populationen $z \geq 0$ und $z > 0$ getrennt, so sind zwar zunächst qualitativ gleichwertige Verteilungen festzustellen. Die

Verteilung für $z > 0$ offenbart jedoch eine deutlichere Unterschätzung. Die Größenordnung der relativen Fehler liegt nahe bei Null; der MRE deutet jedoch auf eine hohe Streuung hin, die sich bereits in Abb. 7-23b offenbart.

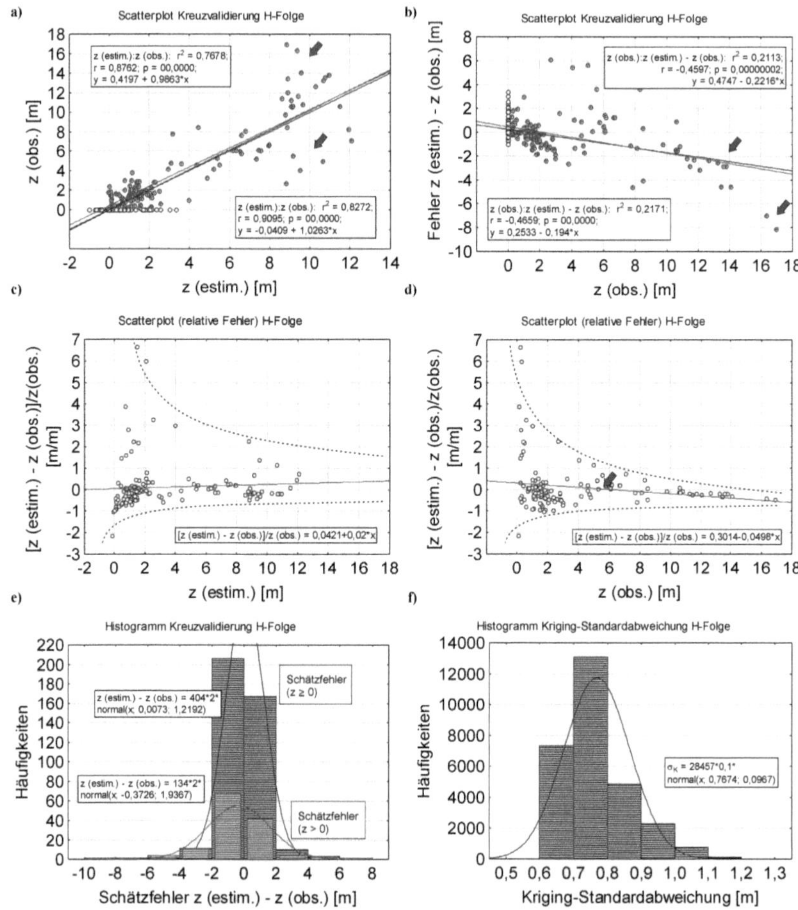

Abb. 7-23: Bewertung des geostatistischen Modells der H-Folge, a): Streudiagramm der beobachteten und der geschätzten Werte, b): Streudiagramm der Schätzfehler gegen die beobachteten Werte, c): Streudiagramm der relativen Fehler gegen die geschätzten Werte, d): Streudiagramm der relativen Fehler gegen die beobachteten Werte, e): Histogramm der Schätzfehler ohne bzw. mit Nullmächtigkeiten, f): Histogramm der Kriging-Standardabweichungen an den Knotenpunkten des Schätzgitters.

Die räumliche Verteilung der Kriging-Standardabweichungen (Abb. 7-22b), ihr Wertebereich und die Verteilungsform der (Abb. 7-23f) ließen sich hingegen ausschließlich auf bestimmte Aspekte der Erkundung und der geostatistischen Modellierung zurückführen: So ergibt sich das an den Aufschlusspunkten ermittelte Minimum von etwa 0,6 m allein aufgrund des für die Modellierung angesetzten Nugget-Wertes. Auch das bei etwa 1,2 m liegende Maximum in den Randbereichen des Untersuchungsgebietes ist lediglich durch den Abbruch der Modellierung bedingt, der mit dem Ziel der Vermeidung einer extrapolierenden Schätzung verbunden ist. In Abhängigkeit von der konkreten Wahl dieses Abbruchkriteriums hätten folglich auch andere Verteilungsformen resultieren können. Für den betrachteten Fall ist die ermittelte Verteilungsform (Abb. 7-23f), insbesondere deren Rechtsschiefe, auch Resultat eines pseudoregulären Aufschlussmusters mit geringen und im Durchschnitt sehr ähnlichen Entfernungen zueinander benachbarter Punkte (Abb. 7-22b). Beides bedingt in der überwiegenden Fläche des Untersuchungsgebietes recht einheitliche und mit 0,65 m bis 0,8 m noch relativ moderate Kriging-Standardabweichungen, so dass in diesem Wertebereich der Modalwert der Verteilung ($z = 0,77$ m) zu suchen ist. Die wenigen höheren Standardabweichungen ergeben sich lediglich in den seltenen Fällen geringerer Aufschlussdichte und in den allseitigen Randbereichen.

Diese Feststellungen und obige Aussagen über die ermittelten relativen Fehler geben Anlass zu der Vermutung, dass sich unter Umständen letztere eher als die Standardabweichungen zur Definition eines Schätzintervalls eignen. Da die Abb. 7-23b und c jedoch ausschließlich die im Zuge der Kreuzvalidierung erneut geschätzten Mächtigkeiten enthalten, nicht jedoch alle Werte der geschätzten Mächtigkeiten an den Knotenpunkten des Schätzgitters, wäre diese Annahme anhand weiterer Untersuchungen zu prüfen. Hierfür könnte bspw. bei einem umfangreichen Datensatz, dessen Größe eine solche Vorgehensweise zulassen würde, eine Abtrennung einer Teilmenge vorgenommen werden, deren Mächtigkeiten dann nach der Kreuzvalidierung erneut geschätzt werden müssten. Anschließend wäre die Vorhersagegenauigkeit anhand des relativen Fehlers durch Vergleich mit den tatsächlichen Werten zu prüfen.

Anhand der in Abb. 7-24 dargestellten Variogramme, die nach Abschluss der Kreuzvalidierung gewonnen wurden, lassen sich die folgenden Feststellungen treffen: Das Variogramm der Schätzpopulation zeigt zwar den qualitativ gleichen Verlauf wie das der Eingangsdaten, weist jedoch einen deutlichen Trend auf. Daneben sind die Schwankungen des experimentellen Variogramms um das theoretische Variogramm geringer. Diese Aussagen haben grundsätzlich Gültigkeit, unabhängig davon, ob die Nullmächtigkeiten eingeschlossen werden. Während die geringere Schwankungsbreite des experimentellen Variogramms auf die Glättungseigenschaften des Krigings zurückzuführen ist, die zu einer Vergleichmäßigung benachbarter Mächtigkeiten führt, könnte der Trend mit der Existenz von zwei Teilpopulationen erklärt werden, deren Schätzwerte sich durch eine gemeinsame Variographie annähern und somit einen räumlichen Trend ausbilden würden.

Die Variogramme der Schätzfehler (Abb. 7-24c und f) gehen mit diesen Feststellungen konform. Sie weisen folglich bis in Bereichen von etwa 150 m auf eine überdurchschnittlich hohe Variabilität hin, während bei Betrachtung größerer Teilgebiete eine zu geringe Variabilität vorgetäuscht wird. Der wenig erratische, sondern eher kontinuierlich zu nennende Verlauf des experimentellen Variogramms lässt sich deutlich mit den Subtypen d) und e) aus Abb. 7-11 parallelisieren, was auf die Möglichkeit hinweist, die Schätzung durch zusätzliche Maßnahmen zu verbessern. Hierzu gehören etwa die Abspaltung eines Trends oder die separate Betrachtung unterschiedlicher Teilbereiche. Für den erstgenannten Ansatz spricht bspw.

der deutliche Anstieg des Variogramms der Mächtigkeiten in Entfernungen größer als 250 m, für den zweitgenannten die räumliche Verteilung der Schichtmächtigkeiten (vgl. Abb. 7-22a). Auch die von MARINONI (2000) modellierten anisotropen Verhältnisse mit $a_{max} = 154$ m bei 6° (Ost) und AIF = 1,89 könnten demnach möglicherweise eher als rechnerische Artefakte der Anordnung der Aufschlusspunkte oder der Vermengung zweier unterschiedlicher Teilpopulationen interpretiert werden. Dieser Datensatz wird daher in Abs. 8.3.4 als Beispiel für eine Homogenbereichsabgrenzung herangezogen.

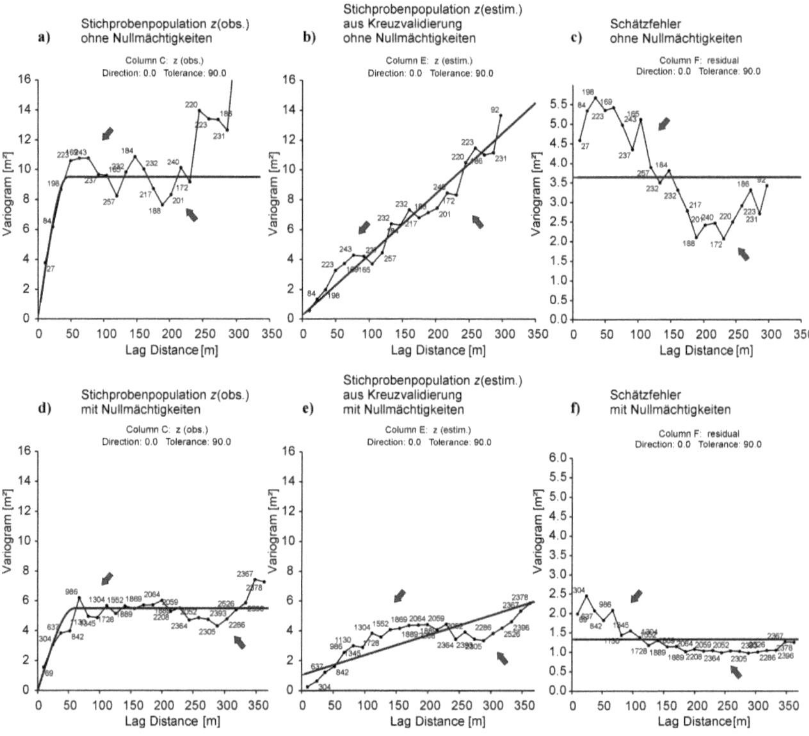

Abb. 7-24: Vergleichende Darstellung der Variogramme der Stichprobenpopulation und der Schätzung in der Kreuzvalidierung; a) und b): ohne Berücksichtigung der Nullmächtigkeiten; d) und e): mit Berücksichtigung der Nullmächtigkeiten; c) und f): Darstellung der Variogramme der Schätzfehler.

Wenngleich sich hierfür auch aus den dargestellten Variogrammen zunächst keine Notwendigkeit ergibt, ist auch zu prüfen, ob zusätzlich oder alternativ durch Änderung der Variogrammparameter oder durch Einsatz geschachtelter Variogramme eine Aufwertung des Modells erreicht werden könnte.

7.7.2.5   *Holozäne Sande (S0)*

Mit dem Modell der holozänen Sande S0 liegt auch für die jüngste der von MARINONI (2000) behandelten geotechnischen Einheiten ein Modell vor. Abb. 7-25 zeigt sowohl die Schichtmächtigkeiten als auch die mit der Schätzung verbleibenden Standardabweichungen. Im Gegensatz zu den bisher untersuchten geotechnischen Einheiten ist die S0-Folge innerhalb ihres Verbreitungsgebietes nur in mehreren inselartigen Vorkommen angetroffen worden.

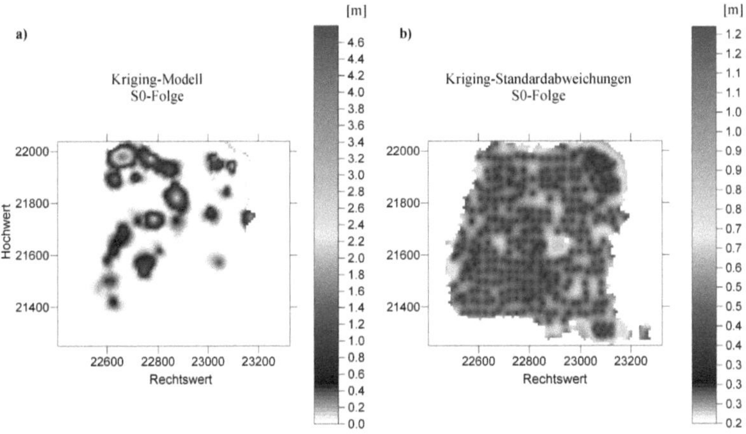

Abb. 7-25: Geostatistisches Modell der S0-Folge, a): Schätzung der Schichtmächtigkeiten, b): zugehörige Standardabweichungen.

Aus der Kreuzvalidierung erhält man die in Tabelle 7-6 gezeigten Fehlergrößen. Aufgrund des sehr hohen Anteils an Nullmächtigkeiten am Datensatz unterscheiden sich die Werte für die Populationen $z \geq 0$ und $z > 0$ deutlich. Während die Gesamtpopulation mit moderaten Fehlern und damit durchaus zufrieden stellend reproduziert wird, zeigen die Schätzungen angetroffener Mächtigkeiten ein uneinheitliches Bild. Auffällig ist hier vor allem die statistische Verzerrung, deren Wert erwartungsgemäß auf eine deutliche Unterschätzung hinweist. Die dominierende Unterschätzung kommt im Histogramm der Schätzfehler (Abb. 7-26e) ebenfalls gut zum Ausdruck.

Tabelle 7-6:   Fehlergrößen der Kreuzvalidierung der S0-Folge.

Parameter	Bias [m]	MSE [m²]	MAE [m]	RMSE [m]	MRE [m/m]	MARE [m/m]	RMSRE [m/m]
Wert (für $z \geq 0$)	-0,0021	0,3764	0,2646	0,6144	-*	-*	-*
Wert (für $z > 0$)	-1,1953	2,5119	1,2155	1,6068	-0,7253	0,7448	0,8130

*): Berechnung relativer Fehler nicht möglich für $z \geq 0$.

Von den relativen Fehlergrößen weisen vor allem der MARE und der RMSRE auf das Vorhandensein teilweise erheblicher Abweichungen von der optimalen Schätzung hin, was im Streudiagramm auch durch starke Abweichungen von der Regressionsgeraden

z(estim.) = z(obs.) zum Ausdruck kommt (Abb. 7-26a). Aus Abb. 7-26b ist zu entnehmen, dass bei allen Werten z(obs.) mit Ausnahme weniger beobachteter Nullmächtigkeiten erhebliche Unterschätzungen auftreten; annähernd richtige Schätzungen finden sich lediglich im Intervall 0 bis 0,5 m. Diese Unterschätzungen können zum Teil wohl auch auf die geringe Datenmenge zurückgeführt werden, die für die Variographie und die Schätzung verwendet werden konnte und die darüber hinaus Auswahl und Anpassung einer geeigneten Variogrammfunktion erheblich erschwert hat.

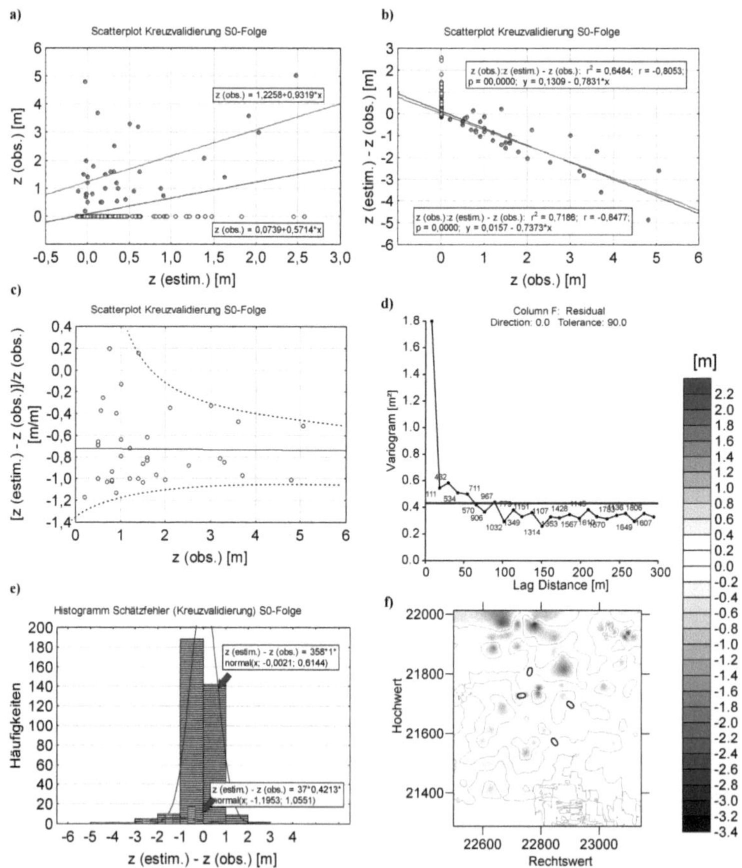

Abb. 7-26: Bewertung des geostatistischen Modells der S0-Folge, a): Streudiagramm der beobachteten und der geschätzten Werte, b): Streudiagramm der Schätzfehler gegen die beobachteten Werte, c): Streudiagramm der relativen Fehler gegen die beobachteten Werte, d): Variogramm der Schätzfehler der Kreuzvalidierung, e): Histogramm der Schätzfehler ohne bzw. mit Nullmächtigkeiten, f) räumliche Verteilung der Schätzfehler.

In Verbindung mit den ohnehin im Vergleich zu den geotechnischen Einheiten Mg1 und S1 geringen Schichtmächtigkeiten könnten die starken Streuungen darauf hindeuten, dass eine geostatistische Modellierung dann nicht mehr ratsam erscheint. Die berechneten Werte der

Fehlergrößen sind in solchen Fällen unmittelbarer Ausdruck dieser Situation. Dies gilt auch für das Histogramm der Schätzfehler (Abb. 7-26e) und die hieran angepassten Normalverteilungen, in denen sowohl der für beide Population $z \geq 0$ und $z > 0$ unterschiedliche Bias wie auch die bereits in Abb. 7-26a dargestellte hohe Streuung wiederzuerkennen sind.

Die Karte der räumlichen Verteilung der Schätzfehler (Abb. 7-26f) weist darauf hin, dass sowohl die höchsten Unterschätzungen als auch die höchsten Überschätzungen im nördlichen Randbereich auftreten, in dem die größten Mächtigkeiten der Population erkundet wurden (vgl. Abb. 7-25a). Daher ist anzunehmen, dass die Schätzfehler hier zu einem gewissen Anteil auch durch zu kleine und vor allem nur einseitige Schätznachbarschaften bedingt sind. Das dieser Kartendarstellung zu Grunde liegende Variogramm der Schätzfehler (Abb. 7-26d) weist in seinen ersten vier Schrittweiten zudem auf eine negative Autokorrelation hin, die ein Indiz für singulär auftretende falsche Zuordnungen von Schichtgliedern zur S0-Folge sein könnte.

7.7.3 *Bewertung der vorliegenden Modelle*

Die Ausführungen der vorherigen Abschnitte zeigen, dass die vorliegenden Modelle trotz einer aus statistischer Sicht gültigen und plausiblen Anpassung von Variogrammfunktionen in Teilen als unzureichend zu bewerten sind. Vorrangig betrifft dies die überwiegend vorhandene Unterschätzung von Werten, eine übermäßig starke Glättung sowie einzelne Ausreißer, die möglicherweise sogar als Teile bislang nicht erkundeter Subpopulationen aufzufassen sind. Je nach betrachteter geotechnischer Einheit weichen die untersuchten Fehlergrößen der Tabelle 7-1 verschieden stark von ihrem jeweiligen Optimum ab. Deutlicher noch wird dies in ihren graphischen Darstellungen offenbar.

Möglichkeiten der Weiterentwicklung dieser Modelle können derzeit in der Abtrennung von Homogenbereichen mit jeweils unterschiedlicher Variographie und in der Anwendung geschachtelter Variogramme gesehen werden. Für Letzteres spricht auch, dass Schichtmächtigkeiten grundsätzlich auf mindestens zwei geologische Prozesse zurückzuführen sind, die zur Entstehung der Schichtbasisfläche bzw. der Schichtoberfläche beigetragen haben. Folglich ist auch zu prüfen, ob nicht die geostatistische Modellierung beider Schichtseiten und die anschließende Berechnung der Mächtigkeiten erfolgversprechender ist (vgl. Abs. 5.3.3).

7.7.4 *Bewertbarkeit der Modelle*

Als Ergebnis obiger Betrachtungen können folgende Aussagen hinsichtlich der grundsätzlichen Bewertbarkeit geostatistischer Modelle durch die herangezogenen Gütekriterien getroffen werden. Diese Feststellungen sind der empirische Nachweis für die in der ersten Hälfte des Kapitels gegebenen theoretischen Ausführungen.

[1]   Die Kriging-Standardabweichungen ergeben sich als unmittelbare Konsequenz aus der Verteilung und der Dichte der Aufschlusspunkte wie auch aus dem jeweiligen Variogrammansatz. Sie sind daher weder in ihrer lokalen Größe noch in ihrem globalen Wertebereich von Aussagekraft für eine Bewertung. Gleiches gilt für ihre

statistische und ihre räumliche Verteilung. Auch engmaschigere Schätzraster mit Abständen unterhalb der durchschnittlichen Punktentfernung erlauben weder eine bessere Schätzung noch eine genauere Bewertung des Modells.

[2] Die Erfüllung des Kriteriums der Reproduktion von Histogramm und Variogramm kann nur als notwendig für die Gewährleistung der Validität der von dem Benutzer im Modell verwendeten Algorithmen angesehen werden, nicht jedoch auch als hinreichend für den Beweis der Übereinstimmung des Modells mit der Realität oder als Beweis der Eignung des Modells für den Projektzweck. Lediglich Ersteres gilt zwangsläufig bereits immer, sofern geostatistische Methoden zum Einsatz kommen.

[3] Ansätze für zusätzliche Erkundungen oder notwendige Maßnahmen zur Weiterentwicklung des Modells ergeben sich zumeist nicht aus der Betrachtung nur eines der behandelten Kriterien, sondern sind lediglich aus der gleichzeitigen Betrachtung mehrerer Kriterien und der Werte an den Aufschlusspunkten zu gewinnen. Auch als Auswahlkriterium zur begründeten Bevorzugung eines Modells aus einer Menge alternativer Modelle eignet sich daher nicht jeweils nur ein einzelnes der untersuchten Gütekriterien.

[4] Mit der Bewertung des Modells ist die Möglichkeit verknüpft, geologische Erklärungsansätze mit statistischen und geostatistischen Betrachtungen zu kombinieren. Gegenseitig können diese Überlegungen zu einer verbesserten Modellierung und zu einem Zuwachs an geologischer Kenntnis des Gebietes führen. Diese Möglichkeit sollte grundsätzlich höher bewertet werden als die vermeintliche Aussagekraft der ermittelten Werte der Gütekriterien der Kreuzvalidierung.

[5] Jeder einzelne der herangezogenen Parameter kann nur einen Kompromiss zwischen angestrebter Genauigkeit und Verallgemeinerung der Aussagen bedeuten. Die Anwendung der Geostatistik, auch der Einsatz der durch sie gegebenen Bewertungsmöglichkeiten, kann daher nicht als Ersatz für fehlendes geologisches Wissen angesehen werden.

7.8 Fazit

Im Kapitel 7 wurde eine umfassende Darstellung über die in geostatistischen Studien vorrangig verwendeten Kriterien zur Bewertung von Modellen gegeben. Diese Kriterien besitzen unterschiedliche Aussagekraft und sind teilweise nur bedingt zur Bewertung geostatistischer Modelle geeignet. Unabhängig hiervon ist eine möglichst objektive Bewertung notwendig, um entweder die Akzeptanz des Modells oder die der angewendeten Modellierungsmethodik zu erhöhen. Den Zusatzaufwand einer Bewertung – gleich mittels welcher Verfahren – in Kauf zu nehmen und damit die Glaubwürdigkeit des Modells zu erhöhen, erscheint daher unerlässlich.

Die Kenntnis lediglich der Stichprobenpopulation, die Unschärfe der vorliegenden Daten und fehlendes Wissen über die Ausgangs- und Randbedingungen natürlicher Prozesse erschweren nicht nur die Schaffung von Modellen, sondern auch deren Bewertung. Ein geologisches Modell ist damit kein Konstrukt, das einer personenunabhängigen und damit absoluten Bewertung unterzogen werden könnte. Art und Form der Bewertung unterliegen vielmehr auch einem subjektiven Vorwissen (DAHLBERG 1975) und Erwartungen an das Modell.

Eine direkte und objektive Bewertung des Modells ist lediglich nach Durchführung der Kreuzvalidierung als Werkzeug zur Ermittlung statistischer Kriterien oder durch die Kriging-Varianz möglich. Der Begriff der „objektiven Bewertung" bezieht sich in beiden Fällen jedoch lediglich auf die Möglichkeit der Ermittlung eindeutiger, quantitativ fassbarer und auf einfachen Berechnungen basierender Parameter, klammert jedoch aus, dass Modellierung *und* Bewertung auf der gleichen Datengrundlage basieren. Damit werden Fragen nach der Gültigkeit der mit ihnen getroffenen Aussagen wie auch die nach einer durch den Anwender vorzunehmenden Auswahl eines konkreten Parameters (bspw. MRE, RMSRE) ausgeschlossen. Eine solche Auswahl eines geeigneten Kriteriums oder die Bevorzugung entweder der Kreuzvalidierung oder der Kriging-Varianz wird jedoch im Regelfall erforderlich sein, da die verschiedenen Parameter jeweils unterschiedliche Modelle als optimal ausweisen können. Es obliegt dann dem Benutzer, seine Entscheidung über die Güte des Modells auf einer Auswahl dieser Kriterien basieren zu lassen und im besten Falle einen begründbaren Kompromiss zwischen nur teilweise erreichten Optima zu erzielen. Modellauswahlkriterien (z. B. AKAIKE 1973, SCHWARZ 1978, vgl. JIAN, OLEA & YU 1996, WEBSTER & MCBRATNEY 1989) können diese Subjektivität verringern, verlangen jedoch vom Anwender zunächst die Auswahl eines dieser Verfahren und die Entscheidung für die Variogrammfunktion bzw. die -funktionen.

Insofern sollte der Begriff der Objektivität im Zusammenhang mit einer Beurteilung baugeologischer Modelle durch den Anwender bei der Modellbewertung und der Modellauswahl lediglich als Rückgriff auf möglichst mehrere und zudem etablierte Methoden verstanden werden. Diese sollten verschiedene Aspekte des Modellierungsprozesses und des Modellierungsergebnisses beleuchten, dabei auf mathematischen Kriterien basieren und damit schließlich die Verifikation der Bewertung erlauben. Dagegen kann die Anwendung anderer, diesen Empfehlungen nicht genügenden Bewertungsverfahren dazu führen, dass die Ergebnisse und die aus ihnen abgeleitenden Konsequenzen späteren Modellnutzern teilweise spekulativ oder willkürlich erscheinen. Jedes der Kriterien sollte daher nur als Ansatzpunkt für ein verbessertes Modellverständnis, als Basis für partielle Modelloptimierungen oder als Grundlage einer versachlichten Diskussion zwischen dem Ersteller des Modells und dem späteren Nutzer aufgefasst werden. HAMILTON & HENIZE (1992) wollen daher mit der Modellbewertung auch nicht die Frage nach der Auswahl des besten Modells verbunden sehen, sondern vielmehr die Prüfung, ob mit dem gewählten Modellierungsansatz das Projektziel erreicht werden kann.

Mit dem nächsten Kapitel, das sich dem konkreten Ablauf der geostatistischen Modellierung widmet, sollen diese Überlegungen vervollständigt werden. Einflussnahmemöglichkeiten des Anwenders werden im Detail untersucht, durch zahlreiche Parameterstudien hinsichtlich ihrer Auswirkungen diskutiert und anhand obiger Mittel bewertet.

Kapitel 8

Der Einfluss des Anwenders im geostatistischen Modellierungsprozess

8.1 Überblick

Die Untersuchung des Benutzereinflusses auf Ablauf und Ergebnis eines geostatistischen Schätzprozesses stand bislang häufig im Schatten einer vorrangigen Anpassung etablierter Schätzverfahren an projektspezifische Randbedingungen und einer Weiterentwicklung fortgeschrittener Schätzmethoden. Im Mittelpunkt praxisnaher Untersuchungen stand daher bisher im Wesentlichen der Aspekt der Anwendung unter Hervorhebung der jeweils eingesetzten Methoden. Mit einer Anwendung der Geostatistik ist jedoch die Notwendigkeit von Entscheidungen verknüpft, die vom Benutzer oft nicht als solche wahrgenommen oder nur unbewusst getroffen werden (vgl. Abs. 5.4.2, Abs. 6.3). Diese Entscheidungen lassen sich im Zusammenhang mit der Betrachtung einer baugrundgeologischen Modellierung besonders in zwei Phasen der Modellierung lokalisieren: im Vorfeld der Schätzung, d. h. bei der Aufbereitung der Daten und der Zusammenstellung des Datenkollektivs, das für die Schätzung verwendet werden soll, sowie im eigentlichen geostatistischen Schätzprozess.

Die Gliederung des vorliegenden Kapitels folgt dieser Überlegung. Das Kapitel besteht daher aus zwei Teilen. Im ersten Teil werden mit dem prozesseigenen Wirkbereich (Abs. 8.2) und der Homogenbereichsabgrenzung (Abs. 8.3) Themenfelder beleuchtet, die in der Forschung bisher nicht in ausreichendem Zusammenhang mit der Geostatistik betrachtet wurden. Die Bedeutung dieser Teilschritte für das endgültige Modellergebnis und der Einfluss des Anwenders innerhalb dieser Teilschritte werden durch Szenarioanalysen untersucht. Bei diesen Untersuchungen erfolgt ausgehend von einer festgelegten Datengrundlage (vgl. Abb. Anh. 1) der Einsatz verschiedener mathematischer Methoden. Die einzelnen ausgewählten Methoden werden sukzessive aneinander gereiht, wobei sich die Reihenfolge ihres Einsatzes und die Wahl methodenspezifischer Optionen erst innerhalb der Bearbeitung ergeben. Die Begründung für diese Entscheidungen liefern die erzielten Zwischenergebnisse sowie geologische oder statistische Betrachtungen über den Untersuchungsgegenstand. Am Ende der Bearbeitung steht jeweils ein geostatistisches Modell, das im Vergleich zum bisherigen Modell bewertet wird. Die gewählte Vorgehensweise erlaubt auch die Bewertung des erzielten Qualitätszuwachses unter Berücksichtigung des erforderlichen Aufwands zur Modellerstellung. Möglichkeiten der Optimierung einer baugrundgeologisch motivierten Modellierung werden aufgezeigt.

Mit dem zweiten Teil des Kapitels 8 werden umfangreiche Parameterstudien und ausführliche Sensitivitätsanalysen an ausgewählten geotechnischen Einheiten vorgestellt (vgl. Abb. Anh. 1), die vor allem auf eine quantitative Beurteilung maßgeblicher geostatistischer Parameter abzielen. Der Einsatz von Parameterstudien erfolgt dann, wenn der Einfluss gleichzeitig zu variierender Parameter untersucht werden muss. Im Ergebnis steht eine Beurteilung der Bedeutung dieser Parameter für das Modellergebnis. Sensitivitätsanalysen werden dann eingesetzt, wenn lediglich ein bestimmter Parameter zu variieren ist oder andere in vorangegangenen Parameterstudien als nachrangig beurteilt wurden. Bei den Sensitivitätsanalysen werden verschiedene geostatistische Modelle auf Basis unterschiedlicher Parameterwerte erzeugt. Diese Modelle werden dann vergleichend gegenübergestellt und ihre Qualität bewertet.

Für die Untersuchungen in Abs. 8.4 müssen nach den vorliegenden Kenntnissen besonders die Variographie (Abs. 8.4.1) und der eigentliche Schätzvorgang (Abs. 8.4.2) im Mittelpunkt stehen. Die Betrachtungen erfolgen unter Verwendung der im Kapitel 2 beschriebenen Daten. Die hier vorgenommene Gliederung der Arbeit entspricht der Abfolge der einzelnen Arbeitsschritte innerhalb des geostatistischen Schätzprozesses (vgl. Abs. 3.5.1). Die Beurteilung der Modelle und die quantitative Bewertung des Benutzereinflusses folgen in diesem Teil den im Kapitel 7 gewonnenen Erkenntnissen. Aus den hier erzielten Ergebnissen lassen sich an zahlreichen Stellen Empfehlungen zu einer verbesserten Anwendung der geostatistischen Schätzverfahren ableiten. Ein Schema der Bearbeitungshierarchie ist in Anhang B dargestellt.

8.2   Der prozesseigene Wirkungsbereich

8.2.1   Möglichkeiten der Definition

Als Teil der Bildung eines zusammengehörigen Datenkollektivs, das für die geostatistische Schätzung herangezogen werden soll, ist auch die Festlegung eines prozesseigenen Wirkungsbereiches anzusehen. Dazu wird für den zu modellierenden Parameter, dessen räumliche Verteilung im Zuge der Erkundung bestimmt worden ist, ein vom verbleibenden Untersuchungsgebiet abgetrennter flächenhafter Bereich ausgewiesen. Dieser Wirkungsbereich soll die Gesamtheit derjenigen Aufschlüsse umfassen, in denen der jeweilige Parameter realisiert worden ist. Im Falle einer Modellierung von Schichtmächtigkeiten umfasst diese Vorgehensweise daher zumeist die Trennung der Bereiche mit Nullmächtigkeiten von Bereichen mit Mächtigkeiten größer Null.

Für dreidimensional variierende geotechnische Parameter ist eine analoge Vorgehensweise nicht zwangsläufig erforderlich, da hier davon ausgegangen werden kann, dass die Parameterwerte ohnehin Resultat mehrerer Prozesse sind. Über die Grenzen der Geokörper hinweg variieren die Parameter daher mehr oder weniger kontinuierlich; einzelne Nullwerte hingegen können je nach Parameter als zur Population zugehörig betrachtet werden (z. B. organischer Gehalt c_{org}, Wassergehalt w_n, Schlagzahl von Rammsondierungen N_{10}) oder sind bereits aufgrund der Definition des Parameters praktisch ausgeschlossen (z. B. Lagerungsdichte D, Porenanteil n).

Bei flächenhaften lateralen Abgrenzungen innerhalb von Schichten, deren Grenzen gegenüber denen von geotechnischen Parametern klar definiert werden können (vgl. Abs. 5.3.3), ist eine Abgrenzung im Regelfall jedoch erforderlich. Aufgrund der geologischen Entstehungsgeschichte ist damit zu rechnen, dass mehrere geologische Prozesse, die zudem selbst räumlich und zeitlich variierten, zur Ablagerung der Schicht beitrugen (Abs. 4.3, Kap. 2). Insbesondere ist anzunehmen, dass die vorhandene natürliche Struktur nicht nur Produkt der Ablagerung, sondern auch der diagenetischen Prozesse sowie der zumindest teilweisen Erosion durch die Sedimentation der nachfolgenden Schicht ist (vgl. Abs. 5.2.4). Im Einzelfall kann daher zwischen Teilflächen, an denen das Merkmal zwar durch den Prozess erzeugt, jedoch später gelöscht wurde, und solchen Teilflächen, an denen das Merkmal nie zur Ausbildung gelangte, nicht unterschieden werden.

Die Ausweisung eines derartigen „Wirkungsbereiches eines geologischen Generierungsprozesses" (MARINONI 2000) ist aus obigen Gründen hochgradig subjektiv und kann sich nicht auf vermeintliche Kenntnisse über die geologische Genese des Gebietes stützen. Zwar ist die Festlegung eines solchen Bereiches aus statistischen und geostatistischen Gründen notwendig – Aussagen zu einem solchen Bereich bleiben jedoch vage und dürften trotz ihres Anspruchs in der Regel nicht auf geologischen Überlegungen, sondern eher auf statistischen Betrachtungen beruhen und möglicherweise sogar bereits Erwartungen an das Modellergebnis vorwegnehmen. Hinzu kommt, dass Ausweisungen eines solchen Wirkungsbereiches oftmals in inkonsequenter Weise – auch innerhalb des gleichen Projektes – oder für verschiedene Schichten auf Grundlage unterschiedlicher Kriterien vorgenommen werden. Zu nennen sind (vgl. auch Abb. 8-1):

- Zulassung oder Ablehnung unzusammenhängender Teilflächen,
- Einschluss singulärer Aufschlusspunkte, an denen das Merkmal nicht angetroffen wurde,
- Ausschluss singulärer Aufschlusspunkte, an denen das Merkmal angetroffen wurde,
- willkürliche Linienführung im Randbereich der Hauptmenge der Aufschlusspunkte,

- fallweiser Einschluss oder Ausschluss randlich der Hauptmenge der Aufschlusspunkte gelegener Nullwerte.

Damit ergeben sich zahlreiche Möglichkeiten der Festlegung alternativer Datenkollektive, die ebenfalls verwendet werden könnten und abweichende Ergebnisse sowohl der statistischen als auch der geostatistischen Untersuchungen nach sich ziehen würden. Eine Festlegung eines gewissen Areals ist zwar zur Datenkollektivbildung notwendig, dieses jedoch als „Wirkungsbereich" zu bezeichnen, suggeriert die Kenntnis über einen geologischen Prozess. In Ermangelung derartiger Kenntnisse könnte es allenfalls zulässig scheinen, *Proportionen* und die ungefähre *Orientierung* eines solchen Bereiches lediglich zu schätzen. Im Falle gerichteter Prozesse können sich Anhaltspunkte hierfür aus der Vorkenntnis ihrer Wirkungsrichtung ergeben, die durch nachfolgende variographische Untersuchungen untermauert werden könnten (Abs. 8.4.1.2). Im Falle bekannter Korrelationen zwischen verschiedenen Parametern ließen sich ähnliche Hinweise auf eine geeignete Bereichsfestlegung auch aus Betrachtungen einer sekundären Variablen gewinnen (vgl. etwa Abs. 6.4.3). Die *Ausdehnung* eines „Wirkungsbereiches" kann jedoch aus den vorhandenen Daten weder objektiv ermittelt noch abgeschätzt werden. Seine wichtigste Eigenschaft bleibt daher unbekannt; im Zweifelsfalle könnte das gesamte Untersuchungsgebiet mit dem „Wirkungsbereich" gleichgesetzt werden.

Unter Berücksichtigung der Tatsache, dass Nullwerte bei Variographie und Kriging unterschiedlich behandelt werden können und Teilflächen für diese unterschiedliche Behandlung manuell oder automatisch abgegrenzt werden können, ergeben sich insgesamt die in Abb. 8-1 dargestellten Möglichkeiten zur Festlegung des zu verwendenden Bereiches und zur Bildung der Datensätze für Variographie und Kriging. Die Abbildung zeigt in der Horizontalen die drei Teilschritte, die zur Festlegung des Datensatzes führen. Im Einzelnen sind dies die Ausweisung der Fläche, die Bestimmung des Datenanteils für die Variographie sowie die Bestimmung desjenigen Anteils, der für die Kriging-Schätzung verwendet werden soll. In der Vertikalen werden die innerhalb eines jeden Teilschritts verfügbaren Varianten dargestellt. Schematisch erfolgt die Darstellung der Teilschritte und Varianten anhand einer Gruppe vorliegender Aufschlüsse, in denen die Schicht entweder angetroffen oder nicht angetroffen wurde.

Die Variante 1a beschreibt hier die vollständige Verwendung aller Daten sowohl für die Variographie als auch für das sich anschließende Kriging, während in der Variante 1b für das Kriging lediglich die Werte $z(x_i) > 0$ herangezogen werden. Die Lösungen der Variante 2 erweitern diese Möglichkeiten durch Abgrenzung einer manuell definierten Teilfläche aus dem Untersuchungsgebiet. Bei dieser Teilfläche kann es sich z. B. um das als Wirkbereich des geologischen Prozesses aufgefasste Areal handeln. In Abhängigkeit von der unterschiedlichen Berücksichtigung von Nullmächtigkeiten ergeben sich mehrere Einzelvarianten. Innerhalb des Krigings kann hier auch die Heranziehung von außerhalb des „Wirkbereiches" gelegenen Punkten notwendig werden (2Ac, 2Bc), z. B. wenn anderenfalls die Datenmenge für eine Schätzung nicht ausreichend ist oder wenn für die Schätzung von Punkten im Randbereich des Wirkungsbereiches nur eine einseitige Schätznachbarschaft vorhanden wäre. Die außerhalb gelegenen Werte dienen in diesem Fall jedoch lediglich der Verbesserung der Schätzung; Interpolation und Darstellung erfolgen ausschließlich innerhalb des ausgewiesenen Bereiches.

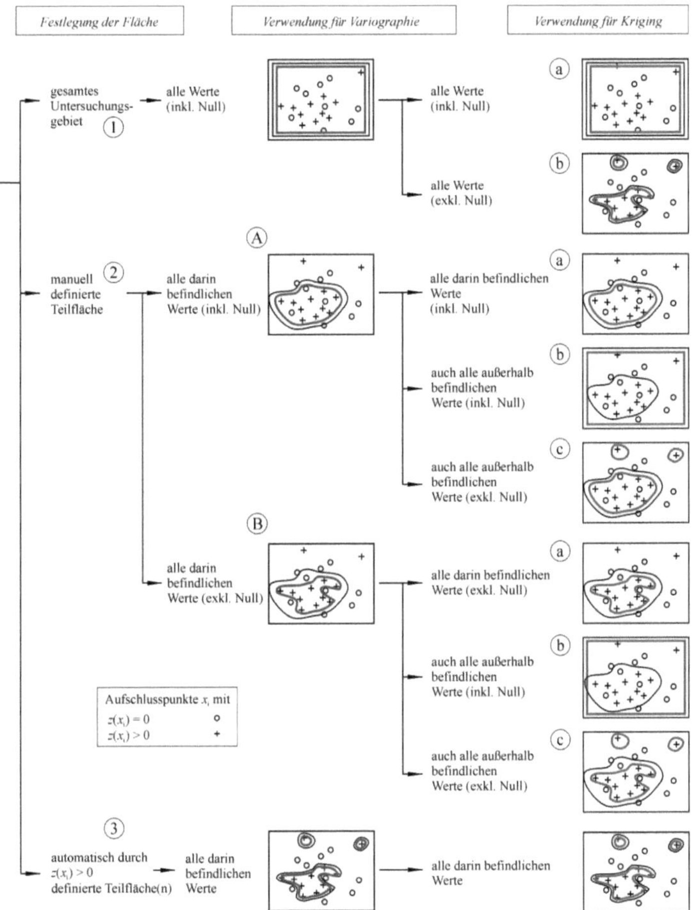

Abb. 8-1: Optionen zur Festlegung eines geologischen Wirkungsbereiches und zur Behandlung der Nullmächtigkeiten im Zuge von Variographie und Kriging.

In der Variante 3 erfolgt die automatische Definition des Wirkbereiches als Gesamtheit nur derjenigen Aufschlusspunkte x_i, an denen Werte $z(x_i) > 0$ festgestellt wurden. In konsequenter Weise erfolgen hier sowohl Variographie als auch Kriging unter Ausklammerung sämtlicher Nullwerte.

Die Größe des festgelegten Bereiches und die Zahl der darin enthaltenen Nullwerte haben erhebliche Auswirkungen auf die statistische Auswertbarkeit der Daten und auf die geostatistische Modellierbarkeit. Daher sind einige der aufgeführten Möglichkeiten in unterschiedlichem Maße durch verschiedene Autoren propagiert worden, ohne dass bislang eine Übersicht über die verfügbaren Optionen vorgelegen hätte. Hinweise zum Umgang mit diesem Phänomen sowie Empfehlungen finden sich u. a. bei DUKE & HANNA (1997), GOLD (1980a), WALTER *et al.* (2001), SMINCHAK, DOMINIC & RITZI (1994), HAMILTON & JONES (1992). PAWLOWSKY, DAVIS & OLEA (1992) stellen zudem verschiedene Möglichkeiten semi-automatischer Abgrenzungen dar, die oftmals auf abgewandelten Formen des IK basieren (vgl. Abs. 3.5.5, 8.4.2.1). Nach wie vor stellt jedoch das Fehlen eines Zuverlässigkeitsmaßes bei der vorgenommenen manuellen oder automatischen Abgrenzung den Hauptkritikpunkt dar (JONES, HAMILTON & JOHNSON 1986). Die von MARINONI (2000) verwendete Vorgehensweise lässt sich zumeist der Variante 2Aa zuordnen.

8.2.2   *Definition eines Wirkbereiches am Beispiel der Mg1-Folge*

Die nachfolgenden Ausführungen setzen die Überlegungen des vorangegangenen Abschnitts in ein praktisches Beispiel um. Für die Untersuchungen wird der Datensatz der Schichtmächtigkeiten der Mg1-Folge verwendet. Die Auswahl dieser geotechnischen Einheit gründet sich auf der relativ hohen Datenanzahl und genügender Datendichte bei gleichzeitig für diese Untersuchungen erforderlichem lückenhaften Vorkommen innerhalb des Untersuchungsgebietes.

Nachfolgende Abb. 8-2 zeigt einen Ausschnitt aus Abb. 6.15 von MARINONI (2000). Dargestellt sind der dort für die weitere Modellierung definierte „Wirkungsbereich des geologischen Generierungsprozesses" (A). Hinzugefügt wurden die weiteren Möglichkeiten (B) und (C), die alternativ hätten verwendet werden können oder durch andere Bearbeiter als geeignet betrachtet werden könnten. Die aus geologischer Sicht plausibleren Ansätze (B) und (C) folgen zudem der diesbezüglichen Empfehlung von PAWLOWSKY, DAVIS & OLEA (1992), möglichst konvexe Abgrenzungen vorzunehmen und dabei durchaus den Einschluss von Nullwerten zuzulassen. Dabei werden in (C) zusätzlich das südlich gelegene Nebenvorkommen des Mg1-Geschiebemergels und die zwischen den beiden Vorkommen liegenden Bereiche einbezogen. Die weitere Alternative (D) umfasst schließlich das gesamte Untersuchungsgebiet.

In Abb. 8-2 wird zudem auf einzelne Aufschlüsse verwiesen, die trotz nicht angetroffenen Geschiebemergels dem Wirkbereich zugeordnet bzw. die trotz angetroffenen Geschiebemergels aus dem Wirkbereich ausgeschlossen werden. Dies betrifft Aufschlüsse in unmittelbarer Nähe zum Hauptvorkommens sowie Aufschlüsse in relativ großer Entfernung hiervon. Die Linienführung im Randbereich des zentral gelegenen Hauptvorkommens ist zudem willkürlich. Zugelassen werden bei Variante (A) weiterhin Geschiebemergelfenster innerhalb des Hauptvorkommens, während der Bereich zwischen dem Hauptvorkommen und dem südlich gelegenen Nebenvorkommen offensichtlich aufgrund seiner Größe nicht mehr als Geschiebemergelfenster betrachtet wird. Dennoch würde unter Umständen eine Vergrößerung des Untersuchungsgebietes nach Westen und Osten auch dieses Areal als Geschiebemergelfenster ausweisen.

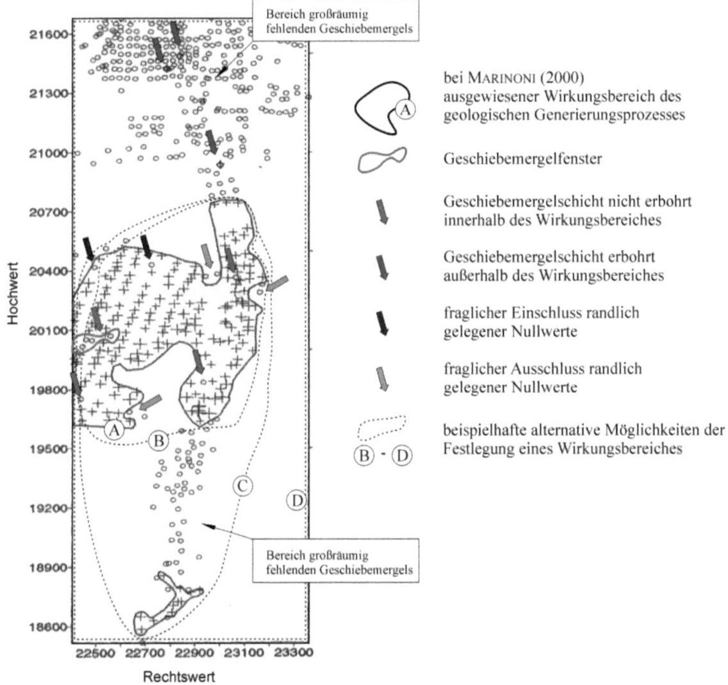

Abb. 8-2: Einfluss des Anwenders bei der Erstellung eines „Wirkungsbereiches" unter Verwendung eines Ausschnittes aus MARINONI (2000: Abb. 6.15). Das Beispiel zeigt den weichselzeitlichen Geschiebemergel Mg1, der in einem Hauptvorkommen und in einem kleineren, südlich gelegenen Nebenvorkommen erbohrt wurde (vgl. Abs. 2.3.2.1.5, 2.4, 7.7.2.2). Option A: Verwendung durch MARINONI (2000), Optionen B – D als mögliche Alternativen.

Die Auswirkungen einer veränderten Größe des Untersuchungsgebietes bzw. der Festlegung eines geologischen Wirkbereiches auf statistische Untersuchungen und die geostatistische Modellierung werden schematisch in Abb. 8-3 zusammengefasst. Verwendet werden hierbei die Optionen (A) – (D) aus dem in Abb. 8-2 gezeigten Fall.

Können aufgrund ausreichenden Datenumfangs hinreichend kleine Klassenbreiten d im Histogramm der erbohrten Mächtigkeiten gewählt werden (vgl. Abs. 5.2.3), ließen sich die Nullwerte von der statistischen Auswertung ausklammern, da die erste Klasse mit Werten $z_{min}..z_{1d}$ so definiert werden könnte, dass sie ausschließlich Nullwerte enthielte. Die statistische Auswertung kann sich dann einzig auf „prozessbedingte" Realisationen konzentrieren (vgl. Abb. 8-3a, links). Mit zunehmender Größe (A) bis (D) des ausgewiesenen Bereiches lassen sich dann stark steigende relative Häufigkeiten der Nullmächtigkeiten und sinkende relative Häufigkeiten der Werte größer Null (Abb. 8-3a) feststellen. Die theoretische Verteilungsform bleibt unabhängig hiervon immer noch erkennbar und könnte damit in allen Fällen noch Rückschlüsse auf die Genese erlauben.

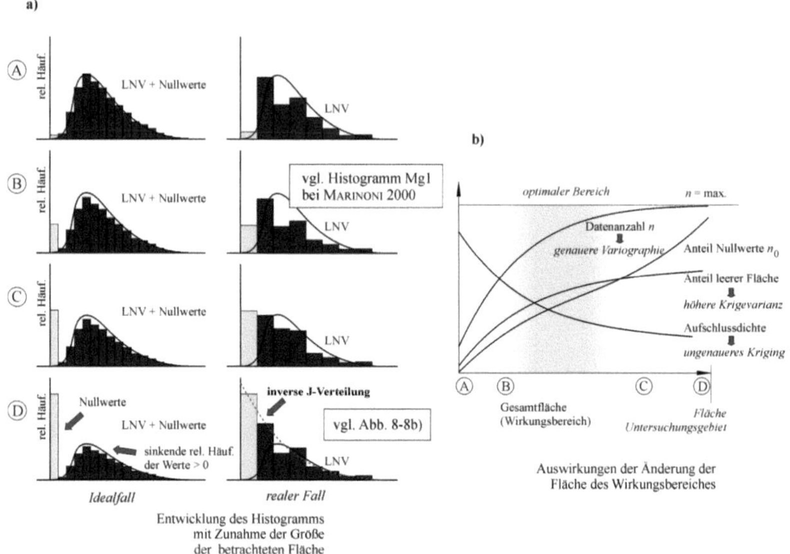

Abb. 8-3: Auswirkungen der Festlegung eines Wirkbereiches auf Ergebnisse statistischer und geostatistischer Untersuchungen (schematisch), dargestellt mit Bezug auf das in Abb. 8-2 gezeigte Beispiel der Schichtmächtigkeiten der Mg1-Folge, a): Entwicklung des Histogramms mit zunehmender Größe der Fläche, b): Auswirkungen der Änderung der Flächengröße auf Variographie und Kriging.

Besteht dagegen aufgrund hoher natürlicher Variabilität, geringer Datendichte und damit notwendig werdender hoher Klassenbreite d im Histogramm die Möglichkeit der *wahlweise separaten* Behandlung der Nullwerte nicht, so kann unabhängig von der zugrunde liegenden, an den maßgeblichen Entstehungsprozess gebundenen statistischen Verteilung mit zunehmender Größe (A) bis (D) des ausgewiesenen Bereiches tendenziell von der Entwicklung einer negativen Exponentialverteilung (= inverse J-Verteilung) ausgegangen werden (vgl. Abb. 8-3a, rechte Spalte). Dies gilt besonders für den Fall, dass die erste Klasse des Histogramms neben den eigentlichen Nullwerten auch Werte geringerer Mächtigkeit einschließt und damit eine Erkennbarkeit der tatsächlichen Verteilung nicht mehr gestattet (vgl. Histogramm Mg1 bei MARINONI 2000 und Abb. 8-8b hier). Es obliegt dem Anwender nachzuweisen, dass eine solche Verteilung dennoch den Anforderungen einer klassischen statistischen Auswertung und einer geostatistischen Behandlung genügt. Für eine geostatistische Auswertung können die Nullwerte optional wieder in den Datensatz eingefügt werden, da an den zugehörigen Erkundungspunkten die Nullmächtigkeiten durch das Kriging reproduziert werden[23].

---

[23] Die vollständige Reproduktion der Werte gilt nur bei $C_0 = 0$ und nur, wenn der Schätzknotenpunkt genau mit einem der Aufschlusspunkte zusammenfällt.

Für den Fall, dass eine geologische Einheit nur in einem kleinen und eng begrenzten Teil des Untersuchungsgebietes angetroffen wird, wie dies auch für das Hauptvorkommen von Mg1 zutrifft, ergibt sich mit steigender Fläche des festgelegten Untersuchungsbereiches zwar eine steigende Anzahl der für eine statistische Auswertung und zur geostatistischen Modellierung zur Verfügung stehenden Daten, ebenfalls jedoch ein deutlich zunehmender Anteil von Nullwerten. Festgestellt werden kann dann auch ein zunehmend größerer Flächenanteil, in denen keine Aufschlüsse vorliegen, so dass hier mitunter keine sicheren Aussagen über die Existenz realisierter oder Nullwerte getroffen werden können (vgl. in Abb. 8-2, Fall C, SW und SE). Darüber hinaus ist mit einer sinkenden durchschnittlichen Aufschlussdichte zu rechnen (vgl. Abb. 8-3b). Da für die geostatistische Auswertung sowohl eine hohe Datenanzahl als auch eine hinreichend hohe Aufschlussdichte notwendig sind, diese beiden statistischen Größen in praxisnahen Fällen, deren räumliche Verteilung von Aufschluss-punkten dem obigen Beispiel entspricht, jedoch divergieren, ergibt sich ein als optimal anzusehender Bereich im Fall einer mittelgroßen Fläche unter Einschluss aller Werte.

Mit den folgenden Untersuchungen sollen obige Ausführungen rechnerisch umgesetzt werden. Die Untersuchungen erfolgen im Rahmen einer ausführlichen Szenarioanalyse und unter Verwendung der Daten der Schichtmächtigkeiten der Mg1-Folge. Betrachtet werden hier der Einfluss der Größe des festgelegten Wirkbereiches bzw. des Einschlusses von Null-mächtigkeiten. Gleichzeitig werden verschiedene Möglichkeiten der Trendreduktion und der Variogrammanpassung geprüft.

In Abb. 8-4 sind omnidirektionale experimentelle Variogramme dargestellt, die sich aus der unterschiedlichen Berücksichtigung der Nullmächtigkeiten des Mg1-Datenkollektivs er-geben. Diese experimentellen Variogramme wurden zum Ausschluss etwaiger Einflüsse des Anwenders nicht manuell, sondern durch eine automatisch angepasste Variogrammfunktion angenähert. Dabei enthält Modell a alle Mächtigkeiten $z(x) \geq 0$, Modell d dagegen nur Mäch-tigkeiten $z(x) > 0$. Damit entsprechen diese beiden Optionen den Varianten 1a bzw. 3 aus Abb. 8-1, die jeweils den geringsten Einfluss des Anwenders zulassen und folglich die Ex-trema der möglichen Varianten darstellen, während die Optionen der Variante 2 durch MARINONI (2000) bei den unterschiedlichen geotechnischen Einheiten gewählt wurden.

Zusätzlich ist jeweils ein linearer Trend bzw. ein quadratischer Trend aus dem Datensatz entfernt worden (b1 und b2 bzw. e1 und e2). Diese vier Variogramme sind zusätzlich manuell bis zum Erreichen des ersten Schwellenwertes angepasst worden (c1 und c2 bzw. f1 und f2). Die Rechtfertigung für diese Vorgehensweise ergibt sich nach CLARK (1979) dadurch, dass ein ggf. vorhandener Trend keine Rolle für das Modellergebnis spielt, sofern der Anstieg der Variogrammwerte erst deutlich hinter einem ersten erkennbaren Plateau des Schwellenwertes erfolgt. An die Variogramme sind die Parameter der jeweils angepassten Variogramm-funktion angetragen. Im unteren Teil der Abb. 8-4 sind die Differenzen zwischen den experimentellen Variogrammen b1 und b2 sowie e1 und e2 dargestellt. Die in der Abb. 8-5 zusammengefassten Kriging-Modelle sind damit als Ergebnisse einer kombinierten Anwendung unterschiedlich großer Untersuchungsgebiete, unterschiedlicher Trendreduktion und verschiedenartiger Variogrammanpassung aufzufassen.

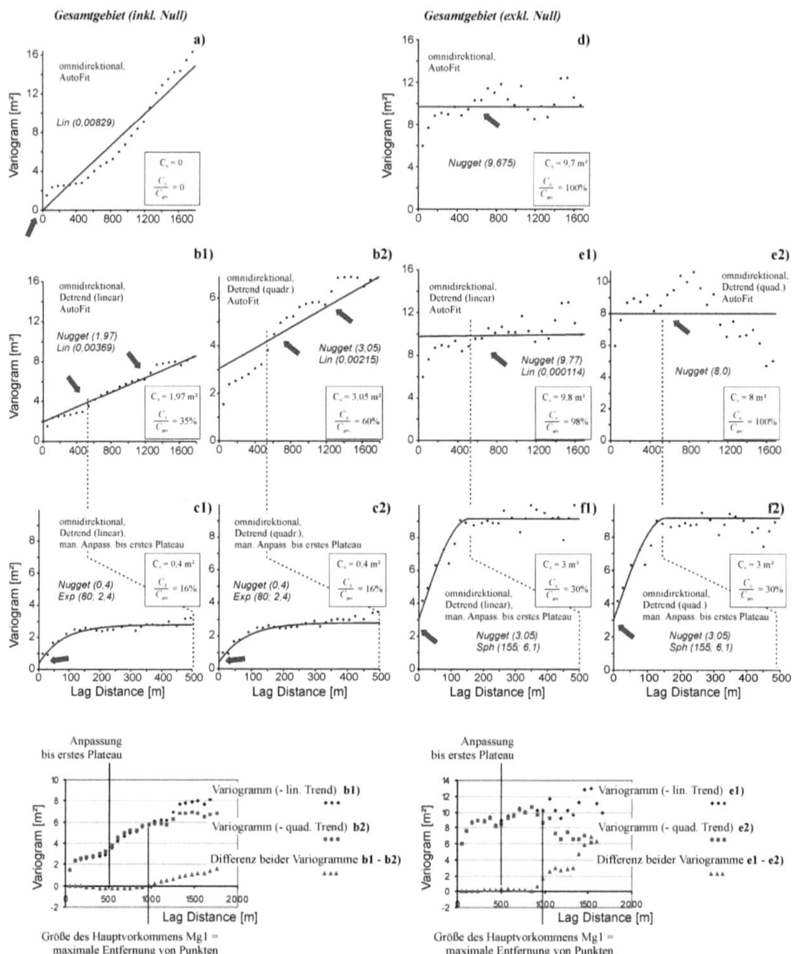

Abb. 8-4: Variogramme des Mg1-Datenkollektivs (Mächtigkeiten). Modell a): Einschluss aller Null-mächtigkeiten, Modell d): Ausschluss aller Nullmächtigkeiten. Modell b1 und b2): wie a, mit zusätzlicher Reduktion eines Trends (linear bzw. quadratisch), Modell e1) und e2) wie d, mit zusätzlicher Reduktion eines Trends (linear bzw. quadratisch). Diese vier letztgenannten Modelle können optional durch manuelle Anpassung bis zum ersten erreichten Schwellenwert approximiert werden; es entstehen die Modelle c1 und c2, wenn die Nullmächtigkeiten berücksichtigt wurden, die Modelle f1 und f2, wenn diese ausgeschlossen wurden.

Modell a zeigt eine deutliche Drift und eine geordnete Fluktuation der experimentellen Werte $\gamma^*(h)$ um die lineare Variogrammfunktion, die mit einem Anstieg von 0,00829 angepasst wurde. Deutlich erkennbare Wendepunkte finden sich bei etwa 550 m und bei 1100 m. In un-veränderter Weise finden sich diese auch bei den durch Trendentfernung modifizierten Variogrammen b1 und b2, lassen sich hier jedoch durch andere Skalierung der Darstellung z. T. besser erkennen. Diese Wendepunkte können als erste erreichte Schwellenwerte eines durch Stapelung von Variogrammfunktionen kombinierten Modells aufgefasst und folglich zur Approximation eines besseren Variogrammmodells genutzt werden, das eine Anpassung nur bis zu diesem ersten Schwellenwert vorsieht. Für diese Anpassung bis zum Bereich $h = 500$ m wurden für das Gesamtgebiet (inkl. Null) exponentielle Variogramme mit $a = 80$ m und $C = 2,4$ m² (Modell c1 und c2), für das Gesamtgebiet (exkl. Null) sphärische Variogramme mit $a = 155$ m und $C = 6,1$ m² verwendet (Modelle f1 und f2).

Auffällig ist, dass bei Betrachtung lediglich des Variogrammmodells d der Eindruck fehlender Autokorrelation gewonnen werden könnte ($C_0/C_{ges} = 100$ %), obgleich deren Existenz bei geologischen Prozessen angenommen werden darf (vgl. Abs. 4.3). Dieser Eindruck basiert hier auf der vollständigen Ausklammerung der Nullmächtigkeiten, die jedoch ebenso Teil der geologischen Genese sind wie die realisierten Mächtigkeiten. Dies gilt unabhängig davon, ob die Nullmächtigkeiten primär auf fehlende Sedimentation oder sekundär auf die Erosion durch nachfolgende Prozesse zurückzuführen ist. Daraus folgt, dass eine u. U. vorhandene Autokorrelation durch eine nur vermeintlich das Modell verbessernde vollständige Ausklammerung der Nullmächtigkeiten zu einer Ablehnung der Anwendbarkeit der Geostatistik führen kann oder dass in deren Anwendung zumindest keine Vorteile gegenüber einer herkömmlichen Modellierung gesehen werden. Der Empfehlung von MARINONI (2000) zur Ausklammerung der Nullmächtigkeiten ist daher nicht nur unter geologischen, sondern auch unter statistischen und geostatistischen Gesichtspunkten nicht zuzustimmen. Auch eine zusätzlich durchgeführte Reduktion der Datenwerte um einen Trend führt bei einer automatischen Anpassung zur gleichen Aussage (Modelle e1 und e2). Lediglich die Beschränkung der Anpassung auf den Nahbereich und die manuelle Anpassung erlauben hier noch das Erkennen autokorrelativer Anteile (Modelle f1 und f2) und die nutzbringende Anwendung geostatistischer Schätzverfahren: So zeigen die Variogramme f1 und f2 bereits visuell eine hohe Übereinstimmung mit den entsprechenden Variogrammen bei MARINONI (2000). Quantitativ äußert sich dies in gleichem Nuggetwert C_0, gleichem Schwellenwert C_{ges} und gleicher Reichweite a. Geringfügige und vernachlässigbare Unterschiede zeigen sich durch die Wahl des sphärischen Modells anstelle des in dieser Arbeit gewählten exponentiellen Modells. Im direkten Vergleich zwischen den Modellen mit und ohne Berücksichtigung der Nullmächtigkeiten ist damit festzustellen, dass im ersteren Falle die manuelle Anpassung und die damit verbundene Wahl eines transitiven Modells lediglich als Option durchgeführt zu werden braucht – für die Modellierung verwendbar ist bereits das lineare Modell. Dagegen ist die manuelle Anpassung bei Entfernung aller Nullmächtigkeiten obligatorisch durchzuführen, wenn ein für die geostatistische Schätzung noch lohnendes Variogrammmodell angepasst werden soll. Dennoch kann auch diese manuelle Anpassung hier nur qualitativ geringwertigere Modelle erzeugen, wie eine Vergleich der Parameter a, C_0, C_0/C_{ges} zwischen (c1, c2) und (f1, f2) zeigt.

Die verschiedenen Variogrammmodelle wurden für die geostatistische Schätzung der Mächtigkeiten im gesamten Untersuchungsgebiet mittels Ordinary Kriging (OK, vgl. Abs. 8.4.2.1) verwendet, die analog zur Aufteilung der vorherigen Darstellung in Abb. 8-5 zusammengefasst sind. Hieraus lassen sich ebenfalls Aussagen über eine ggf. notwendige Berücksichtigung der Nullmächtigkeiten ableiten.

Etwaige lineare Strukturen in den Karten sind Artefakte des Kriging-Prozesses (*banding, striping, icicles*), wie sie z. B. bei RENARD & YANCEY (1984), ISAAKS & SRIVASTAVA (1989), und DOWD & SARAC (1994) beschrieben wurden und besonders in Randbereichen, d. h. im Falle nur einseitiger Schätznachbarschaft, sowie bei nur wenigen verwendbaren Werten auftreten können. Sie sind in diesen Fällen kein für die Qualitätsdifferenzierung von Modellen heranziehbares Kriterium. Daneben können sie Folge einer nur unzureichenden Berücksichtigung anisotroper Verhältnisse sein (YARUS & LEWIS 1989, KUSHNIR & YARUS 1992). In solchen Fällen können sie Informationen zur Modellqualität liefern.

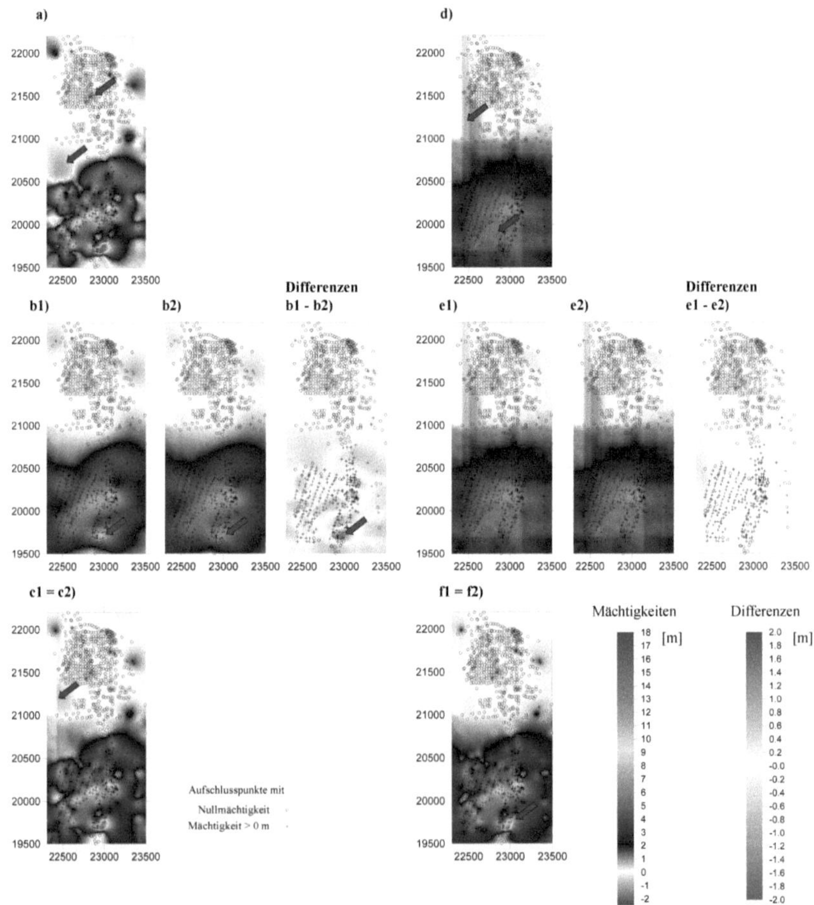

Abb. 8-5: Schätzmodelle OK des Mg1-Datenkollektivs (Mächtigkeiten). Modell a): Einschluss aller Nullmächtigkeiten, Modell d): Ausschluss aller Nullmächtigkeiten, Modell b1 und b2): wie a, mit zusätzlicher Reduktion eines Trends (linear bzw. quadratisch), Modell e1) und e2) wie d, mit zusätzlicher Reduktion eines Trends (linear bzw. quadratisch), Modell c1 = c2 und f1 = f2: jeweils mit manueller Anpassung eines Variogrammmodells bis zum ersten erkennbaren Schwellenwert (vgl. Abb. 8-4).

Das Modell a zeigt eine gute Reproduktion von Nullmächtigkeiten, darüber hinaus eine vollständige Wiedergabe der Spannweite des Datenkollektivs auch außerhalb des Hauptvorkommens von Mg1. Auffällig sind lediglich, bedingt durch $C_0 = 0$, einige negative Schichtmächtigkeiten in den an das Hauptvorkommen angrenzenden Bereichen. Demgegenüber zeigt Modell d, das auf einem völligen Ausschluss der Nullmächtigkeiten basiert, erwartungsgemäß eine starke Glättung in allen Bereichen des Untersuchungsgebietes und eine Beschränkung des Schätzwertebereiches auf etwa 1 bis 5 m. Nullmächtigkeiten werden gering überschätzt, hohe nachgewiesene Schichtmächtigkeiten erheblich unterschätzt. Auch die Einführung einer Trendreduktion ändert hieran nur wenig (vgl. e1 und e2). Der Grad des Polynomansatzes spielt hierbei keine Rolle, wie die Darstellung der nur sehr geringen Differenzen e1 - e2 zeigt. Diese Feststellung geht mit der Darstellung des Variogrammverlaufs von e1 und e2 in Abb. 8-4 und mit den dort aufgeführten Differenzen konform, wonach erst bei Schrittweiten, die die Größe des Hauptvorkommens übertreffen, geringe und für die Schätzung nicht signifikante Unterschiede zwischen verschiedenen Trendansätzen erwartet werden dürfen.

Modell e1 zeigt, bedingt durch den hohen Nuggetanteil C_0/C_{ges}, nur geringe Schwankungen und damit eine deutliche Glättung gegenüber der natürlichen Variabilität (vgl. Abb. 8-5). Ein automatischer Anpassungsprozess führt hier zu einem fast reinen Nuggetmodell $C_{ges} = C_0$. Aufgrund des ähnlich hohen Nuggetanteils unterscheidet sich Modell e2 nur unwesentlich von e1. Auffallend ist hier jedoch eine flächenhaft auftretende Erzeugung negativer Schichtmächtigkeiten nördlich des Geschiebemergelvorkommens, die auch mit einer Fehlschätzung als gesichert geltender Einzelvorkommen einhergeht. Vorhandene Artefakte sind zudem deutlich stärker ausgeprägt als bei e1. Die Modelle f1 und f2 zeigen demgegenüber trotz des im Vergleich zu c1 und c2 etwa doppelt so hohen Nuggetanteils C_0/C_{ges} eine hinreichende Reproduktion der Extrema und eine noch akzeptable Glättung (vgl. Abb. 8-5). Nullmächtigkeiten werden hier besonders dann fehlerhaft dargestellt, wenn sie vereinzelt und in der Nähe geclusterter Aufschlusspunkte des Hauptvorkommens liegen. Treten Nullmächtigkeiten ebenfalls gehäuft auf, werden sie in hinreichender Entfernung vom Hauptvorkommen korrekt wiedergegeben. Artefakte treten in diesen Modellen nur dann auf, wenn für die Interpolation keine oder nur eine ungenügende Anzahl von Punkten aus möglichst verschiedenen Richtungen herangezogen werden kann (vgl. Abb. 3-8d). Als Randeffekte sind die Artefakte verstärkt anzusprechen bei der Clusterung von Nullwerten.

Führt man als weiteres Kriterium zusätzlich die möglichst vollständige Wiedergabe der natürlichen Variabilität ein, ausgedrückt durch die Spannweite der Schätzwerte, behaupten sich die Modelle c1 und c2. Diese beruhen auf folgender Vorgehensweise: Festlegung des prozesseigenen Wirkbereiches als gesamtes Untersuchungsgebiet, Einschluss aller Nullmächtigkeiten, optional Trendreduktion, zusätzlich manuelle Anpassung.

8.2.3   *Wertung*

Auf Grundlage obiger Ausführungen können hinsichtlich der Frage nach der Notwendigkeit der Definition eines Wirkbereiches und der damit verbundenen etwaigen Berücksichtigung aller oder nur ausgewählter Nullwerte folgende Aussagen getroffen werden:

[1]   Geeignete und hinreichend genaue Modelle können auf verschiedene Weise erzeugt werden. Ein genereller Ausschluss der Nullwerte für Variographie oder Kriging kann nicht empfohlen werden. Nullwerte von der Untersuchung auszuschließen, bedeutet immer eine Reduktion der vorhandenen Informationsmenge und damit grundsätzlich auch die Erhöhung der Unsicherheit des Modells (Abs. 4.6.1) sowie eine Unterschätzung der natürlichen Variabilität (Abs. 4.6.2). Modelle, die einen vollständigen Ausschluss von Nullwerten vorsehen, sind zu prüfen und im Hinblick auf primär geologisches Vorwissen zu begründen. Solche Begründungen sollten nicht allein aus statistischen oder geostatistischen Erwägungen erwachsen, wenngleich auch hieraus neue Überlegungen über den Untersuchungsgegenstand in Gang gebracht werden können (z. B. Abs. 5.3.4, 6.4.3).

[2]   Die Abtrennung eines Wirkbereiches ist insbesondere dann nicht notwendig, wenn damit das Ziel verfolgt wird, die Zahl der Nullwerte zu reduzieren. Diese Vorgehensweise führt bei vollständiger Filterung der Nullwerte in Abhängigkeit von deren Anteil an der Stichprobenpopulation zu hohen Nuggetanteilen C_0/C_{ges}. Dies kann zu Problemen bei der Auswahl geeigneter Variogrammmodelle und bei der Festlegung der Modellparameter führen. Dies erschwert Rückschlüsse auf Prozesseigenschaften, wenn das Modell nicht ausschließlich der Strukturbeschreibung, sondern auch der Strukturanalyse dienen soll (vgl. Abb. 3-11). Damit könnten Möglichkeiten verschenkt werden, einen Erkenntnisgewinn über die zugrunde liegenden geologischen Prozesse zu erzielen.

[3]   Eine gleichzeitig mit der Festlegung des prozesseigenen Wirkungsbereiches erfolgende Einführung einer Trendreduktion hat unabhängig vom Grad des Polynomansatzes nur geringe Auswirkungen auf die Modellqualität. Hinzu kommt, dass die Notwendigkeit zur Trendreduktion bereits durch geologische Überlegungen gerechtfertigt sein müsste, das Erfordernis hierfür jedoch im Regelfall erst aus dem experimentellen Variogramm erkannt werden kann. In dem jeweiligen vorher zu wählenden Variogrammansatz hat sich jedoch die Entscheidung über die Festlegung des prozesseigenen Wirkungsbereiches bereits manifestiert.

[4]   Da für das Kriging die dem Schätzwert x_0 am nächsten liegenden Aufschlusspunkte x_i deutlich höhere Gewichte λ_i bekommen, empfiehlt sich die manuelle Anpassung des Variogrammmodells nur bis zum ersten erkennbaren Schwellenwert-Plateau des experimentellen Variogrammes. Die Wahl eines höheren und entfernteren Plateaus oder eine Kombination verschiedener Modelle durch Stapelung oder Schachtelung (vgl. Abb. 3-7f) bergen einen erheblich höheren Aufwand in sich und tragen nur wenig zur Verbesserung des Modells bei, wenn der Variogrammverlauf im Nahbereich sehr ähnlich ist.

[5]   Der Versuch einer Trendentfernung und die Frage nach der Definition eines Wirkbereiches werden ebenfalls dann zweitrangig, wenn die zum ersten Plateau zugehörige Schrittweite h deutlich kleiner ist als die Größe des Hauptvorkommens. Versuche einer Trendentfernung oder der Variogrammanpassung über diesen Wert

hinaus können zu einer starken Streuung zwischen den Modellen und zu unrealistischen Modellen führen, deren Auswahl dann nicht begründet werden kann.

[6] Individuelle Lösungen (im Sinne der Alternativen B und C aus Abb. 8-2), die weder einen vollständigen Ausschluss noch einen vollständigen Einschluss aller Nullwerte vorsehen, sondern nur eine Teilmenge aller Nullwerte für die Modellierung heranziehen wollen, bedürfen einer besonderen Rechtfertigung. Diese sollte neben statistischen und geostatistischen Betrachtungen auch geologische Überlegungen beinhalten und nachweislich zu einem Modell führen, von dem erwartet werden darf, dass verschiedene Kriterien (vgl. besonders Abs. 6.4.3 und 7.5) dessen Überlegenheit bestätigen. Angaben zur Qualität des Modells dürften sich dann nicht lediglich auf die Wiedergabe der *vorhandenen* Daten beziehen, sondern müssten auch Aussagen zur Modelleignung als Prognosemittel *zukünftiger* Daten beinhalten. Zusätzlich müsste gefordert werden, dass der so erreichte Qualitätsvorsprung den Mehraufwand für die manuelle Abgrenzung der Teilfläche und die manuelle Filterung des Datensatzes mehr als überkompensiert.

Im Gegensatz zu diesen bei Teileinschlüssen nur als schwer erfüllbar anzusehenden Anforderungen können Lösungen, die einen vollständigen Einschluss *oder* einen vollständigen Ausschluss aller Nullwerte vorsehen, im Normalfall bereits mit Verweis auf eine Übergewichtung statistischer (Ausschluss empfohlen) *oder* geostatistischer Aspekte (Einschluss empfohlen) begründet werden. Zwar sind in diesen Fällen die Zulässigkeit und die Stichhaltigkeit einer solchen Begründung ebenfalls zu prüfen, doch erweist sich eine konsequente Entscheidung zumeist als einfacher nachvollziehbar und dürfte daher z. B. auch von zukünftigen Modellanwendern eher akzeptiert werden.

Soll ganz auf eine der eigentlichen geostatistischen Schätzung vorausgehende Festlegung über den generellen Ein- oder Ausschluss von Nullmächtigkeiten verzichtet werden, kann auch durch Anwendung bestimmter nichtlinearer Krigingverfahren die Modellierung von Fehlstellen oder eines „prozesseigenen Wirkbereiches" versucht werden. Denkbar erscheint hier etwa der Einsatz des *zonal kriging* (WINGLE 1997), das die Modellierung eines graduellen Übergangs zwischen Bereichen unterschiedlicher Genese erlaubt. Zielstellung und Ansatz dieser Verfahren überschneiden sich damit teilweise mit denen von Verfahren der Homogenbereichsabgrenzung, auf die im nachfolgenden Abs. 8.3 eingegangen wird.

8.3 Die Abgrenzung von Homogenbereichen

8.3.1 Definition des Begriffes und Ziele der Verfahren

Jedes Interpolationsverfahren setzt eine einheitliche Form der Variabilität innerhalb des Untersuchungsgebietes voraus. Hierzu gehören die Form der Häufigkeitsverteilung der Daten sowie der Mittelwert und die Varianz als die beiden maßgeblichen die Lage bzw. die Streuung der Verteilung beschreibenden Parameter. Eine solche einheitliche Variabilität darf bei durch verschiedene geologische Prozesse erzeugten Strukturen jedoch nur innerhalb von Teilbereichen angenommen werden (vgl. Abs. 4.3).

Insgesamt lassen sich bei realen geologischen Strukturen vier Formen der Variabilität von Mittelwert und Varianz innerhalb des Untersuchungsgebietes unterscheiden (Abb. 8-6): Form ① zeigt einen konstanten Mittelwert und eine gleichbleibende Varianz im gesamten Gebiet, Form ② einen schwankenden Mittelwert, jedoch ebenfalls eine gleichbleibende Varianz und damit den seltenen Fall von homoskedastischen Verhältnissen. Form ③ offenbart einen gleichbleibenden Mittelwert bei zunehmender Varianz, Form ④ dagegen sowohl einen sich ändernden Mittelwert als auch eine veränderliche Varianz. Letztere Formen entsprechen dem häufig anzutreffenden Fall von heteroskedastischen Verhältnissen. Dabei ist bei den Formen ② bis ④ von der Notwendigkeit einer Homogenbereichsabgrenzung auszugehen; lediglich die räumliche Werteverteilung der Form ① erfüllt demnach die Anforderungen an globale Stationarität. Eine lokale Stationarität darf unabhängig hiervon zumindest innerhalb bestimmter Ausschnitte der Graphen ② bis ④ angenommen werden (vgl. Abb. 4-4).

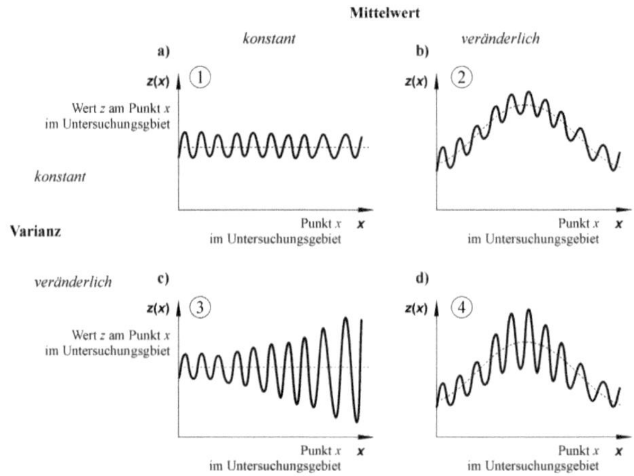

Abb. 8-6: Formen der Variabilität von Mittelwert und Varianz innerhalb des Untersuchungsgebietes; schematisch, 2D-Profile (in Anlehnung an ISAAKS & SRIVASTAVA 1989), a): konstanter Mittelwert und konstante Varianz, b): veränderlicher Mittelwert und konstante Varianz, c): konstanter Mittelwert und veränderliche Varianz, d): veränderlicher Mittelwert und veränderliche Varianz.

Daraus folgt, dass statistisch abgegrenzte Teilbereiche bei sich stetig verändernden Merkmalsfeldern keine geologisch begründbaren, separaten Homogenbereiche sein müssen. Die Feststellbarkeit verschiedener Homogenbereiche und die Möglichkeit, daraus Rückschlüsse auf den geologischen Prozess zu ziehen, unterliegen vielmehr in hohem Maße einer Skalenabhängigkeit[24]. Diese Skalenabhängigkeit (vgl. MEENTEMEYER & BOX 1987, KOLASA &

---

[24] Bei der Modellierung äußert sich dies in dem bekannten Phänomen der Abnahme der Variabilität zwischen benachbarten Flächen, wenn jeweils größere Flächeneinheiten betrachtet werden. Außerhalb der Geostatistik ist dies unter dem Begriff *Modifiable Areal Unit Problem* (MAUP) bekannt (vgl. OPENSHAW & TAYLOR 1979, OPENSHAW 1984, JELINSKI & WU 1996). Im Umkehrschluss bedeutet dies jedoch auch, dass eine Verdichtung eines existenten Aufschlussrasters durch eine nachgelagerte zweite Erkundungsphase nicht zwangsläufig auch bessere Informationen über die projektrelevanten Strukturen liefert, da hierdurch auch weitere und kleinskaligere

ROLLO 1991, MILNE 1991, ALLEN & HOEKSTRA 1991) ließe sich durch die Quotienten aus Gebietsgröße, Aufschlussabstand und Strukturgröße quantifizieren. Werden demnach die beiden erstgenannten Parameter geändert, ändern sich auch Zahl, Größe und Trennschärfe der als solche erkannten Homogenbereiche (so auch RUSSO & JURY 1987, GELHAR 1993). Mit anderem Betrachtungsmaßstab können daher benachbarte Homogenbereiche ineinander aufgehen oder andere Abgrenzungen ratsam erscheinen. Unter Verwendung geostatistischer Begriffe ist diese Skalenabhängigkeit bereits in Abs. 4.4 erläutert worden.

Die Ausweisung solcher Homogenbereiche bedeutet zudem nicht zwangsläufig auch, dass ihre Existenz genetisch begründet ist. Eine Ausweisung einzelner Homogenbereiche oder die ungenannte implizite Betrachtung des gesamten Untersuchungsgebietes als einzigen und zusammenhängenden Homogenbereich ist oftmals lediglich Ausdruck des Bemühens, die jeweiligen Daten einer *gemeinsamen* statistischen oder geostatistischen Behandlung zuzuführen. Bei Betrachtung des gesamten Untersuchungsgebietes als Homogenbereich wird ohne Untersuchung (mangels hiermit zu vergleichender Population) die Berechtigung hierzu vorausgesetzt. Bei subjektiver Einteilung in verschiedene Homogenbereiche hingegen geht der Bearbeiter davon aus, dass die vorgenommene Einteilung mit Verweis auf geologisches Vorwissen begründet werden kann, bei mathematischer Homogenbereichsabgrenzung, dass die erzielte Einteilung geologisch plausibel ist.

Der grundlegende Gedanke einer Homogenbereichsabgrenzung ist dabei – unabhängig davon, ob diese subjektiv oder mathematisch erzielt werden soll –, dass die Gemeinsamkeiten innerhalb eines jeden Homogenbereiches erhöht (Minimierung des inneren Kontrasts), die Unterschiede zwischen den einzelnen Bereichen dabei gleichzeitig vergrößert werden (Maximierung des äußeren Kontrasts). Der Begriff der Homogenität drückt hierbei aus, dass nach den Maßgaben des für die Erzeugung des Homogenbereichs verwendeten rechnerischen Verfahrens für die innerhalb eines Homogenbereiches befindlichen Daten von statistischer Homogenität ausgegangen werden kann.

Ziel einer Homogenbereichsabgrenzung als Sonderfall einer solchen Klassifizierung ist die Zusammenfassung der Objekte zu einer geringen und überschaubaren Anzahl von Klassen, „da gerade die Vielfalt der Eigenschaften [..] geologischer Untersuchungsobjekte zur Zusammenfassung und Verallgemeinerung des Beobachtungsmaterials zwingt" (PESCHEL 1991). Für den Anwendungsbereich geologischer Wissenschaften muss aufgrund der gewünschten Ausweisung von notwendigerweise zusammenhängenden Teilen des zwei- oder dreidimensionalen Raumes von einer „regionalisierten Klassifikation" gesprochen werden (DAVIS *et al.* 1996, HARFF & DAVIS 1990). Diese Nebenbedingung der Beachtung des räumlichen Zusammenhangs (*spatial contiguity constraint*) ist von entscheidender Bedeutung für die Entwicklung geeigneter Verfahren (z. B. FORTIN & DRAPEAU 1995, WEBSTER & BURROUGH 1972a, 1972b, LEFKOVITCH 1978). Die Berücksichtigung dieser Einschränkung reduziert die

---

Prozesse erfasst werden können, die eine zusätzliche Variabilität aufzeigen und damit eine höhere Komplexität des Modells verlangen (Abb. 4-2). Die Ausweisung bestimmter Teile des Untersuchungsgebiets als Homogenbereiche ist daher an eine bestimmte Skalenebene gebunden.

mathematisch möglichen Ergebnisse auf fachtechnisch plausible Lösungen (LEGENDRE & FORTIN 1989).

Mit der Durchführung einer mathematischen Homogenbereichsabgrenzung sind demnach die folgenden Fragestellungen verknüpft:

1. Gibt es eine Möglichkeit der vollständigen Trennung des n Daten umfassenden Datenkollektivs in k disjunkte Teile unter der Maßgabe, dass die einzelnen Daten n_k jeweils zusammenhängend, d. h. räumlich kompakt angeordnet sind?

2. Gibt es ein bestimmtes k, oder kann k zumindest so gewählt werden, dass die Abtrennung der einzelnen Homogenbereiche dann besonders effektiv ist, d. h. einen möglichst großen positiven Effekt auf die nochfolgende, ggf. geostatistische Modellierung hat?

3. Wie sind bei flächenhaft oder räumlich kontinuierlich variierenden Parametern die Übergangsbereiche zwischen den Homogenbereichen zu modellieren, so dass die im Übergangsbereich liegenden Daten zu genau einer der Teilpopulationen gehören?

Eine Untergliederung des Untersuchungsgebietes in derartige Homogenbereiche kann auf Basis genetischer Kriterien, bisher bekannter Strukturen und Erscheinungen sowie einer umfassenden deskriptiven statistischen Voruntersuchung erfolgen. Als mögliche Indizien für verschiedene Homogenbereiche sind hier bi- oder polymodale Verteilungen im Histogramm der ermittelten Stichprobenpopulation zu betrachten, sofern sie nicht auf einer bevorzugten Beprobung nur ausgewählter Teilbereiche des Untersuchungsgebietes beruhen (vgl. Abs. 6.2, Abb. 7-3). Daneben können sich im experimentellen Variogramm Hinweise auf Homogenbereiche bspw. aus der Existenz eines Trends (vgl. Abb. 3-1) oder aus der Verwendbarkeit verschachtelter Variogrammfunktionen (vgl. Abb. 3-7f) ableiten lassen. Die flächenhafte Darstellung der Schätzwerte im Modell (z. B. Abb. 7-22) sowie die sich anschließende Bewertung des Modells (vgl. Abb. 7-10, Abb. 7-11) können ebenfalls Anhaltspunkte für eine notwendige Homogenbereichsabgrenzung liefern. Da die beiden letztgenannten Punkte von Darstellung und Bewertung zu den abschließenden Arbeitsschritten der Modellierung gehören, könnte durch erneutes Einbringen der Ergebnisse in die Erkundung für eine verbesserte Modellierung gesorgt werden (Abb. 4-5). Von einer solchen Homogenbereichsabgrenzung darf nicht nur ein Kenntnisgewinn über die Struktur erwartet werden, sondern auch, dass sie nützliche Informationen für nachfolgende Entscheidungsebenen liefert.

Das Dilemma einer solchen Homogenbereichsabgrenzung besteht in der notwendigen Abwägung zwischen der angestrebten Verallgemeinerbarkeit der Aussagen und der erzielbaren Detailliertheit der Ergebnisse. So kann zwar durch Einführung einer höheren Anzahl von Homogenbereichen eine größere statistische Homogenität innerhalb eines jeden Teilbereiches erzeugt werden, der Nachweis eines statistisch signifikanten Unterschieds zwischen benachbarten Teilbereichen basiert dann jedoch auf kleinerer Datengrundlage und ist insofern unsicherer. Weiterhin geht mit einer Erhöhung der Zahl der Homogenbereiche auch die Reduktion der Daten innerhalb der Homogenbereiche einher; die anschließende Anwendbarkeit geostatistischer Verfahren wird dadurch eingeschränkt.

Darüber hinaus muss bei der Homogenbereichsabgrenzung zwischen dem Verlust an Information über die einzelnen Daten und dem Informationsgewinn über die erzeugten Teilbereiche abgewogen werden (vgl. KLEINSTÄUBER, FELIX & ZEISSLER 1991, THIER-GÄRTNER 1999b). Auf dieses generelle Problem und die daher lediglich als Kompromiss unterschiedlicher Zielvorstellungen aufzufassende Ideallösung ist bereits in Abs. 5.2.2 eingegangen worden.

Unter geologischen Gesichtspunkten dient eine solche Homogenbereichsabgrenzung der Feststellung von Anomalien, der Aufdeckung von Subpopulationen, der Ermöglichung einer qualitativ besseren Modellierung, der effizienteren Erkundung in nachfolgenden Phasen sowie dem Vergleich von unterschiedlichen Flächen (und damit schließlich dem Erkenntniszuwachs). Als unter geostatistischen Gesichtspunkten bessere Modelle lassen sich hiernach solche auffassen, die eine geringere Reichweite a, einen geringeren Schwellenwert C_{ges} sowie einen geringeren Nuggetanteil C_0/C_{ges} aufweisen. Eine erfolgreiche Homogenbereichsabgrenzung müsste sich zudem in einer verbesserten Variogrammanpassung zeigen. Zusätzlich kann ggf. die Anpassung kleinskaligerer Variogrammmodelle im Nahbereich gestattet sein. Zudem darf angenommen werden, dass sich aufgrund der Verwendung von Daten nur jeweils einer einzigen Subpopulation die Ergebnisse der Kreuzvalidierung verbessern.

Bei Betrachtung baugeologischer Modelle des quartären oberflächennahen Untergrundes können verschiedene Strukturen rechnerisch als Homogenbereiche erkannt und anschließend separat modelliert werden. Dies können etwa Stauch- oder Faltungsstrukturen, glaziale Rinnen oder Erosionsstufen sein. Hierbei handelt es sich um geometrische Strukturen, zwischen denen zumeist kontinuierliche Übergänge vorhanden sind. Geologische Störungen, die als echte Informationsbarriere in Schätz- und Interpolationsverfahren eingehen müssten (z. B. MARECHAL 1984a, KRIVORUCHKO & GRIBOV 2004) sind dagegen im betrachteten Untersuchungsraum zumeist nicht in bautechnisch relevanter Größenordnung ausgeprägt.

8.3.2 *Diskussion der Einsetzbarkeit verschiedener Verfahren*

Klassische statistische Tests der Prüfung auf Homogenität unterliegen einer Reihe von Restriktionen. Hierzu gehören die Unabhängigkeit der einzelnen Werte, zumeist auch die Normalverteilung und ein je nach Verfahren unterschiedlicher Mindestumfang an Daten. Hinzu kommen im Allgemeinen die Unabhängigkeit der Ursachen von Inter- und Intra-gruppenvariation sowie die Homoskedastizität der Daten. Als für den Einsatz der klassischen statistischen Tests besonders hinderlich ist jedoch die Autokorrelation und damit die räumliche Abhängigkeit der geologischen Daten anzusehen. Klassische statistische Tests zum Vergleich zweier Populationen liefern daher bei Anwendung auf autokorrelierte Daten grundsätzlich falsche Aussagen. Eine Übernahme dieser Verfahren mit dem Ziel der Abtrennung geologischer Homogenbereiche ist daher nicht ratsam.

Statistische Verfahren können nur durch entsprechende Modifikation anwendbar bleiben (z. B. CLIFF & ORD 1981). Grundsätzlich könnte z. B. der Forderung nach einer Unabhängigkeit der Daten durch verschiedenartige Änderungen im Modell Rechnung getragen werden. Denkbar erscheint etwa die Wichtung der einzelnen Daten durch Ermittlung der Informationsredundanz aus berechneter Varianz und Gesamtvarianz im Variogramm (vgl. Abb. 3-1), die Verwendung jeweils nur solcher Datenpaare, deren Abstand die Reichweite a übertrifft, die Permutation der Daten innerhalb des Untersuchungsgebietes (z. B. EDDINGTON 1987) oder die Berücksichtigung der Koordinaten als zusätzliche Variablen.

Wird auf solche Modifikationen verzichtet, können die eingesetzten Verfahren lediglich zu einer lokal optimalen Homogenbereichsabgrenzung führen. Auf eine solche Vorgehensweise stützen sich einige Methoden aus der Gruppe der Cluster-Analyse (vgl. PESCHEL 1991, THIERGÄRTNER 1999c) sowie die Methoden der *Moving Windows Analysis* (MWA) bzw. *Split Moving Windows Dissimilarity Analysis* (SMWDA). Bei den beiden letztgenannten Methoden werden geometrische Fenster über das Untersuchungsgebiet gelegt und verschiedene statistische Parameter, insbesondere Mittelwert und Streuung, berechnet (z. B LUDWIG & CORNELIUS 1987, BALZTER, BRAUN & KÖHLER 1995). Optional kann auch die Festlegung sich überlappender Fenster vorgesehen werden, wenn anderenfalls der Datenmangel eine Anwendbarkeit der Verfahren nicht zulassen würde (z. B. MILLER & KANNENGIESER 1996, DALE *et al.* 2002). In solchen Fällen ist mit einer entsprechend stärkeren Glättung zu rechnen. Werden wie bei der SMWDA jeweils zwei Halbfenster gebildet, kann alternativ die Berechnung verschiedener Assoziations-, Ähnlichkeits-, Distanz- und Abhängigkeitskoeffizienten (vgl. PIELOU 1984, LEGENDRE & LEGENDRE 1998) zwischen den beiden Halbfenstern erfolgen. In beiden Fällen kann der Test auf Signifikanz durch Permutationen der Daten entlang des Profils erfolgen (z. B. CORNELIUS & REYNOLDS 1991). Die Zuweisung einer Homogenbereichsgrenze erfolgt bei Feststellung eines mit einer zu definierenden Irrtumswahrscheinlichkeit angetroffenen signifikanten Unterschieds.

Die oben beschriebene Skalenabhängigkeit führt dazu, dass nur beim Vergleich zweier benachbarter Teile des Untersuchungsgebietes eine Homogenbereichsgrenze zwischen diesen festgelegt werden kann. Diese Einschränkung kann durch Einführung weiterer Arbeitsschritte, bei der MWA z. B. durch Anwendung zusätzlicher Fenstergrößen (ZHANG & SCHOENLY 1999), aufgeweicht werden und zur Abgrenzung auch global optimaler Homogenbereiche führen. Bei ihnen kann auch im Vergleich eines jeden einzelnen Homogenbereiches mit der Gesamtpopulation eine Varianzreduktion nachgewiesen werden.

Hinsichtlich der zu verwendenden Datengrundlage haben lediglich solche Verfahren eine gewisse Verbreitung gefunden, die die Abgrenzung von Homogenbereichen innerhalb vertikaler Datenreihen (**1D**) zum Ziel haben. Das Hauptaugenmerk liegt bei geologischen Parametern wegen des verfügbaren Datenumfangs und der quasi kontinuierlichen Datenerhebung bei Drucksondierungen (*Cone Penetration Test*, CPT). Derartige Verfahren sind bei WICKREMESINGHE & CAMPANELLA (1991), HUIJZER (1992), COERTS (1996), BHATTACHARYA & SOLOMATINE (2004) und HEGAZY & MAYNE (2002) beschrieben. Die zwischen den hierdurch ermittelten Grenzen liegenden Straten können anschließend auf Grundlage der jeweiligen maßgeblichen Werte für Spitzendruck, Mantelreibung und Reibungsverhältnis automatisiert geotechnischen Einheiten zugeordnet werden. In einem dritten Schritt können die Mächtigkeiten gleicher geotechnischer Einheiten an verschiedenen Standorten der Drucksondierungen Datengrundlage für eine flächenhafte Variographie und das Kriging sein. Damit stehen Ansätze zur Verfügung, nicht nur wahlweise geometrische oder geotechnische

Modelle, sondern beide Eigenschaften kombinierende, geologische Modelle zu erzeugen (vgl. Abb. 5-8).

Anders als die oben genannten, zumeist auf Methoden der Cluster-Analyse fußenden Verfahren beruhen die ursprünglich für horizontale Profilschnitte (**1D**) entwickelten Verfahren von WEBSTER (1973, 1980), HAWKINS & MERRIAM (1973, 1974) und HAWKINS (1976) auf Methoden der MWA bzw. SMWDA. Erweiterungen auf flächenhaft erhobene Daten (**2D**) liefern z. B. MUSICK & GROVER (1991) und TURNER *et al.* (1991). Da Art und Häufigkeit der durch die Methoden entdeckten Grenzen von der Aufschlussdichte und der Prägnanz der Diskontinuität abhängig sind und zudem ein gewisser Mindestumfang an Daten notwendig ist, kann den Verfahren ggf. eine flächenhafte Schätzung vorgeschaltet werden (vgl. in Abs. 8.3.3, Punkt 1).

Ein anderer Weg kann beschritten werden, wenn Variographie und Interpolation lediglich in derart kleinen Teilbereichen des Untersuchungsgebietes erfolgen, dass für diese auch ohne vorgeschaltete Homogenbereichsabgrenzung von einer zumindest lokalen Stationarität ausgegangen werden darf. Diesen Ansatz (**2D**) verfolgen erstmalig HAAS (1990), in ähnlicher Weise später auch VAN TOOREN & MOSSELMAN (1997), WALTER *et al.* (2001) sowie KRIVORUCHKO & GRIBOV (2004). Ihnen ist gemein, dass sie den gesamten geostatistischen Prozess von experimenteller und theoretischer Variographie sowie das Kriging jeweils nur in einzelnen feststehenden oder automatisch verschobenen Fenstern ausführen. Die Ergebnisse zeigen, dass der vermeintliche Nachteil der hierbei jeweils nur geringen Datenmenge bei Variographie und Schätzung durch Schaffung quasistationärer Verhältnisse kompensiert werden kann. Die Erfüllung der Bedingung der Quasistationarität ist wiederholt als hinreichend für die Anwendbarkeit geostatistischer Schätzverfahren dargestellt worden (z. B. JOURNEL & HUIJBREGTS 1978).

Echte räumliche Methoden (**3D**) liegen noch nicht vor. Sie ließen sich vermutlich aus geeigneten niedrigerdimensionalen Methoden herleiten oder aus einer Kombination zunächst vertikaler und dann horizontaler Homogenbereichsabgrenzung entwickeln (vgl. Abb. 4-10). Aus geologischer Sicht erscheinen für dieses Anliegen jedoch die wesentlich stärkere Variation in vertikaler Richtung und der ebenfalls in vertikaler Richtung deutlich größere Datenumfang (z. B. in Form von Bohrprofilen oder Sondierungen) problematisch. Daneben basiert die Variation in der Vertikalen auf der Beteiligung mehrerer, grundsätzlich anderer geologisch-genetischer Prozesse, während in der Lateralen die Homogenbereichsabgrenzung innerhalb einer einzigen Schicht erfolgen wird.

Soll sich die Homogenbereichsabgrenzung auf mehrere erhobene Parameter stützen, ist eine multivariate Auswertung vorzusehen. So kann etwa der Bedarf bestehen, Homogenbereiche unter Berücksichtigung zahlreicher geotechnischer Parameter festzulegen. Limitierend wirkt in solchen Fällen die Notwendigkeit der vorgeschalteten Standardisierung der Parameter, um sie einer gemeinsamen Auswertung zuführen zu können (vgl. Bsp. in Abs. 8.3.4), sowie die hierfür ggf. notwendige Wichtung der Parameter durch den Anwender nach ihrer Relevanz für die erforderliche Abtrennung. Zusätzlich ist nachzuweisen, dass die einzelnen Parameter zueinander unkorreliert sind. Kann dies nicht gewährleistet werden, könnte eine Hauptkomponentenanalyse (*principal component analysis*, PCA, vgl. z. B. FAHRMEIR, HAMERLE & TUTZ 1996, BILODEAU & BRENNER 1999) durchgeführt werden. Die errechneten Hauptkomponenten können anstelle der Originalparameter die Datengrundlage einer nachgeschalteten Homogenbereichsabgrenzung sein. Sofern eine Cluster-Analyse verwendet wird, können die erzielten Ergebnisse zusätzlich durch eine Diskriminanz-Analyse abgesichert werden (vgl. z. B. DAVIS 1986). Dabei wird geprüft, welchen der Variablen besonderes Gewicht bei der Einordnung der Objekte in die einzelnen Cluster zukommt.

8.3.3 *Möglichkeiten einer Kombination mit Verfahren der Geostatistik*

Grundsätzlich lassen sich aus obigen Ausführungen verschiedene Möglichkeiten einer Kombination der Homogenbereichsabgrenzung mit Verfahren der Geostatistik ableiten. Hierzu gehören beispielsweise die folgenden Ansätze, die jeweils in verschiedenen Ausgangssituationen zu tendenziell höherwertigen Modellen beitragen können. Diese Ansätze sind auch in Abb. 8-7 zusammengestellt:

1. Optional vorgeschaltete globale Variographie und globales Kriging innerhalb des Untersuchungsgebietes zur Ermittlung vorläufiger Schätzwerte an allen Lokationen des Schätzgitters (zur Erzeugung einer höheren Datenanzahl oder zum Ausgleich unterschiedlicher Datendichte); ggf. Wiederholung für weitere Parameter, sofern Datensatz multivariat,

   a. bei univariaten Datensätzen anschließend MWA oder SMWDA; Durchführen statistischer Tests und Prüfung auf Signifikanz der Abtrennung; Aufstellung lokaler Variogramme innerhalb der Teilbereiche und Durchführung eines homogenbereichsspezifischen Krigings;

   b. bei multivariaten Datensätzen Standardisierung der Parameter, evtl. zusätzlich Hauptkomponentenanalyse (darin optional möglich: Berücksichtigung der Lage durch Heranziehung der Koordinaten x, y als Hilfsparameter); anschließend Cluster- (ggf. auch Diskriminanz-) Analyse; kartenmäßige Darstellung der errechneten Clusterzugehörigkeiten; Aufstellung lokaler Variogramme innerhalb der einzelnen Cluster und Durchführung eines homogenbereichsspezifischen Krigings;

2. Durchführung einer MWA oder SMWDA (darin optional auch: variographische Analysen innerhalb der Fenster); ggf. anschließend Durchführung statistischer Tests an skalaren Parametern (Mittelwert, Varianz); sofern fensterspezifische Variographie durchgeführt, auch Verwendung der Modellparameter a, C_{ges}, C_0, AIF als skalare Parameter möglich, ggf. auch Prüfung auf Signifikanz unterschiedlicher Anisotropierichtungen durch vektorielle Tests; Setzen von Homogenbereichsgrenzen bei Signifikanz; anschließend separate Variographie und separates Kriging innerhalb der Homogenbereiche;

3. globale Variographie innerhalb des Untersuchungsgebietes; ggf. Wiederholung für weitere Parameter, sofern Datensatz multivariat; dann optional Hauptkomponentenanalyse; Cluster-Analyse mit Wichtung der Werte der Unähnlichkeits-

matrix durch Gewichte λ_i aus globaler Variographie; anschließend DA und Darstellung der Ergebnisse der CA;

4. globale Variographie innerhalb des Untersuchungsgebietes zur Ermittlung der Reichweite a und Ableitung einer einzigen, als optimal aufgefassten Fenstergröße w (z. B. $w = 2/3a$ nach WEBSTER 1973, w = a nach FRANKLIN, WULDER & LAVIGNE 1996); Verwendung dieser Fenstergröße w in einer MWA oder SMWDA zur Abtrennung von Homogenbereichen, anschließend Durchführen einer lokalen Variographie und eines homogenbereichsspezifischen Krigings.

Dabei bestehen neben dem bereits unter Punkt 1 genannten Vorteil vier weitere Vorteile, dem eigentlichen Modellierungsprozess aus Homogenbereichsabgrenzung und Geostatistik eine lediglich als vorläufig aufzufassende geostatistische Schätzung voranzustellen. Eine solche Schätzung sollte auf omnidirektionalen Variogrammen beruhen (so z. B. LEGENDRE & FORTIN 1989, LLOYD & ATKINSON 1998) und unter weitgehendem Ausschluss des Anwendereinflusses erfolgen. Zum einen bestünde dann die Möglichkeit der feineren, wenngleich auch unsicheren Differenzierung der Homogenbereichsgrenzen, da die Schätzpunkte deutlich dichter als die Aufschlusspunkte angeordnet wären. Zum anderen würde eine stärkere Verallgemeinerung derjenigen räumlichen Verbreitungsgesetze erfolgen können, die zur Schaffung einer zusammenhängenden Struktur geführt haben. Zudem könne anhand des hier ermittelten C_0/C_{ges}-Verhältnisses geprüft werden, ob sich eine Homogenbereichsabgrenzung überhaupt lohnen würde (so z. B. COLONNA 2002). Letzterer Gedankengang beruht darauf, dass, sofern bereits bei einer solchen unzulässigen Verwendung von Mischpopulationen akzeptable Ergebnisse festgestellt werden, diese erst recht auch *mit* einer Homogenbereichsabgrenzung erzielt werden müssten. Des Weiteren kann es für bestimmte Verfahren von Vorteil sein, wenn die Datengrundlage in Form eines regulären Rasters vorliegt und damit auch die Datendichte im Untersuchungsgebiet überall von gleicher Größe ist.

Die oben genannten Einsatz- und Verknüpfungsmöglichkeiten 1 bis 4 von Verfahren zur Homogenbereichsabgrenzung und geostatistischen Methoden werden in Abb. 8-7 schematisiert dargestellt. Am Beginn des Modellierungsprozesses steht dabei zumeist eine optionale omnidirektionale Variographie, ggf. verbunden mit einer Ermittlung der optimalen Fenstergröße (Verfahren 4) oder der Bereitstellung der Gewichte λ_i für die Nutzung in der CA (Verfahren 3). Die weiteren Verfahren dienen entweder der Aufdeckung homogener Gruppen oder der Aufdeckung signifikanter Homogenbereichsgrenzen, gefolgt von einer lokalen geostatistischen Schätzung.

Weitere Ansätze sind aufgrund anderer Kombinationsmöglichkeiten der genannten Methoden sowie bei Heranziehung bisher nicht aufgeführter Verfahren denkbar. Ihre Anwendbarkeit ist im konkreten Einzelfall zu prüfen. Studien, die Möglichkeiten der Verknüpfung geostatistischer Methoden mit den klassischen statistischen Verfahren aufzeigen, die sich dann gegenseitig ergänzen und so zur Homogenbereichsabgrenzung einsetzen lassen, sind selten. Hingewiesen sei auf OLIVER & WEBSTER (1989a, b), BOUCNEAU *et al.* (1998), GLEYZE, BACRO & ALLARD (2001) und CAEIRO *et al.* (2003).

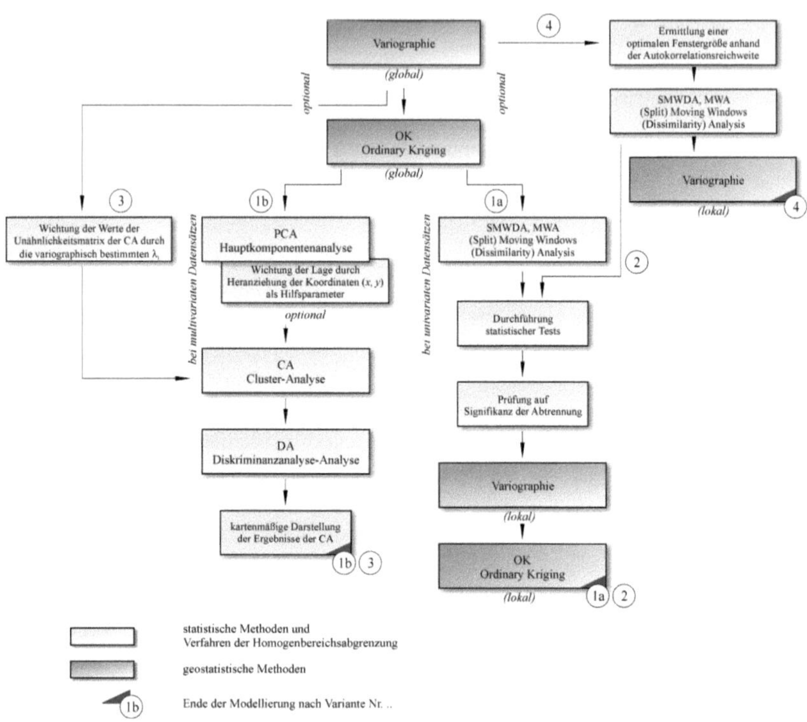

Abb. 8-7: Möglichkeiten der Verknüpfung geostatistischer Methoden mit Verfahren der Homogenbereichs-abgrenzung.

Ob der unbestritten erhebliche rechentechnische Aufwand den möglichen Kenntniszuwachs über das geologische System oder den potenziellen Qualitätssprung des Modellierungs-ergebnisses rechtfertigt, bleibt offen und kann nicht im Voraus abgeschätzt werden. Erfolgversprechend und den Aufwand rechtfertigend scheinen die Verfahren immer dann, wenn das Ziel der Anwendung primär in der *objektiven Bestätigung von Vermutungen* über die Struktur besteht. Eine solches Modell dürfte eine grundsätzlich höhere Akzeptanz erzie-len, da die Ergebnisse der Verknüpfung der Homogenbereichsabgrenzung und der Geo-statistik dann als rechnerischer Nachweis für die Richtigkeit dieser Vermutungen dienen könnten. Im folgenden Abschnitt wird für diesen bestätigenden Ansatz ein Beispiel präsen-tiert (Diese Zielstellung ist in der klassischen Statistik als *confirmative approach* bekannt, TUKEY 1977, vgl. auch ANDRIENKO & ANDRIENKO 2006). Dagegen erscheint der Aufwand einer Verfahrenskombination nicht angemessen, wenn das Ziel primär in der Aufstellung neuer *Hypothesen über die Struktur* liegt. Mit diesem explorativen Ansatz erzeugte Modelle dürften wohl oft als zu unsicher oder als zu spekulativ angesehen werden. Unter Berücksichtigung dieser Unsicherheit könnten die Modelle bereits allein aufgrund des hohen und nicht lohnenswert scheinenden Rechenaufwands abgelehnt werden.

8.3.4   *Homogenbereichsabgrenzung an Schichtmächtigkeiten der H-Folge*

In der folgenden Szenarioanalyse soll eine Abgrenzung von Homogenbereichen an der räumlichen Verteilung der Mächtigkeiten der holozänen H-Folge (Abs. 2.4) durchgeführt werden. Die Durchführung einer Homogenbereichsabgrenzung schien nach der Bewertung des in Abb. 7-22 gezeigten Modells geboten (vgl. Abs. 7.7.2.4). Die nachfolgende Beschreibung ist als exemplarisch für Ausführung und Dokumentation einer Homogenbereichsabgrenzung an geologischen Untersuchungsobjekten zu verstehen. Sie dient daher primär der Erläuterung der grundsätzlichen Vorgehensweise und erst sekundär der Optimierung des bestehenden geostatistischen Modells. Besonderes Augenmerk gilt unter dem erstgenannten Aspekt der Umsetzung der theoretischen Ausführungen der vorangegangenen Abschnitte. Die Auswahl der einzelnen Teilschritte wird diskutiert, unter Bezugnahme auf den Datensatz oder Charakteristika der Verfahren begründet und wo immer möglich durch ein gegenteiliges Beispiel untermauert. Zusätzlich werden auch die nach ihrer Interpretation als Fehlschläge eingestuften Zwischenergebnisse dargestellt, die dann zum Anlass für Änderungen der ursprünglich beabsichtigten Verfahrensweise genommen werden.

Ausgangssituation ist die erbohrte Mächtigkeit der H-Folge (Abb. 8-8a). Erkennbar ist eine deutliche, fast abrupt zu nennende Erhöhung der Mächtigkeiten in der Nordost-Ecke des Untersuchungsgebietes. Darüber hinaus wurden größere Mächtigkeiten in isolierten Vorkommen westlich und südlich hiervon festgestellt. Im übrigen Gebiet wurde die H-Folge nur in Form eines schmalen, von West nach Ost ausgerichteten Gürtels erbohrt. In dem Modell der H-Folge (Abb. 7-22a) kommen diese Erkenntnisse deutlich zum Ausdruck. Während die Mächtigkeiten im überwiegenden Teil der Fläche unterhalb von 4 m liegen und dabei gebietsweise bis auf 0 m zurückgehen, werden im nordöstlichen Randbereich Mächtigkeiten von 10 bis fast 18 m erreicht. Als weitere Indizien für die Erfassung einer Mischpopulation, die das Erfordernis einer Abtrennung einzelner Homogenbereiche nach sich ziehen würde, wurden in Abs. 7.7.2.4 die Ergebnisse der Kreuzvalidierung sowie das Variogramm der Schätzfehler herausgearbeitet. Dagegen kann aus dem in Abb. 8-8b dargestellten Histogramm noch kein Hinweis auf eine Mischpopulation gewonnen werden; die Häufigkeit in der Klasse $z < 1$ m wird maßgeblich durch die in weiten Teilen des Gebietes angetroffenen Nullmächtigkeiten bestimmt (vgl. Abb. 8-3a, rechte Spalte).

Grundgedanke zur Lösung des vorliegenden Einzelfalls ist, zunächst eine Homogenbereichsabgrenzung und anschließend eine verbesserte geostatistische Auswertung durch getrennte Behandlung der Teildatensätze durchzuführen. Für die Abgrenzung der Homogenbereiche sollen Cluster-Verfahren ausgewählt werden. Dies entspricht dem Ansatz 1b aus Abs. 8.3.3. Im betrachteten Fall sollte auf *k-means*-Verfahren zurückgegriffen werden, da die hierfür erforderliche Vorabfestlegung der Cluster-Anzahl in diesem Fall durch den Anwender anhand der Daten erfolgen kann. Anderenfalls müsste auf agglomerative Cluster-Verfahren ausgewichen werden, bei denen eine geeignete Zahl der Cluster und damit auch die endgültige Aufteilung des Gebietes erst nach der Durchführung der Analyse festgelegt werden können.

Es wird hier eine Cluster-Anzahl von $k = 3$ festgelegt. Diese Annahme wird mit der Erwartung gerechtfertigt, dass ein Cluster von den sehr hohen Mächtigkeiten von etwa 6 m bis oberhalb von 14 m eingenommen wird, der die Nordostecke des Gebietes besetzen wird. Zwei weitere Cluster sollten demnach die übrigen Teile des Untersuchungsgebietes besetzen und Mächtigkeiten von 0 bis 1 m bzw. von etwa 1 bis 6 m einnehmen. Die Berücksichtigung der Lage der Aufschlusspunkte erfolgt im Beispiel dadurch, dass auch die Hoch- und Rechtswerte neben der Schichtmächtigkeit als aktive Variablen definiert werden. Sie tragen daher gleichberechtigt zur Clusterzuordnung der Aufschlusspunkte bei. Dadurch wird gewährleistet, dass die einzelnen Cluster räumlich zusammenhängende Bereiche bilden werden, eine Zuordnung von Werten in jeweils einen der Cluster also folglich nicht allein auf einer Dreiteilung des Datensatzes gemäß oben genannter Intervallgrenzen basiert.

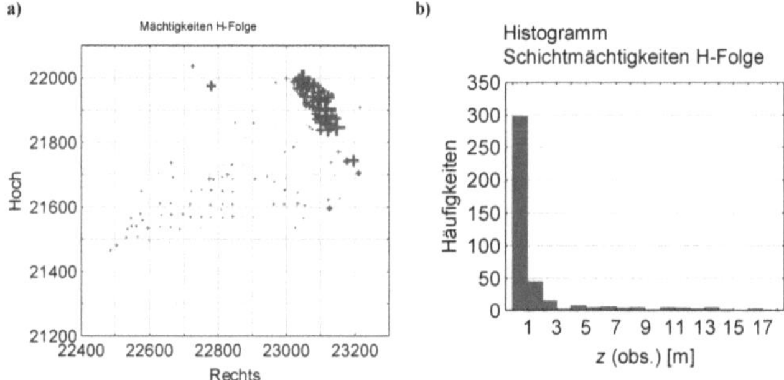

Abb. 8-8: Datengrundlage zur Abgrenzung von Homogenbereichen der Mächtigkeiten der H-Folge; a): erbohrte Mächtigkeiten (nur $z > 0$ m), Symbolgröße proportional zur Mächtigkeit; b): Histogramm der Schichtmächtigkeiten. Auffallend sind in der Kartendarstellung ein im nordöstlichen Randbereich gelegenes Vorkommen sowie isolierte Vorkommen westlich und südlich hiervon. Das Hauptvorkommen ist entlang eines West-Ost-ausgerichteten Gürtels angetroffen worden. Im Histogramm stellen die Nullmächtigkeiten die größte Klasse dar.

Auf eine vorgeschaltete geostatistische Schätzung, die in Abs. 8.3.3 als Option vorgeschlagen wurde, kann hierbei verzichtet werden, da der Datenumfang als ausreichend eingestuft wird und die Aufschlüsse bereits in Form eines pseudoregulären Rasters vorliegen. Zudem lässt das für die Modellierung in Abs. 7.7.2.4 ermittelte, eher geringe C_0/C_{ges}-Verhältnis bereits ohne vorherige Schätzung eine Homogenbereichsabgrenzung zu.

Eine erste explorierende *k-means*-Cluster-Analyse, die im Vorfeld einer noch durchzuführrenden Feinabstimmung der Parameter durchgeführt wurde, liefert das Ergebnis der in Abb. 8-9a dargestellten Clusterzugehörigkeit der Aufschlusspunkte. Die sich hier entsprechend den Erwartungen bereits abzeichnende Dreiteilung des Gebietes in einen westlichen Teilbereich sowie einen nordöstlichen und einen südöstlichen Teilbereich ist jedoch keine fachtechnisch plausible Gebietsaufteilung. Diese Lösung könnte einem späteren Modellnutzer nicht vermittelt werden, wenngleich auch eine hierauf aufbauende separate geostatistische Schätzung der Einzelcluster aufgrund der weitgehenden Übereinstimmung des Clusters 3 mit dem Schichtmächtigkeitsmaximum der Nordostecke (vgl. Abb. 8-8a) wahrscheinlich eine Verbesserung darstellen würde, die sich z. B. auch in reduzierten Fehlern der Kreuzvalidierung niederschlagen dürfte.

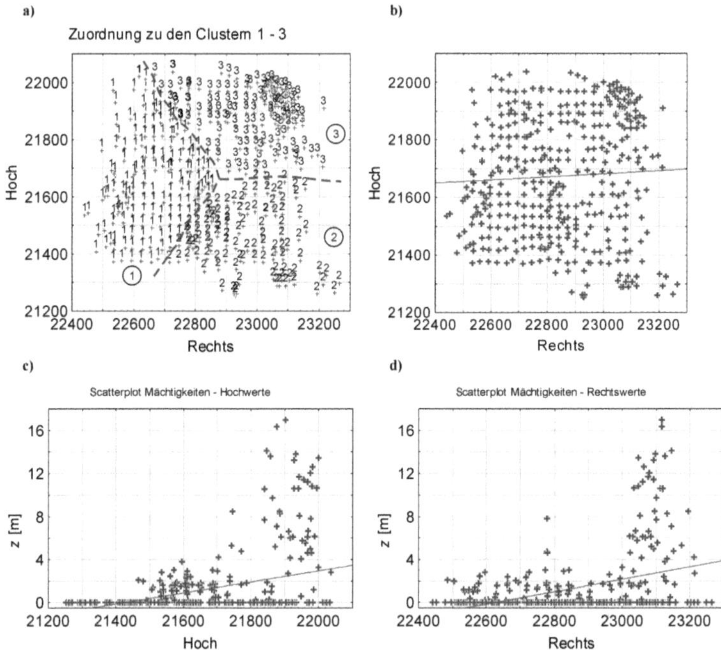

Abb. 8-9: a) Ergebnisse der ersten explorierenden *k-means*-Cluster-Analyse mit $k = 3$: Zuordnung zu den Clustern 1 – 3; b): Korrelation der Parameter Hoch- und Rechtswert; c): Korrelation der Parameter Hochwert und Mächtigkeit; d): Korrelation der Parameter Rechtswert und Mächtigkeit.

Die in Abb. 8-9a gezeigte Lösung ist vielmehr als Artefakt der Datengrundlage zu beurteilen. In diesem Falle tragen drei Faktoren hierzu bei: Zum einen ist die Lagebezeichnung der Hoch- und Rechtswerte zwar in der gleichen Einheit wie die der Mächtigkeiten, d. h. in [m], festgelegt, jedoch liegt der Wertebereich der Koordinaten um drei Größenordnungen höher als der der Mächtigkeiten. Entsprechend hoch ist der Varianzanteil der Variablen Hoch- und Rechtswert bei der Clusteranalyse. Eine Clusterzuordnung erfolgt daher rechnerisch primär nach der Punktlage und weitgehend ohne Berücksichtigung der ortspezifischen Schichtmächtigkeit. Zum anderen sind die beiden Lagekoordinaten auch untereinander korreliert (Abb. 8-9b), bedingt durch die im Nordosten höhere Punktmenge.

Am wichtigsten aber ist, dass auch die Schichtmächtigkeiten selbst sowohl mit dem Hoch- als auch mit dem Rechtswert korreliert sind (Abb. 8-9c, d), was in diesem Fall bereits darauf zurückzuführen ist, dass das Maximum des betrachteten Parameters nicht zentral, sondern in der Nordost-Ecke des Gebietes liegt, höhere Mächtigkeiten damit tendenziell mit steigender Entfernung vom Koordinatenursprung einhergehen. Andere Lösungen, die wahlweise eine Zweiteilung oder eine Vierteilung des Gebietes vorsehen, zeigen den gleichen Effekt der allein auf der graphischen Anordnung der Aufschlusspunkte beruhenden Aufteilung des Untersuchungsgebietes.

Die Forderung der Cluster-Analyse nach einer Unabhängigkeit der einzelnen Variablen (x, y, z) voneinander wird aufgrund der durch Abb. 8-9b – d nachgewiesenen Korrelationen nicht erfüllt. Um die geforderte Unabhängigkeit der Parameter zu erzielen und damit die Einsetzbarkeit der Cluster-Analyse sicherzustellen, wird die Durchführung einer Hauptkomponentenanalyse (PCA) vorgeschlagen (vgl. Abs. 8.3.3). Im Zuge der Beseitigung der bestehenden Parameterkorrelationen werden drei neue Variablen erzeugt, an denen anschließend die Cluster-Analyse durchgeführt wird. Deren Ergebnis kann dann auf die Koordinaten der Aufschlusspunkte projiziert werden.

Im gezeigten Fall kommt erschwerend hinzu, dass die Größenordnungen der drei Eingangsvariablen (Hochwert, Rechtswert, Mächtigkeit) unterschiedlich sind. Um sie als Datenbasis einer Hauptkomponentenanalyse verwenden zu können, sind die Parameter zu standardisieren. Die Nichtberücksichtigung dieser Notwendigkeit führt zu zwar rechnerisch gültigen, jedoch objektiv falschen Ergebnissen. Zusätzlich wäre zur Durchführung der Hauptkomponentenanalyse grundsätzlich auch die Unabhängigkeit der Werte eines jeden einzelnen Parameters voneinander zu sicherzustellen (vgl. WACKERNAGEL 1998). Dies jedoch kann bereits allein aufgrund der bekannten Autokorrelation der Schichtmächtigkeiten nicht gewährleistet werden. Im dargestellten Fall wird letzterer Umstand jedoch als vernachlässigbar eingestuft werden, da die Aufschlusspunkte in einem pseudoregulären Raster angeordnet sind. Es wird hier erwartet, dass – anders als bei einer zufälligen oder räumlich geclusterten Aufschlussverteilung – etwaige durch die Autokorrelation bedingte Fehler in alle Werte in gleicher Weise einfließen, systematische Abweichungen dadurch also nicht auftreten werden.

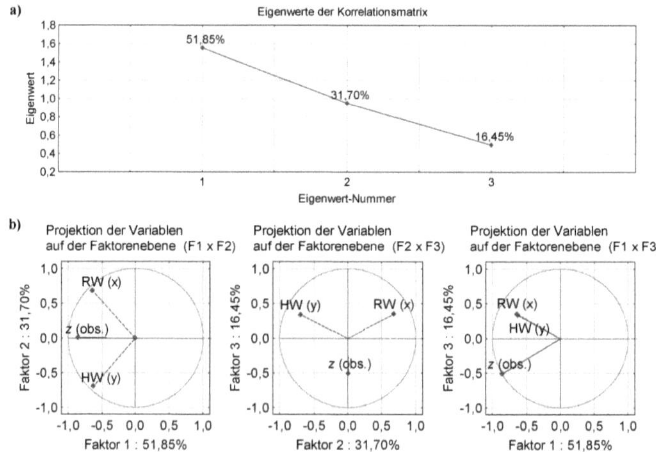

Abb. 8-10: Ergebnisse der Hauptkomponentenanalyse an den standardisierten Variablen, a): Darstellung der Eigenwerte der Korrelationsmatrix im Verhältnis zur Nummer des Eigenwertes (*Screeplot*), b): Projektionen der Variablen z(obs.), HW (Hochwert) und RW (Rechtswert) auf den drei Faktorenebenen.

Die Ergebnisse der Hauptkomponentenanalyse sind in Abb. 8-10 veranschaulicht. Dargestellt sind in Abb. 8-10a die Eigenwerte der Korrelationsmatrix der drei standardisierten Eingangsvariablen in Relation zur Nummer des Eigenwertes (*Screeplot*). Da drei Parameter verwendet wurden, lassen sich drei Eigenwerte berechnen. Jeder der drei Faktoren erklärt einen unterschiedlichen Anteil der Gesamtvarianz des Datensatzes. Ergänzend werden in Abb. 8-10b die Darstellungen der Variablen-Faktorkoordinaten gegeben. Gezeigt wird, wie stark die Eingangsvariablen mit jeweils zwei der berechneten Hauptkomponenten korreliert sind. Diese Darstellungen bestätigen die obigen Ausführungen zur Korrelation der Parameter.

Für jeden der insgesamt 404 Aufschlusspunkte liegen anschließend die Ladungen der drei Faktoren vor, die anstelle der ursprünglichen drei Parameter zur Cluster-Analyse verwendet werden können. Da eine Vernachlässigung des dritten Faktors, der noch etwa 16 % der Varianz repräsentiert, nicht angebracht scheint und rechnerisch im vorliegenden Fall nicht notwendig ist, werden für die anschließende Cluster-Analyse alle drei berechneten Hauptkomponenten verwendet.

Das Ergebnis der Cluster-Analyse, d. h. die Zuordnung der einzelnen Aufschlusspunkte zu einem der drei Cluster, ist in Abb. 8-11a dargestellt. Die Grafik zeigt deutliche Verbesserungen gegenüber Abb. 8-9a und damit eine größere Berücksichtigung sowohl der geologischen Kenntnisse als auch der Erwartungen an das Modell. Insbesondere wird der durch seine hohen Mächtigkeiten signifikant vom übrigen Untersuchungsgebiet abweichende Bereich der Nordostecke des Untersuchungsgebietes deutlich abgrenzt. Positiv fällt zudem auf, dass auch isoliert liegende Aufschlüsse westlich und südlich dieses Bereiches sowie relativ weit vom Cluster-Zentrum entfernt liegende Punkte eine augenscheinlich korrekte Cluster-Zuordnung erhalten. Beide Feststellungen entsprechen den Erwartungen an das Modell, die aufgrund der Darstellung der erbohrten Schichtmächtigkeiten in Abb. 8-8a sowie des bisherigen Modells der Schichtmächtigkeiten in Abb. 7-22a entwickelt wurden.

Dagegen kann die berechnete Grenze zwischen den Clustern 2 und 3 keiner bekannten Struktur des bisherigen Modells zugeordnet werden. Eine solche Homogenbereichsgrenze wäre als nicht plausibel zu kennzeichnen. Dies lässt darauf schließen, dass es sich hierbei lediglich um einen Artefakt der benutzerseitigen Vorgabe von drei Clustern handeln könnte, obgleich u. U. keine statistisch signifikanten Unterschiede zwischen den hier mit den Nummern 2 und 3 bezeichneten Bereichen vorliegen, die eine Zuordnung zu unterschiedlichen Clustern rechtfertigen würden. Die Vorgabe einer Cluster-Anzahl von $k = 2$ könnte demnach genügen und zudem gebietsspezifische Unterschiede besser repräsentieren. Gestützt wird diese Annahme durch die Darstellung der Mittelwerte der drei Faktoren für den jeweiligen Cluster (Abb. 8-11c). Hieran wird deutlich, dass sich in jedem der drei Cluster die Wertebereiche von mindestens jeweils zwei der Hauptkomponenten deutlich überschneiden, die Mittelwerte folglich sehr ähnlich sind. Unterschiede zwischen den Clustern sind demnach offensichtlich z. T. nicht signifikant.

Zur Bestätigung der Hypothese, dass eine höhere Plausibilität des Modells mit zwei Clustern erzielt werden kann, wurde eine weitere *k-means*-Cluster-Analyse durchgeführt. Hierfür erfolgt die Vorgabe von $k = 2$ Clustern. Das Ergebnis dieser Cluster-Analyse ist in

Abb. 8-11b dargestellt. Ersichtlich ist, dass die Separierung des nordöstlichen Bereiches hier in der völlig gleichen Weise wie für $k = 3$ Cluster erfolgt (vgl. Abb. 8-11a). Eine unplausible Trennung des zentralen Hauptvorkommens in zwei Bereiche wird für $k = 2$ nicht mehr erzeugt. Dass diese Lösung deutlich besser das bestehende Vorwissen berücksichtigt, zeigt sich zusätzlich daran, dass nur in diesem Fall die Mächtigkeiten des am nördlichen Rand des Untersuchungsgebietes gelegenen isolierten Vorkommens vollständig richtig klassifiziert werden (vgl. Abb. 8-8a und Abb. 7-22a). Es werden alle drei hier vorhandenen Aufschlüsse dem nordöstlichen Cluster zugeordnet (siehe Vergrößerung in Abb. 8-11b). Auch die unmittelbar südlich des Nordostbereiches gelegenen Aufschlüsse werden richtig zugeordnet. Ergebnis der Homogenbereichsabgrenzung durch $k = 2$ Cluster ist zudem, dass Überschneidungen der Wertebereiche der Hauptkomponenten zwischen den einzelnen Clustern stark verringert worden sind (vgl. Abb. 8-11d mit Abb. 8-11c).

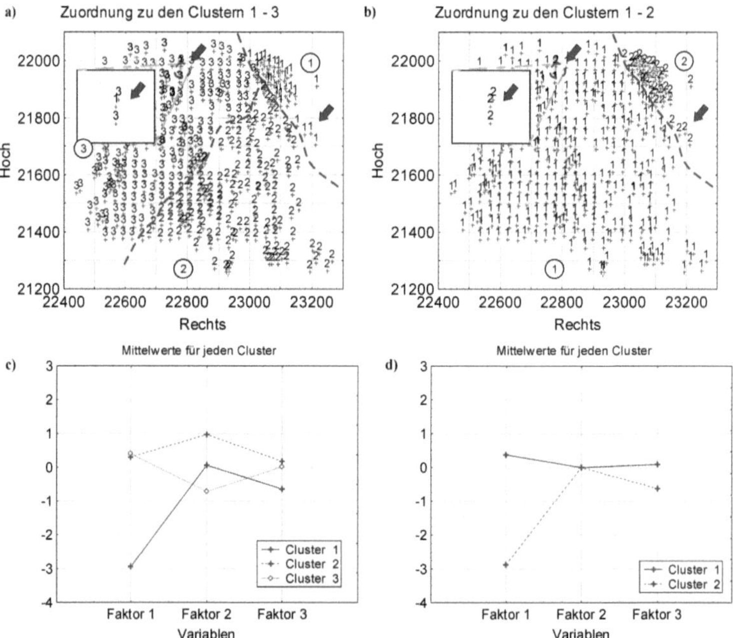

Abb. 8-11: a): Ergebnisse der *k-means*-Cluster-Analyse, $k = 3$: Zuordnung zu den Clustern 1 – 3 bei Verwendung der drei durch die PCA berechneten Hauptkomponenten, b): Ergebnisse der *k-means*-Cluster-Analyse, $k = 2$: Zuordnung zu den Clustern 1 – 2 bei Verwendung der drei durch die PCA berechneten Hauptkomponenten, c): Darstellung der Mittelwerte der drei Hauptkomponenten für die Lösung $k = 3$, d): Darstellung der Mittelwerte der drei Hauptkomponenten für die Lösung $k = 2$ Cluster.

Für den gegebenen Fall ist zusammenfassend eine Zwei-Cluster-Lösung als bessere Beschreibung der realen Verhältnisse anzusehen. Aus geostatistischer Sicht hat dies gegenüber $k = 3$ zudem den Vorteil, dass in den einzelnen Teildatensätzen jeweils größere Datenmengen für die Modellierung zur Verfügung stehen.

Basierend auf diesen Ergebnissen wurde für beide Cluster eine separate Variographie vorgenommen (Abb. 8-12b und c). Die beiden Variogramme zeigen deutliche Unterschiede sowohl im Vergleich zueinander als auch im Vergleich zum ursprünglichen, alle Daten umfassenden Datensatz (Abb. 8-12a). Die Durchführung einer Homogenbereichsabgrenzung wird damit nachträglich auch anhand geostatistischer Argumente legitimiert.

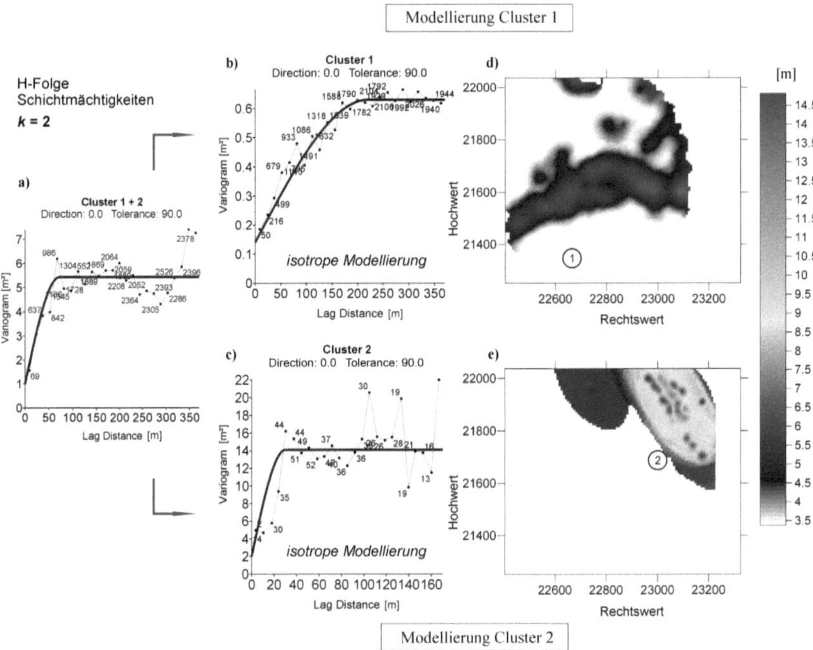

Abb. 8-12: Geostatistische Modellierung der Mächtigkeiten der H-Folge innerhalb der ermittelten Cluster für $k = 2$ nach Abb. 8-11b; a): ursprüngliches isotropes Variogramm für den gesamten Datensatz, b): isotropes Variogramm des Teildatensatzes für Cluster 1, c): isotropes Variogramm des Teildatensatzes für Cluster 2, d): geostatistisches Modell der Mächtigkeiten der H-Folge im Cluster 1, e): geostatistisches Modell der Mächtigkeiten der H-Folge im Cluster 2. *Hinweis*: Rechentechnisch bedingt reichen die Darstellungen in den Modellen d) und e) um einen geringen Betrag in den jeweils benachbarten Cluster hinein.

Das Variogramm des Teildatensatzes Cluster 1 (Abb. 8-12b) ist deutlich regelmäßiger und weniger erratisch als das des Gesamtdatensatzes. Es bietet daher weniger Spielraum bei der Auswahl eines Modells und bei dessen Anpassung (vgl. Abs. 8.4.1.1). Zudem weist es aufgrund des erheblich geringeren Nuggetwertes C_0 und der größeren Reichweite a auf eine deutlich höhere Kontinuität hin. Die gegenüber der Gesamtpopulation geringere Varianz findet ihren Ausdruck im geringeren Schwellenwert.

Das Variogramm des Teildatensatzes Cluster 2 (Abb. 8-12c) zeigt eine andere Struktur als das Variogramm der Punkte des Clusters 1. Es weist eine geringere Reichweite auf, zeichnet sich jedoch ebenfalls durch einen im Vergleich zum Ausgangsvariogramm reduzierten Nugget-Anteil C_0/C_{ges} aus. Trotz der geringeren Zahl der Werte dieses Clusters und der damit verbundenen geringeren Zahl an Wertepaaren in den einzelnen Schrittweiten ist eine noch recht gute Anpassung der Variogrammfunktion möglich. Die Verwendung nur der größten Werte der Schichtmächtigkeiten im Variogramm, die sich erwartungsgemäß auch in einem höheren Schwellenwert manifestieren, offenbart deutliche heteroskedastische Verhältnisse im Gebiet (vgl. Abb. 8-6d).

Basierend auf den gezeigten isotropen Variogrammen wurde eine separate geostatistische Schätzung in beiden Clustern durchgeführt. Die Ergebnisse sind in Abb. 8-12d und e wiedergegeben. Die unterschiedlichen Variogramme führen zu voneinander abweichenden Strukturen in den beiden Teildatensätzen. Auf die Modellierung anisotroper Verhältnisse in den beiden Clustern wurde hier aus zwei Gründen verzichtet: In Abs. 7.7.2.4 konnte dargelegt werden, dass eine bei Untersuchung des Gesamtgebietes ggf. sinnvoll erscheinende geometrische Anisotropie vermutlich als Artefakt der Anordnung derjenigen Aufschlusspunkte, an denen Mächtigkeiten $z > 0$ m erkundet wurden, in einem schmalen von WSW – ENE gerichteten Band und als Resultat des ebenfalls in ENE-Richtung gelegenen Wertemaximums aufzufassen ist. Eine u. U. im Cluster 1 zu verzeichnende Anisotropie müsste demnach ebenfalls auf diesen Effekt zurückgeführt werden. Demgegenüber erscheint im Cluster 2 eine anisotrope Variographie nicht gerechtfertigt, da diese eine nochmalige und richtungsspezifische Reduktion der verfügbaren Daten zur Folge hätte. Das in Abb. 8-12c gezeigte isotrope (omnidirektionale) Variogramm zeigt jedoch bereits jetzt deutliche erratische Schwankungen.

Eine Bewertung der beiden Teilmodelle sowie ein Vergleich mit dem ursprünglichen in Abs. 7.7.2.4 generierten Modell wurden durchgeführt. Die Ergebnisse der Kreuzvalidierung der beiden Teilmodelle sind in Tabelle 8-1 aufgeführt.

Tabelle 8-1: Fehlergrößen der Kreuzvalidierung der beiden Teilmodelle Cluster 1 bzw. 2.

Parameter	Bias[*]	MSE[*]	MAE[*]	RMSE[*]	MRE[*]	MARE[*]	RMSRE[*]
Cluster 1: Wert (für $z \geq 0$)	*0,0118*	**1,1261**	1,1701	**1,0612**	-[#]	-[#]	-[#]
Cluster 2: Wert (für $z > 0$)	**0,2909**	10,9865	2,5087	3,3146	0,2366	*0,6072*	**0,6820**

[*]: **Fettdruck**: Verbesserung gegenüber ursprünglichem Modell;
Kursivdruck: in der Größenordnung unverändert gegenüber ursprünglichem Modell
(Cluster 1 im Vergleich zu Zeile 1, Cluster 2 im Vergleich zu Zeile 2 aus Tabelle 7-5).

[#]: Berechnung relativer Fehler nicht möglich für $z \geq 0$.

Für einen Vergleich müssen im Falle des Clusters 1 wegen der hierin enthaltenen Nullmächtigkeiten die Werte der ersten Zeile in Tabelle 7-5, bei Cluster 2 die der zweiten Zeile herangezogen werden. Erwartungsgemäß zeigt Cluster 1 ein besonders deutliches Bild einer optimierten Schätzung. Demgegenüber ist das Bild bei der Schätzung von Cluster 2 nicht derart deutlich. Zwar ist auch der Bias gegenüber dem des ursprünglichen Modells reduziert worden, jedoch zeigen die übrigen Parameter zumeist gleiche oder höhere Fehler an. Erst bei Berücksichtigung der aufgedeckten heteroskedastischen Verhältnisse, d. h. der höheren Varianzen allein aufgrund der größeren Schichtmächtigkeiten, in der Berechnung des RMSRE erfolgt hier der Nachweis einer deutlichen Optimierung.

Eine anschließende Kombination beider Teilmodelle in einem gemeinsamen Modell könnte auf verschiedene Weise vorgenommen werden, sollte jedoch den Zweck des Modells berücksichtigen. Denkbar ist die Überlagerung beider erzeugten Schätzgitter und die Berechnung eines neuen Schätzwertes als gewichteter Mittelwert beider Einzelschätzungen. Die Wichtung beider Eingangswerte könnte hier so erfolgen, dass im Übergangsbereich die relative Nähe zum jeweils nächsten Clusterzentrum maßgebend ist.

Die vorangegangenen Ausführungen stellen exemplarisch die Modelloptimierung durch Homogenbereichsabgrenzung dar. Dabei wird es in jedem Schritt notwendig, die erzielten Teilergebnisse mit dem bestehenden Wissen über die Struktur und mit bereits vorhandenen Modellen abzugleichen. Auf diese Weise ist die Erzeugung potenziell plausiblerer Modelle möglich. Gegenüber einer manuell durchgeführten Ausweisung von Teilbereichen, die ebenfalls hätte als sinnvoll erachtet werden können und u. U. sogar die gleiche Zahl von Homogenbereichen und auch die gleiche Zuordnung der Einzelwerte in die beiden Homogenbereiche bevorzugt hätte, hat die beschriebene Methode zwar den Nachteil eines hohen rechnerischen Aufwands. Sie bietet jedoch die wahrscheinlich höher zu bewertenden Vorteile der Nachvollziehbarkeit, der Transparenz sowie dadurch auch der Kommunizierbarkeit der Entscheidungen des Anwenders. Zudem werden durch die Diskussion alternativer Teilschritte innerhalb des Modellierungsprozesses Argumente für eine bestimmte Vorgehensweise gesammelt, die insgesamt zu einer Legitimierung des endgültigen Modells beitragen können. Insofern könnte eine solche beschriebene Verfahrensweise auch als rechentechnische und damit „verobjektivierte" Umsetzung der Intuition des Anwenders aufgefasst werden. Eine vollständig manuelle Modellierung, die ggf. zum gleichen Ergebnis führen würde, könnte dagegen als Willkür oder Spekulation ausgelegt werden.

8.3.5 *Wertung*

Die Abgrenzung von Homogenbereichen ist sowohl aus statistischer als auch aus geostatistischer Sicht notwendig. Der betrachtete Untersuchungsgegenstand „quartärer baugeologischer Untergrund" weist verschiedene Strukturen auf, die Forderungen nach deren jeweils separater Modellierung auch aus fachtechnischer Sicht gerechtfertigt erscheinen lassen. Diese Modelle könnten einen grundsätzlich höheren Erklärungswert bieten sowie nach den in Kap. 7 aufgeführten Kriterien der Modellbewertung ein tendenziell höheres Qualitätsniveau erreichen. Zur rechnerischen Abgrenzung solcher Homogenbereiche kann auf klassische statistische Methoden zurückgegriffen werden, die sich auf verschiedene Weise mit den Variographie- und Schätzverfahren der Geostatistik kombinieren lassen. Der Einfluss des Anwenders ist hier entsprechend hoch und bereits bei der notwendigen Auswahl der Verfahren gegeben.

Für die spätere Vermittlung des geostatistischen Modells ist maßgeblich, dass die Auswahl der Verfahren begründet werden kann. Vorteilhaft und der auch zukünftigen Anwendung der gleichen Methoden förderlich dürfte es zudem sein, wenn die Auswahl aus einer Gruppe vergleichend zur Verfügung gestellter Methoden erfolgt und wenn nachgewiesen werden kann, dass trotz der mit der Homogenbereichsabgrenzung einhergehenden Reduktion des Datenumfangs in allen Homogenbereichen bessere Ergebnisse innerhalb der quantitativen Modellbewertung nach Abs. 7.5 erzielt werden.

Steuerungsmöglichkeiten durch den Anwender bestehen bei allen der aufgeführten Verfahren in der fachlichen Auswahl der Merkmale, die für die Klassifizierung verwendet werden sollen, in der Entscheidung, ob und wie bei multivariaten Datensätzen eine Normierung der verschiedenen Parameter erfolgen soll, sowie in der Frage, ob die Vorgabe einer erwarteten, z. B. geologisch plausiblen oder fachtechnisch noch interpretierbaren, Anzahl von Klassen erfolgt. Daneben sind die Anzahl der zu berechnenden Hierarchieebenen sowie die einzusetzenden Fusionsstrategien festzulegen. Schließlich ist es auf verschiedene Weise möglich, die Lage der Aufschlusspunkte innerhalb der jeweiligen Verfahren zu berücksichtigen, um so einerseits für die Erzeugung räumlich zusammenhängender Teile des Gebietes zu sorgen, die dann als echte Homogenbereiche angesprochen werden können. Andererseits sollten hierdurch auch die Autokorrelationseigenschaften der Daten erhalten bleiben, um eine geostatistische Modellierung noch sinnvoll erscheinen zu lassen.

Darüber hinaus werden je nach verwendeter Software nur einige der grundsätzlich für eine Homogenbereichsabgrenzung einsetzbaren Verfahren als Auswahl zur Verfügung gestellt. Andere Programme verwenden Voreinstellungen, deren Festlegung ohne Rücksicht auf die tatsächlich vorhandenen Daten erfolgt. Der Bezug vom konkreten Datenmaterial zu den Eigenschaften der Methoden fehlt. Unabhängig von den tatsächlichen Eigenschaften der Daten kann diesen zudem bei bestimmten Methoden eine Datenstruktur aufgeprägt werden, so dass sich in jedem Fall die charakteristischen Eigenschaften der Methode durchsetzen bzw. die Voraussetzungen zur Anwendbarkeit der Methode erzwungen werden. Dieser von FORMELLA (1991) und KERSTEN (1991) an hierarchischen Verfahren der Cluster-Analyse geäußerten Kritik kann grundsätzlich – wenn auch in abgeschwächter Form – bei anderen Verfahren der Homogenbereichsabgrenzung zugestimmt werden. Empirisch bestätigt wurde dies im Beispiel bei der Drei-Cluster-Lösung, in der allein durch die notwendigen Vorgaben des Anwenders (hier die Festlegung der Cluster-Anzahl) die Daten eine Struktur erhalten, die in keiner Weise die realen Gegebenheiten repräsentiert.

8.4 Geostatistische Schätzung

8.4.1 *Variographie*

8.4.1.1 *Schrittweite, Winkelschrittweite und Toleranzkriterien*

8.4.1.1.1 *Grundlagen*
Bei der experimentellen Variographie werden Differenzen von Wertepaaren $z(x)$ und $z(x+h)$ gebildet, deren Abstand genau h beträgt (vgl. Abs. 3.5.2).

Können bei der gewählten Schrittweite h keine Wertepaare gebildet werden, weil im gesamten Untersuchungsgebiet keine zwei Aufschlusspunkte den erforderlichen Abstand aufweisen, oder können nur sporadisch Wertepaare gebildet werden, deren geringe Anzahl nicht die Berechnung eines experimentellen Variogramms erlaubt, sind Toleranzkriterien einzuführen. Bei regulären Aufschlussrastern ist die Festlegung solcher Toleranzkriterien im Regelfall optional, da sich die festzulegenden Schrittweiten an den Entfernungen der Aufschlüsse und deren Vielfachen orientieren können. Bei irregulären Aufschlussmustern wird die Einführung von Toleranzkriterien grundsätzlich erforderlich sein (Abb. 8-13a). Im Einzelnen werden eine Schrittweitentoleranz Δh und eine Winkeltoleranz $\Delta\psi$ definiert, die die Verwendung auch außerhalb der festgelegten Schrittweite bzw. außerhalb der festgelegten Suchrichtung liegender Punkte erlauben. Zusätzlich kann in Abhängigkeit von der verwendeten Software z. T. eine Bandweite b definiert werden, die bei größeren Schrittweiten zu einer Beschränkung der tolerierten Aufschlusspunkte auf die in unmittelbarer Nähe zur Suchrichtung θ gelegenen Punkte führt. Auf diese Weise soll bei hohen Schrittweiten und großen Winkeltoleranzen ein allzu großes Anwachsen der Toleranzbereiche verhindert werden.

Mit Einführung der Toleranzkriterien wird zunächst der Mangel an Paarbildungen reduziert. So kann beispielsweise die Schrittweitentoleranz zu $\Delta h = \frac{1}{2} h$ gewählt werden. Damit kann bei der k-ten Schrittweitenklasse jeder Punkt im Intervall $[kh - \frac{1}{2} h, kh + \frac{1}{2} h]$ verwertet werden. Analoges gilt für die Winkeltoleranz $\Delta\psi$ und die Winkelschrittweite ψ. Hiervon kann in den seltenen Fällen einer ausreichend hohen Aufschlussanzahl abgewichen werden, wenn eine nachfolgende Glättung des Variogramms (vgl. Abb. 8-13c) abgewendet werden soll; CLARK (1979) empfiehlt etwa die Festlegung von Δh als 10 % des durchschnittlichen Abstands der Punkte. Darüber hinaus kann auch dem Problem zu geringer Datenmenge entgegengewirkt werden, wenn die Toleranzbereiche so gewählt werden, dass sie sich bei benachbarten Paarbildungen überlappen (z. B. $\Delta h > \frac{1}{2} h$). Damit gehen die Aufschlusspunkte bei der experimentellen Variographie mehrmals, d. h. in die Berechnung verschiedener $\gamma^*(h)$ ein.

Eng mit der Definition der Toleranzkriterien ist daher auch die Frage nach einer etwaigen Mindestanzahl der Wertepaare $[z(x_i), z(x_i+h)]$ bei einer bestimmten Schrittweite verbunden, bis zu der die Berechnung der jeweiligen $\gamma^*(h)$ noch sinnvoll erscheint. Hier besteht jedoch Uneinigkeit. Die Forderungen variieren von 10 (ISAAKS 2001b), 20 (ASTM 2004), 25 – 30 (SIEGEL, HOLLAND & FEAKES 1992), 30 (CHANG et al. 1998, GOOVAERTS 1997a), 30 – 50 (JOURNEL & HUIJBREGTS 1978, BROOKER 1989, TILKE 1995) bzw. 50 Punktpaaren $n(h)$ aus Gl. (3-7) (CHILÈS & DELFINER 1999). Seltener werden höhere Paaranzahlen verlangt (z. B. 50 – 100 bei BURROUGH & MCDONNELL 1998, 70 bei KREUTER 1996 und MARINONI 2000, 80 bei WEBSTER & OLIVER 1993, 100 bei SCHOELE 1979 und WEBSTER & OLIVER 1990). Diese Forderungen dürfen jedoch nicht als verallgemeinerbar gelten. Die tatsächlich erforderliche Mindestanzahl ist vielmehr im jeweils betrachteten Einzelfall festzulegen, u. a. in Abhängigkeit von der Schwankungsbreite des experimentellen Variogramms.

Ebenso dürften sich Empfehlungen zur Ausweisung eines Mindestgesamtumfangs von Werten für die geostatistische Modellierung, wie sie CLARK (1980), AKIN (1983a), WELLMER (1983), JUCH (1983), LEGENDRE & FORTIN (1989), WEBSTER & OLIVER (1992) und STEIN (1993) geben, nicht verallgemeinern lassen. Vielmehr dürfte die erforderliche Datenanzahl stark von den relativen Anteilen an „zufälliger" und strukturbedingter Variabilität (vgl. Abs. 4.2) und dem Verhältnis von Reichweite und Untersuchungsgebietsgröße abhängig sein. Gleiches gilt für die als notwendig zu erachtende Datendichte, wobei zu berücksichtigen ist, dass mit höherer Datendichte grundsätzlich auch andere Prozesse erfasst werden, was die Variabilität erhöhen und damit die Anpassung geeigneter Funktionen erschweren kann.

Abb. 8-13a erläutert die Definition der Toleranzkriterien zur Berechnung des experimentellen Variogramms bei irregulären Aufschlussverteilungen am Beispiel einer zweidimensionalen räumlichen Variation. Dargestellt ist die Ausbildung des Suchbereiches zur Ermittlung von Punktpaaren, ausgehend von einem beliebigen Aufschlusspunkt. Auf diese Weise kann auch bei einer Punktlage, deren Entfernung zum ersten Punkt nicht genau der Schrittweite oder deren Richtung nicht genau der Suchrichtung θ_i entspricht, eine Paarbildung ermöglicht werden.

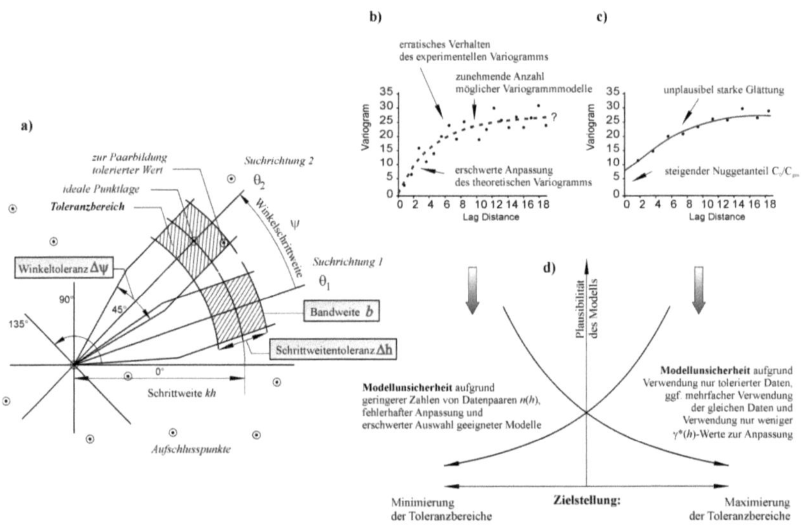

Abb. 8-13: a): Definition der Toleranzkriterien zur Ermittlung des experimentellen Variogramms in Anlehnung an DEUTSCH & JOURNEL (1997) und PANNATIER (1996); b): schematische Darstellung eines auf geringen Toleranzen basierenden Variogramms; c): schematische Darstellung eines auf erhöhten Toleranzen basierenden Variogramms; d): Abhängigkeit der Modellqualität von der Festlegung der Toleranzen.

In Abb. 8-13b und c werden die theoretisch zu erwartenden Auswirkungen geänderter Toleranzbereiche auf die Qualität des experimentellen Variogramms dargestellt. So ist anzunehmen, dass zu große Toleranzbereiche zu einer übermäßig starken Glättung des experimentellen Variogramms führen, wodurch zwar die deutlich einfachere Auswahl einer geeigneten theoretischen Variogrammfunktion und eine leichtere Ermittlung von deren Parametern erlaubt werden (Abb. 8-13c). Solche Fälle gehen jedoch mit einem größeren Nugget-Wert C_0 bzw. mit einem größeren Nugget-Anteil C_0/C_{ges} und mit einer größeren Reichweite a einher. Beides kann Auswirkungen auf das Modellergebnis und auf die Modellqualität haben. Im Gegensatz dazu ist zu erwarten, dass zu klein gewählte Toleranzbereiche zu einem immer stärker ausgeprägten erratischen Verhalten des experimentellen Variogrammes führen, wodurch die Auswahl einer Variogrammfunktion und deren Anpassung erschwert werden können. Eine Reduktion der Toleranzbereiche führt daher zu einer zunehmenden *Modellunsicherheit*, die auf der Heranziehung nur weniger Datenpaare pro Schrittweitenklasse bzw. pro Suchrichtung und dem damit einhergehenden erratischen Verhalten des experimentellen Variogramms beruht. Letzteres führt auch zu einer statistisch nicht mehr abgesicherten Festlegung der Variogrammparameter C und a.

Umgekehrt führt eine Vergrößerung der Toleranzbereiche bereits aufgrund der Verwendung nicht nur von Daten in Ideallage, sondern auch tolerierter Daten zu einer erhöhten *Modellunsicherheit*. In Abhängigkeit von der Abweichung der tatsächlichen Lage der Punkte von der Ideallage ist mit einer Überdeckung klein- und mittelskaliger Variabilität und mit einer Verhüllung etwaiger anisotroper Verhältnisse zu rechnen. Die letztgenannten Punkte treten besonders im Falle einer Überlappung der Toleranzbereiche in Erscheinung, d. h. wenn $(\theta_2 - \Delta\psi) < (\theta_1 + \Delta\psi)$. Hinzu kommt, dass die Einführung von Toleranzbereichen mit einer Abnahme der Zahl der Schrittweitenklassen einhergehen kann, so dass letztlich ebenfalls weniger Punkte zur Variogrammanpassung zur Verfügung stehen würden. In solchen Fällen treten dann zusätzlich das Problem eines steigenden Nuggetanteils C_0/C_{ges} und das Problem der starken Glättung des theoretischen Variogramms auf.

Die Festlegung optimaler Toleranzbereiche ist daher als Kompromiss zwischen der Möglichkeit der Aufdeckung kleinskaliger Strukturen und anisotroper Verhältnisse (kleine Schrittweitentoleranzen bzw. kleine Winkeltoleranzen), verbunden mit einer geringen Vertrauenswürdigkeit dieser Erkenntnisse, und der Ermittlung eines strukturell stark verallgemeinerten Variogramms (große Toleranzbereiche) aufzufassen (vgl. Abb. 8-13d). Letzteres wird zwar in Teilbereichen des Untersuchungsgebietes möglicherweise zu starke Abweichungen produzieren, jedoch durch Verwendung einer Vielzahl von Wertepaaren eine statistisch abgesicherte Basis darstellen und damit im Durchschnitt aller Schätzwerte eine realistischere Prognose erlauben.

Die Vorgehensweise bei der Erstellung dreidimensionaler Modelle unterscheidet sich nicht von der Darstellung in Abb. 8-13a (vgl. Abs. 5.3.3). Die Suchbereiche haben dann jedoch die geometrische Form eines Kugelsektors. Anstelle nur einer Winkelschrittweite wären zudem zwei Winkelschrittweiten zu definieren, die die Bewegung des Suchbereiches in zwei der drei Raumrichtungen beschreiben würden; die dritte Raumrichtung wird durch die Schrittweite h erfasst. Die Erzeugung dreidimensionaler Semivariogramme ist daher rechnerisch deutlich aufwändiger, folgt jedoch den gleichen Grundsätzen wie im zweidimensionalen Fall. Nur wenige Programme bieten die Möglichkeit hierfür. Eine effektive Nutzung dieser Möglichkeit scheitert jedoch oft an der in verschiedener Raumrichtung stark unterschiedlichen Datendichte und Datenmenge. Hierauf wurde bereits bei Betrachtung der Möglichkeiten einer dreidimensionalen Homogenbereichsabgrenzung hingewiesen (vgl. Abs. 8.3.3).

8.4.1.1.2   *Parameterstudie Toleranzkriterien (isotroper Fall – S1-Folge)*

Zur Verifizierung obiger Überlegungen zum Einfluss der Toleranzkriterien auf das Modellergebnis wurde eine Parameterstudie am Datensatz der Mächtigkeiten der S1-Folge
durchgeführt. In Abb. 8-14 sind die Ergebnisse der variographischen Analysen bis zu einer
maximalen Schrittweite von 1000 m dargestellt.

Variiert wurde sowohl die Zahl der Schrittweitenklassen k als auch die Schrittweitentoleranz Δh. Die Variogramme der mittleren Reihe (Nr. 9 – 12) basieren dabei auf einer
Schrittweitentoleranz von $\Delta h = \frac{1}{2}\,h$. Für das Variogramm Nr. 9 beträgt somit bei der Anzahl
von $k = 25$ Schrittweitenklassen die Schrittweite $h = 40$ m (= 1000 m /25), die Schrittweitentoleranz folglich 20 m. Bei den Variogrammen der oberen beiden Reihen werden die
Schrittweitentoleranzen auf $\Delta h = \frac{1}{4}\,h$ bzw. auf $\Delta h = \frac{1}{8}\,h$ reduziert, bei den Variogrammen
der unteren beiden Reihen auf $\Delta h = h$ bzw. auf $\Delta h = 2\,h$ erhöht. In den erstgenannten Fällen
können demnach ggf. nicht alle Werte $z(x_i)$ zur Berechnung der $\gamma^*(h)$-Werte verwertet werden,
während in den letztgenannten Fällen die gleichzeitige Verwendung von Werten $z(x_i)$ in
unterschiedlichen Schrittweiten h erlaubt wird.

An die erzeugten experimentellen Variogramme wurden theoretische Variogrammfunktionen, bestehend aus einer Kombination von Nugget-Modell und exponentiellem
Modell, unter Verwendung der in Abs. 8.4.1.4 beschriebenen Vorgehensweise angepasst. Die
im Zuge der Variogrammapproximation ermittelten Parameter C_0, C und a sind im jeweiligen
Modell vermerkt.

Weitere Parameter, wie z. B. die Variogrammfunktion und das Anpassungsverfahren,
wurden während der Untersuchungen nicht variiert. Inwieweit der Typ der Variogrammfunktion (hier: exponentielles V. nach Gl. (3-7)) oder die Art der rechnerischen Variogrammapproximation (hier: Anpassung nach CRESSIE 1985a) ebenfalls Einfluss auf das
Modellergebnis haben können, wird in den folgenden Abs. 8.4.1.2 und 8.4.1.4 untersucht.
Darin wird auch der Frage nachgegangen, ob grundsätzlich eine manuelle oder eine
automatische Variogrammanpassung zu bevorzugen ist.

Bei den in Abb. 8-14 dargestellten Variogrammen handelt es sich um omnidirektionale
Variogramme, da im Falle der S1-Folge bei Betrachtung des Gesamtgebietes von annähernd
isotropen Verhältnissen ausgegangen werden kann (vgl. aber Abs. 8.4.2.2). Durch den Nachweis isotroper Verhältnisse entfällt die Notwendigkeit einer richtungsspezifischen Suche und
damit auch die Einführung von Winkeltoleranzen. Die Auswirkungen einer Variation von
Winkelschrittweiten und Winkeltoleranzen werden daher erst in einer zweiten Parameterstudie am Beispiel der Schichtmächtigkeiten der U1-Folge untersucht (s. Abs. 8.4.1.1.3).

Die Darstellungen in Abb. 8-14 stützen die bereits in Abb. 8-13 zusammengefassten
Vermutungen über die zunehmende Glättung des experimentellen Variogramms bei sinkender
Zahl von Schrittweitenklassen und steigender Größe der Toleranzbereiche. Gleichzeitig
werden die Annahmen über die damit verbundenen theoretischen Variogrammmodelle und
die Ermittlung der Variogrammparameter bestätigt.

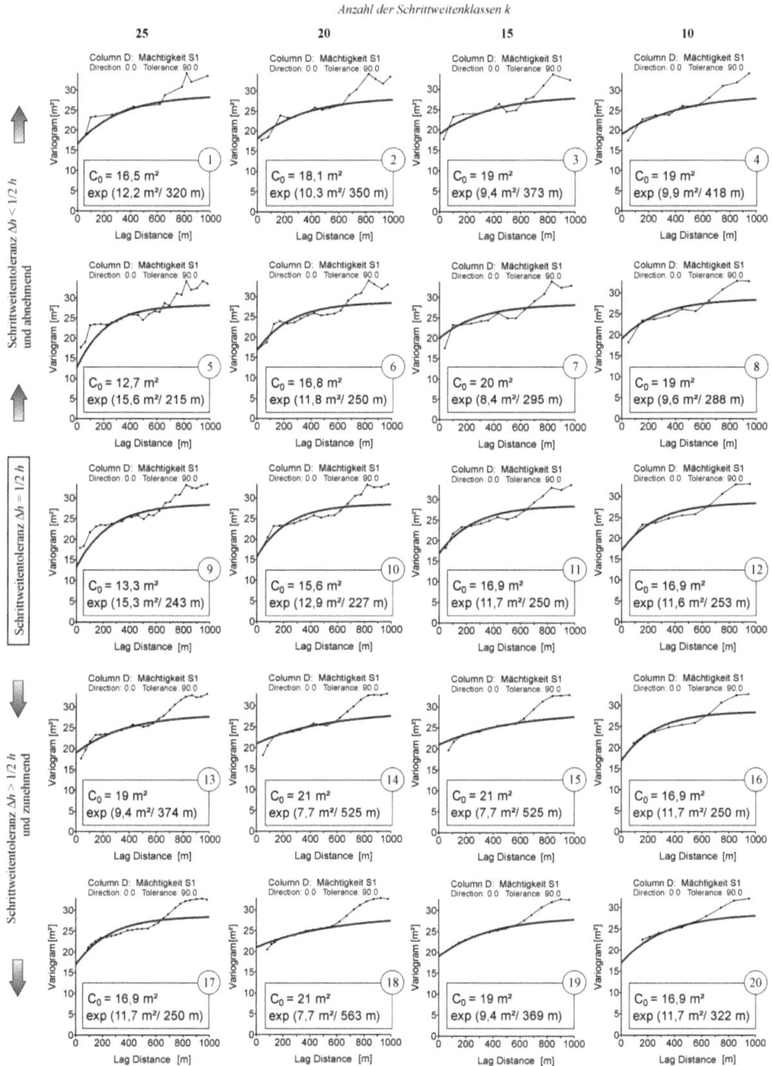

Abb. 8-14: Ergebnisse der Variation der Anzahl der Schrittweitenklassen und der Schrittweitentoleranz (S1-Folge, Mächtigkeiten; Anpassungsbereich 1000 m): experimentelle Variogramme, automatisch angepasste exponentielle Modelle und ermittelte Variogrammparameter; mittlere Reihe (Modelle 9 – 12): Schrittweitentoleranz $\Delta h = \frac{1}{2}\,h$, obere beiden Reihen (Modelle 5 – 8 bzw. 1 – 4): $\Delta h = \frac{1}{4}\,h$ bzw. $\Delta h = \frac{1}{8}\,h$; untere beiden Reihen (Modelle 13 – 16 bzw. 17 – 20): $\Delta h = h$ bzw. $\Delta h = 2\,h$.

Die Ergebnisse der Parameterstudie werden in Abb. 8-15 zusammengefasst. Dargestellt sind die Variogrammparameter C_0, C und a, die sich aus der Anpassung der exponentiellen Variogrammfunktion an die experimentellen Variogramme Nr. 1 bis 20 ergeben. Aus

Gründen der besseren Darstellung ist auf der Ordinatenachse nicht die Schrittweitentoleranz Δh, sondern die Schrittweite kh abgetragen; die Schrittweitentoleranz Δh ergibt sich jeweils als $\Delta h = 2\,h$ (Modelle 17 – 20), $\Delta h = h$ (Modelle 13 – 16), $\Delta h = \frac{1}{2}\,h$ (Modelle 9 – 12), $\Delta h = \frac{1}{4}\,h$ (Modelle 5 – 8) bzw. $\Delta h = \frac{1}{8}\,h$ (Modelle 1 – 4). Die Farbvariation der Isolinien verweist auf die entsprechenden Wertebereiche der ermittelten Parameter Nugget-Wert, Schwellenwert und Reichweite der approximierten Variogrammfunktion, während die an die Punkte angetragenen Nummern sich auf die Modellbezeichnungen aus Abb. 8-14 beziehen.

Aus den Darstellungen der Abb. 8-15 wird ersichtlich, dass tendenziell deutlich kleinere Nugget-Werte C_0 und damit potenziell genauere Modelle mit einer Erhöhung der Anzahl der Schrittweitenklassen erhalten werden können (Abb. 8-15a: Modelle 1, 5, 9, 13, 17). Da der Gesamtschwellenwert $C_{ges} = C_0 + C$ in allen Modellen nur sehr gering um einen nahezu konstanten Mittelwert von 28,6 m² streut, weisen diese Modelle jedoch gleichzeitig die größten Schwellenwerte C auf (Abb. 8-15b). Weniger deutlich kann eine Abhängigkeit der Reichweite a aus Abb. 8-15c ermittelt werden. Die Darstellung lässt jedoch die Vermutung gerechtfertigt erscheinen, dass kleinere Reichweiten unabhängig von der Anzahl der Schrittweitenklassen bevorzugt bei $\Delta h = \frac{1}{2}\,h$ (Modelle 9 – 12) angepasst werden. Demnach führen sowohl größere Schrittweitentoleranzen ($\Delta h = h$, $\Delta h = 2\,h$; Modelle 13 – 20) als auch kleine Schrittweitentoleranzen ($\Delta h = \frac{1}{4}\,h$, $\Delta h = \frac{1}{8}\,h$; Modelle 1 – 8) zu tendenziell größeren Reichweiten.

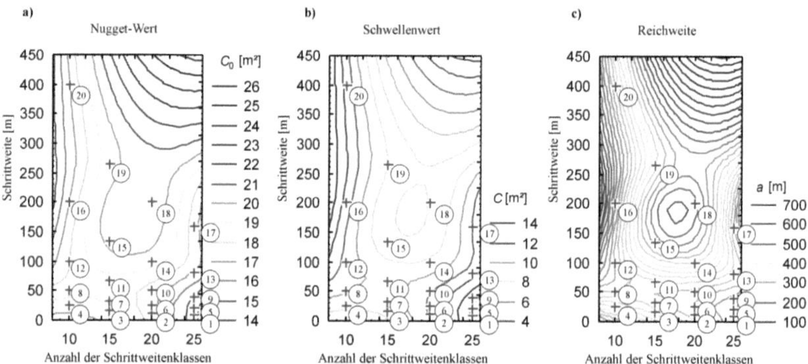

Abb. 8-15: Parameterstudie, experimentelle Variographie der Schichtmächtigkeiten der S1-Folge; Ergebnisse der Variation der Schrittweite (bzw. der Schrittweitentoleranz) und der Anzahl der Schrittweitenklassen; Abhängigkeiten der Variogrammparameter Nugget-Wert C_0, Schwellenwert C und Reichweite a von Schrittweitentoleranz und Schrittweitenklassenanzahl. Die Nummern verweisen auf die entsprechenden Modelle aus Abb. 8-14. Die festgestellten Ergebnisse wurden bereits in Abb. 8-13b und c prognostiziert.

Abb. 8-16 zeigt die auf Basis der in Abb. 8-14 angepassten Variogrammfunktionen erstellten *Ordinary-Kriging*-Schätzmodelle. Die Anordnung der Modelle 1 – 20 entspricht dem aus Abb. 8-14 bekannten Schema. Für die Darstellung ausgewählt wurde der Teilbereich zwischen RW:22400/HW:21000 und RW:23300/HW:22100. Die Schätzmodelle zeigen, dass besonders im Fall von $\Delta h = \frac{1}{2}\,h$ (Modelle 9 – 12) auch kleinräumig variable Oberflächen erzeugt werden. In den anderen Fällen werden zumeist deutlich glattere Modelle erzeugt, die zudem auffällige Unterschiede in Abhängigkeit von der Anzahl der Schrittweitenklassen zeigen.

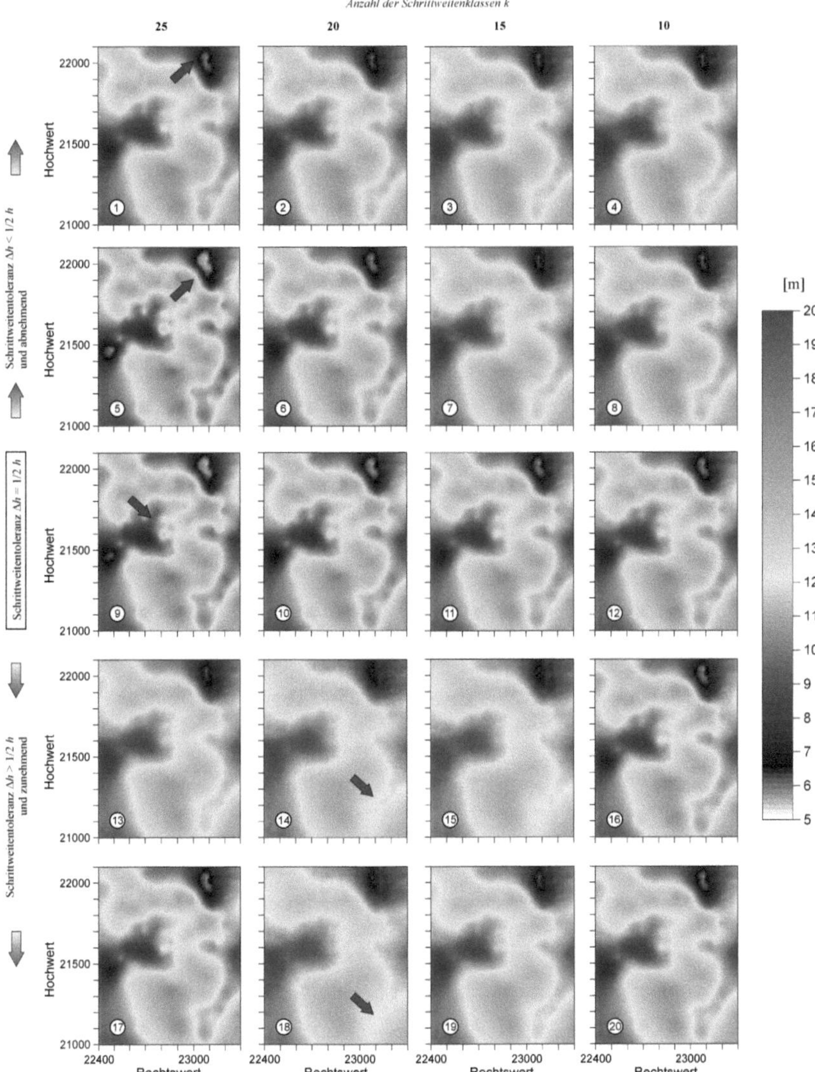

Abb. 8-16: Geostatistische OK-Modelle der Mächtigkeit der S1-Folge auf Basis der ermittelten Variogramm-parameter aus Abb. 8-14, AB = 1000 m; mittlere Reihe (Modelle 9 – 12): Schrittweitentoleranz $\Delta h = \frac{1}{2}\,h$, obere beiden Reihen (Modelle 5 – 8 bzw. 1 – 4): $\Delta h = \frac{1}{4}\,h$ bzw. $\Delta h = \frac{1}{8}\,h$; untere beiden Reihen (Modelle 13 – 16 bzw. 17 – 20): $\Delta h = h$ bzw. $\Delta h = 2\,h$. Die Pfeile verweisen auf Teilbereiche, in denen Unterschiede zwischen Modellen besonders deutlich hervortreten.

Die erzeugten geostatistischen Modelle 1 – 20 aus Abb. 8-16 wurden anschließend einer Kreuzvalidierung unterzogen. Für den Modellvergleich wurden der Bias-Fehler nach Gl. (7-3), der RMSRE nach Gl. (7-9) sowie der Korrelationskoeffizient R^2 zwischen den Werten z(estim.) der Schätzpopulation und den Werten z(obs.) der Ausgangspopulation verwendet. In der Abb. 8-17 werden die ermittelten Fehlergrößen den im Zuge der automatischen Anpassung ermittelten Modellparametern C_0, C und a aus Abb. 8-15 gegenübergestellt. In der oberen Reihe erfolgt der Vergleich anhand des RMSRE, in der mittleren anhand des Bias, in der unteren Reihe anhand von R^2. Die linke Spalte präsentiert die Abhängigkeit von C_0, die mittlere die von C, die rechte die von der Reichweite a. Die Nummer des jeweiligen Modells aus Abb. 8-15 und Abb. 8-16 ist in den Diagrammen vermerkt.

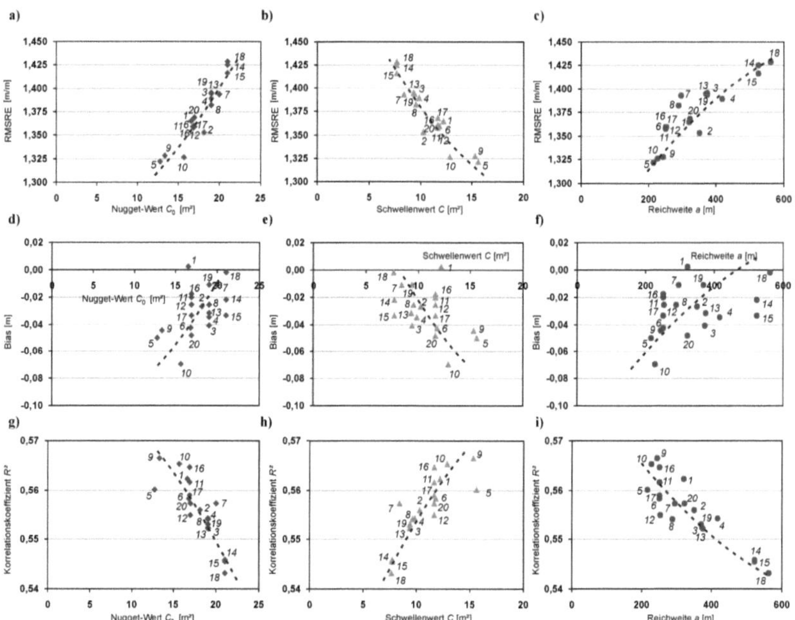

Abb. 8-17: Ergebnisse der Kreuzvalidierung der geostatistischen Modelle der Schichtmächtigkeit der S1-Folge; Abhängigkeit der Fehlerkriterien RMSRE, Bias und Korrelationskoeffizient R^2 von den im Zuge der Approximation ermittelten Modellparametern Nugget-Wert C_0, Schwellenwert C und Reichweite a; obere Reihe, a bis c): RMSRE; mittlere Reihe, d bis f): Bias; untere Reihe, g bis i): Korrelationskoeffizient R^2. Die Nummern in den Diagrammen beziehen sich auf die jeweiligen Modelle aus Abb. 8-14 und Abb. 8-16.

Die Ergebnisse der Kreuzvalidierung in Abb. 8-17 zeigen, dass hinsichtlich des RMSRE und hinsichtlich des Korrelationskoeffizienten R^2 qualitativ höherwertige Modelle erzeugt werden können, wenn ein kleinerer Nugget-Wert und eine kleinere Reichweite verwendet werden, während ein geringer Bias-Fehler tendenziell mit größeren Nugget-Werten und größerer Reichweite korreliert ist. Ein umgekehrtes Bild zeigen die Beziehungen der Fehlerkriterien im Fall des Schwellenwertes der Variogrammfunktion. Hier können im Hinblick auf den

RMSRE und auf den Korrelationskoeffizienten bessere Modelle mit größerem Schwellenwert, hinsichtlich des Bias jedoch mit kleinerem Schwellenwert erzeugt werden.

Bezieht man diese neuen Aussagen auf die Ergebnisse, die bereits aus der Untersuchung der Abhängigkeit der Variogrammparameter von der Anzahl der Schrittweitenklassen und der Schrittweitentoleranz des experimentellen Variogramms vorliegen (Abb. 8-15), können Schlussfolgerungen abgeleitet werden, wie diese beiden Parameter zu wählen sind, damit das erzeugte geostatistische Modell hinsichtlich eines ausgewählten Fehlerkriteriums optimal ist. So ist festzustellen, dass die Modelle 9 bis 12, bei denen die Schrittweitentoleranz zu $\Delta h = \frac{1}{2}\,h$ gewählt wurde, wodurch jeder Punkt x_i genau einmal für die Paarbildung herangezogen wird, hinsichtlich des RMSRE und hinsichtlich des Korrelationskoeffizienten R^2 stets qualitativ höherwertige Modelle liefern. Die Modelle 9 bis 12 führen demnach bevorzugt zu kleineren RMSRE bei gleichzeitig höheren R^2 (vgl. Abb. 8-17a – c und g – i). Akzeptiert werden müssen in diesen Fällen tendenziell stärkere statistische Verzerrungen, wie die Lage der Modelle 9 – 12 in den Diagrammen der Abb. 8-17d – f zeigt.

Abweichungen der Schrittweitentoleranz von $\Delta h = \frac{1}{2}\,h$ führen nach obigen Ergebnissen immer zu größeren RMSRE und zu geringeren R^2: Zwar ist erwartungsgemäß bei $\Delta h > \frac{1}{2}\,h$ eine zunehmende Glättung (vgl. Modelle 13 – 20 in Abb. 8-15) und bei $\Delta h < \frac{1}{2}\,h$ ein zunehmend erratischeres Verhalten des experimentellen Variogramms (vgl. Modelle 1 – 8 in Abb. 8-15) festzustellen. Unabhängig hiervon weisen die Modelle jedoch in beiden Fällen tendenziell größere RMSRE und tendenziell kleinere R^2 auf. Diese Feststellungen sind umso erstaunlicher, als im untersuchten Fall durchaus für Schrittweitentoleranzen $\Delta h < \frac{1}{2}\,h$ hätte plädiert werden können, da selbst unter diesen Bedingungen noch ausreichend Datenpaare in den einzelnen Schrittweitenklassen vorhanden wären. Das experimentelle Variogramm zeigt in diesem Fall ein weitaus realistischeres Verhalten, ohne durch übermäßig hohe Schrittweitentoleranzen eine zu starke Glättung zu erfahren. Nach den Ergebnissen der Kreuzvalidierung spiegelt sich dies jedoch nicht grundsätzlich auch in besseren Schätzmodellen wider, wie die Lage der Modelle 1 – 8 in den Diagrammen der Abb. 8-17 verdeutlicht.

Hinsichtlich der zu wählenden Anzahl der Schrittweitenklassen ist nach den Ergebnissen in Abb. 8-17 davon auszugehen, dass bei hoher Datenzahl und gleichzeitig hoher Datendichte, wie sie in dem untersuchten Beispiel der S1-Folge gegeben ist, eine höhere Zahl von Schrittweitenklassen zu einer besseren Variogrammapproximation und zu einer realistischeren Ermittlung der Variogrammparameter führt. Damit ist auch die Möglichkeit verbunden, tendenziell höherwertige Schätzmodelle zu erzeugen. Im untersuchten Fall spiegelt sich dies darin wider, dass die Modelle 12, 11, 10 und 9 in dieser Reihenfolge tendenziell sinkende RMSRE und tendenziell steigende R^2 aufweisen. Im Gegensatz hierzu steht jedoch die tendenzielle Abhängigkeit des Bias. Hier führt augenscheinlich die mit einer geringeren Zahl von Schrittweitenklassen verbundene Glättung des Variogramms (vgl. Modell 12 in Abb. 8-16) zu einer geringeren statistischen Verzerrung bei der Schätzung (Abb. 8-17d – f).

In welchem Maße die Variogrammparameter tatsächlich das Kriging-Modell beeinflussen und inwieweit sie für die Auswahl eines bestimmten Modells herangezogen werden können, wird in Abs. 8.4.1.5 untersucht. Hier wird zudem der Frage nachgegangen, ob obige Feststellungen verallgemeinerbar sind oder lediglich für das hier untersuchte Beispiels der Schichtmächtigkeiten der S1-Folge Gültigkeit haben, die durch eine hohe Zahl von Aufschlüssen und in einer hohen Aufschlussdichte erkundet worden ist.

8.4.1.1.3   Parameterstudie Toleranzkriterien (anisotroper Fall – U1-Folge)

Abschließend soll in einer weiteren Sensitivitätsanalyse ein Datensatz herangezogen werden, für den im Gegensatz zum vorherigen Beispiel deutliche anisotrope Verhältnisse erwartet werden dürfen. Ausgewählt wurde hierfür die Mächtigkeit der U1-Folge (vgl. Abs. 2.4, 7.7.2.1, Abb. 8-29b). Mit dieser neuen Sensitivitätsanalyse soll untersucht werden, welchen Einfluss die Winkelparameter der experimentellen Variographie (Winkelschrittweite ψ, Suchrichtung θ, Winkeltoleranz $\Delta\psi$) auf die Ausbildung des experimentellen Variogramms $\gamma^*(h)$, auf die Feststellbarkeit einer Anisotropie und auf die Anpassungsfähigkeit des späteren theoretischen Variogrammmodells $\gamma(h)$ haben. Derartige Untersuchungen konnten im vorherigen Fall der S1-Folge entfallen, da hier annähernd isotrope Verhältnisse nachgewiesen wurden. Für den dort untersuchten Fall gibt es lediglich eine einzige Suchrichtung θ, während die Winkeltoleranz $\Delta\psi = \pm 90°$ beträgt. Bei solchen *omnidirektionalen* Variogrammen ist daher die Angabe einer Winkelschrittweite ψ ohne Bedeutung; sämtliche möglichen paarweisen Kombinationen von Aufschlusspunkten gehen ohne Berücksichtigung ihrer richtungsmäßigen Differenz gleichzeitig in die Berechnung von $\gamma^*(h)$ ein.

Für den hier betrachteten Fall der U1-Folge wurden drei verschiedene Winkelschrittweiten gewählt ($\psi_1 = 60°$, $\psi_2 = 30°$, $\psi_3 = 15°$). Die Zahl der möglichen Suchrichtungen θ_i beträgt somit $180°/60° = 3$, $180°/30° = 6$ bzw. $180°/15° = 12$. Die Winkeltoleranz $\Delta\psi$ gemäß Abb. 8-13a wurde in jeweils 6 Schritten ($\Delta\psi = \pm 60°$, ..40°, ..30°, ..20°, ..10°, ..5°) variiert. Durch Kombination unterschiedlicher Suchrichtungen θ_i und verschiedener Winkeltoleranzen $\Delta\psi$ ergeben sich insgesamt 18 verschiedene experimentelle Variogramme im Fall von $\psi_1 = 60°$, 36 im Fall von $\psi_2 = 30°$ und 72 im Fall von $\psi_3 = 15°$. Die Schrittweite ist in allen Fällen $h = 16$ m; die Schrittweitentoleranz wurde im Ergebnis der obigen Parameterstudie an der S1-Folge einheitlich zu $\Delta h = \frac{1}{2}\,h = 8$ m festgelegt.

An jedes dieser insgesamt 126 experimentellen Variogramme wurden anschließend extern durch die in Abs. 8.4.1.4 beschriebene Verfahrensweise eine sphärische Variogrammfunktion und ein Nugget-Wert unter Verwendung des Wichtungsfaktors von CRESSIE (1985a) automatisch angepasst (vgl. S. 280f.). Die Variogramme sind mit ihrer jeweiligen optimalen Approximation durch die theoretische Variogrammfunktion im Anhang C ab S. 399 dargestellt. Erwartungsgemäß zeigen diejenigen experimentellen Variogramme eine höhere Schwankungsbreite, deren $\gamma^*(h)$-Werte auf nur geringen Anzahlen von Punktpaaren $n(h)$ basieren. Dies wiederum ist dann der Fall, wenn besonders kleine Winkeltoleranzen gewählt wurden, folglich nur solche Punkte berücksichtigt werden können, die nur geringe Abweichungen von der vorgegebenen Suchrichtung aufweisen.

Die Ergebnisse der theoretischen Variographie werden in Abb. 8-18 zusammengefasst. Hier werden die automatisiert ermittelten Variogrammparameter a, C und C_0 aus Anhang C für die drei unterschiedlichen Winkelschrittweiten ψ_i in Abhängigkeit von der jeweils verwendeten Winkeltoleranz $\Delta\psi$ und der Suchrichtung θ_i dargestellt.

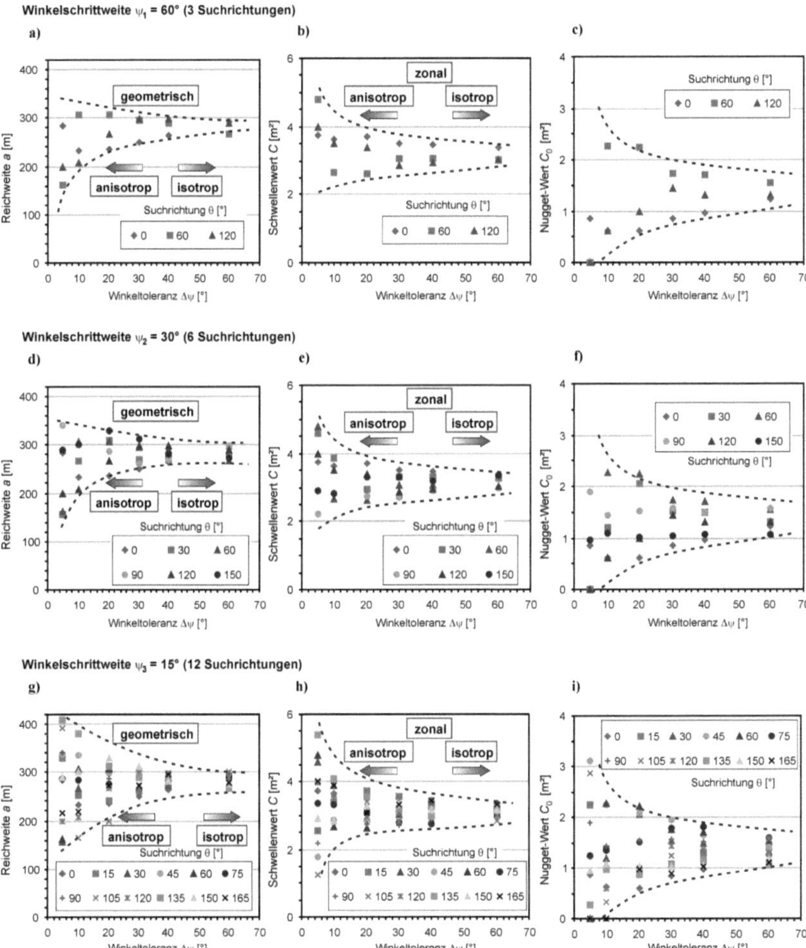

Abb. 8-18: Zusammenfassung der Ergebnisse der theoretischen Variographie (Mächtigkeiten U1-Folge), die mittels externer Variogrammapproximation durchgeführt wurde; obere Reihe, a bis c): ermittelte Variogrammparameter a, C und C_0 in unterschiedlicher Suchrichtung bei $\psi_1 = 60°$ in Abhängigkeit von der Winkeltoleranz $\Delta\psi$; mittlere Reihe, d bis f): dto. bei $\psi_2 = 30°$; untere Reihe, g bis i): dto. bei $\psi_3 = 15°$.

Bestätigt wird hierdurch zunächst die Erwartung, nach der größere Winkeltoleranzen geringere Unterschiede der ermittelten Variogrammparameter bei unterschiedlicher Suchrichtung nach sich ziehen. Verursacht wird dies durch die Tendenz, dass Punktepaare dann mehrmals, d. h. bei unterschiedlichen Suchrichtungen, verwendet werden. Dies führt zu deutlich glatteren experimentellen Variogrammen und verwischt Unterschiede zwischen verschiedenen Suchrichtungen (vgl. Abb. Anh. 3ff.). So geht z. B. aus Abb. 8-18a, d und g hervor, dass bei maximaler Winkeltoleranz von in diesem Falle $\Delta\psi = \pm 60°$ bei allen Suchrichtungen Reichweiten von etwa 290 m ermittelt werden. Ähnliches gilt bei $\Delta\psi = \pm 60°$ für den Schwellenwert, der dann im Mittel etwa 3,2 m² beträgt, und den Nugget-Wert, der zu etwa 1,4 m² bestimmt wurde. Da bei derart hohen Winkeltoleranzen Unterschiede zwischen verschiedenen Suchrichtungen offensichtlich nicht mehr festgestellt werden können, lassen sich anisotrope Verhältnisse nicht mehr nachweisen. Diese Einschränkung gilt sowohl für den Fall der geometrischen Anisotropie (richtungsabhängige Reichweite) als auch für zonale Anisotropien (richtungsabhängiger Schwellenwert).

Werden stattdessen möglichst kleine Winkeltoleranzen gewählt, lassen die experimentellen Variogramme im Regelfall oft keine typische Struktur erkennen; ein monotoner Anstieg im Nahbereich und ein deutlicher Schwellenwert fehlen dann (vgl. Abb. Anh. 3ff.). Zudem zeigen die Variogramme dann starke erratische Schwankungen, die eine manuelle Anpassung erheblich erschweren würden. Als Maß für diese Schwankungen des experimentellen Variogramms um das theoretische Variogrammmodell können die im Zuge der Approximation ermittelten Abstandsquadrate (WSS, vgl. Abs. 8.4.1.4) separat untersucht werden.

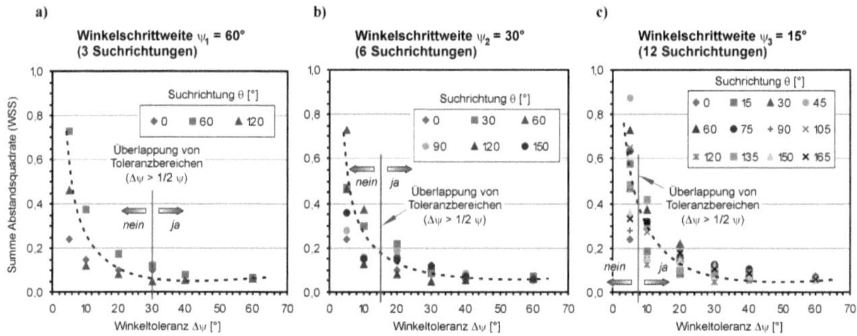

Abb. 8-19: Zusammenfassung der Ergebnisse der theoretischen Variographie (Mächtigkeiten U1-Folge). Im Zuge der Variogrammapproximation ermittelte Abstandsquadrate (WSS) in Abhängigkeit von der gewählten Winkelschrittweite ψ_i und der festgelegten Winkeltoleranz $\Delta\psi$ bei unterschiedlichen Suchrichtungen θ_i.

Abb. 8-19 zeigt die ermittelten Abstandsquadrate WSS in Abhängigkeit von der gewählten Winkelschrittweite ψ und der festgelegten Winkeltoleranz $\Delta\psi$ bei unterschiedlichen Suchrichtungen θ_i. Hiernach ist unabhängig von der jeweiligen Überlappung der Toleranzbereiche, die bei $\Delta\psi > \tfrac{1}{2}\psi$ einsetzen würde, ein deutlicher Anstieg der WSS bei $\Delta\psi < 30°$ festzustellen. Die Möglichkeit einer manuellen Anpassung eines geeigneten Variogrammmodells wird durch derartige Schwankungen des experimentellen Variogramms fast vollkommen ausgeschlossen.

Wählt man dagegen automatische Anpassungsverfahren, wird bei $\Delta\psi < 30°$ oft die Einführung von Nebenbedingungen erforderlich, um entweder die Konvergenz der Iterationen zu ermöglichen oder um fachlich unplausible Variogrammparameter, wie z. B. $C_0 < 0$, auszuschließen. Im betrachteten Beispiel der U1-Folge war dies mehrmals bei bestimmten Suchrichtungen und besonders kleinen Winkeltoleranzen der Fall. Hier obliegt es dem Anwender, die Nebenbedingungen so festzulegen, dass der Einfluss auf das Modellergebnis möglichst gering gehalten wird.

Die richtungsabhängig ermittelten Reichweiten der theoretischen Variogramme aus Abb. Anh. 3ff. können als Eingangsdaten für Untersuchungen herangezogen werden, ob eine Variation der Parameter θ und $\Delta\psi$ die Aufdeckung anisotroper Verhältnisse gestattet. Für diesen Zweck wurden die bei unterschiedlichen Suchrichtungen rechnerisch ermittelten Reichweiten $a = f(\theta, \psi, \Delta\psi)$ unter Ausnutzung trigonometrischer Beziehungen zur Darstellung in einem kartesischen Koordinatensystem umgerechnet und in dieses eingetragen. Berücksichtigt man zusätzlich die symmetrischen Verhältnisse, nach denen $a(\theta) = a(\theta+180°)$ ist, lassen sich Anisotropieellipsen an die richtungsabhängig ermittelten Reichweiten anpassen.

Die gewählte Vorgehensweise erlaubt die Bestimmung sowohl der Anisotropierichtung als auch des Anisotropiefaktors AIF. Abb. 8-20 zeigt die entsprechenden Darstellungen. Dabei enthält die obere Reihe diejenigen Reichweiten, die in Abb. Anh. 3 ermittelt wurden, die mittlere Reihe die aus Abb. Anh. 4 und Abb. Anh. 5, die untere Reihe die aus Abb. Anh. 6 bis Abb. Anh. 9. Das verwendete kartesische Koordinatensystem kann als Rechtswert-Hochwert-System analog zu den bisherigen Darstellungen von Kriging-Schätzmodellen aus dem Untersuchungsgebiet aufgefasst werden. Es darf daher erwartet werden, dass die Proportion und die Ausrichtung der Anisotropieellipse sich in der Darstellung der räumlichen Werteverteilung des untersuchten Parameters niederschlagen.

Aus den Darstellungen der Abb. 8-20 wird deutlich, dass sich die Ermittlung geometrischer Anisotropieverhältnisse umso schwieriger gestaltet, je weniger Suchrichtungen verwendet wurden. Hier kommt zudem bei geringen Winkeltoleranzen $\Delta\psi$ das Problem hinzu, dass divergierende Hauptanisotropierichtungen ermittelt werden können (vgl. in Abb. 8-20 $\psi_1 = 60°/\Delta\psi = 10°$ mit $\psi_1 = 60°/\Delta\psi = 5°$). Umgekehrt gilt mit geringer werdender Winkelschrittweite und damit größerer Anzahl von Suchbereichen, dass die Abweichungen der rechnerisch ermittelten Reichweiten von der angepassten Anisotropieellipse deutlich zunehmen. Diese Entwicklung deutet sich bereits bei moderaten Winkeltoleranzen von $\Delta\psi = 30°$ und $\Delta\psi = 20°$ an, tritt jedoch besonders deutlich bei $\Delta\psi = 5°$ hervor. Zwar werden hier mit kleinerem $\Delta\psi$ stets deutlichere Anisotropieverhältnisse erkannt (AIF steigt), die Anpassung der Anisotropieellipse basiert jedoch dann auf umso unsichererer Grundlage. So ist eine geeignete Anpassung im Falle von $\psi_3 = 15°$ und $\Delta\psi = 5°$ nicht einmal mehr durch Anwendung mathematischer Methoden möglich. Dieses Dilemma kündigte sich bereits in Abb. 8-18a, d und g an: Die Spannweite zwischen den hier ermittelten richtungsabhängigen Reichweiten deutete zwar bei sinkenden $\Delta\psi$ auf potenziell deutlicher ausgeprägte Anisotropieverhältnisse hin. Jedoch nimmt die Streuung gleichzeitig so stark zu, dass eine Anisotropieellipse dann nicht mehr angepasst werden kann.

Nach den vorliegenden Ergebnissen kann lediglich eine Abschätzung von Anisotropierichtung und Anisotropieverhältnis vorgenommen werden, während allgemein gültige Aussagen aufgrund deutlicher Abhängigkeiten von den gewählten Parametern θ, ψ und $\Delta\psi$

nicht möglich sind oder bei einer vermeintlich „genaueren" Variographie (kleine ψ, kleine $\Delta\psi$) nur unter Inkaufnahme erheblicher Unsicherheiten getroffen werden können. Eine Ausweitung der Toleranzkriterien führt dagegen zur Feststellung lediglich isotroper Verhältnisse. Der in Abb. 8-13d dargestellte Zielkonflikt wird dadurch bestätigt.

Als Abschätzung ist im betrachteten Beispiel von einer NNW–SSE bis NW–SE gerichteten geometrischen Anisotropie und einem Anisotropieverhältnis von etwa 1,3 bis etwa 1,8 auszugehen. Diese Angaben stimmen im Grundsatz mit den Ergebnissen von MARINONI (2000) überein. Sie gehen zudem mit den Feststellungen in Abs. 7.7.2.1 und 8.4.1.4 konform.

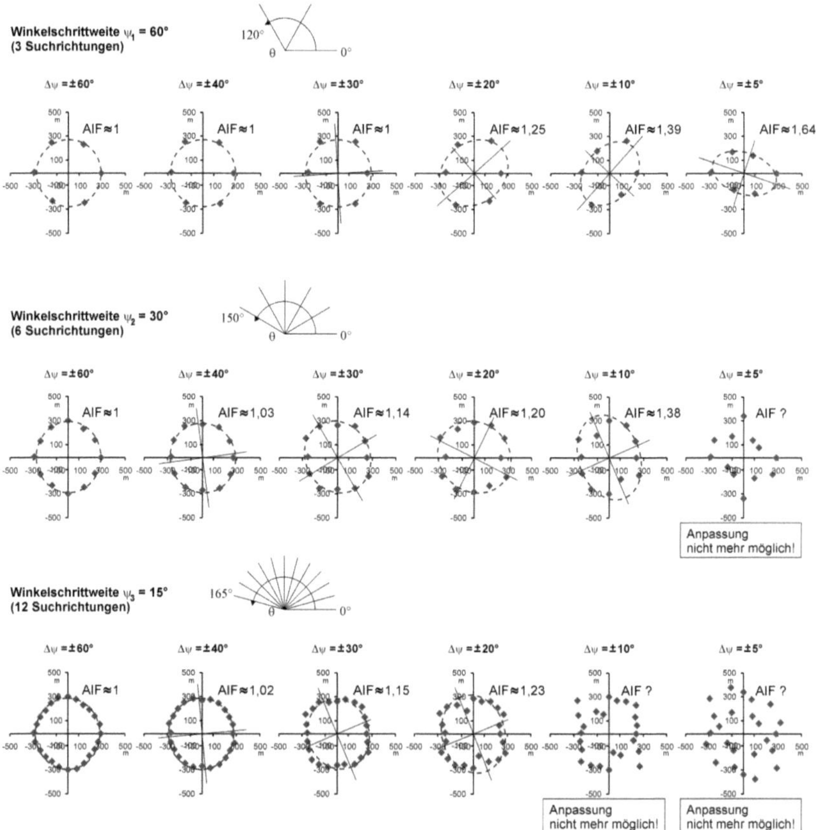

Abb. 8-20: Ergebnisse der theoretischen Variographie der Parameterstudie an den Schichtmächtigkeiten der U1-Folge; vergleichende Gegenüberstellung der ermittelten geometrischen Anisotropieverhältnisse bei unterschiedlichen Winkelschrittweiten ψ und unterschiedlichen Winkeltoleranzen $\Delta\psi$ (Rosendiagramme).

Ergänzend zeigt Abb. 8-21 die richtungsabhängig ermittelten Schwellenwerte $C = f(\theta, \psi, \Delta\psi)$ der theoretischen Variogramme aus Abb. Anh. 3ff. in analoger Weise zu Abb. 8-20. Mit dieser Darstellungsform wird die Aufdeckung zonaler Anisotropieverhältnisse ermöglicht.

Die Schwellenwerte wurden hierfür unter Ausnutzung trigonometrischer Beziehungen zur Darstellung in einem kartesischen Koordinatensystem umgerechnet und in dieses eingetragen. Mit Berücksichtigung symmetrischer Verhältnisse wird die Anpassung von Anisotropie-ellipsen an die Schwellenwerte erlaubt. Anders als im Fall der geometrischen Anisotropie dürfen die Darstellungen in Abb. 8-21 nicht als Rechtswert-Hochwert-Koordinatensysteme aufgefasst werden, aus denen sich Erwartungen an räumliche Strukturen innerhalb des Untersuchungsgebietes ableiten ließen. Die Ellipsen zeigen vielmehr, wie sich die Varianz der für eine direktionale Variographie herangezogenen Daten ändert, wenn die Suchrichtung variiert wird. Die Modellierung einer solchen zonalen Anisotropie ist innerhalb geo-statistischer Software nur behelfsweise durch Addition einer geometrischen Anisotropie mit praktisch unendlicher Reichweite a_{max} zum eigentlichen Modell möglich.

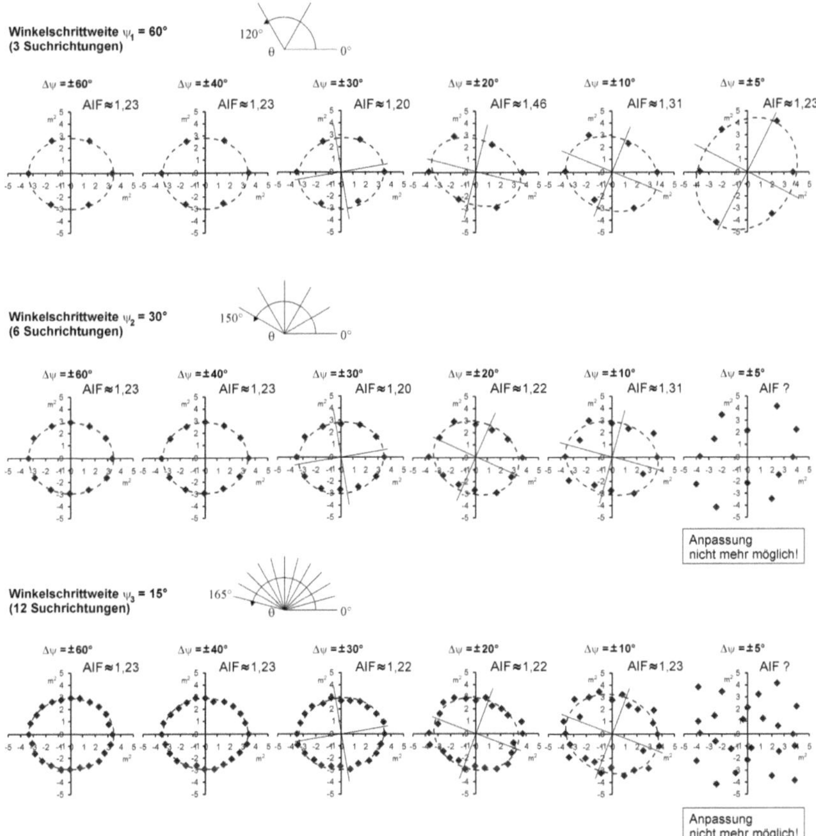

Abb. 8-21: Ergebnisse der theoretischen Variographie der Parameterstudie an den Schichtmächtigkeiten der U1-Folge; vergleichende Gegenüberstellung der ermittelten zonalen Anisotropieverhältnisse bei unterschied-lichen Winkelschrittweiten ψ und unterschiedlichen Winkeltoleranzen $\Delta\psi$ (Rosendiagramme).

Die Darstellungen in Abb. 8-21 ähneln qualitativ denen aus Abb. 8-20. Sie dokumentieren die in Abb. 8-18b, e und h gezeigten Abhängigkeiten des Schwellenwertes von der verwendeten Winkelschrittweite ψ und der Winkeltoleranz $\Delta\psi$. Auffällig ist hier vor allem, dass deutliche Streuungen und damit Schwierigkeiten bei der Anpassung der Anisotropieellipse erst bei $\Delta\psi = 5°$ oder $\Delta\psi = 10°$ festzustellen sind. Darüber hinaus zeigen sich auch hier divergierende Anisotropieverhältnisse bei sehr kleinen Winkeltoleranzen (vgl. z. B. $\psi_1 = 60°$, $\Delta\psi = 10°$ mit $\psi_1 = 60°$, $\Delta\psi = 5°$). Für das untersuchte Beispiel wäre nach den Darstellungen in Abb. 8-21 von einer zonalen Anisotropie von etwa AIF = 1,2 auszugehen. In dieser Größenordnung kann sie für die Kriging-Schätzung als vernachlässigbar gelten. Wichtiger noch als dieses Ergebnis ist die Erkenntnis, dass bei der Variogrammapproximation die Variogramm-parameter Schwellenwert und Reichweite signifikant negativ korreliert sind. Dies ließ sich bereits anhand Abb. 8-18 vermuten: Vergleicht man dort bei einer bestimmten Suchrichtung θ die Entwicklung der Reichweite bei unterschiedlicher Winkeltoleranz mit der des Schwellenwertes, so ist zumeist ein gegensätzlicher Verlauf festzustellen.

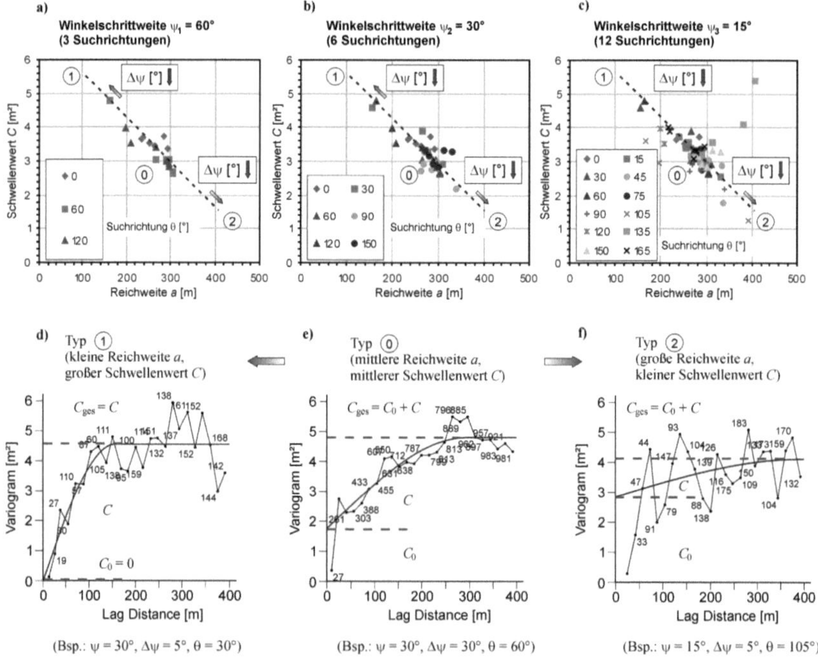

Abb. 8-22: Ergebnisse der theoretischen Variographie der Parameterstudie an den Schichtmächtigkeiten der U1-Folge; Gegenüberstellung der ermittelten Reichweiten und Schwellenwerte bei unterschiedlichen Such-richtungen θ, unterschiedlicher Winkelschrittweite ψ und unterschiedlichen Winkeltoleranzen $\Delta\psi$, a): für $\psi_1 = 60°$, b): für $\psi_2 = 30°$, c): für $\psi_3 = 15°$; negative Korrelation von Schwellenwert und Reichweite; d) – f): Grundtypen der erzeugten Variogramme, einschließlich jeweils eines Beispiels aus Abb. Anh. 3ff.

Abb. 8-22 fasst diese Beziehungen zusammen und differenziert nach den drei verschiedenen Winkelschrittweiten ψ_i. Die für die Darstellung verwendeten Symbole der einzelnen Suchrichtungen θ_i entsprechen denen aus Abb. 8-18 und Abb. 8-19.

In Abb. 8-22a – c kommt die negative Korrelation von C und a deutlich zum Ausdruck, wobei die meisten der insgesamt 126 Variogramme eine Reichweite und einen Schwellenwert aus dem mittleren Wertebereich aufweisen. Dies ist überwiegend bei hohen bis mittleren Winkeltoleranzen $\Delta\psi$ der Fall. Diese Form des Variogramms wird hier als Typ 0 bezeichnet. Mit sinkendem $\Delta\psi$ werden dagegen vornehmlich Variogrammfunktionen approximiert, die entweder einen hohen Schwellenwert bei gleichzeitig geringer Reichweite (Typ 1) *oder* einen niedrigen Schwellenwert bei hoher Reichweite aufweisen (Typ 2). Abb. 8-22d – f verdeutlichen dies anhand jeweils eines charakteristischen Variogramms aus Abb. Anh. 3ff. Maßgeblich verursacht wird die negative Korrelation von C und a durch die ungefähre Konstanz des Gesamtschwellenwertes $C_{ges} = C + C_0$ bei allen Modellen. In den Fällen, in denen aufgrund eines sehr erratischen experimentellen Variogramms ein großer Nugget-Wert C_0 und eine große Reichweite a anzupassen sind, wird daher auch ein kleiner Schwellenwert C angepasst (Abb. 8-22f). In entgegengesetzt gelagerten Fällen eines experimentellen Variogramms, das einen monotonen Anstieg im Nahbereich und eine deutlich erkennbare obere Grenze von $\gamma^*(h)$ mit einer geordneten Fluktuation aufweist, werden bevorzugt sehr geringe Nugget-Werte und entsprechend größere Schwellenwerte C angepasst (Abb. 8-22d).

Die Aufdeckung einer negativen Korrelation von Schwellenwert und Reichweite hat Auswirkungen auf die Feststellbarkeit anisotroper Verhältnisse beim Untersuchungsgegenstand: So zeigt jede der Hauptachsen der zonalen Anisotropieellipsen aus Abb. 8-21 eine Rotation um etwa 90° gegenüber der Hauptachse der entsprechenden geometrischen Anisotropieellipse aus Abb. 8-20. Dieser Effekt ist unmittelbarer Ausdruck der bevorzugten Approximation durch hohe Schwellenwerte bei geringen Reichweiten und umgekehrt. In der Konsequenz bedeutet die Feststellung der negativen Korrelation auch, dass eine gleichzeitige Ermittlung von zonaler und geometrischer Anisotropie nicht möglich sein wird. Das Hauptaugenmerk ist daher entweder auf die korrekte Ermittlung richtungsspezifischer Reichweiten (geometrische Anisotropie) oder auf die korrekte Ermittlung richtungsspezifischer Schwellenwerte (zonale Anisotropie) zu richten. Der jeweils andere Variogrammparameter wäre in beiden Fällen für die Modellierung manuell festzulegen.

Dieses Argument stützt die in Abs. 5.3.4, 5.4.3 und 8.3.3 vertretene These, dass die geostatistische Modellierung, d. h. insbesondere die Variographie, vorrangig als Instrument der bestätigenden Analyse vorhandener Hypothesen und erst nachrangig als Werkzeug der Generierung neuer Hypothesen über den geologischen Untersuchungsgegenstand verwendet werden sollte. Folgt man diesem Ansatz, müssten zunächst Informationen aus externen Untersuchungen vorliegen, um den möglichen Typ der in der Natur ausgeprägten Anisotropie zu bestimmen. Im Zuge der geostatistischen Modellierung wäre dann dieser Typ in die Variographie einzubringen, durch die dann lediglich Ausrichtung, Proportionen und Signifikanz der Anisotropie zu bestimmen wären. Liegen keine Vorinformationen über den Untersuchungsgegenstand vor, ist zwar rechnerisch eine Anpassung an eine geometrische *oder* an eine zonale Anisotropie möglich. In diesem Fall bleibt die Modellierung jedoch mit erheblichen Unsicherheiten behaftet. Darüber hinaus ist in diesem Fall eine Anpassung an den nach ISAAKS & SRIVASTAVA (1989) häufig anzutreffenden Mischtypus von geometrischer *und* zonaler Anisotropie nicht möglich.

8.4.1.2 *Die Bedeutung der Variogrammfunktion und ihrer Parameter*

Nach der Ermittlung des experimentellen Variogramms ist dieses durch eine zulässige Variogrammfunktion anzupassen. Die am häufigsten verwendeten Variogrammfunktionen sind das sphärische, das exponentielle und das GAUSSsche Modell (so z. B. MCBRATNEY & WEBSTER 1986; vgl. Abs. 3.5.3). Im Regelfall wird ohne konkreten Bezug zur Datengrundlage diejenige Variogrammfunktion ausgewählt, die das experimentelle Variogramm am besten approximiert.

Zur Prüfung, welchen Einfluss die Variogrammfunktion auf das Modellergebnis hat, wurde eine Sensitivitätsanalyse durchgeführt. Als Eingangsdaten wurden hierfür die erkundeten Schichtmächtigkeiten der S1-Folge verwendet. Herangezogen wurden für die Variographie und das Kriging diejenigen Aufschlüsse, die innerhalb eines Bereiches liegen, der durch die Hochwerte (HW) 21000 und 22100 sowie durch die Rechtswerte (RW) 22400 und 23300 begrenzt wird. Innerhalb dieses Bereiches ist nach der experimentellen Variographie von annähernd isotropen Verhältnissen auszugehen (vgl. Abs. 8.4.1.1.2).

An das experimentelle Variogramm der Mächtigkeiten dieses Bereiches wurden daher ausschließlich isotrope Modellfunktionen angepasst. Ausgewählt wurden das sphärische, das exponentielle und das GAUSSsche Modell. Die Anpassung erfolgte manuell, jedoch unter bevorzugter Beachtung des Funktionsverlaufs im interpolationsrelevanten Nahbereich sowie unter weitgehender Berücksichtigung der Zahl der Datenpaare des experimentellen Variogramms. Die Verfahrensweise lehnt sich damit an die Empfehlungen von Abs. 8.4.1.4 an. Die Schrittweitentoleranz wurde aufgrund der im vorigen Abs. 8.4.1.1.2 erzielten Ergebnisse so gewählt, dass sich überlappende Toleranzbereiche bei verschiedenen Schrittweiten vermieden werden.

Da im Regelfall in Abhängigkeit von der Größe des betrachteten Gebietes jeweils unterschiedliche Anpassungen des Variogrammmodells besonders geeignet erscheinen könnten, erfolgte die Variogrammapproximation bis zu verschiedenen maximalen Schrittweiten. Ausgewählt wurden die Anpassungsbereiche (AB) von 300 m, 500 m und 800 m. Insgesamt ergeben sich somit 9 Modelle, die in Abb. 8-23 dargestellt und im Weiteren als Modelle A bis I bezeichnet werden. Vermerkt sind jeweils die Parameter der angepassten Variogrammfunktion (C_0 sowie a und C, jeweils aus Gl. (3-10) bis (3-12)).

Der Vergleich der Variogrammfunktionen A bis I mit dem zugrunde liegenden experimentellen Variogramm der Schichtmächtigkeiten zeigt, dass alle verwendeten Approximationen als zulässig betrachtet werden können. Eine Beschränkung auf die Approximation mit nur einer bestimmten Variogrammfunktion oder nur innerhalb eines bestimmten Anpassungsbereiches kann daher bei dem untersuchten Datensatz nicht gefordert werden. Jedes dieser Variogrammmodelle hätte von einem Anwender ausgewählt und für die

Schätzung herangezogen werden können; verschiedene Anwender könnten hierbei unterschiedliche Präferenzen zeigen.

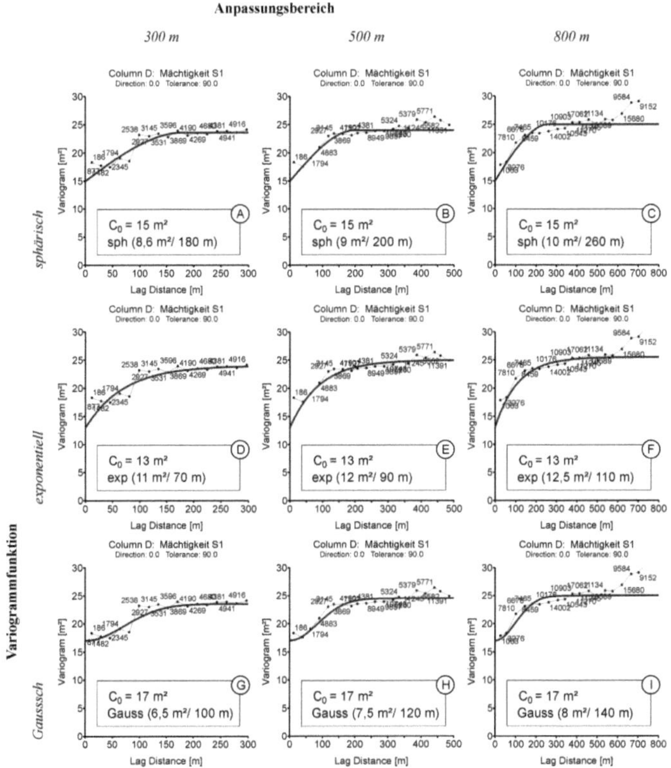

Abb. 8-23: Experimentelles Variogramm der Schichtmächtigkeiten der S1-Folge und angepasste Variogrammfunktionen, Modelle A bis C: sphärische Funktionen, Modelle D bis F: exponentielle Funktion, Modelle G bis I: GAUSSsche Funktion; unterschiedlicher Anpassungsbereich von 300 m (linke Spalte), 500 m (mittlere Spalte) bzw. 800 m (rechte Spalte).

Anhand der angepassten theoretischen Variogrammfunktionen wurden durch Ordinary Kriging geostatistische Modelle erzeugt, die in Abb. 8-24 dargestellt sind. Die Bezeichnungen und die Anordnung der Modelle entsprechen denen aus Abb. 8-23. Im Vergleich der räumlichen Werteverteilungen sind Unterschiede sowohl zwischen Modellen unterschiedlicher Variogrammfunktion als auch bei gleichem Variogramm, jedoch unterschiedlichem Anpassungsbereich festzustellen: Zwar lassen alle Modelle A bis I die jeweils gleichen großskaligen geologischen Strukturen erkennen, Differenzen ergeben sich jedoch bei der Kontinuität, der Rauigkeit der erzeugten Oberfläche sowie bei der kleinmaßstäblichen Variabilität.

Die mit exponentiellen Variogrammfunktionen erzeugten Modellen D bis F zeigen die höchste Variabilität auf, wobei bedingt durch die mit steigender Größe des Anpassungsbereiches zunehmend größere angepasste Reichweite die Tendenz besteht, kleinskalige Strukturen stärker zu glätten. Die Modelle A bis C, die mit sphärischen Variogrammfunktionen erzeugt wurden, zeigen gegenüber den Modellen D bis F eine geringere Variabilität, wobei auch hier mit größerem Anpassungsbereich die Tendenz zur Überdeckung feinerer Strukturen besteht. Erwartungsgemäß zeigen die Modelle G bis I, die auf GAUSSschen Variogrammfunktionen basieren, die größte räumliche Homogenität. Neben kleineren werden auch mittelskalige Strukturen sehr stark geglättet. Dieser Effekt ist bei größerem Anpassungsbereich augenscheinlich stärker als bei den anderen untersuchten Variogrammfunktion ausgeprägt.

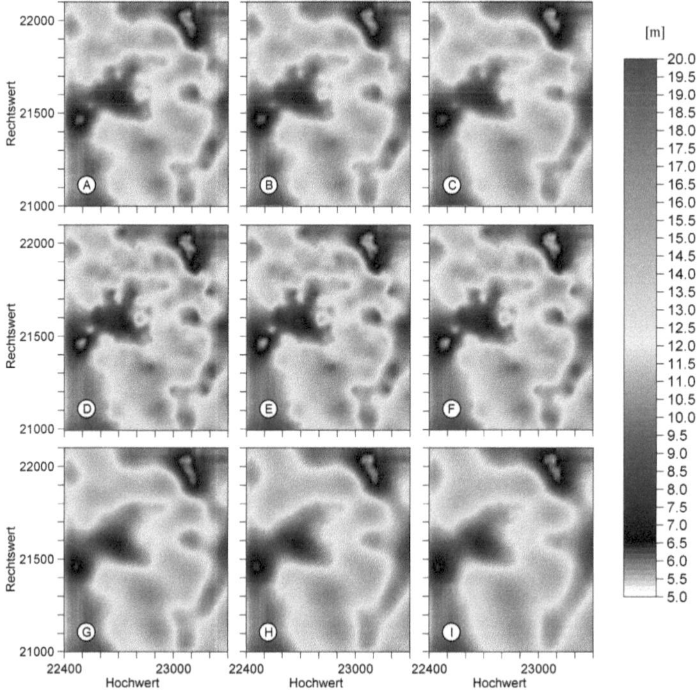

Abb. 8-24: Geostatistische Modelle der Mächtigkeit der S1-Folge, die anhand der isotropen Variogramme erzeugt wurden. Die schematische Anordnung der Modelle A bis I entspricht der bereits in Abb. 8-23 verwendeten Reihenfolge.

Zur Prüfung, ob die visuellen Unterschiede zwischen den Modellen auf signifikante Unterschiede der erzeugten Werteverteilung zurückzuführen sind oder Hinweise auf signifikante Abweichungen von der Werteverteilung der Eingangsdaten geben, wurden von den jeweils mittels Kriging erzeugten neun Schätzpopulationen A – I die Verteilungsparameter Mittelwert und Standardabweichung berechnet. Durch diesen Ansatz wird es möglich zu prüfen, ob bei einer bestimmten der Variogrammfunktionen die jeweilige Schätzpopulation systematische Abweichungen von der Stichprobenpopulation der Eingangsdaten aufweist. Dies erlaubt auch

Schlüsse darauf, ob bei dem hier untersuchten Datensatz eine der verwendeten Variogramm-funktionen eine die anderen übertreffende Prognoseeignung besitzt.

Tabelle 8-2:   Vergleich der auf Basis unterschiedlicher Vario-grammfunktionen erzeugten Modelle.

Variogrammfunktion			Parameter der Schätz-population		Fehlergrößen (Kreuzvalidierung)		
Typ	AB[*] [m]	Bez.[+]	$\bar{x}$ [m]	s [m]	Bias [m]	RMSRE [m/m]	R^2
sphärisch	300	A	11,86	2,24	-0,01	1,34	0,55
	500	B	11,85	2,26	-0,03	1,37	0,55
	800	C	11,85	2,26	-0,03	1,33	0,55
exponentiell	300	D	11,87	2,29	-0,03	1,34	0,55
	500	E	11,85	2,34	-0,03	1,33	0,56
	800	F	11,83	2,36	-0,02	1,33	0,55
GAUSSsch	300	G	11,85	2,18	-0,03	1,37	0,55
	500	H	11,83	2,22	-0,03	1,34	0,56
	800	I	11,82	2,23	-0,01	1,35	0,56

[*]) AB: Anpassungsbereich; maximale Schrittweite, bis zu der die Variogrammanpassung erfolgt.

[+]) Bez.: Bezeichnung des Modells aus Abb. 8-23 und Abb. 8-24.

Darüber hinaus wurde durch eine Kreuzvalidierung geprüft, ob mit der Verwendung unter-schiedlicher Variogrammfunktionen eine grundsätzlich andere Modellgüte erzielt werden kann. Mittelwert und Standardabweichung der Schätzpopulationen sind zusammen mit den nach der Kreuzvalidierung berechneten Fehlergrößen Bias, RMSRE und R^2 differenziert nach dem verwendeten Modelltyp und der Größe des Anpassungsbereiches (AB) in der Tabelle 8-2 wiedergegeben.

In Abb. 8-25 werden zusätzlich die nach der Kreuzvalidierung berechneten Parameter Bias, RMSRE und R^2 für die drei Modellfunktionen und die drei Anpassungsbereiche ver-gleichend gegenübergestellt. Ein als signifikant zu bewertender Trend, der auf eine kausal bedingte Abhängigkeit der Modellgüte entweder von der verwendeten Modellfunktion oder von der gewählten Größe des Anpassungsbereiches hinweisen könnte, ist nicht festzustellen. Auffällig ist lediglich, dass mit größerem Anpassungsbereich die erzeugte Kriging-Population eine größere Streuung, d. h. eine höhere Standardabweichung s, aufweist (vgl. Tabelle 8-2). Dies ist darauf zurückzuführen, dass mit größerem Anpassungsbereich auch die Variation großskaligerer geologisch-genetischer Prozesse erfasst wird, deren Werteverteilungen eine größere Schwankungsbreite aufweisen werden. Eine approximierte Variogrammfunktion wird hier tendenziell höhere Schwellenwerte, eine hierauf basierende Schätzpopulation folglich eine höhere Streuung aufweisen. Hinsichtlich der zu erwartenden Modellqualität können hieraus keine Schlussfolgerungen abgeleitet werden. Darüber hinaus zeigt der Vergleich, dass der beschriebene Effekt unabhängig von der jeweiligen Variogrammfunktion auftritt.

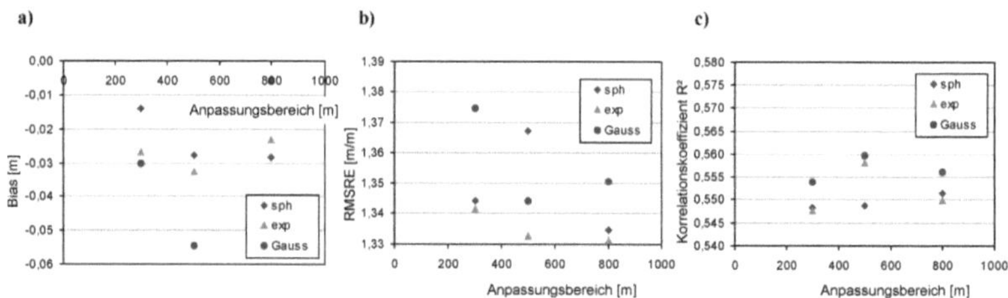

Abb. 8-25: Ergebnisse der Kreuzvalidierung der geostatistischen Modelle A bis I der Schichtmächtigkeit der S1-Folge in Abhängigkeit vom Modelltyp und der Größe des Anpassungsbereiches, a): Bias nach Gl. (7-3), b): RMSRE nach Gl. (7-9), c): Korrelationskoeffizient R^2 zwischen geschätzten und wahren Mächtigkeiten.

Aus den Ergebnissen dieser Sensitivitätsanalyse kann für das betrachtete Beispiel geschlossen werden, dass die Auswahl einer als geeignet anzusehenden Variogrammfunktion weder anhand des Vergleichs der Schätzpopulation mit der Population der Eingangsdaten noch anhand einer Kreuzvalidierung erfolgen kann. Stichhaltige Hinweise auf eine notwendige Bevorzugung einer bestimmten Funktion können aus keiner der beiden Untersuchungen gewonnen werden. Unabhängig vom Typ der Variogrammfunktion und von der Größe des Bereiches, innerhalb dessen die Anpassung der Funktion an das experimentelle Variogramm erfolgt, unterscheiden sich die berechneten Parameter der Modelle A bis I nur geringfügig. Qualitativ ähnliche Ergebnisse wurden auch durch STEIN (1989), ARMSTRONG & DIAMOND (1984b) und CRESSIE & ZIMMERMAN (1992) ermittelt. Die Auswahl der konkreten Variogrammfunktion ist hiernach als zweitrangig einzustufen.

Als ursächlich ist für das hier untersuchte Beispiel die hohe räumliche Datendichte, d. h. die Zahl der Aufschlüsse pro Flächeneinheit, zu vermuten. Da in den verfügbaren Software-programmen die Zahl der für die Schätzung an den Knotenpunkten des Schätzgitters herangezogenen Eingangswerte begrenzt ist, werden in dem Fall, dass im definierten Such-bereich die Zahl der Eingangswerte N diesen Maximalwert N_{max} überschreitet, nur die nächstgelegenen N_{max} Punkte verwendet. Der Bereich dieser Schätznachbarschaft ist im unter-suchten Beispiel stets deutlich kleiner als der zulässige Suchbereich. Das Modellergebnis und die Modellgüte werden jedoch maßgeblich vom Funktionsverlauf in diesem Nahbereich be-stimmt; hier zeigen die Kurven A bis I nur geringe Unterschiede. Auch die innerhalb der Schätzung den N_{max} zugewiesenen Gewichte $\lambda_i = f(\gamma(h))$ unterscheiden sich daher nur geringfügig. Die Modelle zeigen daher nur geringe Differenzen in ihrer Qualität.

Da dennoch in der räumlichen Werteverteilung markante Unterschiede zwischen Modellen verschiedener Variogrammfunktion und moderate Unterschiede zwischen den Modellen verschiedener Anpassungsbereiche bestehen (vgl. Abb. 8-24), objektive Argumente für die

Auswahl von Variogrammfunktion und Anpassungsbereich jedoch fehlen, verbleibt die Verantwortung zur Festlegung dieser Parameter beim Anwender.

8.4.1.3 Die Auswahl der Variogrammfunktion

Da zur Akzeptanz des Modells durch die späteren Nutzer im Regelfall eine Begründung für diese Festlegungen erforderlich werden dürfte, besteht keine andere Möglichkeit, als durch Überlegungen zu den geologischen Prozessen Argumente für eine entsprechende Auswahl von Variogrammfunktion und Anpassungsbereich zu sammeln.

Dies und die Tatsache, dass die Eingangsdaten nicht nur zur Interpolation an unbeprobten Orten herangezogen werden, sondern gleichzeitig auch der Ermittlung der Kovarianzstruktur für diese Schätzung dienen, ist häufiger Kritikpunkt an der Geostatistik. Diese Kritik stützt sich zum einen auf die aus statistischer Sicht unvorteilhafte zweimalige Verwendung der gleichen Daten, zum anderen auf die Erkenntnis, dass ggf. bereits vorliegende Informationen über das Untersuchungsobjekt nicht ausreichend bei der Entscheidung für eine der Variogrammfunktionen gewürdigt werden können.

Aus diesen Gründen ist oftmals die Forderung erhoben worden, den Typ der Kovarianzstruktur, d. h. die Variogrammfunktion, unmittelbar aus Kenntnissen über die physikalischen Zusammenhänge des Untersuchungsgegenstandes abzuleiten. Dies wird von ISAAKS & SRIVASTAVA (1989), GOOVAERTS (1997a) u. a. übereinstimmend als der für die Erstellung eines realitätsnahen Modells bedeutendste Faktor angesehen. Zwar könnten demnach auch andere Variogrammfunktionen oder Parameterkombinationen ein qualitativ gleichwertiges und ebenso geeignetes Modell erzeugen, jedoch können nur solche Variogrammfunktionen, deren Typus sich unmittelbar aus prozessspezifischen Überlegungen ergibt, zu einem realistischen Modell führen. Letzteres gilt besonders dann, wenn das Modell nicht nur zur Beschreibung und Darstellung der vorliegenden Daten, sondern auch zur Prognose zukünftiger Daten dienen soll. Hier wäre bei einem nicht auf der Prozesskenntnis basierenden Modell mit zunehmender Menge an neu in das Modell zu implementierenden Daten mit wachsenden Abweichungen zu rechnen.

Die grundsätzliche Idee, geeignete theoretische Variogrammfunktionen nicht ausschließlich durch statistische Anpassung des experimentellen Variogramms, sondern durch geologische Betrachtungen auszuweisen, hat unter dem Begriff *geological control* Eingang in die Literatur gefunden. War damit zunächst nur die allgemeine Erkenntnis umschrieben, dass Variogramme nicht allein statistische, sondern geologisch-genetisch bedingt Konstrukte sind (z. B. RENDU & READDY 1982, RENDU 1984a, BENEST & WINTER 1984), so ist damit in der Folgezeit immer mehr die bevorzugte Herleitung der Variogrammfunktion gemeint (z. B. SINCLAIR & GIRAUX 1984, COOMBES 1997, SAHIN *et al.* 1998, HOULDING 2000 u. a.). Möglichkeiten, dieser Forderung auf *mathematischem* Wege entgegenzukommen, bestehen vor allem bei bestimmten Strömungs- und Transportprozessen (DONG 1990 *cit. in* KROM & ROSBJERG 1998, GELHAR & AXNESS 1983, DAGAN 1990, PTAK 1993) oder bei ausgewählten Phänomenen geophysikalischer Natur (MENZ 2000b). Für jeweils spezifische Untersuchungsobjekte leiten GALLI, GERDIL-NEUILLET & DADOU (1984) aus solchen Überlegungen ein kubisches Modell, SCHULZ-OHLBERG (1992) ein Potential-Modell, KNOSPE (2001) ein exponentielles bzw. ein GAUSSsches Modell ab.

Beiden genannten Anwendungsfeldern, der Strömungs- und Transportmodellierung wie auch der Geophysik, ist die hier möglich erscheinende Fokussierung auf genau einen interessierenden Prozess gemein, während geologische Strukturen als Produkt einer Vielzahl von Prozessen aufzufassen sind, deren Vielfalt und Wirkungsweise zwar nicht vollständig unbekannt sind. Aussagen über diese Prozesse und ihre gegenseitige Verknüpfung sind jedoch nur mit einem Grad an Sicherheit möglich, der eine *mathematische* Ableitung von Parametern nicht gestattet. Die Unmöglichkeit der exakten mathematischen Herleitung der korrekten Variogrammfunktion und ihrer Parameter darf jedoch nicht als Indiz für eine etwaige geringe Eignung geostatistischer Methoden für die Geologie aufgefasst werden. Vielmehr besteht hier nur ein deutlich größerer Aufwand für den Anwender, Modelle auszuwählen und sie zu legitimieren.

Überwiegend wird daher für eine empirische Auswahl von Variogrammfunktionen, basierend auf Referenzprojekten, plädiert. So ist in verschiedenen Studien eine bevorzugte Zuordnung bestimmter Variogrammmodelle zu bestimmten geologischen Prozessen oder Faziesbereichen erkannt worden. PRISSANG (1999) schließt bspw. aufgrund des mehrmaligen Nachweises ausschließlich linearer Variogrammfunktionen in entsprechender geologischer Umgebung auf die Verallgemeinerbarkeit dieser Aussage für gravitative Prozesse. Exponentielle Modelle sind hiernach vorrangig mit strömungstransportgebundenen Prozessen in Verbindung zu bringen (so auch KNOSPE 2001, RAVENNE 2002). Bei Schichtmächtigkeiten und anderen Parametern, denen eine hohe bzw. sehr hohe Kontinuität zugesprochen werden kann, erweisen sich oftmals das sphärische (SCHOELE 1979, DUKE & HANNA 1997, CAPELLO *et al.* 1987, SCHAFMEISTER 1999) bzw. das GAUSSsche Modell (CLARK 1980) als am besten geeignet.

Von Bedeutung ist die Option, durch Addition von Locheffekt-Variogrammen Kenntnisse über räumlich periodische Schwankungen innerhalb der Struktur oder über sich wiederholende Teilstrukturen in das Modell umzusetzen (CLARK 1979, WEBSTER 1999, PYRCZ & DEUTSCH 2003a; Abb. 3-7d, f). Durchschnittliche Größe und Abstände verschiedener Teilstrukturen sowie Variabilitätsunterschiede innerhalb und zwischen den Teilstrukturen könnten hierdurch modelliert werden. Während andere Variogrammfunktionen die Existenz stationärer Verhältnisse und folglich die Homogenität im Untersuchungsgebiet implizieren, ist damit beim Locheffekt-Variogramm bis zu einem gewissen Grade die Erfassung von Heterogenität möglich. Umgekehrt könnten aus der Variogrammfunktion Hinweise auf oben aufgeführte Eigenschaften der Struktur gewonnen (vgl. Abs. 4.5.3, 5.3.4) und zum Beispiel Indizien für die Existenz verschiedener Homogenbereiche abgeleitet werden (Abs. 8.3).

Eine Sonderstellung bei der Festlegung der Variogrammfunktion nimmt auch die Frage nach der notwendigen Anisotropie des Modells ein, die oft als eine der wichtigsten bei der Modellierung betont wird (z. B. DOMINIC *et al.* 1998, FOGG 1990, SCHÖNHARDT & WITT 2003). Bei der Prüfung auf Anisotropie und der Festlegung der Anisotropieellipse sollen demnach „symmetrologische Beziehungen" (SKALA & PRISSANG 1999) zu geologisch ausgeprägten, z. B. sedimentologischen, Richtungen aufgedeckt werden. Als gesichert gilt hier das Auftreten einer geometrischen Anisotropie (vgl. Abs. 3.5.2f.) genau dann, wenn gerichtete Prozesse als Ursache für die Entstehung der untersuchten Struktur angenommen werden können. In diesem Fall ist die Haupttransportrichtung durch die längste Anisotropieachse wiederzugeben (PRISSANG *et al.* 1996). DAVIS (1984) ermittelte für fluviatile Ablagerungen einen Anisotropiefaktor AIF = 4,4, WACHTER (2004) AIF = 1,8 bis 3,0, CAMISANI-CAL-ZOLARI (1984) AIF = 2, SMINCHAK, DOMINIC & RITZI (1994) AIF = 1,5 bis 1,9. Demgegenüber wurden bei fluviatilen Sedimenten Anisotropiefaktoren zwischen der Vertikalen und der Horizontalen von etwa 10:1 (SCHAFMEISTER & SCHRÖTER 1992, SCHAFMEISTER 1998, REED 2002) bis 50:1 gefunden (z. B. HEGAZY, MAYNE & ROUHANI 1997a).

Zusätzlich kann bei der Festlegung des Anpassungsbereiches dessen Relation zur Größe des Untersuchungsgebietes und zur Ausdehnung des geotechnischen Projektes Beachtung finden. Zu beachten ist hierbei, dass die Auswahl eines größeren Anpassungsbereiches tendenziell mit der Feststellung größerer Schwellenwerte und größerer Reichweiten einhergeht, da mit zunehmender Größe des Anpassungsbereiches stets größere Strukturen erkannt werden können. Diese zeichnen sich im Regelfall durch eine größere räumliche Kontinuität und durch eine größere Variabilität aus (vgl. Abs. 8.4.1.2).

In Abs. 8.4.1.5 wird der Einfluss der Variogrammparameter auf das Modellergebnis am Beispiel der Mg1-Folge untersucht. Inwieweit zur Ermittlung der Variogrammparameter auch automatische Verfahren herangezogen werden können, wird im nachfolgenden Abs. 8.4.1.4 untersucht. Eine Möglichkeit, auch den Typ der Variogrammfunktion zu ermitteln, besteht dagegen nicht; sie ist im Vorfeld einer Anpassung – unabhängig davon, ob diese manuell oder automatisch vorgenommen werden soll – durch den Anwender festzulegen.

8.4.1.4 *Einsatz einer automatischen Variogrammanpassung*

Nach der Auswahl einer theoretischen Variogrammfunktion oder der Kombination mehrerer Variogrammfunktionen sind ihre Parameter zu ermitteln. Die Auswahl der speziellen Variogrammfunktion wird sich mangels objektiverer Ansätze zumeist auf qualitativen Kenntnissen über den geologischen Prozess stützen müssen (vgl. Abs. 8.4.1.3); die Festlegung der Zahl der zu kombinierenden Modelle sollte nach dem Sparsamkeitsprinzip erfolgen (vgl. Abs. 6.4.1).

Die Ermittlung der Variogrammparameter, d. h. die Anpassung der theoretischen Variogrammfunktion an das experimentelle Variogramm (Abs. 3.5.3), kann entweder auf intuitiv-subjektiver Basis in einem graphisch interaktiven Prozess (*„eyeball technique"*, *„fitting by eye"*, PARDO-IGÚZQUIZA 1999, HAINING 2003) oder unter Verwendung verschiedener mathematischer Kriterien erfolgen. Diesem als zentralen Teil des gesamten Modellierungsprozesses aufzufassenden Vorgang wird übereinstimmend die größte Bedeutung zugemessen (besonders CRESSIE 1993, DUBRULE 1994, MYERS 1997 u. a. m.). Die hohe Relevanz dieses Teilschritts der Modellierung erklärt sich besonders dadurch, dass hierdurch Schlussfolgerungen von den Eingangsdaten auf unbekannte Werte erlaubt werden sollen, wodurch dem Modell Prognoseeigenschaften verliehen werden.

Bereits früh wurde eine allein mathematisch basierte Anpassung kritisiert (JOURNEL & HUIJBREGTS 1978, auch HEINRICH 1992). Hauptargumente dieser Kritik waren oft die fehlenden Möglichkeiten der Berücksichtigung geologischen Vorwissens (ARMSTRONG 1984b). Darüber hinaus ist bei der mathematischen Anpassung einer Variogrammfunktion zu berücksichtigen, dass nicht zwangsläufig eine eindeutige optimale Lösung generiert wird, da es theoretisch unendlich viele zulässige Variogrammfunktionen gibt, die alternativ hätten ausgewählt werden können, und zudem jede Kombination von zulässigen Funktionen ebenfalls wiederum eine zulässige Variogrammfunktion darstellt. Verschiedene Variogrammfunktionen oder -kombinationen können daher gleichermaßen als geeignet ausgewiesen oder nach unterschiedlichen Kriterien als optimal herausgestellt werden.

Die Kritik an einer allein automatischen Anpassung bezieht sich auch darauf, dass diese unabhängig von einer kritisch zu prüfenden Datenmenge und hinreichender räumlicher Verteilung immer durchgeführt werden kann, je nach Dichte der Daten und ihrer Zuverlässigkeit jedoch mehr oder weniger Sinn ergibt. Daneben besteht die Möglichkeit, dass eine optimale Anpassung bevorzugt durch Heranziehung einer Vielzahl additiver Variogrammfunktionen angestrebt wird. Mit einer solchen Vorgehensweise kann die Anpassung auch an zufällige Schwankungen und nicht nur an die tatsächlich autokorrelierten Daten einhergehen (z. B. ZHU 2001, vgl. Abb. 5-14, Abb. 5-15d). Darüber hinaus wurde die Ablehnung automatischer Anpassungen oft mit der Ansicht des Anpassungsverfahrens als *Black Box* bzw. mit dem fehlenden Hinweis auf den programmintern verwendeten Algorithmus begründet.

Hauptargument gegen die subjektive Anpassung ist zutreffenderweise die fehlende Objektivität, die bisweilen als Willkür auszulegende Anpassung, bspw. um an ein auf rein zufällige Schwankungen hinweisendes experimentelles Variogramm eine theoretische Variogrammfunktion anzupassen, oder die fehlende Nachvollziehbarkeit der gewählten Lösung.

Die Notwendigkeit einer Variogrammapproximation ist daher als Dilemma zwischen einer visuell möglichst guten und geologisch plausiblen Anpassung einerseits sowie der statistisch nachvollziehbaren, mathematisch basierten Anpassung andererseits zu betrachten. Auf ähnlich gelagerte Dilemmata innerhalb der Geostatistik, die nur unzureichend durch den subjektiv agierenden Anwender aufgelöst werden können, ist besonders in den Abs. 4.4, 4.7, 5.3.3, 5.4.3 und 7.3 eingegangen worden.

In Anerkennung der Relevanz dieses Teilschritts und der potenziellen Vorteile beider möglichen Ansätze wird in jüngerer Zeit oft dafür plädiert, in einem zweistufigen Approximationsprozess einer mathematischen Anpassung eine nachträgliche manuelle Modifikation der Variogrammparameter folgen zu lassen (z. B. LLOYD & ATKINSON 1999, WEBSTER & OLIVER 2001, WACHTER 2004). Neben dem Schwellenwert und der Reichweite umfasst dies insbesondere Änderungen des modellierten Nugget-Wertes und des Verhaltens der Variogrammfunktion im Nahbereich. Gerade letzteres Vorgehen erhält besondere Berechtigung dadurch, dass kleinere Schrittweiten deutlich größere Bedeutung für die anschließende Schätzung haben (STEIN 1988, STEIN & HANDCOCK 1989).

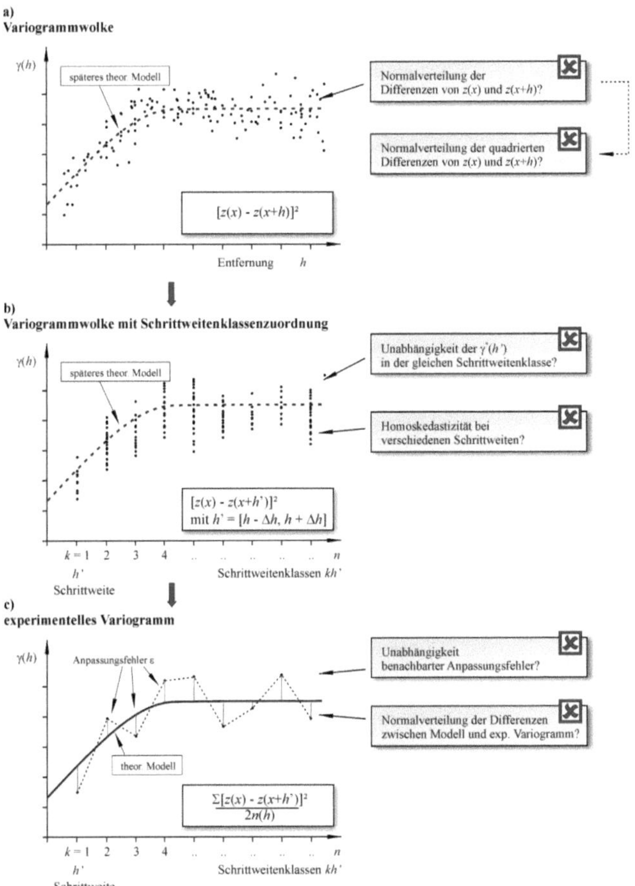

Abb. 8-26: Randbedingungen für den Einsatz von Anpassungsverfahren aus der Gruppe der Kleinste-Quadrate-Methoden für den Einsatz der Approximation des experimentellen Variogramms durch eine Variogrammfunktion, a): Variogrammwolke, b): Variogrammwolke mit Schrittweitenklassenzuordnung, c): experimentelles Variogramm.

Eine mathematische Anpassung kann besonders durch Kleinste-Quadrate-Methoden erfolgen. Gegenüber den für die Variogrammanpassung ursprünglich propagierten *Maximum-Likelihood*-Methoden (WEBSTER 1985, CRESSIE 1993) haben sie sich deutlich durchgesetzt, so dass sie heute die am häufigsten verwendeten Methoden darstellen. Es kann jedoch gezeigt werden, dass ihr Einsatz an zahlreiche theoretische Randbedingungen geknüpft ist. Die Erfüllung dieser Randbedingungen wird jedoch vor dem Einsatz der Verfahren nicht geprüft, sondern implizit vorausgesetzt. Dabei wird hingenommen, dass diese Randbedingungen im Regelfall nicht erfüllt werden können, um dennoch die rechnerisch einfache Ermittlung objektiver Größen zu ermöglichen. Ihre Aussagekraft und statistische Signifikanz sind daher jedoch eingeschränkt. Zu diesen Randbedingungen zählen insbesondere die in Abb. 8-26 gezeigten. In der Darstellung wird für detailliertere Erläuterungen differenziert zwischen der Variogrammwolke und der Variogrammwolke mit Schrittweitenklassenzuordnung, die beide lediglich als Zwischenschritte in der Berechnung dienen, sowie dem eigentlichen experimentellen Variogramm. So stellt die Berechnung des Variogrammwertes $\gamma^*(h)$ nach Gl. (3-7) die Bildung eines arithmetischen Mittelwertes dar. Eine solche Mittelwertbildung kann jedoch nur dann eine zuverlässige und hinreichende Beschreibung der Stichprobe darstellen, wenn es sich bei der zugrunde liegenden Verteilung um eine Normalverteilung handelt. Da jedoch die Differenzen von $z(x)$ und $z(x+h)$ quadriert werden und als $[z(x) - z(x+h)]^2$ im Nenner von $\gamma^*(h)$ als Eingangsgröße für die Mittelwertbildung verwendet werden, kann von einer Normalverteilung nicht ausgegangen werden (Abb. 8-26b). Selbst wenn sowohl $z(x)$ als auch $z(x+h)$ in einer Normalverteilung vorlägen, was automatisch die NV der gesamten Stichprobenpopulation implizieren würde, und beide homoskedastisch wären, was bestenfalls für kleine h gelten könnte, würden die $[z(x) - z(x+h)]^2$ lediglich χ^2-verteilt vorliegen.

Zusätzlich wäre für die Anwendung mathematischer Anpassungsverfahren – gleich welcher Art – zu verlangen, dass bei der Berechnung der $\gamma^*(h)$ statistische Unabhängigkeit der einzelnen Werte innerhalb der gleichen Schrittweitenklasse vorliegt (Abb. 8-26b). Weiterhin wird vorausgesetzt, dass die Verteilungen der $\gamma^*(h)$-Werte in den verschiedenen Schrittweitenklassen homoskedastisch sind. Diese Forderung wird bereits dadurch nicht erfüllt, dass mit wachsendem h generell auch höhere $\gamma^*(h)$ erwartet werden dürfen (abnehmende Autokorrelation).

Schließlich muss als Grundvoraussetzung zur Anwendbarkeit von Anpassungsverfahren angesehen werden, dass die Werte des experimentellen Variogramms absolut zufällig um die theoretische Variogrammfunktion schwanken. Benachbarte Fehler würden dann vollständig unabhängig voneinander sein. Hiermit ist gleichzeitig die Forderung verbunden, dass die Fehler normalverteilt sein sollen, was ebenfalls nicht bewiesen werden kann, aus der vergleichenden Darstellung von experimentellem Variogramm und Variogrammfunktion jedoch oftmals abgelehnt werden muss.

Trotz dieser somit für die Nutzung der Kleinste-Quadrate-Verfahren ungünstigen Randbedingungen stellen sie die am häufigsten verwendeten Anpassungsverfahren dar. Einsetzbar sind neben den gewöhnlichen kleinsten Quadraten (*ordinary least squares*, OLS) und den verallgemeinerten kleinsten Quadraten (*generalized least squares*, GLS, vgl. GENTON 1998b) vor allem die gewichteten kleinsten Quadrate (*weighted least squares*, WLS), die überwiegend empfohlen werden (GOTWAY 1991, JIAN, OLEA & YU 1996, WEBSTER & OLIVER 2001). Hier gilt verallgemeinert Gl. (8-1) für die Summe der gewichteten Abstandsquadrate WSS (*weighted sum of squares*):

$$WSS = \sum_{i=1}^{k} \varpi(h_i) \cdot \left[\gamma^*(h_i) - \gamma(h_i) \right]^2 . \tag{8-1}$$

Die Größe der einzelnen schrittweitenspezifischen Gewichte $w(h_i)$ ist nach unterschiedlichen Wichtungsfaktoren zu berechnen. Vorschläge zu ihrer Festlegung finden sich bei

MCBRATNEY & WEBSTER (1986), SAFAI-NARAGHI & MARCOTTE (1997), FERNANDES & RIVOIRARD (1999), GOOVAERTS (2000) u. a. Das WLS-Verfahren eröffnet damit dem Anwender die Möglichkeit, durch Einführung unterschiedlicher Wichtungsfaktoren eine Berücksichtigung qualitativen Vorwissen zu ermöglichen und dennoch die Variogrammanpassung auf objektiv-statistischer Basis vorzunehmen.

Darüber hinaus ist durch den Anwender der Bereich des Variogramms festzulegen, innerhalb dessen die Anpassung erfolgen soll; ROSSI *et al.* (1992) und DUNGAN *et al.* (2002) schlagen die Anpassung bis zu einem Drittel bzw. einem Fünftel der Ausdehnung des Untersuchungsgebietes vor. Demgegenüber empfehlen COHEN, SPIES & BRADSHAW (1990) und FRANKLIN, WULDER & LAVIGNE (1996) hier die Wahl von max. einem Drittel bzw. max. einem Fünftel der verfügbaren Schrittweiten. Da das Variogramm lediglich bis zur Hälfte der Ausdehnung des Untersuchungsgebietes berechnet wird, entspräche Letzteres einer Anpassung von bis zu einem Sechstel bzw. einem Zehntel des Untersuchungsgebietes.

Da die Modellparameter bei den WLS-Methoden iterativ ermittelt werden, besteht die Gefahr, dass die Iterationen nicht oder anstelle des globalen nur gegen ein lokales Optimum konvergieren (JIAN, OLEA & YU 1996). Dem Anwender kommt daher im Vorfeld der automatischen Anpassung bei der Auswahl der Intervallgrenzen der möglichen Werte der einzelnen Modellparameter und bei der Festlegung der Abbruchkriterien große Bedeutung zu. Gleiches gilt nach der Erzeugung des Modells auch bei der Prüfung auf Plausibilität der ermittelten Anpassung. Hierbei ist zu berücksichtigen, dass neben der Schätzung der räumlichen Parameterverteilung die Zielstellung auch in der Gewinnung genereller Kenntnisse über den geologischen Prozess bestehen kann. Während in ersterem Fall vorrangig die Anpassung im Nahbereich zu prüfen ist (Strukturbeschreibung nach Abb. 3-11), muss in letzterem Fall die Anpassung über alle berechneten Schrittweiten kritisch untersucht werden (Strukturanalyse nach Abb. 3-11, vgl. Abs. 5.3.4).

Zur Analyse des Einflusses verschiedener Wichtungsfaktoren auf die ermittelte Variogrammfunktion und auf das Modellergebnis wurde eine Sensitivitätsanalyse durchgeführt. Als Datengrundlage wurden die Schichtmächtigkeiten der U1-Folge sowie die der S1-Folge verwendet. Erstere müssen als anisotrop verteilt gelten, letztere können innerhalb des hier betrachteten Ausschnitts als isotrop verteilt angenommen werden. In beiden Fällen werden sphärische Modellfunktionen gemäß Gl. (3-10) ausgewählt. Die Erfahrung zeigt, dass diese Auswahl gerechtfertigt werden kann (Abs. 8.4.1.2, 8.4.1.3).

Die Sensitivitätsanalyse erfolgt durch Export der Daten des experimentellen Variogramms, d. h. von $\gamma^*(h)$, h, $n(h)$, aus der geostatistischen Software nach Excel, anschließendem Einsatz des Solvers zur iterativen Ermittlung der Variogrammparameter durch Reduktion der WSS und Übergabe dieser Variogrammparameter an die geostatistische Modellierungssoftware. COLONNA (2002) zeigte, dass diese Vorgehensweise auch bei Einsatz geostatistischer Software, die nicht über automatische Approximationsroutinen, sondern zumindest über hinreichende Export- und Importfilter verfügt, die Nachahmung von Fitting-Prozeduren ermöglicht.

Ferner kann es dieser Ansatz erlauben, individuelle Wichtungsfaktoren $w(h_i)$ zu entwickeln und schließlich in die Modellierungssoftware zu integrieren. Darüber hinaus können ggf. bereits vorhandene Anpassungsalgorithmen der Software auf ihre Zuverlässigkeit geprüft oder verschiedene Wichtungsfaktoren miteinander verglichen werden. Bedeutsam ist hier auch die Möglichkeit, durch Einführung von Nebenbedingungen in den Iterationsprozess dafür Sorge tragen zu können, dass die ermittelte Summe der Abstandsquadrate ein globales und nicht lediglich eine lokales Optimum darstellt (Abb. 8-27b). Innerhalb von geostatistischer Software ist diese Möglichkeit nur selten gegeben; Variogrammfunktionen, die einen kontraintuitiven Verlauf aufweisen, können die Folge sein. Höher noch ist allerdings der hier gebotene Vorteil zu werten, geologische Kenntnisse ausnutzen zu können. So kann bspw. die gleichzeitige Anpassung an verschiedene experimentelle Variogramme vorgenommen werden, die verschiedene Richtungen innerhalb des Untersuchungsgebietes repräsentieren könnten. Durch diesen Ansatz könnte den Variogrammfunktionen eine höhere rechnerische Validität, den resultierenden Modellen eine höhere fachspezifische Plausibilität zugestanden werden. Demgegenüber ist innerhalb geostatistischer Software zumeist entweder nur die Anpassung an das Variogramm einer bestimmten Suchrichtung bei gleichzeitiger automatischer Berechnung des Anisotropiefaktors oder die manuelle Eingabe der Anisotropieverhältnisse (Richtung von a_{max}, AIF) möglich. Weiterhin beschränkt sich die Feststellbarkeit einer Anisotropie in geostatistischer Software stets auf geometrisch anisotrope Verhältnisse, während eine zonale Anisotropie nur manuell definiert werden kann (vgl. Abs. 8.4.1.1.3).

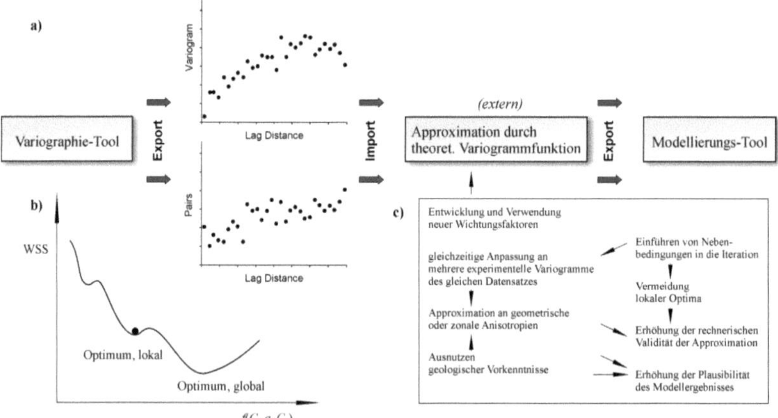

Abb. 8-27: Anpassung des experimentellen Variogramms durch eine Variogrammfunktion, a): Möglichkeit der Verwendung externer Verfahren zur Approximation nach Import dieser Daten aus dem Variographie-Tool, anschließend Übergabe an das Modellierungs-Tool; b): schematische Darstellung der Ermittlung lediglich lokaler Optima der WSS; c): Vorteile einer Verwendung externer Approximationsalgorithmen.

Abb. 8-27 erläutert den Einsatz externer Methoden der Variogrammapproximation. Dabei zeigt Abb. 8-27a die prinzipielle Verfahrensweise, Abb. 8-27c die mit ihr verbundenen Vorteile. In Abb. 8-27b wird schematisch das Problem der Ermittlung lediglich lokaler Minima der WSS dargestellt. Dieses Problem kann durch Anwendung externer Approximationsverfahren nicht grundsätzlich beseitigt werden. Jedoch können hier durch Vorgabe der Iterationsparameter oder durch Vorabschätzung der zu erwartenden Wertebereiche der Variogrammparameter geeignete Gegenmaßnahmen getroffen werden.

In den folgenden Sensitivitätsanalysen werden vier Wichtungskriterien $w(h_i)$ berechnet und miteinander vergleichen. Herangezogen werden die Gewichte $w(h_i) = n(h_i)/\gamma(h_i)^2$ (CRESSIE 1985a) und $w(h_i) = 1/\gamma(h)^2$ (COLONNA 2002). Letztgenanntes Gewicht verzichtet auf die Berücksichtigung der Zahl der Wertepaare im experimentellen Variogramm. Dieser Ansatz spricht damit allen Werten $\gamma(h)$ eine gleich hohe Verlässlichkeit zu. Weiterhin wird $w(h_i) = n(h)/h^2$ von ZHANG, VAN EIJKEREN & HEEMINK (1995) verwendet. In diesem Fall wird aufgrund der Berücksichtigung der (zudem quadrierten) Schrittweite h im Nenner anders als bei CRESSIE (1985a) besonders der interpolationsrelevante Nahbereich des Variogramms mit höheren Gewichten versehen – unabhängig davon, wie die hier berechneten Semivariogrammwerte $\gamma(h)$ ausfallen. Schließlich wird das Gewicht $w(h_i) = n(h)/(\gamma^*(h)\cdot\gamma(h)^3)$ von MCBRATNEY & WEBSTER (1986) herangezogen. Dieser Ansatz berücksichtigt damit bis zu einem gewissen Grad auch die Werte des experimentellen Variogramms.

Abb. 8-28 erläutert den rechnerischen Einsatz der Approximation in MS Excel im Rahmen dieser Sensitivitätsanalysen. Im linken Teil des Tabellenblattes können die aus dem Variographie-Tool exportierten Parameter des experimentellen Variogramms eingefügt werden. Anschließend erfolgt eine erste Schätzung der Parameter der Variogrammfunktion, so dass die Modellwerte $\gamma(h)$ berechnet werden können.

Aus den Parametern des experimentellen Variogramms werden die verfahrensspezifischen Wichtungsfaktoren berechnet, die anschließend anhand ihrer Summe zu standardisieren sind. Schließlich werden die quadrierten Fehler ε^2 aus den Differenzen zwischen $\gamma^*(h)$ und $\gamma(h)$ berechnet. In diesem Fall wird für $\gamma(h)$ eine sphärische Variogrammfunktion verwendet. Die gewichteten Abstandsquadrate ergeben sich dann als Produkt dieser quadrierten Differenzen mit dem jeweiligen Wichtungsfaktor. Die Summe dieser Abstandsquadrate (WSS) ist zu minimieren. Dabei werden die als variabel definierten Größen automatisch iterativ verändert, bis ein Minimum für WSS gefunden wurde. Durch sofortige Darstellung von experimentellem und theoretischem Variogramm kann die erzielte Anpassung visuell überprüft werden. Sofern die Vermutung besteht, dass eine suboptimale, möglicherweise nur lokal optimale Approximation berechnet wurde, können Nebenbedingungen in den Iterationsablauf eingebunden werden.

Durch entsprechenden Aufbau des Tabellenblattes ist zusätzlich die gleichzeitige und vergleichende Berechnung unterschiedlicher Wichtungsfaktoren und damit die Erzeugung verschiedener Variogrammfunktionen basierend auf den Daten des gleichen experimentellen Variogramms möglich. In Abb. 8-28 ist dies durch horizontale Aneinanderreihung der einzelnen Berechnungsschritte der unterschiedlichen Wichtungsfaktoren dargestellt. Sichtbar im Bild ist lediglich die Anpassung mittels der Verfahren von CRESSIE (1985a) und teilweise von COLONNA (2002), während sich die Optimierung anhand der Wichtungsfaktoren von ZHANG,

VAN EIJKEREN & HEEMINK (1995) und von MCBRATNEY & WEBSTER (1986) rechts hiervon auf dem Tabellenblatt befindet und daher nicht vom Bildausschnitt erfasst wird.

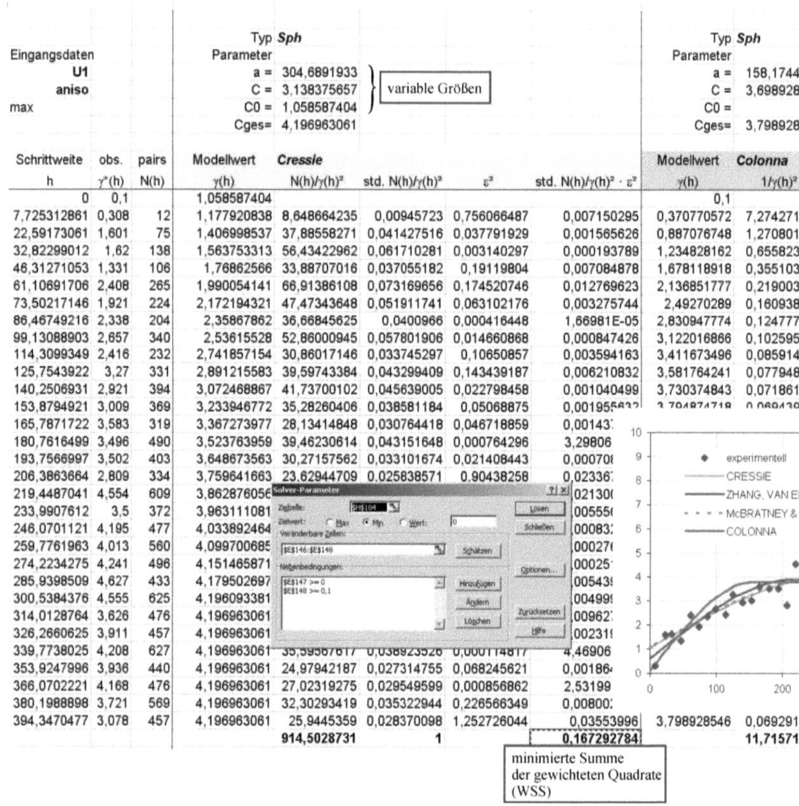

Eingangsdaten · U1 · aniso · max

Typ *Sph* — Parameter
a = 304,6891933
C = 3,138375657
C0 = 1,058587404
Cges= 4,196963061
} variable Größen

Typ *Sph* — Parameter
a = 158,1744:
C = 3,698928:
C0 =
Cges= 3,798928:

Schrittweite h	obs. γ*(h)	pairs N(h)	Modellwert γ(h) (*Cressie*)	N(h)/γ(h)²	std. N(h)/γ(h)²	ε²	std. N(h)/γ(h)² · ε²	Modellwert γ(h) (*Colonna*)	1/γ(h)²
0	0,1		1,058587404					0,1	
7,725312861	0,308	12	1,177920838	8,648664235	0,00945723	0,756066487	0,007150295	0,370770572	7,274271
22,59173061	1,601	75	1,406998537	37,88558271	0,041427516	0,037791929	0,001565626	0,887076748	1,270801
32,82299012	1,62	138	1,563753313	56,43422962	0,061710281	0,003140297	0,000193789	1,234828162	0,655823
46,31271053	1,331	106	1,76862566	33,88707016	0,037055182	0,19119804	0,007084878	1,678118918	0,355103
61,10691706	2,408	265	1,990054141	66,91386108	0,073169656	0,174520746	0,012769623	2,136851777	0,219003
73,50217146	1,921	224	2,172194321	47,47343648	0,051911741	0,063102176	0,003275744	2,49270289	0,160938
86,46749216	2,338	204	2,35867862	36,66845625	0,0400966	0,000416448	1,66981E-05	2,830947774	0,124777
99,13088903	2,657	340	2,53615528	52,86000945	0,057801906	0,014660868	0,000847426	3,122016866	0,102595
114,3099349	2,416	232	2,741857154	30,86017146	0,033745297	0,10650857	0,003594163	3,411673496	0,085914
125,7543922	3,27	331	2,891215583	39,59743384	0,043299409	0,143439187	0,006210832	3,581764241	0,077948
140,2506931	2,921	394	3,072468867	41,73700102	0,045639005	0,022798458	0,001040499	3,730374843	0,071861
153,8794921	3,009	369	3,233946772	35,28260406	0,038581184	0,05068875	0,001955633	3,704874718	0,069439
165,7871722	3,583	319	3,367273977	28,13414848	0,030764418	0,046718859	0,00143:		
180,7616499	3,496	490	3,523763959	39,46230614	0,043151648	0,000764296	3,29806		
193,7566997	3,502	403	3,648673563	30,27157562	0,033101674	0,021408443	0,000708(		
206,3863664	2,809	334	3,759641663	23,62944709	0,025838571	0,90438258	0,02336:		
219,4487041	4,554	609	3,86287605(				,02130(		
233,9907612	3,5	372	3,963111081				,00555(		
246,0701121	4,195	477	4,033892464				,00083:		
259,7761963	4,013	560	4,099700685				,00027(		
274,2234275	4,241	496	4,151465871				,00025:		
285,9398509	4,627	433	4,179502697				,00543:		
300,5384376	4,555	625	4,196093381				,00499:		
314,0128764	3,626	476	4,196963061				,00962:		
326,2660625	3,911	457	4,196963061				,00231:		
339,7738025	4,208	627	4,196963061	35,59567617	0,038923526	0,000114817	4,46906		
353,9247996	3,936	440	4,196963061	24,97942187	0,027314755	0,068245621	0,00186(		
366,0702221	4,168	476	4,196963061	27,02319275	0,029549599	0,000856862	2,53199		
380,1988898	3,721	569	4,196963061	32,30293419	0,035322944	0,226566349	0,00800:		
394,3470477	3,078	457	4,196963061	25,9445359	0,028370098	1,252726044	0,03553996	3,798928546	0,069291
				914,5028731	1		**0,167292784**		11,71571

Abb. 8-28: Iterative Ermittlung der Modellparameter nach dem WLS-Verfahren unter Heranziehung verschiedener Wichtungsfaktoren durch Verwendung des MS Excel Solver; links: importierte Daten aus dem Variographie-Tool (Schrittweiten, zugehörige γ*(h)-Werte und Anzahl der Wertepaare n(h)), oben: variable, Größen, hier bereits optimiert, zum Export in das Modellierungs-Tool. Berechnung der WSS als Summe der Produkte der quadrierten Fehler mit den standardisierten Wichtungsfaktoren (im Bild: Wichtungsfaktoren nach CRESSIE 1985a und COLONNA 2002 [Ausschnitt]).

Die Abb. 8-29 zeigt die mit oben beschriebenem Ansatz erzeugten Modelle. Dabei werden in Abb. 8-29a die Variogrammmodelle der Schichtmächtigkeit der S1-Folge, in Abb. 8-29b die der Schichtmächtigkeit der U1-Folge dargestellt. Bei letzterer wird differenziert nach längster und kürzester Achse der Anisotropieellipse (b1 bzw. b2). Durch Auswahl anderer Suchrichtungen oder durch gleichzeitige Berechnung und Darstellung von Variogrammen in mehr als zwei Suchrichtungen ist auch eine detailliertere Erfassung anisotroper Verhältnisse möglich. Auf den hierfür in Kauf zu nehmenden Nachteil der Beschränkung auf geometrisch anisotrope *oder* auf zonal anisotrope Verhältnisse wurde bereits in Abs. 8.4.1.1.3 verwiesen.

Die hier an der U1-Folge durchgeführte Sensitivitätsanalyse folgt den dort gegebenen Empfehlungen, vorliegende Kenntnisse über das Untersuchungsobjekt in die Modellierung einfließen zu lassen. Als Vorkenntnisse werden in diesem Fall die von MARINONI (2000) ermittelten Parameter des Typs der Anisotropie (geometrische A.) und der Richtung der Hauptanisotropieachse (136°) betrachtet. Dies gestattet innerhalb dieser Sensitivitätsanalyse die notwendige Fokussierung auf den Einfluss der Wichtungsfaktoren auf das Modellergebnis. Gleichwohl können im Zuge des Approximationsverfahrens die Variogrammparameter C, a, C_0 frei ermittelt werden. Auch die Ermittlung des AIF in den Modellen unterliegt trotz der gewählten Vorgaben keinerlei Einschränkungen.

Bei beiden Modellen (Abb. 8-29a und b) sind deutliche Unterschiede zwischen den vier Anpassungsverfahren festzustellen. Die Modelle mit den Wichtungsfaktoren nach ZHANG, VAN EIJKEREN & HEEMINK (1995) und COLONNA (2002) tendieren dabei zu geringen Reichweiten, die hier mit kleinen bis sehr kleinen Nugget-Werten einhergehen. Die Wichtungsfaktoren nach CRESSIE (1985a) und MCBRATNEY & WEBSTER (1986) führen dagegen zu deutlich größeren Nugget-Werten und sehr großen Reichweiten. Diese beiden Modelle zeigen über den gesamten Anpassungsbereich einen sehr ähnlichen Verlauf.

Der Gesamtschwellenwert C_{ges} unterscheidet sich innerhalb der beiden Gruppen der verschiedenen Modelle jeweils nur sehr geringfügig. In Kombination mit den festgestellten Änderungen beim Nugget-Wert und der Reichweite deutet dies darauf hin, dass alle Wichtungsfaktoren ihr Hauptaugenmerk auf den für die Interpolation relevanten Nahbereich richten. In Abhängigkeit vom jeweiligen Wichtungsfaktor wird dies rechnerisch erreicht durch Berücksichtigung der Schrittweite, der Anzahl der Wertepaare, des Wertes des experimentellen Variogrammes oder des theoretischen Variogrammwertes.

Bei der anisotrop zu modellierenden Schichtmächtigkeit der U1-Folge (Abb. 8-29b) konnte aufgrund der gleichzeitigen Approximation an zwei experimentelle Variogramme (parallel und senkrecht zur Hauptanisotropierichtung) eine deutlich bessere Anpassung erzielt werden, als dies mit dem in der geostatistischen Software integrierten Anpassungsalgorithmus der Fall ist – hier würde eine Anpassung nur an das experimentelle Variogramm der Hauptanisotropierichtung erfolgen; das Modell quer hierzu ergäbe sich automatisch durch Festlegung des Anisotropiefaktors. Bei der hier gewählten Methode wurde der umgekehrte Weg beschritten: Durch Konstanthalten des Nugget-Wertes und des Schwellenwertes sowie durch Zulassen nur einer *Reichweiten*änderung wurde bei allen vier Modellen A bis D eine Anpassung an die geometrische Anisotropie erreicht (vgl. Abs. 8.4.1.1.3). Aufgrund dieser gleichzeitigen und paarweisen Anpassung an beide experimentellen Variogramme konnte eine bessere Ausnutzung der Erkundungsdaten erreicht werden. Zusätzlich konnten hier die Anisotropiefaktoren der Modelle ermittelt werden. Sie liegen bei allen Verfahren mit Werten von 1,5 bis 2,1 in einer ähnlichen Größenordnung (Abb. 8-29b). Dies spricht für eine hinreichend genaue Ermittlung der Anisotropierichtungen im Vorfeld der Modellierung und für eine nur geringe Bedeutung des konkretes Wichtungsfaktors des Anpassungsverfahrens, wenn der Anisotropiefaktor auf diese Weise erfasst werden soll.

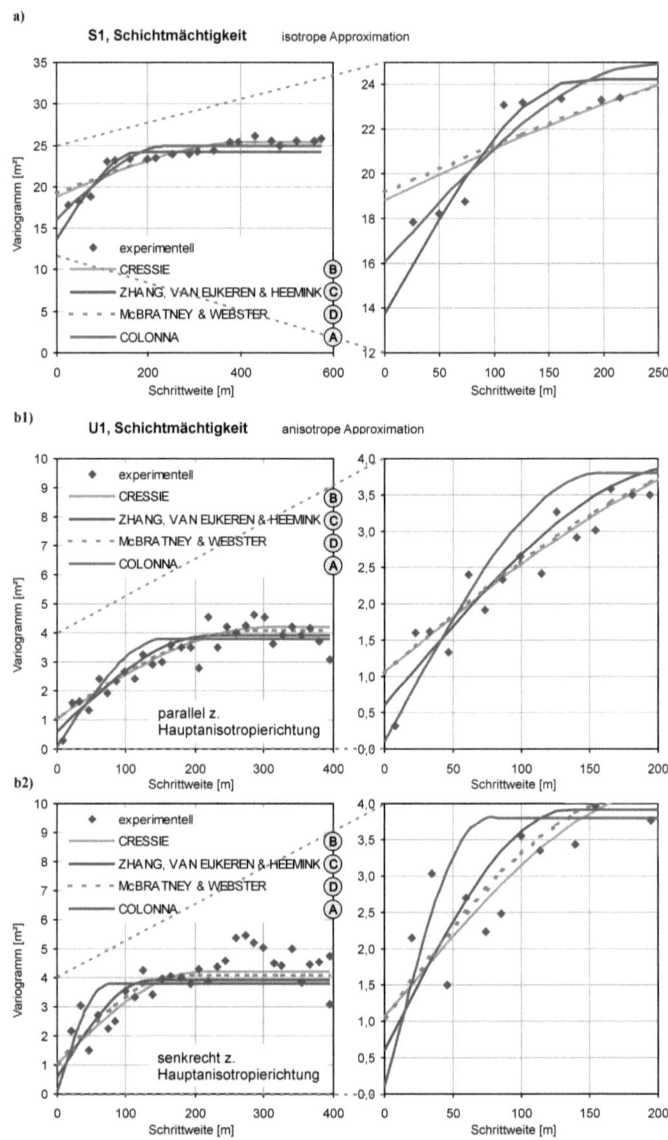

Abb. 8-29: Optimale Variogrammmodelle in Abhängigkeit vom jeweiligen Wichtungsfaktor innerhalb der WLS-Approximation, a): isotrope Approximation im Fall der S1-Folge, b): geometrisch anisotrope Approximation im Fall der U1-Folge, differenziert nach Hauptanisotropierichtung (b1) und quer zur Hauptanisotropierichtung (b2). Dargestellt sind jeweils die realen experimentellen Variogramme sowie die vier nach dem Ansatz in Abb. 8-27 und Abb. 8-28 jeweils als optimal ausgewiesenen Variogrammfunktionen; links: gesamter Bereich der Anpassung, rechts: Nahbereich, vergrößert.

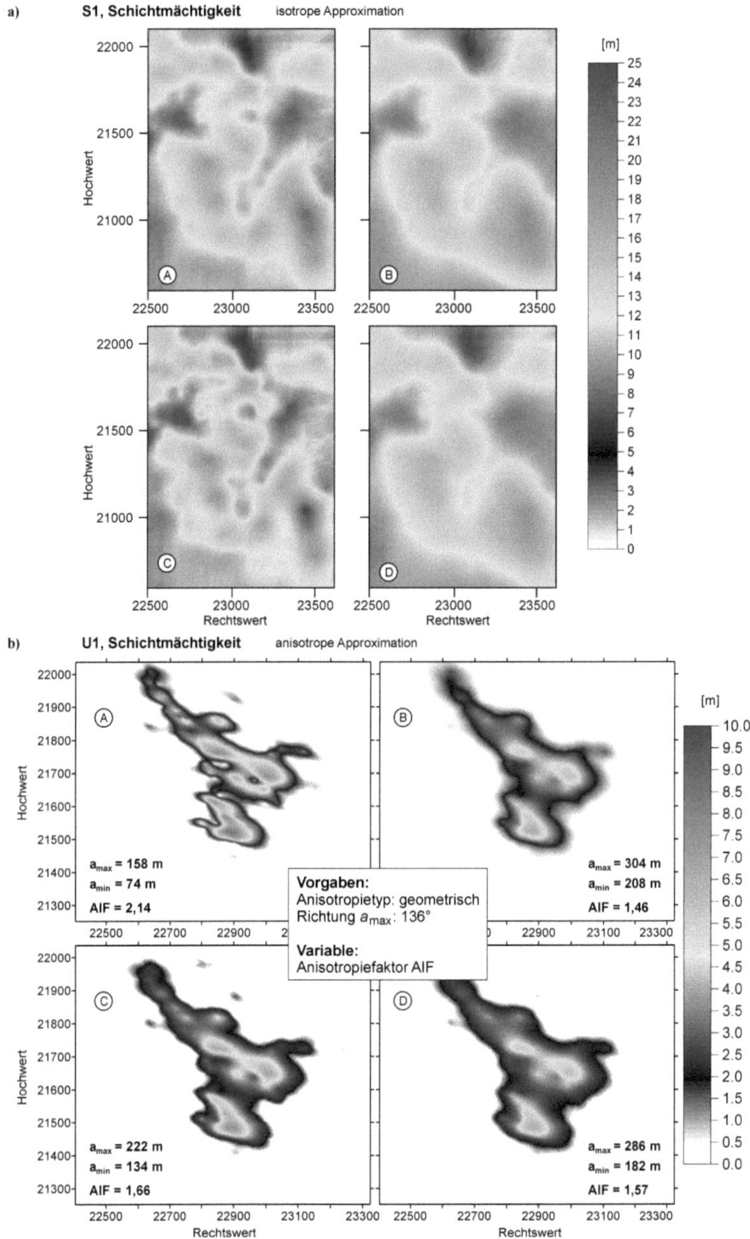

Abb. 8-30: Modellergebnisse, a): Schichtmächtigkeit S1 (isotrop), b): Schichtmächtigkeit U1 (anisotrop).

Obige Abb. 8-30 zeigt die mit den jeweiligen Variogrammansätzen erzeugten geostatistischen Modelle (OK). In Abb. 8-30a sind die Modelle der isotrop modellierten Schichtmächtigkeit der S1-Folge, in Abb. 8-30b die Modelle der anisotrop modellierten Schichtmächtigkeit der U1-Folge dargestellt. Dabei bezeichnen die Buchstaben A bis D die Modelle, die mit den unterschiedlichen Wichtungsfaktoren der Approximation erzeugt wurden (Zuordnung lt. Abb. 8-29). Die Darstellungen der Modelle der S1-Folge in Abb. 8-30a beschränken sich auf einen Teilausschnitt des Gebietes, der durch die Koordinaten RW 22500 bis 23600 und HW 20600 bis 22100 bestimmt wird; für diesen Teilbereich kann von einer nahezu isotropen räumlichen Variation ausgegangen werden. Mit den Modellen der U1-Folge in Abb. 8-30b wird das gesamte erkundete Vorkommen erfasst.

Im Fall der S1-Folge (Abb. 8-30a) erzeugt Modell C bedingt durch einen kleineren Nugget-Wert und eine kürzere Reichweite ein kleinräumig stark differenziertes Bild, während erwartungsgemäß die Modelle B und D kaum voneinander und von diesen beiden wiederum Modell A nur geringfügig abweicht. Ein grundsätzlich ähnliches Bild ergibt sich auch bei der Schichtmächtigkeit der U1-Folge (Abb. 8-30b), jedoch zeigt Modell A hier die kleinräumig variabelste Werteverteilung. Hier werden zudem durch den höheren Anisotropiefaktor bevorzugt gestrecktere Strukturen erzeugt.

Tabelle 8-3:   Fehlergrößen der Kreuzvalidierung.

Wichtungsfaktoren $w(h_i)$ für WSS nach	Modell S1 (isotrop)			Modell U1 (anisotrop)		
	Bias [m]	RMSRE [m/m]	R^2	Bias [m]	RMSRE[*] [m/m]	R^2
COLONNA (2002)	-0,01	1,35	0,55	-1,50	0,97	0,57
CRESSIE (1985a)	-0,03	1,38	0,56	-1,50	0,97	0,57
ZHANG, VAN EIJKEREN & HEEMINK (1995)	0,02	1,36	0,55	-1,46	0,91	0,58
MCBRATNEY & WEBSTER (1986)	-0,01	1,38	0,55	-1,58	0,93	0,55

[*]): Berechnung nur für $z > 0$.

Zur Prüfung, ob diese erkennbaren visuellen Unterschiede zwischen den Modellen auch mit einer grundsätzlich anderen Modellgüte verbunden sind, wurde an allen Modellen eine Kreuzvalidierung durchgeführt. Diese Untersuchung verfolgt zudem das Ziel, eine etwaige Einsetzbarkeit bestimmter Wichtungsfaktoren nur für isotrope oder auch für anisotrope räumliche Verhältnisse zu ermitteln. Ferner sollen Aussagen darüber getroffen werden können, ob der Einsatz dieser Verfahren zur gleichzeitigen Anpassung der Variogramme parallel und quer zur Hauptanisotropierichtung effektiv ist. Die Ergebnisse der Kreuzvalidierungen sind in

Tabelle 8-3 differenziert nach der Datengrundlage und den Wichtungsfaktoren dargestellt. Zur Beurteilung werden der Bias nach Gl. (7-3), d. h. der statistische Fehler, der relative Fehler RMSRE nach Gl. (7-9) sowie der Korrelationskoeffizient R^2 aus dem Streudiagramm der Kreuzvalidierung verwendet.

Aus der Tabelle 8-3 ist zu entnehmen, dass die Modellgüte der untersuchten Beispiele hinsichtlich der herangezogenen Parameter in einem relativ engen Bereich liegt. Die ermittelten Werte der Fehlerkriterien zeigen innerhalb beider Modellgruppen nur eine geringe Streubreite. Das Maß der statistischen Verzerrung weist bei der S1-Folge bei allen Wichtungsfaktoren auf im Durchschnitt korrekte Schätzungen hin; systematische Fehlschätzungen sind daher nicht zu erwarten. Dagegen sind bei der U1-Folge – jedoch bei allen Variogrammanpassungen gleichermaßen – deutliche Unterschätzungen der Schichtmächtigkeit hinzunehmen. Der RMSRE und R^2 unterscheiden sich innerhalb des gleichen Modells bei den verschiedenen Anpassungsverfahren nicht. Signifikante Abweichungen zwischen den Modellen aufgrund verschiedener Wichtungsfaktoren, die eine zu bevorzugende Verwendung nur eines bestimmten Verfahrens begründen könnten, wurden nicht festgestellt. Ferner weicht die qualitative Rangfolge der Anpassungsverfahren zumeist auch zwischen den beiden Modellgruppen S1 und U1 ab. Daher kann hieraus auch keine Schlussfolgerung auf die Eignung nur bestimmter Verfahren für eine Heranziehung bei isotropen oder bei anisotropen Verhältnissen gezogen werden.

Auffällig ist allein, dass hinsichtlich aller drei Fehlerkriterien bei beiden Modellen der Wichtungsfaktor nach ZHANG, VAN EIJKEREN & HEEMINK (1995) zu einer mindestens gleichen, überwiegend jedoch höheren Qualität des Modells führt. Dies könnte die Vermutung gerechtfertigt erscheinen lassen, dass dieser Wichtungsfaktor eine universellere Anwendbarkeit besitzt und unabhängig von einer etwaigen Anisotropie und vom verwendeten Fehlerkriterium zu tendenziell besseren Modellen führen kann. Das Maß dieses Qualitätsvorsprungs des Wichtungsfaktors gegenüber den anderen hier untersuchten ist jedoch zu gering, um als signifikant angesehen werden zu können.

Für die untersuchten Beispiele kann nach der vergleichenden Gegenüberstellung der Variogrammmodelle, der Modellergebnisse und der Ergebnisse der Kreuzvalidierung folgende Zusammenfassung gegeben werden:

[1]   Unterschiedliche Wichtungsfaktoren innerhalb des WLS-Verfahrens können zu deutlich voneinander abweichenden Variogrammparametern führen. Diese Abweichungen betreffen auch den für die Interpolation relevanten Nahbereich.

[2]   Die Auswahl eines Anpassungsverfahren sowie der Wichtungsfaktoren hat damit auch Einfluss auf das Modellergebnis. Dies äußert sich insbesondere in einer unterschiedlichen Variationsbreite der Schätzwerte sowie in einer unterschiedlich ausgeprägten lokalen und globalen räumlichen Variabilität.

[3]   Die durch eine Kreuzvalidierung ermittelte Modellgüte unterscheidet sich bei den hier untersuchten Wichtungsfaktoren nur unwesentlich. Die Ergebnisse einer Kreuzvalidierung können daher nicht zur Auswahl eines bestimmtes Wichtungsfaktors herangezogen werden. Die Modellgüte wird offensichtlich vielmehr durch

die generelle Größenordnung der Variogrammparameter bestimmt (vgl. Abs. 8.4.1.5), nicht durch die Güte der Anpassung dieser Variogrammfunktion.

[4] Unabhängig vom im Einzelfall gewählten Wichtungsfaktor bietet die externe und separate Ermittlung der Variogrammfunktion zahlreiche Vorteile, die sich in einer höheren rechnerischen Validität der Anpassung und in einer höheren Plausibilität des Modellergebnisse widerspiegeln können. Dieser Ansatz erlaubt auch die bessere Modellierung bei anisotropen Verhältnissen.

[5] Mit der externen Variogrammapproximation ist ein erheblicher rechentechnischer Aufwand verbunden, da im Regelfall keine direkten Schnittstellen zwischen den verwendeten Programmen gegeben sind, eine Übernahme von Daten daher nur durch Export- und Importfilter im Textformat möglich wird.

8.4.1.5 *Einfluss geänderter Variogrammparameter auf das Modellergebnis*

In den bisherigen Parameterstudien und Sensitivitätsanalysen des Kap. 8 wurden geostatistische Schätzmodelle erzeugt, deren Prognoseeignung und Modellgüte anhand verschiedener Kriterien qualitativ beurteilt oder quantitativ bewertet wurden. Inwieweit hierfür neben den im jeweiligen Abschnitt untersuchten Faktoren auch die Parameter C, a, C_0 der erzeugten Variogramme maßgeblich verantwortlich sind, wurde dabei ausgeklammert. Der Einfluss der Variogrammparameter auf das Modell soll daher Inhalt des letzten Abschnitts 8.4.1.5 innerhalb der Untersuchungen zur Variographie sein. Auf geeignete Beispiele aus den vorangegangenen Studien wird an den entsprechenden Stellen verwiesen. Praktische Untersuchungen können sich daher auf eine an der Mg1-Folge durchgeführte Parameterstudie beschränken.

Der qualitative Einfluss geänderter Variogrammparameter einer bestimmten Variogrammfunktion lässt sich zumeist bereits aus den Grundgleichungen des Kriging-Schätzverfahrens ableiten. So kann gezeigt werden, dass eine größere Reichweite a zu einem kontinuierlicheren Modellergebnis führen wird, da in diesem Fall auch weiter vom Schätzpunkt entfernt liegenden Eingangswerten noch größere Gewichte λ_i für die Schätzung zugewiesen werden können. Auf diese Weise entstehen räumlich gleichmäßigere Modelle, die eine etwaige klein- und mittelskalige Variabilität durch Überbetonung der großskaligen Variabilität tendenziell überdecken (vgl. Modelle in Abb. 8-16).

Ein größerer Schwellenwert C_{ges} dürfte demgegenüber nicht zu einer Änderung des Modells führen. Lediglich die Kriging-Varianz verhält sich zu C_{ges} proportional. Die Erfahrung zeigt allerdings, dass höhere Schwellenwerte zumeist ohnehin mit größeren Reichweiten einhergehen (z. B. JAKSA 1995). Dies gilt jedoch grundsätzlich nur dann, wenn ein größerer Untersuchungsbereich die Erfassung größerer geologischer Strukturen ermöglicht (vgl. Ausführungen in Abs. 8.4.1.3) oder wenn dies nachträglich durch Zurverfügungstellung eines größeren Anpassungsbereich des Variogramms erlaubt wird (vgl. Abs. 8.4.1.2). Dagegen gilt die Faustregel der positiven Korrelation von Schwellenwert und Reichweite nicht, wenn innerhalb eines vorgegebenen Untersuchungsgebietes oder innerhalb eines gewählten Anpassungsbereiches durch Wahl verschiedener Toleranzkriterien unterschiedliche experimentelle Variogramme erzeugt werden, die approximiert werden sollen. In diesem Fall sind signifikante negative Korrelationen zwischen C und a zu erwarten (vgl. Abb. 8-22).

Hinsichtlich des Nugget-Anteils ist davon auszugehen, dass steigende Werte von C_0/C_{ges} wie die Reichweite a zu einer Vergleichmäßigung der Variabilität führen, indem die Gewichte λ_i im OK für die Schätznachbarschaft einander ähnlicher werden. Steigt C_0/C_{ges}, nähert sich der Schätzwert unabhängig von Typ der Variogrammfunktion und dessen übrigen Parametern dem arithmetischen Mittelwert der Schätznachbarschaft an, bis schließlich bei $C_0/C_{ges} = 100\,\%$ der Schätzwert dem Mittelwert der gesamten Strichprobenpopulation entspricht (vgl. Abb. 5-3 a5 und b5).

Wie sich hingegen die Modellqualität ändern wird, wenn man darunter die Reproduzierbarkeit der Schätzergebnisse oder die Prognoseeignung des Modells versteht, kann aus einer Betrachtung der Kriging-Grundgleichungen aus Abs. 3.5.4 nicht abgeleitet werden. Die Sensibilität der einzelnen Modellkriterien dürfte vielmehr deutlich von den Abweichungen zwischen theoretischem und experimentellem Variogramm abhängen.

Zur Überprüfung dieser Annahmen wurde eine Parameterstudie am Datensatz der Schichtmächtigkeit der Mg1-Folge durchgeführt. Den in Abs. 8.2.3 gegebenen Empfehlungen folgend, werden hierbei sämtliche nachgewiesenen Nullmächtigkeiten eingeschlossen, der „Wirkbereich" damit auf das gesamte Untersuchungsgebiet ausgedehnt. Es soll untersucht werden, welchen Einfluss bei einem bestimmten ermittelten experimentellen Variogramm die Änderung der Parameter der hieran angepassten Variogrammfunktion (Reichweite, Nugget-Wert und Schwellenwert) auf das Modellergebnis und auf die Güte dieses Modells hat. Hierfür wird jeder dieser drei Parameter in jeweils drei Teilschritten variiert, so dass durch Kombination aller Möglichkeiten insgesamt $3^3 = 27$ verschiedene Modelle erzeugt werden.

Dargestellt in Abb. 8-31a – c ist das experimentelle Variogramm in Hauptanisotropierichtung, an das verschiedene theoretische Variogrammmodelle mit sphärischer Funktion angepasst wurden. Modelliert wurde eine geometrische Anisotropie in Richtung 5° (Ost) mit einem Anisotropiefaktor AIF = 1,8 (vgl. Abs. 7.7.2.2). In den Darstellungen wird lediglich das experimentelle Variogramm in der Hauptanisotropierichtung gezeigt. Für die Reichweite wurden die Werte $a = 400$ m, $a = 600$ m und $a = 800$ m, für den Nugget-Wert $C_0 = 0$ m², $C_0 = 0,5$ m² und $C_0 = 1$ m² gewählt. Der Gesamtschwellenwert $C_{ges} = C_0 + C$ aus der verwendeten sphärischen Variogrammfunktion und dem Nugget-Wert ist $C_{ges} = 3,5$ m², $C_{ges} = 4,0$ m² bzw. $C_{ges} = 4,5$ m². Zur besseren Übersicht werden in Abb. 8-31a bis c jeweils die 9 Variogramme, die den gleichen Nugget-Wert aufweisen, separat dargestellt.

Jedes dieser 27 Modelle stellt noch plausible Approximationen des experimentellen Variogramms dar. Sie könnten durch verschiedene Anwender unter einer jeweils spezifischen Maßgabe als optimales Variogrammmodell ausgewählt werden (Reduktion der Schätzfehler σ_K, Minimierung der Fehler zwischen exp. und theor. Variogramm, vgl. Abs. 8.4.1.4, Nachweis der Problemadäquatheit eines spezifischen Modells, Vorwissen usw.). Die für diese Parameterstudie gewählte Winkeltoleranz von $\Delta\psi = 20°$ ist gemäß der in Abs. 8.4.1.1.3 erzielten Ergebnisse für diese Untersuchungen noch akzeptabel (vgl. Abb. 8-19). Etwaige die

Ergebnisse dieser Parameterstudie verfälschenden Effekte, die auf eine ungenügende Variogrammanpassung oder auf ungeeignete Erfassung der Anisotropieverhältnisse zurückzuführen wären, werden damit weitgehend ausgeschlossen.

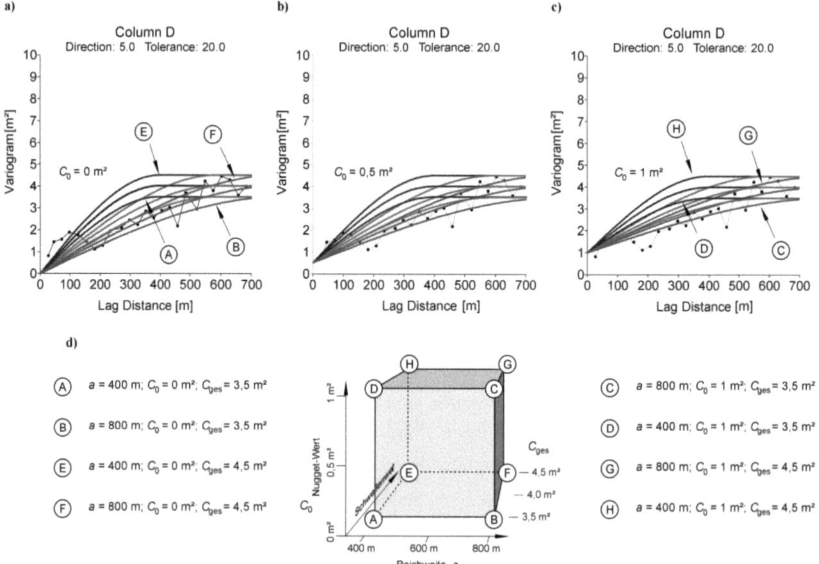

Abb. 8-31: Parameterstudie, Variation von Reichweite, Nugget-Wert und Schwellenwert, Datengrundlage: Schichtmächtigkeit Mg1-Folge; experimentelles Variogramm in Hauptanisotropierichtung 5°, unterschiedliche Variogrammmodelle mit sphärischer Variogrammfunktion, mit a): $C_0 = 0$ m², b): $C_0 = 0,5$ m², c): $C_0 = 1$ m² (blau: $a = 400$ m, grün: $a = 600$ m, rot: $a = 800$ m).

Die in Abb. 8-31 gezeigten Variogrammmodelle wurden zur Erzeugung geostatistischer Schätzmodelle durch das OK verwendet. Von den insgesamt 27 erzeugten Modellen werden diejenigen 8 für eine Darstellung ausgewählt, für die die Kombinationen der jeweiligen Extrema der Werte der variierten Parameter C, a und C_0 verwendet wurden. Diese Modelle repräsentieren daher auch die zu erwartenden Extrema der Modellergebnisse. Es sind dies die Modelle A bis H aus Abb. 8-31. Da insgesamt drei Parameter gleichzeitig variiert wurden, bietet sich die Darstellung dieser Modelle in Form eines Würfels im dreidimensionalen Merkmalsraum (a, C_0, C_{ges}) an; die acht Modelle bilden dann die Ecken dieses Würfels (Abb. 8-31d).

In Abb. 8-32 werden die acht Modelle A bis H nach dem in Abb. 8-31d bezeichneten Schema dargestellt. Die Form der Darstellungsweise erlaubt das Erkennen des Einflusses eines jeden einzelnen Parameters auf das Modell und einen unmittelbaren Vergleich jeweils zweier Modelle. Für diese Modelle wurde zur Vermeidung eines etwaigen Einflusses des Suchbereiches der Schätzung auf das Ergebnis (vgl. hierzu Abs. 8.4.2.2) der Suchbereich nicht der Anisotropie der einzelnen Modelle angepasst, sondern konstant bei $r = 2000$ m gehalten. Zur besseren Vergleichbarkeit beschränkt sich die Darstellung der Modelle auf einen Teilbereich des Untersuchungsgebietes. Dieser Teilbereich ist durch die Koordinaten RW 22400 – 23300 und HW 19700 – 20600 begrenzt. Da innerhalb dieses Teilbereiches sowohl regelmäßige Aufschlussraster als auch unregelmäßige Aufschlussverteilungen vorliegen und sowohl hohe als auch niedrige Aufschlussdichten vorkommen, erlaubt es die Wahl dieses Teilbereiches zusätzlich zu prüfen, ob die variierten Parameter bevorzugt bei einer bestimmten Aufschlussverteilung Auswirkungen auf das Modell haben.

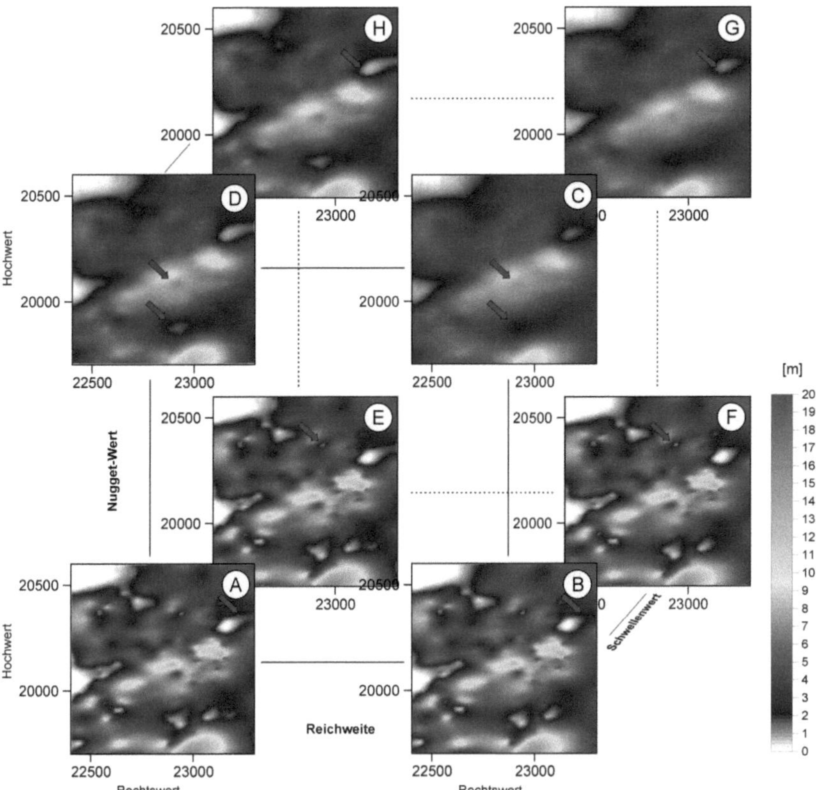

Abb. 8-32: Parameterstudie, Variation von Reichweite, Nugget-Wert und Schwellenwert, Datengrundlage: Schichtmächtigkeit Mg1-Folge; Modellergebnisse A bis H, die sich aus den Extrema der Werte der variierten Parameter ergeben; Darstellung im dreidimensionalen Merkmalsraum (a, C_0, C_{ges}) analog zum Schema in Abb. 8-31d. Die Pfeile markieren Teilbereiche, in denen Unterschiede zwischen den Modellen deutlich hervortreten.

Nach dem visuellen Vergleich der Modelle kann der Nugget-Wert C_0 als bedeutsamster Variogrammparameter identifiziert werden. Die Modelle D, C, G und H weisen demnach eine deutlich kontinuierlichere und gleichmäßigere räumliche Verteilungen auf, als dies für die ohne Nugget-Wert erzeugten Modelle A, B, F und E der Fall ist. Der Einfluss der Reichweite tritt demgegenüber deutlich in den Hintergrund. Bei kleineren Reichweiten werden z. T. allerdings auch kleinere Strukturen wiedergegeben, wie dies ein direkter Vergleich der

Modelle D und C sowie H und G zeigt. Eine Variation des Gesamtschwellenwertes bewirkt keine visuell feststellbaren Modelländerung. Dies gilt unabhängig von der gewählten Reichweite und unabhängig vom gewählten Nugget-Wert C_0 bzw. vom Nugget-Anteil C_0/C_{ges}.

Darüber hinaus lassen sich auch keine Einflüsse der flächenmäßigen Verteilung der Aufschlusspunkte erkennen. Unabhängig von einer irregulären Verteilung der Aufschlusspunkte (z. B. Osten) oder ihrer Anordnung in regulären Rastern (z. B. Mitte, Westen) hat die Reichweite einen nur sehr geringen, der Nugget-Wert einen erheblichen Einfluss auf das Modellergebnis. Gleiches gilt sowohl für hohe (z. B. Nordosten) als auch für niedrige Aufschlussdichten (z. B. Süden, Südosten).

Die Ergebnisse der Parameterstudie zeigen, dass visuelle Unterschiede zwischen den Modellen vorrangig durch den angesetzten Nugget-Wert bestimmt werden. Die Reichweite ist als zweitrangig zu bewerten, was für den untersuchten Fall wahrscheinlich auch darauf zurückzuführen ist, dass in allen drei Fällen ($a = 400$ m, $a = 600$ m, $a = 800$ m) der Radius des Suchbereiches mit $r = 2000$ m deutlich größer gewählt wurde. Der Gesamtschwellenwert hat einen zu vernachlässigenden Einfluss auf das Modellergebnis. Diese Aussagen stimmen qualitativ mit den in den Abs. 8.4.1.1ff. getroffenen Feststellungen überein.

Zur Überprüfung, ob die berechneten 27 Modelle sich hinsichtlich ihrer Modellgüte unterscheiden, wurde eine Kreuzvalidierung nach Abs. 7.5 durchgeführt. Die Ergebnisse sind in Abb. 8-33 dargestellt. Zur Beurteilung der Modellgüte werden als maßgebliche Kriterien der Bias, d. h. die statistische Verzerrung nach Gl. (7-3), der RMSRE nach Gl. (7-9) sowie der Korrelationskoeffizient R^2 aus dem in Abb. 7-5a gezeigten Streudiagramm von geschätzten und berechneten Werten herangezogen.

Die statistische Verzerrung liegt bei allen Modellen im Bereich von -0,3 bis -0,45 m (vgl. Abb. 8-33a, d, g), was auf eine systematische Unterschätzung von Mächtigkeiten hinweist. Eine geringfügige Zunahme des Bias ist mit steigendem Nugget-Wert zu erkennen. Abb. 8-33d und g verweisen zudem auf eine höhere Streubreite des Bias mit steigendem Nugget-anteil C_0/C_{ges}. Dagegen lassen sich bei Variation der Reichweite oder des Schwellenwertes keine signifikanten Änderungen des Bias erkennen.

Der relative Fehler RMSRE liegt bei allen Modellen im Bereich von 2 bis 2,2 m/m (vgl. Abb. 8-33b, e, h). Die Darstellungen weisen auf größere RMSRE bei steigenden Nugget-Werten hin. Zudem zeigen die Darstellungen tendenziell größere RMSRE bei steigender Reichweite an. Die Streubreite nimmt auch hier mit steigendem Nugget-Anteil C_0/C_{ges} zu.

Bei allen Modellen liegt der Korrelationskoeffizient R^2 im Intervall von 0,65 bis 0,68, wobei größere Werte in der Tendenz mit steigendem Nugget-Wert einhergehen. Größere Reichweiten führen augenscheinlich zu einem sinkenden Korrelationskoeffizienten, wobei dieser Effekt bei größerem Nugget-Effekt stärker ausgeprägt ist (vgl. Abb. 8-33f und i). Eine geringfügige Zunahme der Streubreite zwischen verschiedenen Modellen ist wie zuvor beim Bias und dem RMSRE auch bei R^2 mit steigendem Nugget-Wert zu erkennen.

Die Ergebnisse der Kreuzvalidierung zeigen, dass hinsichtlich der zur Beurteilung verwendeten Kriterien die variierten Parameter nur einen geringen Einfluss auf die Modellgüte haben. Die Bewertungskriterien zeigen insgesamt nur geringe Änderungen, wobei bezüglich aller drei Kriterien tendenziell bessere Modelle bei kleinerem Nugget-Wert und sinkender Reichweite erzeugt werden können. Interpretiert werden kann dies in beiden Fällen mit der hier möglichen Konzentration auf die lokalen Verhältnisse in unmittelbarer Umgebung des Schätzpunktes. Demgegenüber sind bei Auswahl auch weiter hiervon entfernt liegender Eingangswerte mit wachsender Entfernung stets größere Abweichungen von der Quasistationarität und eine wachsende Wahrscheinlichkeit der Einbeziehung benachbarter Subpopulationen zu erwarten (vgl. Abs. 4.4, 5.2.2, 8.3.1).

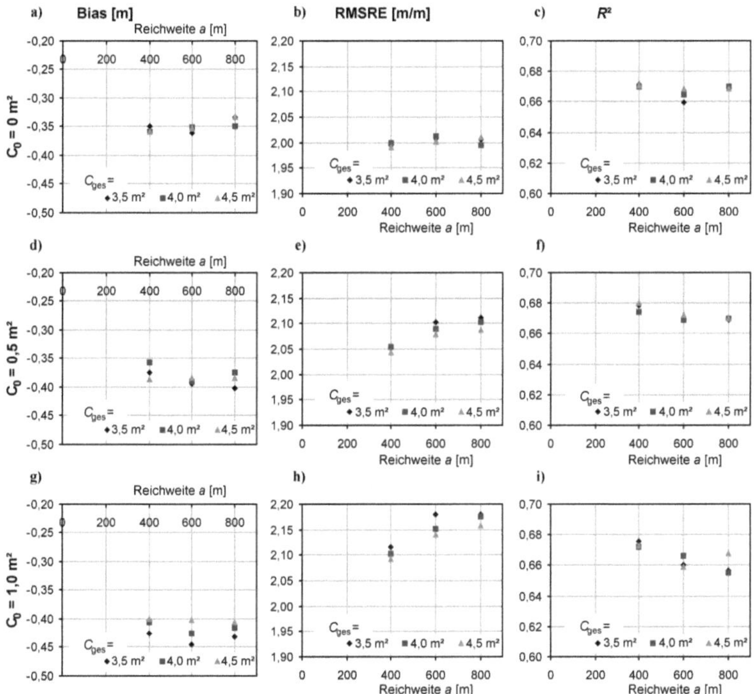

Abb. 8-33: Parameterstudie, Variation von Reichweite, Nugget-Wert und Schwellenwert, Datengrundlage: Schichtmächtigkeit Mgl-Folge; Ergebnisse der Kreuzvalidierung, linke Spalte: Bias nach Gl. (7-3), mittlere Spalte: RMSRE nach Gl. (7-9), Korrelationskoeffizient R^2 berechneter und geschätzter Werte; obere Reihe: 9 Modelle mit $C_0 = 0$ m², mittlere Reihe: 9 Modelle mit $C_0 = 0{,}5$ m², untere Reihe: 9 Modelle mit $C_0 = 1$ m².

Aus den Ergebnissen kann für das untersuchte Beispiel der Schluss gezogen werden, dass für ein gegebenes experimentelles Variogramm im Rahmen der tolerierbaren Abweichungen zwischen diesem und der theoretischen Variogrammfunktion keine Möglichkeit besteht, bessere Modelle durch eine genauere Anpassung der Variogrammfunktion zu erzeugen. Trotz der insgesamt großen Unterschiede der 27 in Abb. 8-31a – c gezeigten Variogrammmodelle

führen alle zu qualitativ ähnlichen Modellen, die darüber hinaus auch eine ähnliche Modellgüte aufweisen. Die Auswahl der Variogrammparameter, d. h. die Anpassung einer konkreten
Variogrammfunktion, ist daher von untergeordneter Bedeutung. Sicherzustellen ist lediglich,
dass die Variogrammfunktion innerhalb des Schwankungsbereiches des experimentellen
Variogramms liegt. Der Wahl des Nugget-Wertes muss hierbei das größte Interesse gelten –
weniger aus Gründen der hiervon kaum abhängigen Modellgüte als vielmehr aus Gründen,
die die visuelle Erscheinung des späteren Kriging-Modells betreffen.

Die mit der gewählten Variogrammfunktion ermittelten Kreuzvalidierungsfehler sollten
unabhängig von den hier dargestellten Ergebnissen dem Modell beigefügt werden. Sie
besitzen hier jedoch nur insofern legitimierende Bedeutung für das Modell, als ohne ihre
Dokumentation die Gefahr besteht, dass die Qualität des Modells grundsätzlich in Frage
gestellt werden könnte. Die relative Größenordnung der Werte der einzelnen Bewertungskriterien dürfte hierfür zumeist ausreichend sein. Eine Notwendigkeit, diese Werte durch
aufwändige Parameterstudien zu optimieren, besteht nicht. Insgesamt lassen diese nur
geringes Optimierungspotential erwarten.

Diese Parameterstudie untermauert damit auch die in Abs. 7.5.2 gegebene Empfehlung,
dass die Ergebnisse einer Kreuzvalidierung eher Ansatzpunkte für eine Modelländerung
(z. B. Homogenbereiche, Subpopulationen usw.) als für die Verbesserung eines bestehenden Modells bieten sollten. Ferner wurde bereits in Abs. 7.3 gezeigt, dass mit der
Kreuzvalidierung als Sonderfall der internen Bewertung lediglich die Fähigkeit des Modells
zur Reproduktion der bereits bekannten Werte untersucht wird. Eine genauere Anpassung der
theoretischen Variogrammfunktion kann daher auch nicht den Anspruch haben, dem Modell
eine höhere Prognoseeignung zu verleihen.

8.4.2   *Kriging*

8.4.2.1   *Auswahl des Schätzverfahrens*

Soll die Schätzung eines Parameters im Untersuchungsgebiet durch Anwendung geostatistischer Methoden erfolgen, ist zunächst ein konkretes Kriging-Verfahrens auszuwählen. Hier
kann auf eine Vielzahl verschiedener Verfahren zurückgegriffen werden (vgl. Abs. 3.5.4f.),
deren Entwicklung auch die Anwendung des geostatistischen Methodeninventars auf immer
neue Untersuchungsobjekte widerspiegelt. Die Erfahrung zeigt, dass dennoch in der überwiegenden Mehrzahl aller publizierten Anwendungen das Ordinary Kriging und damit das
ursprünglichste der geostatistischen Schätzverfahren herangezogen wird. Von den übrigen
Verfahren erfahren lediglich noch das Universal Kriging und das Indikator-Kriging eine häufigere Anwendung.

In mehreren auf den qualitativen Vergleich verschiedener Kriging-Verfahren abzielenden
Studien konnte nachgewiesen werden, dass bereits das Ordinary Kriging (OK) gute bis sehr
gute Schätzergebnisse liefert. Im Vergleich zu anderen, z. T. weit komplexeren Verfahren
schneidet es oftmals sogar am besten ab (z. B. DAVID 1988, ALLARD 1998, LLOYD &
ATKINSON 1999, BRINKMANN 2002). Dieser Nachweis in der Praxis resultiert auf der
theoretischen Eigenschaft des OK, bei Annahme einer bekannten Kovarianzstruktur und der

Konstanz von Mittelwert und Varianz im Untersuchungsgebiet das beste Schätzmodell zu liefern. Diese BLUE-Eigenschaften (vgl. Abs. 3.5.4) sind ein Charakteristikum des OK und finden sich bei den in der Folgezeit entwickelten Kriging-Verfahren nicht oder nur noch in abgeschwächter Form. Dieser Vorzug des OK gilt jedoch nur bei bekannter oder annähernd richtig geschätzter Kovarianzfunktion. Das OK kann folglich nur dann andere Verfahren übertreffende Ergebnisse liefern, wenn die Einbringung von Vorwissen bei ihrer Festlegung möglich ist. (vgl. Abs. 8.4.1.3). Die relative Qualität des OK-Ergebnisses im Vergleich zu anderen Schätzverfahren richtet sich daher nach dem Schwierigkeitsgrad der Aufgabenstellung und ist zudem von den angelegten Bewertungskriterien abhängig (WEBER & ENGLUND 1992, 1994, BOUFASSA & ARMSTRONG 1989).

Vor allem in solchen Fällen, in denen starke Abweichungen von den theoretischen Voraussetzungen vorliegen, z. B. extrem schiefe Werteverteilungen, können andere Kriging-Verfahren als das OK bessere Ergebnisse liefern (PAPRITZ & DUBOIS 1999). Häufig scheitern hieran jedoch selbst nicht-lineare Verfahren, zu denen bspw. das Disjunktive (MATHERON 1976) und das Indikator-Kriging zählen (so auch RENDU 1980b).

HENLEY (2001) zeigt, dass diese komplexeren Verfahren zwar ebenfalls oft in der Praxis einsetzbar sind, diese jedoch häufig ihre theoretische Berechtigung verlieren, da die mit ihrer Anwendung verknüpften Annahmen über den Untersuchungsgegenstand nicht gerechtfertigt oder bewiesen werden können (vgl. Abs. 6.4.1). Hinzu kommt der je nach Verfahren teilweise oder vollständige Verlust der BLUE-Eigenschaften, die aber oftmals bereits die Legitimation für die Heranziehung gerade der geostatistischen Verfahren zur Modellierung darstellen.

Andere Studien (z. B. BÁRDOSSY, HABERLANDT & GRIMM-STRELE 1997, REED 2002) zeigen, dass auch komplexere Verfahren als das OK durch Einbeziehung externer Information jeweils nur in einzelnen und für sie spezifischen Kriterien (z. B. bei bestimmten Parametern der Kreuzvalidierung, vgl. Tabelle 7-1) die Ergebnisse des OK übertreffen. Ähnliche Ergebnisse ermitteln bereits WEBSTER & BURGESS (1980) und JOURNEL & ROSSI (1989) sowie GOOVAERTS (1999), PAPRITZ & MOYEED (2001) und MOYEED & PAPRITZ (2002). Ist hingegen eine hinreichende Einbeziehung externer Information nicht möglich, können die Variogramme eine geringe Kontinuität oder einen steigenden Nugget-Anteil zeigen. Erst in den gegenteiligen Fällen von zunehmender räumlicher Abhängigkeit sind demnach die Unterschiede zwischen den Verfahren besonders deutlich ausgebildet.

Gleichzeitig ist innerhalb der komplexeren Verfahren durch Zurverfügungstellung einer größeren Zahl von Optionen und Parametern ein umfassenderer Benutzereinfluss erforderlich, der das Modellergebnis umso unsicherer werden lassen kann (Abb. 8-34). Charakteristisches Beispiel hierfür ist beim Universal Kriging (UK) die Unkenntnis sowohl des Trends als auch des Variogramms; beide Komponenten sind gleichzeitig aus den Daten zu schätzen. Unzureichende Alternative ist die vorherige Festlegung einer der Komponenten durch den Anwender. Will man stattdessen die Anwendung des Indikator-Krigings (IK) vorsehen, ist eine Klasseneinteilung einzuführen, die sich auf Interpretationen der Werteverteilungen und auf Vorwissen über die geologische Struktur stützen sollte. Solche notwendigen, aber immer subjektiv beeinflussten Entscheidungen können zu mehrdeutigen Lösungen und zu fehlerhaften Schlussfolgerungen führen. Dies gilt bereits für den einfachen Fall der Definition nur eines *cut-off*-Wertes im IK, erlangt darüber hinaus zusätzliche Relevanz, wenn mehrere *cut-off*-Werte definiert werden sollen. Die Nachvollziehbarkeit des Modellierungsprozesses wird damit ebenso erschwert wie die Interpretierbarkeit und die Bewertbarkeit des Modellierungsergebnisses. Zudem kann die Anwendung anderer Verfahren als das des OK zu zusätzlichen Problemen führen. Hierzu gehören bspw. die Verletzung der Ordnungsrelationen beim IK (*order relation violations*, vgl. GLACKEN & BLACKNEY 1998, WINGLE & POETER 1998) sowie Artefakte in der anschließenden Darstellung (z. B. ATKINSON & LLOYD 2001).

Der Einfluss des Anwenders auf das Modellergebnis könnte erheblich reduziert werden, wenn eine Beschränkung auf eine Reihe lediglich bestimmter und möglichst einfacher Verfahren vorgegeben wird; im Regelfall wird etwa bereits das OK zur Schätzung plausibler Werte ausreichen. Hier könnte der grundsätzlichen Empfehlung gefolgt werden, die Ergebnisse zunächst mittels OK zu erzeugen. Erst danach sollte geprüft werden, ob entweder aus dem Untersuchungsgegenstand, aus dem vorliegenden Datensatz oder aus den Ergebnissen der Bewertung (vgl. Abs. 7.3) die unbedingte Notwendigkeit abzuleiten ist, anstelle des OK komplexere Verfahren anzuwenden. Im Folgenden wäre zu untersuchen, in welchem Grade die für diese Verfahren geltenden Bedingungen erfüllt sind. Schließlich ist abzuwägen, ob nicht bereits ein rechnerisch einfaches Modell ebenfalls den Ansprüchen der Projektadäquatheit (vgl. Abs. 6.4.1) genügt. Diese letztgenannte, vorrangige Forderung gilt für baugeologische Modelle bereits allein aufgrund ihrer angestrebten praktischen Nutzung.

Abb. 8-34 stellt diese Gedankengänge innerhalb des Entscheidungsprozess bei der Auswahl des Kriging-Verfahrens schematisch dar. Gleichzeitig wird die Bevorzugung des OK erklärt und mit Blick auf konkurrierende Verfahren begründet.

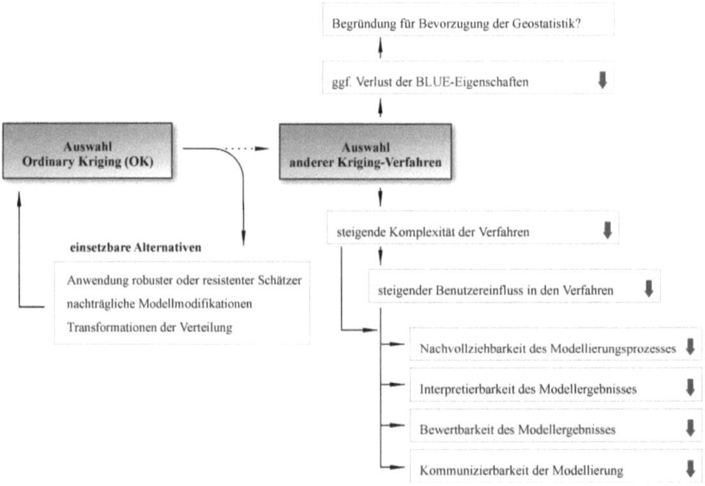

Abb. 8-34: Auswahl geeigneter Kriging-Schätzverfahren; mögliche Auswirkungen der Wahl anderer Kriging-Verfahren als das des Ordinary Kriging (OK) sowie einsetzbare Alternativen (Modellmodifikationen).

Sofern trotz der akzeptablen Robustheit des OK gegenüber Abweichungen der Eingangsdaten von den theoretischen Erfordernissen eine Auswahl anderer Verfahren sinnvoll erscheint, empfiehlt es sich, zunächst das OK anzuwenden und das Modellergebnis erst durch nachträgliche Änderungen zu modifizieren. So können etwa die mit der Anwendung des OK verknüpften Glättungseigenschaften durch die von OLEA & PAWLOWSKY (1996) und KNOSPE (2001) eingeführten Verfahren kompensiert werden (vgl. Abs. 7.5.1). In die Gruppe dieser nachträglichen Modellmodifikationen ist auch die Indikatorkopplung von MARINONI (2000) einzugliedern, wenngleich hierfür neben dem eigentlichen, durch das OK erfolgenden Schätzprozess auch die zusätzliche Anwendung des Indikator-Krigings erforderlich ist.

Wenn durch solche nachträglichen Modellanpassungen keine befriedigenden Verbesserungen eintreten, sollte versucht werden, durch Heranziehung modifizierter Variogramm-Schätzer in der experimentellen Variographie, die als robust gegenüber extremen Einzelwerten oder als resistent gegenüber Abweichungen von der geforderten Verteilungsform gelten, für den Beibehalt der Anwendbarkeit des OK zu sorgen. So sind z. B. die von CRESSIE & HAWKINS (1980), HAWKINS & CRESSIE (1984), CRESSIE (1984, 1985b), ARMSTRONG & DELFINER (1980), HUBER (1977), HENLEY (1981) und DOWD (1984) formulierten Schätzer als Alternative zu Gl. (3-7) aufzufassen. Mit ihnen könnte einigen durch die Erkundung in den Datensatz eingetragenen Eigenschaften, wie etwa einer bevorzugten Beprobung, einer schiefen Verteilung, Ausreißern oder fehlender Stationarität, entgegengewirkt werden.

8.4.2.2 Suchbereich der Schätzung

Nach der Entscheidung für eines der Schätzverfahren ist durch den Anwender festzulegen, innerhalb welchen Bereiches um den jeweiligen Knotenpunkt des Schätzgitters vorliegende Messwerte für die Schätzung herangezogen werden sollen. Die außerhalb des Suchbereiches liegenden Werte werden für die Schätzung ausgeblendet. Für geostatistische Verfahren rechtfertigt dies die Bezeichnung des Suchbereiches als „Kriging-Fenster" (AKIN 1983a). Größe und Form des Suchbereiches sind unter Berücksichtigung etwaiger softwaretechnischer Restriktionen frei wählbar, ebenso die Mindest- oder Maximalzahl der heranzuziehenden Werte oder die gegebenenfalls notwendig werdende Einteilung des Suchbereiches in Sektoren.

Mit der Festlegung eines solchen Suchbereiches ist das Ziel verbunden, nur diejenigen Messwerte für die Schätzung heranzuziehen, die auf die gleichen oder zumindest möglichst ähnlichen geologisch-genetischen Ursachen zurückzuführen sind, wie sie auch für den zu schätzenden Wert angenommen werden. Diese relevanten Messwerte dürfen folglich in unmittelbarer Nähe des Schätzwertes vermutet werden. Andererseits ist der Suchbereich hinreichend groß zu wählen, um eine Zurverfügungstellung einer ausreichenden Zahl von Werten für die Schätzung zu gewährleisten und damit deren rechnerische Genauigkeit zu erhöhen (RIVOIRARD 1987). Dieses Dilemma wird in Abb. 8-35 zum Ausdruck gebracht. Daher ist zu vermuten, dass Suchbereiche, die aufgrund ihrer geringen Größe als ungeeignet anzusehen sind, zu einer Überbetonung der kleinräumigen Variabilität des Schätzmodells führen könnten. Daneben ist bei der Verwendung zu kleiner Suchbereiche auch die Anpassung der Modellierung an einzelne, fehlerhafte Messwerte wahrscheinlich, deren Einfluss auf das Modell durch eine Verwendung einer höheren Zahl von Messwerten deutlich reduziert würde. Zudem geht eine Verkleinerung des Suchbereiches mit einem stärkeren Screeneffekt einher, der zur Abschwächung der Gewichte λ_i solcher Werte in der Schätzung führt, die sich unmittelbar hinter von in Nachbarschaft der Schätzlokation liegenden Punkten befinden.

Werden demgegenüber zu große Suchbereiche gewählt, wird die Variabilität des geologischen oder geotechnischen Parameters deutlich unterschätzt, die Kontinuität der räumlichen Werteverteilung daher als zu groß angenommen. Darüber hinaus sind mit einer Ausdehnung des Suchbereiches auch die höhere Wahrscheinlichkeit des Einschlusses lokaler Anomalien und eine zunehmende Wahrscheinlichkeit des Erreichens benachbarter Homogenbereiche verbunden. Diese Werte wären demnach auf grundsätzlich andere geologisch-genetische Prozesse zurückzuführen, sollten daher für die Schätzung nicht herangezogen werden. Dieses Problem erlangt dann besondere Bedeutung, wenn die benachbarten Homogenbereiche durch eher kontinuierliche Übergänge miteinander verbunden sind, so dass die Wahl zu großer Suchbereiche erst nach der Modellierung erkannt werden kann. Beispielsweise könnten die Ergebnisse der Kreuzvalidierung Hinweise auf den unzulässigen Einschluss von Werten benachbarter Subpopulationen geben (vgl. Abb. 7-10).

Die Wahl des Suchbereiches ist daher als Kompromiss zwischen der angestrebten rechnerischen Genauigkeit des Schätzwertes und der notwendigen Richtigkeit des Schätz-vorganges aufzufassen (ähnl. Abs. 4.7, Abb. 5-16). Die Bedeutung des Suchbereiches für das Kriging-Ergebnis wird daher als sehr hoch eingeschätzt, wenngleich auch konkrete Grundsätze zur Festlegung des Suchbereiches fehlen und Empfehlungen zumeist nur den Charakter von Faustregeln besitzen: Wiederholt ist z. B. dafür plädiert worden, den Suchbereich hinsichtlich seiner Größe und seiner Ausrichtung der Anisotropieellipse anzupassen, die ermittelten Reichweiten a_{max} und a_{min} folglich als oberstes Kriterium einer Einbeziehung von Messwerten heranzuziehen (z. B. DELHOMME 1978, GÓMEZ-HERNÁNDEZ & CASSIRAGA 1994, DUKE & HANNA 1997, auch MARINONI 2000). Dieser Ansatz stützt sich auf den Gedanken, für die Schätzung alle mit dem Schätzwert korrelierten Werte heranzuziehen. Hiervon könnte abgewichen werden, wenn sich aus dem Variogramm Kenntnisse über einen Trend oder über eine gemischte Population ergeben, insbesondere, wenn verschiedene klein-skalig wirkende Prozesse zu räumlich eng begrenzten Anomalien mit sehr hohen Variogrammwerten führen würden. In solchen Fällen kann der Suchbereich kleiner als die Reichweite gewählt werden (so LINDNER & KARDEL 2000, MYERS 1997). Auf diese Weise könnte auch bei solchen instationären Verhältnissen die für die Schätzung ausreichende Quasistationarität gewährleistet werden (CRAWFORD & HERGERT 1997, JOURNEL & ROSSI 1989).

Umgekehrt kann der Suchbereich bei Bedarf auch über die Reichweite a hinausgehen (z. B. MYERS 1997) oder gar das gesamte Untersuchungsgebiet erfassen (DAVIS & GRIVET 1984). Das Erfordernis hierfür liegt dann vor, wenn anderenfalls zu wenig Daten für die Schätzungen vorliegen. Alternativ könnte immer dann das gesamte Untersuchungsgebiet verwendet werden, wenn bei sehr geringer Variabilität des Parameters auch globale stationäre Verhältnisse angenommen werden könnten.

Andere Empfehlungen versuchen, zur Festlegung eines Suchbereiches den durchschnittlichen Punkteabstand (RÖTTIG 1997), die Größe des Untersuchungsgebietes (JOURNEL & ROSSI 1989, ENGLUND & SPARKS 1991) oder den ermittelten Nugget-Anteil C_0/C_{ges} (VANN, JACKSON & BERTOLI 2003) als maßgebliche Kriterien heranzuziehen. Letzteres hat besondere Relevanz dadurch, dass die Kriging-Schätzung nur dann die Eigenschaft der minimalen Varianz aufweist, wenn die Schätznachbarschaft korrekt definiert wurde. Je größer folglich der Nugget-Anteil ist, desto größer ist auch die Wahrscheinlichkeit, dass entferntere Punkte ein höheres Gewicht bei der Schätzung bekommen. Umgekehrt bedeutet dies auch, dass mit größer werdendem C_0/C_{ges} eine größere Punktanzahl verwendet werden müsste.

Neben der Größe des Suchbereiches galt auch der Einteilung des Suchbereiches in Sektoren das Interesse. Stellt das verwendete geostatistische Modellierungsprogramm die entsprechende Option zur Verfügung, kann hierfür der Suchbereich in einzelne Segmente zerlegt werden, die entsprechend ihrer Anzahl z. B. als Quadranten oder Oktanten bezeichnet werden. Anschließend können minimale und maximale Anzahlen von Werten festgelegt werden, die innerhalb eines jeden Sektors liegen müssen. Übersteigt die Zahl N_i innerhalb eines Sektors die festgelegte Maximalanzahl, werden nur die dem Schätzpunkt am nächsten liegenden Eingangswerte verwendet. Unterschreitet dagegen die Zahl N_i innerhalb eines Sektors die festgelegte Minimalanzahl, werden keine Werte aus dem jeweiligen Sektor für die Schätzung herangezogen.

Mit diesen zusätzlichen Festlegungen wird das Ziel verfolgt, bei der Kriging-Schätzung die Berücksichtigung einer richtungsspezifisch unterschiedlichen Dichte von Aufschlusspunkten zu erlauben. Relevanz haben diese Festlegungen z. B. bei einer bevorzugt linienförmigen Anordnung von Aufschlusspunkten. Ohne die Einführung von Sektoren und die Festlegung gewisser minimaler und maximaler N_i kann die linienförmige Anordnung von Aufschlusspunkten zu Artefakten der Modellierung führen. Die modellierten Strukturen würden dann die Anordnung der Aufschlusspunkte und nicht die räumliche Werteverteilung des untersuchten Parameters wiederspiegeln. Faustregeln zur Festlegung der Anzahl der Werte pro Sektor N_i finden sich selten, z. B. bei CHILÈS & DELFINER (1999) mit $1 \leq N_i \leq 3$ pro Oktant. Zudem ist im Allgemeinen eine gewisse Mindestgesamtanzahl von Punkten N_{ges} für die Schätzung zu fordern (KELKAR, PEREZ & CHOPRA 2002, ARMSTRONG 1998). ENGLUND, WEBER & LEVIANT (1992), WEBSTER & OLIVER (2001) und VANN, JACKSON & BERTOLI (2003) geben $N_{ges} = 10$ bis 12 an. Die tatsächlich erforderliche Mindestanzahl sowie die Mindestanzahlen in den Sektoren dürften jedoch vielmehr vom Messfehler, von der Beprobungsstrategie, der Gleichmäßigkeit der Datendichte und der natürlichen Variabilität des untersuchten Parameters abhängig sein.

Abb. 8-35a zeigt Möglichkeiten der Definition des Suchbereiches für die Schätzung. Als zulässige Optionen sind hier insbesondere die Festlegung der Form, im Falle des elliptischen Suchbereich zusätzlich die Ausrichtung und Proportion, sowie die Sektoreneinteilung anzusehen. Letztere könnte kombiniert werden mit Anforderungen an eine Mindest- oder Maximalanzahl von Punkten innerhalb eines jeden Sektors sowie im gesamten Suchbereich. Sollen dreidimensional variierende Größen untersucht werden, sind anstelle elliptischer ellipsoidale Suchbereiche, anstelle einfacher Kreissektoren nun Kugelsektoren zu verwenden. Die grundsätzliche Vorgehensweise der Schätzung bleibt hiervon unberührt (vgl. Abs. 5.3.3).

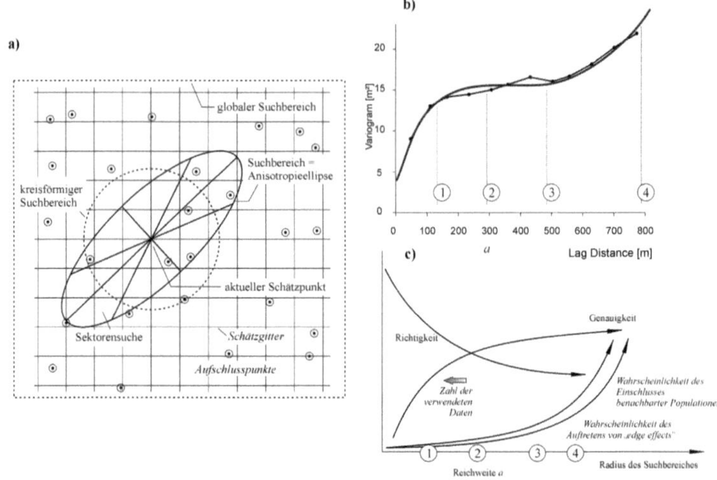

Abb. 8-35: Möglichkeiten der Festlegung des Suchbereiches, a): Auswahl der Form des Suchbereiches in Abhängigkeit von der ermittelten Reichweite sowie Festlegung etwaiger Sektoren, b): Möglichkeiten der Festlegung des Suchbereiches in Relation zur Variogrammfunktion, c): Umsetzung der in b gezeigten Möglichkeiten in Bezug auf Richtigkeit und Genauigkeit des Schätzvorganges sowie Auswirkungen zu großer Suchbereiche, schematisch.

In Abb. 8-35b werden oben beschriebene Möglichkeiten der Festlegung des Radius r bzw. r_{max} in Relation zum Verlauf der Variogrammfunktion schematisch dargestellt: ①, Radius $r < a$; ②, Radius $r = a$; ③, Radius $r > a$ (r entspricht hier derjenigen Schrittweite, bei der sich ein Trend im Variogramm abzeichnet); ④, $r \gg a$ (r entspricht der maximalen Schrittweite des Variogramms, d. h. der halben Ausdehnung des Untersuchungsgebietes). In Abb. 8-35c werden die Möglichkeiten ① – ④ schematisch mit obigen Ausführungen in Verbindung gesetzt. Gezeigt sind die gegenläufigen Beziehungen der statistischen Konzepte von Richtigkeit und Genauigkeit zur Größe des Suchbereiches sowie die Wahrscheinlichkeiten der Einbeziehung benachbarter Homogenbereiche und der Erzeugung von *edge effects*. Darunter sind solche Phänomene des Schätzvorganges zu verstehen, die bei nur einseitig vorhandener Schätznachbarschaft auftreten. Sie sind häufig in Bereichen sehr geringer Datendichte sowie im Randbereich des Untersuchungsgebietes zu erwarten.

Zur empirischen Überprüfung obiger Ausführungen wurden die Auswirkung unterschiedlicher Suchbereiche des Schätzvorganges auf das Modellergebnis untersucht. Als Datengrundlage wird die Mächtigkeit der S1-Folge gewählt (vgl. Abs. 7.7.2.3). Die Wahl der S1-Folge beruht auf ihrem flächenhaftem Vorkommen innerhalb des Untersuchungsgebietes sowie auf der recht homogenen räumlichen Werteverteilung. Andere Teilschritte, die neben der Festlegung des Suchbereiches ebenfalls Auswirkungen auf das Modell haben könnten, wie etwa die Festlegung eines Wirkbereiches oder die Ausweisung von Homogenbereichen, können damit aus dem Modellierungsablauf ausgeklammert werden.

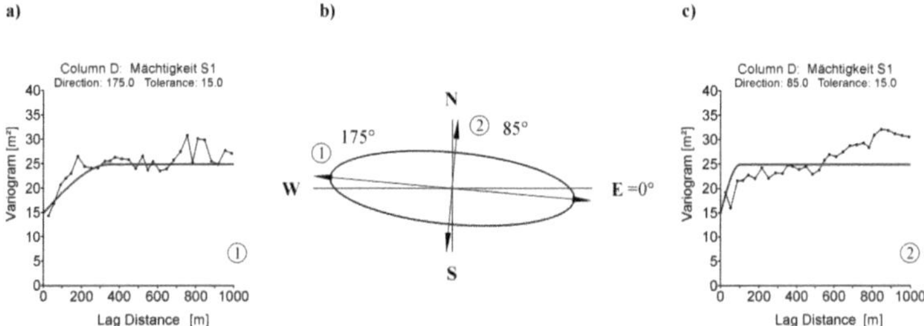

Abb. 8-36: Geostatistisches Modell der Mächtigkeiten der S1-Folge, basierend auf variographischen Untersuchungen, a): Variogrammmodell der Hauptanisotropierichtung, b): Ausrichtung der ermittelten Anisotropieellipse, c): Variogrammmodell quer zur Hauptanisotropierichtung.

Ausgewählt wurde der Teilbereich des Untersuchungsgebietes, der durch die Koordinaten RW 22400 – 23200 und HW 19600 – 20600 gegeben ist. Bei den variographischen Untersuchungen der Schichtmächtigkeit ergaben sich die in Abb. 8-36 dargestellten Ergebnisse. Dabei wird in Abb. 8-36a das experimentelle Variogramm in der Hauptanisotropierichtung (175°) dargestellt, in Abb. 8-36c das quer zur Hauptanisotropierichtung (85°). Angepasst wurde ein sphärisches Modell mit a_{max} = 350 m, a_{min} = 100 m, d. h. AIF = 3,5, mit C = 10 m² und C_0 = 15 m². Es ergibt sich die in Abb. 8-36b dargestellte Anisotropieellipse. Auf dem gezeigten variographischen Modell basieren die insgesamt 24 mit OK erzeugten Schätzmodelle der Abb. 8-37 und Abb. 8-38.

Für die Modelle der Abb. 8-37 wurde zunächst ein jeweils kreisförmiger Suchbereich verwendet, dessen Radius 100 m, 200 m, 400 m bzw. 800 m beträgt. Gleichzeitig werden unterschiedliche Sektoreneinteilungen (keine, 4 bzw. 8 Sektoren) untersucht. Dargestellt sind die zwölf geschätzten Modelle der Schichtmächtigkeiten.

Für die Modelle der Abb. 8-38 wurden elliptische Suchbereiche verwendet, deren Ausrichtung und Proportion der Lage der Anisotropieellipse und dem Anisotropieverhältnis aus Abb. 8-36b entsprechen. Variiert wurde hier zunächst der größte Radius der Ellipse mit r_{max} = 100 m, 350 m (= a_{max}), 800 m bzw. 1100 m. Darüber hinaus wurde wie im vorigen Beispiel die Zahl der Sektoren des Suchbereiches variiert (keine, 4, 8 Sektoren). Dargestellt sind die sich hieraus ergebenden zwölf geschätzten Modelle der Schichtmächtigkeiten.

Erkennbar ist, dass die Modelle, die mittels elliptischen Suchbereiches erzeugt wurden, eine geringfügig kontinuierlichere räumliche Werteverteilung aufweisen als die, die mittels kreisförmigen Suchbereiches geschätzt wurden. Dies äußert sich bereits beim paarweisen visuellen Vergleich eines Modells aus Abb. 8-37 mit dem entsprechenden Modell aus Abb. 8-38. Rechnerisch kann dies belegt werden durch Ermittlung der ersten Ableitung der erzeugten Werteverteilung an den Knoten des Schätzgitters, d. h. durch Berechnung des Anstiegs. Für einen entsprechenden Vergleich wurden das Modell r = 800 m (8 Sektoren) und r_{max} = 1100 m (8 Sektoren) ausgewählt. Berechnet wurden jeweils die ersten Ableitungen der

Schätzwerte in Richtung der Hauptanisotropieachse von 175° sowie quer hierzu nach 85° (vgl. Abb. 8-36b). Die Ergebnisse dieser Berechnungen sind in Abb. 8-39a und b dargestellt. Die höhere räumlichere Kontinuität eines Modells mit elliptischen Suchbereich drückt sich in den Darstellungen C und D durch homogenere und geringer variable Werte des Anstiegs aus. Die Darstellungen A und B weisen demgegenüber eine höhere Streubreite des Anstiegs als auch räumlich heterogenere Verhältnisse auf.

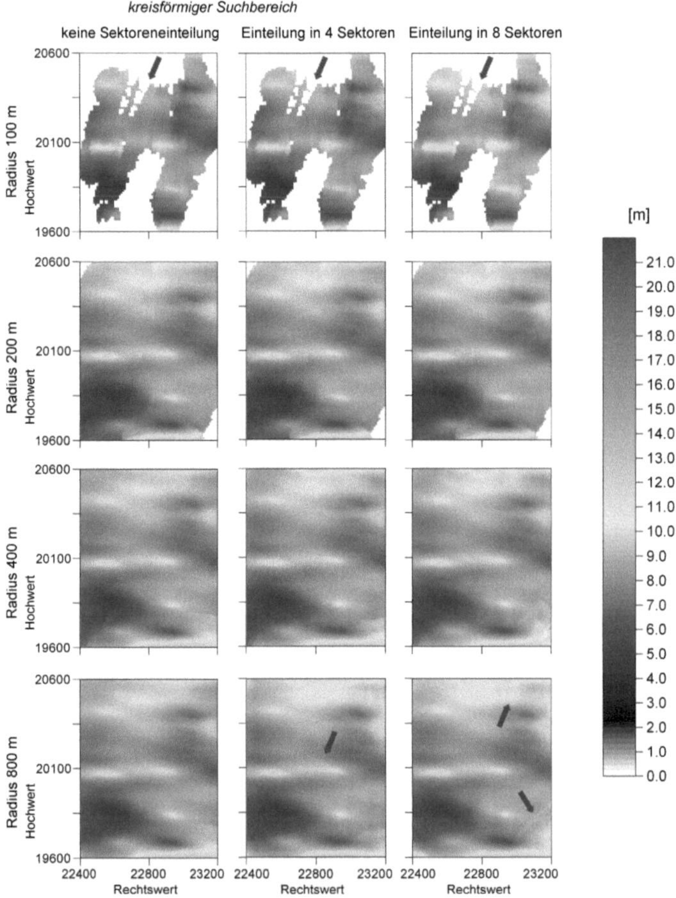

Abb. 8-37: Geostatistische Modelle der Schichtmächtigkeit der S1-Folge – kreisförmiger Suchbereich; Variation der Größe des Suchbereiches und der Zahl der Sektoren. Die Pfeile markieren Besonderheiten.

Im Vergleich zu den Modellen mit elliptischem Suchbereich (Abb. 8-38) treten bei denen mit kreisförmigem Suchbereich (Abb. 8-37) deutlich mehr rechnerische Artefakte auf, die sich in streifenförmigen Strukturen äußern (z. B. SW- und NE-Bereiche, vgl. auch Abb. 8-39a, A). Diese Strukturen haben keine Entsprechung in der Natur und sind allein durch eine zu geringe

Datendichte, durch stark geclusterte Punkte (GÓMEZ-HERNÁNDEZ & CASSIRAGA 1994, RÖTTIG *et al.* 2000) oder durch ein reguläres Aufschlussraster bedingt, das zu räumlich periodischen Schwankungen der Schätzwerte führen kann (vgl. Abb. 5-11). DAVIS & CULHANE (1984) weisen darauf hin, dass die Wirkung dieser rechnerischen Artefakte weniger in der offensichtlichen Ungenauigkeit der Modellierung besteht, sondern vielmehr darin, den Anwender die Einsetzbarkeit der geostatistischen Verfahren im speziellen Anwendungsfall anzuzweifeln zu lassen.

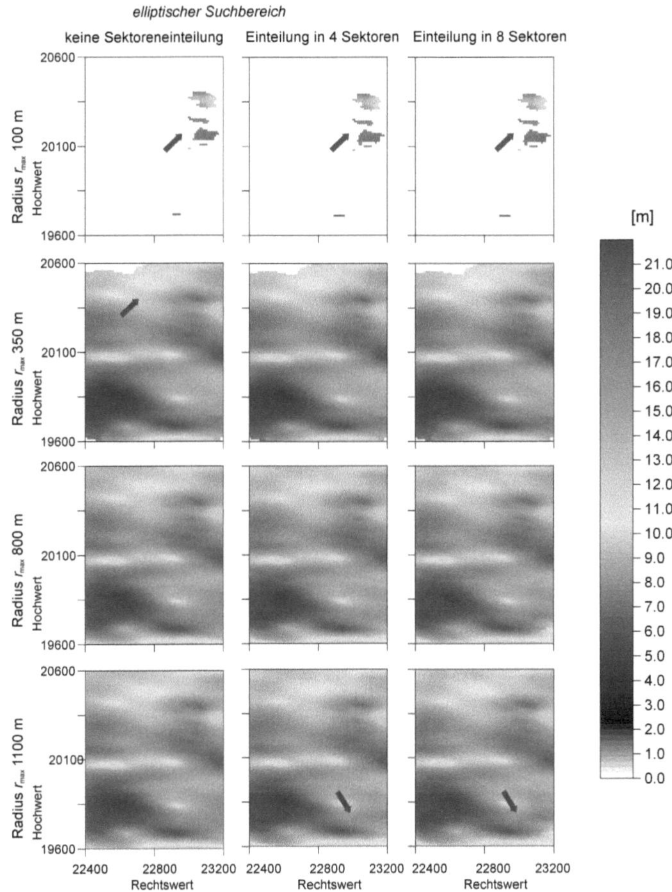

Abb. 8-38: Geostatistische Modelle der Schichtmächtigkeit der S1-Folge – elliptischer Suchbereich; Variation der Größe des Suchbereiches und der Zahl der Sektoren. Die Pfeile markieren Besonderheiten.

Alle Modelle gewährleisten dennoch übereinstimmend die Reproduktion der großskaligen Strukturen, während bei der kleinräumigen Variabilität Unterschiede festzustellen sind, die bei den gezeigten Parameterkombinationen unterschiedlich stark zu Tage treten. Auffällig bei den geschätzten Modellen in Abb. 8-38 im Fall des kleinsten Suchradius $r_{max} = 100$ m ist zunächst die äußerst lückenhafte Interpolation, die auf fehlende für die Interpolation heranzuziehende Eingangswerte hinweist; die entsprechenden Knotenpunkte des Schätzgitters werden in diesen Fällen ausgeblendet. Durch eine Sektoreneinteilung kann hier nur zu einer geringfügig gleichmäßigeren Interpolation beigetragen werden. In allen übrigen Modellen manifestieren sich deutlich die zu Grunde gelegte Anisotropie sowie die recht hohe räumliche Kontinuität der angesetzten sphärischen Variogrammfunktion. Unterschiede zu den Modellen der Abb. 8-37 sind vor allem in den südöstlichen Randbereichen festzustellen. Rechnerische Artefakte, in denen sich teilweise die Form des verwendeten Suchbereiches durchpaust, finden sich ebenfalls gelegentlich in den Modellen, unabhängig von der Größe des Suchbereiches und der Sektoreneinteilung.

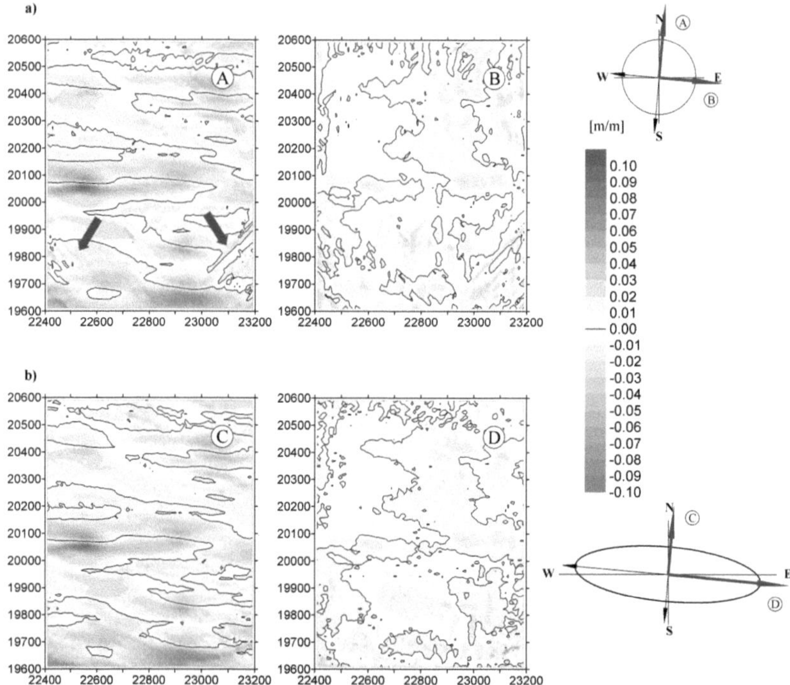

Abb. 8-39: Vergleichende Bewertung der räumlichen Kontinuität von OK-Schätzmodellen (S1-Folge, Schichtmächtigkeiten), die mittels kreisförmigen bzw. mittels elliptischen Suchbereiches erstellt wurden; richtungsspezifische Berechnung der ersten Ableitung der geschätzten Werteverteilungen; a): kreisförmiger Suchbereich, $r = 800$ m, 8 Sektoren, Darstellungen A, B; b): elliptischer Suchbereich, $r_{max} = 1100$ m, 8 Sektoren; Darstellungen C, D. Die Pfeile markieren Artefakte des Schätzvorgangs (vgl. auch Abb. 8-37).

Aus den Darstellungen der Abb. 8-39 könnte geschlossen werden, dass eine Kombination von anisotropem Variogrammmodell und entsprechend angepasstem elliptischen Suchbereich zu einer unrealistisch niedrigen Variabilität und damit zu einer übermäßig starken Vergleichmäßigung an benachbarten Schätzlokationen führen kann. Etwaige geometrisch anisotrope

Verhältnisse wären demnach bereits hinreichend genau mit der Anpassung durch ein aniso-tropes Variogrammmodell erfasst. Eine nochmalige Berücksichtigung dieser Verhältnisse durch Ausweisung eines entsprechenden Suchbereiches ist demnach nicht zwingend erforderlich. In diesen Fällen könnte der Einsatz des Verfahrens von BURGER & SCHAF-MEISTER (2000) als Alternative erwogen werden.

Zur Beurteilung der Auswirkungen der variierten Parameter auf das Modellergebnis wurden die insgesamt 24 Modelle aus den Abb. 8-37 und Abb. 8-38 nach der Schätzung einer Kreuzvalidierung unterzogen. Die Ergebnisse werden in Abb. 8-40 in Abhängigkeit von der Form des Suchbereiches, seiner Größe sowie der Anzahl von Sektoren dargestellt. Für einen Vergleich der Modelle wurden der Bias nach Gl. (7-3), der RMSRE nach Gl. (7-9) sowie der Korrelationskoeffizient R^2 aus dem in Abb. 7-5a gezeigten Streudiagramm von beobachteten und geschätzten Werten ausgewählt.

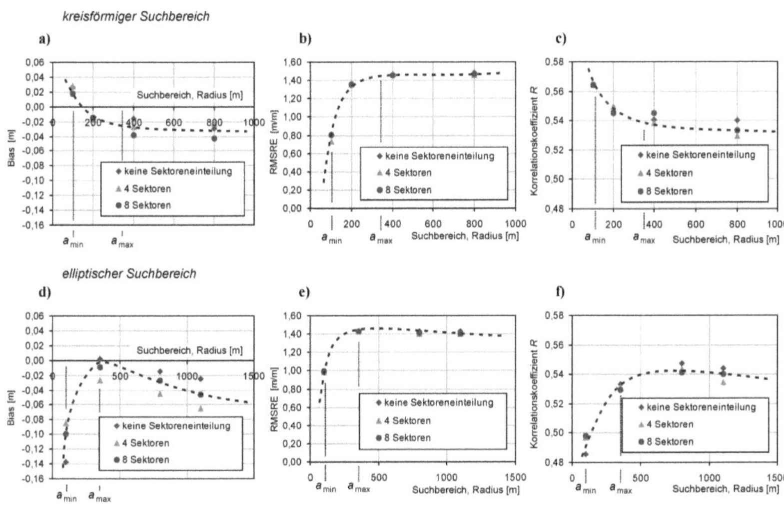

Abb. 8-40: Ergebnisse der Kreuzvalidierung der geostatistischen Modelle der Schichtmächtigkeit der S1-Folge; obere Reihe: Modelle aus Abb. 8-37 (kreisförmiger Suchbereich); untere Reihe: Modelle aus Abb. 8-38 (elliptischer Suchbereich); a) und d) Bias, b) und e) RMSRE, c) und f) R^2 zwischen z(obs.) und z(estim.).

Die obere Reihe der Abb. 8-40 (a – c) enthält die Ergebnisse der Kreuzvalidierung der Modelle mit kreisförmigem Suchbereich, die untere Reihe der Abb. 8-40 (d – f) die der Kreuzvalidierung der Modelle mit elliptischem Suchbereich. Die unterschiedlichen Symbole bezeichnen die verschiedenartigen Sektoreneinteilungen. Die zwischen den verwendeten Radien des Suchbereiches liegenden Bereiche wurden zur Verdeutlichung der festgestellten Beziehungen durch einen Trend approximiert. Zu Vergleichszwecken wurden die in der Variographie ermittelten Reichweiten a_{max} und a_{min} (Abb. 8-36) an der Abszissenachse vermerkt. Dies erlaubt Aussagen zur Größe des Suchbereiches in Relation zur vorgefundenen geometrischen Anisotropie.

Aus den Darstellungen der Abb. 8-40 sind deutlich die unterschiedlichen Einflüsse der variierten Parameter auf das Modellergebnis zu erkennen. Insbesondere verweisen die ermittelten Beziehungen zwischen den Fehlergrößen und den Parametern für das untersuchte Bespiel auf grundsätzlich andere Abhängigkeiten bei den beiden geometrischen Formen des Suchbereiches. Die Ergebnisse können wie folgt zusammengefasst werden:

Im Fall einer – wie im Beispiel – nachgewiesenen geometrischen Anisotropie ist der Bias dann annähernd Null, wenn bei einem *kreisförmigen* Suchbereich dessen Radius im Intervall zwischen a_{max} und a_{min} liegt. Dies gilt besonders wann, wenn eine Sektoreneinteilung vorgenommen wird, wobei die Zahl der verwendeten Sektoren zweitrangig ist (Abb. 8-40a). Kleinere Suchbereiche führen rasch zu einer generellen Überschätzung, größere dagegen zu einer generellen Unterschätzung der Werte. Auch durch eine Sektoreneinteilung kann dem nicht entgegengewirkt werden. Bei einem *elliptischen* Suchbereich tritt dann keine statistische Verzerrung auf, wenn dessen Größe und Ausrichtung der Anisotropieellipse entsprechen. Ist dies nicht der Fall, treten generell hohe bis sehr hohe Unterschätzungen auf. Der Einfluss einer Sektoreneinteilung ist hier ebenfalls zweitrangig. Auffällig ist jedoch, dass für den Idealfall der Übereinstimmung des Suchbereiches mit der Anisotropieellipse das Optimum bereits ohne eine rechentechnisch aufwändige Sektoreneinteilung auftritt (Abb. 8-40d).

Der RMSRE zeigt unabhängig von der Form des Suchbereiches monoton steigende Werte, wobei der Anstieg im Bereich von a_{max} und a_{min} (Abb. 8-40b) bzw. oberhalb von a_{max} (Abb. 8-40e) deutlich reduziert ist. In beiden Fällen scheinen die Werte einem globalen Extremum zuzustreben, dessen Wert durch den durchschnittlichen relativen Fehler aller Schätzwerte der gesamten Eingangsdaten bestimmt wird.

Der Korrelationskoeffizient zeigt bei kreisförmigem Suchbereich mit steigenden r sinkende Werte und eine Reduktion bis auf etwa $R^2 = 0{,}54$, der bei $r = a_{max}$ erreicht wird (Abb. 8-40c). Ein umgekehrtes Bild, d. h. sich erhöhende Werte bei größerem Suchbereich, zeigt R^2 im Fall eines elliptischen Suchbereiches, wobei die Konstanz ebenfalls bei $r = a_{max}$ erreicht wird; auch hier beträgt der Wert $R^2 = 0{,}54$ (Abb. 8-40e). Der Einfluss einer Sektoreneinteilung ist vernachlässigbar klein.

Aus den Ergebnissen dieser Parameterstudie lassen sich die folgenden Schlussfolgerungen für die Durchführung einer geostatistischen Modellierung ziehen:

[1]   Bei ausreichender Datenmenge und hinreichend hoher räumlicher Datendichte genügt ein *kreisförmiger* Suchbereich im Schätzprozess zur Wiedergabe der räumlichen Strukturen in der erwarteten räumlichen Verteilung und Größenordnung. Informationen über etwaige anisotrope Verhältnisse scheinen damit bereits im Zuge der Variographie ausreichend genau erfasst; eine nochmalige Berücksichtigung durch Aufstellung eines elliptischen Suchbereiches ist nicht unbedingt erforderlich.

[2]   Der Radius eines solchen *kreisförmigen* Suchbereiches ist dann möglichst klein zu wählen. Der Wert des Radius kann sich am kleineren Radius a_{min} der Anisotropieellipse orientieren; der Bias zeigt in solchen Fällen die geringste systematische Verzerrung an, der RMSRE einen noch moderaten Schätzfehler.

Eine Verkleinerung des Suchbereiches führt zwar zu nochmals sinkendem RMSRE und steigendem Korrelationskoeffizienten, jedoch gleichzeitig zu deutlich ansteigenden Verzerrungen. In Abhängigkeit von der Zielstellung der Modellierung kann ggf. die Übergewichtung eines dieser beiden Fehlerkriterien angestrebt sein. Eine negative statistische Verzerrung kann z. B. dann als zulässig erachtet werden, wenn größere Werte des zu modellierenden geotechnischen Parameters in Bemessungsverfahren als die Sicherheit erhöhend eingehen. Eine solche generelle Unterschätzung führt daher zu eher konservativen Berechnungen und zu einer Bemessung, die auf der sicheren Seite liegen wird. Bei einer gegenteiligen Aufgabenstellung gilt Umgekehrtes entsprechend.

[3]   Eine Vergrößerung eines *kreisförmigen* Suchbereiches weit über den Radius a_{max} hinaus führt nicht mehr zu einer Verbesserung auch nur einer der beiden Kriterien Bias oder RMSRE; vielmehr scheinen sie konstanten Werten zustreben. Zur Minimierung der Rechenzeit sollte daher der Suchbereich möglichst klein gehalten werden.

[4]   Soll ein *elliptischer* Suchbereich verwendet werden, sollte dessen Größe genau der Größe der Anisotropieellipse entsprechen; systematische Über- oder Unterschätzungen treten dann nicht auf. Unter der Maßgabe der Wahl des richtigen Variogrammmodells wird die für das Kriging spezifische Unverzerrtheitsbedingung aus Gl. (3-17) demnach nur dann erfüllt. Anderenfalls treten sehr deutliche Unterschätzungen auf, deren Betrag zudem den bei kreisförmigem Suchbereich festgestellten deutlich übersteigt.

[5]   Die Zahl der Sektoren, in die der Suchbereich eingeteilt wird, ist nach den hier erzielten Ergebnissen als zweitrangig zu beurteilen, sofern eine ausreichende Datenmenge gegeben ist. RMSRE und Korrelationskoeffizient zeigen bei den untersuchten Beispielen kaum Änderungen bei Variation der Sektorenzahl, während der Bias zwar deutlich sensibler reagiert, trotzdem unabhängig von der Sektorenzahl qualitativ ähnliche Kurvenverläufe zeigt.

8.5   Fazit

In verschiedenen Schritten der geologischen Modellierung, angefangen von der Zuordnung einzelner Daten zu Datenkollektiven bis hin zur abschließenden Visualisierung, bestehen für den Benutzer zahlreiche Möglichkeiten, das Modell zu beeinflussen. Dies gilt in besonderem Maße dann, wenn für die Modellbildung Werkzeuge aus dem geostatistischen Methodenspektrum herangezogen werden. Die Schaffung eines auf geostatistischen Methoden basierenden Modells setzt damit über den gesamten Modellierungsprozess ein hohes Maß an Interaktion des Benutzers mit den jeweiligen Verfahren voraus.

Die notwendige Einflussnahme des Anwenders bei der Modellierung erstreckt sich auf die qualitative Auslegung bestimmter Parameter (Homogenbereiche, Wirkbereiche, Variogrammmodelle usw.), aber auch auf die quantitative Festlegung von Einflussgrößen

(Toleranzkriterien, Variogrammparameter usw.). Die Einflussnahme des Anwenders kann in vom Modellierungsschritt abhängiger Weise zu unterschiedlichen Teilen auf statistischen, geostatistischen oder geologischen Überlegungen beruhen. Zeitpunkt und Art der Einflussnahme sind zudem in hohem Maße abhängig von subjektspezifischen Randbedingungen, wie etwa der Kenntnis der Verfahren, der Software, der Geologie oder des Untersuchungsgebietes.

Im vorliegenden Kapitel wurde eine umfangreiche Aufstellung dieser Einflussmöglichkeiten gegeben. Es wurden zahlreiche Einflussmöglichkeiten herausgearbeitet, im Detail beschrieben sowie in ihrer Relevanz für das Modellergebnis bewertet. Die verschiedenen Einflussmöglichkeiten wurden hierfür insgesamt vier Komplexen zugeordnet. Neben der Definition eines prozesseigenen Wirkbereiches und der im Regelfall notwendigen Homogenbereichsabgrenzung sind dies die Variographie und der eigentliche Kriging-Schätzprozess. Zur Beschreibung der Qualität des Modells und zur Bewertung wurden die im vorigem Kapitel 7 als geeignet herausgearbeiteten Kriterien eingesetzt.

Die Definition eines prozesseigenen Wirkbereiches und die Abgrenzung von Homogenbereichen wurden in den Abs. 8.2 bzw. 8.3 in ausführlichen Szenarioanalysen untersucht. Als Grundlage für diese Untersuchungen wurde auf Daten zurückgegriffen, die diese zusätzlichen Betrachtungen auf Basis früherer Ergebnisse von MARINONI (2000) oder aufgrund der Überlegungen in Abs. 7.7ff. gerechtfertigt erscheinen ließen. An realen Beispielen wurden hier schrittweise verschiedene mathematische Untersuchungen aneinander gereiht. Die Auswahl der Verfahren und die Bearbeitung erfolgen auf Basis intensiver Auseinandersetzung mit dem jeweiligen Untersuchungsgegenstand. Die Szenarioanalysen schließen mit einer qualitativ angelegten Wertung der Bedeutung dieser beiden Punkte für das Modellergebnis und mit Hinweisen für deren nutzbringenden Einsatz. Durch Anwendung der beiden Szenarioanalysen konnten zusätzlich die bestehenden Modelle verbessert werden.

In Abs. 8.2 wurden zusätzlich Empfehlungen zur Wahl des Anpassungsbereiches und zum Einschluss von Nullwerten gegeben. Darüber hinaus wurden Aussagen zur Bedeutung eines Trends im Variogrammmodell sowie zur in Variographie und Kriging unterschiedlichen Behandlung von Nullwerten getroffen.

Im Zuge der Szenarioanalyse in Abs. 8.3 wurde zudem die Anwendbarkeit klassischer statistischer Verfahren zur Homogenbereichsabgrenzung diskutiert. Bestehende Restriktionen hinsichtlich ihrer Anwendung auch auf geologische Datensätze wurden durch Einführung zusätzlicher Arbeitsschritte (Berücksichtigung der Lage der Aufschlüsse durch Betrachtung der Koordinaten als zusätzliche Parameter, Berücksichtung der Korrelation der Parameter durch Anwendung der PCA, Berücksichtigung der unterschiedlichen Größenordnung der Parameter durch Standardisierung usw.) aufgehoben. In der Szenarioanalyse wurden unterschiedliche Verknüpfungspunkte einer Homogenbereichsabgrenzung mit der Geostatistik diskutiert. Die erzeugten Modelle wurden bewertet.

In dem folgenden Abs. 8.4 wurde der eigentliche geostatistische Schätzprozess, bestehend aus Variographie und Kriging, untersucht. Die Einflussmöglichkeiten des Benutzers wurden hier durch Anwendung von Parameterstudien und Sensitivitätsanalysen untersucht. Dies erlaubt die quantitative Bewertung einzelner Einflussnahmemöglichkeiten als auch die Abschätzung der Bedeutung dieser Einflussnahmemöglichkeiten für das Modellergebnis. Als besonders bedeutsam für das Modellergebnis wurden hier die Toleranzkriterien herausgearbeitet. Dies gilt besonders für den Fall anisotroper Verhältnisse. Demgegenüber treten die spezifische Variogrammfunktion und die Art des Anpassungsverfahrens weit in ihrer Bedeutung für das Modellergebnis zurück. Untersucht wurde hier zudem, inwieweit grundsätzlich die Erfassung anisotroper Verhältnisse möglich ist und ob eine beabsichtigte gleichzeitige Erfassung geometrisch und zonal anisotroper Verhältnisse erfolgversprechend sein kann.

Auch die Parameter der Variogrammfunktion (a, C, C_0) besitzen vorrangig Einfluss auf die räumliche Verteilung der untersuchten Größe im Untersuchungsgebiet, d. h. auf Kontinuität, Rauhigkeit oder Variabilität, weniger auf die Qualität des Modells. Insofern muss sich die Festlegung der Parameter der Variogrammfunktion eher auf fachspezifische Überlegungen, weniger auf statistische Betrachtungen im Rahmen einer Modellbewertung stützen.

Hinzuweisen ist auf die beschriebene Möglichkeit einer externen automatisierten Anpassung der Variogrammfunktion. Die schwierige und bei starken erratischen Streuungen des experimentellen Variogramms ungeeignete manuelle Anpassung wird damit umgangen. Ebenso werden statistisch nicht nachvollziehbare Anpassungen, die gelegentlich innerhalb der geostatistischen Software erzeugt werden, ausgeschlossen. Zusätzlich kann durch Einführung von Nebenbedingungen für die Erzeugung fachlich plausibler Lösungen gesorgt werden. Darüber hinaus können so unterschiedliche Anpassungsverfahren miteinander verglichen und eigene Anpassungsverfahren entwickelt werden. Zudem stehen die ermittelten Abstandsquadrate für weiterführende Untersuchungen zur Verfügung. Die externe Variogrammapproximation wird u. a. in Abs. 8.4.1.4 eingesetzt. Insbesondere sind durch ihre Anwendung aussagekräftige Studien zu anisotropen Verhältnissen sowie die auch geologische Vorinformationen berücksichtigende theoretische Variographie möglich.

Bei den Untersuchungen zur Bedeutung der Wichtungsfaktoren im Rahmen der Methode der WLS wurde herausgestellt, dass diese vorrangig die Parameter der Variogrammfunktion beeinflussen und damit zunächst nur die räumliche Verteilung der Schätzpopulation beeinflussen, nicht jedoch auch die Modellgüte.

Hinsichtlich des einzusetzenden Schätzverfahrens wurde für das *Ordinary Kriging* (OK) plädiert, das im Regelfall zur Ermittlung plausibler Schätzwerte ausreicht. Ein Rückgriff auf andere Schätzverfahren kann den Verlust der BLUE-Eigenschaften der berechneten Schätzwerte nach sich ziehen, bedingt aber in jedem Fall die Begründung der Auswahl dieses Verfahrens.

Im Falle anisotroper Verhältnisse muss nicht zwangsläufig auf elliptische Suchbereiche zurückgegriffen werden; ein kreisförmiger Suchbereich kann ebenso genügen. Soll jedoch der Einsatz eines elliptischen Suchbereiches erfolgen, sollte dieser nach Ausrichtung und Proportion der ermittelten Anisotropieellipse entsprechen. Nur für diesen Fall ist das Modellergebnis statistisch unverzerrt. Eine zusätzliche Sektoreneinteilung ist in Fällen ausreichender Datenmenge und -dichte von zweitrangiger Bedeutung.

In vielen Teilbereichen des Modellbildungsprozesses sind durch den Anwender Abwägungen zwischen divergierenden Zielstellungen zu treffen, die sich auf die möglichst realitätsnahe Ermittlung von Schätzwerten einerseits und auf die möglichst gute statistische Absicherung der Ergebnisse andererseits beziehen. Derartige Zielkonflikte bestehen bspw. bei der Homogenbereichsabgrenzung, bei der kleinere Homogenbereiche fachlich oft plausibler, statistisch jedoch oft nicht zu rechtfertigen sind. Analoges gilt im Fall der Toleranzkriterien, die mit dem Ziel der Richtigkeit des experimentellen Variogramms möglichst klein gehalten werden sollten, mit den Zielen der Minimierung zufälliger Streuungen des experimentellen Variogramms und der Gewährleistung der statistischen Absicherung jedoch zu vergrößern sind. Auch die Festlegung des Suchbereiches der Schätzung stellt letztlich nur einen Kompromiss zweier Optima dar. Hier besteht zum einen die Notwendigkeit der Reduktion des Suchbereiches, da im Regelfall lediglich die lokale Stationarität im unmittelbaren Umfeld des Schätzknotens zu gewährleisten ist. Andererseits ist der Suchbereich zumindest so weit zu vergrößern, dass eine ausreichende Menge von Daten eingeschlossen, die Bildung eines gewichteten Mittelwertes damit auf sicherer Grundlage fußen wird.

Da bei der Lösung dieser Zielkonflikte die Möglichkeit einer Quantifizierung fehlt, muss auf Vorwissen und Erfahrung zurückgegriffen werden. Sind diese nicht oder nur in einem unzureichenden Maß vorhanden, ist der Benutzer daher letztlich gefordert, verschiedene Verfahren zu berücksichtigen, ihre verschiedenen Optionen und Varianten zu prüfen oder vorab deren Nichtanwendbarkeit aufgrund geologisch-genetischer Überlegungen festzustellen. Aus statistischer Sicht wird daher oft die Angabe einer Spannbreite möglicher Modelle der Ausweisung eines einziges, vermeintlich besonders wahrscheinlichen Modells vorgezogen werden müssen.

Kapitel 9

Zusammenfassung und Schlussfolgerungen

9.1 Zusammenstellung der verwendeten Methoden

Ein bedeutendes Aufgabengebiet der Ingenieurgeologie stellt die Modellierung des oberflächennahen geologischen Untergrundes dar. Dafür wird inzwischen fast ausschließlich auf automatisierte, sogenannte „objektive" Verfahren zurückgegriffen, zu denen auch die geostatistischen Methoden zählen.

Die Arbeit behandelt mit den Untersuchungen zum Einfluss des Benutzers einen bislang nicht ausreichend gewürdigten Teilaspekt der geostatistischen Modellierung, dem zukünftig im Sinne einer verbesserten Darstellung der geologischen Strukturen und einer optimierten Anwendung der geostatistischen Verfahren vermehrt Aufmerksamkeit zu schenken sein wird. Die hierin angestellten Untersuchungen spannen einen weiten Bogen über verschiedene Methoden, die sich in ihrer Herangehensweise, aber auch in ihrer Aussagekraft und Nachvollziehbarkeit gegenseitig ergänzen und erst in ihrer Summe ein umfassendes Bild über die Bedeutung des Benutzereinflusses im Zuge der baugeologischen Modellierung ergeben.

Das in dieser Arbeit aufgewendete Methodeninventar umfasst im Einzelnen sowohl erkenntnis- und wissenschaftstheoretisch inspirierte Betrachtungen als auch eher praktisch orientierte Überlegungen, die sich auf die Einbindung der geostatistischen Methoden in den

Gesamtablauf des Modellierungsprozesses und die Interaktion von Anwender und Modellierungssystem beziehen. Ergänzt werden diese durch systematische Analysen des geostatistischen Prozesses und die Wertung der einzelnen Entscheidungsebenen hinsichtlich Wirksamkeit und Bedeutung für das Modellergebnis. Zahlreiche Parameterstudien und Sensitivitätsanalysen, die an synthetischen oder realen Datensätzen durchgeführt wurden, ergänzen das Bild. Der Einsatz jeder aufgeführten Methode erfolgt dabei im Hinblick sowohl auf Möglichkeiten als auch auf Notwendigkeiten des Benutzereinflusses. Diesem Zweck dienen auch Darstellungen für die Modellbewertung einsetzbarer Qualitätskriterien, die auf statistischer, geostatistischer oder geologischer Basis definiert werden können.

9.2   Zusammenfassung der Ergebnisse

Die Baugrundmodellierung stellt eines der jüngsten Anwendungsgebiete geostatistischer Verfahren dar. Hier trifft die Geostatistik auf neue Herausforderungen, die zum Teil unmittelbar in den Eigenschaften des neuen Untersuchungsgegenstandes „baugeologischer Untergrund" begründet sind. Im Weiteren ergeben sich Herausforderungen aus der notwendigen Überführung der geologischen Informationen in quantitativ auswertbare Daten sowie aus der unverzichtbaren Festlegung der methodenspezifischen Parameter. Diese Teilschritte können nicht ohne eine Einflussnahme des Anwenders ausgeführt werden.

Forderungen nach einer Analyse dieses Einflusses mit dem Ziel einer Bewertung leiten sich auch unmittelbar aus der zunehmenden Verwendung dieser Methoden ab. Wesentliches Ergebnis der Arbeit ist, dass die Einflussnahme des Benutzers sowohl auf die Modellierung als auch auf die Bewertung des Modells in allen jeweiligen Phasen ganz erheblich ist. Dies gilt umso mehr, als dass auch alle Qualitätskriterien zur Bewertung des Modells auf den bereits vorliegenden Daten basieren, die Realität jedoch weiterhin unbekannt bleibt. Insgesamt lassen sich nur wenige dieser Aspekte ansatzweise quantitativ erfassen und bedingen vielmehr weitgehend eine qualitative Beschreibung.

Bedingt durch die Prinzipien der Geostatistik, a) auf Algorithmen basierende Methoden bereitzustellen, b) lediglich ein idealisiertes Modell zu erzeugen, das auf grundsätzlich anderen Parametern als die in der Natur verwirklichten Strukturen beruht, und c) eine Interaktion mit dem Anwender zuzulassen, besteht für den Anwender die Schwierigkeit, eine sehr hohe Anzahl von Entscheidungen treffen zu müssen. Dies umfasst insbesondere methodenspezifische Parameter und Optionen, deren Bedeutung für das Modell und deren Wahrheitsgehalt ihm oftmals verschlossen bleiben, und die zwar eine scheinbar objektive Modellierung gestatten, im Kern jedoch weiterhin subjektiv bleiben. Diese Tendenz nimmt deutlich mit wachsender Komplexität der Verfahren zu, so dass sich mit steigendem Detaillierungsgrad der Entscheidungen die jeweiligen Parameter, die sich bisweilen nur ansatzweise mit denen der Natur parallelisieren lassen, immer weiter der gedanklichen Nachvollziehbarkeit durch den Anwender entziehen. Kognitive Fähigkeiten und geologische Intuition des Anwenders sind dann nicht mehr einsetzbar. Letztere können nur dann einen Beitrag zum Modellergebnis leisten, wenn die Umsetzung des geologischen Wissens in methodeninterne Begrifflichkeiten gelingt.

Das Ziel der Auswahl geostatistischer Verfahren für eine Modellierung darf daher nicht in der Verlagerung der Verantwortung vom Anwender hin zu den Methoden gesehen werden. Begründung hierfür sollte vielmehr die Nutzbarkeit der methodenspezifischen Ansätze zur optimierten Modellierung sein, wie sie durch einen sukzessiven Wissenszuwachs im Zuge der schrittweisen Abarbeitung der einzelnen Entscheidungsebenen oder mit einer iterativen Vorgehensweise denkbar ist. Dienlich sind auch die Möglichkeiten zur schnellen Bereitstellung verschiedener Modelle, die nach internen und externen Kriterien bewertet und miteinander verglichen werden können.

Die Nutzung dieses Potentials und der Zwang zur Schaffung eines geologisch plausiblen Modells erfordern vom Anwender einen hohen Kenntnisstand der theoretischen Grundlagen der geostatistischen Methoden als auch hinsichtlich ihrer Anwendbarkeit auf bestimmte Fragestellungen. Die Verantwortung wird dem Anwender damit nicht genommen, sondern eher noch erhöht, da er sich für einen geeigneten Modellierungsablauf wie auch für ein fertiges Modell entscheiden und diese Entscheidungen dokumentieren muss. Unter diesem Blickwinkel kann die Geostatistik nicht als Mittel der Arbeitserleichterung angesehen werden, sondern als Mittel zur Arbeitsverbesserung. Das Potential dieser Methoden kann jedoch nur dann ausgeschöpft werden, wenn der Anwender sich seiner Einflussnahmemöglichkeiten bewusst ist und versucht, möglichst objektive Entscheidungen zu treffen und sein Vorwissen in das Modell einzubringen.

Die Geostatistik allein vermag es nicht, ein bestimmtes Modell zu bevorzugen, ein solches als wahrscheinlichstes oder als das geologisch plausibelste auszuweisen. Sie bietet vielmehr nur Methoden an, mit deren Hilfe eine weite Klasse von Modellen erzeugt werden kann, die nach einheitlichen nachvollziehbaren Gesichtspunkten beurteilt und verglichen werden können. Jedes einzelne Modell ist insofern nur als Teillösung zu verstehen, die der anschließenden Wertung eines notwendigerweise subjektiven Bearbeiters bedarf.

Die aufgrund der strengen Begriffsdefinitionen innerhalb der Geostatistik gegebene Möglichkeit der „verobjektivierten Diskussion" sollte gegenüber der vermeintlich erreichbaren objektiven Berechnung von Prognosewerten übergewichtet werden.

9.3   Ergebnisse der Kapitel und Erkenntnisgewinn

Kapitel 2 beschreibt den geologischen Untergrund des Arbeitsgebietes. Dabei werden die Heterogenität und die Variabilität der oberflächennahen quartären Sedimente dargestellt. Diese extreme Variabilität ist als von den bisherigen Anwendungsbereichen abweichendes Merkmal betont worden. Die Einführung baugeologisch orientierter Klassifizierungsschemata wurde erklärt und mit der Notwendigkeit der Vereinfachung der Schichtenabfolge begründet. Auf Grundlage dieser Feststellungen ist die generelle Anwendbarkeit automatischer Modellierungsverfahren beurteilt worden. Der Einfluss des Anwenders, der bereits in der Phase der Ansprache der Bohrgutes und bei der Zuordnung angetroffener Schichtglieder zu den baugeologischen Einheiten notwendig ist, wurde als unvermeidbar charakterisiert.

Im **Kapitel 3** wurden die Theorie der regionalisierten Variablen und der Ablauf der geostatistischen Schätzungen erläutert. Die mit der Theorie der regionalisierten Variablen verbundenen Konzepte der Stationarität und Ergodizität wurden im Hinblick auf die Anwendung dieser Verfahren zur baugeologischen Modellierung bewertet und als lediglich modellbeschreibende Charakteristika herausgearbeitet. Die Variographie sowie das Kriging-Verfahren wurden beschrieben. Ihre Anwendung auf den neuen Untersuchungsgegenstand ‚baugeologischer Untergrund' wurde durch Heranziehung fachspezifischer geologischer Termini vorbereitet.

Ferner wurde das Ordinary Kriging als auch für die baugeologische Modellierung verwendbares Verfahren herausgestellt. Die Bevorzugung der Kriging-Verfahren gegenüber anderen automatischen Verfahren ist mit dem BLUE-Konzept begründet worden; ihr Vorrang vor einer manuellen Modellierung wurde anhand der Möglichkeit der Objektivierung geologischen Wissens aufgezeigt. Diese Objektivität besteht jedoch lediglich in der Anwendung klar definierter Algorithmen und in der Verwendbarkeit quantifizierter geologischer Fachinformation; auf die hierfür notwendigen Entscheidungen des Anwenders ist hingewiesen worden.

Darüber hinaus wurden die Anwendung der geostatistischen Schätzverfahren zur baugeologischen Modellierung anhand von zwei Beispielen erläutert und Einsatzmöglichkeiten bei der Betrachtung zwei- oder dreidimensional variierender Parameter kurz angerissen.

Im **Kapitel 4** wurden die im abschließenden Teil des dritten Kapitels zusammengestellten Fragen beantwortet, sofern sie überwiegend theoretische Aspekte der geostatistischen Schätzung oder ihrer Anwendung in der baugeologischen Modellierung betreffen. Beginnend mit Betrachtungen zum Stochastikbegriff und zu den allgemeinen Charakteristika geologischer Prozesse, wurde die prinzipielle Anwendbarkeit der geostatistischen Verfahren zur baugeologischen Modellierung diskutiert. Herausgearbeitet wurden hier Einflussnahmemöglichkeiten des Anwenders, die bereits im Zuge der Erkundung des Untersuchungsgegenstandes und der Überführung der Daten in geostatistisch verarbeitbare Informationen auftreten. Hierzu gehören die Abtrennung der als autokorreliert aufgefassten Prozesskomponente sowie Maßstabseffekte im Zusammenhang mit der Aufschlussdichte, der Definition des Untersuchungsgebietes und der Größenordnung der untersuchten Strukturen. In enger und ergänzender Beziehung hierzu steht auch die Diskussion der Stationaritätshypothese und der für die geologische Modellierung verfügbaren Modellansätze. Für diese Diskussion wurde auch die Trennung der Modelleigenschaften in reproduktive und produktive Charakteristika vorgenommen, die in Abhängigkeit von den Verfahren der Modellierung und den Vorstellungen des Anwenders unterschiedlich stark gefördert werden.

Der geologische Untergrund wurde als komplexes System dargestellt. Die Sonderstellung der Geostatistik bei der Modellierung komplexer Systeme durch automatisierte Methoden wurde aufgedeckt und mit Blick auf einen zunächst allgemein gehaltenen und dann geologisch bestimmten Modellbegriff analysiert. Identifiziert wurden hier unterschiedliche mit einer Modellierung verbundene Ziele sowie mehrere bereits im Vorfeld der eigentlichen Modellierung auftretende Abstraktionsstufen. Nachfolgend ist eine Übersicht über die

Modellunsicherheiten gegeben worden; diese wurden nach ihrer Ursache klassifiziert und hinsichtlich des Einflusses des Anwenders in verschiedenen Teilschritten der Modellierung beurteilt.

Schließlich wurden in einem abschließenden Abschnitt die Betrachtungen des vierten Kapitels in einen Gesamtzusammenhang gestellt. Die Konzepte von geologischer Komplexität, Modellkomplexität und Modellunsicherheit wurden hierfür miteinander in Beziehung gesetzt. Die bei Anwendung geostatistischer Verfahren sehr hohe Zahl von Modellparametern, die dadurch notwendige hohe Zahl von durch den Anwender zu treffenden Entscheidungen und die Diskrepanz zwischen Modell- und Systemparametern sind als potenziell limitierende Faktoren einer realistischen Modellierung nachgewiesen worden. Aufgedeckt wurden zudem die mit Anwendung mathematischer Verfahren auf natürliche Systeme auftretenden Dilemmata hinsichtlich der Festlegung einer optimalen Modellkomplexität und hinsichtlich der bevorzugten Modelleignung entweder zur Darstellung oder zur Prognose. Es wurde aufgezeigt, dass keine objektiven, sondern lediglich subjektive Möglichkeiten bestehen, diese Dilemmata aufzulösen.

Das folgende **Kapitel 5** erläutert die Einbindung der geostatistischen Schätzverfahren in den Modellierungsprozess. Hierfür wurden zunächst praxisnahe Beispiele herangezogen, an denen charakteristische Eigenschaften baugeologischer Daten identifiziert werden können. Der dadurch bedingte Benutzereinfluss in der Datenerhebung und -interpretation ist als unumgänglich eingestuft worden. Ähnlich wie im vorigen Kapitel können zudem weitere Zielkonflikte erkannt werden, die vorrangig bei der Entscheidung über die gemeinsame oder die getrennte Behandlung von eventuell aus verschiedenen Subpopulationen stammenden Daten und bei der Erkundungsoptimierung auftreten. Nachgewiesen wurde zudem empirisch, dass im Regelfall bereits mit dem Erkundungskonzept sowohl eine statistische als auch eine geostatistische Verzerrung der wahren Verhältnisse verbunden ist, eine maßgeblich auf die Anpassung an die Erkundungsdaten ausgerichtete Modellierung daher nicht allein erfolgversprechend sein könnte.

Unterschiede in der Behandlung verschiedener Datentypen wurden herausgearbeitet; die Besonderheiten geologisch-geometrischer und geotechnischer Daten wurden im Hinblick auf eine Modellierung betont. Ferner wurden die mit einer Modellierung dieser Daten verbundenen Problemstellungen diskutiert und Lösungsansätze aufgezeigt. Die Möglichkeiten der Kombination mehrerer geologisch-geometrischer Modelle und von geologisch-geometrischen mit Kennwertmodellen wurden untersucht. Restriktionen für eine Modellierung wurden in diesem Zusammenhang mit der Rangfolgenproblematik, typischen quartärgeologischen Strukturen und der unterschiedlichen Visualisierbarkeit der verschiedenen Datentypen erkannt.

Der grundsätzliche Ablauf einer Baugrunderkundung und -modellierung wurde mit dem Prinzip der geostatistischen Modellierung verglichen. Das Konzept der iterativen Modellierung ist aufgegriffen und auf den Anwendungsbereich der mathematisch-objektiven Modellierung übertragen worden. Darauf basierend wurden Ansätze zu einer Einführung dieses Konzepts in die Geostatistik entwickelt, wobei nachgewiesen werden konnte, dass hierdurch lediglich die Option für eine verbesserte Modellierung besteht, jedoch potenziell größere Abweichungen zwischen Modell und Realität auftreten können. In den folgenden Abschnitten wurde ein weiterer Einfluss des Anwenders mit der mangelnden Verknüpfung geostatistischer Algorithmen zu nach- und vorgeschalteten Programmsystemen begründet, so dass geostatistische Software zumeist nur eine Insellösung darstellt. Bereits durch den Datenaustausch zwischen den verschiedenen Systemen und den damit verbundenen Erfordernissen an eine Aufbereitung und Transformation der Daten können Modellmodifikationen bedingt sein. Die kettenartige Aneinanderreihung verschiedener Entscheidungsebenen innerhalb der Geostatistiksoftware wird als prinzipiell vorteilhaft eingestuft. Diese Beurteilung stützt sich auf die hier entwickelten Definitionen eines inneren und eines äußeren Aspekts, von denen bevorzugt der Anwender oder der spätere Modellnutzer profitiert. Die Interaktivität des Modellierungsvorganges und die Nachvollziehbarkeit des Modellergebnisses werden dadurch begünstigt.

Schließlich wurden drei weitere Zielkonflikte identifiziert. Sie umfassen (1) die angestrebte Maximierung sowohl des Erkenntniszuwachses als auch der Zuverlässigkeit dieser neuen Erkenntnisse, (2) die bei höherer Komplexität potenziell zunehmende Divergenz zwischen der Richtigkeit und der Genauigkeit des geostatistischen Modells sowie (3) die Forderungen nach dem Einsatz möglichst objektiver Verfahren einerseits und nach der bestmöglichen Ausnutzung der individuellen Kenntnisse und Fähigkeiten andererseits. Auf Grundlage einer umfassenden Analyse wurde deutlich gemacht, dass diese Zielkonflikte nur bedingt durch den Anwender der geostatistischen Verfahren aufgelöst werden können. Ein als optimal aufzufassendes Modell wird daher einen Kompromiss der nur teilweisen Erfüllung der verschiedenen Anforderungen darstellen.

Diese Anforderungen werden im **Kapitel 6** untersucht. Dafür wurden zunächst allgemein gültige Hauptgütekriterien herangezogen. Ihre generelle Erfüllbarkeit im Rahmen einer geostatistischen Modellierung wurde abgeschätzt. Hervorgehoben wurde, dass sie bei ihrer Anwendung auf baugeologische Modelle auch bei Einsatz objektiver Methoden nicht als strenge, absolute Kriterien aufzufassen sind, sondern eher als Ansätze für eine Modelldiskussion verstanden werden sollten.

Von den Hauptgütekriterien des Modells wurde anschließend die Objektivität näher untersucht. Die Konzepte von Objektivität und Subjektivität wurden vergleichend gegenübergestellt und in den Rahmen geostatistischer Begrifflichkeiten eingepasst. Der im vorigen Kapitel 5 auf Basis der Betrachtung der Arbeitsweise geostatistischer Software festgestellte sukzessiv-lineare Modellierungsablauf wurde als maßgeblich für das Modellergebnis und für die Streubreite zwischen Modellen verschiedener Anwender identifiziert. Der Ablauf einer manuellen Modellierung, einer rechnerischen Modellierung im Allgemeinen und der einer geostatistischen Modellierung im Besonderen wurden verglichen. Ergebnis dieser Überlegungen ist das Konzept der Intersubjektivität. Dieser Begriff bezieht sich vorrangig auf den Modellierungsprozess. Eine höherwertiges Modellergebnis ist hiernach dann möglich, wenn die Umsetzung des anwenderseitigen Wissens in die Modellierung gelingt.

In den folgenden Abschnitten wurden bestehende Nebengütekriterien auf geostatistische Modelle übertragen, neue Nebengütekriterien entwickelt und diese in ein Gesamtkonzept der Modellqualität eingefügt. Die Definition dieser Nebengütekriterien ist deutlich fachspezifischer orientiert. Die vordringlich notwendige Ausrichtung des Modells an den Erfordernissen der Problemadäquatheit und der Zielgruppenorientiertheit wurde erläutert und mit der dann leichter möglichen Kommunikation und einer eher zu erzielenden Akzeptanz des Modells begründet.

In eine dritte Gruppe von Anforderungen an das Modell wird ein Katalog geologischer Kriterien gestellt. Diese Kriterien wurden definiert und hinsichtlich ihrer Relevanz für die baugeologische Modellierung beurteilt. Die Erfüllbarkeit dieser Anforderungen im Rahmen einer geostatistischen Modellierung wurde bewertet. Lösungsvorschläge für hier bestehende immanente Probleme, die beispielsweise die Überschneidungsfreiheit von Schichten oder die rechnerische Behandlung typischer quartärgeologischer Strukturelemente betreffen, wurden erarbeitet.

Das sich anschließende **Kapitel 7** gibt einen Überblick über die Bewertung und die Bewertbarkeit baugeologischer Modelle. Anhand von Eigenschaften des geologischen Systems wird zunächst die nicht erreichbare Vollständigkeit der Modellbewertung begründet. Alternative Bewertungskonzepte (Validierung, Kalibrierung u. a.) wurden aufgenommen und in den Kontext einer automatischen Modellierung gesetzt.

Hinsichtlich der Beschreibung der Güte geostatistischer Modelle wurde eine Zuordnung der Verfahren in eine von zwei Gruppen vorgenommen, die als intern und extern bezeichnet wurden. Die Zuordnung im Einzelfall basiert auf der Entscheidung, ob für die Bewertung bereits vorhandene Daten oder geologischer Sachverstand herangezogen werden können. Es wurde begründet, dass im erstgenannten Fall zwar quantitative und objektiv fassbare Maßzahlen für die Modellgüte vorliegen, diese jedoch aus statistischen Gründen von nur geringer Aussagekraft sein können. Umgekehrt kann mit Methoden der zweiten Gruppe nur eine qualitative Gütebeschreibung erfolgen. Diese Bewertungskriterien lassen sich oft nur unscharf definieren, sind jedoch immer deutlicher an der Verwendung des Modells in der Praxis ausgerichtet.

In den folgenden Abschnitten wurden die Verwendbarkeit der Kriging-Varianz und der Kreuzvalidierung zur Modellbewertung beurteilt. Hier wurde herausgestellt, dass beide Konzepte nicht als alleinige Bewertungsmaßstäbe herangezogen werden können. Begründet worden ist dies mit Abweichungen von den theoretischen Voraussetzungen sowie mit ihrer Eigenschaft, lediglich auf den bereits vorhandenen Daten und der zudem nur geschätzten Variogrammfunktion zu basieren. Eine Beurteilung auch der Prognoseeignung des Modells ist damit unlogisch. Die grundsätzliche Bedeutung von Kriging-Varianz und Kreuzvalidierung erwächst vielmehr aus der Zurverfügungstellung einer Reihe von Maßzahlen, die zur Legitimierung des Modells und damit als akzeptanzerhöhende Maßnahme eingesetzt werden können. Gleichzeitig ist deutlich gemacht worden, dass sich aus der Berechnung der Kriging-Varianz und der Durchführung der Kreuzvalidierung zahlreiche Ansätze für einen zusätzlichen Erkenntnisgewinn ergeben können.

Im zweiten Teil des Kapitels wurden geostatistische Modelle aus dem Untersuchungs-gebiet einer Bewertung unterzogen. Diese Untersuchungen dienten zum einen einer umfassenden Gütebeschreibung der vorliegenden Modelle, zum anderen auch dazu, an realen Fällen den hier propagierten Ablauf einer ausführlichen Modellbewertung zu demonstrieren. Hierbei ist größter Wert auf die Diskussion der verschiedenen Bewertungskriterien gelegt worden, die für das jeweilige Modell unterschiedliche Relevanz und Aussagekraft besitzen. In diese Diskussion wurden auch statistische und geologische Aspekte eingebunden, so dass zahlreiche Vorschläge für eine verbesserte oder eine detailliertere Modellierung unterbreitet wurden. Gezeigt wurde zudem, dass anhand der Einbindung dieser zusätzlichen Aspekte Kenntnisse über die geologisch-genetischen Strukturen gewonnen werden können.

Im **Kapitel 8** wurde der Einfluss des Anwenders innerhalb des geostatistischen Schätz-prozesses detailliert analysiert. Hierfür sind die in den vorangegangenen Teilen der Arbeit als modellrelevant ausgewiesenen Entscheidungsebenen durch zahlreiche Parameterstudien und Sensitivitätsanalysen an jeweils separat ausgewählten Schichtenfolgen untersucht worden.

Vorangestellt wurden zwei ausführliche Szenarioanalysen, die im Vorfeld des geo-statistischen Schätzprozesses bei der Definition eines prozesseigenen Wirkbereiches und der Abgrenzung von Homogenbereichen ansetzen. Hier ist nachgewiesen worden, dass bereits in diesen ersten Schritten der Modellierung, die noch als Teil der Datenaufbereitung für den eigentlichen Schätzprozess aufgefasst werden können, der Einfluss des Anwenders erforderlich wird. In den Szenarioanalysen wurden Ansätze aus der Modellbewertung in Kapitel 7 aufgegriffen und für die Entwicklung einer verbesserten Modellierung verwendet. Verknüpfungsmöglichkeiten weiterer rechnerischer Verfahren mit der geostatistischen Modellierung wurden aufgezeigt. Mit der Darstellung dieser Szenarioanalysen wurde zum einen der Nachweis der Erhöhung der Modellqualität im konkreten Einzelfall erbracht. Zum anderen dienen die ausführlichen Darstellungen als Beispiele einer gut dokumentierten, trans-parenten und nachvollziehbaren Modellierung. Die Entscheidungen im Einzelfall wurden diskutiert und begründet. Daraus wurden Empfehlungen bei der Behandlung ähnlich gelager-ter Fälle abgeleitet.

Die Gliederung der weiteren Teile des Kapitels entspricht der Bearbeitungsreihenfolge innerhalb des Schätzprozesses. Die hier notwendigen Entscheidungen des Anwenders wurden aufgeschlüsselt und zunächst durch theoretische Überlegungen analysiert. Anschließend sind ihre Auswirkungen auf das Modellergebnis durch Variation der Eingangswerte untersucht worden. Der Einfluss innerhalb der experimentellen Variographie sowie bei der Festlegung des Suchbereiches wurde als maßgeblich herausgestellt. Es konnte gezeigt werden, dass die Ursache hierfür in Zielkonflikten besteht. Sowohl die Festlegung der Toleranzkriterien als auch des Suchbereiches der Schätzung können demnach lediglich einen Kompromiss zwischen einer möglichst hohen statistischen Signifikanz einerseits, einhergehend mit einer guten Verallgemeinerbarkeit der Modellergebnisse, und einer angestrebten Genauigkeit der Aussagen andererseits darstellen. Demgegenüber tritt die theoretische Variographie, d. h. die Wahl des Anpassungsverfahrens und der Modellfunktion, stark in ihrer Bedeutung zurück. Gefordert werden muss lediglich eine Begründung der Wahl der Modellfunktion, wofür mangels mathematischer Herleitbarkeit auf empirische Kenntnisse zurückgegriffen werden könnte.

9.4 Einordnung der Arbeit

Die vorliegende Arbeit stellt einen Beitrag zur Einführung geostatistischer Methoden in die Ingenieurgeologie dar, knüpft unmittelbar an frühere Arbeiten (KREUTER 1996, MARINONI 2000 u. a.) an und erweitert diese Betrachtungen um zahlreiche neue Gedankengänge. Beachtung finden hierin insbesondere Möglichkeiten der Einflussnahme des Anwenders, die hinsichtlich ihrer Bedeutung für das Modellergebnis untersucht wurden. Eine umfassende Betrachtung der geostatistischen Methoden unter der Prämisse einer Analyse des Benutzereinflusses fehlte bislang, schien jedoch mit Blick auf den stetig zunehmenden Einsatz geostatistischer Verfahren geboten. Andere Arbeiten zur Geostatistik fokussieren auf Schwerpunkte, die meist in der Anwendung ausgewählter Methoden auf ein bestimmtes Projekt liegen und damit weder allgemeinere Aussagen zur Eignung der geostatistischen Verfahren noch Aussagen zum Benutzereinfluss erlauben.

Während KREUTER (1996) die geologischen Aspekte in Bezug auf eine ingenieurgeologisch orientierte Anwendung der Geostatistik analysierte und deren generelle Anwendbarkeit bewies, stützte sich MARINONI (2000) auf die Empfehlungen Kreuters, richtete die Modelle an den Bedürfnissen der Ingenieurgeologie aus und schuf eine Grundlage für einen weitgehend automatisierten Verfahrensablauf. KNOSPE (2001) erweiterte die Methodik und ermöglichte eine in verschiedenen Szenarien unterschiedliche und damit bedarfsgerechte Integration von Vor- und Zusatzwissen. SCHÖNHARDT (2005) erweiterte die Anwendbarkeit der Geostatistik auf unsichere Eingangsgrößen (Baugrundparameter und Lagekoordinaten) und lieferte damit einen Beitrag zur aus der Unschärfe dieser Daten resultierenden Schwankungsbreite der Modelle.

Die geologischen Wissenschaften unterscheiden sich von anderen Naturwissenschaften durch die Unkenntnis der Anfangs- und Randbedingungen derjenigen Prozesse, die zur Entstehung des jeweiligen Untersuchungsgegenstandes, hier der geologischen Strukturen, geführt haben. Kontrollierte Experimente sind damit nicht möglich; Untersuchungsgegenstand bleibt die einzige in der Natur vorhandene Realisation der Prozesse. Modelle können in den geologischen Wissenschaften daher lediglich deskriptiv angelegt sein und auf der Beschreibung der durch die Prozesse geschaffenen Strukturen beruhen. Auch automatisierte Methoden können nicht zur Erzeugung eines *deterministischen* Modells beitragen, sondern lediglich Ansätze für eine *reale* Modellierung bieten. Eine solche reale Modellierung ist Hauptaufgabe eines jeden Geowissenschaftlers.

Die fehlerhafte Deutung des Begriffes der Wissenschaftlichkeit als Synonym völliger Objektivität und deren Gleichsetzung mit absoluter Quantifizierbarkeit können dazu führen, dass Modelle, die nicht mittels algorithmierter Verfahren erstellt werden und deren Güte sich nicht mittels zahlenmäßiger Bewertung untersuchen lässt, als falsch angesehen oder bereits im Vorfeld als ungeeignet abgelehnt werden. Dies und die immer stärkere Durchdringung auch der Geowissenschaften mit mathematischen Methoden, verbunden mit dem enormen Potential der Modellierungssoftware, ließen automatisierte Modellierungssysteme zu einem etablierten Werkzeug werden. Letzteres gilt besonders im Hinblick auf ihre Visualisierungsfähigkeiten. Der Anwender und dessen geologische Kenntnis gerieten dabei teilweise in den Hintergrund. Auf diese Punkte hat bemerkenswerterweise bereits VON BUBNOFF (1949) hingewiesen. ORTLIEB (1998, 2000) hat jüngst diese Modellkritik auf eine breitere Basis gestellt und – ohne die Geowissenschaften im Blick zu haben – ähnliche Aussagen in viel allgemeinerer Form gemacht. Einer bereits weit verbreiteten und im Zuge der Technisierung noch zunehmenden Modellgläubigkeit könne demnach nur durch kritische Diskussion der Modelle entgegengewirkt werden.

Wissenschaftlichkeit kann abweichend vom Zwang zur Objektivität daher besser auch nur als Nachvollziehbarkeit verstanden werden, als logische Verknüpfung von Einzelschritten, unabhängig davon, ob diese quantitativ oder qualitativ ausgedrückt werden können. Die Frage nach der Qualität des Modells selbst bleibt hierdurch ausgeklammert, da sich der Begriff der ‚Nachvollziehbarkeit' vorrangig auf den Prozess der Modellierung bezieht und das fertige Modell als Ergebnis des Prozesses dadurch in den Hintergrund tritt. Grundsätzlich scheint zwar die Überprüfbarkeit eines Modells größer, wenn – wie im Falle der Geostatistik – „ver-objektivierte" Entscheidungen vorliegen. Dies darf jedoch nicht als Indiz für die Möglichkeit zur Erstellung prinzipiell besserer Modelle missverstanden werden, denen etwa eine grundsätzlich höhere Qualität zugesprochen werden müsste, als dies für manuelle geologische Modelle gilt.

Die Geostatistik lässt sich daher nur als Plattform begreifen, auf deren Basis der Anwender eine Modellierung strukturiert durchführen und das Modell nach seinen Vorstellungen über das Untersuchungsobjekt gestalten kann. Sie darf jedoch nicht als Ratgeber oder als Werkzeug verstanden werden, das einen Erkenntniszuwachs beim Anwender ermöglicht, der über das Maß hinausgeht, zu dem er selbst im Stande wäre, das einen Verzicht auf geologischen Sachverstand erlaubt oder gar eigene Lösungen anzubieten vermag.

9.5 Empfehlungen für die Praxis

Der Einsatz der geostatistischen Verfahren erfordert ein hohes theoretisches Wissen. Dies betrifft die Bedeutung der einzelnen Parameter und die Anwendbarkeit der verschiedenen Verfahren. Eine Modellierung sollte daher nur von entsprechend geeigneten Personen durchgeführt werden. Zusätzlich müssen diese über umfangreiche geologische Grundlagenkenntnisse verfügen und mit den Integrationsmöglichkeiten dieses Wissens in die geostatistische Modellierung vertraut sein. Hinzu kommen Forderungen nach geologischer Regionalkompetenz und nach der Beurteilung des Modellzwecks. Daraus müssen Schlussfolgerungen über die bevorzugte Eignung bestimmter Verfahren gezogen werden können.

Unabhängig davon kann eine verbesserte Akzeptanz der erstellten Modelle nur durch eine lückenlose Dokumentation aller einzelnen Arbeitsschritte erreicht werden. Diese sollte neben den im Vorfeld der Geostatistik durchgeführten Schritten der Datenmanipulation, -zusammenfassung und -interpretation auch sämtliche weiteren benutzerseitigen Einwirkungen in Variographie, Kriging und Darstellung umfassen. Eine solche Dokumentation sollte Teil einer jeden Modellierung werden, um sie dann dem fertigen Modell beizufügen. Dieser Dokumentationszwang führt zu einer transparenten Modellierung und zu verifizierbaren Modellen, erlaubt damit also die Reproduktion des Modells. Er zwingt den Bearbeiter auch, objektive Begründungen für seine Einzelentscheidungen zu finden, die nicht etwa auf äußeren Einflüssen (ökonomische Restriktionen, softwareseitige Limitationen u. ä.) beruhen, sondern ausschließlich auf den Daten und dem Modellzweck basieren.

Aufgrund ihrer Interaktionsmöglichkeiten führen geostatistische Methoden im Ergebnis stets zu ausgesprochen komplexen Modellen. Diese methodenimmanente Komplexität kann durch benutzerseitige Einwirkung noch erheblich gesteigert werden, etwa durch Ausweisung separat zu modellierender Subpopulationen oder durch Kombination verschiedener Variogrammmodelle. Ein in diesem zweiten Sinne komplexes Modell führt jedoch nicht zwangsläufig auch zu besseren Prognosen. Das Ziel kann daher nicht in der Schaffung möglichst komplexer Modelle liegen, deren Erstellungsprozedur nicht mehr nachvollziehbar und deren Wahrheitsgehalt nicht mehr überprüfbar werden. Zu empfehlen ist in diesem Falle eine Beschränkung auf diejenigen Informationen über den Untergrund, die als wahr angenommen und als konsistent mit bestehendem Wissen aufgefasst werden können. Besonderes Gewicht kommt diesem Sachverhalt beispielsweise in der Variographie zu, in der eine beabsichtigte vollständige Anpassung des experimentellen Modells durch Stapelung mehrerer theoretischer Variogrammfunktionen nicht zu einer Abbildung der prozessspezifischen Eigenschaften führt, sondern vielmehr auch als zufällig anzusehende Schwankungen erfasst.

Durch den Anwender sind Abwägungen vorzunehmen zwischen dem bestehenden Wissen über die Struktur, das sich tatsächlich in den Modellen manifestiert und damit der *reproduktiven* Charakteristik des Modells entspricht, und den oft nur vermeintlich gegebenen Möglichkeiten eines Wissenszuwachses über die Struktur aus dem Modell, wie es der *produktiven* Eigenschaft des Modells gleichkommt. Fehlerhafte Schlussfolgerungen, die sich durch geologische Interpretation oft nicht rechtfertigen lassen, können hier die Folge sein. Zulässig scheint obige Vorgehensweise besonders im Falle der angestrebten Bestätigung vermuteter Gegebenheiten, weniger zur Aufstellung einer grundsätzlich neuen Theorie.

Ähnliches gilt für das Erfordernis der Richtigkeit des Modells, das den Ansprüchen an den hohen Datenumfang der Verfahren zuwiderläuft. Soll etwa eine in den Augen des Anwenders realistischere Modellierung durch Ausweisung möglichst feiner stratigraphischer Einheiten oder durch Festlegung möglichst kleiner Homogenbereiche erreicht werden, so würde sich die für eine Variographie jeweils nutzbare Datenmenge reduzieren und damit eine größere Streuung sowie deutliche Unterschiede bei der Anwendung verschiedener Verfahren zur Anpassung einer theoretischen Variogrammfunktion bedingen. Nur bei entsprechender Aufschlussdichte könnte von einer verbesserten Modellierung bei gleichzeitig kleinerer Datenmenge ausgegangen werden. Die Kenntnis dieser Abhängigkeiten ist beim Anwender vorauszusetzen. Optimale Modelle sind daher stets als Kompromiss zwischen beiden genannten Forderungen zu betrachten. Sie können nur durch vergleichende Betrachtungen aus einer Gruppe von alternativen Modellen ausgewählt werden.

Sowohl beim Anwender der geostatistischen Methoden als auch beim späteren Nutzer der Modelle muss sich das Verständnis durchsetzen, dass allein die Anwendung der Geostatistik keine Gewähr für die Schaffung weder des korrekten noch eines geeigneten Modells bietet. Sie liefert vielmehr nur die Möglichkeit dafür, erlaubt die Integration heterogener Datenquellen und die Berücksichtigung des Vorwissens des Bearbeiters. Sie gestattet zudem die kontinuierliche Anpassung an neuere Daten und fördert damit auch die gezielte Erkundung.

9.6 Empfehlungen für weitere Untersuchungen

Der Nachweis einer grundsätzlichen Anwendbarkeit geostatistischer Methoden für die Untergrundmodellierung ist bereits an anderer Stelle erbracht worden und bis heute durch mehrere Anwendungsbeispiele belegt. Die geostatistischen Methoden stellen hier einen stetig wachsenden Anteil an der Gesamtheit aller automatisierten Verfahren, stehen mit diesen jedoch bisweilen in Konkurrenz, wenn die Entscheidung für ein bestimmtes Verfahren anhand von Kriterien wie etwa Flexibilität, Anwenderfreundlichkeit und Leistungsfähigkeit getroffen werden soll.

Eine verbesserte geostatistische Modellierung scheint insbesondere durch Integration der in jeder getroffenen Prognose verbleibenden Unsicherheit möglich, wie dies etwa mit der geostatistischen Simulation erzielt werden kann. Erst in der Kombination von Prognose und Unsicherheit, wofür besonders die geostatistischen Verfahren geeignet sind, wären Modelle als vollständig zu bezeichnen. Sie könnten erst dann als Grundlage für Entscheidungsunterstützungssysteme empfohlen werden (MYERS 1997, ROSENBAUM & TURNER 2003e). Dafür ist zu prüfen, welche der Simulationsverfahren im Hinblick auf den Modellierungsgegenstand ‚baugeologischer Untergrund' geeignet sind. Auch hier ist der Einfluss des Benutzers bei Anwendung dieser Verfahren abzuschätzen. Zusätzlich gilt es, Möglichkeiten einer optimalen Kombination von Prognosewert und Unsicherheitswert zu finden und Richtlinien einer gleichzeitigen Repräsentation beider Informationen in zwei- oder dreidimensionalen Darstellungen zu entwickeln. Die Notwendigkeit einer Berücksichtigung auch der mit der Prognose verbleibenden Unsicherheit ist unbestritten, eine Umsetzung scheiterte bislang auch an geeigneten Visualisierungsmöglichkeiten.

Als ein weiteres Ziel für spätere Untersuchungen sollte die Integration von Informationen über den geologischen Prozessablauf in die Modellierung angestrebt werden. Entsprechende Möglichkeiten stehen bislang nur selten und überwiegend mit ausgewählten geophysikalischen Phänomenen zur Verfügung. Eine Ausweitung dieser Möglichkeiten auch auf Strukturen des baugeologischen Untergrundes könnte einen Schritt in Richtung deterministischer Modellierung erlauben und damit potenziell realistischere und zutreffendere Vorhersagen erlauben. Insbesondere scheint etwa die Entwicklung neuartiger Variogrammfunktionen denkbar, deren Parameter und deren Skalierung sich aus Kenntnissen über den detaillierten Ablauf des geologischen Prozesses ableiten ließen. In dieser Hinsicht scheinen bspw. kontrolliert durchzuführende laborative Untersuchungen zu speziellen Prozessen der Erosion und Sedimentation sowie deren Aufskalierung auf höhere Größenordnungen einsetzbar.

Vorstellbar erscheint auch die direkte Ableitung entsprechender Parameter aus numerischen Studien der Strömungs- und Transportmodellierung. Auf Variogramme könnte dann
trotzdem zurückgegriffen werden, wenn durch die numerischen Ableitungen nur spezielle
Prozesse erfasst würden, kleinskalige oder als zufällig anzusprechende Prozesse jedoch nicht
berücksichtigt werden sollen. Variogramme könnten nach diesem Konzept sowohl die theoretischen Kenntnisse als auch die verbleibenden stochastischen Anteile repräsentieren.

9.7   Ausblick

Grundsätzlich handelt es sich bei den geostatistischen Verfahren um rein mathematische Verfahren, die daher ohne wesentliche Einschränkungen auf beliebige Datensätze anwendbar
sind. Sie stellen ein ausgesprochen flexibles Werkzeug dar, das auch auf andere geologische
Faziesbereiche mit ebenfalls hoher Komplexität angewendet werden kann. Raumbezogene
Darstellungen der Daten und des Modellergebnisses sind daher immer möglich; die Prognosefähigkeit des Modells ist jedoch in hohem Maße von den gewählten Parametern abhängig.

Im Falle baugeologischer Modellierungen eignen sich geostatistische Methoden wegen des
erforderlichen hohen Datenumfangs und wegen der Fähigkeit zur Handhabung heterogener
Datenmengen besonders für innerstädtische Zentren mit einer hohen Aufschlussdichte und
verschiedenen Sekundärinformationen, die bspw. aus regionalen geologischen Kenntnissen
vorliegen können. Die Methoden eignen sich hingegen nicht für lokale Modellierungen, die
auf einzelne geotechnische Projekte beschränkt sein sollen, wegen der zu erwartenden geringen Aufschlussdichte ebenfalls nicht für regionale Modellierungen außerhalb städtischer
Zentren. Sie werden sich bevorzugt dann einsetzen lassen, wenn bereits ein innerstädtisches
Untergrundmodell existiert und hierauf ein projektspezifisches Modell aufbauen und dieses
lokal verdichten kann. Leitgedanken einer solchen Vorgehensweise wären dann die
Kombination der verschiedenen vorliegenden Daten unter Berücksichtigung von Heterogenität und unterschiedlicher Aussagekraft, die Optimierung der projektspezifischen
Erkundung sowie die Zurverfügungstellung von Integrationsmöglichkeiten der neuen Daten
in das bestehende System. Fernziel muss hierbei die Minimierung des Gesamtumfangs der
projektspezifischen Erkundung sein.

Im Vordergrund wird in diesem Zusammenhang auch die Kopplung von Modellierungsverfahren mit Geographischen Informationssystemen stehen müssen (so bereits BILL
1999, DUBOIS 1999), da die Anwendung geostatistischer Software bislang weitgehend eine
Insellösung darstellt, ein Datenimport und -export damit überwiegend manuell erfolgen muss.
Hier scheitert es bislang auch an geeigneten Möglichkeiten der Darstellung. Als ursächlich ist
hierfür die Arbeitsweise konventioneller Geographischer Informationssysteme zu nennen, die
auf der Stapelung zweidimensionaler Modellebenen beruht, während die geostatistische
Modellierung auch die Handhabung dreidimensional variierender Parameter erlaubt. Eng
verbunden ist damit auch die Forderung nach der Schaffung von Möglichkeiten einer Datenhaltung, die eine gemeinsame Behandlung geologisch-geometrischer und geotechnischer
Daten erlaubt.

Zukünftige Schwerpunkte werden auch in der Implementierung geostatistischer Methoden in räumliche Entscheidungssysteme (SDSS: *Spatial Decision Support Systems* bzw. MODSS: *Multiobjective Decision Support Systems*) gesehen (bereits GOODCHILD & DENSHAM 1990, DENSHAM 1991, JANSSEN 1991, MOON 1992). Der Vorteil einer Kombination mit räumlichen Entscheidungssystemen läge darin, die vorhandenen Daten mit verschiedenen Modellen zu kombinieren und die Konsequenzen des jeweils gewählten Modells im Hinblick auf dessen Anwendung für das spezifische Projekt zu eruieren. Dies kann zu einer interaktiven Problemlösung beitragen, die sich nicht allein auf die Erstellung des geologischen Modells bezieht, sondern darüber hinaus bereits dessen Weiterverarbeitung mit einschließt.

Literaturverzeichnis

A

ABRAHAMSEN, P. (1995): Ambiguous Models for Subsurface Prediction. Norwegian Computing Center, *SAND* **Nr. 12/95**.

AGTERBERG, F. P. (1970): Autocorrelation functions in geology. – In: MERRIAM, D. F. [Ed.]: *Geostatistics – A Colloquium*. Plenum Press, New York, pp. 113 – 141.

AGTERBERG, F. P. (1974): *Geomathematics – Mathematical Background and Geo-Science Application*. Developments in Geomathematics **1**, Elsevier, Amsterdam, 596 pp.

AHL, V. & ALLEN, T. F. H. (1996): *Hierarchy Theory: A Vision, Vocabulary, and Epistemology*. Columbia University Press, New York, 208 pp.

AKAIKE, H. (1970): Statistical predictor identification. *Ann. Inst. Stat. Math.* **22**, pp. 203 – 217.

AKAIKE, H. (1973): Information theory and an extension of the maximum likelihood principle. – In: PETROV, B. N. & CSAKI, F. [Eds.]: *Proc. Second International Symposium on Information Theory*. Akadémiai Kaidó, Budapest, pp. 267 – 281.

AKIMA, H. (1975): Comments on 'Optimal contour mapping using universal kriging' by Ricardo A. Olea. *J. Geophys. Res.* **80** (5), pp. 832 – 836.

AKIN, H. (1983a): Anwendung der geostatistischen Methoden in der Praxis. – In: EHRISMANN, W. & WALTHER, H. W. [Hrsg.]: *Klassifikation von Lagerstättenvorräten mit Hilfe der Geostatistik*. Schriftenreihe der GDMB **39**, Gesellschaft Deutscher Metallhütten- und Bergleute, S. 45 – 81.

AKIN, H. (1983b): Beispiel einer geostatistischen Vorratsermittlung für eine sedimentäre Uranerzlagerstätte (Napperby, Zentral-Australien). – In: EHRISMANN, W. & WALTHER, H. W. [Hrsg.]: *Klassifikation von Lagerstättenvorräten mit Hilfe der Geostatistik*. Schriftenreihe der GDMB **39**, Gesellschaft Deutscher Metallhütten- und Bergleute, S. 83 – 100.

AKIN, H. & SIEMES, H. (1988): *Praktische Geostatistik. Eine Einführung für den Bergbau und die Geowissenschaften*. Springer, Berlin, 304 S.

AKINFIEV, S., KOSAREV, E., PROKOVIEF, D. & TITOVA, L. (1978): Complex retrieval system "Engineering geology of towns and settlements". *Proc. 3rd Int. Congr. IAEG, Madrid, Spain*. Spec. Sect., pp. 103 – 107.

ALBER, D. & FLOSS, R. (1983): Stochastische Verfahren zur Schätzung von Bodenkennwerten. – In: FLOSS, R. [Hrsg.]: *Beiträge zur Anwendung der Stochastik und*

Zuverlässigkeitstheorie in der Bodenmechanik. Lehrstuhl und Prüfamt für Grundbau, Bodenmechanik und Felsmechanik der Technischen Universität München, Schriftenreihe **2**, S. 121 – 159.

ALBRECHT, M. & RÖTTIG, A. (1996): Untersuchungen zur Sensibilität des Gradientenkriging. *Das Markscheidewesen* **103** (3), S. 321 – 325.

ALFARO, M. (1984): Statistical inference of the semivariogram and the quadratic model. – In: VERLY, G., DAVID, M., JOURNEL, A. D. & MARECHAL, A. [Eds.]: *Geostatistics for Natural Resources Characterization.* Proc. Second International Congress on Geostatistics, NATO ASI Series **C122**, Reidel, Dordrecht, Part 1, pp. 45 – 53.

ALLARD, D. (1998): Geostatistical classification and class kriging. *J. Geogr. Inform. Decis. Anal.* **2** (2), pp. 77 – 90.

ALLEN, T. F. H. & HOEKSTRA, T. W. (1991): Role of heterogeneity in scaling of ecological systems under analysis. – In: KOLASA, J. & PICKETT, S. T. A. [Eds.]: *Ecological Heterogeneity.* Ecological Studies **86**, Springer, New York, pp. 47 – 68.

ANDERS, T., KRATZERT, P. & KÜHL, A. (1991): Statistische Analysenmethoden zur Beschreibung und Klassifizierung von Datenkollektiven, angewandt auf die Geschiebezählung. *Z. angew. Geol.* **37** (2), S. 70 – 75.

ANDRIENKO, N. & ANDRIENKO, G. (2006): *Exploratory Analysis of Spatial and Temporal Data. A Systematic Approach.* Springer, Berlin, 703 pp.

ANSELIN, L. (2000): Computing environments for spatial data analysis. *J. Geogr. Syst.* **2** (3), pp. 201 – 220.

ANSELIN, L. & GETIS, A. (1992): Spatial statistical analysis and geographic information systems. *Ann. Reg. Sci.* **26** (1), pp. 19 – 33.

ARMSTRONG, M. (1984a): Common problems seen in variograms. *Math. Geol.* **16** (3), pp. 305 – 313.

ARMSTRONG, M. (1984b): Improving the estimation and modelling of the variogram. – In: VERLY, G., DAVID, M., JOURNEL, A. D. & MARECHAL, A. [Eds.]: *Geostatistics for Natural Resources Characterization.* Proc. Second International Congress on Geostatistics, NATO ASI Series **C122**, Reidel, Dordrecht, Part 1, pp. 1 – 19.

ARMSTRONG, M. (1984c): Problems with universal kriging. *Math. Geol.* **16** (1), pp. 101 – 108.

ARMSTRONG, M. (1998): *Basic Linear Geostatistics.* Springer, Berlin, 155 pp.

ARMSTRONG, M. & DELFINER, P. (1980): *Towards a more robust variogram: A case study on coal.* Technical Report **N-671**, Centre de Géostatistique, Ecole des Mines de Paris, Fontainebleau, 49 pp.

ARMSTRONG, M. & DIAMOND, P. (1984a): Testing variograms for positive-definiteness. *Math. Geol.* **16** (4), pp. 407 – 421.

ARMSTRONG, M. & DIAMOND, P. (1984b): Robustness of variograms and conditioning of kriging matrices. *Math. Geol.* **16** (8), pp. 809 – 822.

ARMSTRONG, M. & DOWD, P. [Eds.] (1994): *Geostatistical Simulations. Proc. of the Geostatistical Simulation Workshop, Fontainebleau, France, 27 – 28 May 1993*. Quantitative Geology and Geostatistics 7, Kluwer, Dordrecht, 268 pp.

ARMSTRONG, M., GALLI, A. G., LE LOC'H, G., GEFFROY, F. & ESCHARD, R. (2003): *Plurigaussian Simulations in Geosciences*. Springer, Berlin, 160 pp.

ASAOKA, A. (1978): Observational procedure of settlement prediction. *Soils and Foundations* **18** (4), pp. 87 – 101.

ASHLEY, G. M. (1978): Interpretation of polymodal sediments. *J. Geol.* **86**, pp. 411 – 421.

ASSMANN, P. (1957): *Der geologische Aufbau der Gegend von Berlin. Zugleich Erläuterung zur geologischen Karte und Baugrundkarte von Berlin (West) im Maßstab 1: 10 000*. Berlin, hrsg. v. Senator für Bau- u. Wohnungswesen, 142 S.

ASSMANN, P. (1958): Neue Beobachtungen in den eiszeitlichen Ablagerungen des Berliner Raumes. *Z. dt. Geol. Ges.* **109** (2), S. 399 – 410.

ASTM (2004): *D5922-96 Standard Guide for Analysis of Spatial Variation in Geostatistical Site Investigations*. American Society for Testing and Materials, Committee D-18 on Soil and Rock, Philadelphia.

ATKINSON, P. M. & LLOYD, C. D. (1998): Mapping precipitation in Switzerland with ordinary and indicator kriging. *J. Geogr. Inform. Decis. Anal.* **2** (2), pp. 65 – 76.

ATKINSON, P. M. & LLOYD, C. D. (2001): Ordinary and indicator kriging of monthly mean nitrogen dioxide concentrations in the United Kingdom. – In: MONESTIEZ, P., ALLARD, D. & FROIDEVAUX, R. [Eds.]: *Proc. of the Third European Conference on Geostatistics for Environmental Applications, geoENV III, Avignon, France*. Quantitative Geology and Geostatistics **11**, Kluwer, Dordrecht, pp. 33 – 44.

ATTANASI, E. D. & DREW, L. J. (1985): Lognormal field size distributions as a consequence of economic truncation. *Math. Geol.* **17** (4), pp. 335 – 351.

ATTEWELL, P. B., CRIPPS, J. C. & WOODMAN (1978): Economic appraisal of site investigation by probability methods. *Proc. 3rd Int. Congr. IAEG, Madrid, Spain*. Sect. IV, **2**, pp. 108 – 112.

ATTOH, K. & WHITTEN, E. H. T. (1979): Computer program for regression model for discontinuous structural surfaces. *Comput. Geosci.* **5** (1), pp. 47 – 71.

AUGUSTINE, D. J. & FRANK, D. A. (2001): Effects of migratory grazers on spatial heterogeneity of soil nitrogen properties in a grassland ecosystem. *Ecology* **82** (11), pp. 3149 – 3162.

B

BAECHER, G. B. (1972): *Site Exploration: A Probabilistic Approach.* PhD Diss., MIT Cambridge, 515 pp.

BAECHER, G. B. (1987): *Statistical Analysis of Geotechnical Data.* Contract Report GL-87-1. USACE, Washington.

BAECHER, G. B. (1995): *A Guide to Dam Risk Management.* Dam Safety Interest Group.

BAECHER, G. B. (2000): Representativeness and statistics in field performance assessment. – In: LUTENEGGER, A. J. & DEGROOT, D. J. [Eds.]: *Proceedings of the ASCE Geo-Institute Specialty Conference on Performance Confirmation of Constructed Geotechnical Facilities held at the University of Massachusetts – Amherst, April 9 – 12, 2000.* ASCE Geotechnical Special Publication No. **94**, pp. 2 – 20.

BAGNOLD, R. A. & BARNDORFF-NIELSEN, O. E. (1980): The pattern of natural size distributions. *Sedimentology* **27** (2), pp. 199 – 207.

BALZTER, H., BRAUN, P. W. & KÖHLER, W. (1995): Detection of spatial discontinuities in vegetation data by a moving window algorithm. – In: GAUL, W. & PFEIFER, D. [Eds.]: *From Data to Knowledge: Theoretical and Practical Aspects of Classification, Data Analysis and Knowledge Organization.* Springer, Berlin, pp. 243 – 252.

BANDEMER, H. (1993): Unkenntnis und Wahrscheinlichkeit. *Beitr. Math. Geol. Geoinf.* **5**, S. 1 – 5.

BANDEMER, H. & FIEDLER, R. (2003): A fuzzy approach to pattern recognition in a geological environment. Part I. Methodological foundation. *Mathematische Geologie* **7**, S. 3 – 9.

BANDEMER, H. & NÄTHER, W. (1977): *Theorie und Anwendung der optimalen Versuchsplanung, Band 1.* Akademie-Verlag, Berlin, 478 S.

BÁRDOSSY, A. & BÁRDOSSY, G. (1984): Comparison of geostatistical calculations with the results of open pit mining at the Iharkut bauxite district, Hungary: a case study. *Math. Geol.* **16** (2), pp. 173 – 191.

BÁRDOSSY, A., BOGARDI, I. & KELLY, W. E. (1989): Geostatistics utilizing imprecise (fuzzy) information. *Fuzzy Sets Syst.* **31** (3), pp. 311 – 327.

BÁRDOSSY, A., HABERLANDT, U. & GRIMM-STRELE, J. (1997): Interpolation of groundwater quality parameters using additional information. – In: SOARES, A., GÓMEZ-HERNÁNDEZ, J. J. & FROIDEVAUX, R. [Eds.]: *Proc. of the First European Conference on Geostatistics for Environmental Applications, geoENV I, Lisbon, Portugal.* Quantitative Geology and Geostatistics **9**, Kluwer, Dordrecht, pp. 189 – 200.

BARLAS, Y. (1996): Formal aspects of model validity and validation in system dynamics. *Syst. Dynam. Rev.* **12** (3), pp. 183 – 210.

BARNES, T. E. (1982): Orebody modeling. The transformation of coordinate systems to model continuity at Mount Emmons. – In: JOHNSON, T. B. & BARNES, T. E. [Eds.]: *Proc. 17th APCOM*. Boulder, pp. 765 – 770.

BARTLEIN, P. J., WEBB, T., III., & HOSTETLER, S. (1992): Climatology. – In: HUNTER, R. L. & MANN, C. J. [Eds.]: *Techniques for Determining Probabilities of Geologic Events and Processes*. IAMG Studies in Mathematical Geology **4**, Oxford University Press, New York, pp. 99 – 122.

BASCOMPTE, J. & SOLÉ, R. V. (1995): Rethinking complexity: Modelling spatiotemporal dynamics in ecology. *Trends Ecol. Evol.* **10** (9), pp. 361 – 366.

BATTY, M. (1993): Using geographic information systems in urban planning and policy-making. – In: FISCHER, M. M. & NIJKAMP, P. [Eds.]: *Geographic Information Systems, Spatial Modelling, and Policy Evaluation*. Springer, Berlin, pp. 51 – 69.

BEBBER, D., BROWN, N., SPEIGHT, M., MOURA-COSTA, P. & SAU WAI, Y. (2002): Spatial structure of light and dipterocarp seedling growth in a tropical secondary forest. *Forest Ecol. Manag.* **157** (1 – 3), pp. 65 – 75.

BELL, F. G. (1980): *Engineering Geology and Geotechnics*. Newnes-Butterworths, London, 497 pp.

BENDA, L. [Hrsg.] (1995): *Das Quartär Deutschlands*. Borntraeger, Stuttgart, 408 S.

BENDAT, J. S. & PIERSOL, A. G. (1966): *Measurement and Analysis of Random Data*. Wiley, New York, 390 pp.

BENEST, W. & WINTER, P. E. (1984): Ore reserve estimation by geologically controlled geo-statistics. – In: CAHALAN, M. J. [Ed.]: *Proc. 18th APCOM*. London, pp. 367 – 378.

BERGMAN, M. S. (1978): Geo-Planning – a necessary tool for controlled underground construction. *Proc. 3rd Int. Congr. IAEG, Madrid, Spain*. Sect. III, Vol. 2, pp. 21 – 27.

BHATTACHARYA, B. & SOLOMATINE, D. P. (2004): An algorithm for clustering and classi-fication of series data with constraint of contiguity. – In: ABRAHAM, A., KÖPPEN, M. & FRANKE, K. [Eds.]: *Design and Application of Hybrid Intelligent Systems, International Conference on Hybrid Intelligence, 2003, Melbourne, Australia*. IOS Press, Amsterdam, pp. 489 – 498.

BILL, R. (1999): Neue Anwendungen für Geo-Informationssysteme – Neue Anforderungen an Geo-Informationssysteme. – In: REIK, G. & PAEHGE, W. [Hrsg.]: *Raumbezogene Informationssysteme für geologische, bau- und geotechnische Aufgaben. 1. Clausthaler FIS-Forum, 15. – 16. Oktober 1997, TU Clausthal*. Papierflieger, Clausthal-Zellerfeld, S. 9 – 17.

BILODEAU, M. & BRENNER, D. (1999): *Theory of Multivariate Statistics*. Springer, New York, 288 pp.

BLANCHIN, R. & CHILÈS, J.-P. (1993): Channel Tunnel: Geostatistical prediction facing the ordeal of reality. – In: SOARES, A. [Ed.]: *Geostatistics Tróia '92, Proc. 4th Int. Geostat.*

Congr., Tróia. Quantitative Geology and Geostatistics **5**, Kluwer, Dordrecht, Part 2, pp. 757 – 766.

BOGAERT, P. & RUSSO, D. (1999): Optimal sampling design for estimation of the variogram based on a least squares approach. *Water Res. Res.* **35** (4), pp. 1275 – 1289.

BONHAM-CARTER, G. F. (1994): *Geographic Information Systems for Geoscientists, Modelling with GIS.* Pergamon Press, Oxford, 398 pp.

BONHAM-CARTER, G. F. & BROOME, J. (1998): Tools for effective use of geological map data: A topic for GeoComputation Research? *Proc. 3rd Int. Conf. GeoComputation, Bristol, UK, Geocomputation 98.*

BORCHERT, K.-M. (1999): Dichtigkeit von Baugruben bei unterschiedlichen Sohlenkonstruktionen – Lehren aus Schadensfällen. *VDI-Berichte* **1436**, VDI-Verlag, Düsseldorf, S. 21 – 44.

BORCHERT, K.-M. & KARSTEDT, J. (1996): Geologische, hydrologische und bauliche Aspekte für das Bauen im Grundwasser. *VDI-Berichte* **1246**, VDI-Verlag, Düsseldorf, S. 143 – 184.

BORCHERT, K.-M., SAVIDIS, S. & WINDELSCHMIDT, B. (1996): Tunnelbauten im Zentralen Bereich Berlins – Geotechnische Parameter und Baugrundverhältnisse. *Geowiss.* **14** (3/4), S. 113 – 118.

BÖSE, M. (1995): Quartärforschung im Berliner Raum. *Geowiss.* **13** (8/9), S. 286 – 290.

BÖSE, M. (1997): Beobachtungen zur Eiskeilpseudomorphose im Hangenden des Rixdorfer Horizontes in der Sandgrube Niederlehme. *Brandenburg. Geowiss. Beitr.* **4** (2), S. 45 – 51.

BOSSEL, H. (1992): *Modellbildung und Simulation.* Vieweg, Braunschweig, 399 S.

BOUCNEAU, G., VAN MEIRVENNE, M., THAS, O. & HOFMAN, G. (1998): Integrating properties of soil map delineations into ordinary kriging. *Europ. J. Soil Sci.* **49** (2), pp. 213 – 229.

BOUFASSA, A. & ARMSTRONG, M. (1989): Comparison between different kriging estimators. *Math. Geol.* **21** (3), pp. 331 – 345.

BRAITENERBG, V. & HOSP, I. [Hrsg.]. (1996): *Die Natur ist unser Modell von ihr.* Rohwolt, Reinbek, 224 S.

BRATLEY, P., FOX, B. L. & SCHRAGE, L. E.(1987): *A Guide to Simulation.* 2nd ed., Springer, New York, 424 pp.

BRAUN, P. (2000): *Die vergleichende Validierung quantitativer Modelle von Pflanzengemeinschaften.* Habil., Justus-Liebig-Universität zu Gießen, 145 S.

BRENNING, A., BOLCH, T. & SCHRÖDER, H. (2004): Geographische Visualisierungsmöglichkeiten in der Hochgebirgsgeomorphologie und ihre Anwendung in der Online-Lehre. *Berliner Geogr. Arbeiten* **96**, S. 137 – 144.

BRIDGE, D., BUTCHER, A., HOUGH, E., KESSLER, H., LELLIOTT, M., PRICE, S. J., REEVES, H., TYE, A. M. & WILDMAN, G. (2004): *Ground conditions in central Manchester and Salford: The use of the 3D geoscientific model as a basis for decision support in the built environment*. British Geological Survey Research Report.

BRINKMANN, J. (2002): *Räumliche Variabilität von Böden und Bodeneigenschaften auf dem Landwirtschaftlichen Versuchsgut Frankenforst im Pleiser Hügelland*. Diss., Rheinische Friedrich-Wilhelms-Universität Bonn, 157 S.

BROOKER, P. I. (1980): Kriging. – In: ROYLE, A. G. [Ed.]: *Geostatistics*. McGraw-Hill, New York, pp. 41 – 60.

BROOKER, P. I. (1989): Basic Geostatistical Concepts. *Workshop Notes of Austr. Workshop on Geostatistics in Water Resources*. Vol. 1., Centre for Groundwater Studies, Adelaide, Australia, 63 pp.

BRUS, D. J. & DE GRUIJTER, J. J. (1997): Random sampling or geostatistical modelling? Choosing between design-based and model-based sampling strategies for soil (with discussion). *Geoderma* **80** (1 – 2), pp. 1 – 59.

BURGER, H. (1986): Einsatzmöglichkeiten der Simulation räumlich verteilter Daten im frühen Explorationsstadium. *Erzmetall* **39** (9), S. 445 – 451.

BURGER, H. & SCHAFMEISTER, M.-T. (2000): Gerichtete Interpolation zur verbesserten Darstellung strömungsabhängiger Grundwasserbeschaffenheitsmerkmale. *Grundwasser* **5** (2), S. 79 – 85.

BURGER, H., SCHOELE, R. & SKALA, W. (1982): Kohlenvorratsberechnung mit Hilfe geostatistischer Methoden. *Glückauf-Forschungshefte* **43**, S. 63 – 67.

BURGESS, T. M. & WEBSTER, R. (1980a): Optimal interpolation and isarithmic mapping of soil properties – I. The semivariogram and punctual kriging. *J. Soil Sci.* **31** (2), pp. 315 – 331.

BURGESS, T. M. & WEBSTER, R. (1980b): Optimal interpolation and isarithmic mapping of soil properties – II. Block kriging. *J. Soil Sci.* **31** (2), pp. 333 – 341.

BURGESS, T. M., WEBSTER, R. & MCBRATNEY, A. B. (1981): Optimal interpolation and isarithmic mapping of soil properties – IV. Sampling strategy. *J. Soil Sci.* **32** (4), pp. 643 – 659.

BURNS, K. L. (1975): Analysis of geological events. *Math. Geol.* **7** (4), pp. 295 – 321.

BURROUGH, P. A. (1983): Multiscale sources of spatial variation in soil. I. The application of fractal concepts to nested levels of soil variation. *J. Soil. Sci.* **34** (3), pp. 577 – 597.

BURROUGH, P. A. (2001): GIS and geostatistics: Essential partners for spatial analysis. *Environ. Ecol. Stat.* **8** (4), pp. 361 – 377.

BURROUGH, P. A. & MCDONNELL, R. A. (1998): *Principles of Geographical Information Systems*. 2nd ed., Oxford University Press, Oxford, 356 pp.

BURTON, C. L., ROSENBAUM, M. S. & STEVENS, R. L. (2002): Sedimentological considerations for predictive modelling. *Bull. Eng. Geol. Env.* **61** (2), pp. 129 – 136.

C

CAEIRO, S., GOOVAERTS, P., PAINHO, M., COSTA, M. H. & SOUSA, S. (2003): Delineation of estuarine management areas using multivariate geostatistics: The case of Sado estuary. *Envir. Sci. Technol.* **37** (18), pp. 4052 – 4059.

CAMISANI-CALZOLARI, F. A. G. M. (1984): Geostatistical appraisal for a tabular uranium deposit. – In: VERLY, G., DAVID, M., JOURNEL, A. D. & MARECHAL, A. [Eds.]: *Geostatistics for Natural Resources Characterization.* Proc. Second International Congress on Geostatistics, NATO ASI Series, **C122**, Reidel, Dordrecht, Part 2, pp. 935 – 949.

CAPELLO, G., GUARASCIO, M., LIBERTA, A., SALVATO, L. & SANNA, G. (1987): Multipurpose geostatistical modelling of a bauxite orebody in Sardinia. – In: MATHERON, G. & ARMSTRONG, M. [Eds.]: *Geostatistical Case Studies.* Quantitative Geology and Geostatistics **2**, Reidel, Dordrecht, pp. 69 – 92.

CARMINES, E. G. & ZELLER, R. A. (1979): *Reliability and validity assessment.* Quantitative Applications in the Social Sciences **17**, Sage Publications, Beverly Hills, 70 pp.

CARRERA, J., ALCOLEA, A., MEDINA, A., HIDALGO, J. & SLOOTEN, L. J. (2005): Inverse problems in hydrogeology. *Hydrogeol. J.* **13** (1), pp. 206 – 222.

CASAGRANDE, A. (1965): Role of calculated risk in earthwork and foundation engineering. *J. Soil Mech. Found. Eng. ASCE* **91** (SM 4), pp. 1 – 40.

CATT, J. A. (1992): *Angewandte Quartärgeologie.* Enke, Stuttgart, 358 S.

CEPEK, A. G. (1967): Stand und Probleme der Quartärstratigraphie im Nordteil der DDR. *Ber. deutsch. Ges. geol. Wiss.* **A12** (3/4), S. 375 – 404.

CEPEK, A. G. (1972): Zum Stand der Stratigraphie der Weichsel-Kaltzeit in der DDR. *Wiss. Z. d. Ernst-Moritz-Arndt-Univ. Greifswald* **XXI**, Math.-Naturwiss. Reihe (1), S. 11 – 21.

CEPEK, A. G. (1995): Stratigraphie und Inlandeisbewegungen im Pleistozän an der Struktur Rüdersdorf bei Berlin. – In: SCHRÖDER, J. [Hrsg.]: *Fortschritte in der Geologie von Rüdersdorf.* Berliner Geowiss. Abh. **A168**, S. 103 – 133.

CEPEK, A. G. (1999): Die Lithofazieskarten Quartär 1:50 000 (LKQ 50) – eine Erläuterung des Kartenkonzepts mit Hinweisen für den Gebrauch. *Brandenburg. Geowiss. Beitr.* **6** (2), S. 3 – 38.

CEPEK, A. G., HELLWIG, D., LIPPSTREU, L., LOHDE, H., ZIERMANN, H. & ZWIRNER, R. (1975): Zum Stand der Gliederung des Saale-Komplexes im mittleren Teil der DDR. *Z. geol. Wiss.* **3** (8), S. 1049 – 1075.

CHAISSON, P., LAFLEUR, J., SOULIÉ, M. & TIM, K. (1995): Characterizing spatial variability of a clay by geostatistics. *Can. Geotech. J.* **2** (1), pp. 1 – 10.

CHANG Y. H., SCRIMSHAW, M. D., EMMERSON, R. H. C. & LESTER, J. N. (1998): Geostatistical analysis of sampling uncertainty at the Tollesbury managed retreat site in Blackwater estuary, Essex, UK: Kriging and cokriging approach to minimise sampling density. *Sci. Total Environ.* **221** (1), pp. 43 – 57.

CHAUVET, P. (1982): The variogram cloud. – In: JOHNSON, T. B. & BARNES, R. J. [Eds.]: *Proc. 17th APCOM.* Boulder, pp. 757 – 764.

CHEN, H. & FANG, J. H. (1986): A heuristic search method for optimal zonation of well logs. *Math. Geol.* **18** (5), pp. 489 – 500.

CHILÈS, J.-P. & DELFINER, P. (1999): *Geostatistics. Modelling Spatial Uncertainty.* Wiley, New York, 695 pp.

CHRISTAKOS, G. (1992): *Random Field Models in Earth Sciences.* Academic Press, San Diego, 747 pp.

CHUNG, C. F. (1984): Use of the jackknife method to estimate autocorrelation functions (or variograms). – In: VERLY, G., DAVID, M., JOURNEL, A. D. & MARECHAL, A. [Eds.]: *Geostatistics for Natural Resources Characterization.* Proc. Second International Congress on Geostatistics, NATO ASI Series **C122**, Reidel, Dordrecht, Part 1, pp. 55 – 70.

CLARK, I. (1979): *Practical Geostatistics.* Appl. Science Publ., London, 129 pp.

CLARK, I. (1980): The semivariogram. – In: ROYLE, A. G. [Ed.]: *Geostatistics.* McGraw-Hill, New York, pp. 17 – 40.

CLARK, I. & HARPER, W. V. (2000): *Practical Geostatistics.* Ecosse North America, Columbus, 342 pp.

CLARKE, M. (1990): Geographical information systems and model based analysis: towards effective decision support systems. – In: SCHOLTEN, H. J. & STILLWELL, J. C. M. [Eds.]: *Geographical Information Systems for Urban and Regional Planning.* Kluwer, Dordrecht, pp. 165 – 175.

CLAUSS, G. & EBNER, H. (1975): *Grundlagen der Statistik für Psychologen, Pädagogen und Soziologen.* 2., neubearb. u. erw. Auflage, Harri Deutsch, Zürich, 530 S.

CLIFF, A. & ORD, K. (1981): *Spatial Processes: Models and Applications.* Pion, London, 266 pp.

COERTS (1996): *Analysis of Static Cone Penetration Test Data for Subsurface Modelling – A Methodology.* PhD thesis, Utrecht University, 263 pp.

COHEN, W. B., SPIES, T. A. & BRADSHAW, G. A. (1990): Semivariograms of digital imagery for analysis of conifer canopy structure. *Remote Sens. Envir.* **34** (3), pp. 167 – 178.

COLONNA, I. A. (2002): *Accuracy of Spatial Estimation Methods for Site-specific Agriculture at Different Sample Densities.* MSc thesis, Purdue University, 199 pp.

COOK, T. D. & CAMPBELL, D. T. (1979): *Quasi-Experimentation: Design and Analysis Issues for Field Settings*. Houghton Mifflin Harcourt, Boston, 405 pp.

COOMBES, J. (1997): Handy Hints for Variography. *Proc. 1997 AusIMM Annual Conference – National Conference on Ironmaking Resources and Reserves Estimation.* The Australian Institute of Mining and Metallurgy, Melbourne, pp. 127 – 130.

CORNELIUS, J. M. & REYNOLDS, J. F. (1991): On determining the statistical significance of discontinuities within ordered ecological data. *Ecology* **72** (6), pp. 2057 – 2070.

COVA, T. J. & GODCHILD, M. F. (2002): Extending geographical representation to include fields of spatial objects. *Int. J. Geogr. Inf. Sci.* **16** (6), pp. 509 – 532.

COX, L. A., Jr. (1982): Artifactual uncertainty in risk analysis. *Risk Anal.* **2** (3) pp. 121 – 135.

CRAWFORD, C. A. G. & HERGERT, G. W. (1997): Incorporating spatial trends and anisotropy in geostatistical mapping of soil properties. *Soil Sci. Soc. Am. J.* **61** (1), pp. 298 – 309.

CRESSIE, N. A. C. (1984): Towards resistent geostatistics. – In: VERLY, G., DAVID, M., JOURNEL, A. D. & MARECHAL, A. [Eds.]: *Geostatistics for Natural Resources Characterization*. Proc. Second International Congress on Geostatistics, NATO ASI Series **C122**, Reidel, Dordrecht, Part 1, pp. 21 – 44.

CRESSIE, N. A. C. (1985a): Fitting variogram models by weighted least squares. *Math. Geol.* **17** (5), pp. 563 – 586.

CRESSIE, N. A. C. (1985b): When are relative variograms useful in geostatistics? *Math. Geol.* **17** (7), pp. 693 – 702.

CRESSIE, N. A. C. (1990): The origins of Kriging. *Math. Geol.* **22** (3), pp. 239 – 252.

CRESSIE, N. A. C. (1993): *Statistics for Spatial Data.* Rev. ed., Wiley, New York, 900 pp.

CRESSIE, N. A. C. & HAWKINS, D. M. (1980): Robust estimation of the variogram. *Math. Geol.* **12** (2), pp. 115 – 125.

CRESSIE, N. A. C. & ZIMMERMAN, D. L. (1992): On the stability of the geostatistical method. *Math. Geol.* **24** (1), pp. 45 – 59.

CRIPPS, J. C. (1978): Computer geotechnical data handling for urban development. *Proc. 3rd Int. Congr. IAEG, Madrid, Spain.* Spec. Sect., pp. 147 – 154.

CROMER, M. V. (1996): Geostatistics for environmental and geotechnical applications: A technology transferred. – In: ROUHANI, S., SRIVASTAVA, R. M., DESBARATS, A. J., CROMER, M. V. & JOHNSON, A. I. [Eds.]: *Geostatistics for Environmental and Geotechnical Applications.* ASTM STP **1283**, West Conshohocken, pp. 3 – 12.

CROWLEY, P. H. (1992): Resampling methods for computation-intensive data analysis in ecology and evolution. *Annu. Rev. Ecol. Syst.* **23**, pp. 405 – 447.

CSILLAG, F. & BOOTS, B. (2001): A framework for statistical inferential decisions in spatial pattern analysis. *The Canadian Geographer/Le Géographe canadien* **49** (2), pp. 172 – 179.

CULSHAW, M. (2003): Bridging the gap between geoscience providers and the user community. – In: ROSENBAUM, M. S. & TURNER, A. K. [Eds.]: *New Paradigms in Subsurface Prediction – Characterization of the Shallow Subsurface: Implications for Urban Infrastructure and Environmental Assessment*. Lecture Notes in Earth Sciences **99**, Springer, Düsseldorf, pp. 7 – 26.

D

DAGAN, G. (1990): Transport in heterogeneous porous formations: Spatial moments, ergodicity, and effective dispersion. *Water Res. Res.* **26** (1), pp. 1281 – 1290.

DAGBERT, M., DAVID, M., CROZEL, D. & DESBARATS, A. (1984): Computing variograms in folded strata-controlled deposits. – In: VERLY, G., DAVID, M., JOURNEL, A. D. & MARECHAL, A. [Eds.]: *Geostatistics for Natural Resources Characterization*. Proc. Second International Congress on Geostatistics, NATO ASI Series **C122**, Reidel, Dordrecht, Part 1, pp. 71 – 89.

DAHLBERG, E. L. (1975): Relative effectiveness of geologists and computers in mapping potential hydrocarbon exploration targets. *Math. Geol.* **7** (5/6), pp. 373 – 394.

DALE, M. R. T., DIXON, P., FORTIN, M.-K., LEGENDRE, P, MYERS, D. E. & ROSENBERG, M. S. (2002): Conceptual and mathematical relationships among methods for spatial analysis. *Ecography* **25** (1), pp. 558 – 577.

DAVID, M. (1977): *Geostatistical Ore Reserve Estimation*. Developments in Geomathematics **2**, Elsevier, New York, 346 pp.

DAVID, M. (1988): *Handbook of Applied Advanced Ore Reserve Estimation*. Developments in Geomathematics **6**, Elsevier, Amsterdam, 216 pp.

DAVID, M., DIMITRAKOPOULOS, R. & MARCOTTE, D. (1987): GEOSTAT I: A prototype expert system for the explicit knowledge approach to geostatistics. – In: LEMMER, I. C., SCHAUM, H. & CAMISANI-CALZOLARI, F. A. G. M. [Eds.]: *Proc. 20th APCOM*. Johannesburg, South Africa, Vol. 3, pp. 121 – 126.

DAVID, M., MARCOTTE, D. & SOULIE, M. (1984): Conditional bias in Kriging and suggested correction. – In: VERLY, G., DAVID, M., JOURNEL, A. D. & MARECHAL, A. [Eds.]: *Geostatistics for Natural Resources Characterization*. Proc. Second International Congress on Geostatistics, NATO ASI Series **C122**, Reidel, Dordrecht, Part 1, pp. 217 – 230.

DAVIS, B. M. (1984): Indicator kriging as applied to an alluvial gold deposit. – In: VERLY, G., DAVID, M., JOURNEL, A. D. & MARECHAL, A. [Eds.]: *Geostatistics for Natural Resources Characterization*. Proc. Second International Congress on Geostatistics, NATO ASI Series **C122**, Reidel, Dordrecht, Part 1, pp. 337 – 348.

DAVIS, B. M. (1987): Uses and abuses of cross-validation in geostatistics. *Math. Geol.* **19** (3), pp. 241 – 248.

DAVIS, J. C. (1986): *Statistics and Data Analysis.* 2nd ed., Wiley, New York, 646 pp.

DAVIS, J. C., HARFF, J., LEMKE, W., OLEA, R. O., TAUBER, F. & BOHLING, G. (1996): Analysis of baltic sedimentary facies by regionalized classification. *Geowiss.* **14** (2), S. 67 – 72.

DAVIS, M. W. & CULHANE, P. G. (1984): Contouring very large datasets using kriging. – In: VERLY, G., DAVID, M., JOURNEL, A. D. & MARECHAL, A. [Eds.]: *Geostatistics for Natural Resources Characterization.* Proc. Second International Congress on Geostatistics, NATO ASI Series **C122**, Reidel, Dordrecht, Part 2, pp. 599 – 619.

DAVIS, M. W. & GRIVET, C. (1984): Kriging in a global neighbourhood. *Math. Geol.* **20** (3), pp. 249 – 265.

DE MULDER, E. F. J. & KOOIJMAN, J. (2003): Dissemination of geoscience data: Societal implications. – In: ROSENBAUM, M. S. & TURNER, A. K. [Eds.]: *New Paradigms in Subsurface Prediction – Characterization of the Shallow Subsurface: Implications for Urban Infrastructure and Environmental Assessment.* Lecture Notes in Earth Sciences **99**, Springer, Düsseldorf, pp. 191 – 200.

DE WIJS, H. J. (1951): Statistics of ore distribution. Part I: Frequency distribution of assay values. *Geol. Mijnbouw* **13** (11), pp. 365 – 375.

DE WIJS, H. J. (1953): Statistics of ore distribution. Part II: Theory of binomial distribution applied to sampling and engineering problems. *Geol. Mijnbouw* **15** (1), pp. 12 – 24.

DEARMAN, W. R. & FOOKES, P. G. (1974): Engineering geological mapping for civil engineering practice in the United Kingdom. *Q. J. Eng. Geol. Hydro.* **7** (3), pp. 223 – 256.

DEGROOT, D. J. & BAECHER, G. B. (1993): Estimating autocovariance of in-situ soil properties. *J. Geotech. Eng. ASCE* **119** (GT 1), pp. 147 – 166.

DELFINER, P. (1976): Linear estimation of non-stationary spatial phenomena. – In: GUARASCIO, M., DAVID, M. & HUIJBREGTS, C. [Eds.]: *Advanced Geostatistics in the Mining Industry.* Proc. First International Congress on Geostatistics, NATO ASI Series **C24**, Reidel, Dordrecht, pp. 49 – 68.

DELHOMME, J. P. (1978): Kriging in the hydrosciences. *Adv. Water Res.* **1** (5), pp. 251 – 266.

DENSHAM, P. J. (1991) Spatial decision support systems. – In: MAGUIRE, D. J., GOODCHILD, M. F. & RHIND, D. W. [Eds.]: *Geographical Information Systems: Principles and Applications.* Longman, London, pp. 403 – 412.

DENSHAM, P. J. (1994): Integrating GIS and spatial modeling: Visual interactive modeling and location selection. *Geogr. Syst.* **1** (3), pp. 203 – 219.

DESBARATS, A. J. (1996): Modeling spatial variability using geostatistical simulation. – In: ROUHANI, S., SRIVASTAVA, R. M., DESBARATS, A. J., CROMER, M. V. & JOHNSON, A. I. [Eds.]: *Geostatistics for Environmental and Geotechnical Applications.* ASTM STP **1283**, West Conshohocken, pp. 32 – 48.

DESPOTAKIS, V. K., GIAOUTZI, M. & NIJKAMP, P. (1993): Dynamic GIS models for regional sustainable development. – In: FISCHER, M. M. & NIJKAMP, P. [Eds.]: *Geographic Information Systems, Spatial Modelling, and Policy Evaluation.* Springer, Berlin, pp. 235 – 261.

DEUTSCH, C. V. (1989): DECLUS: A Fortran 77 program for determining optimal spatial declustering weights. *Comput. Geosci.* **15** (3), pp. 325 – 332.

DEUTSCH, C. V. (1996): Correcting for negative weights in ordinary kriging. *Comput. Geosci.* **22** (7), pp. 765 – 773.

DEUTSCH, C. V. (2002): *Geostatistical Reservoir Modeling.* Oxford University Press, New York, 376 pp.

DEUTSCH, C. V. & JOURNEL, A. G. (1992): *GSLIB – Geostatistical Software Library and User's Guide.* Oxford University Press, New York, 340 pp.

DEUTSCH, C. V. & JOURNEL, A. G. (1997): *GSLIB – Geostatistical Software Library and User's Guide.* 2nd ed., Oxford University Press, New York, 384 pp.

DIETZ, C. (1937): *Geologische Karte von Preussen und benachbarten deutschen Ländern – Erläuterungen zu Blatt Friedrichsfelde Nr. 1838.* II. Auflage. Preuss. Geol. Landesanstalt, Berlin, 63 S.

DIGGLE, P. J., TAWN, J. A. & MOYEED, R. A. (1998): Model based geostatistics (with discussion). *Appl. Stat.* **47** (3), pp. 299 – 350.

DOMINIC, D. F., RITZI, R. W. J., REBOULET, E. C. & ZIMMER, A. C. (1998): Geostatistical analysis of facies distributions: elements of a quantitative hydrofacies model. – In: FRASER, G. S. & DAVIES, J. M. [Eds.]: *Hydrogeologic Models of Sedimentary Aquifers.* Concepts in Hydrogeology and Environmental Geology. Soc. Econ. Palaeontol. Mineral., Tulsa, Vol. 1, pp. 137 – 146.

DOOB, J. L. (1953): *Stochastic Processes.* Wiley, New York, 654 pp.

DOWD, P. A. (1973): A digigraphic console program for kriging techniques. – In: STURGUL, J. R. [Ed.]: *Proc. 11th APCOM.* pp. D1 – D9.

DOWD, P. A. (1984): The variogram and kriging. – In: VERLY, G., DAVID, M., JOURNEL, A. D. & MARECHAL, A. [Eds.]: *Geostatistics for Natural Resources Characterization.* Proc. Second International Congress on Geostatistics, NATO ASI Series **C122**, Reidel, Dordrecht, Part 1, pp. 91 – 106.

DOWD, P. A. (1989): Some observations on confidence intervals and kriging errors. – In: ARMSTRONG, M. [Ed.]: *Geostatistics, Proc. Third Int. Geostat. Congr., Avignon,* Quantitative Geology and Geostatistics **4**, Kluwer, Dordrecht, Part 2, pp. 861 – 874.

DOWD, P. A. & SARAC, C. (1994): An extension of the LU decomposition method of simulation. – In: ARMSTRONG, M. & DOWD, P. A. [Eds.]: *Geostatistical Simulations.* Quantitative Geology and Geostatistics **7**, Kluwer, Dordrecht, pp. 23 – 36.

DREW, L. J. (1979): Pattern drilling exploration: Optimum pattern types and hole spacings when searching for elliptical shaped targets. *Math. Geol.* **11** (2) pp. 223 – 254.

DREW, L. J. (1990): *Oil and Gas Forecasting: Reflections of a Petroleum Geologist.* IAMG Studies in Mathematical Geology **2**, Oxford University Press, New York, 252 pp.

DUBOIS, G. (1999): The contribution of geographic information systems to geostatistics: Current situation and future perspectives. *STATGIS 99: Tendenzen, Schnittstellen, Probleme, Anwendungen.* Klagenfurth, Österreich.

DUBRULE O. (1983): Cross validation of kriging in a unique neighbourhood. *Math. Geol.* **15** (6), pp. 687 – 699.

DUBRULE, O. (1994): Estimating or choosing a geostatistical model. – In: DIMITRAKOPOULOS, R. [Ed.]: *Geostatistics for the Next Century – An International Forum in Honour of Michel David's Contribution to Geostatistics, Montreal, 1993.* Quantitative Geology and Geostatistics **6**, Kluwer, Dordrecht, pp. 3 – 14.

DUKE, J. H. & HANNA, P. J. (1997): Geological Interpretation for Resource Estimation. *Proc. of The Resource Database Towards 2000, AusIMM Seminar, May 1997.* Wollongong, NSW, Australia.

DUMFARTH, E. & LORUP, E. J. (1998): Ockham's Razor oder Geostatistik auf der Schneide. – In: STROBL, J. & DOLLINGER, F. [Hrsg.]: *Angewandte Geographische Informationsverarbeitung. Beiträge zum AGIT-Symposium Salzburg '98.* Wichmann, Heidelberg, S. 57 – 62.

DUNGAN, J. L., PERRY, J. N., DALE, M. R. T. & LEGENDRE, P., CITRON-POUSTY, S., FORTIN, M.-J., JAKOMULSKA, A., MIRITI, M. & ROSENBERG, M. S. (2002): A balanced view of scale in spatial statistical analysis. *Ecography* **25** (5), pp. 626 – 640.

DUTTER, R. (1985): *Geostatistik.* Mathematische Methoden in der Technik **2**, Teubner, Stuttgart, 159 S.

E

EDDINGTON, E. S. (1987): *Randomization Tests.* 2nd ed., Marcel Dekker, New York, 341 pp.

EFRON, B. (1979): Bootstrap methods: Another look at the jackknife. *Ann. Stat.* **7** (1), pp. 1 – 26.

EFRON, B. (1982): *The Jackknife, the Bootstrap and Other Resampling Plans.* CBMS-NSF Regional Conference Series in Applied Mathematics, Monographs **38**, SIAM, Philadelphia, 92 pp.

EFRON, B. & TIBSHIRANI, R. J. (1993): *An Introduction to the Bootstrap.* Chapman & Hall, New York, 456 pp.

EHLERS, J. (1994): *Allgemeine und historische Quartärgeologie.* Enke, Stuttgart, 358 S.

EHRISMANN, W. & WALTHER, H. W. [Hrsg.] (1983): *Klassifikation von Lagerstättenvorräten mit Hilfe der Geostatistik.* Schriftenreihe der GDMB **39**, Gesellschaft Deutscher Metallhütten- und Bergleute, 164 S.

EHRLICH, R. & FULL, W. E. (1987): Sorting out geology – unmixing mixtures. – In: SIZE, W. B. [Ed.]: *Use and Abuse of Statistical Methods in the Earth Sciences.* IAMG Studies in Mathematical Geology **1**, Oxford University Press, New York, pp. 33 – 46.

EINSTEIN, H. H. (1977): Observational Methods in Tunnel Design and Construction. *3rd Annual Conf. DOT Research and Development in Tunneling Technology,* 44 pp.

EINSTEIN, H. H. & BAECHER, G. B. (1983): Probabilistic and statistical methods in engineering geology. Part 1: Exploration. *Rock Mech. Rock Eng.* **16** (1), pp. 39 – 72.

EINSTEIN, H. H. & BAECHER, G. B. (1992): Tunneling and mining engineering. – In: HUNTER, R. L. & MANN, C. J. [Eds.]: *Techniques for Determining Probabilities of Geologic Events and Processes.* IAMG Studies in Mathematical Geology **4**, Oxford University Press, New York, 46 – 74 pp.

EISENACK, K., MOLDENHAUER, O. & REUSSWIG, F. (2002): Möglichkeiten und Grenzen qualitativer und semiqualitativer Modellierung von Natur-Gesellschafts-Interaktionen. – In: BALZER, I. & WÄCHTER, M. [Hrsg.]: *Sozial-ökologische Forschung, Ergebnisse der Sondierungsprojekte aus dem BMBF-Förderschwerpunkt.* Ökom, München, S. 377 – 388.

EISSMANN, L. (1967): Glaziäre Destruktionszonen (Rinnen, Becken) im Altmoränengebiet des Norddeutschen Tieflandes. *Geologie* **16** (7), S. 804 – 833.

EISSMANN, L. (1978): Mollisoldiapirismus. *Z. angew. Geol.* **24** (3), S. 130 – 138.

EISSMANN, L. (2004): Das Norddeutsche Tiefland als optimal erschlossenes Zeit-, Klima- und Prozessarchiv des Quartärs. – In: THIEDE, J., EISSMANN, L. & EMMERMANN, R. [Hrsg.]: *Geowissenschaften und die Zukunft. Wissensbasierte Vorhersagen, Warnungen, Herausforderungen. Beiträge des Interakademischen Symposions vom 3. – 5.9.2003 in Mainz.* Abh. Akad. Wiss. und Lit. Mainz, Math.-Naturwiss. Kl. **2**, S. 34 – 37.

EISSMANN, L. & MÜLLER, A. (1979): Leitlinien der Quartärentwicklung im Norddeutschen Tiefland. *Z. geol. Wiss.* **7** (4), S. 451 – 462.

ELFERS, H., BOMBIEN, H., FRANK, H., SPÖRLEIN, T., KRENTZ, O., RAPPSILBER, I., SIMON, A. & SCHWEIZER, R. (2004): *Wege zur 3D-Geologie.* Geologischer Dienst NRW, Krefeld, 14 S.

ELLGER, C. (1996): Der Potsdamer Platz – Neuer Anlauf zu einer Mitte Berlins. *Geowiss.* **14** (3/4), S. 91 – 99.

ELKATEB, T., CHALATURNYK, R. & ROBERTSON, P. K. (2003): An overview of soil heterogeneity: quantification and implications on geotechnical field problems. *Can. Geotech. J.* **40** (1), pp. 1 – 15.

ENGLUND, E. J. (1990): A variance of geostatisticians. *Math. Geol.* **22** (4), pp. 417 – 455.

ENGLUND, E. J. & HERAVI, N. (1993): Conditional simulation: Practical application for sampling design optimization. – In: SOARES, A. [Ed.]: *Geostatistics Tróia '92, Proc. 4th Int. Geostat. Congr., Tróia, Portugal.* Quantitative Geology and Geostatistics **5**, Kluwer, Dordrecht, Part 2, pp. 613 – 624.

ENGLUND, E. J. & HERAVI, N. (1994): Phased sampling for soil remediation. *Environ. Ecol. Stat.* **1** (3), pp. 247 – 263.

ENGLUND, E., J. & SPARKS, A. (1991): *Geo-EAS (Geostatistical Environmental Assessment Software) 1.2.1 User's Guide.* EPA Report #600/8-91/008, EPA-EMSL, Las Vegas, 186 pp.

ENGLUND, E. J., WEBER, D. D. & LEVIANT, N. (1992): The effects of sampling design parameters on block selection. *Math. Geol.* **24** (3), pp. 329 – 343.

EVANS, R. (2003): Current themes, issues and challenges concerning the prediction of subsurface conditions. – In: ROSENBAUM, M. S. & TURNER, A. K. [Eds.]: *New Paradigms in Subsurface Prediction – Characterization of the Shallow Subsurface: Implications for Urban Infrastructure and Environmental Assessment.* Lecture Notes in Earth Sciences **99**, Springer, Düsseldorf, pp. 359 – 378.

F

FAHRMEIR, L., HAMERLE, A. & TUTZ, G. [Hrsg.] (1996): *Multivariate statistische Verfahren.* 2. Aufl., de Gruyter, Berlin, 902 S.

FEINSTEIN, A. H. & CANNON, H. M. (2001): Fidelity, verifiability, and validity of simulation: Constructs for evaluation. – In: PITTENGER, K. & VAUGHAN, M. J. [Eds.]: *Developments in Business Simulation and Experiential Learning* **28**. Association for Business Simulation and Experiential Learning, Statesboro, pp. 57 – 67.

FERNANDES, P. G. & RIVOIRARD, J. (1999): A geostatistical analysis of the spatial distribution and abundance of cod, haddock and whiting in the North Scotland. – In: GÓMEZ-HERNÁNDEZ, J. J., SOARES, A. & FROIDEVAUX, R. [Eds.]: *Proc. of the Second European Conference on Geostatistics for Environmental Applications, geoENV II, Valencia, Spain.* Quantitative Geology and Geostatistics **10**, Kluwer, Dordrecht, pp. 201 – 212.

FISCHER, M. M. & NIJKAMP, P. (1993): Design and use of geographic information systems and spatial models. – In: FISCHER, M. M. & NIJKAMP, P. [Eds.]: *Geographic Information Systems, Spatial Modelling, and Policy Evaluation.* Springer, Berlin, pp. 3 – 13.

FLATMAN, G. T., ENGLUND, E. J. & YFANTIS, A. A. (1988): Geostatistical approaches to the design of sampling regimes. – In: KEITH, L. H. [Ed.]: *Principles of Environmental Sampling.* American Chemical Society, pp. 73 – 84.

FLATMAN, G. T. & YFANTIS, A. A. (1984): Geostatistical strategy for soil sampling: the survey and the census. *Environ. Monit. Assess.* **4** (4), pp. 335 – 349.

FOGG, G. E. (1990): Emergence of geologic and stochastic approaches for characterization of heterogeneous aquifers. – In: MOLTZ, F. J., MELVILLE, J. G. & GUVEN, O. [Eds.]: *Proc. of the Conf. on New Field Techniques for Quantifying the Physical and Chemical Properties of Heterogeneous Aquifers.* Dublin, OH, pp. 1 – 17.

FOOKES, P. G. (1997): Geology for engineers: the geological model, prediction and performance. *Q. J. Eng. Geol. Hydro.* **30** (4), pp. 293 – 424.

FORMELLA, J. (1991): Ein Inferenzmechanismus für die Gestaltung intelligenter Klassifizierungssysteme. *Beitr. Math. Geol. Geoinf.* **1**, S. 42 – 46.

FORNEFELD, M. & OEFINGER, P. (2002): *Product Concept for the Opening of the Geospatial Data Market – Executive Version.* MICUS Management Consulting GmbH, Düsseldorf, 44 pp.

FORRESTER, J. W. & SENGE, P. M. (1980): Tests for building confidence in system dynamics models. *TIMS Studies in the Management Sciences* **14**, pp. 209 – 228.

FORTIN, M.-J. & DRAPEAU, P. (1995): Delineation of ecological boundaries: comparison of approaches and significance tests. *Oikos* **72**, pp. 323 – 332.

FORTIN, M.-J. & JACQUEZ, G. M. (2000): Randomization tests and spatially autocorrelated data. *Bull. Ecol. Soc. Am.* **81** (July), pp. 201 – 205.

FORTIN, M.-J., JACQUEZ, G. M. & SHIPLEY, B. (2002): Computer-intensive methods. – In: EL-SHAARAWI, A. H. & PIEGORSCH, W. W. [Eds.]: *Encyclopedia of Environmetrics,* Volume 1, Wiley, West Sussex, pp. 399 – 402.

FOTHERINGHAM, A. S. (1993): On the future of spatial analysis: the role of GIS. *Environ. Plan.* **A25**, Anniversary Issue, pp. 30 – 34.

FOTHERINGHAM, A. S. & ROGERSON, P. A. (1993): GIS and spatial analytical problems. *Int. J. Geogr. Inf. Syst.* **7** (1), pp. 3 – 19.

FRANK, A. U. (1988): Requirements for database management systems for large spatial databases. – In: VINKEN, R. [Ed.]: *Construction and Display of Geoscientific Maps Derived from Databases.* Geol. Jb. **A104**, pp. 75 – 96.

FRANKLIN, S. E., WULDER, M. A. & LAVIGNE, M. B. (1996): Automated derivation of geographic window sizes for use in remote sensing digital image texture analysis. *Comput. Geosci.* **22** (6), pp. 665 – 673.

FREEZE, R. A., MASSMANN, J., SMITH, L., SPERLING, T. & JAMES, B. (1990): Hydrogeological decision analysis: 1. A framework. *Ground Water* **28** (5), pp. 738 – 766.

FREY, W. (1975): Zum Tertiär und Pleistozän des Berliner Raumes. *Z. deutsch. geol. Ges.* **126**, S. 281 – 292.

FROIDEVAUX, R. (1993): Constrained kriging as an estimator of local distribution functions. – In: CAPASSO, V., GIRONE, G. & POSA, D. [Eds.] *Proc. International Workshop on Statistics of Spatial Processes: Theory and Applications.* Bari, Italia, pp. 106 – 118.

G

GALLI, A., GERDIL-NEUILLET, F. & DADOU, C. (1984): Factorial kriging analysis: A substitute to spectral analysis of magnetic data. – In: VERLY, G., DAVID, M., JOURNEL, A. D. & MARECHAL, A. [Eds.]: *Geostatistics for Natural Resources Characterization*. Proc. Second International Congress on Geostatistics, NATO ASI Series **C122**, Reidel, Dordrecht, Part 1, pp. 543 – 557.

GAN, T. Y., DLAMINI, E. M. & BIFTU, G. F. (1997): Effects of model complexity and structure, data quality, and objective functions on hydrologic modeling. *J. Hydrol.* **192** (1 – 4), pp. 81 – 103.

GANDIN, L. S. (1963): *Objective analysis of meteorological fields*. Gidrometeorologicheskoe Izdatel'stvo (GIMIZ), Leningrad, (translated by Israel Program for Scientific Translations, Jerusalem, 1965, 238 pp.).

GARDNER, R. H. & O'NEILL, R. V. (1991): Pattern, process, and predictability: The use of neutral models for landscape analysis. – In: TURNER, M. G. & GARDNER, M. G. [Eds.]: *Quantitative Methods in Landscape Ecology – The Analysis and Interpretation of Landscape Heterogeneity*. Ecological Studies **82**, Springer, New York, pp. 289 – 307.

GEILER, H., ASCHENBRENNER, F., KNOBLICH, K. & MAURER, W. (1998): Geostatistische Auswertung von Schwermetallverteilungen in Böden. *Terra Nostra* **98/3** (Jahrestagung der DGG, Geo-Berlin '98), Abs. S. V95, Alfred-Wegener-Stiftung, Köln.

GELBKE, C., RÄKERS, E., LEHMANN, B. & ORLOWSKY, D. (1996): Hochauflösende Baugrunderkundung im Zentrum von Berlin – Der Einsatz kombinierter geophysikalischer Verfahren. *Geowiss.* **14** (3/4), S. 108 – 112.

GELHAR, L. W. (1993): *Stochastic Subsurface Hydrology*. Prentice Hall, Englewood Cliffs, 390 pp.

GELHAR, L. W. & AXNESS, C. L. (1983): Three dimensional stochastic analysis of macro-dispersion in aquifers. *Water Res. Res.* **19** (1), pp. 161 – 180.

GELLERT, J. H. (1965): *Die Weichsel-Eiszeit im Gebiet der Deutschen Demokratischen Republik*. Akademie-Verlag, Berlin, 261 S.

GENDZWILL, D. J. & STAUFFER, M. (1981): Analysis of triaxial ellipsoids: Their shapes, plane sections, and plane projections. *Math. Geol.* **13** (2), pp. 135 – 152.

GENSKE, D. D. (2006): *Ingenieurgeologie. Grundlagen und Anwendung*. Springer, Berlin, 588 S.

GENSKE, D. D., GILLICH, W. & NOLL, P. (1993): Kriging als Instrument zur Lokalisation von Schadstoffherden. *Beitr. Math. Geol. Geoinf.* **5**, S. 44 – 48.

GENTON, M. G. (1998a): Highly robust variogram estimation. *Math. Geol.* **30** (2), pp. 213 – 221.

GENTON, M. G. (1998b): Variogram fitting by generalized least squares using an explicit formula for the covariance. *Math. Geol.* **30** (4), pp. 323 – 345.

GERA, F. (1982): Geologic predictions and radioactive waste-disposal: a time limit for the predictive requirements. – In: DE MARSILY, G. & MERRIAM, D. F. [Eds.]: *Predictive Geology – with Emphasis on Nuclear-Waste Disposal.* Computers & Geology **4**, Pergamon Press, Oxford, pp. 9 – 24.

GILBERT, R. O. (1987): *Statistical Methods for Environmental Pollution Monitoring.* Van Nostrand Reinhold, New York, 320 pp.

GLACKEN, I. M. & BLACKNEY, P. C. J. (1998): A practitioners implementation of indicator kriging. *The Geostatistical Association of Australasia "Beyond Ordinary Kriging" Seminar.* Perth, Australia.

GLEYZE, J. F., BACRO, J. N. & ALLARD, D. (2001): Detecting regions of abrupt change: Wombling procedure and statistical significance. – In: MONESTIEZ, P., ALLARD, D. & FROIDEVAUX, R. [Eds.]: *Proc. of the Third European Conference on Geostatistics for Environmental Applications, geoENV III, Avignon, France.* Quantitative Geology and Geostatistics **11**, Kluwer, Dordrecht, pp. 311 – 322.

GOCHT, W. (1963): *Das Holstein-Interglazial (Paludinenschichten) im Stadtgebiet von West-Berlin.* Diss., FU Berlin, 108 S.

GOCHT, W. (1968): Pleistozän im Berliner Raum. *Z. deutsch. geol. Ges.* **120**, S. 142 – 148.

GOLD, C. M. (1980a): Drill hole data validation for subsurface stratigraphic modelling. – In: MOORE, P. A. [Ed.]: *Proc. Computer Mapping of Natural Resources and the Environment.* Harvard Library of Computer Graphics, Mapping Collection, Volume **10**, Harvard University, Boston, pp. 52 – 58.

GOLD, C. M. (1980b): Geological mapping by computer. – In: TAYLOR, D. R. F. [Ed.]: *Progress in Contemporary Cartography.* Wiley, London, pp. 151 – 190.

GOLLUB, P. & KLOBE, B. (1995): Tiefe Baugruben in Berlin: Bisherige Erfahrungen und geotechnische Probleme. *Geotechnik* **19** (3), S. 121 – 131.

GÓMEZ-HERNÁNDEZ, J. J. & CASSIRAGA, E. F. (1994): Theory and practice of sequential simulation. – In: ARMSTRONG, M. & DOWD, P. [Eds.]: *Geostatistical Simulations.* Quantitative Geology and Geostatistics 7, Kluwer, Dordrecht, pp. 111 – 121.

GÓMEZ-HERNÁNDEZ, J. J. & SRIVASTAVA, R. M. (1990): ISIM3D: An ANSI-C three-dimensional multiple indicator conditional simulation program. *Comput. Geosci.* **16** (4), pp. 395 – 440.

GOODCHILD, M. F. (1992): Geographical data modelling. *Comput. Geosci.* **18** (4), pp. 401 – 408.

GOODCHILD, M. F. & DENSHAM, P. J. (1990): *Research Initiative Six. Spatial Decision Support Systems: Scientific Report for the Specialist Meeting.* National Center for Geographic Information and Analysis, Technical Report **90-5**, Santa Barbara.

GOOVAERTS, P. (1997a): *Geostatistics for Natural Resources Evaluation.* Oxford University Press, New York, 430 pp.

GOOVAERTS, P. (1997b): Kriging vs. stochastic simulation for risk analysis in soil contamination. – In: SOARES, A., GÓMEZ-HERNÁNDEZ, J. J. & FROIDEVAUX, R. [Eds.]: *Proc. of the 1st European Conference on Geostatistics for Environmental Applications, geoENV I, Lisbon, Portugal.* Quantitative Geology and Geostatistics **9**, Kluwer, Dordrecht, pp. 247 – 258.

GOOVAERTS, P. (1999): Performance comparison of geostatistical algorithms for incorporating elevation into the mapping of precipitation. *Proc. 4th Int. Conf. GeoComputation, Geocomputation 99,* Fredericksburg.

GOOVAERTS, P. (2000): Geostatistical approaches for incorporating elevation into the spatial interpolation of rainfall. *J. Hydrol.* **228** (2), pp. 113 – 129.

GOTWAY, C. A. (1991): Fitting semivariogram models by weighted least squares. *Comput. Geosci.* **17** (1), pp. 171 – 172.

GOTWAY, C. A. & YOUNG, L. J. (2005): Change of support: an inter-disciplinary challenge. – In: RENARD, P., DEMOUGEOT-RENARD, H. & FROIDEVAUX, R. [Eds.]: *Proc. of the Fifth European Conference on Geostatistics for Environmental Applications, geoENV V, Neuchatel, Switzerland.* Springer, Berlin, pp. 1 – 13.

GROOT, R. & KOSTERS, E. (2003): An economic model for the dissemination of national geological survey products and services. – In: ROSENBAUM, M. S. & TURNER, A. K. [Eds.]: *New Paradigms in Subsurface Prediction – Characterization of the Shallow Subsurface: Implications for Urban Infrastructure and Environmental Assessment.* Lecture Notes in Earth Sciences **99**, Springer, Düsseldorf, pp. 201 – 216.

GUTJAHR, A. L. (1992): Hydrology. – In: HUNTER, R. L. & MANN, C. J. [Eds.]: *Techniques for Determining Probabilities of Geologic Events and Processes.* IAMG Studies in Mathematical Geology **4**, Oxford University Press, New York, pp. 75 – 98.

H

HAAS, T. C. (1990): Kriging and automated variogram modeling within a moving window. *Atmos. Environ.* **A24** (7), pp. 1759 – 1769.

HÄCKER, H., LEUTNER, D. & AMELANG, M. (1998): *Standards für pädagogisches und psychologisches Testen.* Huber, Bern, 130 S.

HAINING, R. P. (2003): *Spatial Data Analysis: Theory and Practice.* Cambridge University Press, Cambridge, 409 pp.

HAMILTON, D. E. & HENIZE, S. K. (1992): Computer mapping of pinnacle reefs, evaporites, and carbonates: northern trend, Michigan basin. – In: HAMILTON, D. E. & JONES, T. A. [Eds.]: *Computer Modeling of Geologic Surfaces.* AAPG Computer Applications in Geology **1**, AAPG, Tulsa, pp. 47 – 60.

HAMILTON, D. E. & JONES, T. A. [Eds.] (1992): *Computer Modeling of Geologic Surfaces.* AAPG Computer Applications in Geology **1**, AAPG, Tulsa, 297 pp.

HANDCOCK, M. S. & STEIN, M. L. (1993): A Bayesian analysis of Kriging. *Technometrics* **35** (4), pp. 403 – 410.

HANNEMANN, M. (1964): Quartärbasis und älteres Quartär in Ostbrandenburg. *Z. angew. Geol.* **10** (7), S. 370 – 376.

HANNEMANN, M. (1966): *Neue Ergebnisse zur Reliefgestaltung, Stratigraphie und glazigenen Dynamik des Pleistozäns in Ostbrandenburg.* Diss., HU Berlin, 120 S.

HANNEMANN, M. & RADTKE, H. (1961): Frühglaziale Ausräumungszonen in Südostbrandenburg. *Z. angew. Geol.* **7** (2), S. 69 – 74.

HARBAUGH, J. W. & WENDEBOURG, J. (1993): Risk analysis of petroleum prospects. – In: DAVIS, J. & HERZFELD, U. [Eds.]: *Computers in Geology – 25 Years of Progress.* IAMG Studies in Mathematical Geology **5**, Oxford University Press, New York, pp. 85 – 98.

HARFF, J. & DAVIS, J. C. (1990): Regionalization in geology by multivariate classification. *Math. Geol.* **22** (5), pp. 573 – 588.

HARTEMA, G., NOLL, H.-P., PULIDO, J.-C. & WOLFF, I. (1996): Rechnergestützte Erstbewertung von Altlast-Verdachtsflächen mit Hilfe eines Geographischen Informationssystems. *Mathematische Geologie* **1**, S. 5 – 13.

HASLETT, J., BRADLEY, R., CRAIG, P. S., UNWIN, A. & WILLS, G. (1991): Dynamic Graphics for exploring spatial data with application to locating global and local anomalies. *Am. Stat.* **45** (3), pp. 234 – 242.

HAUPTMANNS, U. & WERNER, W. (1991): *Engineering Risks – Evaluation and Valuation.* Springer, Berlin, 246 pp.

HAWKINS, D. M. (1976): FORTRAN IV program to segment multivariate sequences of data. *Comput. Geosci.* **1** (4), pp. 339 – 351.

HAWKINS, D. M. & CRESSIE, N. A. C. (1984): Robust kriging – a proposal. *Math. Geol.* **16** (1), pp. 3 – 18.

HAWKINS, D. M. & MERRIAM, D. F. (1973): Optimal zonation of digitized sequential data. *Math. Geol.* **5** (4), pp. 389 – 395.

HAWKINS, D. M. & MERRIAM, D. F. (1974): Zonation of multivariate sequences of digitized geologic data. *Math. Geol.* **6** (3), pp. 263 – 269.

HECK, H.-L. (1961): Glaziale und glaziäre Zyklen – Ein Prinzip des Quartärs, erläutert am Raum Mecklenburg. *Geologie* **10** (4/5), S. 378 – 395.

HEGAZY, Y. A. & MAYNE, P. W. (2002): Objective site characterization using clustering of piezocone data. *J. Geot. Geoenv. Eng. ASCE* **128** (12), pp. 986 – 996.

HEGAZY, Y. A., MAYNE, P. W. & ROUHANI, S. (1997a): Geostatistical assessment of spatial variability in piezocone tests. *Uncertainty in the Geologic Environment: From Theory to Practice, Proc. Uncertainty '96*. ASCE (GSP **58**), Vol. 1, pp. 254 – 268.

HEGAZY, Y. A., MAYNE, P. W. & ROUHANI, S. (1997b): Three dimensional geostatistical evaluation of seismic piezocone data. *Proc. 14th ICSMFE*. Hamburg, Vol. 1, pp. 683 – 686.

HEINRICH, U. (1992): *Zur Methodik der räumlichen Interpolation mit geostatistischen Verfahren – Untersuchungen zur Validität flächenhafter Schätzungen diskreter Messungen kontinuierlicher raumzeitlicher Prozesse*. Diss., CAU Kiel, 124 S.

HEISE, G. (2003): Testaufgabe. *Rundbrief der DGGT* **Nr. 56**, Dezember 2003, S. 2, S. 19.

HENLEY, S. (1981): *Nonparametric Geostatistics*. Applied Science Publishers, London, 145 pp.

HENLEY, S. (1987): Kriging: blue or pink? *Math. Geol.* **19** (2), pp. 55 – 58.

HENLEY, S. (2001): *Geostatistics – Cracks in the Foundations?* Resources Computing International Ltd, Matlock, Derbyshire.

HERBST, M. (2001): *Regionalisierung von Bodeneigenschaften unter Berücksichtigung geomorphologischer Strukturen für die Modellierung der Wasserflüsse eines mikroskaligen Einzugsgebietes*. Diss., Rheinische Friedrich-Wilhelms-Universität Bonn, 123 S.

HERZFELD U. C. (1989): A note on programs performing kriging with nonnegative weights. *Math. Geol.* **21** (3), pp. 391 – 393.

HESEMANN, J. (1929): Die Untergrundsverhältnisse im Gebiet der Museumsinsel in Berlin. *Jb. preuß. geol. Landesanstalt* **50**, S. 652 – 658.

HILBORN, R. & MANGEL, M. (1997): *The Ecological Detective: Confronting Models with Data*. Monographs in Population Biology **28**, Princeton University Press, Princeton, 316 pp.

HILLMANN, T. (2000): Die Schätzung der Modellparameter für die geostatistische Vorhersage. *Mathematische Geologie* **5**, S. 49 – 57.

HINZE, C., SOBISCH, H.-G. & VOSS, H.-H. (1998): Räumliche Modelle in der geologischen Landesaufnahme und ihre praktische Modellnutzung. *Terra Nostra* **98/3** (Jahrestagung der DGG, Geo-Berlin '98), Abs. S. V133 – V134, Alfred-Wegener-Stiftung, Köln.

HINZE, C., SOBISCH, H.-G. & VOSS, H.-H. (1999): Spatial modelling in geology and its practical use. *Mathematische Geologie* **4**, S. 51 – 60.

HOBBS, N. P. (1986): Mire morphology and the properties and behaviour of some British and foreign peats. *Q. J. Eng. Geol. Hydro.* **19** (1), pp. 7 – 80

HOFFMAN, A. & NITECKI, M. H. (1987): Introduction: Neutral models as a biological research strategy. – In: NITECKI, M. H. & HOFFMAN, A. [Eds.]: *Neutral Models in Biology*. Oxford University Press, New York, pp. 3 – 8.

HOHN, M. E. & FONTANA, M. V. (1986): Geostatistics and artificial intelligence applied to stratigraphic correlation (abs.). *AAPG Bull.* **70** (5), p. 601.

HOULDING, S. W. (1994): *3D Geoscience Modeling – Computer Techniques for Geological Characterization.* Springer, Berlin, 309 pp.

HOULDING, S. W. (2000): *Practical Geostatistics – Modeling and Spatial Analysis.* Springer, Berlin, 161 pp.

HUBER, P. J. (1977): Robust statistics: A review. *Ann. Math. Stat.* **43** (4), pp. 1041 – 1067.

HUIJBREGTS, C. & MATHERON, G. (1970): Universal kriging – an optimal approach to trend surface analysis. *Decision Making in the Mining Industry.* CIMM, Spec. Vol. **12**, Montreal, pp. 159 – 169.

HUIJZER, G. P. (1992): *Quantitative Penetrostratigraphic Classification.* PhD thesis, Vrije Universiteit Amsterdam, 201 pp.

HÜNEFELD, R. & AGUILAR, C. (1999): ENVIS – Ein nützliches Werkzeug für einfaches und anschauliches Umweltdatenmanagement. – In: REIK, G. & PAEHGE, W. [Hrsg.]: *Raumbezogene Informationssysteme für geologische, bau- und geotechnische Aufgaben. 1. Clausthaler FIS-Forum, 15. – 16. Oktober 1997, TU Clausthal.* Papierflieger, Clausthal-Zellerfeld, S. 49 – 55.

HUTCHISON, W. W. (1975): Introduction to geological field data systems and generalized geological data management systems. – In: HUTCHISON, W. W. [Ed.]: *Computer-based Systems for Geological Field Data.* Geol. Survey Can. Paper **74-63**, pp. 1 – 6.

I

ISAAKS, E. H. (2001a): *SAGE2001. A Spatial and Geostatistical Environment for Variography.* San Mateo, 67 pp.

ISAAKS, E. H. (2001b): *The Perfect Sample Variogram, Medsystem and Vulcan Rotation Conventions.* San Mateo, 23 pp.

ISAAKS, E. H. & SRIVASTAVA, R. M. (1989): *An Introduction to Applied Geostatistics.* Oxford University Press, New York, 561 pp.

ISATIS (2001): *Isatis Software Manual.* 3rd ed., Geovariances, Paris, France, 579 pp.

J

JÄKEL, M. (2000): Anwendung des Gradientenkrigings bei der Erkundung des 2. Miozänen Flözhorizontes in der Niederlausitz. *Mathematische Geologie* **5**, S. 183 – 203.

JAKSA, M. B. (1995): *The Influence of Spatial Variability on the Geotechnical Design Properties of a Stiff, Overconsolidated clay.* PhD thesis, University of Adelaide, 469 pp.

JAKSA, M. B., KAGGWA, W. S. & BROOKER, P. I. (1993): Geostatistical modelling of the undrained shear strength of a stiff, overconsolidated clay. – In: LI, K. S. & LO, S.-C. R. [Eds.]: *Proc. Conf. Prob. Methods in Geotechnical Engineering, Canberra.* Balkema, Rotterdam, pp. 185 – 194.

JAMES, W. R. (1970): The geological utility of random process models. – In: MERRIAM, D. F. [Ed.]: *Geostatistics – A Colloquium.* Plenum Press, New York, pp. 89 – 90,

JANSSEN, P. H. M., SLOB W. & ROTMANS, J. (1990): *Uncertainty Analysis and Sensitivity Analysis: An Inventory of Ideas, Methods and Techniques from the Literature.* RIVM-Report no. 958805001. National Institute of Public Health and the Environment (RIVM), Bilthoven.

JANSSEN, R. (1991): *Multiobjective Decision Support for Environmental Problems.* PhD thesis, Vrije Universiteit Amsterdam, 240 pp.

JAROCH, A., MOECK, I. & DOMINIK, W. (2006): The aquifer system of Berlin revealed in a 3D geological model. – In: DOMINIK, W., RÖHLING, H.-G., STACKEBRANDT, W., SCHROEDER, J. H. & UHLMANN, O. [Hrsg.]: *3D-Geologie – eine Chance für die Nutzung und den Schutz des Untergrundes.* 158. Jahrestagung der Deutschen Gesellschaft für Geowissenschaften (GeoBerlin2006, 2. – 4. Okt.), Berlin, Schriftenreihe der DGG **50**, S. 262.

JELINSKI, D. E. & WU, J. (1996): The modifiable areal unit problem and implications for landscape ecology. *Landscape Ecol.* **11** (3), pp. 129 – 140.

JIAN, X., OLEA, R. A. & YU, Y. S. (1996): Semivariogram modeling by weighted least squares. *Comput. Geosci.* **22** (4), pp. 387 – 397.

JONES, P. N. & CARBERRY, P. S. (1994): A technique to develop and validate simulation models. *Agr. Syst.* **46** (4), pp. 427 – 442.

JONES, T. A. (1988): Geostatistical models with stratigraphic control. *Comput. Geosci.* **14** (1), pp. 135 – 138.

JONES, T. A. (1992): Extensions to three dimensions: Introduction to the section on 3-D geologic block modeling. – In: HAMILTON, D. E. & JONES, T. A. [Eds.]: *Computer Modeling of Geologic Surfaces.* AAPG Computer Applications in Geology **1**, AAPG, Tulsa, pp. 175 – 182.

JONES, T. A. & HAMILTON, D. E. (1992): A philosophy of contour mapping with the computer. – In: HAMILTON, D. E. & JONES, T. A. [Eds.]: *Computer Modeling of Geologic Surfaces.* AAPG Computer Applications in Geology **1**, AAPG, pp. 1 – 8.

JONES, T. A., HAMILTON, D. E. & JOHNSON, C. R. (1986) *Contouring Geologic Surfaces with the Computer.* Van Nostrand Reinhold, New York, 314 pp.

JOURNEL, A. G. (1973): Geostatistics and sequential exploration. *Min. Eng.* **25** (10), pp. 44 – 48.

JOURNEL, A. G. (1974): Geostatistics for conditional simulation of ore bodies. *Econ. Geol.* **69** (5), pp. 673 – 687.

JOURNEL, A. G. (1980): Geostatistical simulation methods for exploration and mine planning. – In: ROYLE, A. G. [Ed.]: *Geostatistics.* McGraw-Hill, New York, pp. 93 – 108.

JOURNEL, A. G. (1985): The deterministic side of geostatistics. *Math. Geol.* **17** (1), pp. 1 – 15.

JOURNEL, A. G. (1986): Geostatistics: Models and tools for the earth sciences. *Math. Geol.* **18**, (1), pp. 119 – 140.

JOURNEL, A. G. (1992): Computer imaging in the mineral industry: Beyond mere aesthetics. – In: KIM, Y. C. [Ed.]: *Proc. 23rd APCOM.* Littleton, pp. 3 – 13.

JOURNEL, A. G. (1997): The abuse of principles in model building and the quest for objectivity. – In: BAAFI, E. Y. & SCHOFIELD, N. A. [Eds.]: *Proc. 5th Int. Geostat. Congr., Geostatistics Wollongong '96.* Quantitative Geology and Geostatistics **8**, Kluwer, Dordrecht, Part 1, pp. 3 – 14.

JOURNEL, A. G. & HUIJBREGTS, C. J. (1978): *Mining Geostatistics.* Academic Press, London, 600 pp.

JOURNEL, A. G. & ROSSI, M. E. (1989): When do we need a trend model in kriging. *Math. Geol.* **21** (7), pp. 715 – 739.

JUCH, D. (1983): Die Erfassung von Steinkohlenlagerstätten mittels eines Blockmodells und geostatistischer Methoden. – In: EHRISMANN, W. & WALTHER, H. W. [Hrsg.]: Klassifikation von Lagerstättenvorräten mit Hilfe der Geostatistik. *Klassifikation von Lagerstättenvorräten mit Hilfe der Geostatistik.* Schriftenreihe der GDMB **39**, Gesellschaft Deutscher Metallhütten- und Bergleute, S. 131 – 144.

K

KAALBERG, F., HAASNOOT, J. & NETZEL, H. (2003): What are the end-users issues? Settlements risk management in underground construction. – In: ROSENBAUM, M. S. & TURNER, A. K. [Eds.]: *New Paradigms in Subsurface Prediction – Characterization of the Shallow Subsurface: Implications for Urban Infrastructure and Environmental Assessment.* Lecture Notes in Earth Sciences **99**, Springer, Düsseldorf, pp. 69 – 83.

KAC, M. (1983): What is random? *Am. Sci.* **71** (4), pp. 405 – 406.

KACEWICZ, M. (1988): Application of fuzzy sets to subdivision of geological units. – In: MERRIAM, D. F. [Ed.]: *Current Trends in Geomathematics.* Plenum Press, New York, pp. 43 – 56.

KALLENBACH, H. (1980): Abriss der Geologie von Berlin. *Berlin – Klima, geologischer Untergrund und geowissenschaftliche Institute.* Beil. z. Internat. Alfred-Wegener-Symposium und der Deutschen Meteorologen-Tagung 1980 in Berlin. Berliner geowiss. Abh. **A19**, S. 15 – 27.

KANEVSKI, M., DEMYANOV, V., CHERNOV, S., SAVELIEVA, E., SEROV, A., TIMONIN, V. & MAIGNAN, M. (1999): GEOSTAT OFFICE for environmental and pollution spatial data analysis. *Mathematische Geologie* **3**, S. 73 – 83.

KARSTEDT, J. (1996a): Baugrundgeologie im Bereich Potsdamer Platz – Spreebogen. *Geowiss.* **14** (3/4), S. 119 – 122.

KARSTEDT, J. (1996b): Nutzungsmöglichkeiten natürlicher Mergelschichten oder Weichgele als Baugrubensohlenabdichtungen. *UTECH-Seminar 25, Bauen im Grundwasser.* Berlin, S. 15 – 34.

KEILHACK, K. (1910a): *Erläuterungen zur Geologischen Karte von Preußen und benachbarten Bundesstaaten, Blatt Charlottenburg.* 2. Aufl., 67 S.

KEILHACK, K. (1910b): *Erläuterungen zur Geologischen Karte von Preußen und benachbarten Bundesstaaten, Blatt Teltow.* 2. Aufl., 70 S.

KELK, B. (1988): Towards a national geological information system. – In: VINKEN, R. [Ed.]: *Construction and Display of Geoscientific Maps derived from Databases.* Geol. Jb. **A104**, pp. 21 – 28.

KELK, B. (1991): 3D modelling with geoscientific information systems: The problem. – In: TURNER, A. K. [Hrsg.]: *Three Dimensional Modelling with Geoscientific Information Systems.* NATO ASI Series **C354**, Kluwer, Dordrecht, pp. 29 – 38.

KELKAR, M., PEREZ, G. & CHOPRA, A. (2002): *Applied Geostatistics for Reservoir Characterization.* SPE, Richardson, 264 pp.

KERSTEN, N. (1991): Clusteranalyse für normalverteilte Zufallsvektoren. *Beitr. Math. Geol. Geoinf.* **1**, S. 47 – 57.

KINZELBACH, W. & RAUSCH, R. (1995): *Grundwassermodellierung – Eine Einführung mit Beispielen.* Borntraeger, Stuttgart, 283 S.

KLEINSTÄUBER, G., FELIX, M. & ZEISSLER, K.-O. (1991): BVS-gestützte Klassifizierung pedogeochemischer Prospektionsdaten. *Beitr. Math. Geol. Geoinf.* **1**, S. 69 – 79.

KNETSCH, T. (2003): *Unsicherheiten in Ingenieurberechnungen.* Diss., Otto-von-Guericke-Universität Magdeburg, 157 S.

KNILL, J. (2003): Core values: The first Hans-Cloos lecture. *B. Eng. Geol. Env.* **61** (1), pp. 1 – 34.

KNOSPE, S. (2001): *Anwendungen geostatistischer Verfahren in den Geowissenschaften – Fallbeispiele unter Einbeziehung zusätzlicher Fachinformationen.* Diss., TU Freiberg, 112 S.

KOLASA, J. & ROLLO, C. D. (1991): Introduction: The heterogeneity of heterogeneity: A glossary. – In: KOLASA, J. & PICKETT, S. T. A. [Eds.]: *Ecological Heterogeneity.* Ecological Studies **86**, Springer, New York, pp. 1 – 23.

KOLTERMANN, M. C. & GORELICK, S. M. (1996): Heterogeneity in sedimentary deposits: A review of structure-imitating, process-imitating, and descriptive approaches. *Water Res. Res.* **32** (9), pp. 2617 – 2658.

KONIKOW, L. P. & BREDEHOEFT, J. D. (1992): Ground-water models cannot be validated. *Adv. Water Res.* **15** (1), pp. 75 – 83.

KRAAK, M. J. & MACEACHRAN, A. (1999): Visualization for exploration of spatial data. *Int. J. Geogr. Inf. Sci.* **13** (4), pp. 285 – 287.

KREUTER, H. (1996): *Ingenieurgeologische Aspekte geostatistischer Methoden.* Diss., Universität Fridericiana Karlsruhe, Veröffentlichungen des Instituts für Bodenmechanik und Felsmechanik der Universität Fridericiana Karlsruhe **138**, 140 S.

KRIGE, D. G. (1951): A statistical approach to some basic mine valuation problems on the Witwatersrand. *J. Chem. Metall. Min. Soc. S. Af.* **52** (6), pp. 119 – 139.

KRIGE, D. G. (1966): Two-dimensional weighted moving average trend surfaces for ore evaluation. (Proc. Symp. on Math. Statistics and Computer Application on Ore Evaluation, Johannesburg), *J. S. Af. Inst. Min. Metall.* **66**, pp. 13 – 38.

KRIVORUCHKO, K. (2001): Using linear and non-linear kriging interpolators to produce probability maps. *Proc. Ann. Conf. IAMG, Cancun, Mexico,* 16 pp.

KRIVORUCHKO, K. & GRIBOV, A. (2002): Working on Nonstationarity Problems in Geostatistics Using Detrending and Transformation Techniques: An Agricultural Case Study. *Proc. Joint Statistical Meetings, New York City, August 2002.*

KRIVORUCHKO, K. & GRIBOV, A. (2004): *Geostatistical interpolation in the presence of barriers.* – In: SANCHEZ-VILA, X., CARRERA, J. & GOMEZ-HERNANDEZ, J. J. [Eds.]: *Proc. of the Fourth European Conference on Geostatistics for Environmental Applications, geoENV IV, Barcelona, Spain.* Quantitative Geology and Geostatistics **13**, Kluwer, Dordrecht, pp. 331 – 342.

KROM, T. D. & ROSBJERG, D. (1998): Multivariant multifacies geostatistical simulation for hydraulic conductivity. – In: KAJANDER, J. [Ed.]: *XX. Nordic Hydrological Conference, NHP Report No.* **44**, Volume II, pp. 547 – 556.

KRUMBEIN, W. C. (1970): Geological models in transition. – In: MERRIAM, F. D. [Ed.]: *Geostatistics – A Colloquium.* Plenum Press, New York, pp. 143 – 161.

KRUMBEIN, W. C. & GRAYBILL, F. A. (1965): *An Introduction to Statistical Models in Geology.* McGraw-Hill, New York, 475 pp.

KÜHL, A. (1991): Statistisch gestützte Stratifizierung monotoner Karbonatfolgen. *Geowiss.* **9** (3), S. 79 – 86.

KUNSTMANN, H. & KINZELBACH, W. (1998): Quantifizierung von Unsicherheiten in Grundwassermodellen. *Mathematische Geologie* **2**, S. 3 – 15.

KUSHNIR & YARUS (1992): Modeling anisotropy in computer mapping data. – In: HAMILTON, D. E. & JONES, T. A. [Eds.]: *Computer Modeling of Geologic Surfaces*. AAPG Computer Applications in Geology **1**, AAPG, Tulsa, pp. 75 – 91.

L

LANGGUTH, H.-R. & VOIGT, R. (1980): *Hydrogeologische Methoden*. Springer, Berlin, 486 S.

LANTUÉJOUL, C. (1997): Iterative algorithms for conditional simulation. – In: BAAFI, E. Y. & SCHOFIELD, N. A. [Eds.]: *Proc. 5th Int. Geostat. Congr., Geostatistics Wollongong '96*. Quantitative Geology and Geostatistics **8**, Kluwer, Dordrecht, Part 1, pp. 27 – 40.

LANTUÉJOUL, C. (2002): *Geostatistical Simulation: Models and Algorithms*. Springer, Berlin, 256 pp.

LASLETT, G. M. & MCBRATNEY, A. B. (1990): Estimation and implications of instrumental drift, random measurement error and nugget variance of soil attributes – a case study for soil pH. *J. Soil Sci.* **41** (3), pp. 451 – 471.

LAURITZEN, S. L. (1973): *The Probabilistic Background of Some Statistical Methods in Physical Geodesy*. Geod. Inst. Medd. No. **48**, Copenhagen, 99 pp.

LEFKOVITCH, L. P. (1978): Conditional clustering. *Biometrics* **36**, pp. 43 – 58.

LEGENDRE, P. & FORTIN, M.-J. (1989): Spatial pattern and ecological analysis. *Vegetatio* **80**, (2), pp. 107 – 138.

LEGENDRE, P. & LEGENDRE, L. (1998): *Numerical Ecology*. 2nd English ed., Elsevier, Amsterdam, 853 pp.

LGRB [Hrsg.] (1999): Anwendung geowissenschaftlicher Informationssysteme am Landesamt für Geologie, Rohstoffe und Bergbau Baden-Württemberg. *Informationen des LGRB* **11**, Freiburg i. B., 83 S.

LIEDTKE, H. (1981): *Die nordischen Vereisungen in Mitteleuropa*. Forsch. dt. Landeskunde **204**, 2., erw. Aufl., Trier, 307 S.

LIENERT, G. A. & RAATZ, U. (1998): *Testaufbau und Testanalyse*. 6. Aufl., Beltz, Weinheim, 432 S.

LIGGESMEYER, P., ROTHFELDER, M., RETTELBACH, M. & ACKERMANN, T. (1998): Qualitätssicherung software-basierter Systeme: Problembereiche und Lösungsansätze. *Informatik-Spektrum* **21** (5), S. 249 – 258

LIMBERG, A. (1991): *Geologische Karte von Berlin 1:10 000 Blatt 425 und 426 – Erläuterungen*. Hrsg. v. Senatsverwaltung für Stadtentwicklung und Umwelt Berlin, 60 S.

LIMBERG, A. & THIERBACH, J. (1997): Gliederung der Grundwasserleiter in Berlin. *Brandenburg. Geowiss. Beitr.* **4** (2), 21 – 26.

LIMBERG, A. & THIERBACH, J. (2002): Hydrostratigraphie in Berlin – Korrelationen mit dem norddeutschen Gliederungsschema. *Brandenburg. Geowiss. Beitr.* **9** (1/2), S. 65 – 68.

LINDNER, S. (1995): Optimale Meßstellenplanung mit Hilfe geostatistischer Verfahren. – In: LINNENBERG, W. [Hrsg.]: *Einsatz von DV-Methoden im Umweltbereich.* 4. Jahrestagung der Fachsektion Geoinformatik der Deutschen Geologischen Gesellschaft, Schriftenreihe des BDG **14**, S. 17 – 19.

LINDNER, S., HILLMANN, T. & MENZ, J. (1997): Optimal sampling design based on variogram models with feedback estimated parameters. – In: PUCHKOV, L. A. [Ed.]: *Computer Applications and Operations Research in the Mineral Industries.* (Second Regional APCOM'97), MGGU Publishing Center, Moskau, pp. 63 – 70.

LINDNER, S. & KARDEL, K. (2000): How accurate are geochemical maps? *Mathematische Geologie* **5**, S. 169 – 181.

LINHART, H. & ZUCCHINI, W. (1986): *Model Selection.* Wiley, New York, 201 pp.

LINNENBERG, W. & NEULS, J. (1988): Multivariate mapping by advanced kriging methods. – In: VINKEN, R. [Ed.]: *Construction and Display of Geoscientific Maps derived from Databases.* Geol. Jb. **A104**, pp. 457 – 468.

LINNENBERG, W. & WEBER, V. (1992): Geostatistische Auswertung umweltrelevanter Daten. *Beitr. Math. Geol. Geoinf.* **3**, S. 72 – 79.

LIPPSTREU, L. (1995): Brandenburg [mit Beitr. von Brose, F. u. Marcinek, J.]. – In: BENDA, L. [Hrsg.]: *Das Quartär Deutschlands.* Borntraeger, Stuttgart, S. 116 – 147.

LIPPSTREU, L. (1999): Gliederung des Pleistozäns in Brandenburg, zusammengestellt nach verschiedenen Autoren. *Brandenburg. Geowiss. Beitr.* **6** (2), Einlage; Stand 2006.

LIPPSTREU, L., HERMSDORF, N. & SONNTAG, A. (1995): *Geologische Übersichtskarte von Berlin und Umgebung 1:100 000.* Hrsg. v. Landesamt für Geowissenschaften und Rohstoffe Brandenburg in Zusammenarbeit mit der Senatsverwaltung für Stadtentwicklung und Umweltschutz Berlin, Kleinmachnow und Berlin.

LIPPSTREU, L., SONNTAG, A. & STACKEBRANDT, W. (1996): Quartärgeologische Entwicklung des Berliner Stadtgebiets. *Geowiss.* **14** (3/4), S. 100 – 107.

LLOYD, C. D. & ATKINSON, P. M. (1998): Scale and the spatial structure of landform: Optimising sampling strategies with geostatistics. *Proc. 3rd Int. Conf. GeoComputation, Geocomputation 98,* Bristol.

LLOYD, C. D. & ATKINSON, P. M. (1999): Designing optimal sampling configurations with ordinary and indicator kriging. *Proc. 4th Int. Conf. GeoComputation, Geocomputation 99,* Fredericksburg.

LORENZ, S. (2005): *The model-data overlap.* Diss., FU Berlin, 133 pp.

LUDWIG, J. A. & CORNELIUS, J. M. (1987): Locating discontinuities along ecological gradients. *Ecology* **68** (2), pp. 448 – 450.

LUMB, P. (1970): Safety factors and the probability distribution of soil strength. *Can. Geotech. J.* **7** (3), pp. 225 – 242.

LUMB, P. (1975): Spatial variability of soil properties. *Proc. 2nd Int. Conf. Appl. Stat. Prob. Soil Struct. Eng.* Aachen, pp. 397 – 421.

M

MALLET J. L. (1984): Automatic contouring in presence of discontinuities. – In: VERLY, G., DAVID, M., JOURNEL, A. D. & MARECHAL, A. [Eds.]: *Geostatistics for Natural Resources Characterization.* Proc. Second International Congress on Geostatistics, NATO ASI Series **C122**, Reidel, Dordrecht, Part 2, pp. 669 – 677.

MANLY, B. F. J. (1998): *Randomization, Bootstrap and Monte Carlo Methods in Biology.* 2nd ed., Chapman & Hall, London, 399 pp.

MANN, C. J. (1970): Randomness in nature. *Geol. Soc. Am. Bull.* **81** (1), pp. 95 – 104.

MANN, C. J. (1993): Uncertainty in geology. – In: DAVIS, J. C. & HERZFELD, U. C. [Eds.]: *Computers in Geology – 25 Years of Progress.* IAMG Studies in Mathematical Geology **5**, Oxford University Press, New York, pp. 241 – 254.

MANN, C. J. & HUNTER, R. L. (1992): Conclusions. – In: HUNTER, R. L. & MANN, C. J. [Eds.]: *Techniques for Determining Probabilities of Geologic Events and Processes.* IAMG Studies in Mathematical Geology **4**, Oxford University Press, New York, 233 – 243 pp.

MARECHAL, A. (1984a): Kriging seismic data in presence of faults. – In: VERLY, G., DAVID, M., JOURNEL, A. D. & MARECHAL, A. [Eds.]: *Geostatistics for Natural Resources Characterization.* Proc. Second International Congress on Geostatistics, NATO ASI Series **C122**, Reidel, Dordrecht, Part 1, pp. 271 – 294.

MARECHAL, A. (1984b): Recovery estimation: A review of models and methods. – In: VERLY, G., DAVID, M., JOURNEL, A. D. & MARECHAL, A. [Eds.]: *Geostatistics for Natural Resources Characterization.* Proc. Second International Congress on Geostatistics, NATO ASI Series **C122**, Reidel, Dordrecht, Part 1, pp. 385 – 420.

MARINONI, O. (2000): *Geostatistisch gestützte Erstellung baugeologischer Modelle am Beispiel des Zentralen Bereiches von Berlin.* Diss., TU Berlin, 149 S.

MARINONI, O. (2003): Improving geological models using a combined ordinary–indicator kriging approach. *Eng. Geol.* **69** (1-2), pp. 37 – 45.

MARINONI, O. & TIEDEMANN, J. (1997): Welche Aufschlußdichte ist hinreichend? Ansätze mittels geostatistischer Methoden, dargestellt am Spreebogen in Berlin-Mitte. *Sonderheft der Deutschen Gesellschaft für Geotechnik zur 11. Nationalen Tagung für Ingenieurgeologie, Würzburg,* S. 219 – 230.

MÁRKUS, L & KOVÁCS, L. (2003): On the effects of water extraction of mines in karstic areas. *Mathematische Geologie* **7**, S. 99 – 110.

MARSAL, D. (1979): *Statistische Methoden für Erdwissenschaftler.* 2., durchgesehene u. erw. Auflage, Schweizerbart, Stuttgart, 192 S.

MATALAS, N. C., LANDWEHR, J. M. & WOLMAN, M. G. (1982) Prediction in water management. – In: *Scientific Basis of Water Resource Management.* National Research Council, National Academy Press, Washington, DC, pp. 118 – 127.

MATERN, B. (1960). *Spatial Variation.* Meddelanden från Statens skogsforskningsinstitut **49** (5), Diss., Stockholms universitet, 144 pp.

MATHERON, G. (1965): *Les Variables Régionalisées et Leur Estimation.* Thèses a la Faculté des Sciences de l'université Paris, Masson et Cie, Paris, 306 pp.

MATHERON, G. (1966): The principles of geostatistics. *Econ. Geol.* **58** (8), pp. 1246 – 1266.

MATHERON, G. (1970a): *La théorie des variables regionalisées et ses applications.* Les cahier du Centre de Morphologie Mathématique de Fontainebleau, Fascicule 5, Ecole des Mines de Paris, Fontainebleau, 212 pp.

MATHERON, G. (1970b): Random functions and their applications in geology. – In: MERRIAM, D. F. [Ed.]: *Geostatistics – A Colloquium.* Plenum Press, New York, pp. 79 – 88.

MATHERON, G. (1976): A simple substitute for conditional expectation: disjunctive kriging. – In: GUARASCIO, M., DAVID, M. & HUIJBREGTS, C. [Eds.]: *Advanced Geostatistics in the Mining Industry.* Proc. First International Congress on Geostatistics, NATO ASI Series **C24**, Reidel, Dordrecht, pp. 221 – 236.

MATHERON, G. (1981): Splines and Kriging: their formal equivalence. – In: MERRIAM, D. F: [Ed.]: *Down-to-Earth-Statistics: Solutions Looking for Geological problems.* Syracuse, pp. 77 – 95.

MATHERON, G. (1984): The selectivity of the distributions and "the second principle of geostatistics". – In: VERLY, G., DAVID, M., JOURNEL, A. D. & MARECHAL, A. [Eds.]: *Geostatistics for Natural Resources Characterization.* Proc. Second International Congress on Geostatistics, NATO ASI Series **C122**, Reidel, Dordrecht, Part 1, pp. 421 – 433.

MCBRATNEY, A. B. & WEBSTER, R. (1986): Choosing functions for semivariograms of soil properties and fitting them to sampling estimates. *J. Soil Sci.* **37** (4), pp. 617 – 639.

MCKENNA, S. A. (1997): *Geostatistical Analysis of Pu-238 Contamination in Release Block D, Mound Plant, Miamisburg, Ohio.* SAND97-**0270**, Sandia National Laboratories, Albuquerque, 23 pp.

MEIER, S. & KELLER, W. (1990): *Geostatistik. Theorie der Zufallsprozesse.* Springer, Wien, 206 S.

MEENTEMEYER, V. & BOX, E. O. (1987): Scale effects in landscape studies. – In: TURNER, M. G. [Ed.]: *Landscape Heterogeneity and Disturbances.* Ecological Studies **64,** Springer, New York, pp. 15 – 34.

MENZ, J. (1988): Die Ableitung optimaler Erkundungsnetze auf der Grundlage einer geostatistischen Einschätzung der Verluste und Verdünnungen. *Z. angew. Geol.* **34** (12), S. 364 – 368.

MENZ, J. (1991): Geostatistische Vorhersage des Schichtenverlaufs im Gebirge auf Grundlage von Bohrungen, Stoßbemusterungen und geophysikalischen Messungen. *Das Markscheidewesen* **98** (2), S. 70 – 73.

MENZ, J. (1992): Beitrag zur markscheiderisch-geologischen Komplexauswertung unter geostatistischen Modellannahmen. *Das Markscheidewesen* **99** (4), S. 320 – 323.

MENZ, J. (1993): Zur geostatistischen Ableitung der inneren Geometrie von Flächen aus Gradienten. *Beitr. Math. Geol. Geoinf.* **5**, S. 32 – 36.

MENZ, J. (1995): Kreuzkorrelationen und ihre Berücksichtigung bei der geostatistischen Vorhersage. – In: LINNENBERG, W. [Hrsg.]: *Einsatz von DV-Methoden im Umweltbereich.* 4. Jahrestagung der Fachsektion Geoinformatik der Deutschen Geologischen Gesellschaft, Schriftenreihe des BDG **14**, S. 5 – 6.

MENZ, J. (1999): Forschungsergebnisse zur Geomodellierung und deren Bedeutung. *Mathematische Geologie* **4**, S. 19 – 30.

MENZ, J. (2000a): Forschungsarbeiten im Rahmen des Leibniz-Programms der DFG zur „Markscheiderisch-geologischen Komplexauswertung" – Aufgabenstellung, Ergebnisse und ihre Bedeutung. *Mathematische Geologie* **5**, S. 7 – 21.

MENZ, J. (2000b): Lokale Schwankungen des Quasi-Geoids, abgeleitet aus Drehwaagemessungen unter Nutzung der geostatistischen Integration, Differentiation und Verknüpfung, mit einer Einführung in das Gebiet der physikalischen Geodäsie. *Mathematische Geologie* **5**, S. 69 – 104.

MENZ, J. & WÄLDER, K. (2000a): Zur optimalen Anordnung von Stützwerten und Gradienten. *Mathematische Geologie* **5**, S. 131 – 144.

MENZ, J. & WÄLDER, K. (2000b): Cut-off-Überschreitungswahrscheinlichkeiten aus bedingter Simulation oder aus Indikatorkriging? *Mathematische Geologie* **5**, S. 205 – 213.

MEYER, K. (1978): Geologische Verhältnisse in Berlin. *Vorträge der Baugrundtagung 1978 in Berlin.* Deutsche Gesellschaft für Erd- und Grundbau, S. 487 – 502.

MILLER, S. M. & KANNENGIESER, A. J. (1996): Geostatistical characterization of unsaturated hydraulic conductivity using field infiltrometer data. – In: ROUHANI, S., SRIVASTAVA, R. M., DESBARATS, A. J., CROMER, M. V. & JOHNSON, A. I. [Eds.]: *Geostatistics for Environmental and Geotechnical Applications.* ASTM STP **1283**, West Conshohocken, pp. 200 – 217.

MILNE, B. T. (1991): Heterogeneity as a multiscale characteristic of landscapes. – In: KOLASA, J. & PICKETT, S. T. A. [Hrsg.]: *Ecological Heterogeneity.* Ecological Studies **86**, Springer, New York, pp. 69 – 84.

MONTEIRO DA ROCHA, M. & YAMAMOTO, J. K. (2000): Comparison between kriging variance and interpolation variance as uncertainty measure in the Capanema iron mine, State of Minas Gerais – Brazil. *Nat. Res. Res.* **9** (3), pp. 223 – 235.

MOON, G. (1992): Capabilities needed in spatial decision support systems. *Proc. GIS/LIS 92 Annual Conf. and Exposition.* San Jose, Part 2, pp. 594 – 600.

MORGAN, M. G. & HENRION, M. (1990): *Uncertainty: A Guide to Dealing with Uncertainty in Quantitative Risk and Policy Analysis.* Cambridge University Press, Cambridge, 332 pp.

MORITZ, H. (2000): Least squares collocation. *Mathematische Geologie* **5**, S. 35 – 42.

MOYEED, R. A. & PAPRITZ, A. (2002) An empirical comparison of kriging methods for non-linear spatial point prediction. *Math. Geol.* **34** (4), pp. 365 – 386.

MUSICK, H. B. & GROVER, H. D. (1991): Image textural measures as indices of landscape pattern. – In: TURNER, M. G. & GARDNER, M. G. [Eds.]: *Quantitative Methods in Landscape Ecology – The Analysis and Interpretation of Landscape Heterogeneity.* Ecological Studies **82**, Springer, New York, pp. 77 – 103.

MYERS, D. E. (1982): Matrix formulation of co-kriging. *Math. Geol.* **14** (3), pp. 249 – 257.

MYERS, D. E. (1984): Co-kriging – new developments. – In: VERLY, G., DAVID, M., JOURNEL, A. D. & MARECHAL, A. [Eds.]: *Geostatistics for Natural Resources Characterization.* Proc. Second International Congress on Geostatistics, NATO ASI Series **C122**, Reidel, Dordrecht, Part 1, pp. 295 – 305.

MYERS, D. E. (1989): To be or not to be...stationary? That is the question. *Math. Geol.* **21** (3), pp. 347 – 362.

MYERS, J. C. (1997): *Geostatistical Error Management: Quantifying Uncertainty for Environmental Sampling and Mapping.* Van Nostrand Reinhold, New York, 571 pp.

N

NETELER, M. (2000): *GRASS-Handbuch – Der praktische Leitfaden zum Geographischen Informationssystem GRASS.* Geosynthesis **11**, Hannover, 247 S.

NEUMANN, D., SCHÖNBERG, G. & STROBEL, G. (2005): Dreidimensionale Modellierung von Baugrund und Bauraum für die ingenieurgeologische Karte der Stadt Magdeburg. – In: MOSER, M. [Hrsg]: *Veröffentlichungen von der 15. Tagung für Ingenieurgeologie.* Erlangen, S. 43 – 48.

NEUTZE, A. (1993): Ein geostatistischer Beitrag zur Meßnetzplanung für Niederschlagsdepositionen. *Beitr. Math. Geol. Geoinf.* **5**, S. 54 – 57.

NIX, T., WAGNER, B., LANGE, T., FRITZ, J. & SAUTER, M. (2009): 3D-Baugrundmodell der quartären Sedimente des Leinetals bei Göttingen. – In: SCHWERDTER, R. [Hrsg.]: *Veröffentlichungen von der 17. Tagung für Ingenieurgeologie.* Zittau, S. 223 – 227.

NRC (2000): *Risk Analysis and Uncertainty in Flood Damage Reduction Studies.* National Academy Press, Washington, DC, 202 pp.

O

OLEA, R. A. [Ed.] (1991): *Geostatistical Glossary and Multilingual Dictionary*. IAMG Studies in Mathematical Geology **3**, Oxford University Press, New York, 177 pp.

OLEA, R. A. (1994): Fundamentals of semivariogram: estimation, modeling, and usage. – In: YARUS, J. M. & CHAMBERS, R. L. [Eds.]: *Stochastic Modeling and Geostatistics. Principles, Methods, and Case Studies*. Computer Applications in Geology **3**, AAPG, Tulsa, pp. 27 – 36.

OLEA, R. A. & PAWLOWSKY, V. (1996): Compensating for estimation smoothing in kriging. *Math. Geol.* **28** (4), pp. 407 – 417.

OLIVER, M. A. & WEBSTER, R. (1989a): A geostatistical basis for spatial weighting in multivariate classification. *Math. Geol.* **21** (1), pp. 15 – 35.

OLIVER, M. A. & WEBSTER, R. (1989b): Geostatistically constrained multivariate classification. – In: ARMSTRONG, M. [Ed.]: *Geostatistics, Third Int. Geostat. Congr., Avignon*. Quantitative Geology and Geostatistics **4**, Kluwer, Dordrecht, pp. 389 – 395.

OMRE, H. (1984): The variogram and its estimation. – In: VERLY, G., DAVID, M., JOURNEL, A. D. & MARECHAL, A. [Eds.]: *Geostatistics for Natural Resources Characterization*. Proc. Second International Congress on Geostatistics, NATO ASI Series **C122**, Reidel, Dordrecht, Part 1, pp. 107 – 125.

OMRE, H. (1987): Bayesian kriging – merging observations and qualified guesses in kriging. *Math. Geol.* **19** (1), pp. 25 – 39.

OMRE, H. & HALVORSEN, K. B. (1989): The Bayesian bridge between simple and universal kriging. *Math. Geol.* **2** (7), pp. 767 – 786.

OPENSHAW, S. (1984): *The modifiable areal unit problem*. Concepts and Techniques in Modern Geography, Number **38**, GeoBooks, Norwich, 41 pp.

OPENSHAW, S. (1990): Spatial analysis and geographical information systems: a review of progress and possibilities. – In: SCHOLTEN, H. J. & STILLWELL, J. C. H. [Eds.]: *Geographical Information Systems for Urban and Regional Planning*. Kluwer, Dordrecht, pp. 153 – 163.

OPENSHAW, S. & TAYLOR, P. (1979): A million or so correlation coefficients: Three experiments on the modifiable areal unit problem. – In: WRIGLEY, N. [Ed.]: *Statistical Applications in the Spatial Sciences*. Pion, London, pp. 127 – 144.

ORESKES, N., SHRADER-FRECHETTE, K. & BELITZ, K. (1994): Verification, validation, and confirmation of numerical models in the Earth sciences. *Science* **263** (Nr. 5147), pp. 641 – 646.

ORLIC, B. & HACK, H. R. G. K. (1994): Three-dimensional modelling in engineering geology. *Proc. 7th IAEG Congress, Lisbon, Portugal*. Balkema, Rotterdam, pp. 4693 – 4699.

ORTLIEB, C. P. (1998): Bewusstlose Objektivität – Aspekte einer Kritik der mathematischen Naturwissenschaft. *Hamburger Beitr. Modell. Simul.* **9**, 26 S.

ORTLIEB, C. P. (2000): Exakte Naturwissenschaft und Modellbegriff. *Hamburger Beitr. Modell. Simul.* **15**, 36 S.

OZMUTLU, S. & HACK, H. R. G. K. (2003): 3D modelling system for ground engineering. – In: ROSENBAUM, M. S. & TURNER, A. K. [Eds.]: *New Paradigms in Subsurface Prediction – Characterization of the Shallow Subsurface: Implications for Urban Infrastructure and Environmental Assessment.* Lecture Notes in Earth Sciences **99**, Springer, Düsseldorf, pp. 253 – 260.

P

PACHUR, H.-J. & SCHULZ, G. (1983): *Erläuterungen zur Geomorphologischen Karte 1:25 000 der Bundesrepublik Deutschland GMK 25 Blatt 13, 3545 Berlin-Zehlendorf.* GMK Schwerpunktprogramm, Geomorphologische Detailkartierung in der Bundesrepublik Deutschland, 88 S.

PANNATIER, Y. (1996): *VarioWin. Software for Spatial Data Analysis in 2D.* Springer, New York, 91 pp.

PAPRITZ, A. & DUBOIS, J.-P. (1999): Mapping heavy metals in soil by (non-)linear kriging: an empirical validation. – In: GÓMEZ-HERNÁNDEZ, J. J., SOARES, A. & FROIDEVAUX, R. [Eds.]: *Proc. of the Second European Conference on Geostatistics for Environmental Applications, geoENV II, Valencia, Spain.* Quantitative Geology and Geostatistics **10**. Kluwer, Dordrecht, pp. 429 – 440.

PAPRITZ, A. & MOYEED, R. A. (2001): Parameter uncertainty in spatial prediction: checking its importance by cross-validating the Wolfcamp and Rangelap data sets. – In: MONESTIEZ, P., ALLARD, D. & FROIDEVAUX, R. [Eds.]: *Proc. of the Third European Conference on Geostatistics for Environmental Applications, geoENV III, Avignon, France.* Quantitative Geology and Geostatistics **11**, Kluwer, Dordrecht, pp. 369 – 380.

PARDO-IGÚZQUIZA, E. (1999): VARFIT: A FORTRAN-77 program for fitting variogram models by weighted least squares. *Comput. Geosci.* **25** (3), pp. 251 – 261.

PARKER, H. M. (1984): Trends in geostatistics in the mining industry. – In: VERLY, G., DAVID, M., JOURNEL, A. D. & MARECHAL, A. [Eds.]: *Geostatistics for Natural Resources Characterization.* Proc. Second International Congress on Geostatistics, NATO ASI Series **C122**, Reidel, Dordrecht, Part 2, pp. 915 – 934.

PAWLOWSKY, V., DAVIS, J. C. & OLEA, R. A. (1992): Indikator-Kriging zur Festlegung von Grenzen geologischer Körper. *Beitr. Math. Geol. Geoinf.* **3**, S. 55 – 60.

PEBESMA, E. J. (1997): *Gstat User's Manual.* Program manual, Netherlands Centre for Geo-Ecological Research (ICG), Faculty of Environmental Sciences, University of Amsterdam, 100 pp.

PEBESMA, E. J. & WESSELING, C. G. (1998): GSTAT: A Program for geostatistical modelling, prediction and simulation. *Comput. Geosci.* **24** (1), pp. 17 – 31.

PECK, R. B. (1969): Advantages and limitations of the observational method in applied soil mechanics. *Géotechnique* **19** (2), pp. 171 – 187.

PEGDEN, C. D, SHANNON, R. E. & SADOWSKI, R. P. (1995): *Introduction to Simulation Using SIMAN.* 2nd ed., McGraw-Hill, New York, 600 pp.

PEINTINGER, B. (1983): Auswirkung der räumlichen Streuung von Bodenkennwerten. – In: FLOSS, R. [Hrsg.]: *Beiträge zur Anwendung der Stochastik und Zuverlässigkeitstheorie in der Bodenmechanik.* Lehrstuhl und Prüfamt für Grundbau, Bodenmechanik und Felsmechanik der Technischen Universität München, Schriftenreihe **2**, S. 31 – 44.

PESCHEL, G. (1991): Die Rolle der Abstraktion im Forschungsprozeß. *Beitr. Math. Geol. Geoinf.* **1**, S. 1 – 7.

PESCHEL, G. [Hrsg.] (1992): Wissensbasierte Systeme in den Geowissenschaften. *Beitr. Math. Geol. Geoinf.* **4**, 147 S.

PESCHEL, G. & MOKOSCH, M. (1991): Künstliche Intelligenz in den Geowissenschaften. *Beitr. Math. Geol. Geoinf.* **2**, S. 1 – 127.

PETERS, W. (1998): *Zur Theorie der Modellierung von Natur und Umwelt. Ein Ansatz zur Rekonstruktion und Systematisierung der Grundperspektiven ökologischer Modellbildung für planungsbezogene Anwendungen.* Diss., TU Berlin, 253 S.

PFLEIDERER, S. & HOFMANN, H. (2004): 3D-visualisation of Vienna's subsurface. – In: SCHRENK, M. [Hrsg.]: *9. Internationales Symposion zur Rolle der Informations- und Kommunikationstechnologie in der und für die räumliche Planung sowie zu den Wechselwirkungen zwischen realem und virtuellem Raum* (CORP 2004, 25. – 27. Feb.), Wien, S. 367 – 372.

PHILIP, G. M. & WATSON, D. F. (1986): Matheronian geostatistics – quo vadis? *Math. Geol.* **18** (1), pp. 93 –117.

PHILIP, G. M. & WATSON, D. F. (1987): Some speculations on the randomness of nature? *Math. Geol.* **19** (6), pp. 571 – 573.

PHOON, K. K. & KULHAWY, F. H. (1999): Characterization of geotechnical variability. *Can. Geotech. J.* **36** (4), pp. 612 – 624.

PIELOU, E. C. (1984): *The Interpretation of Ecological Data. A Primer on Classification and Ordination.* Wiley, New York, 263 pp.

PILZ, J. (1992): Ausnutzung von a-priori-Kenntnissen in geostatistischen Modellen. *Beitr. Math. Geol. Geoinf.* **3**, S. 2 – 11.

PILZ, J. (1994): Robust Bayes linear prediction of regionalized variables. – In: DIMITRAKOPOULOS, R. [Ed.]: *Geostatistics For the Next Century – An International Forum in Honour of Michel David's Contribution to Geostatistics, Montreal, 1993.* Quantitative Geology and Geostatistics **6**, Kluwer, Dordrecht, pp. 464 – 475.

POETER, E. P. & MCKENNA, S. (1995): Reducing uncertainty associated with ground-water flow and transport predictions. *Ground Water* **33** (6), pp. 899 – 904.

POST, C. (2001): *Über die Anwendbarkeit geostatistischer Verfahren und Optimierung von Daten zur Bewertung der hydraulischen und geologischen Gegebenheiten als Grundlage für Sanierungsmaßnahmen am Beispiel des Ronneburger Erzrevieres.* Diss., RWTH Aachen, Mitt. Ing. u. Hydr. **77**, 152 S.

POUZET, J. (1980): Estimation of a surface with known discontinuities for automatic contouring purposes. *Math. Geol.* **12** (6), pp. 559 – 575.

POWER, M. (1993): The predictive validation of ecological and environmental models. *Ecol. Model.* **68** (1 – 2), pp. 33 – 50.

PRICE, D. G. (1971): Engineering geology in the urban environment. *Q. J. Eng. Geol. Hydro.* **4** (3), pp. 191 – 208.

PRICE, D. G. & KNILL, J. A. (1974): Scale in the planning of site investigations. *Proc. 2nd IAEG Congress, Sao Paulo, Brazil,* Part 3, pp. 3.1 – 3.8.

PRINCE, C. M., EHRLICH, R. & ANGUY, Y. (1995): Analysis of spatial order in sandstones. II: grain clusters, packing flaws, and the small scale structure of sandstones. *J. Sediment. Res.* **A65** (1), pp. 13 – 28.

PRISSANG, R. (1999): Sedimentary controls of variograms of terrigenous components in limestones and limestone-hosted deposits. – In: DAGDALEN, K. [Ed.]: *Proc. 28th APCOM.* Golden, pp. 677 – 684.

PRISSANG, R. (2003): Visualisation: Are the images really useful? – In: ROSENBAUM, M. S. & TURNER, A. K. [Eds.]: *New Paradigms in Subsurface Prediction – Characterization of the Shallow Subsurface: Implications for Urban Infrastructure and Environmental Assessment.* Lecture Notes in Earth Sciences **99**, Springer, Düsseldorf, pp. 105 – 114.

PRISSANG, R., SPYRIDONOS, E. & FRENTRUP, K. R. (1999): Computer assisted 3D modelling and planning for the cement industry of El Salvador. *Mathematische Geologie* **4**, S. 61 – 72.

PRISSANG, R., SPYRIDONOS, E., SKALA, W. & FRÖMMER, T. (1996): Operational grade modelling at the Breitenau magnesite Mine. – In: RAMANI, R.V. [Ed.]: *Proc. 26th APCOM.* Littleton, pp. 101 – 106.

PTAK, T. (1993): Tracerversuche und numerisch-stochastische Transportmodellierung unter Verwendung der sequentiellen Indikatorsimulation. *Beitr. Math. Geol. Geoinf.* **5**, S. 58 – 68.

PYRCZ, M. J. & DEUTSCH, C. V. (2003a): The whole story on the hole effect. – In: SEARSTON, S. [Ed.]: *Newsletter GAA* **18**, May.

PYRCZ, M. J. & DEUTSCH, C. V. (2003b): Declustering and debiasing. – In: SEARSTON, S. [Ed.] *Newsletter GAA* **19**, October.

Q

QIAN, S. S. (1997): Estimating the area affected by phosphorus runoff in an Everglades wetland: A comparison of universal kriging and Bayesian kriging. *Environ. Ecol. Stat.* **4** (1), pp. 1 – 29.

QUENOUILLE, M. (1956): Notes on bias in estimation. *Biometrika* **43** (3 – 4), pp. 353 – 360.

R

RACKWITZ, R. & PEINTINGER, B. (1981): Ein wirklichkeitsnahes stochastisches Bodenmodell mit unsicheren Parametern und Anwendung auf die Stabilitätsuntersuchung von Böschungen. *Bauingenieur* **56**, S. 215 – 221.

RAO, S. E. & JOURNEL, A. G. (1997): *Deriving conditional distributions from ordinary kriging.* – In: BAAFI, E. Y. & SCHOFIELD, N. A. [Eds.]: *Proc. 5th Int. Geostat. Congr., Geostatistics Wollongong '96.* Quantitative Geology and Geostatistics **8**, Kluwer, Dordrecht, Part 1, pp. 92 – 102.

RAPER, J. F. (1989): The 3D geoscientific mapping and modelling system: a conceptual design. – In: RAPER, J. F. [Ed.]: *Three-dimensional Applications in Geographic Information Systems.* Taylor and Francis, London, pp. 11 – 19.

RAPER, J. F. (1991): Key 3D modelling concepts for geoscientific analysis. – In: TURNER, A. K. [Hrsg.]: *Three-dimensional Modeling with Geoscientific Information Systems.* NATO ASI Series **C354**, Kluwer, Dordrecht, pp. 215 – 232.

RASPA, G., BRUNO, R., DOSI, P., PHILIPPI, N. & PATRIZI, G. (1993): Multivariate geostatistics for soil classification. – In: SOARES, A. [Ed.]: *Geostatistics Tróia '92, Proc. 4th Int. Geostat. Congr., Tróia, Portugal.* Quantitative Geology and Geostatistics **5**, Kluwer, Dordrecht, Part 2, pp. 793 – 804.

RAVENNE, C. (2002): Stratigraphy and oil: A review, Part 2: Characterization of reservoirs and sequence stratigraphy: Quantification and modeling. *Oil Gas Sci. Tech. – Rev. IFP* **57** (4), pp. 311 – 340.

RAVENNE, C. & GALLI, A. (1995): Reservoir characterization combining geostatistics and geology: Part 1. *Proc. AAPG Int. Conf.*, Nizza.

REED, P. M. (2002): *Striking the Balance: Long-term Groundwater Monitoring Design for Multiple Conflicting Objectives.* PhD thesis, University of Illinois at Urbana-Champaign, 214 pp.

REFSGAARD, J. C. & HENRIKSEN, H. J. (2004): Modelling guidelines – terminology and guiding principles. *Adv. Water Res.* **27** (1), pp. 71 – 82.

REIK, G. & VARDAR, M. (1999): Zur besonderen Problematik der Modellierung geologischer Systeme und ihrer Reaktion auf technische Eingriffe. – In: REIK, G. & PAEHGE, W. [Hrsg.]: *Raumbezogene Informationssysteme für geologische, bau- und geotechnische*

Aufgaben. 1. Clausthaler FIS-Forum, 15. – 16. Oktober 1997, TU Clausthal. Papier-flieger, Clausthal-Zellerfeld, S. 25 – 38.

REITMEIER, W., KRUSE, W. & RACKWITZ, R. (1983): Quantifizierung von Vorinformationen zur besseren Klassifizierung und Ableitung von klassenspezifischen Bemessungswerten für Bodenkenngrößen. – In: FLOSS, R. [Hrsg.]: *Beiträge zur Anwendung der Stochastik und Zuverlässigkeitstheorie in der Bodenmechanik.* Lehrstuhl und Prüfamt für Grundbau, Bodenmechanik und Felsmechanik der Technischen Universität München, Schriftenreihe **2**, S. 61 – 74.

REMBE, M. & SCHROETER, A. (1992): Mathematische Modellierung der Grundwasser-strömung im Braunkohlenbergbaugebiet Geiseltal und seinen Randbereichen. *Beitr. Math. Geol. Geoinf.* **3**, S. 85 – 95.

RENARD, D. & YANCEY, J. D. (1984): Smoothing discontinuities when "extrapolating" using moving neighbourhood. – In: VERLY, G., DAVID, M., JOURNEL, A. D. & MARECHAL, A. [Eds.]: *Geostatistics for Natural Resources Characterization.* Proc. Second Inter-national Congress on Geostatistics, NATO ASI Series **C122**, Reidel, Dordrecht, Part 1, pp. 679 – 690.

RENARD, P., LE LOC'H, G., LEDOUX, E. & DE MARSILY, G. (1997): Simplified renormalization: A new quick upscaling technique. – In: SOARES, A., GÓMEZ-HERNÁNDEZ, J. J. & FROIDEVAUX, R. [Eds.]: *Proc. of the First Europ. Conf. Geostatistics for Environmental Applications, geoENV I, Lisbon, Portugal.* Quantitative Geology and Geostatistics **9**, Kluwer, Dordrecht, pp. 89 – 100.

RENDU, J.-M. (1980a): A case study: Kriging for ore valuation and mine planning. – In: ROYLE, A. G. [Ed.]: *Geostatistics.* McGraw-Hill, New York, pp. 109 – 125.

RENDU, J.-M. (1980b): Disjunctive kriging: Comparison of theory with actual results. *Math. Geol.* **12** (4), pp. 305 – 320.

RENDU, J.-M. (1984a): Geostatistical modelling and geological controls. – In: CAHALAN, M. J. [Ed.]: *Proc. 18th APCOM.* London, pp. 467 – 476.

RENDU, J.-M. (1984b): Interactive graphics for semivariogram modelling. *Min. Eng.* **36** (9), pp. 1332 – 1340.

RENDU, J.-M. & READDY, L. (1982): Geology and the semivariogram – a critical relationship. – In: JOHNSON, T. B. & BARNES, R. J. [Eds.]: *Proc. 17th APCOM.* pp. 771 – 783.

RENGERS, N., HACK, H. R. G. K., HUISMAN, M., SLOB, S. & ZIGTERMAN, W. (2002): Information technology applied to engineering geology. *Proc. 9th Congress IAEG, Durban, South Africa*, pp. 121 – 143.

RICHMOND, A. J. (2001): Maximum profitability with minimum risk and effort. – In: XIE, H., WANG, Y. & JIANG, Y. [Eds.]: *Proc. 29th APCOM, Beijing.* Swets & Zeitlinger, Lisse, NL, pp. 45 – 50.

RICHTER, B., HARDING, C. & HEYNISCH, S. (1993): Flächenbewertung in HYDRISK. Ein Konzept zur effizienten Verwaltung und Bewertung von Flächendaten in einer Objekthierarchie auf der Basis von Quadtrees. *Beitr. Math. Geol. Geoinf.* **5**, S. 122 – 129.

RIEK, R. & WOLFF, B. (1997): *Repräsentanz des europäischen 16x16 km-Erhebungsnetzes für Aussagen zum deutschen Waldbodenzustand.* Arbeitsbericht des Instituts für Forstökologie und Walderfassung 97/2, Bundesforschungsanstalt für Forst- und Holzwirtschaft Hamburg (BFH), 57 S.

RIPLEY, B. D. (1981): *Spatial Statistics.* Wiley, New York, 252 pp.

RITZI, R. W., JAYNE, D. F., ZAHRADNIK, A. J., FIELD, A. A. & FOGG, G. E. (1994): Geostatistical modeling of heterogeneity in glacifluvial, buried-valley aquifers. *Ground Water* **32** (4), pp. 666 – 674.

RIVOIRARD, J. (1987): Computing variograms on uranium data. – In: MATHERON, G. & ARMSTRONG, M. [Eds.]: *Geostatistical Case Studies.* Quantitative Geology and Geostatistics **2**, Reidel, Dordrecht, pp. 1 – 22.

RIVOIRARD, J. (1994): *Introduction to Disjunctive Kriging and Non-Linear Geostatistics.* Clarendon Press, Oxford, 180 pp.

ROBINSON, V. B. & FRANK, A. U. (1985): About different kinds of uncertainty in geographic information systems. *Proc. Auto-Carto 7.* Washington, DC.

RONEN, Y. (1988): *Uncertainty Analysis.* CRC Press, Boca Raton, 275 pp.

ROSENBAUM, M. S. (2003): Characterization of the shallow subsurface: implications for urban infrastructure and environmental assessment. – In: ROSENBAUM, M. S. & TURNER, A. K. [Eds.]: *New Paradigms in Subsurface Prediction – Characterization of the Shallow Subsurface: Implications for Urban Infrastructure and Environmental Assessment.* Lecture Notes in Earth Sciences **99**, Springer, Düsseldorf, pp. 3 – 6.

ROSENBAUM, M. S. & TURNER, A. K. [Eds.] (2003a): *New Paradigms in Subsurface Prediction – Characterization of the Shallow Subsurface: Implications for Urban Infrastructure and Environmental Assessment.* Lecture Notes in Earth Sciences **99**, Springer, Düsseldorf, pp. 59 – 60.

ROSENBAUM, M. S. & TURNER, A. K. (2003b): Part B End-User Requirements. – In: ROSENBAUM, M. S. & TURNER, A. K. [Eds.]: *New Paradigms in Subsurface Prediction – Characterization of the Shallow Subsurface: Implications for Urban Infrastructure and Environmental Assessment.* Lecture Notes in Earth Sciences **99**, Springer, Düsseldorf, pp. 59 – 60.

ROSENBAUM, M. S. & TURNER, A. K. (2003c): Part C Model Construction and Visualisation. – In: ROSENBAUM, M. S. & TURNER, A. K. [Eds.]: *New Paradigms in Subsurface Prediction – Characterization of the Shallow Subsurface: Implications for Urban Infrastructure and Environmental Assessment.* Lecture Notes in Earth Sciences **99**, Springer, Düsseldorf, pp. 103 – 104.

ROSENBAUM, M. S. & TURNER, A. K. (2003d): Part D Dissemination Strategies. – In: ROSENBAUM, M. S. & TURNER, A. K. [Eds.]: *New Paradigms in Subsurface Prediction – Characterization of the Shallow Subsurface: Implications for Urban Infrastructure and Environmental Assessment.* Lecture Notes in Earth Sciences **99**, Springer, Düsseldorf, pp. 189 – 190.

ROSENBAUM, M. S. & TURNER, A. K. (2003e): Part F Managing Uncertainty. – In: ROSENBAUM, M. S. & TURNER, A. K. [Eds.]: *New Paradigms in Subsurface Prediction – Characterization of the Shallow Subsurface: Implications for Urban Infrastructure and Environmental Assessment.* Lecture Notes in Earth Sciences **99**, Springer, Düsseldorf, pp. 301 – 302.

ROSSI, R. E., MULLA, D. J., JOURNEL, A. G. & FRANZ, E. H. (1992): Geostatistical tools for modeling and interpreting of ecological spatial dependence. *Ecol. Monogr.* **62** (2), pp. 277 – 314.

ROTMANS, J. & VAN ASSELT, M. B. A. (2001): Uncertainty in integrated assessment modelling: A labyrinthic path. *Integrated Assessment* **2** (2), pp. 43 – 55.

RÖTTIG, A. (1997): *Gradientenkriging – eine integrierende geostatistische Methode zur einheitlichen Auswertung von absoluten und relativen Messwerten.* Diss., TU Freiberg, 122 S.

RÖTTIG, A. & JÄKEL, M. (1995): Modellierung einer teilweise bedeckten Gesteinsoberfläche unter Zuhilfenahme von a-priori-Informationen; Fallstudie aus dem Umweltbereich. – In: LINNENBERG, W. [Hrsg.]: 4. Jahrestagung der Fachsektion Geoinformatik der Deutschen Geologischen Gesellschaft, Schriftenreihe des BDG **14**, S. 21 – 24.

RÖTTIG, A., TONN, F., TZARSCHUCH, D. & WENDEL, H.-J. (2000): SAFARI – eine erweiterte geostatistische Software. *Mathematische Geologie* **5**, S. 23 – 33.

ROUHANI, S. (1985): Variance reduction analysis. *Water Res. Res.* **21** (6), pp. 837 – 846.

ROUHANI, S. & HALL, T. J. (1988): Geostatistical schemes for groundwater sampling. *J. Hydrol.* **103** (1 – 2), pp. 85 – 102.

ROYLE, A. G. (1977): How to use geostatistics for ore reserve classification. *World Mining* **30** (2), pp. 52 – 56.

ROYLE, A. G. (1980): Why geostatistics. – In: ROYLE, A. [Ed.]: *Geostatistics.* McGraw-Hill, New York, pp. 1 – 16.

RÜBER, O. (1988): Interactive design of faulted geological surfaces. – In: VINKEN, R. [Ed.]: *Construction and Display of Geoscientific Maps derived from Databases.* Geol. Jb. **A104**, pp. 281 – 293.

RUCHHOLZ, K. (1979): Lithologie und Sedimentgefüge – ihre Bedeutung für die Methodologie sedimentgenetisch-tektonischer Untersuchungen in Vereisungsgebieten. Ein neues Konzept für Schicht- und Sedimentkörper-Deformationen. *Z. geol. Wiss.* **7** (2), S. 225 – 234.

RUSSO, D. (1984): Design of an optimal sampling network for estimating the variogram. *Soil Sci. Soc. Am. J.* **48** (4), pp. 708 – 716.

RUSSO, D. & JURY, W. A. (1987): A theoretical study of the estimation of the correlation scale in spatially variable fields. 1. Stationary fields. *Water Res. Res.* **23** (7), pp. 1257 – 1268.

RUSSO, D. & JURY, W. A. (1988): Effect of the sampling network on estimates of the covariance function of stationary fields. *Soil Sci. Soc. Am. J.* **52** (5), pp. 1228 – 1234.

RYKIEL, E. J. (1996): Testing ecological models: The meaning of validation. *Ecol. Model.* **90**, (3), pp. 229 – 244.

S

SABOURIN, R. L. (1984): Application of a geostatistical method to quantitatively define various categories of resources. – In: VERLY, G., DAVID, M., JOURNEL, A. D. & MARECHAL, A. [Eds.]: *Geostatistics for Natural Resources Characterization*. Proc. Second International Congress on Geostatistics, NATO ASI Series **C122**, Reidel, Dordrecht, Part 1, pp. 201 – 215.

SAFAI-NARAGHI, K. & MARCOTTE, D. (1997): Bootstrapping variograms. – In: BAAFI, E. Y. & SCHOFIELD, N. A. [Eds.]: *Proc. 5th Int. Geostat. Congr., Geostatistics Wollongong '96*. Quantitative Geology and Geostatistics **8**, Kluwer, Dordrecht, Part 1, pp. 188 – 199.

SAHIN, A., GHORI, S. G., ALI, A. Z., EL-SAHN, H. F., HASSAN, H. M. & AL-SANOUNAH, A. (1998): Geological controls of variograms in a complex carbonate reservoir, Eastern Province, Saudi Arabia. *Math. Geol.* **30** (3), pp. 309 – 322.

SAKSA, P., HELLÄ, P. & NUMMELA, J. (2003): Analysing uncertainty when modelling geological structures. – In: ROSENBAUM, M. S. & TURNER, A. K. [Eds.]: *New Paradigms in Subsurface Prediction – Characterization of the Shallow Subsurface: Implications for Urban Infrastructure and Environmental Assessment*. Lecture Notes in Earth Sciences **99**, Springer, Düsseldorf, pp. 331 – 340.

SARGENT, R. G. (1988): A tutorial on validation and verification of simulation models. – In: ABRAMS, M. A., HAIGH, P. L. & COMFORT, J. C. [Eds.]: *Proc. of the 1988 Winter Simulation Conference*. San Diego, pp. 33 – 39.

SARGENT, R. G. (1991): Simulation model verification and validation. – In: NELSON, B. L., KELTON, W. D. & CLARK, G. M. [Eds.]: *Proc. of the 1991 Winter Simulation Conference*. ACM, New York, pp. 37 – 47.

SCHAFMEISTER, M.-T. (1998): Der Einsatz geostatistischer Simulationen in der Grundwassermodellierung. *Mathematische Geologie* **2**, S. 67 – 78.

SCHAFMEISTER, M.-T. (1999): *Geostatistik für die hydrogeologische Praxis*. Springer, Berlin, 172 S.

SCHAFMEISTER, M.-T. & SCHRÖTER, J. (1992): Praktische Erfahrungen bei der Erfassung der räumlichen Struktur von Durchlässigkeiten (kf-Wert) in unterschiedlichen porösen Medien. *Beitr. Math. Geol. Geoinf.* **3**, S. 80 – 84.

SCHAFMEISTER-SPIERLING, M.-T. & PEKDEGER, A. (1989): Influence of spatial variability of aquifer properties on groundwater flow and dispersion. – In: KOBUS, H. E. & KINZELBACH, W. [Eds.]: *Contaminant Transport in Groundwater*. Balkema, Rotterdam, pp. 215 – 220.

SCHEUCH, E. K. & ZEHNPFENNIG, H. (1974): Skalierungsverfahren in der Sozialforschung. – In: KÖNIG, R. [Hrsg.]: *Handbuch der empirischen Sozialforschung*. Enke, Stuttgart, Bd. 3, S. 97 – 203.

SCHLESIER, D., POHLERT, M., GOSSEL, W. & WYCISK, P. (2006): Das digitale geologische 3D-Raummodell der Stadt Halle (Saale). – In: DOMINIK, W., RÖHLING, H.-G., STACKEBRANDT, W., SCHROEDER, J. H. & UHLMANN, O. [Hrsg.]: *3D-Geologie – eine Chance für die Nutzung und den Schutz des Untergrundes*. 158. Jahrestagung der Deutschen Gesellschaft für Geowissenschaften (GeoBerlin2006, 2. – 4. Okt.), Berlin, Schriftenreihe der DGG **50**, S. 272.

SCHNELL, R., HILL, P. B. & ESSER, E. (2005): *Methoden der empirischen Sozialforschung. 7., vollst. überarb. u. erw. Aufl.*, Oldenbourg, München, 589 S.

SCHOELE, R. (1979): Geostatistik – ein System von Rechnerprogrammen zur Theorie der ortsabhängigen Variablen. – In: PRISSANG, R. & SKALA, W. [Hrsg.]: *Beiträge zur Geomathematik*. Berliner Geowiss. Abh. **A15**, S. 67 – 79.

SCHÖNHARDT, M. (2005): *Geostatistische Bearbeitung unsicherer Baugrunddaten zur Berücksichtigung in Sicherheitsnachweisen des Erd- und Grundbaus*. Diss., Bauhaus-Universität Weimar, 219 S.

SCHÖNHARDT, M. & WITT, K. J. (2003): Adaptive ground modelling in geotechnical engineering. – In: NATAU, O., FECKER, E. & PIMENTEL, E.: *Geotechnical Measurements and Modelling. Proc. International Symp. Geotechnical Measurements and Modelling, 23. – 25. September 2003*. Balkema, Lisse, pp. 297 – 305.

SCHÖNWIESE, C.-D. (1985): *Praktische Statistik für Meteorologen und Geowissenschaftler*. Borntraeger, Berlin, 231 S.

SCHRAN, U. (2003): *Untersuchungen zu Verschiebungen von Schlitzwänden beim Unterwasseraushub in Berliner Sanden*. Diss., TU Berlin, Veröffentlichungen des Grundbauinstitutes der Technischen Universität Berlin **33**, 248 S.

SCHREINER, A. (1992): *Einführung in die Quartärgeologie*. Schweizerbart, Stuttgart, 257 S.

SCHULTZE, E. (1975): Some aspects concerning the application of statistics and probability to foundation structures. *Proc. 2nd Int. Conf. Appl. Stat. Prob. Soil Struct. Eng.* Aachen, pp. 457 – 494.

SCHULZ-OHLBERG, J. (1992): Lineare Transformation und Feldertrennung von gravimetrischen und magnetischen Daten mit geostatistischen Verfahren. *Beitr. Math. Geol. Geoinf.* **3**, S. 48 – 54.

SCHWAB, G. & LUDWIG, A. O. (1996): Zum Relief der Quartärbasis in Norddeutschland. Bemerkungen zu einer neuen Karte. *Z. geol. Wiss.* **24** (3/4), S. 343 – 349.

SCHWAB, H. & EDELMANN, L. (2001): Messtechnische Erfassung der Baugrund-Bauwerk-Wechselwirkung. – In: HERMANN, R. A. [Hrsg.]: *1. Siegener Symposium: Messtechnik und Grundbau.* Inst. Geotechnik – Grundbau, Univ.-Verlag, Universität Siegen, S. 49 – 52.

SCHWARZ, G. (1978): Estimating the dimension of a model. *Ann. Stat.* **6** (2), pp. 461 – 464.

SCHWARZACHER, W. (1975): *Sedimentation Models and Quantitative Stratigraphy.* Developments in Sedimentology **19**, Elsevier, Amsterdam, 382 pp.

SCHWEIZER, R. (1996): Räumliche Modellierung beim Aufbau eines Bodeninformationssystems. *Arb.–H. Geol.* **1**, BGR, Hannover, S. 11 – 17.

SHAFER, J. M. & VARLJEN, M. D. (1990): Approximation of confidence limits on sample semivariograms from single realizations of spatially correlated random fields. *Water Res. Res.* **26** (8), pp. 1787 – 1802.

SHURTZ, R. F. (1985): A critique of A. Journels: The deterministic side of geostatistics. *Math. Geol.* **17** (8), pp. 861 – 868.

SHURTZ, R. F. (1991): Comment: A Study of "probabilistic" and "deterministic" geostatistics. *Math. Geol.* **23** (3), pp. 443 – 479.

SHURYGIN, A. M. (1976a): Discovery of deposits of given size in boreholes with preselected probability. *Math. Geol.* **8** (1), pp. 85 – 88.

SHURYGIN, A. M. (1976b): The probability of finding deposits and some optimal search grids. *Math. Geol.* **8** (3), pp. 323 – 330.

SICHEL, H. S. (1947): An experimental and theoretical investigation of bias error in mine sampling with special reference to narrow gold reefs. *Trans. Inst. Min. Metall.* **56**, pp. 403 – 473.

SIEGEL, M. D., HOLLAND, H. D. & FEAKES, C. (1992): Geochemistry. – In: HUNTER, R. L. & MANN, C. J. [Eds.]: *Techniques for Determining Probabilities of Geologic Events and Processes.* IAMG Studies in Mathematical Geology **4**, Oxford University Press, pp. 185 – 206.

SIEHL, A. (1988): Construction of geological maps based on digital spatial models. – In: VINKEN, R. [Ed.]: *Construction and Display of Geoscientific Maps derived from Databases.* Geol. Jb. **A104**, pp. 253 – 261.

SIEHL, A. (1993): Interaktive geometrische Modellierung geologischer Flächen und Körper. *Geowiss.* **11** (10 – 11), S. 342 – 346.

SINCLAIR, A. J. & GIRAUX, G. H. (1984): Geological controls of semi-variograms in precious metal deposits. – In: VERLY, G., DAVID, M., JOURNEL, A. D. & MARECHAL, A. [Eds.]: *Geostatistics for Natural Resources Characterization*. Proc. Second International Congress on Geostatistics, NATO ASI Series **C122**, Reidel, Dordrecht, Part 2, pp. 965 – 978.

SIZE, W. B. (1987): Use of representative samples and sampling plans in describing geologic variability and trends. – In: SIZE, W. B. [Ed.]: *Use and Abuse of Statistical Methods in the Earth Sciences*. IAMG Studies in Mathematical Geology **1**, Oxford University Press, New York, pp. 3 – 20.

SKALA, W. & PRISSANG, R. (1998): Iterative geologische Modellierung. *Terra Nostra* **98/3**. (Jahrestagung der DGG, Geo-Berlin '98), Abs. S. V338 – V339, Alfred-Wegener-Stiftung, Köln.

SKALA, W. & PRISSANG, R. (1999): Iterative geologische Modellierung. *Mathematische Geologie* **4**, S. 9 – 17.

SMINCHAK, J. R., DOMINIC, D. F. & RITZI, R. W., Jr. (1994): Indicator geostatistical analysis of sand interconnections within a till. *Ground Water* **24** (6), pp. 1125 – 1131.

SOBISCH, H.-G. & BOMBIEN, H. (2003): Regional subsurface models and their practical usage. – In: ROSENBAUM, M. S. & TURNER, A. K. [Eds.]: *New Paradigms in Subsurface Prediction – Characterization of the Shallow Subsurface: Implications for Urban Infrastructure and Environmental Assessment*. Lecture Notes in Earth Sciences **99**, Springer, Düsseldorf, pp. 129 – 134.

SOULIÉ, M. (1984): Geostatistical applications in geotechnics. – In: VERLY, G., DAVID, M., JOURNEL, A. D. & MARECHAL, A. [Eds.]: *Geostatistics for Natural Resources Characterization*. Proc. Second International Congress on Geostatistics, NATO ASI Series **C122**, Reidel, Dordrecht, Part 1, pp. 703 – 730.

SOULIÉ, M., MONTES, P. & SILVESTRI, V. (1990): Modeling spatial variability of soil parameters. *Can. Geotech. J.* **27** (5), pp. 617 – 630.

SRIVASTAVA, R. M. (1988): A Non-Ergodic Framework for Variograms and Covariance Functions. *SIMS Technical Report* **114**, Dept. of Applied Earth Sciences, Stanford University, Stanford.

SRIVASTAVA, R. M. (1990): An application of geostatistical methods for risk analysis in reservoir management. *Proc. 65th Annual Technical Conference and Exhibition of the SPE*. New Orleans, pp. 825 – 834.

SRIVASTAVA, R. M. & PARKER, H. M. (1989): Robust measures of spatial continuity. – In: ARMSTRONG, M. [Ed.]: *Geostatistics, Proc. Third Int. Geostat. Congr., Avignon*. Quantitative Geology and Geostatistics 4, Kluwer, Dordrecht, Vol. 1, pp. 295 – 308.

STACKEBRANDT, W., EHMKE, G. & MANHENKE, V. [Hrsg.] (1997): *Atlas zur Geologie von Brandenburg im Maßstab 1 : 1 000 000*. Landesamt für Geowissenschaft und Rohstoffe Brandenburg, 80 S.

STEIN, A. (1993): Die Verwendung von A-Priori-Kenntnissen in räumlichen Unweltvariabilitätsstudien. *Beitr. Math. Geol. Geoinf.* **5**, S. 74 – 79.

STEIN, M. L. (1988): Asymptotically efficient prediction of a random field with a misspecified covariance function. *Ann. Stat.* **16** (1), pp. 55 – 63.

STEIN, M. L. (1989): The loss of efficiency caused by misspecification of the covariance structure. – In: Armstrong, M. [Ed.]: *Geostatistics, Proc. Third Int. Geostat. Congr., Avignon.* Quantitative Geology and Geostatistics **4**, Kluwer, Dordrecht, Part 1, pp. 273 – 282.

Third Int. Geostat. Congr., Avignon

STEIN, M. L. (1999): *Interpolation of Spatial Data – Some Theory for Kriging.* Springer, New York, 247 pp.

STEIN, M. L. & HANDCOCK, M. S. (1989): Some asymptotic properties of kriging when the covariance function is misspecified. *Math. Geol.* **21** (2), pp. 171 – 190.

STEPHENSON, P. R. & VANN, J. (2001): Common sense and good communication in mineral resource and ore reserve estimation. – In: EDWARDS, A. C. [Ed.]: *Mineral Resource and Ore Reserve Estimation – The AusIMM Guide to Good Practice.* The Australasian Institute of Mining and Metallurgy, Melbourne, Monograph **23**, pp. 13 – 20.

STEWART, R. N. (2000): Geospatial decision frameworks for remedial design and secondary sampling. *NATO/CCMS Pilot Project Phase III*, pp. 31 – 41.

STOCKER, M. (1999): Zum Stand der Technik der Hochdruckinjektion unter besonderer Berücksichtigung der Berliner Erfahrungen. *VDI-Berichte* **1436**, S. 187 – 204.

STONE, M. (1974): Cross-validatory choice and assessment of statistical predictions. *J. Roy. Stat. Soc.* **B36** (2), pp. 111 – 147.

SULLIVAN, J. (1984): Conditional recovery estimation through probability kriging – theory and practice. – In: VERLY, G., DAVID, M., JOURNEL, A. D. & MARECHAL, A. [Eds.]: *Geostatistics for Natural Resources Characterization.* Proc. Second International Congress on Geostatistics, NATO ASI Series **C122**, Reidel, Dordrecht, Part 1, pp. 365 – 384.

SUN, D., BLOEMENDAL, J., REA, D. K., VANDENBERGHE, J., JIANG, F., AN, Z. & SU, R. (2002): Grain-size distribution function of polymodal sediments in hydraulic and aeolian sediments, and numerical partioning of the sedimentary components. *Sediment. Geol.* **152** (3 – 4), pp. 263 – 277.

SZYMANSKI, A. (1999): Reconstruction and simulation of geological structures. *Mathematische Geologie* **4**, S. 37 – 50.

T

TANG, W. H. C. (1984): Principles of probabilistic characterization of soil properties. – In: BOWLES, D. S. & KO, H.-K. [Eds.]: *Proc. Symp. Probabilistic Characterization of Soil Properties: Bridge between Theory and Practice*. ASCE, New York, pp. 74 – 89.

TANNER, W. F. (1964): Modification of sediment size distributions. *J. Sediment. Petrol.* **34** (1), pp. 156 – 164.

TEUTSCH, G., PTAK, T. H., SCHAD, H. & DECKEL, H.-M. (1990): Vergleich und Bewertung direkter und indirekter Methoden zur hydrogeologischen Erkundung kleinräumig heterogener Strukturen. *Z. dt. Geol. Ges.* **141** (2), S. 376 – 384.

THIERBACH, J (1998): Berlin – Hauptstadt auf sicherem Grund. *Terra Nostra* **98/3** (Jahrestagung der DGG, Geo-Berlin '98), Abs. S. V361 – V362, Alfred-Wegener-Stiftung, Köln.

THIERGÄRTNER, H. (1996a): Braucht die mathematische Geologie noch ein eigenes Serial. *Mathematische Geologie* **1**, S. 3 – 4.

THIERGÄRTNER, H. (1996b): Konzept für ein lokales Umweltinformationssystem in Berliner Bezirken auf PC-GIS. *Mathematische Geologie* **1**, S. 29 – 51.

THIERGÄRTNER, H. (1999a): Integrative Wirkung der mathematischen Geologie: ein Vorwort. *Mathematische Geologie* **4**, S. 3 – 7.

THIERGÄRTNER, H. (1999b): Beurteilung von Altlastenverdachtsflächen auf unterschiedlichen Entscheidungsebenen mittels hierarchischer numerischer Klassifizierung. *Mathematische Geologie* **4**, S. 123 – 138.

THIERGÄRTNER, H. (1999c): Multivariate pattern recognition analysis applied to geo-ecological areal classification in Berlin. *Mathematische Geologie* **3**, S. 33 – 51.

THIERGÄRTNER, H. (2003): Non geostatistical predictions depending on the type of spatial distribution applied to ore deposits in Saxony and Thuringia (Germany). *Mathematische Geologie* **7**, S. 65 – 82.

THOMSEN, A. (1993): Transitivität von Lagebeziehungen in einem 3-D-Schichtmodell. *Beitr. Math. Geol. Geoinf.* **5**, S. 114 – 121.

TILKE, C. (1995): *Ausgewählte Schätz- und Testprobleme bei räumlich korrelierten Daten*. Diss., Univ. Bielefeld, 105 S.

TOBLER, W. R. (1970): A computer model simulating urban growth in the Detroit region. *Econ. Geogr.* **46** (2), pp. 234 – 240.

TUKEY, J. W. (1977): *Exploratory Data Analysis*. Addison-Wesley, Reading, 499 pp.

TURNER, A. K. (2003a): Definition of the modelling techniques. – In: ROSENBAUM, M. S. & TURNER, A. K. [Eds.]: *New Paradigms in Subsurface Prediction – Characterization of the Shallow Subsurface: Implications for Urban Infrastructure and Environmental Assessment*. Lecture Notes in Earth Sciences **99,** Springer, Düsseldorf, pp. 27 – 40.

TURNER, A. K. (2003b): Putting the user first: implications for subsurface characterisation – In: ROSENBAUM, M. S. & TURNER, A. K. [Eds.]: *New Paradigms in Subsurface Prediction – Characterization of the Shallow Subsurface: Implications for Urban Infrastructure and Environmental Assessment*. Lecture Notes in Earth Sciences **99,** Springer, Düsseldorf, pp. 61 – 68.

TURNER, S. J., O'NEILL, R. V. O., CONLEY, W., CONLEY, M. R. & HUMPHRIES, H. C. (1991): Pattern and scale: Statistics for landscape ecology. – In: TURNER, M. G. & GARDNER, M. G. [Eds.]: *Quantitative Methods in Landscape Ecology – The Analysis and Interpretation of Landscape Heterogeneity*. Ecological Studies **82,** Springer, New York, pp. 17 – 50.

TVERSKY, A. & KAHNEMAN, D. (1982): Judgements of and by representativeness. – In: KAHNEMAN, D., SLOVIC, P. & TVERSKY, A. [Eds.]: *Judgement under uncertainty: Heuristics and Biases*. Cambridge University Press, Cambridge, 555 pp.

U

UNVERZAGT, S. (1999): Investigations on the changing volumes of aperiodic oscillating oxygen conditions in the basins of the Baltic proper. *Mathematische Geologie* **4,** S. 103 – 113.

V

VAN ASSELT, M. B. A. (2000): *Perspectives on Uncertainty and Risk: The PRIMA Approach to Decision-Support*. PhD thesis, Maastricht University, 452 pp.

VAN DER SLUIJS (1997): *Anchoring Amid Uncertainty: On the Management of Uncertainties in Risk Assessment of Anthropogenic Climate Change*. PhD thesis, Utrecht University, 260 pp.

VAN DRIEL, J. N. (1988): Three-dimensional display of geologic data. – In: VINKEN, R. [Ed.]: *Construction and Display of Geoscientific Maps derived from Databases*. Geol. Jb. **A104,** pp. 197 – 212.

VAN GROENINGEN, J. W. (1997): Spatial simulated annealing for optimization sampling. – In: SOARES, A., GÓMEZ-HERNÁNDEZ, J. J. & FROIDEVAUX, R. [Eds.]: *Proc. of the First Europ. Conf. Geostatistics for Environmental Applications, geoENV I, Lisbon, Portugal*. Quantitative Geology and Geostatistics **9,** Kluwer, Dordrecht, pp. 350 – 361.

VAN TOOREN, C. F. & MOSSELMAN, M. (1997): A framework for optimization of soil sampling strategy and soil remediation scenario decisions using moving window kriging. – In: SOARES, A., GÓMEZ-HERNÁNDEZ, J. J. & FROIDEVAUX, R. [Eds.]: *Proc. of the First Europ. Conf. Geostatistics for Environmental Applications, geoENV I, Lisbon, Portugal*. Quantitative Geology and Geostatistics **9,** Kluwer, Dordrecht, pp. 259 – 270.

VAN WEES, J.-D., VERSSEPUT, R., ALLARD, R., SIMMELINK, E., PAGNIER, H., RITSEMA, I. & MEIJERS., P. (2003): Dissemination and visualisation of earth system models for the Dutch subsurface. – In: ROSENBAUM, M. S. & TURNER, A. K. [Eds.]: *New Paradigms in Subsurface Prediction – Characterization of the Shallow Subsurface: Implications for Urban Infrastructure and Environmental Assessment.* Lecture Notes in Earth Sciences **99,** Springer, Düsseldorf, pp. 225 – 233.

VANMARCKE, E. M. H. (1977): Probabilistic modeling of soil profiles. *J. Geotech. Eng. Div. ASCE* **103** (GT11), pp. 1227 – 1246.

VANMARCKE, E. M. H. (1983): *Random Fields: Analysis and Synthesis.* MIT Press, Cambridge, 382 pp.

VANN, J. & GUIBAL, D. (2001): Beyond ordinary kriging – An overview of non-linear estimation. – In: EDWARDS, A. C. [Ed.]: *Mineral Resource and Ore Reserve Estimation – The AusIMM Guide to Good Practice.* The Australasian Institute of Mining and Metallurgy, Melbourne, Monograph **23,** pp. 249 – 256.

VANN, J., JACKSON, S. & BERTOLI, O. (2003): Quantitative Kriging Neighbourhood Analysis for the Mining Geologist – A description of the method with worked examples. *5. Int. Min. Geology Conf. Bendigo, Victoria.* Australasian Inst. of Mining and Metallurgy, Melbourne, pp. 215 – 223.

VINKEN, R. (1988): Digital Geoscientific Maps – a research project of the Deutsche Forschungsgemeinschaft (German Research Foundation). – In: VINKEN, R. [Ed.]: *Construction and Display of Geoscientific Maps derived from Databases.* Geol. Jb. **A104,** pp. 7 – 20.

VON BUBNOFF, S. (1949): *Grundprobleme der Geologie – eine Einführung in geologisches Denken.* 2., umgearbeitete Auflage, Mitteldeutsche Druckerei und Verlaganstalt, Halle (Saale), 246 S.

VOSS, H.-H. (1988): Digital geoscientific maps between information systems and expert systems. – In: VINKEN, R. [Ed.]: *Construction and Display of Geoscientific Maps derived from Databases.* Geol. Jb. **A104,** pp. 41 – 54.

W

WACHTER, T. (2004): *Geostatistische Analyse der Variabilität hydrogeochemischer Parameter und Quantifizierung der NA-Kapazität am Beispiel des BTEX-kontaminierten Aquifers in Zeitz/Sachsen-Anhalt.* Diss., CAU Kiel, 98 S.

WACKERNAGEL, H. (1998): *Principal Component Analysis for Autocorrelated Data, a Geostatistical perspective.* Technical Report **N-22/98/G.** Centre de Géostatistique, Ecole des Mines de Paris, Fontainebleau, 47 pp.

WACKERNAGEL, H. (2003): *Multivariate Geostatistics. An Introduction with Applications.* Springer, Berlin, 387 pp.

WACKERNAGEL, H. & SANGUINETTI, H. (1993): Gold prospecting with factorial cokriging in the Limousin, France. – In: DAVIS, J. C. & HERZFELD, U. C. [Eds.]: *Computers in Geology – 25 Years of Progress*. IAMG Studies in Mathematical Geology **5**, Oxford University Press, New York, pp. 33 – 43.

WÄLDER, K. (1997): *Modellierung und Erkundung räumlich verteilter Parameter*. Diss., TU Freiberg, 115 S.

WALTER, C., MCBRATNEY, A. B., DOUAOUI, A. & MINASNY, B. (2001): Spatial prediction of topsoil salinity in the Chelif Valley, Algeria, using local kriging with local variograms versus local kriging with whole-area variogram. *Austr. J. Soil Res.* **39** (2), pp. 259 – 272.

WARRICK, A. & MYERS, D. E. (1987): Optimization of sampling locations for variogram calculations. *Water Res. Res.* **23** (3), pp. 496 – 500.

WEBER, C. & PRISSANG, R. (1996): Geostatistische Qualitätssteuerung im Bergbau Breitenau der VEITSCH-RADEX AG. *Berg- u. hüttenmänn. Mh.* **141** (6), S. 243 – 247.

WEBER, D. D. & ENGLUND, E. J. (1992): Evaluation and comparison of spatial interpolators. *Math. Geol.* **24** (4), pp. 381 – 391.

WEBER, D. D. & ENGLUND, E. J. (1994): Evaluation and comparison of spatial interpolators II. *Math. Geol.* **26** (5), pp. 589 – 603.

WEBSTER, R. (1973): Automatic soil-boundary location from transect data. *Math. Geol.* **5** (1), pp. 27 – 37.

WEBSTER, R. (1980): Divide: A FORTRAN IV program for segmenting multivariate one-dimensional spatial series. *Comput. Geosci.* **6** (1), pp. 61 – 68.

WEBSTER, R. (1985): Quantitative spatial analysis of soils in the field. – In: STEWARD, B. A. [Ed.]: *Advances in Soil Science* **3**, Springer, New York, pp. 1 – 70.

WEBSTER, R. (1999): Sampling, estimating and understanding soil pollution. – In: GÓMEZ-HERNÁNDEZ, J. J., SOARES, A. & FROIDEVAUX, R. [Eds.]: *Proceedings of the Second European Conference on Geostatistics for Environmental Applications, geoENV II, Valencia*. Quantitative Geology and Geostatistics **10**, Kluwer, Dordrecht, pp. 25 – 37.

WEBSTER, R. & BURGESS, T. M. (1980): Optimal interpolation and isarithmic mapping of soil properties. – III. Changing drift and universal kriging. *J. Soil Sci.* **31** (3), pp. 505 – 524.

WEBSTER, R. & BURROUGH, P. A. (1972a): Computer-based soil mapping of small areas from sample data. I: Multivariate classification and ordination. *J. Soil. Sci.* **23** (2), pp. 210 – 221.

WEBSTER, R. & BURROUGH, P. A. (1972b): Computer-based soil mapping of small areas from sample data. II: Classification smoothing. *J. Soil. Sci.* **23** (2), pp. 222 – 234.

WEBSTER, R. & MCBRATNEY, A. B. (1989): On the Akaike Information Criterion for choosing models for variograms of soil properties. *J. Soil. Sci.* **40** (3), pp. 493 – 496.

WEBSTER, R. & OLIVER, M. A. (1990): *Statistical Methods in Soil and Land Resource Survey.* Oxford University Press, New York, 316 pp.

WEBSTER, R. & OLIVER, M. A. (1992): Sample adequately to estimate variograms of soil properties. *J. Soil. Sci.* **43** (1), pp. 177 – 192.

WEBSTER, R. & OLIVER, M. A. (1993): How large a sample is needed to estimate the regional variogram adaequately? – In: SOARES, A. [Ed.]: *Geostatistics Tróia '92, Proc. 4th Int. Geostat. Congr., Tróia.* Quantitative Geology and Geostatistics **5,** Kluwer, Dordrecht, Part 2, pp. 155 – 166.

WEBSTER, R. & OLIVER, M. (2001): *Geostatistics for Environmental Scientists.* Wiley, Chichester, 271 pp.

WEDEKIND, H., GÖRZ, G., KÖTTER, R. & INHETVEEN, R. (1998): Modellierung, Simulation, Visualisierung: Zu aktuellen Aufgaben der Informatik. *Informatik-Spektrum* **21** (5), S. 265 – 272.

WEISS, K. (1978): Die Hauptbodenarten im Raum Berlin als Baugrund. *Vorträge der Baugrundtagung 1978 in Berlin.* Deutsche Gesellschaft für Erd- und Grundbau, S. 503 – 528.

WELLMER, F.-W. (1983): Klassifikation von Lagerstättenvorräten mit Hilfe der Geostatistik – Bisherige Ergebnisse der Diskussionen in der GDMB-Arbeitsgruppe. – In: EHRISMANN, W. & WALTHER, H. W. [Hrsg.]: *Klassifikation von Lagerstättenvorräten mit Hilfe der Geostatistik.* Schriftenreihe der GDMB **39,** Gesellschaft Deutscher Metallhütten- und Bergleute. S. 9 – 43.

WHELAN, B. M., MCBRATNEY, A. B. & MINASNY, B. (2001): Vesper – Spatial prediction software for precision agriculture. – In: GRENIER, G. & BLACKMORE, S. [Eds.]: *ECPA 2001, Proc. 3rd Europ. Conf. Precision Agriculture.* agro, Montpellier, pp. 139 – 144.

WICKREMESINGHE, D. S. & CAMPANELLA, R. G. (1991): Statistical methods for soil layer boundary location using the cone penetration test. *Proc. 6th ICASP Mexico City, Vol. 2,* pp. 636 – 643.

WINDELSCHMIDT, B. (2003): *Qualitätsverbesserung von Schlitzwand- und Düsenstrahlarbeiten unter besonderer Berücksichtigung der Baugrundverhältnisse im Zentralen Bereich Berlins.* Diss., TU Berlin, Veröffentlichungen des Grundbauinstitutes der Technischen Universität Berlin **36,** 290 S.

WINGLE, W. L. (1997): *Evaluating Subsurface Uncertainty Using Modified Geostatistical Techniques.* PhD thesis, Colorado School of Mines, Golden, 180 pp.

WINGLE, W. L. & POETER, E. P. (1993): Uncertainty associated with semivariograms used for site simulation. *Ground Water* **31** (5), pp. 725 – 734.

WINGLE, W. L. & POETER, E. P. (1998): Classes vs. thresholds: A modification to traditional indicator simulation. *Proc. AAPG Annual Meeting: Advances in Geostatistics.* Salt Lake City, Vol. 2, pp. A704(1) – A704(4).

WINGLE, W. L., POETER, E. P. & MCKENNA, S. (1999): UNCERT: geostatistics, uncertainty analysis and visualization software applied to groundwater flow and contaminant transport modeling. *Comput. Geosci.* **25** (4), pp. 365 – 376.

WISSEL, C. (1989): *Theoretische Ökologie.* Springer, Berlin, 299 S.

WOLOSHIN, A. J. (1970): Geoenvironmental information systems – their use in urban planning. *Proc. 1st IAEG Congress, Paris, France,* pp. 871 – 881.

X

Y

YARUS, J. M. & LEWIS, J. P. (1989): Machine contouring, pitfalls and solutions: Guide for the explorationist (abs.). *AAPG Bull.* **73** (3), p. 429.

YAMAMOTO, J. K. (2000): An alternative measure of the reliability of ordinary kriging estimates. *Math. Geol.* **32** (4), pp. 489 – 509.

Z

ZEISSLER, K.-O. & FELIX, M. (1992): Die lokale Regression, ein neues geostatistisches Verfahren zur Vorhersage von Merkmalswerten einschließlich Fallbeispiel Zinnlagerstätte Schmiedeberg (Osterzgebirge). *Beitr. Math. Geol. Geoinf.* **3**, S. 25 – 39.

ZHANG, W. J. & SCHOENLY, K. G. (1999): IRRI Biodiversity Software Series. III. BOUNDARY: A program for detecting boundaries in ecological landscapes. *IRRI Technical Bulletin* **3**. International Rice Research Institute, Manila, 17 pp.

ZHANG, X. F., VAN EIJKEREN, J. C. H. & HEEMINK, A. W. (1995) On the weighted least-squares method for fitting a semivariogram model. *Comput. Geosci.* **21** (4), pp. 605 – 608.

ZHU, H. C. (2001): An application of geostatistical and GIS techniques to indoor radon risk mapping. – In: MONESTIEZ, P., ALLARD, D. & FROIDEVAUX, R. [Eds.]: *Proc. of the Third European Conference on Geostatistics for Environmental Applications, geoENV III, Avignon, France.* Quantitative Geology and Geostatistics **11**, Kluwer, Dordrecht, pp. 193 – 211.

ZIEGLER, M. (2003a) Safety analysis in geotechnical engineering by means of risk simulations. – In: NATAU, O., FECKER, E. & PIMENTEL, E. [Eds.]: *Geotechnical Measurements and Modelling. Proc. International Symp. Geotechnical Measurements and Modelling, 23. – 25. September 2003.* Balkema, Lisse, pp. 307 – 312.

ZIEGLER, M. (2003b): Risikosimulationsrechnungen in der geotechnischen und baubetrieblichen Praxis. – In: ZIEGLER, M. [Hrsg.]: *Stochastische Prozesse in der*

Geotechnik. Beiträge zum Workshop. RWTH Aachen, Schriftenreihe Geotechnik im Bauwesen **1**, S. 117 – 134.

Abbildungsverzeichnis

Tabellenverzeichnis

Verzeichnis der Abkürzungen und Symbole

1) *Abkürzungen*

AB	Anpassungsbereich (in der theoretischen Variographie)
AIF	Anisotropiefaktor
BLUE	*Best Linear Unbiased Estimator*, bester linearer unverzerrter Schätzer
CA	*Cluster Analysis*, Cluster-Analyse
DA	*Discriminance Analysis*, Diskriminanz-Analyse
DBMS	*Database Management System*, Datenbanksystem
DK	*Disjunctive Kriging*, disjunktives Kriging
DSS	*Decision Support System*, Entscheidungsunterstützungssystem
GIS	*Geographical Information System*, Geographisches Informationssystem
GLS	*Generalized Least Squares*, verallgemeinerte kleinste Quadrate
GOK	Geländeoberkante
HW	Hochwert
IK	*Indicator Kriging*, Indikator-Kriging
LNV	Lognormalverteilung
MAE	*Mean Absolute Error*, mittlerer absoluter Fehler
MARE	*Mean Absolute Relative Error*, mittlerer relativierter absoluter Fehler
MRE	*Mean Relative Error*, mittlerer relativierter Fehler
MSE	*Mean Squared Error*, mittlerer quadrierter Fehler
MWA	*Moving Windows Analysis*, statistische Analyse in Einzelfenstern
NV	Normalverteilung
OK	*Ordinary Kriging*, gewöhnliches Kriging
OLS	*Ordinary Least Squares*, gewöhnliche kleinste Quadrate
PCA	*Principal Components Analysis*, Hauptkomponentenanalyse
PK	*Probability Kriging*, Wahrscheinlichkeitskriging
RF	*Random Function*, Zufallsfunktion
RMSE	*Root Mean Squared Error*, mittlerer quadrierter Fehler, radiziert
RMSRE	*Root Mean Squared Relative Error,* mittlerer relativierter quadrierter Fehler, radiziert
RV	*Random Variable*, Zufallsvariable
RW	Rechtswert
SK	*Simple Kriging*, einfaches Kriging
SKlm	*Simple Kriging with varying local means*, SK mit veränderlichem Mittelwert

SMWDA	*Split Moving Windows Dissimilarity Analysis*, statistische Analyse in den Fensterhälften
VZB	Verkehrsanlagen im Zentralen Bereich Berlins
WLS	*Weighted Least Squares*, gewichtete kleinste Quadrate
WSS	*Weighted Sum of Squares*, gewichtete Summe der Quadrate

2) Lateinische Buchstaben

a	Reichweite (in der theoretischen Variographie)
a_{max}, a_{min} (a_{med})	Achsen der Anisotropieellipse (des Anisotropieellipsoids); d. h. Reichweiten
b	Bandweite (als Toleranzkriterium)
d	Klassenbreite im Histogramm
C	Schwellenwert (in der theoretischen Variographie)
C_0	Nugget-Wert (in der theoretischen Variographie)
C_{ges}	Gesamt-Schwellenwert (in der theoretischen Variographie)
$Cov(.., ..)$	Kovarianz von zwei Größen
D	Zahl der Dimensionen innerhalb der Modellierung
$E(..)$	Erwartungswert der Größe ..
$f(...)$	Funktion einer bzw. mehrerer Größen
h	Schrittweite
$\lvert h \rvert$	richtungsunabhängiger Abstand
k	Anzahl von Werten (z. B. von Schrittweitenklassen, Clustern usw.)
m	Steigungsparameter in der Funktion des Potenzmodells
$m(x)$	hypothetischer Trendanteil eines Messwertes am Ort x
M	Mächtigkeit von Schichten
n	Anzahl von Werten (Stichprobenumfang)
n_0	Anzahl von Nullwerten innerhalb der Stichprobe
$n(h)$	Anzahl von Wertepaaren bei gleicher Schrittweite
n_k	Anzahl von Werten innerhalb eines Homogenbereiches
N_{ges}	Anzahl der Werte im Suchbereich
N_i	Anzahl der Werte in einzelnen Sektoren i des Suchbereiches
N_{max}	maximal verwendbare Anzahl der Werte im Suchbereich
p	relative Häufigkeit von Werten
$q(x)$	hypothetischer autokorrelierter Anteil eines Messwertes am Ort x
r; r_{max}, r_{min}	Radius des Suchbereiches, Radien eines elliptischen Suchbereiches
R	Rauschen, z. B. normalverteilter Messfehler, als Teil eines Messwertes
R^2	Bestimmtheitsmaß
s	Standardabweichung einer Stichprobe
s^2	Varianz einer Stichprobe
$S(x)$	hypothetischer zyklischer Anteil eines Messwertes am Ort x
v	Variationskoeffizient
$Var(..)$	Varianz der Größe ..

w	Fenstergröße (bei MWA)
$w(h_i)$	Wichtungsfaktor beim WLS-Verfahren in Abhängigkeit von h_i
x_i	Lokation; Aufschluss- oder Messpunkt
x_0	Lokation; Schätzpunkt
$x, y \, (z)$	Achsen des für die Modellierung genutzten Koordinatensystems
$z(x_i)$	Mess- oder Beobachtungswert z an der Lokation x_i
$z(x_i+h)$	Mess- oder Beobachtungswert z an der Lokation x_i+h
z(obs.)	Mess- oder Beobachtungswert (z, *observed*) in der Kreuzvalidierung
$z^*(x_0)$	Schätzwert an der Stelle x_0
z(estim.)	Schätzwert (z, *estimated*), in der Kreuzvalidierung
$Z(x)$	Zufallsprozess an der Stelle x

3) *Griechische Buchstaben*

α	Exponent in der Funktion des Potenzmodells
Δh	Schrittweitentoleranz
$\Delta\psi$	Winkeltoleranz
ε	Fehler; Differenz zwischen $\gamma^*(h)$ und $\gamma(h)$
$\gamma^*(h)$	Wert des experimentellen Variogramms; geschätzter Wert
$\gamma(h)$	Wert des theoretischen Variogramms; berechneter Wert
λ	Matrix (Spaltenvektor) der Gewichte λ_i
λ_i	Gewichte der Schätzung
μ	LAGRANGE-Parameter
σ^2	Varianz der Gesamtpopulation
σ	Standardabweichung der Gesamtpopulation
σ^2_K	Varianz der Kriging-Schätzung
σ_K	Standardabweichung der Kriging-Schätzung
ψ	Winkelschrittweite
θ	Suchrichtung

Anhang

Anhang A
Zusammenstellung der verwendeten Aufschlüsse

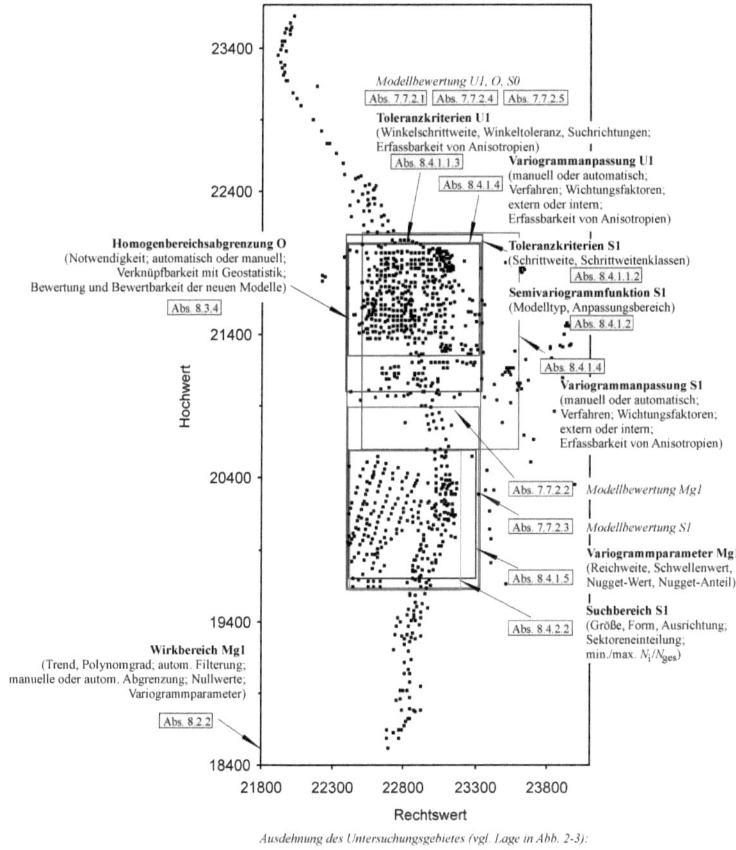

Abb. Anh. 1: Übersicht über die in der Datenbank enthaltenen direkten Aufschlüsse innerhalb des zentralen Bereiches von Berlin (vgl. Abb. 2-3). Dargestellt sind zudem diejenigen Teile des Gebietes, die für die praktischen Untersuchungen in den Kap. 7 und 8 verwendet wurden. Vermerkt sind hierfür die einzelnen Abschnitte dieser Kapitel. Zur Lage der Aufschlüsse in Bezug auf die Bauprojekte der VZB vgl. MARINONI (2000), KARSTEDT (1996) und BORCHERT, SAVIDIS & WINDELSCHMIDT (1996).

Anhang B
Bearbeitungsschema
im Rahmen der praktischen Untersuchungen

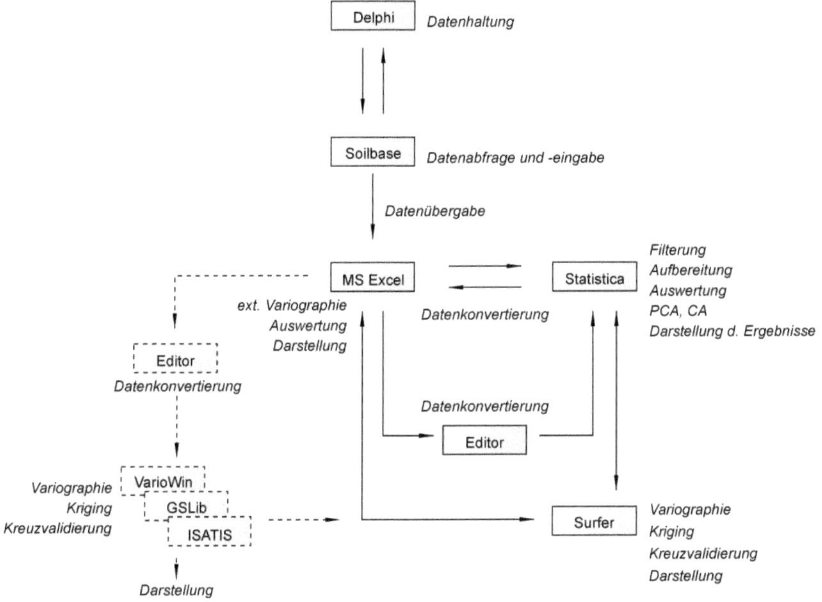

Abb. Anh. 2: Angewendetes Bearbeitungsschema bei den praktischen Untersuchungen; verwendete Software und Verwendungszweck.

Von der Datenbankschnittstelle Soilbase (MARINONI 2000), die direkt auf die mehr als 10.000 Datensätze und mehr als 1.000 direkten Aufschlüsse der Datenbank aus dem zentralen Bereich Berlins zugreifen kann, erfolgte der Export ausgewählter Daten nach MS Excel. MS Excel wurde ebenso wie Statistica (StatSoft, Inc.) für die Aufbereitung und Auswertung der Daten herangezogen. Der Austausch der Daten erfolgt hierbei in Abhängigkeit vom Datenformat direkt oder unter Verwendung eines Editors mit dem Ziel einer entsprechenden Konvertierung der Daten.

MS Excel wurde gleichfalls für die externe Variographie, für die Auswertung der Kreuzvalidierung sowie zur Darstellung der Ergebnisse der Parameterstudien und Sensitivitätsanalysen herangezogen. Statistica wurde vorrangig verwendet zur Filterung und Aufbereitung der Daten, zur multivariaten Statistik (PCA, CA) sowie zur Auswertung der Kreuzvalidierungen, zur anschließenden Modellbewertung und zur Darstellung der Ergebnisse dieser Modellbewertungen.

Als geostatistische Modellierungssoftware wurde Surfer (Golden Software) eingesetzt. Innerhalb dieser Software wurden die experimentelle und die theoretische Variographie, das Kriging und die anschließende Visualisierung ausgeführt. Die Daten der im Zuge der Schätzung durchgeführten Kreuzvalidierungen wurden dabei an MS Excel oder Statistica zur Auswertung übergeben.

Zu Versuchszwecken wurden weitere geostatistische Programme eingesetzt. Hierzu gehören u. a. VarioWin (PANNATIER 1996), GSLib (DEUTSCH & JOURNEL 1992) sowie ISATIS (Geovariances, Paris).

Anhang C

Ergebnisse der Sensitivitätsanalyse „U1-Folge"

aus Abs. 8.4.1.1.3

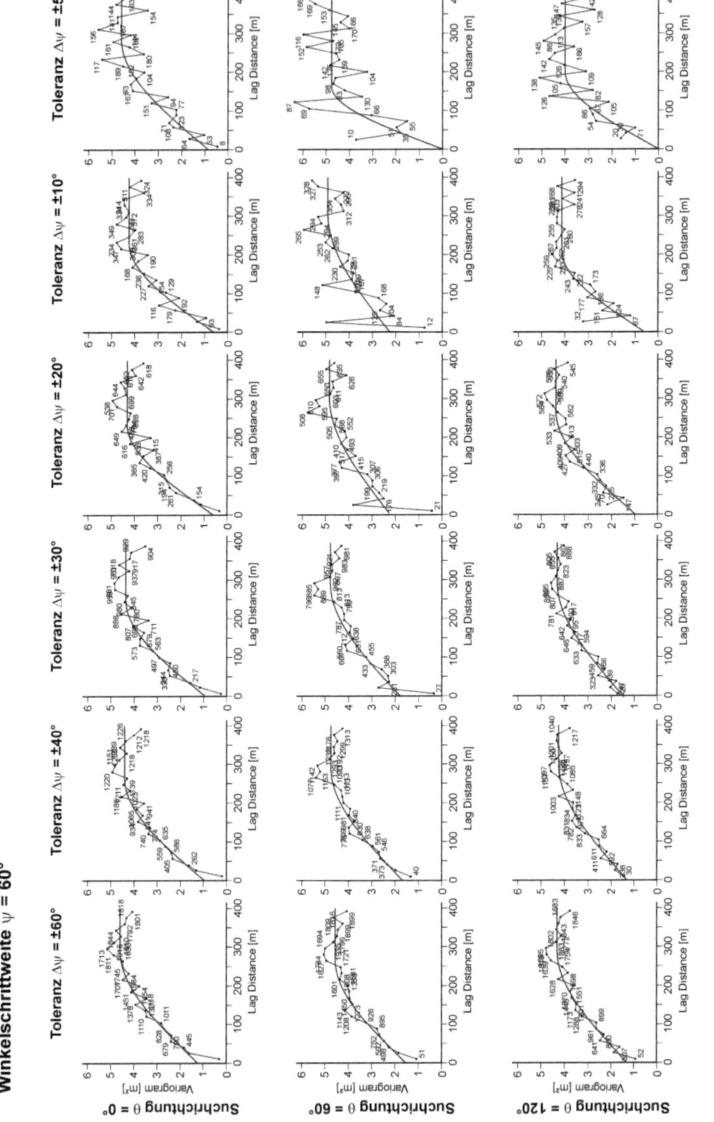

Abb. Anh. 3: Experimentelle und automatisiert angepasste theoretische Variogramme der Schichtmächtigkeiten der U1-Folge – Winkelschrittweite $\psi = 60°$ bei verschiedenen Suchrichtungen θ und unterschiedlichen Winkeltoleranzen $\Delta\psi$.

Winkelschrittweite ψ = 30°
(Teil 1/2 - Suchrichtungen θ: 0° bis 60°)

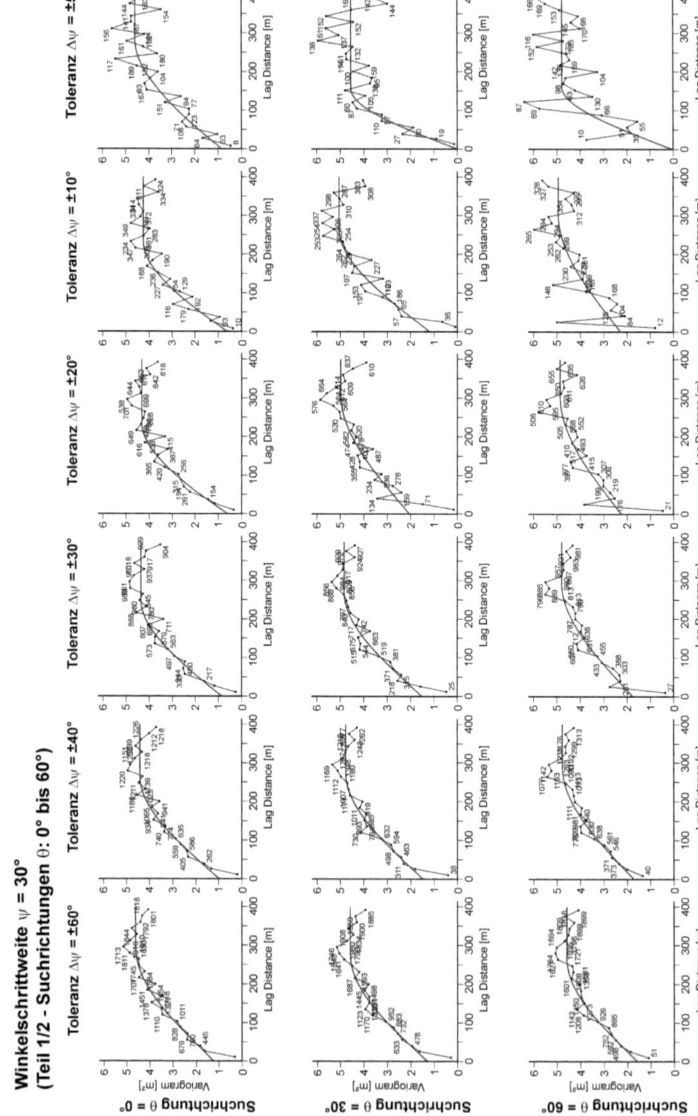

Abb. Anh. 4: Experimentelle und automatisiert angepasste theoretische Variogramme der Schichtmächtigkeiten der U1-Folge – Winkelschrittweite ψ = 30° bei verschiedenen Suchrichtungen θ und unterschiedlichen Winkeltoleranzen Δψ (Teil 1/2).

Winkelschrittweite $\psi = 30°$
(Teil 2/2 - Suchrichtungen θ: 90° bis 150°)

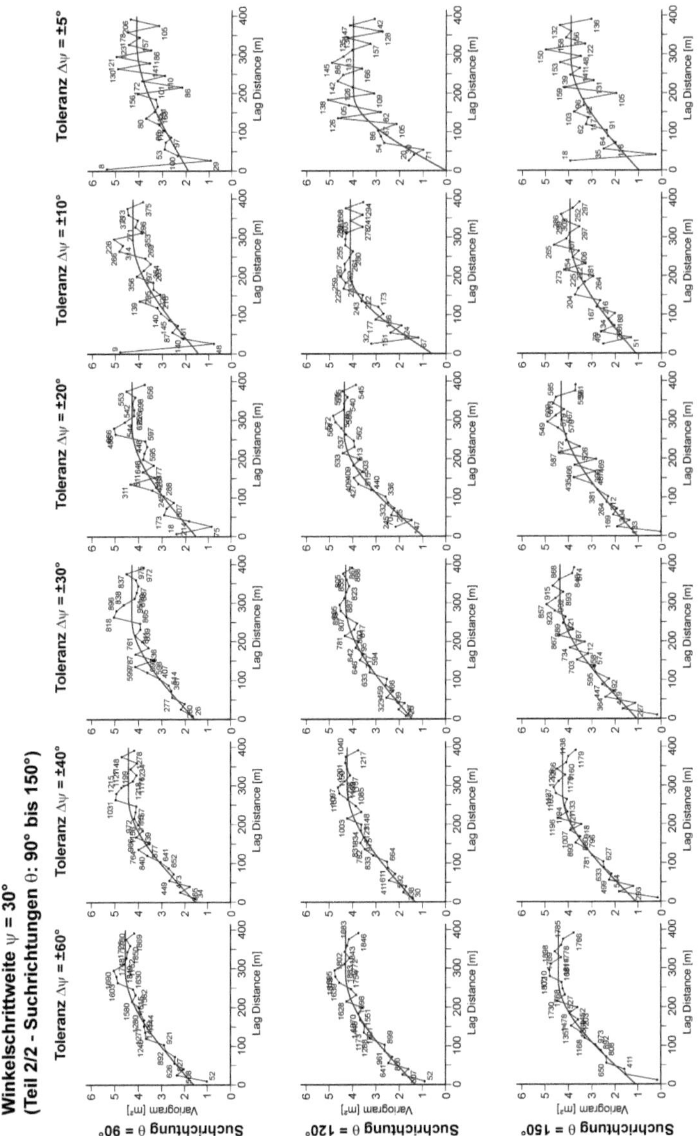

Abb. Anh. 5: Experimentelle und automatisiert angepasste theoretische Variogramme der Schichtmächtigkeiten der U1-Folge – Winkelschrittweite $\psi = 30°$ bei verschiedenen Suchrichtungen θ und unterschiedlichen Winkeltoleranzen $\Delta\psi$ (Teil 2/2).

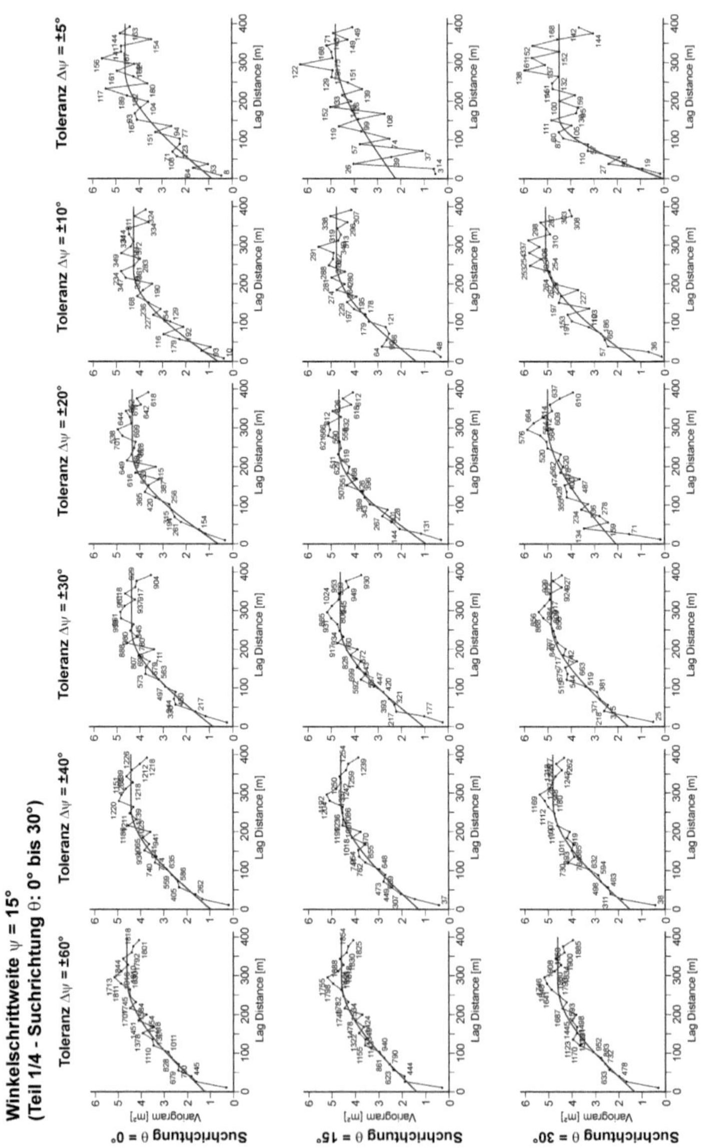

Abb. Anh. 6: Experimentelle und automatisiert angepasste theoretische Variogramme der Schichtmächtigkeiten der U1-Folge – Winkelschrittweite ψ = 15° bei verschiedenen Suchrichtungen θ und unterschiedlichen Winkeltoleranzen Δψ (Teil 1/4).

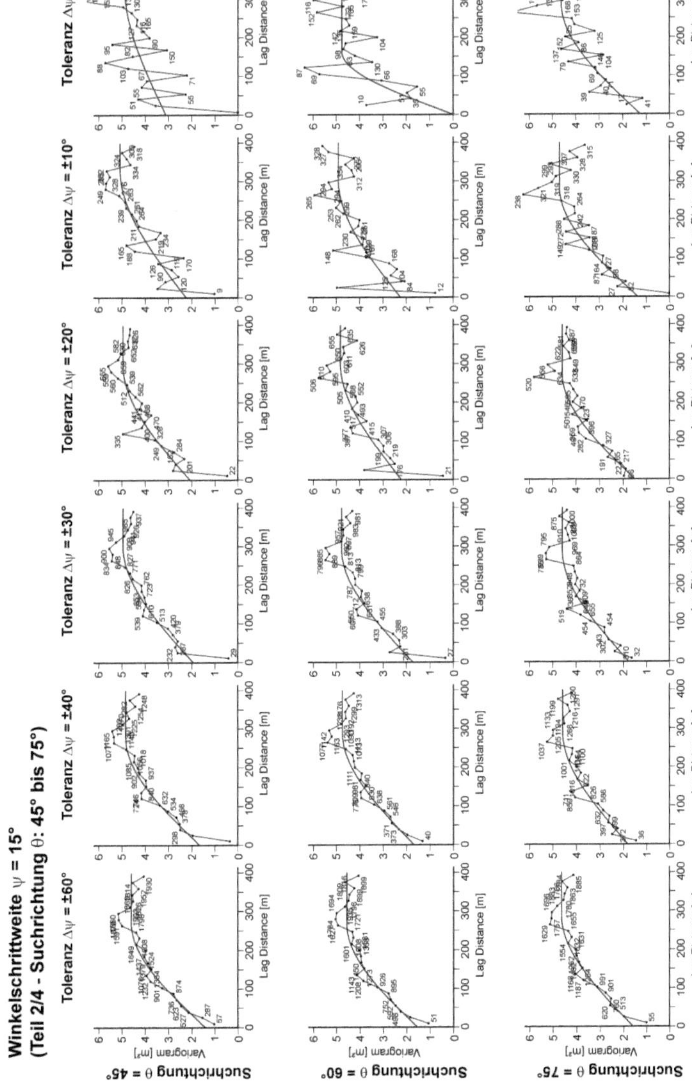

Abb. Anh. 7: Experimentelle und automatisiert angepasste theoretische Variogramme der Schichtmächtigkeiten der U1-Folge – Winkelschrittweite ψ = 15° bei verschiedenen Suchrichtungen θ und unterschiedlichen Winkeltoleranzen Δψ (Teil 2/4).

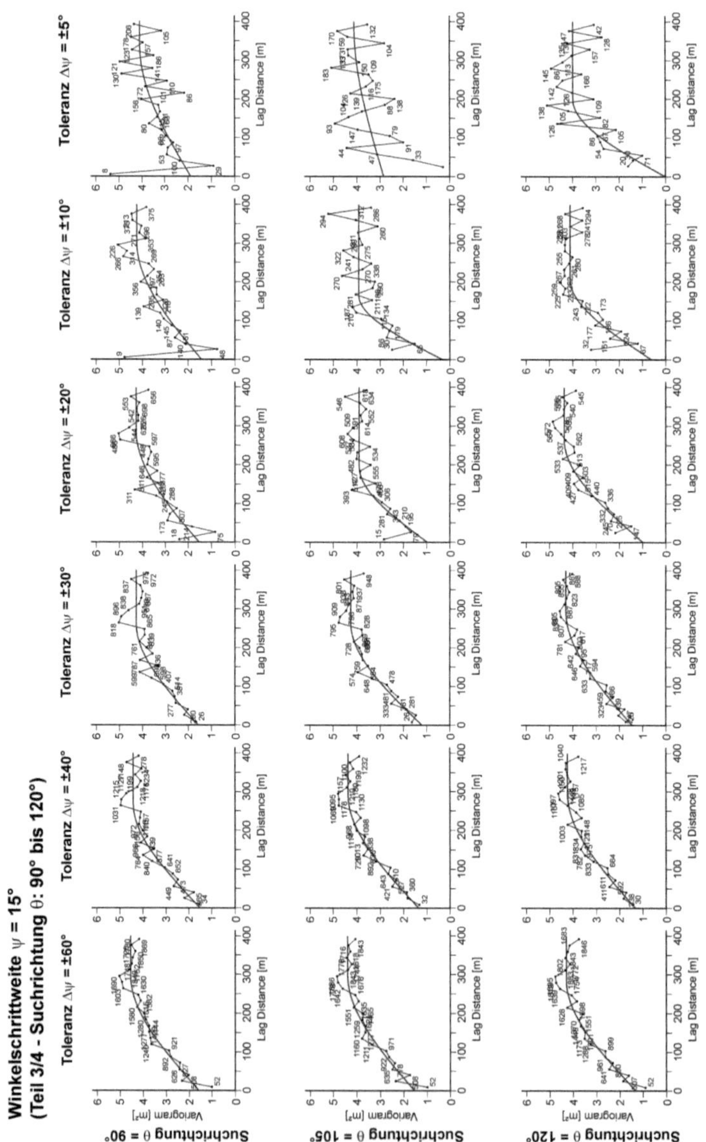

Abb. Anh. 8: Experimentelle und automatisiert angepasste theoretische Variogramme der Schichtmächtigkeiten der U1-Folge – Winkelschrittweite ψ = 15° bei verschiedenen Suchrichtungen θ und unterschiedlichen Winkeltoleranzen Δψ (Teil 3/4).

Winkelschrittweite ψ = 15°
(Teil 4/4 - Suchrichtung θ: 135° bis 165°)

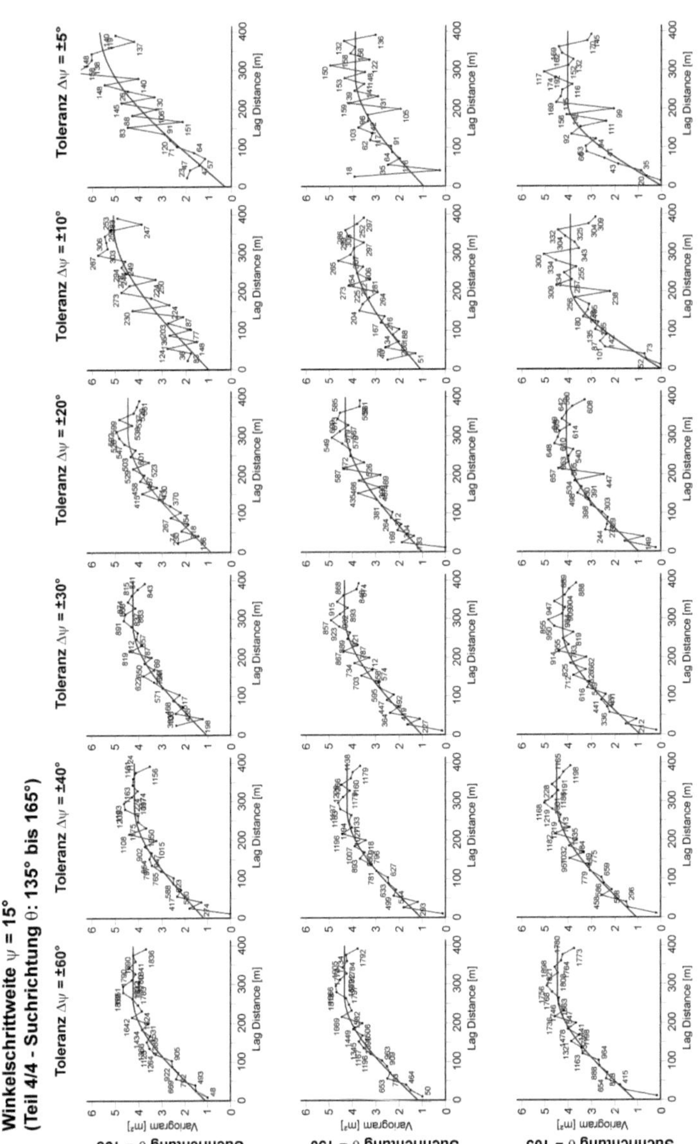

Abb. Anh. 9: Experimentelle und automatisiert angepasste theoretische Variogramme der Schichtmächtigkeiten der U1-Folge – Winkelschrittweite ψ = 15° bei verschiedenen Suchrichtungen θ und unterschiedlichen Winkeltoleranzen Δψ (Teil 4/4).